“在实践中成长”丛书

Java EE 轻量级框架应用与开发——S2SH

QST青软实训 编著

清华大学出版社

北京

内容简介

本书深入介绍了Java EE领域的三个开源框架：Struts 2、Hibernate和Spring，涵盖了MVC设计思想、Struts 2的基本原理、处理流程及常用标签库的使用，Hibernate的ORM设计理念、配置、实体映射文件以及HQL查询等，Spring的IoC和AOP原理及应用、Bean对象管理及事务处理等。除了Struts 2、Hibernate和Spring三个开源框架，本书还在附录中扩展了Spring MVC和MyBatis框架的使用。

书中所有代码都通过基于框架的最新版本环境下调试运行。其中，Struts 2升级到Struts 2.3.16.3版，Hibernate升级到Hibernate 4.3.8.Final版，Spring升级到Spring 4.1.5版。

本书由浅入深对Java EE技术进行了系统讲解，并且重点突出、强调动手操作能力，以一个项目贯穿所有章节的任务实现，使得读者能够快速理解并掌握各项重点知识，全面提高分析问题、解决问题以及动手编码的能力。

本书适用面广，可作为高校、培训机构的Java教材，适用于计算机科学与技术、软件外包、计算机软件、计算机网络、电子商务等专业的程序设计课程的教材。本书适合各种层次的Java学习者和工作者阅读。

图书在版编目(CIP)数据

Java EE轻量级框架应用与开发：S2SH/QST青软实训编著. --北京：清华大学出版社，2016 (2018.2重印)
"在实践中成长"丛书
ISBN 978-7-302-41371-4

Ⅰ. ①J…　Ⅱ. ①Q…　Ⅲ. ①JAVA语言－程序设计　Ⅳ. ①TP312

中国版本图书馆CIP数据核字(2015)第209109号

责任编辑：刘　星　李　晔
封面设计：刘　键
责任校对：李建庄
责任印制：刘海龙

出版发行：清华大学出版社
网　址：http://www.tup.com.cn，http://www.wqbook.com
地　址：北京清华大学学研大厦A座　　邮　编：100084
社 总 机：010-62770175　　邮　购：010-62786544
投稿与读者服务：010-62776969，c-service@tup.tsinghua.edu.cn
质 量 反 馈：010-62772015，zhiliang@tup.tsinghua.edu.cn
课 件 下 载：http://www.tup.com.cn，010-62795954

印 刷 者：清华大学印刷厂
装 订 者：三河市铭诚印务有限公司
经　销：全国新华书店
开　本：185mm×260mm　　**印　张**：32.5　　**字　数**：811千字
版　次：2016年1月第1版　　**印　次**：2018年2月第5次印刷
印　数：8501～10500
定　价：69.00元

产品编号：065167-01

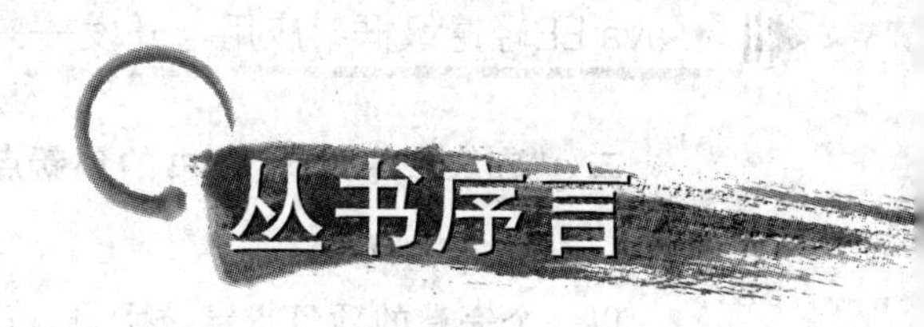

当今IT产业发展迅猛，各种技术日新月异，在发展变化如此之快的年代，学习者已经变得越来越被动。在这种大背景下，如何快速地学习一门技术并能够做到学以致用，是很多人关心的问题。一本书、一堂课只是学习的形式，而真正能够达到学以致用目的的则是融合在书及课堂上的学习方法，使学习者具备学习技术的能力。

QST青软实训自2006年成立以来，培养了近10万IT人才，相继出版了"在实践中成长"丛书，该丛书销售量已达到3万册，内容涵盖Java、.NET、嵌入式、物联网以及移动互联等多种技术方向。从2009年开始，QST青软实训陆续与30多所本科院校共建专业，在软件工程专业、物联网工程专业、电子信息科学与技术专业、自动化专业、信息管理与信息系统专业、信息与计算科学专业、通信工程专业、日语专业中共建了软件外包方向、移动互联方向、嵌入式方向、集成电路方向以及物联网方向等。到2016年，QST青软实训共建专业的在校生数量已达到10 000人，并成功地将与IT企业技术需求接轨的QST课程产品组件及项目驱动的教学方法融合到高校教学中，与高校共同培养理论基础扎实、实践能力强、符合IT企业要求的人才。

一、"在实践中成长"丛书介绍

2014年，QST青软实训对"在实践中成长"丛书进行全面升级，保留原系列图书的优势，并在技术上、教学和学习方法等方面进行优化升级。这次出版的"在实践中成长"丛书由QST青软实训联合高等教育的专家、IT企业的行业及技术专家共同编写，既涵盖新技术及技术版本的升级，同时又融合了QST青软实训自2009年深入到高校教育中所总结的IT技术学习方法及教学方法。"在实践中成长"丛书包括：

- 《Java 8基础应用与开发》
- 《Java 8高级应用与开发》
- 《Java Web技术及应用》
- 《Oracle数据库应用与开发》
- 《Android程序设计与开发》
- 《Java EE轻量级框架应用与开发——S2SH》
- 《Web前端设计与开发——HTML+CSS+JavaScript+HTML5+jQuery》
- 《Linux操作系统》
- 《Linux应用程序开发》
- 《嵌入式图形界面开发》
- 《Altium Designer原理图设计与PCB制作》
- 《ZigBee技术开发——CC2530单片机原理及应用》
- 《ZigBee技术开发——Z-Stack协议栈原理及应用》
- 《ARM体系结构与接口技术——基于ARM11 S3C6410》

二、"在实践中成长"丛书的创新点及优势

1. 面向学习者

以一个完整的项目贯穿技术点，以点连线、多线成面，通过项目驱动学习方法使学习者轻松地将技术学习转化为技术能力。

2. 面向高校教师

为教学提供完整的课程产品组件及服务，满足高校教学各个环节的资源支持。

三、配套资源及服务

QST 青软实训根据 IT 企业技术需求和高校人才的培养方案，设计并研发出一系列完整的教学服务产品——包括教材、PPT、教学指导手册、教学及考试大纲、试题库、实验手册、课程实训手册、企业级项目实战手册、视频以及实验设备等。这些产品服务于高校教学，通过循序渐进的方式，全方位培养学生的基础应用、综合应用、分析设计以及创新实践等各方面能力，以满足企业用人需求。

读者可以到锐聘学院教材丛书资源网(book. moocollege. cn)免费下载本书配套的相关资源，包括：

- 教学大纲
- 教学 PPT
- 示例源代码
- 考试大纲

建议读者同时订阅本书配套实验手册，实验手册中的项目与教材相辅相成，通过重复操作复习巩固学生对知识点的应用。实验手册中的每个实验提供知识点回顾、功能描述、实验分析以及详细实现步骤，学生参照实验手册学会独立分析问题、解决问题的方法，多方面提高学生技能。

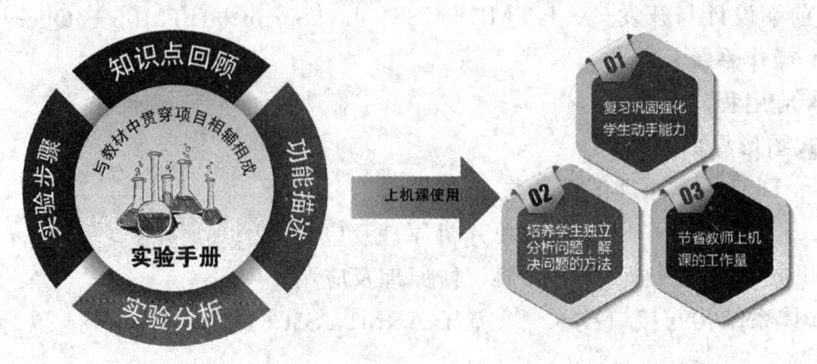

实验手册与教材配合使用，采用双项目贯穿模式，有效提高学习内容的平均存留率，强化动手实践能力。

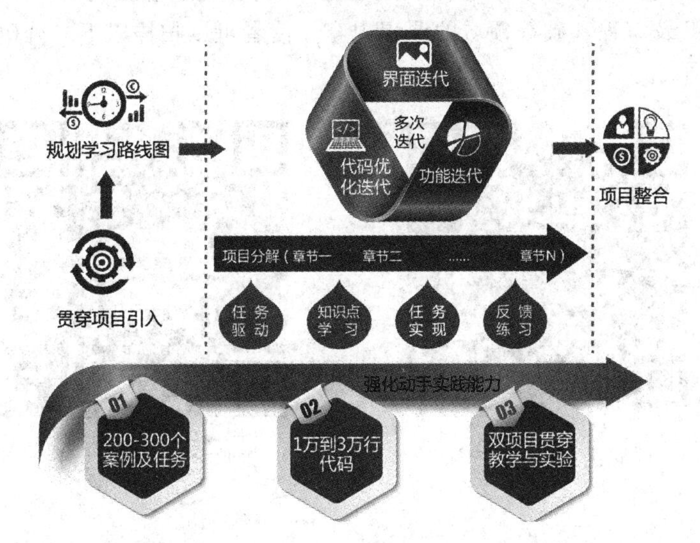

读者还可以直接联系 QST 青软实训，我们将为读者提供更多专业的教育资源和服务，包括：

- 教学指导手册；
- 实验项目源代码；
- 丰富的在线题库；
- 实验设备和微景观沙盘；
- 课程实训手册及实训项目源代码；
- 在线实验室提供全实战演练编程环境；
- 锐聘学院在线教育平台视频课程，线上线下互动学习体验；
- 基于大数据的多维度"IT 基础人才能力成熟度模型(ITBCMMI)"分析。

四、锐聘学院在线教育平台(www.moocollege.cn)

锐聘学院在线教育平台专注泛 IT 领域在线教育及企业定制人才培养，通过面向学习效果的平台功能设计，结合课堂讲解、同伴环境、教学答疑、作业批改、测试考核等教学要素进行设计，主要功能有学习管理、课程管理、学生管理、考核评价、数据分析、职业路径及企业招聘服务等。

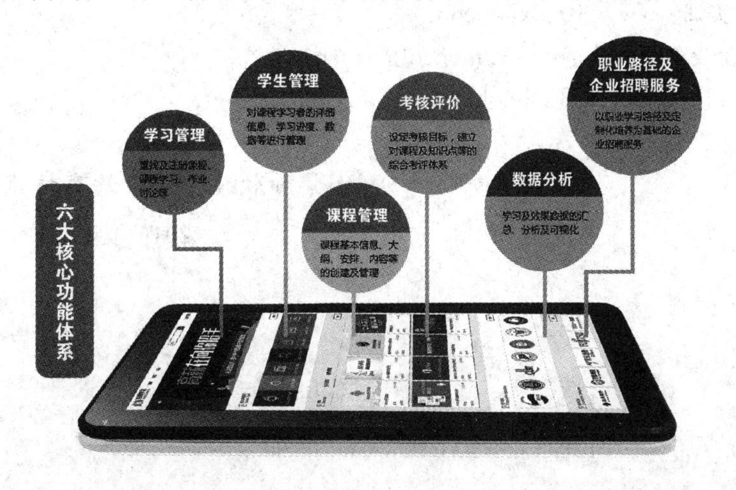

平台内容包括了高校核心课程、平台核心课程、企业定制课程三个层次的内容体系，涵盖了移动互联网、云计算、大数据、游戏开发、互联网开发技术、企业级软件开发、嵌入式、物联网、对日软件开发、IT 及编程基础等领域的课程内容。读者可以扫描以下二维码下载移动端应用或关注微信公众平台。

锐聘学院移动客户端

锐聘学院微信公众平台

五、致谢

“在实践中成长”丛书的编写和整理工作由 QST 青软实训 IT 教育技术研究中心研发完成，研究中心全体成员在这两年多的编写过程中付出了辛勤的汗水。在此丛书出版之际，特别感谢给予我们大力支持和帮助的合作伙伴，感谢共建专业院校的师生给予我们的支持和鼓励，更要感谢参与本书编写的专家和老师们付出的辛勤努力。除此之外，还有 QST 青软实训 10 000 多名学员也参与了教材的试读工作，并从初学者角度对教材提供了许多宝贵意见，在此一并表示衷心感谢。

在本书写作过程中，由于时间及水平上的原因，可能存在不全面或疏漏的地方，敬请读者提出宝贵的批评与建议。我们以最真诚的心希望能与读者共同交流、共同成长，待再版时能日臻完善，是所至盼。

联系方式：
E-mail：QST_book@itshixun.com
400 电话：400-658-0166
QST 青软实训：www.itshixun.com
锐聘学院在线教育平台：www.moocollege.cn
锐聘学院教材丛书资源网：book.moocollege.cn

QST 青软实训 IT 教育技术研究中心

2016 年 1 月

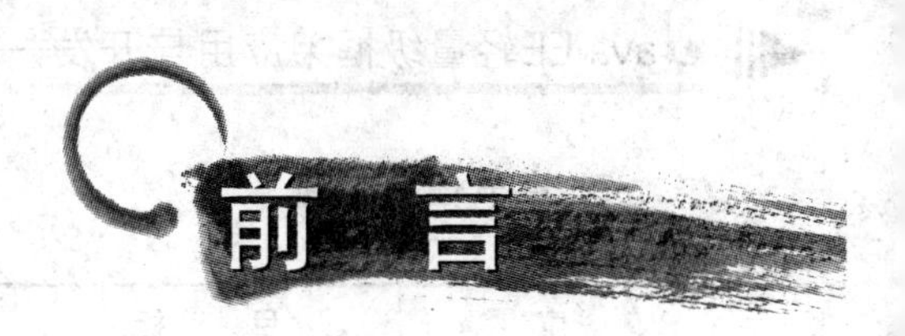

本书不再是知识点的铺陈，而是致力于将知识点融入实际项目的开发中。本书的特色是采用一个“GIFT-EMS 礼记”项目，将所有章节重点技术进行贯穿，每章项目代码会层层迭代不断完善，最终形成一个完整的系统。通过贯穿项目以点连线、多线成面，使得读者能够快速理解并掌握各项重点知识，全面提高分析问题、解决问题以及动手编码的能力。

1. 项目简介

“GIFT-EMS 礼记”系统以推荐礼物攻略为核心，收集时下潮流的礼物和送礼物的方法，为用户呈现热门的礼物攻略，通过“送给 TA”等功能，意在帮助用户给恋人、家人、朋友、同事制造生日、节日、纪念日惊喜。

“GIFT-EMS 礼记”系统主要分为两部分：

- 前台用户购物系统提供给用户浏览礼品、查看攻略、购买礼品、生成订单、送礼等功能；
- 后台管理系统给系统管理员使用，负责礼品、类型、订单、发货的管理等功能。

2. 贯穿项目模块

GIFT-EMS 贯穿项目的模块实现穿插到本书的所有章节任务中，每个章节在前一章节的基础上进行任务实现，对项目逐步进行迭代、升级，最终形成一个完整的项目，并将 S2SH 课程的重点技能点进行强化应用。其中，本教材主要用于实现前台用户购物系统，而后台管理系统的源码用户可以自行下载、编译、部署，部署后用户可以维护相应的业务数据，配合着前台的购物系统可以一步一步地学习和研究。

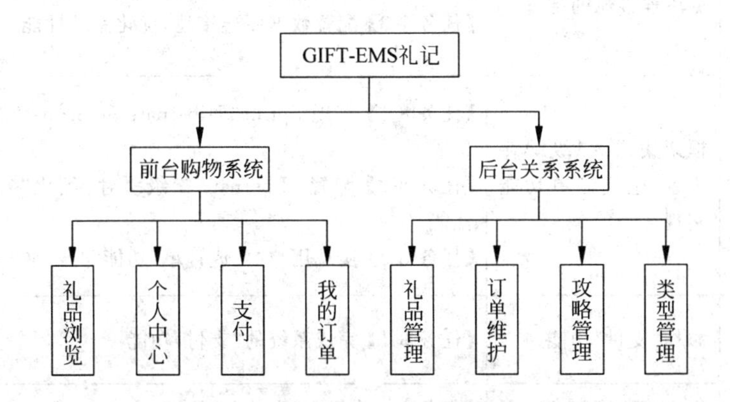

3. 章节任务实现

章	目　标	贯穿任务实现
第 1 章 Java EE 应用	开发环境搭建	【任务 1-1】JDK 的下载、安装和配置 【任务 1-2】Eclipse 的下载及安装 【任务 1-3】Tomcat 的下载、安装及配置
第 2 章 Struts 2 基础	需求及项目框架设计	【任务 2-1】项目背景介绍及需求分析 【任务 2-2】项目架构设计
第 3 章 Struts 2 进阶	基础功能设计	【任务 3-1】设计及实现 BaseAction 基础类和 ActionContext 工具类 【任务 3-2】Session 管理功能设计及实现 【任务 3-3】实现 login/logout 功能
第 4 章 Struts 2 标签库	用户基本购物流程实现及界面实现	【任务 4-1】用户基本购物流程实现 【任务 4-2】礼品中心界面实现 【任务 4-3】商品详情界面实现
第 5 章 Hibernate 入门	实现登录和注册	【任务 5-1】升级【任务 3-3】登录功能，并完成客户端的 Js 校验功能 【任务 5-2】实现用户注册功能，并完成客户端的 Js 校验功能 【任务 5-3】实现登录验证功能
第 6 章 Hibernate 进阶	配置实体类及关联关系，实现购物车功能	【任务 6-1】配置“GIFT-EMS 礼记”系统中实体类及其关联关系 【任务 6-2】升级【任务 4-2】和【任务 4-3】分别完成礼品中心和礼品详情功能 【任务 6-3】升级【任务 6-2】中的礼品中心功能，并实现分页查询 【任务 6-4】实现购物车功能
第 7 章 Hibernate 高级	“地址管理”功能，数据库连接池的配置	【任务 7-1】实现“地址管理”功能 【任务 7-2】升级“地址管理”功能，实现“省市区”三级联动效果 【任务 7-3】配置数据库连接池，优化系统性能
第 8 章 Spring 初步	框架集成、二级缓存配置、生成订单功能实现	【任务 8-1】实现 Spring、Hibernate 和 Struts 2 三者在项目中的集成 【任务 8-2】配置 Hibernate 二级缓存，优化“省市区”三级联动性能 【任务 8-3】实现用户“生成订单”功能
第 9 章 Spring 进阶	添加“支付”功能	【任务 9-1】完成系统的“支付”功能
第 10 章 Spring 高级	实现“我的订单”和“送礼”模块	【任务 10-1】实现“送礼”功能 【任务 10-2】实现“我的订单”功能

4. 项目运行截图

首页

礼品中心

登录 注册 购物车
QST
首页
礼品中心
送礼攻略
下载APP
礼品1
¥100.0
Christmas gift
A款
B款
品牌：XX品牌
数量：
放入购物车
立即购买
收藏
找人送我
Product information
——产品信息——
TRADITIONAL METHOD
联系我们
客服中心：400-658-0166
客服邮箱：qrsx@itshixun.com
官网地址：www.itshixun.com
关于我们
加入我们
商业合作
All Rights Reserved
QST
首页
礼品中心
送礼攻略
下载APP
放入购物车
填写核对订单
成功提交订单
填写收礼人信息
收货人姓名：张三
手机号码：12345678912
特殊要求：
商品清单
商品名称
单价
商品数量
小计（元）
¥100.0
1
商品金额：
应付金额：¥100.0
立即提交
联系我们
客服中心：400-658-0166
客服邮箱：qrsx@itshixun.com
官网地址：www.itshixun.com
关于我们
加入我们
商业合作
All Rights Reserved

礼品详情

购物车

本书由刘全担任主编，李战军、金澄、郭晓丹担任副主编，赵克玲、丁璟、韩涛、张侠、郭全友、郑建华参与本书部分章节编写和相互审核工作，赵克玲负责全书的统稿。作者均已从事计算机教学和项目开发多年，拥有丰富的教学和实践经验。由于作者水平有限，书中疏漏和不足之处在所难免，恳请广大读者及专家不吝赐教。本书的相关资源，请到 book. moocollege. cn 下载。

作　者

2015 年 10 月

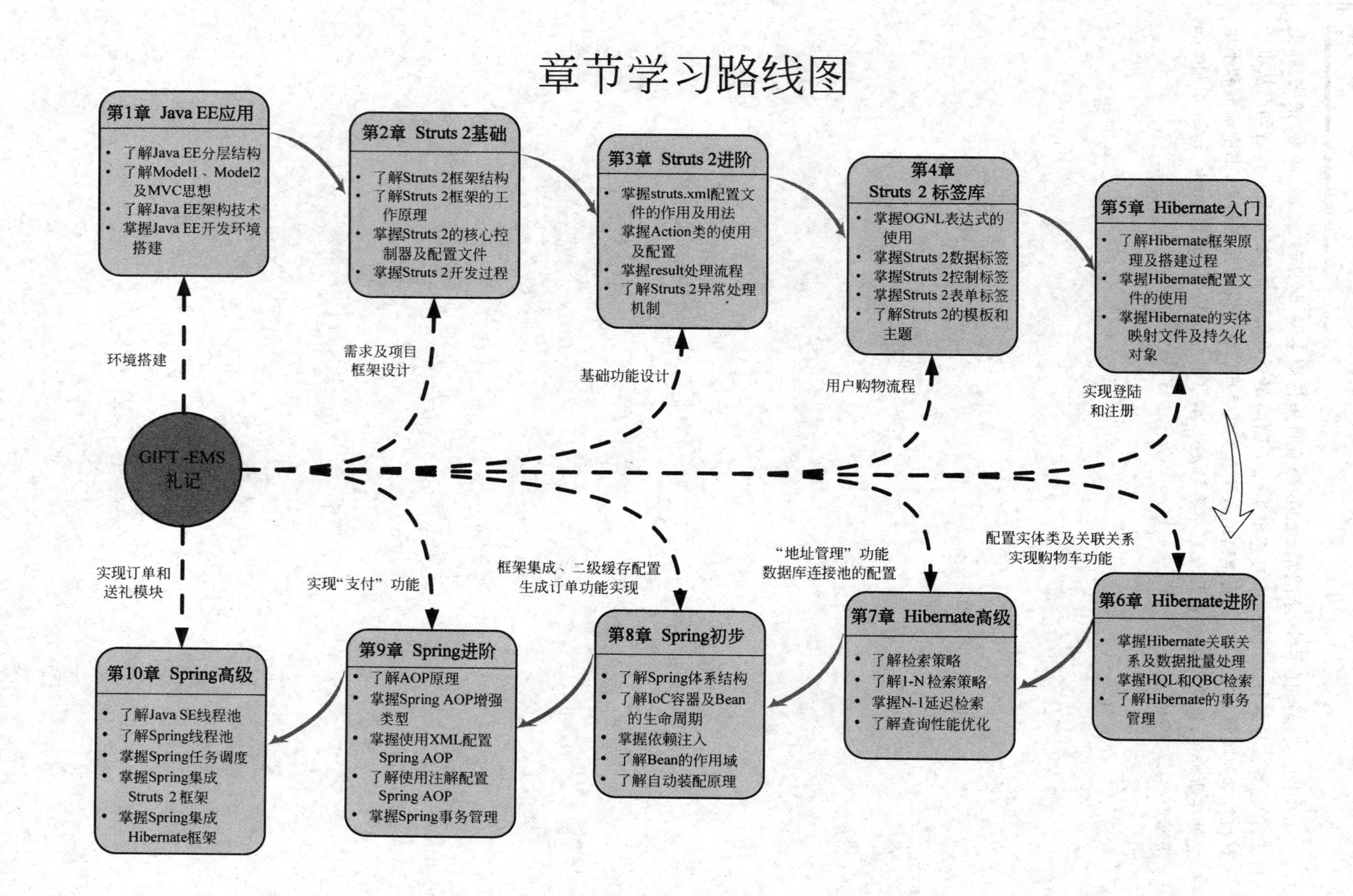
章节学习路线图
第1章 Java EE应用
了解Java EE分层结构
了解Model1、Model2及MVC思想
了解Java EE架构技术
掌握Java EE开发环境搭建
第2章 Struts 2基础
了解Struts 2框架结构
了解Struts 2框架的工作原理
掌握Struts 2的核心控制器及配置文件
掌握Struts 2开发过程
第3章 Struts 2进阶
掌握struts.xml配置文件的作用及用法
掌握Action类的使用及配置
掌握result处理流程
了解Struts 2异常处理机制
第4章 Struts 2 标签库
掌握OGNL表达式的使用
掌握Struts 2数据标签
掌握Struts 2控制标签
掌握Struts 2表单标签
了解Struts 2的模板和主题
第5章 Hibernate入门
了解Hibernate框架原理及搭建过程
掌握Hibernate配置文件的使用
掌握Hibernate的实体映射文件及持久化对象
环境搭建
需求及项目框架设计
基础功能设计
用户购物流程
实现登陆和注册
GIFT -EMS 礼记
实现订单和送礼模块
实现“支付”功能
框架集成、二级缓存配置生成订单功能实现
“地址管理”功能数据库连接池的配置
配置实体类及关联关系实现购物车功能
第10章 Spring高级
了解Java SE线程池
了解Spring线程池
掌握Spring任务调度
掌握Spring集成Struts 2框架
掌握Spring集成Hibernate框架
第9章 Spring进阶
了解AOP原理
掌握Spring AOP增强类型
掌握使用XML配置Spring AOP
了解使用注解配置Spring AOP
掌握Spring事务管理
第8章 Spring初步
了解Spring体系结构
了解IoC容器及Bean的生命周期
掌握依赖注入
了解Bean的作用域
了解自动装配原理
第7章 Hibernate高级
了解检索策略
了解1-N检索策略
掌握N-1延迟检索
了解查询性能优化
第6章 Hibernate进阶
掌握Hibernate关联关系及数据批量处理
掌握HQL和QBC检索
了解Hibernate的事务管理

目录

Java EE应用

开发任何项目之前都需要进行一些环境搭建的准备工作，本章任务是完成“GIFT-EMS礼记”系统所需要的开发环境搭建工作：

- 【任务 1-1】 JDK 的下载、安装和配置。
- 【任务 1-2】 Eclipse 的下载及安装。
- 【任务 1-3】 Tomcat 的下载、安装及配置。

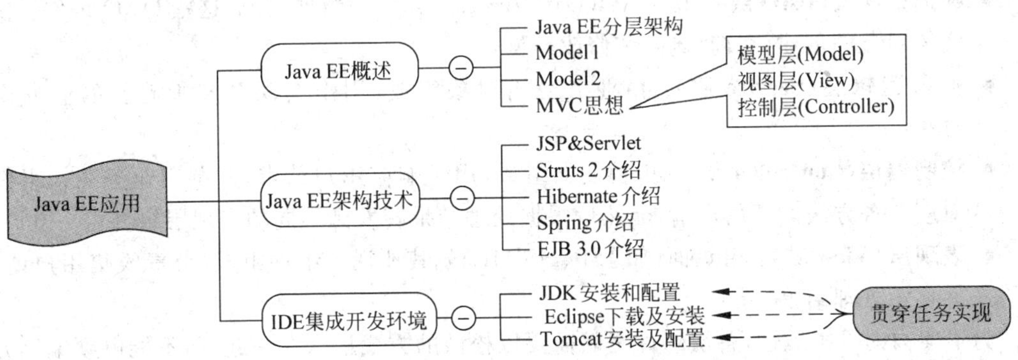

知　识　点	Listen(听)	Know(懂)	Do(做)	Revise(复习)	Master(精通)
Java EE 概述	★	★			
Java EE 架构技术	★	★			
Java EE 开发环境搭建	★	★	★	★	★

1.1 Java EE 概述

Java 平台分为 Java SE、Java EE 和 Java ME 三个版本。其中，Java EE(Java Platform Enterprise Edition)是 Sun 公司为企业级应用推出的标准开发平台，该版本以前称为“J2EE”，

Sun公司在1998年发布JDK 1.2版本时,使用了新的名称Java 2 Platform,即“Java 2平台”,修改后的JDK称为J2SDK(Java 2 Platform Software Developing Kit);并将平台分为J2SE(Standard Edition,标准版)、J2EE(Enterprise Edition,企业版)、J2ME(Micro Edition,微型版),J2ME便由此诞生。2005年6月,Java One大会召开,SUN公司发布Java SE 6。此时,Java的各种版本已经更名以取消其中的数字“2”,即J2SE更名为“Java SE”,J2EE更名为“Java EE”,J2ME更名为“Java ME”。

随着Java技术的发展,Java EE平台得到迅速推广,已成为Java语言中最活跃的体系之一。现如今,Java EE不仅仅是指一种软件技术,更多的表达着一种软件架构和设计思想,是一系列技术标准所组成的平台。

1.1.1 Java EE分层架构

在企业级应用的开发过程中,软件的可维护性和可复用性是降低开发成本所必须要考虑的两个重要指标。因此,在开发过程中需要对项目结构进行分层,Java EE的分层架构模式不仅使开发得到简化,而且提高了开发的效率。目前,针对Java EE企业级应用开发已出现许多优秀的框架,无论是经典的、还是轻量级的Java EE架构,都可以大致分为以下几个层次:

- **实体层(POJO层)**:由POJO(Plain Old Java Object,普通的传统Java对象)组成,这些对象代表系统的实体,通常与数据库中的表对应,主要作用是将数据保存起来,即持久化数据,一般保存在数据库或文件中。
- **数据访问层(DAO层)**:由DAO(Data Access Object)组件组成,这些DAO组件提供对实体对象的创建、查询、删除和修改等操作。
- **业务逻辑层(Service层)**:由业务逻辑对象组成,用于实现系统所需要的业务逻辑方法。
- **控制器层(Controller层)**:由控制器组成,用于响应用户请求,并调用业务逻辑组件的对应业务方法处理用户请求,然后根据处理结果转发到不同的表现层组件。
- **表现层(View层)**:由页面(如JSP、HTML)或其他视图组件组成,负责收集用户请求,并显示处理结果。

为了架构的可扩展性,各层组件之间需要以松散的方式耦合在一起,而不能以硬编码方式耦合。层与层的组件之间应符合面向接口编程的原则,使各层组件之间的依赖仅仅在接口层次。如图1-1所示,各层的Java EE组件以松耦合的方式耦合在一起,各组件并不以硬编码方式耦合,上面的组件实现依赖于下面组件的功能,下面组件支持了上面组件的实现,这种架构模式为应用提供了高度的可扩展性。对应这种Java EE应用架构,通常与工厂模式联系在一起,如业务逻辑对象仅仅需要访问DAO组件的工厂,而无须理会DAO对象的实现。在轻量级Java EE应用架构中,通常会交给类似于Spring框架的IoC(Inversion of Control,控制反转)容器来管理组件之间的依赖,耦合度更低。

1.1.2 Model 1

Java平台的动态网站编程技术经历了Model 1和Model 2时代。在早期的Model 1时期,整个网站应用主要由JSP页面组成,JSP页面接收并处理客户端请求,辅助以少量的JavaBean完成数据库的连接、访问等特定的重复操作。

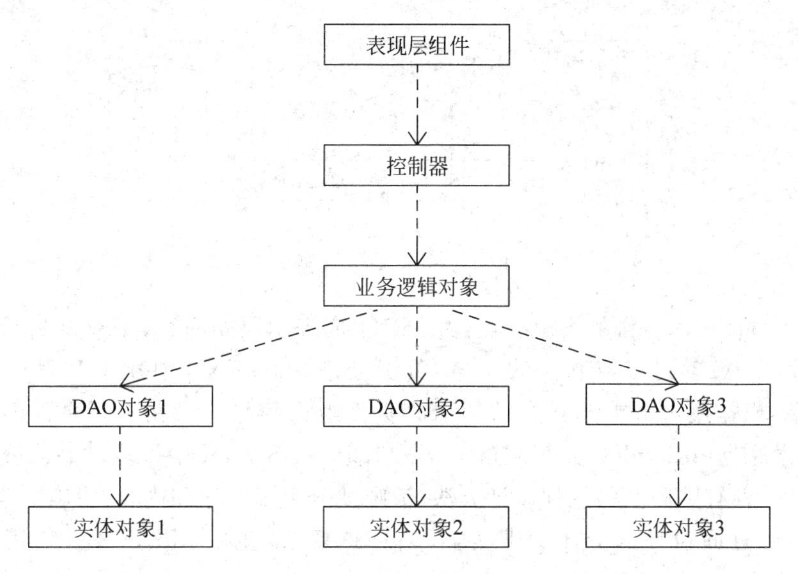

图 1-1 Java EE 应用分层架构

如图 1-2 所示，在 Model 1 体系中，JSP 页面负责响应用户请求并将处理结果返回用户，JSP 既要负责业务流程控制，又要负责提供表示层数据，同时充当视图和控制器，因此开发效率非常高。

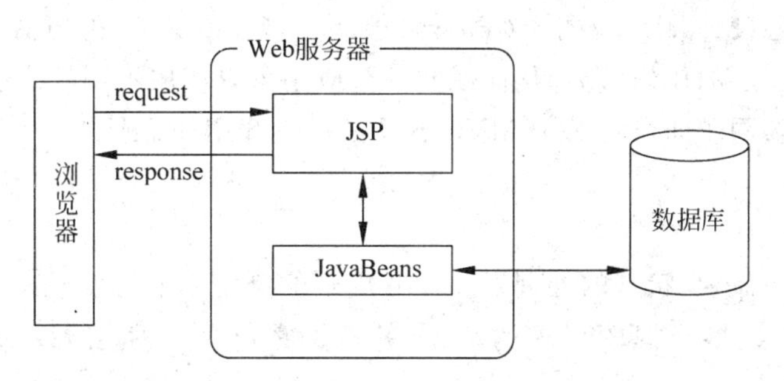

图 1-2 Model 1 体系

尽管 Model 1 体系十分适合简单应用的需要，但从工程化角度来看，局限性非常明显：JSP 页面身兼 View 和 Controller 两种角色，控制逻辑和表现逻辑混杂在一起，从而导致代码的重用性非常低，增加了应用的扩展和维护的难度，不适合开发复杂的大型应用程序。另外，不加选择地随意运用 Model 1，会导致 JSP 页内嵌入大量的 Java 代码，尽管这对 Java 程序员来说不是什么大问题，但如果 JSP 页面是由网页美工设计人员开发并维护的，则增加了其维护难度。从本质上分析，Model 1 体系将导致角色定义不清和职责分配不明，给项目管理带来很多麻烦，且在后期维护过程中非常困难。于是，软件开发人员开始寻找新的开发模式，基于 Java EE 的 Model 2 在这种背景下应运而生。

1.1.3 Model 2

在 Model 2 模式下，JSP 继续实现视图的功能，而控制器的功能用 Servlet 技术实现，模型功能用 JavaBean 技术实现，如图 1-3 所示。

Model 2 体系结构是一种联合使用 JSP 与 Servlet 来提供动态内容服务的方法，吸取了

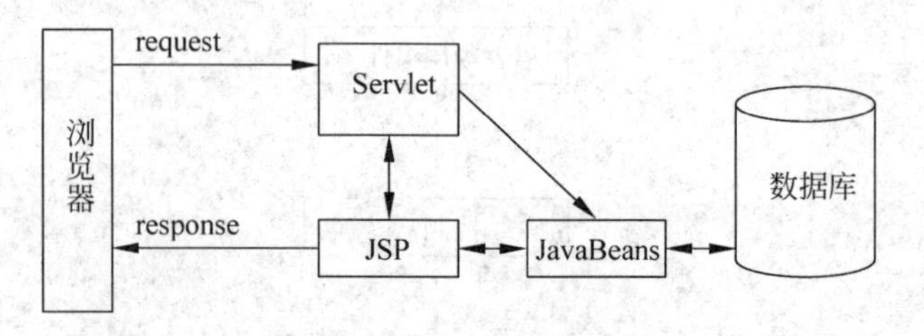

图 1-3 Model 2 体系

JSP 和 Servlet 两种技术各自的突出优点，由 JSP 生成表示层的内容，Servlet 完成对业务逻辑的处理。在此，Servlet 充当控制器的角色，负责处理用户请求，创建 JSP 页面需要使用的 JavaBean 对象，根据用户请求选择合适的 JSP 页面返回给用户。在 JSP 页面内没有处理逻辑，只承担检索原先由 Servlet 创建的 JavaBean 对象，从 Servlet 中提取动态内容插入到静态模板中。这是一种有突破性的软件设计方法，清晰地分离了表达和内容，明确了角色定义以及后台处理与前台页面设计的分工。事实上，项目越复杂，使用 Model 2 设计模式的好处就越大。

1.1.4 MVC思想

MVC(Model-View-Controller)是软件开发的一种设计模式，即把一个应用的输入、处理、输出流程按照模型层(Model)、视图层(View)、控制层(Controller)的方式进行划分。主要目的是将模型层和视图层的代码分离，从而使同一个应用可以使用不同的表现形式，只需通过控制层确保两者的更新同步即可。对于 MVC 各层的详细介绍如下所述。

1. 模型层

模型层是对业务流程/状态的处理以及业务规则的制定。业务流程的处理过程对其他层来说是黑箱操作，模型接受视图请求的数据，并返回最终的处理结果。业务模型的设计是 MVC 最主要的核心。

2. 视图层

视图层代表用户交互界面，对于 Web 应用来说，可以概括为前台网页。随着应用的复杂性和规模性，界面的处理也变得具有挑战性。一个应用可能有很多不同的视图，MVC 设计模式对于视图的处理仅限于视图上数据的采集和处理，以及用户的请求，而不包括在视图上的业务流程的处理。业务流程的处理交予模型层处理。比如一个订单的视图只接受来自模型的数据并显示给用户，以及将用户界面的输入数据和请求传递给控制器和模型。

3. 控制层

控制层可以理解为从用户接收请求，将模型与视图匹配在一起，共同完成用户的请求。控制层就像一个分发器，对于选择的模型和视图以及需要完成的用户请求。控制层并不做任何的数据处理。例如，用户点击一个连接，控制层接受请求后，并不处理业务信息，只把用户请求传递给模型，告诉模型做什么，选择符合要求的视图返回给用户即可。因此，一个模型可能对应多个视图，一个视图可能对应多个模型。

模型、视图与控制器的分离，使得一个模型可以具有多个显示视图。如果用户通过某个视图的控制器改变了模型的数据，所有其他依赖于这些数据的视图都应反映到这些变化。因此，无论何时发生何种数据变化，控制器都会将变化通知所有的视图，导致显示的更新。MVC 三层架构的关系如图 1-4 所示。

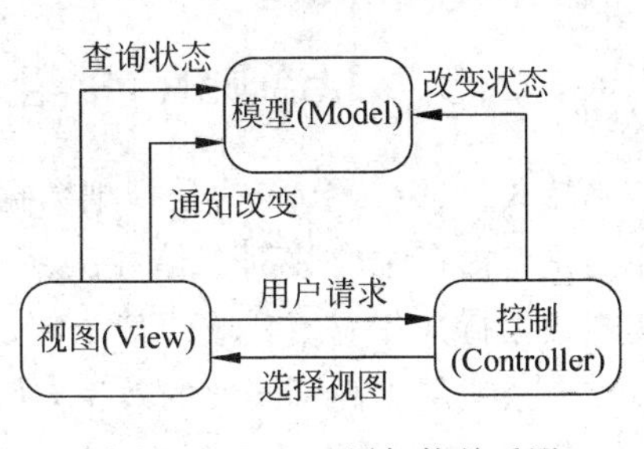

图 1-4　MVC 三层架构关系图

综上所述，概括 MVC 设计思想有以下几个优点：

- 低耦合性，提高了应用的可扩展性和可维护性；
- 高重用性和可适用性；
- 有利于软件工程化管理。

1.2 Java EE 架构技术

Java EE 架构技术经历多年的发展，出现了很多实用技术。从最初的 JSP 和 Servlet，到 JSP Model 2 基础上的各种 MVC 框架，以及轻量级容器和数据持久化工具等。随着各框架的不断发展，Spring、Struts、Hibernate 三个开源框架的组合，以其优异的性能，为开发人员熟悉接受，成为最流行的轻量级 Java EE 架构。

1.2.1 JSP&Servlet

JSP 技术给开发人员一个简单的与 HTML 类似的接口来创建 Servlet。JSP 文件中可以包含 HTML 代码、Java 代码以及被称为 JavaBean 的编程模块。但实际上 JSP 技术提供与 Servlet 同样的功能，因为在运行时 JSP 必须被 Web 服务器编译成 Servlet，所以服务器端真正运行的是 Servlet。当前，JSP 在 Java Web 应用开发中主要充当表现层，并广泛使用。

Servlet 是为接受来自浏览器的 HTTP 请求并返回其应答的服务器端技术。因为 Servlet 是用 Java 代码来实现的，所以可以满足平台间的完全兼容。

1.2.2 Struts 2 介绍

Struts 是一个为开发基于 MVC 模式的应用架构的开源框架，是利用 Servlet 和 JSP 构建 Web 应用的一项非常有用的技术。

Struts 最早是 Apache Jakarta 项目的组成部分，项目的创立者希望通过对该项目的研究，改进和提高 JSP、Servlet、标签库以及面向对象的技术水准。使用 Struts 可以为业务应用的每一层提供支持，提供软件开发的“支撑”，减少在运用 MVC 设计模型来开发 Web 应用的时间。

引入 MVC 模式后，系统中各组件只负责相对应的逻辑，具有组件化的特点，更适合大规模应用的开发。由于 Struts 能充分满足应用开发的需求，简单易用，敏捷迅速，因而吸引了众多的开发人员的关注。而 Struts 2 是在 Struts 框架和 WebWork 框架基础上发展起来的，由于结合了两个框架的优点，因此在稳定性、开发速度、性能等方面都有很好的体现，使 Web 开发变得更容易。

1.2.3 Hibernate 介绍

持久化(Persistence)是指把数据保存到可永久保存的存储设备中的过程。最常见的持久化的是将内存中的数据存储在关系型的数据库中。持久化层(Persistence Layer),即专注于实现数据持久化应用领域的某个特定系统的一个逻辑层面,将数据使用者和数据实体相关联。

持久化层提高了开发的效率,使软件的体系结构更加清晰,在代码编写和系统维护方面变得更容易,特别是在大型的应用中,会更有利。同时,持久层作为单独的一层,开发者可以为这一层独立的开发一个软件包,让其实现将各种应用数据的持久化,并为上层提供服务。从而使得各个企业里做应用开发的开发人员,不必再来做数据持久化的底层实现工作,而是可以直接调用持久层提供的 API。

在现今的企业级应用开发过程中,面向对象的开发已成为主流。众所周知,对象只能存在内存中,而内存不能永久存储数据。如果要永久保存对象的状态,则需要进行对象的持久化,即把对象存储到的数据库中。目前使用广泛的数据库依然是关系数据库,关系数据库中存放的是关系数据,而不是面向对象的。对象和关系数据其实是业务实体的两种表现形式,业务实体在内存中表现为对象,在数据库中表现为关系数据。内存中的对象之间存在关联和继承关系,而在数据库中无法直接表达多对多以及继承关系。因此,把对象持久化到关系数据库中,需要进行对象-关系映射(Object-Relation Mapping,ORM),这是一项非常繁琐耗时的工程。

开源框架 Hibernate 是一种 Java 语言下的 ORM 解决方案,实现了数据持久化功能。Hibernate 能够将对象模型所表示的实体映射到基于 SQL 的关系模型结构中去,为面向对象的领域模型到传统的关系型数据库的映射提供了一个使用方便的方案。

Hibernate 对 JDBC 进行了对象式的封装,不仅管理 Java 类到数据库表的映射(包括从 Java 数据类型到 SQL 数据类型的映射),还提供数据查询和获取数据的方法,开发人员可以随心所欲地使用对象编程思维来操纵数据库,基本不再使用 SQL 和 JDBC,大幅简化了数据库操作的编写。Hibernate 可以应用在任何使用 JDBC 的场合,既可以在 Java 的客户端程序使用,也可以在 Servlet/JSP 的 Web 应用中使用。

1.2.4 Spring 介绍

Spring 是基于 Java 平台的一个开源应用框架。在 Java EE 领域,Spring 是作为 EJB 模型之外的另外一个选择甚至是替代品而广为流行。Spring 是从实际开发中抽取出来的框架,完成了 Java EE 开发中的大量通用步骤,留给开发人员的仅仅是与特定应用相关的部分,从而大大提高了企业应用的开发效率。

Spring 为企业提供了轻量级的解决方案。该解决方案包括基于依赖注入的核心机制,基于 AOP 的声明式事务管理,与多种持久化层技术的整合,以及优秀的 Web MVC 框架等。Spring 框架的核心功能在任何 Java 应用中都是适用的,特别是在基于 Java EE 的 Web 应用中,Spring 框架更是得到了广泛的应用,并被许多公司认可为具有战略意义的重要框架。

Spring 是为了解决企业应用程序开发复杂性而创建的。Spring 框架的主要优势之一就是其模块化的分层架构,由 7 个定义良好的模块组成,基于此分层架构,Spring 框架允许用户选择使用任一个组件。Spring 模块构建在核心容器之上,核心容器定义了创建、配置和管理 Bean 的方式,如图 1-5 所示。

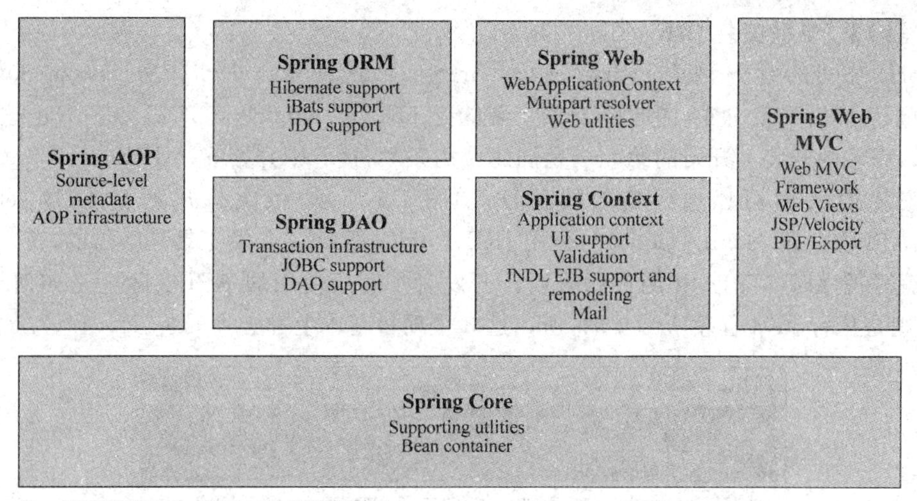

注：该图摘自Spring官网，故保留英文图

图 1-5　Spring 框架的 7 个模块

使用 Spring 框架时，必须使用 Spring Core，该模块代表了 Spring 框架的核心机制，组成 Spring 框架的每个模块或组件都可以单独存在，或者与其他一个或多个模块联合实现使用。

1.2.5　EJB 3.0 介绍

EJB(Enterprise Java Bean)是基于 Java 开发、部署服务器端分布式组件的标准规范。EJB 是 Sun 的服务器端组件模型，其最大的作用是部署分布式应用程序。凭借 Java 跨平台的优势，用 EJB 技术部署的分布式系统可以不限于特定的平台。

EJB 组件主要有会话 Bean(Session Bean)、实体 Bean(Entity Bean)和消息驱动 Bean(Message Driven Bean)等 3 种类型。其中，会话 Bean 和消息驱动 Bean 用于实现 EJB 应用中的业务逻辑，而实体 Bean 用于持久化。

由于 EJB 2.0 的复杂性，在 Spring 和 Hibernate 等轻量级框架出现后，大量的用户转向了轻量级框架开发，为了挽留用户于是出现了 EJB 3.0 规范。相对于 EJB 2.0，EJB 3.0 做到了尽可能的简单和轻量化，它的两个重要的变更是使用了 JDK 5.0 中的注解工具和轻量型的 JPA(Java Persistence API，Java 持久化 API)。EJB 3.0 规范的简化也得到 Java 社区的充分认可，且 Spring 框架也集成了 JPA，并实现了 EJB 3.0 的一些特性。

1.3　贯穿任务实现

在进行 Java EE 项目开发之前需进行 Java EE 开发环境的搭建，本书 Java EE 开发环境的搭建是基于 JDK、Eclipse 和 Tomcat 等 3 个工具。

1.3.1　实现任务 1-1

Java EE 应用的开发及运行都离不开 JDK 的支持，虽然 Java 程序是跨平台的，但 JDK 不是跨平台的。因此，在不同的平台上需要安装不同的 JDK。下述内容用于完成任务 1-1 JDK 的下载、安装和配置。

【步骤 1】 下载安装 JDK

Oracle公司的官方网站 http://www.oracle.com/technetwork/java/javase/downloads 提供JDK工具的下载文件，在此要下载安装的是 jdk-8u5-windows-i586.exe。双击这个文件可以开始程序的安装。开始的第一步是同意使用条款，接着则开始安装JDK。

在安装 JDK 时可以选择安装的项目，如图 1-6 所示，依次是开发工具(Development Tools)、API源代码(Source Code)与公用JRE(Public JRE)。开发工具是必需的，范例程序可供日后编写程序时参考，API源代码可以让开发者了解所使用的API实际上是如何编写的，而JRE则是执行Java程序所必要的，所以这3个项目基本上都必须安装。

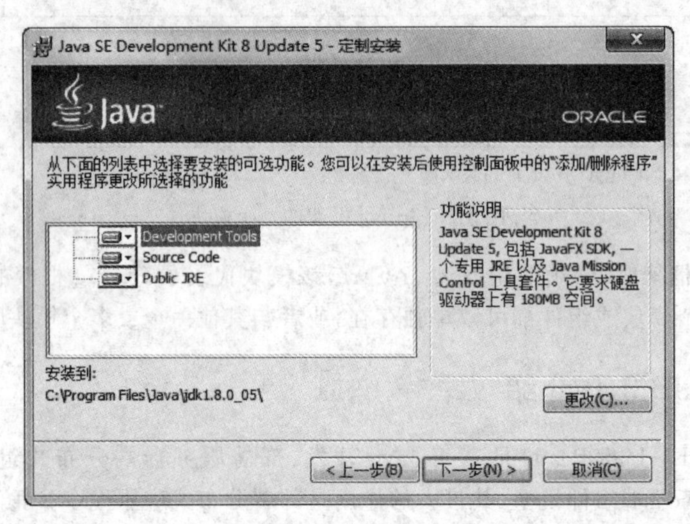

图 1-6　JDK 安装

要注意的是图 1-6 下面的"安装到"，默认是"C:\Program Files\Java\jdk1.8.0_05\"目的地，可以单击"更改"按钮来改变，接着单击"下一步"按钮就开始进行JDK的安装。完成JDK的安装之后，接着会安装JRE，如图1-7所示。此时关于JRE的默认安装路径是"C:\Program Files\Java\jre\"，需要注意的是不要随意修改JRE的安装路径，否则会造成文件丢失。单击图1-7中的"下一步"按钮，完成JRE的安装。

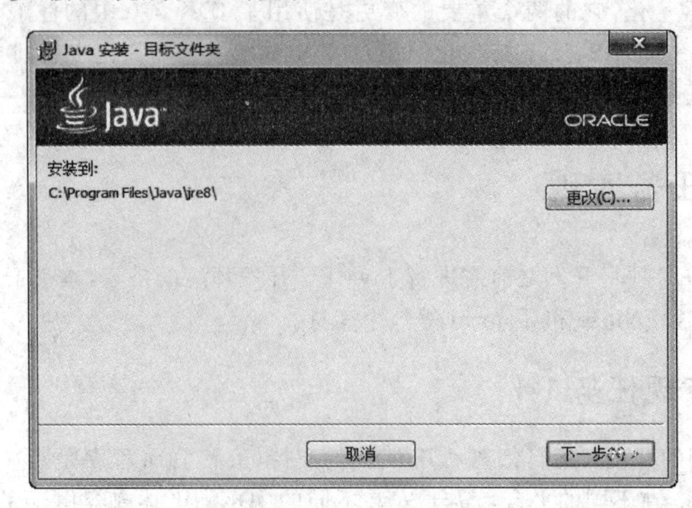

图 1-7　安装 JRE

【步骤 2】 配置 JDK 环境变量

安装完 JDK 后，需要在系统中配置 Java 环境变量，这是很容易出错的地方，配置 Java 环境变量的详细步骤如下所述。

（1）单击“我的电脑→属性→高级系统设置”，在弹出的系统属性对话框中选择“高级”选项卡，单击“环境变量”按钮；在环境变量对话框中有用户变量和系统变量两栏，此时需要注意，要在两个栏中设置同样的变量。

（2）在“系统变量”栏中单击“新建”按钮，在弹出的“新建系统变量”对话框中设置变量名为 JAVA_HOME，变量值为 C:\Program Files\Java\jdk1.8.0_05（JDK 的实际安装路径），如图 1-8 所示。

图 1-8 设置 JAVA_HOME 环境变量

（3）再次在“系统变量”中单击“新建”按钮，在弹出的“新建系统变量”对话框中设置变量名为 CLASSPATH，变量值为“.;%JAVA_HOME%\lib\dt.jar;%JAVA_HOME%\lib\tools.jar”，注意中间使用英文的分号“;”进行间隔，如图 1-9 所示。

（4）最后在“系统变量”栏中选中原有的 Path 变量，将 JDK 的 bin 路径“%JAVA_HOME%\bin”设置进去，如图 1-10 所示。Path 系统变量中通常已经存在一些值，可以使用“;”与其他路径隔开。

图 1-9 设置 classpath 环境变量

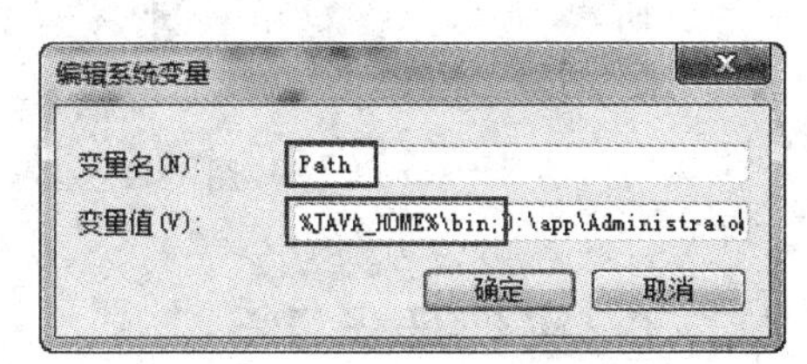

图 1-10 设置 path 环境变量

到此，关于 JDK 的配置结束，在操作系统的“开始”菜单中选择“运行”命令，输入 cmd 命令打开 DOS 命令符模式，输入 javac 回车，如果有大量帮助信息，则 JDK 安装配置成功，如图 1-11 所示。

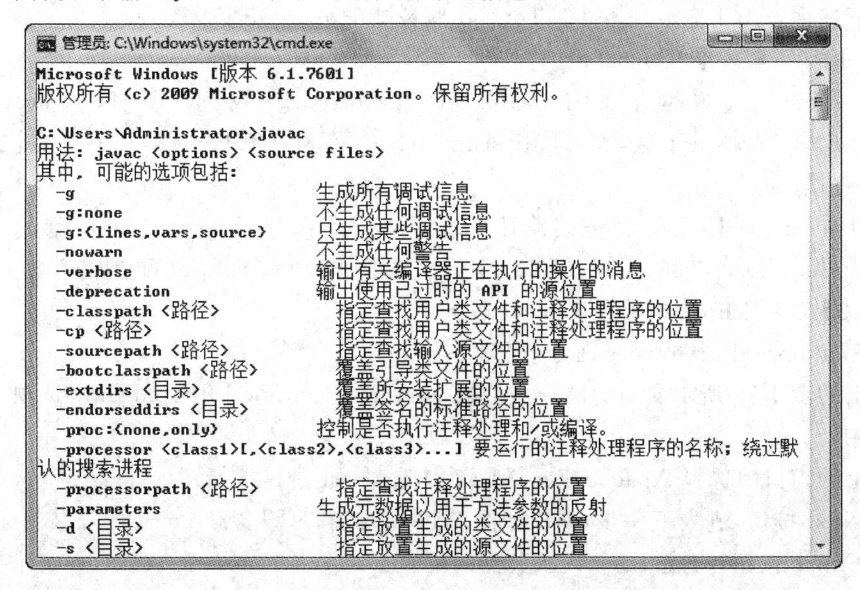

图 1-11 运行 javac 命令

1.3.2 实现任务 1-2

下述内容用于完成任务 1-2 Eclipse 的下载及安装。

从 Eclipse 官方网址 http://www.eclipse.org/downloads 找到 eclipse-jee-luna-R-win32.zip 版本的压缩包并下载。将 Eclipse 压缩包解压后无须安装，可直接运行。将该文件夹中的 eclipse.exe 在桌面创建快捷方式，双击运行 eclipse，并设置工作目录。如图 1-12 所示，可以将工作目录设置为“E:\JavaEE\workspace”。

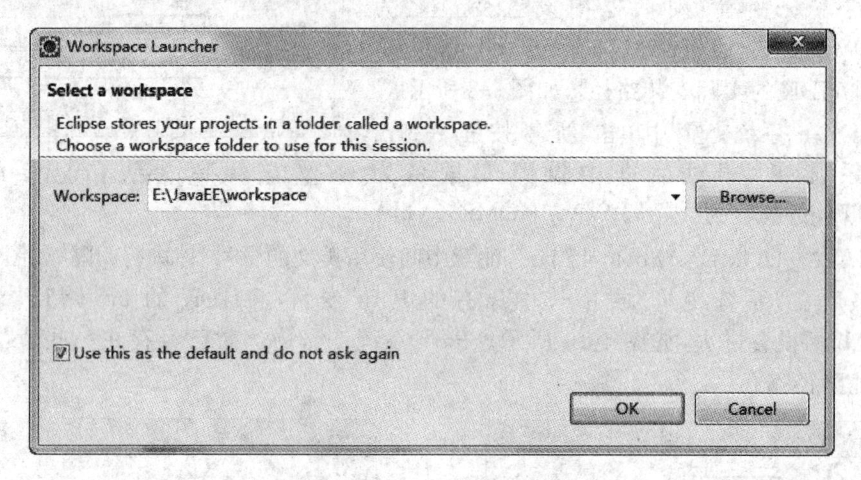

图 1-12 设置 Eclipse 的工作目录

1.3.3 实现任务 1-3

Tomcat 是 Java 领域最著名的开源 Web 容器，简单、易用、稳定性极好。既可以作为学习之用，也可以作为商业产品发布。Tomcat 不仅提供了 Web 容器的基本功能，还支持 JAAS 和 JNDI 绑定等。因为 Tomcat 完全是纯 Java 实现，因此它是平台无关的，在任何平台上运行完全相同。下述内容用于完成任务 1-3 Tomcat 服务器的下载、安装及配置。

【步骤 1】 下载安装 Tomcat

登录 Tomcat 官方网址 http://tomcat.apache.org，找到“apache-tomcat-7.0.23-windows-x86.zip”版本并下载，本书使用 Tomcat 7.X 系列，将 Tomcat 7.X 压缩包解压后无须安装，可直接运行。

启动 Tomcat(单击 Tomcat 安装路径 bin 文件下的 startup.bat)，打开浏览器，在地址栏输入 http://localhost:8080，出现如图 1-13 所示界面，则表示 Tomcat 配置成功。

【步骤 2】 在 Eclipse 中配置 Tomcat 服务

单击 Window→Preferences 命令，如图 1-14 所示。

在弹出的图 1-15 所示窗口中展开左侧的 Server→Runtime Environments 选项，单击右侧的 Add 按钮。

在弹出的窗口中选择 Apache Tomcat v7.0 选项，如图 1-16 所示。

单击 Next 按钮，进入下一步，弹出如图 1-17 所示窗口，设置 Tomcat 的安装目录。

单击 Finish 按钮，完成 Tomcat 服务器的配置。

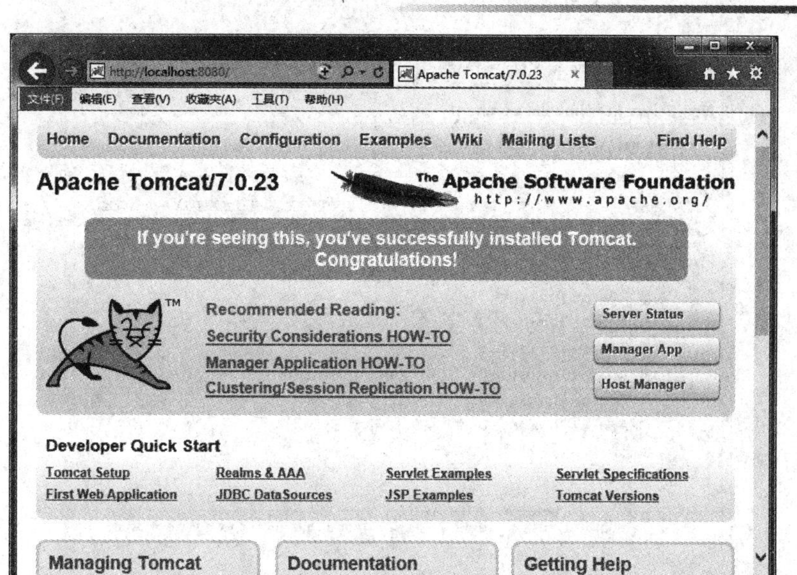

图 1-13　Tomcat 配置成功

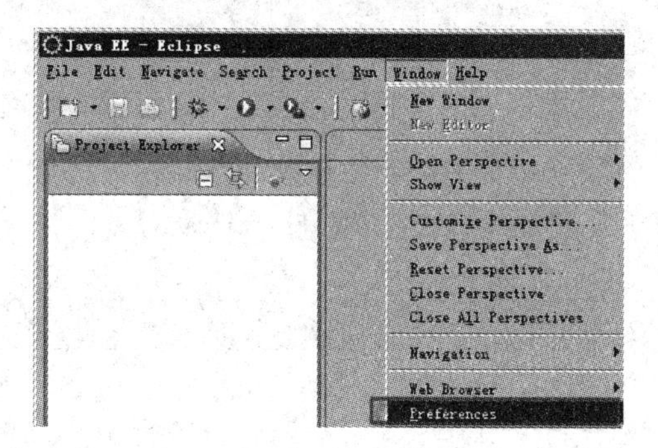

图 1-14　单击 Preferences 命令

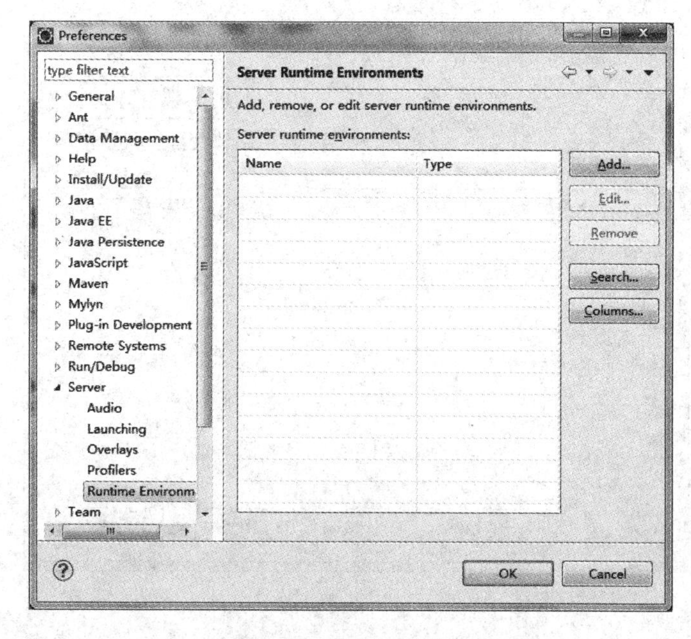

图 1-15　单击 Add 按钮

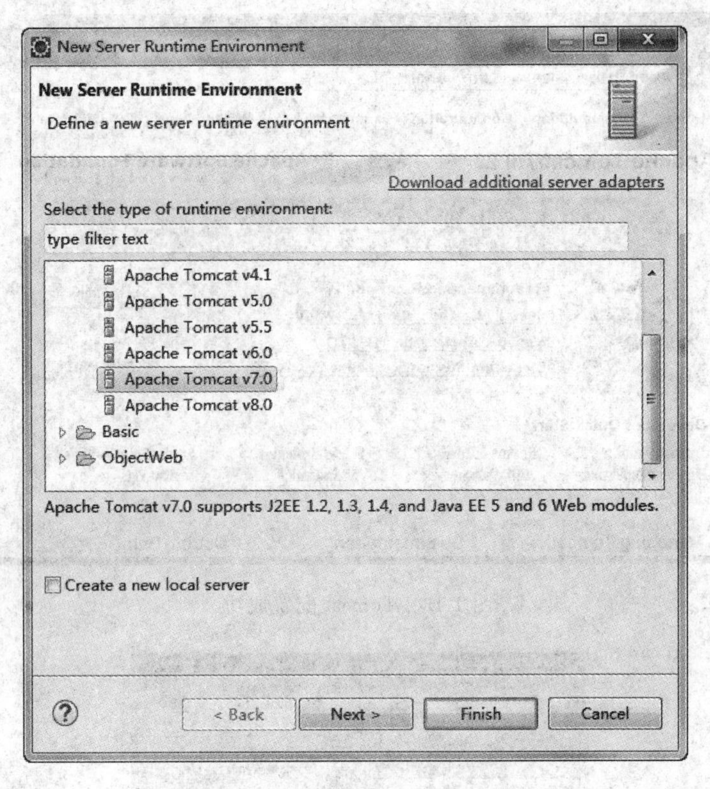

图 1-16　选择 Apache Tomcat v7.0

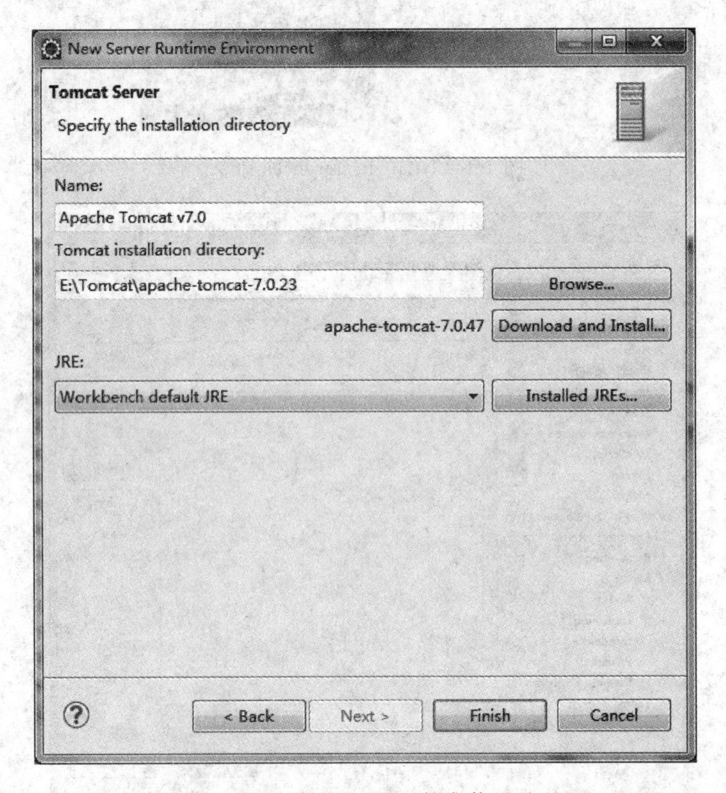

图 1-17　设置 Tomcat 的安装目录

至此,搭建开源的Java EE开发环境平台的所有步骤已经完成。在上述步骤中,需要注意如何在Eclipse中配置Tomcat服务器。在Java EE中,所有的程序都是运行在Web服务器上,因此一定要配置正确,否则会影响程序的正常运行。

本章总结

小结

- Java EE架构通常分为实体层、数据访问层、业务逻辑层、控制器层、表现层。
- MVC是软件开发的一种设计模式,即把一个应用的输入、处理、输出流程按照模型层、视图层、控制层的方式进行划分。
- JSP在Java Web应用开发中主要充当表现层,并广泛使用。
- Servlet是为接受来自浏览器的HTTP请求并返回其应答的服务器端技术。
- Struts是一个为开发基于MVC模式的应用架构的开源框架,是利用Servlet和JSP构建Web应用的一项非常有用的技术。
- Hibernate是一种Java语言下的对象关系映射解决方案,实现了数据持久化功能。
- Spring是一个开源框架,是为了解决企业应用程序开发复杂性而创建的。

Q&A

1. 问题:Java EE的分层架构有哪几层?

回答:Java EE架构可以分成实体层(POJO层)、数据访问层(DAO层)、业务逻辑层(Service层)、控制器层(Controller层)和表现层(View层)。

2. 简述MVC思想。

回答:MVC将项目按照模型层(Model)、视图层(View)和控制层(Controller)的方式进行划分,目的是将模型层和视图层的代码实现分离,降低程序间的耦合,提高了应用的重用性、适用性、扩展性以及维护性。

章节练习

习题

1. 实体层中的对象是________。

   A. POJO　　B. DAO　　C. Service　　D. View

2. 下列说法不属于MVC优点的是________。

   A. 数据的获取与显示分离

   B. 控制器可以将不同的模型和视图组合在一起

   C. 各层负责应用的不同功能,各司其职

   D. 降低代码的复杂度

3. 下列关于 Model 1 和 Model 2 的说法中，不正确的是________。（多选）
   A. Model 1 适用于快速开发小型规模的项目
   B. Model 1 提高了代码的可重用性
   C. Model 2 适用于快速开发小型规模的项目
   D. Model 2 提高了代码的可重用性
4. 下列关于 Struts 1 和 Struts 2 框架的说法中，错误的是________。
   A. Struts 2 是基于 MVC 模式的框架
   B. Struts 2 与 Struts 1 非常相似，只是简单的升级
   C. Struts 2 是 Struts 1 与 WebWork 结合的产物
   D. Struts 2 在稳定性、开发速度、性能等方面都有很好的体现
5. 下列关于 Hibernate 框架的说法中，正确的是________。
   A. Hibernate 已经完全取代了 JDBC 的作用
   B. Hibernate 是 ORM 框架
   C. Hibernate 只有在 Java Web 项目中才能够使用
   D. Hibernate 能够完全替代 EJB 技术
6. 下列关于 Spring 框架的说法中，错误的是________。
   A. Spring 不是开源的 MVC 框架
   B. Spring 可以与 Struts 2 和 Hibernate 方便地整合
   C. Spring 提供了依赖注入功能
   D. Spring 提供了面向方面编程的功能
7. EJB 组件主要有________、________和________三种类型的 Bean。
8. MVC 模型包括________、________和________三个层。

上机

训练目标：搭建 Java EE 开发环境。

培养能力	Java EE 开发环境搭建。		
掌握程度	★★★★★	难度	容易
代码行数	0	实施方式	重复操作
结束条件	能独立搭建 Java EE 开发环境		

参考训练内容

(1) 下载并安装 JDK 8.0，并设置环境变量；

(2) 下载并安装 Eclipse 4.4 版本，并配置 Tomcat 服务器；

(3) 下载并安装 Tomcat 7.0。

Struts 2基础

本章任务是了解“GIFT-EMS 礼记”系统的需求及项目框架设计：

- 【任务 2-1】 项目背景介绍及需求分析。
- 【任务 2-2】 项目架构设计。

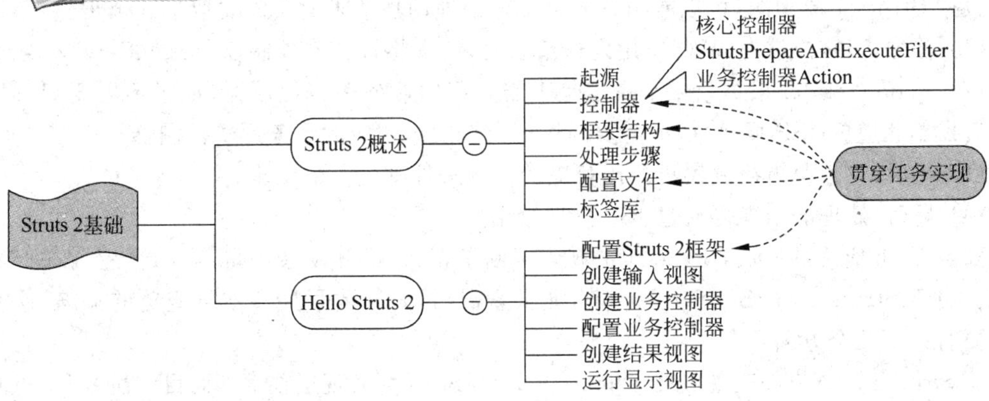

本章目标

知　识　点	Listen(听)	Know(懂)	Do(做)	Revise(复习)	Master(精通)
Struts 2 起源	★				
Struts 2 框架结构	★	★			
Struts 2 框架处理步骤	★	★			
Struts 2 核心控制器	★	★	★	★	
Struts 2 配置文件	★	★	★	★	
Hello Struts 2 案例	★	★	★	★	★

2.1 Struts 2 概述

Struts 框架是流行广泛的一个 MVC 开源实现，而 Struts 2 是 Struts 框架的新一代产品，是将 Struts 1 和 WebWork 两种技术进行兼容、合并的全新的 MVC 框架。Struts 2 框架充分发挥了

Struts 1 和 WebWork 这两种技术的优势，抛弃原来 Struts 1 的缺点，使得 Web 开发更加容易。

2.1.1 起源

2001 年诞生的 Struts 1 是第一个得到广泛使用的 MVC 框架，该框架一经推出，就得到世界上 Java Web 开发者的拥护。Struts 1 的成功得益于其丰富的文档和活跃的开发群体。Struts 1 框架的核心是控制器，该控制器由两部分组成：核心控制器 ActionServlet；以及用户自定义的业务逻辑控制器，其运行原理如图 2-1 所示。

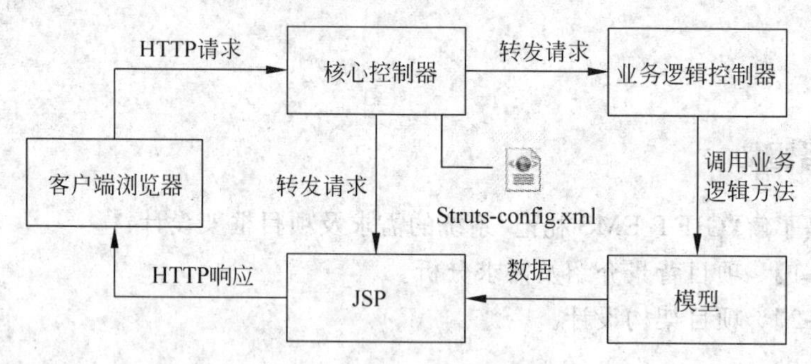

图 2-1　Struts 1 运行原理图

根据 Struts 1 原理图，可以看出 Struts 1 在处理用户请求时会需要以下几个步骤：

(1) 首先，当客户端向 Web 应用发送请求时，请求将被核心控制器 ActionServlet 拦截；

(2) ActionServlet 根据请求来决定是否需要调用业务逻辑控制器，如果不需要则直接将请求转发给相应的 JSP 页面，如果需要则将请求转发给相应的业务逻辑控制器；

(3) 然后，业务逻辑控制器再调用相应的模型来处理用户的请求；

(4) 最后，处理的结果再通过 JSP 呈现给用户。

随着 Web 应用的发展，Struts 1 的缺点不断暴露，大量开发者不得不开始寻觅新的 MVC 框架。由于 Struts 1 与 JSP、Servlet 耦合非常紧密，因而导致了许多不可避免的缺陷，这些缺陷主要有以下几个方面：

- Struts 1 所支持的表现层技术单一，仅支持 JSP 作为表现层技术。而目前很多 Java EE 应用并不一定使用 JSP 作为表现层技术。这一点严重制约了 Struts 1 框架的使用。
- Struts 1 框架是在 Model 2 的基础上发展起来的，完全基于 Servlet API，与 Servlet API 严重耦合，一旦脱离 Web 服务器，Action 的测试将变得非常困难。
- Struts 1 的 Action 类必须继承其提供的 Action 基类，实现处理方法时，又必须使用大量 Struts 1 的专有 API，这种入侵式设计的最大弱点在于：一旦系统需要重构，这些 Action 类将完全没有利用价值。

由于存在以上无法避免的缺陷，从 2008 年底 Struts 1 的团队放弃了对 Struts 1 的更新和维护。随着 Java EE 项目的不断复杂，很多软件公司和开发人员开始选择更好的 MVC 解决方案，如 JSF、Tapestry、Spring MVC 等，正是在这种背景下，诞生了 Struts 2 框架。

Struts 2 是由 WebWork 发展而来，具备了 WebWork 与生俱来的优势，其优势具有以下几个方面：

- Struts 2 支持更多的表现层技术，有更好的适应性。Struts 2 对 JSP、Velocity 等多种表现层技术都提供了很好的支持，而且开发者还可以自己定义显示的类型，这让 Struts 2 能够支持任意的表现层技术。

- Struts 2 中的 Action 无须跟 Servlet API 耦合，使得测试更加容易，同时也提高代码的重用率。相对于 Struts 1 框架中的 Action 出现大量的 Servlet API，Struts 2 的 Action 更像一个普通的 Java 类，没有耦合任何 Servlet API。
- Struts 2 具有更好的模块化和可扩展性。Struts 2 提供了更好的模块化支持，更适合团队协作开发大项目。此外，Struts 2 还提供了插件机制，开发者可以在不对 Struts 2 框架进行任何修改的前提下，通过开发插件来扩展 Struts 2 的功能，增强了框架的可扩展性。

Struts 2 框架诞生后，取代了原有的 Struts 1 和 WebWork 框架，原来使用 Struts 1 和 WebWork 的开发人员都转入使用 Struts 2 新框架。基于这种背景，Struts 2 在短时间内迅速成为 MVC 领域最流行的框架。

2.1.2 框架结构

Struts 2 的框架结构与 Struts 1 差别巨大，Struts 2 是以 WebWork 为核心，采用拦截器的机制对用户的请求进行处理。Struts 2 的拦截器机制使得用户的业务逻辑控制器与 Servlet API 完全分离，业务逻辑控制器更像一个 POJO。

Struts 2 的框架结构如图 2-2 所示，其大量使用拦截器来处理用户的请求，这些拦截器组成了一个拦截器链，会自动对请求进行一些通用性的功能处理。

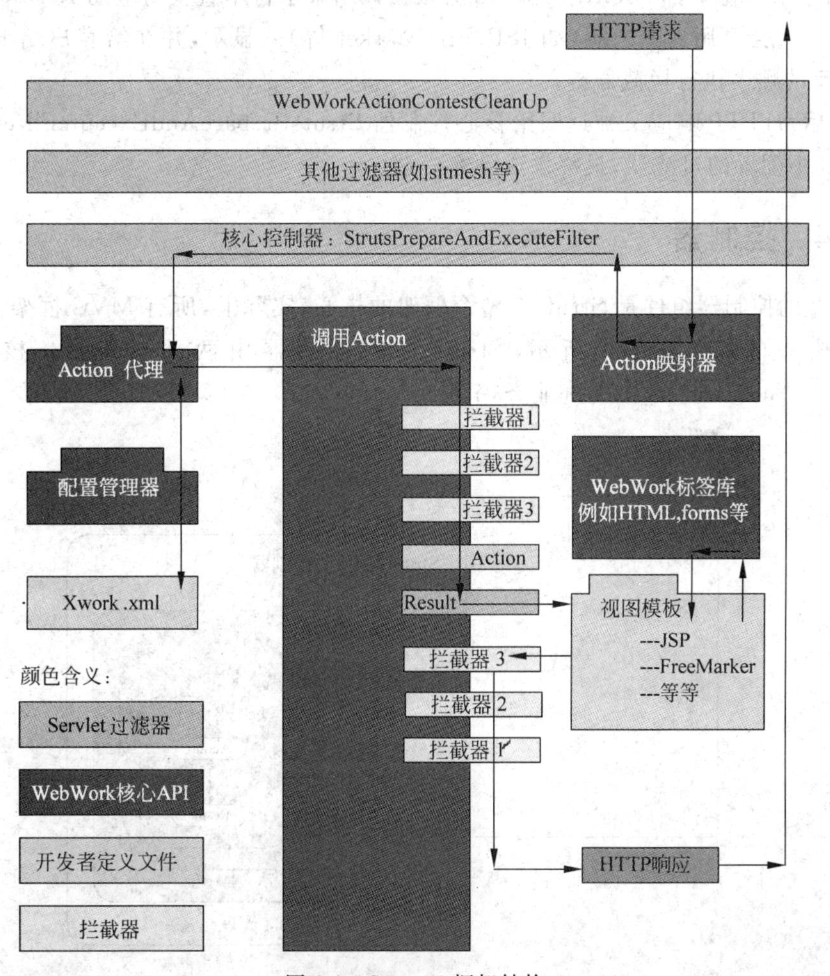

图 2-2 Struts 2 框架结构

2.1.3 处理步骤

通过 Struts 2 的框架结构图可以大致了解其处理流程及步骤：

(1) 客户端浏览器发送一个 HTTP 请求，例如，请求/somepage. action、/video/somevideo. mp4 等；

(2) Web 容器收到请求后，会将请求传递给一个标准的 ActionContextCleanUp 过滤器来清除属性，不让后续的过滤器清除，从而延长 Action 中属性(包括自定义属性)的生命周期，以便在页面中进行访问；

(3) ActionContextCleanUp 处理过后再经过其他过滤器，如 SitMesh 等，然后传递给核心控制器 StrutsPrepareAndExecuteFilter；

(4) StrutsPrepareAndExecuteFilter 调用 ActionMapper 确定请求哪个 Action，再将控制权委派给 ActionProxy 代理；

(5) ActionProxy 代理调用配置管理器 ConfigurationManager 从配置文件 struts. xml 中读取配置信息，然后创建 ActionInvocation 对象；

(6) ActionInvocation 在调用 Action 之前会依次调用所用配置拦截器链，一旦 Action 执行结果返回结果字符串，ActionInvocation 会根据该结果字符串查找对应的 Result；

(7) Result 会调用视图模版(如 JSP、FreeMarker 等)来显示，并在给客户端 HTTP 响应之前，以相反的顺序执行拦截器链；

(8) 最后，HTTP 响应又被返回给核心控制器 StrutsPrepareAndExecuteFilter，再依次经过 web. xml 中配置的过滤器，最终发送到客户端。

2.1.4 控制器

Struts 2 的控制器组件是 Struts 2 整个框架的核心，实际上，所有 MVC 框架都是以控制器组件为核心的。如图 2-3 所示，Struts 2 的控制器由两部分组成：核心控制器 StrutsPrepareAndExecuteFilter 和业务控制器 Action。

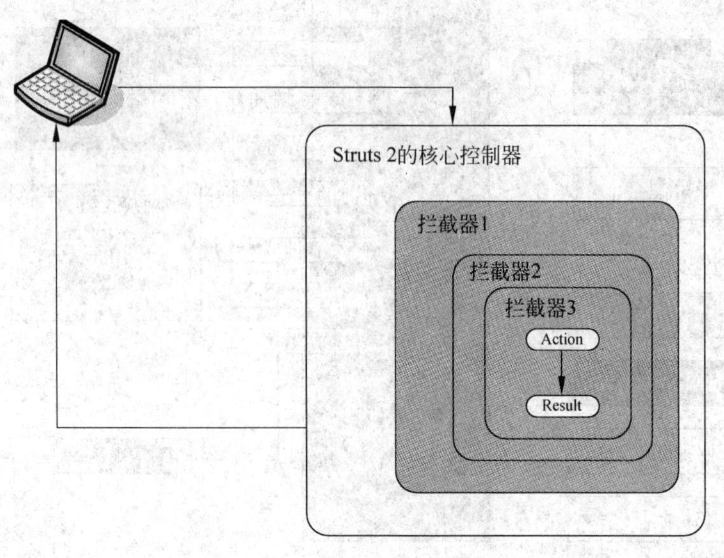

图 2-3　Struts 2 控制器

1. StrutsPrepareAndExecuteFilter

核心控制器 StrutsPrepareAndExecuteFilter 是 Struts 2 框架的核心组件，实际上是一个 Servlet 过滤器，作用于整个 Web 应用程序，需要在 web. xml 中进行配置，其配置代码如下所示。

【示例】 在 web. xml 中配置 StrutsPrepareAndExecuteFilter

```
<?xml version = "1.0" encoding = "UTF - 8"?>
<web - app xmlns:xsi = "http://www.w3.org/2001/XMLSchema - instance"
    xmlns = "http://java.sun.com/xml/ns/javaee"
    xsi:schemaLocation = "http://java.sun.com/xml/ns/javaee
        http://java.sun.com/xml/ns/javaee/web - app_2_5.xsd"
    id = "WebApp_ID" version = "2.5">
    <! -- 配置 Struts 2 框架的核心 Filter -->
    <filter>
        <! -- 过滤器名 -->
        <filter - name> struts2 </filter - name>
        <! -- 配置 Struts 2 的核心 Filter 的实现类 -->
        <filter - class> org.apache.struts2.dispatcher.ng.filter
            .StrutsPrepareAndExecuteFilter </filter - class>
    </filter>
    <! -- 让 Struts 2 的核心 Filter 拦截所有请求 -->
    <filter - mapping>
        <! -- 过滤器名 -->
        <filter - name> struts2 </filter - name>
        <! -- 匹配所有请求 -->
        <url - pattern>/ * </url - pattern>
    </filter - mapping>
</web - app>
```

任何 MVC 框架需要与 Web 应用整合时都需要借助 web. xml 配置文件。通常 MVC 框架只需要在 Web 应用中加载一个核心控制器即可，对于 Struts 2 框架而言，就是加载其核心控制器 StrutsPrepareAndExecuteFilter。一个 Web 应用只要加载 StrutsPrepareAndExecuteFilter 后，就具有了 Struts 2 的基本功能。

因为 StrutsPrepareAndExecuteFilter 是一个过滤器，所以在 web. xml 配置文件中使用<filter>及<filter-mapping>元素来配置 StrutsPrepareAndExecuteFilter。StrutsPrepareAndExecuteFilter 过滤器配置好后，当 Web 应用启动时就会加载该过滤器，并在运行过程中所有的请求都需经过该过滤器过滤后才能进一步得到处理。

2. Action

Action 是由用户定义的业务控制器，其代码如下所示。

【示例】 Action 业务控制器

```
public class LoginAction {
    //用户名
    private String userName;
    //密码
    private String password;
    public String getUserName() {
```

```
        return userName;
    }
    public void setUserName(String userName) {
        this.userName = userName;
    }
    public String getPassword() {
        return password;
    }
    public void setPassword(String password) {
        this.password = password;
    }
    public String execute() throws Exception {
        //判断用户名为"qst"且密码为"123456",则返回 success,否则返回 error
        if (userName.equals("qst") & password.equals("123456")) {
            return "success";
        }
        return "error";
    }
}
```

上述代码中,Action 类无须继承任何 Struts 2 的基类,也无须实现任何接口,该 Action 类完全是一个普通的 POJO,没有使用任何 Servlet API,代码非常简洁,具有很高的复用性。Action 类中有一个 execute()方法,该方法用于业务处理。

实际上,Struts 2 中起作用的业务控制器并不是用户定义的 Action,而是由 Struts 2 框架生成的 ActionProxy 代理,但是该 ActionProxy 代理是以用户定义的 Action 为目标的。

Struts 2 中 Action 类的优势归纳起来有如下几个方面:

- Action 类完全是一个 POJO,从而提高代码的可重用率;
- Action 类无须与任何 Servlet API 耦合,便于测试和应用;
- Action 类中的业务处理方法 execute()方法的返回值类型是 String,将一个字符串作为处理结果可以映射到任何视图上,甚至另一个 Action。

2.1.5 配置文件

当 Struts 2 框架生成 ActionProxy 代理时,需要访问 Struts 2 的配置文件,该文件中有用户定义的 Action 相关的配置信息。

Struts 2 的配置文件有以下两种:

- struts.xml 配置文件,用于配置 Action 相关信息;
- struts.properties 属性文件,用于配置 Struts 2 的全局属性。

1. struts.xml

在 struts.xml 文件中定义了 Struts 2 框架所用到的一系列 Action。在配置一个 Action 时,必须指定该 Action 的实现类,并定义该 Action 的处理结果与视图资源之间的映射关系。

struts.xml 配置文件的示例代码如下所示。

【示例】 struts.xml 配置文件

```
<?xml version="1.0" encoding="UTF-8" ?>
<!DOCTYPE struts PUBLIC
```

```
    "-//Apache Software Foundation//DTD Struts Configuration 2.3//EN"
    "http://struts.apache.org/dtds/struts-2.3.dtd">

<struts>
    <!-- 指定 Struts 2 处于开发阶段,可以进行调试 -->
    <constant name="struts.devMode" value="true" />

    <!-- Struts 2 的 Action 都必须配置在 package 里,此处使用默认 package -->
    <package name="default" namespace="/" extends="struts-default">
    <!-- 定义一个名为 user 的 Action,实现类为 com.qst.action.LoginAction -->
        <action name="user" class="com.qst.action.LoginAction">
            <!-- 配置 execute()方法返回值与视图资源之间的映射关系 -->
            <result name="success">/main.jsp</result>
            <result name="error">/error.jsp</result>
        </action>
    </package>

</struts>
```

在上述配置文件中,配置了一个 Action,并指定该 Action 所对应的实现类,再定义多个<result>元素,指明 execute()方法的返回值和视图资源之间的映射关系。例如:

```
<result name="error">/error.jsp</result>
```

其中,<result>元素的 name 属性值是 Action 的业务处理方法 execute()方法返回的字符串值;而<result>元素的起始标签和结束标签之间的内容是要转向的资源,此处转向的资源可以是 JSP 页面、FreeMarker 或者另一个 Action。上面定义的<result>元素意思是:当 Action 的业务处理方法 execute()方法的返回值是"error"字符串时,将跳转到 error.jsp 页面。

2. struts.properties

struts.properties 属性文件是 Struts 2 应用的全局属性文件,该文件中的内容是以"键/值"对的形式存储,即"key = value"的格式。

struts.properties 属性文件的示例代码如下所示。

【示例】 struts.properties 属性文件

```
#指定 web 应用的默认的编码集
struts.i18n.encoding=UTF-8
#当 struts.xml 修改后是否重新加载该文件,在开发阶段最好打开
struts.configuration.xml.reload=true
#设置浏览器是否缓存静态内容,开发阶段最好关闭
struts.serve.static.browserCache=false
```

2.1.6 标签库

Struts 2 的标签库提供了非常丰富的功能,标签库中的各种标签不仅提供了表现层的数据处理,还提供了基本的流程控制功能,另外还支持国际化、Ajax 等功能。Struts 2 标签库最大限度地减少了页面中代码的书写量,是 Struts 2 框架的重要组成部分。

下述代码在 JSP 页面中使用了 Struts 2 的标签库。

【示例】 使用 Struts 2 标签库

```
<%@ page language="java" contentType="text/html; charset=UTF-8"
    pageEncoding="UTF-8"%>
<%@taglib prefix="s" uri="/struts-tags"%>
<html>
    <head>
        <meta http-equiv="Content-Type" content="text/html; charset=UTF-8">
        <title>注册信息</title>
    </head>
    <body>
        用户名:<s:property value="userName"/><br/>
        密码:<s:property value="password"/><br/>
        姓名:<s:property value="name"/><br/>
    </body>
</html>
```

上述 JSP 页面中导入了 Struts 2 标签库,并使用标签库中提供的标签来显示数据。Struts 2 标签库使用起来非常方便,也使得页面代码更加简洁。

Struts 2 标签库的功能非常全,可以完全替代 JSTL 标签库;而且 Struts 2 标签库支持 OGNL(Object Graph Notation Language)表达式语言,功能非常强大。

注意

本节内容只是让读者了解 Struts 2 标签库的功能及特点,关于 Struts 2 标签库的详细介绍参见本书第 4 章内容。

2.2 Hello Struts 2

本节内容以 Hello Struts 2 为例,详细介绍在 Struts 2 框架下开发 Web 应用的具体步骤。

(1) 下载和安装 Struts 2 框架,配置 Struts 2 应用环境。

(2) 创建输入视图,即 input.jsp 页面,接收用户输入的数据。

(3) 创建用户业务控制器,即 UserAction 类,并实现其业务处理方法 execute()方法。

(4) 在 struts.xml 中配置业务控制器 UserAction。

(5) 创建结果视图,即 result.jsp 页面,显示结果数据。

(6) 运行 Web 应用,显示结果页面。

2.2.1 配置 Struts 2 框架

配置 Struts 2 框架,使得一个 Web 应用能够支持 Struts 2 的功能,需要经过以下三步:

(1) 下载 Struts 2 框架的压缩包,并解压缩;

(2) 在 Eclipse 中新建一个空的 Web 应用,并将 Struts 2 框架的基本类库 jar 包复制到 Web 应用的 WEB-INF/lib 路径下;

(3) 在 Web 应用的 web.xml 配置文件中配置 Struts 2 的核心控制器 StrutsPrepareAndExecuteFilter。

1. 下载 Struts 2 框架

登录 Apache Struts 官方网站并进入下载页面，下载 Struts 2.3 版框架压缩包，下载网址是 http://struts.apache.org/download.cgi，如图 2-4 所示，下载 Struts 2.3.16.3 完整版。

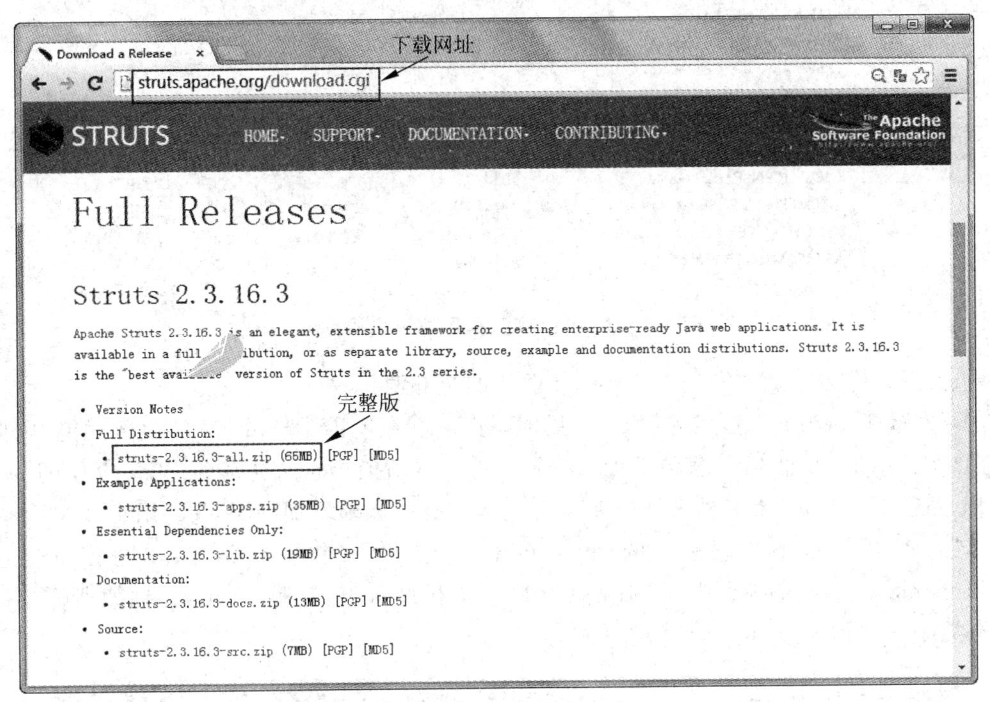

图 2-4 下载 Struts 2 框架的 jar 包

在 Struts 2.3.16.3 下有 5 个下载选项。

- Full Distribution：下载 Struts 2 的完整版，包括 Struts 2 框架的 jar 包、示例以及依赖的 jar 包等；
- Example Applications：下载 Struts 2 的示例应用，便于学习 Struts 2，完整版已经包含该选项；
- Essential Dependencies Only：仅下载 Struts 2 的核心库，完整版已包含该选项；
- Documentation：下载 Struts 2 的相关文档，包括 Struts 2 的开发文档、参考手册以及 API 文档等，完整版已包含该选项；
- Source：下载 Struts 2 的全部源代码，完整版已包括该选项。

解压 struts-2.3.16.3-all.zip 压缩包，解压后的文件夹目录如图 2-5 所示。

Struts 2 框架压缩包解压后的主要文件结构介绍如下：

- apps——该文件夹下包含了 5 个 war 文件，都是基于 Struts 2 的 Web 应用示例，程序员可以通过这些示例来学习、研究 Struts 2 技术；
- docs——该文件夹下包含了 Struts 2 的开发文档、参考手册以及 API 文档，开发时需要经常查阅这些帮助文档；
- lib——该文件夹下包含了 Struts 2 框架的核心类库以及 Struts 2 框架的第三方类库，开发基于 Struts 2 框架的 Web 应用时，需要将该目录下的一些 jar 包复制到 Web 应用的“WEB-INF/lib”路径下；

名称	修改日期	类型	大小
apps	2014/5/2 18:04	文件夹	
docs	2014/5/2 18:04	文件夹	
lib	2014/5/2 18:04	文件夹	
src	2014/5/2 18:04	文件夹	
ANTLR-LICENSE.txt	2014/5/2 17:19	文本文档	2 KB
CLASSWORLDS-LICENSE.txt	2014/5/2 17:19	文本文档	2 KB
FREEMARKER-LICENSE.txt	2014/5/2 17:19	文本文档	3 KB
LICENSE.txt	2014/5/2 17:19	文本文档	10 KB
NOTICE.txt	2014/5/2 17:19	文本文档	1 KB
OGNL-LICENSE.txt	2014/5/2 17:19	文本文档	3 KB
OVAL-LICENSE.txt	2014/5/2 17:19	文本文档	12 KB
SITEMESH-LICENSE.txt	2014/5/2 17:19	文本文档	3 KB
XPP3-LICENSE.txt	2014/5/2 17:19	文本文档	3 KB
XSTREAM-LICENSE.txt	2014/5/2 17:19	文本文档	2 KB

图 2-5　Struts 2 完整版压缩包中的目录

- src——该文件夹下包含了 Struts 2 框架的全部源代码。

在开发基于 Struts 2 框架的 Web 应用时，并不需要应用到 Struts 2 的全部功能，因此没必要直接将 Struts 2 框架压缩包下的 lib 子目录中的所有 jar 包复制到 Web 应用的 WEB-INF/lib 路径下，但 Struts 2 框架所需要的一些基本类库必须增加到 Web 应用中。

通常，Struts 2 框架压缩包下的 apps 子目录中提供一个基于 Struts 2 框架的空项目 struts2-blank.war，该空项目中 WEB-INF/lib 目录下的 jar 包就是 Struts 2 框架所需要的一些基本类库，如图 2-6 所示。

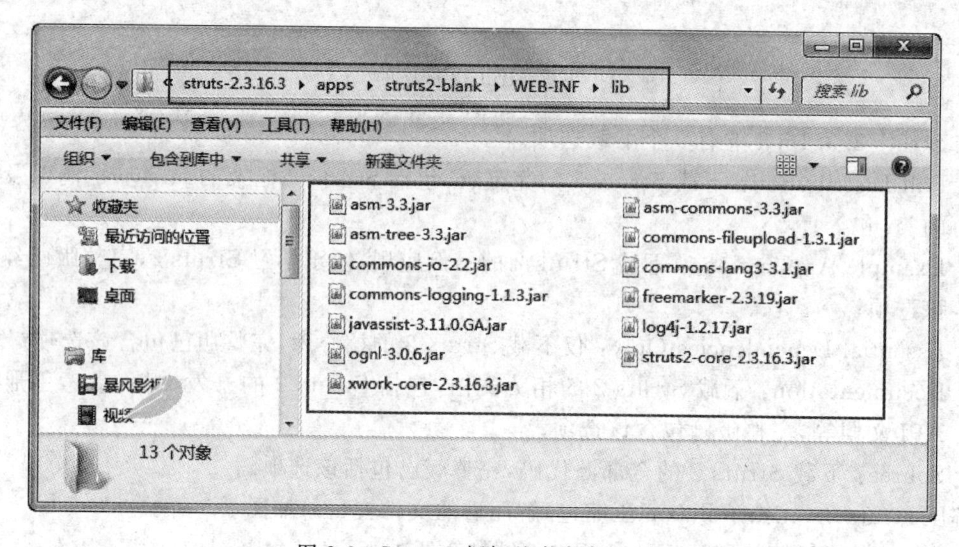

图 2-6　Struts 2 框架基本类库 jar 包

2. 复制 Struts 2 框架的 jar 包到 Web 应用

在 Eclipse 中新建一个空的、名为 chapter02 的 Web 应用，注意 Web 应用的版本选项 Dynamic web module version 选择 2.5 版。再将 Struts 2 框架的基本类库 jar 包复制到该应用的 WEB-INF/lib 路径下，如图 2-7 所示。

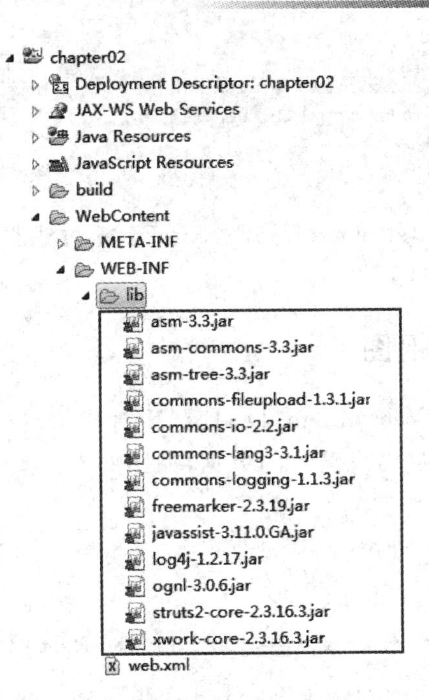

图 2-7 Struts 2 框架 jar 包

3. 配置 StrutsPrepareAndExecuteFilter

打开 Web 应用的配置文件 web.xml，在该配置文件中增加 Struts 2 的核心控制器 StrutsPrepareAndExecuteFilter 的配置信息。配置 StrutsPrepareAndExecuteFilter 的代码如下所示。

【代码 2-1】 web.xml

```
<?xml version="1.0" encoding="UTF-8"?>
<web-app xmlns:xsi="http://www.w3.org/2001/XMLSchema-instance"
    xmlns="http://java.sun.com/xml/ns/javaee"
    xsi:schemaLocation="http://java.sun.com/xml/ns/javaee
        http://java.sun.com/xml/ns/javaee/web-app_2_5.xsd"
    id="WebApp_ID" version="2.5">
    <display-name>chapter02</display-name>
    <!-- 配置 Struts 2 框架的核心 Filter -->
    <filter>
        <!-- 过滤器名 -->
        <filter-name>struts2</filter-name>
        <!-- 配置 Struts 2 的核心 Filter 的实现类 -->
        <filter-class>org.apache.struts2.dispatcher.ng.filter
            .StrutsPrepareAndExecuteFilter</filter-class>
    </filter>
    <!-- 让 Struts 2 的核心 Filter 拦截所有请求 -->
    <filter-mapping>
        <!-- 过滤器名 -->
        <filter-name>struts2</filter-name>
        <!-- 匹配所有请求 -->
        <url-pattern>/*</url-pattern>
    </filter-mapping>
    <!-- 欢迎页面列表 -->
```

```
        <welcome-file-list>
            <welcome-file>index.html</welcome-file>
            <welcome-file>index.jsp</welcome-file>
        </welcome-file-list>
    </web-app>
```

在 web.xml 中配置 StrutsPrepareAndExecuteFilter 过滤器后，Web 应用就具备了 Struts 2 框架的基本功能支持。

2.2.2 创建输入视图

在 chapter02 项目的 WebContent 根目录下创建 input.jsp 输入页面，用于接收用户输入的数据，如图 2-8 所示。

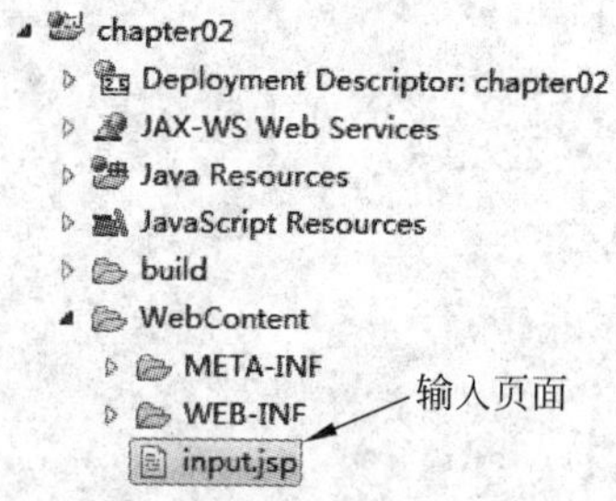

图 2-8 创建 input.jsp 页面

input.jsp 页面的代码如下所示。

【代码 2-2】 input.jsp

```
<%@ page language="java" contentType="text/html; charset=UTF-8"
        pageEncoding="UTF-8"%>
<!DOCTYPE html PUBLIC "-//W3C//DTD HTML 4.01 Transitional//EN"
        "http://www.w3.org/TR/html4/loose.dtd">
<html>
    <head>
        <title>用户信息采集</title>
    </head>
    <body>
        <form method="post" action="user.action">
            用户名:<input type="text" name="userName" /><br/>
            地址:<input type="text" name="address" /><br/>
            电话:<input type="text" name="telephone" /><br/>
            邮箱:<input type="text" name="email" /><br/>
            <input type="submit" value="提交" />
        </form>
    </body>
</html>
```

上述页面代码中定义一个表单，该表单提交给 user.action 进行处理。表单中有 4 个输入文本框，分别接收用户名、地址、电话和邮箱这 4 项用户数据。

2.2.3 创建业务控制器

在 chapter02 项目的源代码 src 目录下，创建 com.qst.chapter02.action 包，并添加用于处理用户数据的业务控制器 UserAction 类，如图 2-9 所示。

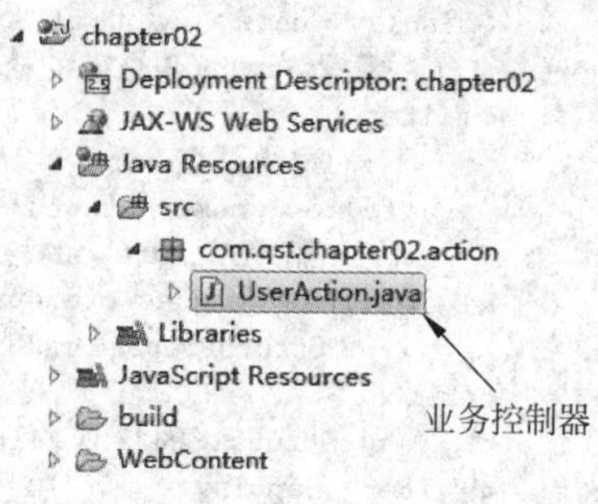

图 2-9 创建 UserAction 业务控制器

UserAction 业务控制器代码如下所示。

【代码 2-3】 UserAction.java

```
package com.qst.chapter02.action;

public class UserAction {
```

```
        //用户名
        private String userName;
        //地址
        private String address;
        //电话
        private String telephone;
        //邮箱
        private String email;

        public String getUserName() {
            return userName;
        }

        public void setUserName(String userName) {
            this.userName = userName;
        }

        public String getAddress() {
            return address;
        }

        public void setAddress(String address) {
            this.address = address;
        }

        public String getTelephone() {
            return telephone;
        }

        public void setTelephone(String telephone) {
            this.telephone = telephone;
        }

        public String getEmail() {
            return email;
        }

        public void setEmail(String email) {
            this.email = email;
        }

        public String execute() throws Exception {

            if (userName.length() > 0 & address.equals("青岛")) {
                return "success";
            } else {
                return "error";
            }
        }

    }
```

上述代码中,UserAction 是一个 POJO,定义了 4 个属性：userName、address、telephone 和 email,这 4 个属性名必须跟 input.jsp 页面中的输入文本框的 name 属性值对应；然后,对这 4 个属性提供相应的 getter/setter 方法。如此,当用户提交 input.jsp 页面中的表单时,表单中输入的数据会通过 setter 方法设置到相应的属性中。在业务处理方法 execute()方法中,判断数据是否符合要求，并返回"success"或"error"字符串。

2.2.4 配置业务控制器

在 chapter02 项目的源代码 src 目录下，添加 Struts 2 的配置文件 struts.xml，如图 2-10 所示。

打开 struts.xml 配置文件，在该文件中配置 UserAction，代码如下所示。

chapter02
Deployment Descriptor: chapter02
JAX-WS Web Services
Java Resources
src
com.qst.chapter02.action
struts.xml
Libraries
JavaScript Resources
build
WebContent
Struts 2配置文件

图 2-10 struts.xml 配置文件位置

【代码 2-4】 struts.xml

```
<?xml version="1.0" encoding="UTF-8" ?>
<!DOCTYPE struts PUBLIC
    "-//Apache Software Foundation//DTD Struts Configuration 2.3//EN"
    "http://struts.apache.org/dtds/struts-2.3.dtd">

<struts>
    <!-- 指定 Struts 2 处于开发阶段,可以进行调试 -->
    <constant name="struts.devMode" value="true" />

    <!-- Struts 2 的 Action 都必须配置在 package 里,此处使用默认 package -->
    <package name="default" namespace="/" extends="struts-default">
    <!-- 定义一个名为 user 的 Action,实现类为 com.qst.chapter02.action.UserAction -->
        <action name="user" class="com.qst.chapter02.action.UserAction">
            <!-- 配置 execute()方法返回值与视图资源之间的映射关系 -->
            <result name="success">/result.jsp</result>
            <result name="error">/error.jsp</result>
        </action>
    </package>

</struts>
```

在上述 struts.xml 配置文件中，配置了一个名为 user 的 Action，并指明该 Action 所对应的实现类为 com.qst.chapter02.action.UserAction。在<result>元素中指明 execute()方法返回值与视图页面资源之间的映射关系。

2.2.5 创建结果视图

在 WebContent 目录中创建结果视图，即 result.jsp 页面，代码如下所示。

【代码 2-5】 result.jsp

```
<%@ page language="java" contentType="text/html; charset=UTF-8"
    pageEncoding="UTF-8"%>
<!DOCTYPE html PUBLIC "-//W3C//DTD HTML 4.01 Transitional//EN"
    "http://www.w3.org/TR/html4/loose.dtd">
<html>
    <head>
        <title>显示用户信息</title>
    </head>
    <body>
            用户名: ${param.userName} <br/>
            地址: ${param.address} <br/>
```

```
            电话: ${param.telephone}<br/>
            邮箱: ${param.email}<br/>
    </body>
</html>
```

上述页面中使用 EL 表达式显示用户信息。

再编写一个错误页面 error.jsp,代码如下所示。

【代码 2-6】 error.jsp

```
<%@ page language="java" contentType="text/html; charset=UTF-8"
    pageEncoding="UTF-8"%>
<!DOCTYPE html PUBLIC "-//W3C//DTD HTML 4.01 Transitional//EN"
    "http://www.w3.org/TR/html4/loose.dtd">
<html>
    <head>
        <title>错误页面</title>
    </head>
    <body>
        您输入的信息不符合要求,请重新输入!
    </body>
</html>
```

2.2.6 运行显示视图

启动 Tomcat 服务器,运行 chapter02 项目。如图 2-11 所示,在浏览器中输入 http://localhost:8080/chapter02/input.jsp,并输入用户数据进行采集。

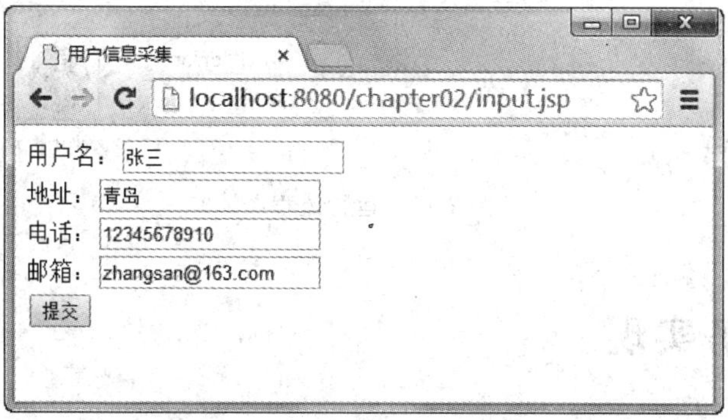

图 2-11 input.jsp 输入页面

单击"提交"按钮,成功后显示结果信息页面 result.jsp,如图 2-12 所示。

图 2-12 result.jsp 结果页面

如果输入的信息不符合要求，则显示错误页面 error.jsp，如图 2-13 所示。

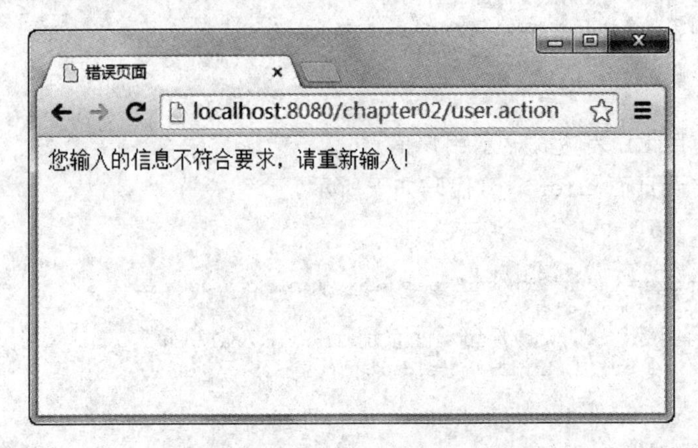

图 2-13　error.jsp 错误页面

Hello Struts 2 案例的整个运行流程图如图 2-14 所示。

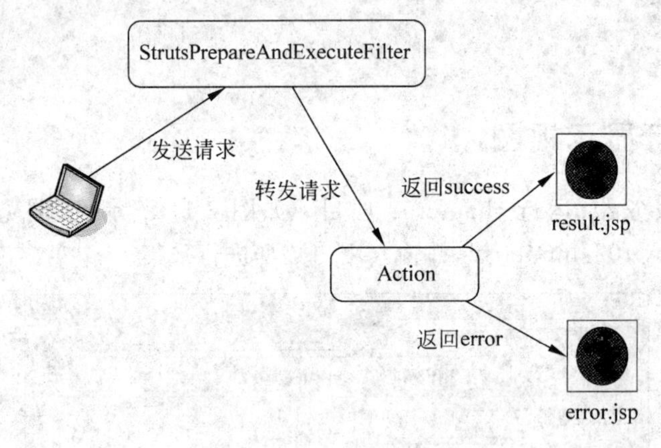

图 2-14　运行流程图

2.3　贯穿任务实现

2.3.1　实现任务 2-1

下述内容"GIFT-EMS 礼记"系统中的任务 2-1 项目背景介绍及需求分析。

"GIFT-EMS 礼记"系统以推荐礼物攻略为核心，收集时下潮流的礼物和送礼物的方法，为用户呈现热门的礼物攻略，通过"送给 TA"等功能，意在帮助用户给恋人、家人、朋友、同事制造生日、节日、纪念日惊喜。除了推荐礼物攻略，"礼物商店"等特色功能。

"GIFT-EMS 礼记"系统分为两部分：前台的用户购物系统和后台的礼品管理系统。前台用户购物系统提供给用户浏览礼品、查看攻略、购买礼品、生成订单、送礼等功能；后台管理系统给系统管理员使用，负责礼品、类型、订单、发货的管理等功能。主要功能结构如图 2-15 所示。

"GIFT-EMS 礼记"前台功能模块如表 2-1 所示。

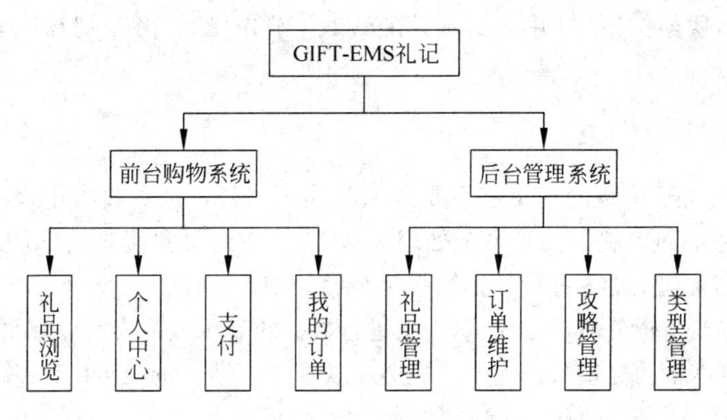

图 2-15　系统功能模块图

表 2-1　前台功能列表

模　　块	说　　明
礼品浏览	用户通过礼品列表进入礼品详情界面，同一个礼品有多个款式，不同的款式价格不同
个人中心	包括修改密码、我的订单、安全退出等功能点
支付	用户选购完礼品后，进行购买，生成订单然后进行支付
我的订单	可以查看全部订单、已付款订单、已完成订单、待付款订单等，并且可以对订单进行查看、取消、确认收货等操作
攻略	用户可以浏览并查看攻略详情

"GIFT-EMS 礼记"后台功能模块如表 2-2 所示。

表 2-2　后台功能列表

模　　块	说　　明
礼品管理	进行礼品的添加、修改等维护操作，并最终进行礼品的发布，礼品发布后，前台可以看到新发布的礼品
订单维护	可以对订单进行查看、对礼品进行发货、退款等操作
攻略维护	后台通过对攻略的增、删、改、查，进行攻略维护
类型管理	对礼品的类型进行增、删、改、查的维护

注意

> 本项目来源于企业中的真实产品，模块功能较多，限于篇幅问题，本书只展示系统的前台，后台不做讲解，用户可以下载有关代码进行研究。

2.3.2　实现任务 2-2

下述内容"GIFT-EMS 礼记"系统中的任务 2-2 项目架构设计。

本系统采用的技术选型描述如下：

- 在实现上采用 B/S 架构，即浏览器/服务器架构。
- 使用 Struts 2 作为 MVC 框架实现模型、视图、控制器的分层。
- 使用 Hibernate 框架实现对象的持久化，数据库采用 MySql。
- 使用 Spring 框架作为基础框架，完成三个框架的集成。

本系统采用多层架构模式，并且每一层在1.1.1节中已经介绍，现在结合“GIFT-EMS礼记”系统分别介绍。

1. 表示层

“GIFT-EMS礼记”系统的视图层主要由JSP实现。JSP负责收集用户的各种请求信息，并提交到控制层特定的控制器。等系统处理完请求后，控制器负责把请求的结果交与JSP，并由JSP进一步进行处理，最终由JSP把结果呈现给用户。

为了便于代码与逻辑分离，在JSP页面上进行数据的展示或提交时，尽量使用Struts 2提供的标签或JSP自身携带的标签来处理。一些交互效果，特别是Ajax效果，采用jQuery来实现。

本系统中表示层JSP页面的目录层如图2-16所示。

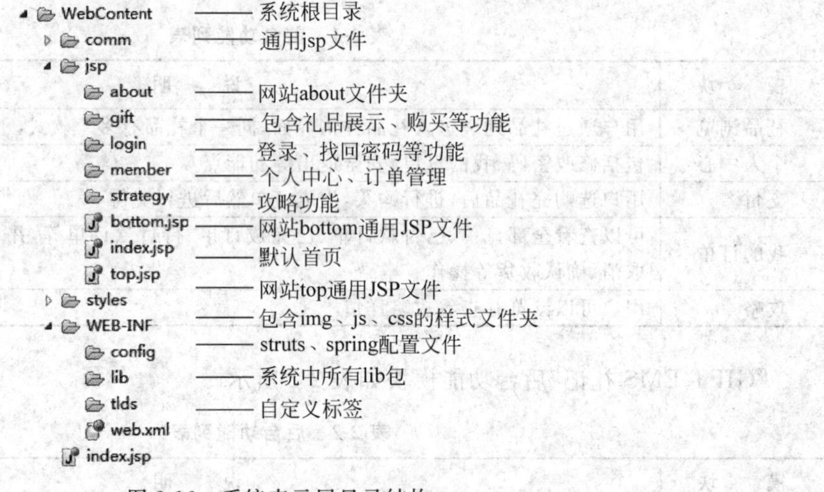

图2-16 系统表示层目录结构

2. 控制层

针对每个业务模块，都需要设计用于控制请求和转发的控制类Action。这些Action需要在Struts 2配置文件中进行配置。在Action中，调用相应的业务逻辑类来完成特定的业务。控制层所有的Action都依赖于具体的业务逻辑类，该依赖关系是通过Spring框架的依赖注入实现的。

3. 业务逻辑层

用户操作的所有业务逻辑都封装在业务逻辑层，比如，用户购买礼品的业务逻辑等等。针对每个业务操作在业务逻辑类中都有一个方法与之对应，通常相关业务操作都封装到一个业务类中，该类的名称以Service结尾。当在Action中接受用户请求后，Action会调用对应的业务类Service中的方法来完成业务逻辑的处理。

4. 数据访问层设计

数据访问层通常被称为DAO层。在本系统中，使用Hibernate框架作为数据持久层，因此在DAO层将采用Hibernate的方式来访问数据库。通过Spring IoC功能，使得Struts 2和Hibernate得以在Spring中进行集成。在使用Struts 2时，需要把Action配置在Spring配置文件中，通过Spring IoC容器进行Action对象生命周期的管理；使用Hibernate时，结合Spring框架的 DAO 支持,不是直接使用 Hibernate 中的 Session 接口,而是让系统中的 DAO 类都继承 Spring 框架提供的 HibernateDaoSupport 类,访问数据库通过 HibernateTemplate 模板类来实现。

5. POJO 设计

系统中针对每个业务实体,需要声明一个 POJO,在 Hibernate 框架的映射文件中配置好 POJO 和数据库的表之间的映射关系。

根据系统的需求,“GIFT-EMS 礼记”系统所需要的 POJO 类,如表 2-3 所示。

表 2-3 POJO 类列表

类 名	说 明
User	用户类。在本系统中,所有业务类都是围绕着 User 进行设计的
GiftType	礼品类型类。礼品类型有多个,比如,鲜花、红酒、宠物等等
Gift	礼品类。本系统中,用户可以选择不同的礼品,加入购物车进行购买,也可以购买礼品后,送礼给某一个用户
GiftStyle	礼品款式类。每一个礼品都有多个款式,不同的款式价格可以不同,可自行设置
Order	订单类。订单分为多个状态,例如,交易成功、交易失败、待支付、已支付、待发货、已发货、已收货等状态
OrderItem	订单明细表。一个订单对象对应多个订单明细对象,每个订单明细对象又关联着一个礼品对象
ShoppingCart	购物车类。用户未登录时,通过 Cookie 机制,用户可以在购物车中添加礼品,登录后,礼品自动添加到购物车中
Strategy	攻略类。用于向用户展示的有关各种送礼方式的类

系统中主要实体类之间的关系如图 2-17 所示。

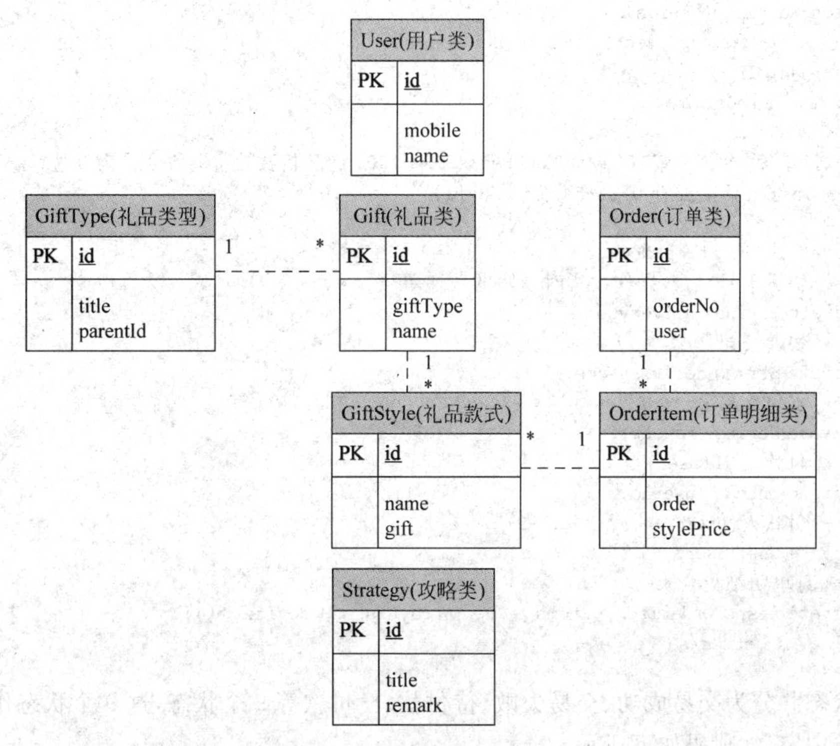

图 2-17 主要实体类关系图

“GIFT-EMS 礼记”系统中实体类的代码分别如下所示。

【任务 2-2】 User.java

```
public class User implements java.io.Serializable{
    /** ID **/
    private Integer id;
    /** 用户名 **/
    private String userName;
    /** 密码 **/
    private String password;
    /** 邮箱 **/
    private String email;
    /** 性别 **/
    private String sex;
    /** 生日 **/
    private Date birthday;
    /** 手机 **/
    private String mobile;
    /** 账户余额 **/
    private Float balance;
    /** 积分 **/
    private Integer point;
    /** 创建时间 **/
   ......省略 getter/setter 方法
;
```

【任务 2-2】 Order.java 中的属性

```
/**
 * 用户订单
 */
@SuppressWarnings("serial")
public class Order implements java.io.Serializable {
    /** 订单 ID **/
    private Integer id;
    /**
     * 订单编号(订单编号(yyyyMMddHHmmssSSS + 1000 内随机数) 随机数默认为 3 位,
      * 不够的话前面补 0,这样确定为 20 位)
     */
    private String orderNo;
    /** 快递单号:后台操作发货时填写的快递单号 **/
    private String deliveryNo;
    /** 快递公司名称 **/
    private String deliveryName;
    /** 支付交易号 **/
    private String transNo;
    /** 付款人 ID(user) **/
    private Integer userId;
    /** 付款人(user) **/
    private User user;
    /** 订单明细集合 **/
    private List<OrderItem> items = new ArrayList<OrderItem>();
    ......省略 getter/setter 方法
```

订单状态共分为交易成功、交易失败、待付款、已付款等 9 个状态,这 9 个状态作为常量值在 Order 类中定义,代码如下所示。

【任务 2-2】 Order.java

```
/**
 * 用户订单
 */
@SuppressWarnings("serial")
public class Order implements java.io.Serializable {
    /**
     * 状态: 交易成功 前台: 确认收货后,状态改变
     */
    public static final int PAY_SUCCESS = 1;
    /**
     * 状态: 交易关闭 后台: 退货后,交易关闭 或 前台订单超时后,交易关闭 或 前台申请退货,后台
操作"退货"按钮
     * 订单待支付时,用户也可以选择管理该订单进行关闭
     */
    public static final int PAY_CLOSED = 2;
    /**
     * 状态: 买家待支付 前台: 用户提交订单后,修改至买家待支付状态
     */
    public static final int PAY_DAIZHIFU = 3;
    /**
     * 状态: 买家已支付 前台: 支付成功后,显示买家已支付 后台: 根据买家已支付的状态,修改卖
家代发货状态
     */
    public static final int PAY_YIZHIFU = 4;
    /**
     * 状态: 等待代付 前台: 用户操作: 代付
     */
    public static final int PAY_DENGDAIDAIFU = 5;
    /**
     * 状态: 代付完成 前台: 代付成功后,显示代付完成 后台: 根据买家支付情况,修改卖家代发货状态
     */
    public static int PAY_DAIFUWANCHENG = 6;
    /**
     * 状态: 卖家待发货 后台: 卖家发货后,单击"发货"按钮后状态变为已发货
     */
    public static final int PAY_DAIFAHUO = 7;
    /**
     * 状态: 卖家已发货 前台: 用户单击"确认收货"按钮后,修改 PAY_SUCCESS 状态
     */
    public static final int PAY_YIFAHUO = 8;
    /**
     * 状态: 退货中 前台: 单击"退款"按钮,并修改订单状态为 PAY_TUIHUO 状态 后台: 受理退货,查
询待退款状态的订单,修改状态为交易关闭
     */
    public static final int PAY_TUIHUO = 9;
```

读者可以根据订单的这些状态值了解系统对订单处理的流程。

礼品类型 GiftType 实体类的代码如下所示。

【任务 2-2】 GiftType.java

```
/**
 * 礼品类型
 */
@SuppressWarnings("serial")
```

```
public class GiftType implements java.io.Serializable {
    /** 主键 Id **/
    private Integer id;
    /** 类型名称 **/
    private String name;
    /** 父类型 id **/
    private Integer parentId;
    /** 该类型对应的图片 **/
    private String pic;
    /** 用于排序 **/
    private Integer orderNum;
    //图片对应的 uuid 名称
    private String picUuid;
    /** 子类型 **/
    private Set<GiftType> subTypes;
    /** 第一个对象 **/
    private Gift first;
    ...省略 getter/setter 方法
```

Gift 礼品类代码如下所示。

【任务 2-2】 Gift.java

```
/**
 * 礼品
 */
@SuppressWarnings("serial")
public class Gift implements java.io.Serializable{
    /** id **/
    private Integer id;
    /** 名称 **/
    private String name;
    /** 商品编号 **/
    private String giftNo;
    /** 类型 **/
    private Integer typeId;
    private GiftType type;
    /** 赞的数量 **/
    private Integer likes;
    /** 销售数量 **/
    private Integer sales;
    /** 生产时间 **/
    private String produceTime;
    /** 介绍 **/
    private String remark;
    /** 删除标志 0: 正常 1: 回收站 **/
    private boolean deleted;
    /** 发布时间 **/
    private String publishTime;
    /** 发布者姓名 **/
    /** 下架时间 **/
    private String downTime;
    /** 状态 0: 编辑 1: 上架 2: 下架 **/
    private Integer status;
    ...省略其他属性及 getter/setter 方法
}
```

GiftStyle 礼品款式代码如下所示。

【任务 2-2】 GiftStyle.java

```
/**
 * 款式与礼品是多对一关系
 */
@SuppressWarnings("serial")
public class GiftStyle implements java.io.Serializable {
    /** 主键 Id **/
    private Integer id;
    /** 对应 Gift 的 Id **/
    private Integer giftId;
    /** 所属 Gift **/
    private Gift gift;
    /** 款式名称 **/
    private String name;
    /** 款式价格 **/
    private Float price;
    /** 折扣价格 **/
    private Float discount;
    /** 款式对应图片 1 **/
    private String pic1;
    /** 款式对应图片 2 **/
    private String pic2;
    /** 款式对应图片 3 **/
    private String pic3;
    /** 款式对应图片 4 **/
    private String pic4;
    /** 款式对应图片 5 **/
    private String pic5;
    /** 款式顺序 **/
    private Integer orderNum;
    /** 款式描述 **/
    private String remark;
    ...省略 getter/setter 方法
}
```

本系统按照功能模块进行划分，每个功能模块中划分 Action 层、Service 层、Dao 层和 POJO 层，这样结构清晰、便于管理，包的目录层次结构及功能如图 2-18 所示。

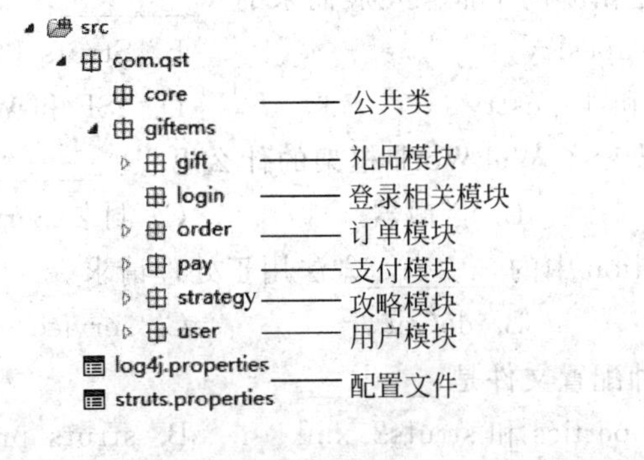

图 2-18 功能模块图

本章总结

小结

- Struts 2 是将 Struts 1 和 WebWork 两种技术进行兼容、合并的全新的 MVC 框架。
- Struts 2 大量使用拦截器来处理用户的请求。
- Struts 2 的控制器由两部分组成：核心控制器 StrutsPrepareAndExecuteFilter 和业务控制器 Action。
- 在 struts. xml 文件中定义了 Struts 2 框架所用到的一系列 Action。
- 在 web. xml 中配置 StrutsPrepareAndExecuteFilter 过滤器后，Web 应用就具备 Struts 2 框架的基本功能支持。

Q&A

问题：简述 Struts 2 的优点。

回答：Struts 2 支持更多的表现层技术，有更好的适应性；Struts 2 中的 Action 无须与 Servlet API 耦合，使得测试更加容易，同时也提高代码的重用率；Struts 2 具有更好的模块化和可扩展性。

章节练习

习题

1. Struts 2 框架在下面________文件中配置 Action 信息。

   A. web. xml　　B. struts. xml

   C. struts. properties　　D. index. jsp

2. Struts 2 框架的核心控制器是________。

   A. Action　　B. ActionServlet

   C. StrutsPrepareAndExecuteFilter　　D. HttpServlet

3. Struts 2 框架是由哪两个框架发展而来的？________

   A. Struts 和 Tapestry　　B. Struts 和 WebWork

   C. WebWork 和 Tapestry　　D. JSF 和 WebWork

4. Struts 2 主要借鉴了 WebWork 框架的什么思想？________

   A. MVC　　B. 拦截器　　C. 封装 Servlet　　D. 前端控制器

5. Struts 2 的 Action 中的________方法用于处理请求。

   A. doPost　　B. doGet　　C. service　　D. execute

6. Struts 2 的两种配置文件是________。

   A. struts2. properties 和 struts2. xml　　B. struts. properties 和 struts. xml

   C. struts2. properties 和 struts2. config　　D. struts. properties 和 struts. config

7. 在下面________文件中配置 Struts 2 的核心控制器后，一个 Web 应用就具有 Struts 2 框架的基本功能。

A. web. xml　　　　B. struts. xml

C. struts. properties　　　　D. struts2. xml

8. Struts 2 框架的核心控制过滤器是________。

上机

1. 训练目标：搭建 Struts 2 框架开发环境。

培养能力	Struts 2 开发环境搭建。		
掌握程度	★★★★★	难度	中
代码行数	0	实施方式	重复操作
结束条件	能独立搭建 Struts 2 开发环境		

参考训练内容

(1) 下载并解压 Struts 2 框架压缩包；

(2) 将 jar 包复制到 Web 应用；

(3) 配置核心控制器 StrutsPrepareAndExecuteFilter。

2. 训练目标：在 Struts 2 框架下进行开发。

培养能力	掌握在 Struts 2 框架下进行开发的步骤。		
掌握程度	★★★★★	难度	中
代码行数	300	实施方式	编码强化
结束条件	独立编写，不出错		

参考训练内容

(1) 使用 Struts 2 框架，编写一个登录功能；

(2) 要求输入用户名和密码，判断是否登录成功；

(3) 单击提交后，在页面显示是否登录成功。

Struts 2进阶

本章任务是了解“GIFT-EMS 礼记”基础功能设计：

- 【任务 3-1】 设计及实现 BaseAction 基础类和 ActionContext 工具类。
- 【任务 3-2】 Session 管理功能设计及实现。
- 【任务 3-3】 实现 login/logout 功能。

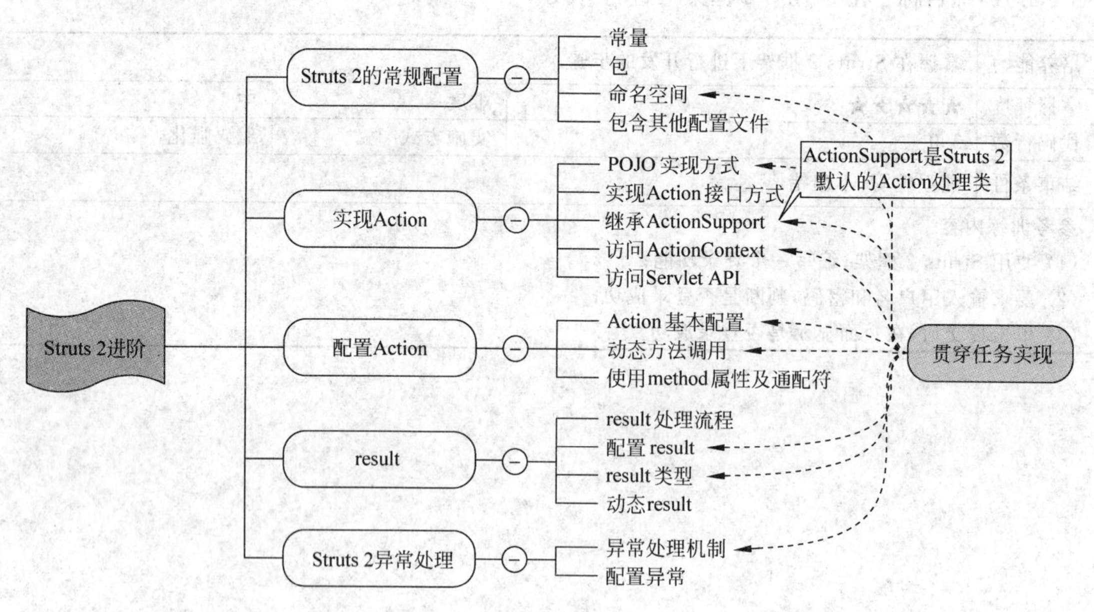

本章目标

知　识　点	Listen(听)	Know(懂)	Do(做)	Revise(复习)	Master(精通)
配置文件	★	★	★	★	★
Action	★	★	★	★	★
result	★	★	★		
Struts 2 异常处理	★	★	★		

3.1 Struts 2 的常规配置

配置文件降低了各组件之间的耦合，是联系整个 Struts 2 框架的纽带，通过配置文件将 Struts 2 的核心控制器 StrutsPrepareAndExecuteFilter、业务控制器 Action 以及视图等组件关联在一起，实现相应的功能。虽然 Struts 2 提供了 Convention 插件来管理 Action、result，但大多数情况下配置文件还是采用 XML 文件形式。Struts 2 的默认配置文件是 struts. xml，通常放在 WEB-INF/classes 路径下（Web 应用的类加载路径）。struts. xml 配置文件最大的作用就是配置 Action 和请求之间的对应关系，并配置逻辑视图名和物理视图资源之间的对应关系；除此之外，struts. xml 文件还可以配置 Bean、常量以及导入其他配置文件等。

3.1.1 常量

Struts 2 规定了一些特定的对整个 Struts 2 应用起作用的常量，通过配置这些常量的值，可以改变 Struts 2 框架的一些默认行为。Struts 2 可以在三种文件中对常量进行配置：struts. xml、struts. properties 和 web. xml。在不同配置文件中配置相同的常量时，会出现常量覆盖的情况：后一个配置文件会覆盖前一个配置文件中的常量值。Struts 2 中常量加载顺序与常量覆盖顺序正好相反，如图 3-1 所示。

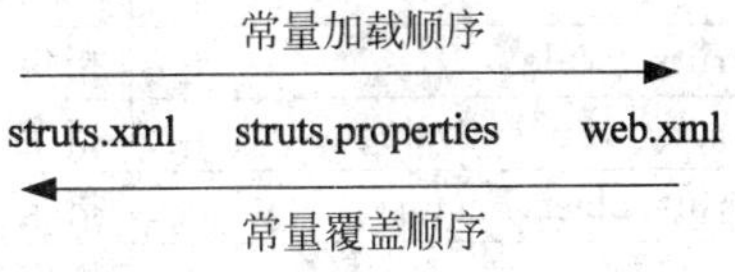

常量加载顺序 →

struts.xml　　struts.properties　　web.xml

← 常量覆盖顺序

图 3-1　常量加载与覆盖顺序

Struts 2 按照常量加载顺序 struts. xml→struts. properties→web. xml 搜索常量，因此后面配置文件会覆盖前面配置文件中相同的常量值。例如，在 struts. xml 中配置一个常量 I，在 web. xml 中也配置同样的常量 I，则 web. xml 中的常量 I 会覆盖 struts. xml 中的常量 I。

定义常量需要指定两个属性：常量名 name 和常量值 value。

在 struts. xml 配置文件中使用<constant>标签元素配置常量，示例代码如下：

【示例】　在 struts. xml 中配置常量

```
<struts>
    <!-- 使用 constant 标签元素配置常量 -->
    <constant name = "struts.i18n.encoding" value = "GBK" />
    ...省略
</struts>
```

上述代码使用<constant>标签配置一个 name 为 struts. i18n. encoding，值为 GBK 的常量，该常量设置请求参数的编码字符集，相当于调用 HttpServletRequest 的 setCharacterEncoding()方法。默认情况下，struts. i18n. encoding 的常量值是 UTF-8。

在 struts. properties 文件中配置常量与 struts. xml 类似，该文件包含了系列的键值对 key = value 的形式，每个 key 就是一个 Struts 2 常量名 name，对应的 value 就是常量值 value。struts. properties 文件与 struts. xml 放在同一目录下，都是放在 WEB-INF/classes 路径下，类文件的根目录下，Struts 2 框架会自动加载配置文件。

注意

在 Eclipse 开发环境下，所有类文件的源代码都放在 src 目录中，当 Web 应用项目部署运行时会自动将该目录中的源文件进行编译生成对应的 class 文件，放在 WEB-INF/classes 目录中。因此，在 Eclipse 开发环境下，编写 struts. xml 和 struts. properties 文件时，直接放在 src 源代码目录中即可。

在 struts. properties 中配置常量的示例代码如下所示。

【示例】 在 struts. properties 中配置常量

```
struts.i18n.encoding = GBK
```

struts. properties 文件定义了 Struts 2 框架的大量属性，其常用的属性如表 3-1 所示。

表 3-1 struts. properties 属性列表

属 性	功 能 说 明
struts. configuration	指定加载 Struts 2 配置文件的配置管理器，该常量的默认值是 org. apache. Struts 2. config. DefaultConfiguration(默认配置文件管理器)
struts. locale	指定 Web 应用的默认 Locale，默认值是 en_US，中文环境下为 zh_CN
struts. i18n. encoding	指定 Web 应用的默认编码集，默认值是 UTF-8
struts. objectFactory	指定 Struts 2 默认的 ObjectFactory Bean
struts. multipart. parser	指定处理 multipart/form-data 的 MIME 类型(文件上传)请求的框架，默认值是 jakarta，可以支持 cos、pell 及 common-fileupload 等文件上传框架
struts. multipart. saveDir	指定上传文件的临时保存路径，默认值是 javax. servlet. context. tempdir
struts. multipart. maxSize	指定上传文件的最大字节数
struts. custom. properties	指定 Struts 2 框架加载用户自定义的常量文件，多个文件之间以英文的逗号“，”隔开
struts. mapper. class	指定将 HTTP 请求映射到指定的 Action 的映射器，Struts 2 提供了默认映射器 org. apache. struts2. dispatcher. mapper. DefaultActionMapper
struts. action. extension	指定需要 Struts 2 处理的请求后缀，默认值是 action，即所有与 *. action 匹配的请求都是由 Struts 2 处理
struts. serve. static. browserCache	设置浏览器是否缓存静态内容，开发阶段通常设置为 false
struts. configuration. xml. reload	当 struts. xml 改变后，系统是否自动重新加载该文件，默认值是 false，开发阶段通常设置为 true
struts. devMode	指定 Struts 2 是否使用开发模式，默认值是 false，开发阶段通常设置为 true
struts. xslt. nocache	指定 XSLT Result 是否使用样式表缓存，开发阶段通常设为 true
struts. custom. i18n. resources	指定 Struts 2 所需要的国际化资源文件，多个资源文件之间使用英文的逗号“，”隔开

在 web. xml 中配置 StrutsPrepareAndExecuteFilter 时也可以配置 Struts 2 常量，此时采用初始化参数的方式来配置常量，即使用<init-param>标签元素进行常量的配置。web. xml 中配置常量的示例代码如下所示。

【示例】 web. xml 中配置常量

```
<?xml version = "1.0" encoding = "UTF - 8"?>
<web - app xmlns:xsi = "http://www.w3.org/2001/XMLSchema - instance"
```

```
        xmlns = "http://java.sun.com/xml/ns/javaee"
        xsi:schemaLocation = "http://java.sun.com/xml/ns/javaee
            http://java.sun.com/xml/ns/javaee/web-app_2_5.xsd"
        id = "WebApp_ID" version = "2.5">
        <display-name>chapter03</display-name>
        <filter>
            <!-- 过滤器名 -->
            <filter-name>struts2</filter-name>
            <!-- 配置 Struts 2 的核心 Filter 的实现类 -->
            <filter-class>
                org.apache.struts2.dispatcher.ng.filter.StrutsPrepareAndExecuteFilter
            </filter-class>
            <!-- 通过 init-param 元素配置常量 -->
            <init-param>
                <param-name>struts.custom.i18n.resources</param-name>
                <param-value>myMess</param-value>
            </init-param>
        </filter>
        <filter-mapping>
            <filter-name>struts2</filter-name>
            <url-pattern>/*</url-pattern>
        </filter-mapping>
    </web-app>
```

上述配置文件在配置 Struts 2 的核心 Filter 时，通过<init-param>子元素配置常量，其中<param-name>元素指明常量名 name，<param-value>元素指明常量值 value。指定 struts.custom.i18n.resources 常量的值为 myMess，则指定了 Struts 2 框架的国际化资源文件的 baseName 为 myMess。

注意

> 通常推荐在 struts.xml 中配置常量，而不是在 struts.properties 和 web.xml 中配置。之所以保留使用 struts.properties 文件定义 Struts 2 属性的方式，主要是为了保持与 WebWork 的向后兼容性。在实际开发中不推荐在 web.xml 文件中配置常量，因为这种配置会增加 web.xml 文件的内容量，降低了可读性。如果配置的常量较少，则可以在 struts.xml 文件中配置，便于集中管理；如果需要配置的常量较多可以在 struts.properties 中配置，此时可以在 Web 项目中结合使用 struts.xml 和 struts.properties 文件。

3.1.2 包

在 Struts 2 配置文件中使用“包”来组织 Action，Action 定义是放在包的定义下完成的。Struts 2 配置文件中的包不同于 Java 语言中的包，Struts 2 配置文件中的每个包就是由多个 Action、多个拦截器、多个拦截器引用组成的集合，通过包可以非常方便地对 Struts 2 框架的核心组件进行组织和管理。

Struts 2 配置文件中的“包”是通过使用<package>元素进行定义，每个<package>元素定义了一个包配置。<package>元素具有许多属性，其常用的属性及其描述如表 3-2 所示。

表 3-2 package 元素属性

属 性 名	功 能 描 述
name	指定包的名字，该属性是必需的，用于指明该包被其他包引用的 key
extends	指定包继承的其他包，即继承了其他包中的 Action、拦截器等的定义，该属性是可选的
namespace	指定包的命名空间，该属性是可选的
abstract	指定包是否是一个抽象包，抽象包中不能包含 Action 定义，该属性是可选的

在 struts. xml 中配置包的示例代码如下所示。

【示例】 **struts. xml 中配置包**

```
<?xml version = "1.0" encoding = "UTF - 8" ?>
<! DOCTYPE struts PUBLIC
    " - //Apache Software Foundation//DTD Struts Configuration 2.3//EN"
    "http://struts.apache.org/dtds/struts - 2.3.dtd">

<struts>
    <! -- 指定 Struts 2 处于开发阶段,可以进行调试 -->
    <constant name = "struts.devMode" value = "true" />

    <! -- Struts 2 的 Action 都必须配置在 package 里,此处使用默认 package -->
    <package name = "default" namespace = "/" extends = "struts - default">
        <! -- 定义一个名为 user 的 Action,实现类为 com.qst.chapter02.action.UserAction -->
        <action name = "user" class = "com.qst.chapter02.action.UserAction">
            <! -- 配置 execute()方法返回值与视图资源之间的映射关系 -->
            <result name = "success">/result.jsp</result>
            <result name = "error">/error.jsp</result>
        </action>
    </package>

</struts>
```

上述代码在 struts. xml 中配置了一个名为 default 的包，该包继承 struts-default 包。struts-default 是 Struts 2 框架的默认抽象包，该包下包含大量的结果类型定义、拦截器及其引用定义等，这些定义是配置 Action 的基础，因此定义包时通常应该继承 struts-default 包。

注意

Struts 2 还提供了一种所谓的抽象包，抽象包意味着该包中不能包含 Action 定义。定义抽象包需要在＜package＞元素中增加 abstract＝true 属性。另外，struts. xml 配置文件是从上往下解析处理的，因此父包应该在子包前面定义，即被继承的 package 要放在继承 package 之前，且任意两个包的名字不能相同，否则会抛出异常。如果在同一个包中配置了两个 name 相同的 Action，则后一个 Action 会覆盖前一个 Action。

3.1.3 命名空间

定义 package 包时，可以指定一个 namespace 属性，用于指定该包所对应的命名空间。Struts 2 之所以提供命名空间的功能，主要是为了处理同一个 Web 应用中包含同名 Action 的情形。Struts 2 以命名空间的方式来管理 Action，同一个命名空间里不能有同名的 Action，不同的命名空间下可以出现同名的 Action。Struts 2 的命名空间提供了一个类似于文件目录的管理方式，可以在不同的命名空间中定义相同的 Action，从而提高了应用的灵活性。

Struts 2 不支持为单独的 Action 设置命名空间，为 package 包指定 namespace 属性可以为包下的 Action 指定共同的命名空间。如果配置 package 包时没有指定 namespace 属性，则该包下的所有 Action 属于默认的命名空间。

下述代码在 struts.xml 中配置命名空间。

【示例】 配置命名空间

```
<struts>
    <!-- 配置第一个包,包名为 mydefault,继承 struts-default --><package name="mydefault"
extends="struts-default">
        <!-- 定义 mydefault 包没有指定 namespace,该包中的所有 Action 属于默认命名空间 -->
        <action name="add" class="com.qst.chapter03.action.AddAction">
            <result>/add.jsp</result>
        </action>
    </package>
    <!-- 定义一个名为 mypackage 的包,该包继承 struts-default -->
    <package name="mypackage" extends="struts-default" namespace="/admin">
        <!-- mypackage 包下的所有 Action 都属于"/admin"命名空间 -->
        <action name="login" class="com.qst.chapter03.action.LoginAction">
            <result name="error">/error.jsp</result>
            <result>/success.jsp</result>
        </action>
    </package>
</struts>
```

上述代码中，因 mydefault 包没有指定命名空间，所以命名空间是默认的命名空间，因此直接通过 Action 名访问 mydefault 包下的 Action 即可，其访问请求的 URL 如下所示：

```
http://ip 地址:端口号/web 应用路径名称/add.action
```

而在定义 mypackage 包时指定其命名空间为"/admin"，当用户请求访问该包下的所有 Action 时，请求的 URL 应该符合"namespace+Action"的规则。因此，访问 mypackage 包下的 Action 的 URL 如下所示：

```
http://ip 地址:端口号/web 应用路径名称/admin/login.action
```

除此之外，Struts 2 还可以显式地指定根"/"命名空间，通过设置某个包的 namespace=/来实现。访问根命名空间下的 Action 与默认名空间一样。

配置命名空间后，Struts 2 按照如下顺序搜索 Action。

(1) 指定命名空间：先查找指定命名空间下的 Action，如果找到则使用该 Action 处理用户请求。

(2) 默认命名空间：如果指定命名空间下找不到对应的 Action，则转入默认命名空间中进行查找，如果找到则使用该 Action 处理用户请求。

(3) 报错：如果指定命名空间和默认命名空间都找不到对应的 Action，则 Struts 2 框架会报错。

例如，当用户请求/admin/login.action 时，Struts 2 先查找/admin 命名空间中名为 login 的 Action，如果在该命名空间下找到相应的 Action，则使用该 Action 处理用户的请求业务；

如果找不到该 Action，则在默认命名空间中查找名为 login 的 Action，如果在默认命名空间下找到相应的 Action，则使用该 Action 处理用户的请求业务；如果都找不到相应的 Action，则系统会出现错误。

注意

默认命名空间里的 Action 可以处理任何命名空间下的 Action 请求。例如请求/admin/login.action 时，/admin 命名空间下并没有名为 login 的 Action，而默认命名空间下有名为 login 的 Action，则该 Action 也可以处理用户请求。但根命名空间下的 Action 只能处理根命名空间下的请求，这也是根命名空间与默认命名空间的区别。命名空间只有一个级别，如果请求的 URL 是/admin/user/login.action，系统将先在/admin/user 命名空间下进行查找，如果找不到则直接进入默认的命名空间中。

3.1.4 包含其他配置文件

在实际项目开发时，都采用模块化开发方式，团队先独立开发某个模块，最后整合在一起。如果在开发过程中，各个小组都共享同一个 struts.xml 文件，则会在维护、管理上带来麻烦。且随着项目应用规模的增大，系统中 Action 数量也大量增加，将会导致 struts.xml 配置文件变得非常臃肿。

为了避免 struts.xml 文件过于庞大、臃肿，提高 struts.xml 文件的可读性，Struts 2 允许将一个 struts.xml 配置文件分解成多个配置文件，然后在 struts.xml 文件中包含其他配置文件。

在 struts.xml 配置文件中使用<include>标签元素包含其他配置文件，示例代码如下所示。

【示例】 在 struts.xml 中包含其他配置文件

```
<struts>
    <!-- 使用<include>元素包含其他配置文件 -->
    <include file="struts-part1.xml" />
    <include file=" struts-part2.xml" />
    <include file=" struts-part3.xml" />
    …省略
</struts>
```

上述代码使用<include>元素包含了其他配置文件，被包含的 struts-part1.xml、struts-part2.xml 等配置文件都是标准的 Struts 2 配置文件，同样包含了 DTD 信息、Struts 2 配置文件的根元素等信息。通常 Struts 2 的所有配置文件都放在 Web 应用的 WEB-INF/classes 类路径下，在 Eclipse 开发工具中放在源代码的 src 根目录下。

通过使用<include>元素包含其他配置文件这种方式，实际上体现了软件工程中"分而治之"的原则，即以一种模块化的方式来管理 struts.xml 配置文件，文件结构更清晰，更容易维护。

注意

<include>元素引用的 xml 文件必须是完整的 Struts 2 配置文件，实际上在<include>元素引用文件时，是单独的解析每个 xml 文件。

3.2 实现 Action

Action 是 Struts 2 应用的核心，用于处理用户的请求，因此 Action 也被称为业务控制器。每个 Action 类就是一个工作单元，Struts 2 框架负责将用户的请求与相应的 Action 匹配，如果匹配成功，则调用该 Action 类对用户请求进行处理，而匹配规则需要在 Struts 2 的配置文件中声明。

Struts 2 框架下实现 Action 类有以下三种方式：

- 普通的 POJO 类，该类通常包含一个无参数的 execute()方法，返回值为字符串类型；
- 实现 Action 接口；
- 继承 ActionSupport 类。

3.2.1 POJO 实现方式

下述代码以用户登录为例，创建 LoginAction 类。

【代码 3-1】 LoginAction.java

```java
package com.qst.chapter03.action;

public class LoginAction {
    /* 用户名 */
    private String userName;
    /* 密码 */
    private String password;

    public String getUserName() {
        return userName;
    }

    public void setUserName(String userName) {
        this.userName = userName;
    }

    public String getPassword() {
        return password;
    }

    public void setPassword(String password) {
        this.password = password;
    }

    /**
     * 调用业务逻辑方法,控制业务流程
     */
    public String execute() {
        System.out.println("-- --登录的用户信息-- -- -");
        System.out.println("用户名: " + userName);
        System.out.println("密码: " + password);
        if (userName.startsWith("qst") && password.length() >= 6) {
```

```
            //返回成功页面
            return "ok";
        } else {
            //返回失败页面
            return "error";
        }
    }
}
```

上述代码定义的 LoginAction 是一个简单的 JavaBean，提供 userName 和 password 两个属性，且每个属性都提供对应的 getter/setter 方法；在 LoginAction 中还提供了一个 execute()方法，该方法的返回值是字符串类型。

下述代码是登录页面 login.jsp。

【代码 3-2】 login.jsp

```
<%@ page language = "java" contentType = "text/html; charset = UTF - 8"
    pageEncoding = "UTF - 8" %>
<html>
<head>
<title>用户登录</title>
</head>
<body>
    <form action = "login.action" method = "post" name = "logForm">
        <table>
            <tr>
                <td>用户名</td>
                <td><input type = "text" name = "userName" size = "15" /></td>
            </tr>
            <tr>
                <td>密码</td>
                <td><input type = "password" name = "password" size = "15" /></td>
            </tr>
            <tr>
                <td colspan = "2"><input type = "submit" value = "登录"></td>
            </tr>
        </table>
    </form>
</body>
</html>
```

上述代码中，表单的 action 属性值为 login.action，当单击"登录"按钮提交表单时，会请求 login.action 进行处理。

成功页面 ok.jsp 代码如下所示，该页面使用 EL 表达式显示参数 userName 的值。

【代码 3-3】 ok.jsp

```
<%@ page language = "java" contentType = "text/html; charset = UTF - 8"
    pageEncoding = "UTF - 8" %>
<!DOCTYPE html PUBLIC " - //W3C//DTD HTML 4.01 Transitional//EN"
    "http://www.w3.org/TR/html4/loose.dtd">
<html>
```

```
<head>

<title>显示用户信息</title>
</head>
<body>
登录成功!欢迎用户 ${param.userName} !
</body>
</html>
```

错误页面 error.jsp 代码如下所示。

【代码 3-4】 error.jsp

```
<%@ page language="java" contentType="text/html; charset=UTF-8"
    pageEncoding="UTF-8"%>
<!DOCTYPE html PUBLIC "-//W3C//DTD HTML 4.01 Transitional//EN"
"http://www.w3.org/TR/html4/loose.dtd">
<html>
<head>

<title>错误页面</title>
</head>
<body>
        登录失败!
</body>
</html>
```

struts.xml 配置文件内容如下。

【代码 3-5】 struts.xml

```
<?xml version="1.0" encoding="UTF-8" ?>
<!DOCTYPE struts PUBLIC
    "-//Apache Software Foundation//DTD Struts Configuration 2.3//EN"
    "http://struts.apache.org/dtds/struts-2.3.dtd">

<struts>
    <!-- 指定 Struts 2 处于开发阶段,可以进行调试 -->
    <constant name="struts.devMode" value="true" />

    <!-- Struts 2 的 Action 都必须配置在 package 里,此处使用默认 package -->
    <package name="default" namespace="/" extends="struts-default">
        <!-- 定义一个名为 user 的 Action,
                实现类为 com.qst.chapter03.action.LoginAction -->
        <action name="login" class="com.qst.chapter03.action.LoginAction">
            <!-- 配置 execute()方法返回值与视图资源之间的映射关系 -->
            <result name="ok">/ok.jsp</result>
            <result name="error">/error.jsp</result>
        </action>
    </package>

</struts>
```

运行服务器,在浏览器中输入 http://localhost:8080/chapter03/login.jsp,如图 3-2 所示输入用户名和密码。

当单击“登录”按钮时,表单中的数据会提交给 login.action,Struts 2 框架将自动调用 LoginAction 的 setter 方法将请求参数值封装到对应的属性中,并执行 execute()方法。

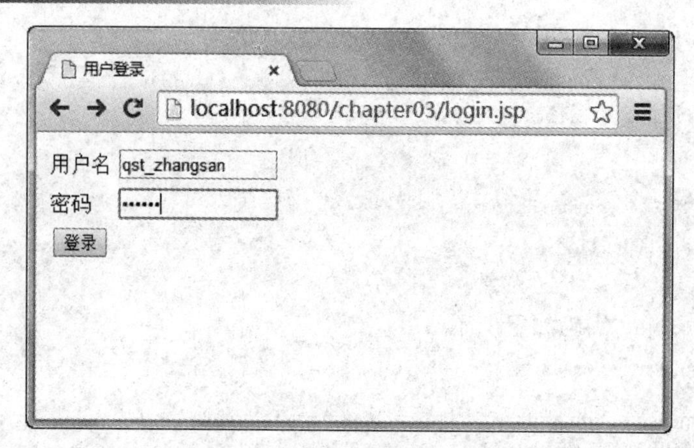

图 3-2　注册界面

当 execute()方法返回 ok 时，运行结果如图 3-3 所示。

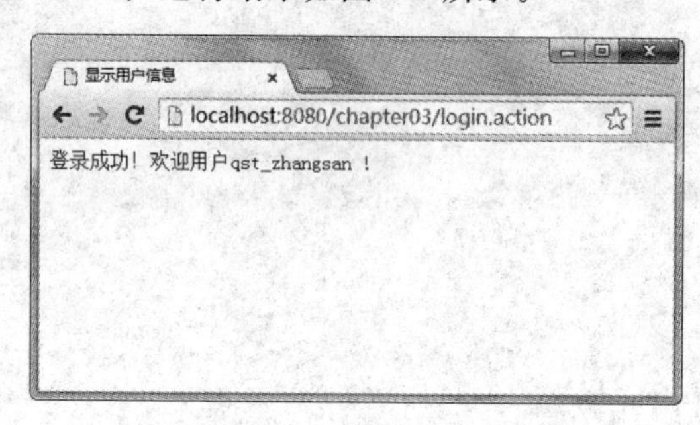

图 3-3　登录成功页面

在控制台输出的结果如下所示：

```
----登录的用户信息-----
用户名: qst_zhangsan
密码: 123456
```

当 execute()方法返回 error 时，其运行结果如图 3-4 所示。

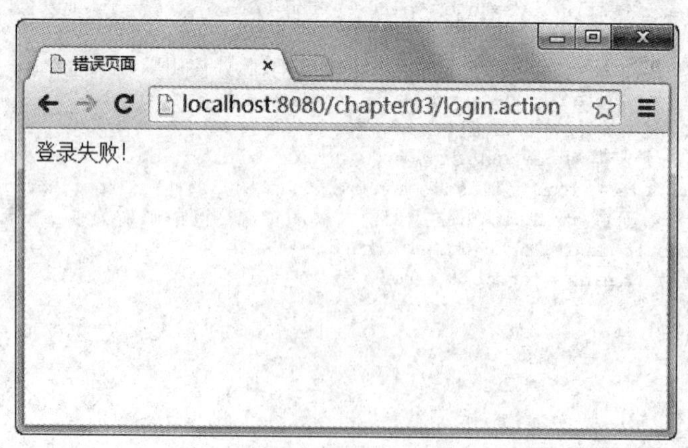

图 3-4　登录失败页面

通常 Action 中的属性名与表单中的元素属性名完全相同，且对于表单中的每个元素一定要有对应的 getter/setter 方法，这样 Struts 2 才能够自动将请求参数赋值给对应的 Action 属性。

3.2.2 实现 Action 接口方式

为了让 Action 类更规范，使不同的开发人员编写的 execute()方法返回的字符串风格是一致的，Struts 2 提供一个 Action 接口，该接口定义了 Action 处理类应该实现的通用规范。

标准 Action 接口的代码如下所示。

【示例】 Action 接口

```
public interface Action {
    //定义 Action 接口中包含的一些结果字符串
    public static final String ERROR = "error";
    public static final String INPUT = "input";
    public static final String LOGIN = "login";
    public static final String NONE = "none";
    public static final String SUCCESS = "success";

    //处理方法
    public String execute() throws Exception;
}
```

上述代码中，Action 接口中只定义一个 execute()方法，该接口规范规定了 Action 类应该包含一个 execute()方法，且方法返回值是字符串。另外，Action 接口中又定义了 5 个字符串常量，用于统一 execute()方法的返回值。

下述代码使用 Action 接口来创建 Action 类。

【代码 3-6】 LoginAction2.java

```
package com.qst.chapter03.action;

import com.opensymphony.xwork2.Action;

public class LoginAction2 implements Action{
    /* 用户名 */
    private String userName;
    /* 密码 */
    private String password;

    public String getUserName() {
        return userName;
    }

    public void setUserName(String userName) {
        this.userName = userName;
    }

    public String getPassword() {
        return password;
    }

    public void setPassword(String password) {
        this.password = password;
    }
```

```
    /**
     * 调用业务逻辑方法,控制业务流程
     */
    public String execute() {
        System.out.println("----登录的用户信息-----");
        System.out.println("用户名: " + userName);
        System.out.println("密码: " + password);
        if (userName.startsWith("qst") && password.length() >= 6) {
            //返回成功页面
            return SUCCESS;
        } else {
            //返回失败页面
            return ERROR;
        }
    }
}
```

配置文件 struts.xml 代码更改如下：

【代码 3-7】 struts.xml

```
<?xml version="1.0" encoding="UTF-8" ?>
<!DOCTYPE struts PUBLIC
    "-//Apache Software Foundation//DTD Struts Configuration 2.3//EN"
    "http://struts.apache.org/dtds/struts-2.3.dtd">

<struts>
    <!-- 指定 Struts 2 处于开发阶段,可以进行调试 -->
    <constant name="struts.devMode" value="true" />

    <!-- Struts 2 的 Action 都必须配置在 package 里,此处使用默认 package -->
    <package name="default" namespace="/" extends="struts-default">
        <!-- 定义一个名为 user 的 Action,
            实现类为 com.qst.chapter03.action.LoginAction -->
        <action name="login" class="com.qst.chapter03.action.LoginAction2">
            <!-- 配置 execute()方法返回值与视图资源之间的映射关系 -->
            <!-- <result name="ok">/ok.jsp</result> -->
            <result name="success">/ok.jsp</result>
            <result name="error">/error.jsp</result>
        </action>
    </package>

</struts>
```

运行结果显示与之前的一样。

3.2.3 继承 ActionSupport 类方式

Struts 2 框架为 Action 接口提供了一个实现类 ActionSupport，该类提供了许多默认方法，例如：默认处理用户请求的方法、数据校验的方法、获取国际化信息的方法等。ActionSupport 类是 Struts 2 默认的 Action 处理类，如果配置 Action 类时没有指定 class 属性，系统自动默认使用 ActionSupport 类作为 Action 的处理类，对用户的请求进行处理。编写 Action 类时继承 ActionSupport 类会大大简化 Action 的开发，从而节省时间、提高效率。

下述代码通过继承 ActionSupport 类来创建 Action 类,并重写 validate()验证方法。

【代码 3-8】 LoginAction3. java

```
package com.qst.chapter03.action;

import com.opensymphony.xwork2.ActionSupport;

public class LoginAction3 extends ActionSupport {
    /* 用户名 */
    private String userName;
    /* 密码 */
    private String password;

    public String getUserName() {
        return userName;
    }

    public void setUserName(String userName) {
        this.userName = userName;
    }

    public String getPassword() {
        return password;
    }

    public void setPassword(String password) {
        this.password = password;
    }

    /**
     * 调用业务逻辑方法,控制业务流程
     */
    public String execute() {
        System.out.println("----登录的用户信息-----");
        System.out.println("用户名:" + userName);
        System.out.println("密码:" + password);
        if (userName.startsWith("qst") && password.length() >= 6) {
            //返回成功页面
            return SUCCESS;
        } else {
            //返回失败页面
            return ERROR;
        }
    }

    //重写 validate()方法
    public void validate() {
        //简单验证用户输入
        if (this.userName == null || this.userName.equals("")) {
            //将错误信息写入到 Action 类的 FieldErrors 中
            //此时 Struts 2 框架自动返回 INPUT 视图
            this.addFieldError("userName", "用户名不能为空!");
            System.out.println("用户名为空!");
        }
```

```
        if (this.password == null || this.password.length() < 6) {
            this.addFieldError("password", "密码不能为空且密码长度不能小于6");
            System.out.println("密码不能为空且密码长度不能小于6!");
        }
    }
}
```

上述代码增加了一个对表单提交的数据进行验证的 validate()方法，该方法是在执行 execute()方法之前运行，如果发现表单提交的数据不符合要求，例如，用户名为空、密码为空或长度不够，则执行 addFieldError()方法，将错误信息写入 Action 类的字段错误列表 FieldErrors 中，并且 Struts 2 框架将自动返回到 INPUT 输入视图，让用户重新输入表单数据并提交。

在 struts. xml 配置文件中增加 INPUT 输入视图，代码如下所示。

【代码 3-9】 struts. xml

```
<?xml version = "1.0" encoding = "UTF - 8" ?>
<!DOCTYPE struts PUBLIC
    " - //Apache Software Foundation//DTD Struts Configuration 2.3//EN"
    "http://struts.apache.org/dtds/struts - 2.3.dtd">

<struts>
    <!-- 指定 Struts 2 处于开发阶段,可以进行调试 -->
    <constant name = "struts.devMode" value = "true" />

    <!-- Struts 2 的 Action 都必须配置在 package 里,此处使用默认 package -->
    <package name = "default" namespace = "/" extends = "struts - default">
        <!-- 定义一个名为 user 的 Action,实现类为 com.qst.chapter03.action.LoginAction -->
        <action name = "login" class = "com.qst.chapter03.action.LoginAction3">
            <!-- 配置 execute()方法返回值与视图资源之间的映射关系 -->
            <!-- <result name = "ok">/ok.jsp</result> -->
             <result name = "success">/ok.jsp</result>
            <result name = "error">/error.jsp</result>
            <result name = "input">/login.jsp</result>
        </action>
    </package>

</struts>
```

当表单提交的数据验证通过时，运行结果与以前一样。当提交的数据验证不通过时，则会返回到输入页面。例如，在 login. jsp 中不输入任何信息，直接单击“登录”按钮提交表单，此时在控制台会输出以下信息：

```
用户名为空!
密码不能为空且密码长度不能小于6!
```

当输入校验失败后，系统会自动返回到 INPUT 输入视图，而 INPUT 视图对应 login. jsp 页面，因此程序会依然停留在输入页面 login. jsp，如图 3-5 所示。

上述示例中，数据验证是通过编写代码完成的。实际上，Struts 2 提供了完整的验证框架，可以通过配置文件的方式对需验证的内容进行配置，更加灵活，便于维护，具体内容将在第 4 章介绍。

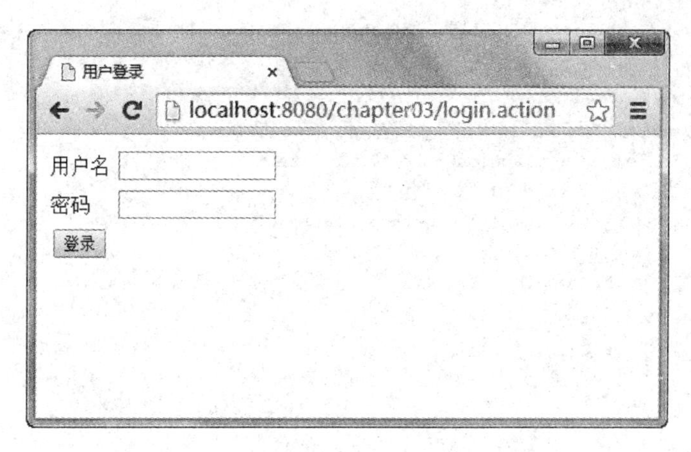

图 3-5 数据校验失败返回输入界面

3.2.4 访问 ActionContext

相对于 Struts 1,Struts 2 的一个重要改进是使 Action 不再和任何 Servlet API 耦合,但有些时候 Action 类不访问 Servlet API 是不能实现业务逻辑的。例如跟踪 HTTP Session 的状态,此时 Action 就需要访问 Servlet API 中的 HttpSession。

Struts 2 框架提供了一种更加轻松的方式来访问 Servlet API。在 Struts 2 框架中,Action 可以通过 ActionContext 类来访问 Servlet API,ActionContext 提供了读写 Servlet API 中的 HttpServletRequest、HttpSession 和 ServletContext 中数据的方法。ActionContext 类的常用方法如表 3-3 所示。

表 3-3 ActionContext 类的常用方法

方 法	功能描述
Object get(Object key)	获取属性值,与 HttpServletRequest 的 getAttribute(String name)方法类似
Map getApplication()	返回一个 Map 对象,该对象模拟了 Web 应用对应的 ServletContext 对象
static ActionContext getContext()	静态方法,用于获取系统的 ActionContext 对象
Map getParameters()	获取所有的请求参数,类似于调用 HttpServletRequest 对象的 getParameterMap()方法
Map getSession()	返回一个 Map 对象,该对象模拟了 HttpSession 实例
void setApplication(Map application)	直接传入一个 Map 对象,将该 Map 对象中的键/值对转换成 application 的属性名和属性值
void setSession(Map session)	直接传入一个 Map 对象,将该 Map 对象里的键/值对转换成 session 的属性名和属性值

下述代码演示 Action 访问 ActionContext 的使用。

【代码 3-10】 ClickNumAction. java

```
package com.qst.chapter03.action;

import com.opensymphony.xwork2.ActionContext;
import com.opensymphony.xwork2.ActionSupport;
```

```
public class ClickNumAction extends ActionSupport {
    public String execute() {
        //获取 ActionContext 对象,通过该对象访问 Servlet API
        ActionContext ctx = ActionContext.getContext();
        //获取 ServletContext 里的 num 属性
        Integer num = (Integer) ctx.getApplication().get("num");
        //如果 num 属性为 null,设置 num 属性为 1
            if (num == null) {
                num = 1;
            } else {
                //将 num 加 1
                num++;
            }
        //将加 1 后的 num 值保存在 application 中
        ctx.getApplication().put("num", num);
        return SUCCESS;
    }
}
```

在上述代码中,先使用 ActionContext.getContext()静态方法获取系统的 ActionContext 对象,再调用 ActionContext 对象的 getApplication()方法获取 ServletContext 对应的 Map 对象,然后调用 get()/put()方法进行数据的读/写操作。如果是用户第一次访问,此时 ServletContext 中还没有 num 属性,即 num 为 null,此时设置 num 的初始值为 1;否则 num 值在原来的基础上加 1;最后再将 num 值保存到 ServletContext 中。

编写 clickNum.jsp 页面,对 application 进行访问,代码如下所示。

【代码 3-11】 clickNum.jsp

```
<%@ page language="java" contentType="text/html; charset=UTF-8"
    pageEncoding="UTF-8" %>
<html>
<head>
<title>点击次数统计</title>
</head>
<body>
<form action="clicknum.action" method="post">
    <input type="submit" value="点击!" />
</form>
    <!-- 输出点击次数 -->
    点击按钮,已点击了
    <!-- 通过表达式访问 ServletContext 对象的属性 -->
    ${empty applicationScope.num?0:applicationScope.num} 次
</body>
</html>
```

上述代码创建了一个表单,表单的 action 属性值为 clicknum.action,当单击"提交"按钮时会将表单提交给 CounterAction 进行处理。

在 struts.xml 配置文件中增加 CounterAction 的配置,代码如下所示。

【代码 3-12】 struts.xml

```
<?xml version="1.0" encoding="UTF-8" ?>
<!DOCTYPE struts PUBLIC
```

```
    " - //Apache Software Foundation//DTD Struts Configuration 2.3//EN"
    "http://struts.apache.org/dtds/struts - 2.3.dtd">

<struts>
    <!-- 指定 Struts 2 处于开发阶段,可以进行调试 -->
    <constant name = "struts.devMode" value = "true" />

    <!-- Struts 2 的 Action 都必须配置在 package 里,此处使用默认 package -->
    <package name = "default" namespace = "/" extends = "struts - default">
        <!-- 定义一个名为 user 的 Action,
            实现类为 com.qst.chapter03.action.LoginAction -->
        <action name = "login" class = "com.qst.chapter03.action.LoginAction3">
            <!-- 配置 execute()方法返回值与视图资源之间的映射关系 -->
            <!-- <result name = "ok">/ok.jsp</result> -->
             <result name = "success">/ok.jsp</result>
            <result name = "error">/error.jsp</result>
            <result name = "input">/login.jsp</result>
        </action>
        <action name = "clicknum"
                class = "com.qst.chapter03.action.ClickNumAction">
            <result name = "success">/clickNum.jsp</result>
        </action>

    </package>

</struts>
```

运行结果如图 3-6 所示。

图 3-6　统计页面点击次数

3.2.5 访问 Servlet API

虽然 Struts 2 提供了 ActionContext 来间接访问 Servlet API,但这种方式毕竟不是直接访问 Servlet API。为了在 Action 中能够直接访问 Servlet API,Struts 2 框架还提供了一系列的其他接口,通过实现这些接口,Action 可以直接访问 Servlet API。

Struts 2 框架提供的访问 Servlet API 的接口如表 3-4 所示。

表 3-4　访问 Servlet API 的接口

接　口　名	描　　述
ServletContextAware	实现该接口的 Action 可以直接访问 Web 应用的 ServletContext 实例
ServletRequestAware	实现该接口的 Action 可以直接访问用户请求的 HttpServletRequest 实例
ServletResponseAware	实现该接口的 Action 可以直接访问服务器响应的 HttpServletResponse 实例

下面代码以实现 ServletRequestAware 接口为例，通过获取 HttpSession，将登录成功的用户名保存到 Session 中。

【代码 3-13】 LoginAction4.java

```
package com.qst.chapter03.action;

import javax.servlet.http.HttpServletRequest;
import javax.servlet.http.HttpSession;

import org.apache.struts2.interceptor.ServletRequestAware;

import com.opensymphony.xwork2.ActionSupport;

public class LoginAction4 extends ActionSupport implements ServletRequestAware
{
    /* 用户名 */
    private String userName;
    /* 密码 */
    private String password;

    public String getUserName() {
        return userName;
    }

    public void setUserName(String userName) {
        this.userName = userName;
    }

    public String getPassword() {
        return password;
    }

    public void setPassword(String password) {
        this.password = password;
    }
    //声明 request 对象
    private HttpServletRequest request;
    //重写 ServletRequestAware 中的方法
    public void setServletRequest(HttpServletRequest request) {
        this.request = request;
    }

    /**
     * 调用业务逻辑方法,控制业务流程
     */
    public String execute() {
        System.out.println("----登录的用户信息-----");
        System.out.println("用户名: " + userName);
        System.out.println("密码: " + password);
        if (userName.startsWith("qst") && password.length() >= 6) {
            //获得 session 对象
            HttpSession session = request.getSession();
            //将用户名存放到 session 中
            session.setAttribute("CurUser", userName);
```

```
            //返回成功页面
            return SUCCESS;
        } else {
            //返回失败页面
            return ERROR;
        }
    }

    //重写 validate()方法
    public void validate() {
        //简单验证用户输入
        if (this.userName == null || this.userName.equals("")) {
            //将错误信息写入到 Action 类的 FieldErrors 中
            //此时 Struts 2 框架自动返回 INPUT 视图
            this.addFieldError("userName", "用户名不能为空!");
            System.out.println("用户名为空!");
        }
        if (this.password == null || this.password.length() < 6) {
            this.addFieldError("password", "密码不能为空且密码长度不能小于 6");
            System.out.println("密码不能为空且密码长度不能小于 6!");
        }
    }

}
```

上述代码定义的 LoginAction4 实现了 ServletRequestAware 接口，并且重写该接口中的 setServletRequest()方法。setServletRequest()方法的参数是 HttpServletRequest 对象，运行 Web 应用时，Struts 2 框架会自动将当前请求对象传入 setServletRequest()方法，再将该请求对象赋值给 LoginAction4 的 request 属性，如此在 LoginAction4 类的其他方法中就可以访问到 request 对象了。通过 request 对象可以获取 HttpSession 对象，并将当前用户信息保存到 Session 中。

将 login.jsp 页面中表单 action 属性值修改成 login4.action，代码如下所示：

【代码 3-14】 login.jsp

```
...
<form action = "login4.action" method = "post" name = "logForm">
...
```

【代码 3-15】 first.jsp

```
<%@ page language = "java" contentType = "text/html; charset = UTF - 8"
    pageEncoding = "UTF - 8" %>
<!DOCTYPE html PUBLIC " - //W3C//DTD HTML 4.01 Transitional//EN"
    "http://www.w3.org/TR/html4/loose.dtd">
<html>
<head>

<title>显示用户信息</title>
</head>
<body>
登录成功!欢迎用户 ${param.userName} <br/>
当前用户 ${session.CurUser } <br/>
```

```
<a href = "second.jsp">下一页</a>
</body>
</html>
```

【代码 3-16】 second.jsp

```
<%@ page language = "java" contentType = "text/html; charset = UTF - 8"
    pageEncoding = "UTF - 8" %>
<!DOCTYPE html PUBLIC " - //W3C//DTD HTML 4.01 Transitional//EN"
    "http://www.w3.org/TR/html4/loose.dtd">
<html>
<head>

<title>显示用户信息</title>
</head>
<body>
请求中的用户信息: ${param.userName} <br/>
Session 中的用户信息: ${session.CurUser }
</body>
</html>
```

在 struts.xml 配置文件中增加 LoginAction4 的配置,代码如下所示:

【代码 3-17】 struts.xml

```
...
<action name = "login4" class = "com.qst.chapter03.action.LoginAction4">
    <result name = "success">/first.jsp </result>
    <result name = "error">/error.jsp </result>
    <result name = "input">/login.jsp </result>
</action>
...
```

登录成功后进入 first.jsp 页面,运行结果如图 3-7 所示。

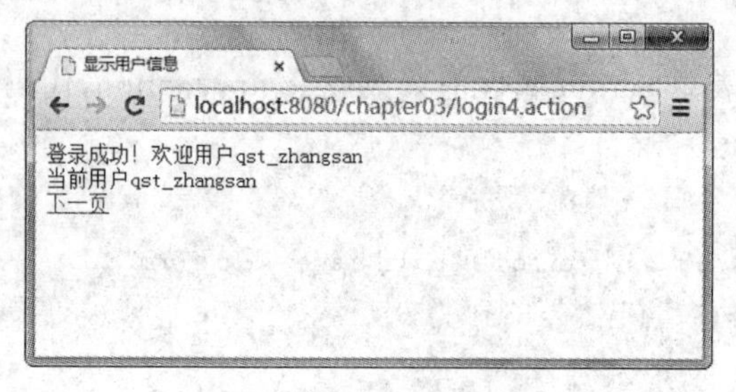

图 3-7 first.jsp 显示结果

单击"下一页"超链接,进入 second.jsp 页面,运行结果如图 3-8 所示。

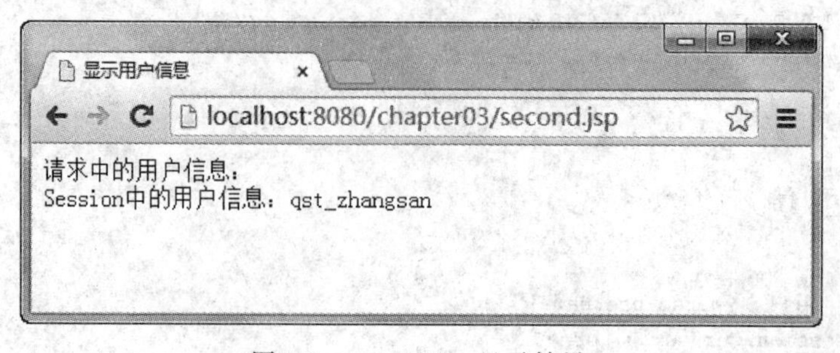

图 3-8 second.jsp 显示结果

注意

> ServletRequestAware、ServletResponseAware 接口的使用与 ServletRequestAware 类似，都需要 Action 实现对应接口并重写相应的方法，此处就不再举例。

除此之外，为了能够直接访问 Servlet API，Struts 2 框架还提供了一个 ServletActionContext 工具类，该工具类提供了一些静态方法，如表 3-5 所示。

表 3-5 ServletActionContext 的方法及描述

方　法	描　述
static PageContext getPageContext()	获取 Web 应用的 PageContext 对象
static HttpServletRequest getRequest()	获取 Web 应用的 HttpServletRequest 对象
static HttpServletResponse getResponse()	获取 Web 应用的 HttpServletResponse 对象
static ServletContext getServletContext()	获取 Web 应用的 ServletContext 对象

注意

> Struts 2 的特色就是 Action 不再与任何 Servlet API 耦合，因此在开发过程中推荐使用 ActionContext 来间接访问 Servlet API。也可以通过借助 ServletActionContext 工具类，以更简单的方式直接访问 Servlet API。

3.3 配置 Action

实现了 Action 处理类之后，就可以在 struts.xml 中配置该 Action，从而让 Struts 2 框架知道哪个 Action 处理哪个请求，即完成用户请求和 Action 类之间的对应关系。

3.3.1 Action 基本配置

Struts 2 使用 package 包来组织 Action，在 struts.xml 中通过使用 package 下的 action 元素来配置 Action。在配置 Action 时，需要指定 action 元素的 name 和 class 属性。

- name 属性：指定 Action 的名字，即指明该 Action 所处理的请求的 URL，例如，若 name 属性值为 login，则请求该 Action 的 URL 是 login.action；
- class 属性：指定 Action 的实现类，该属性不是必需的，如果没有指定 class 属性的值，则默认使用 ActionSupport 类。

Action 基本配置的示例代码如下所示。

【示例】 Action 基本配置

```
<package name="default" namespace="/" extends="struts-default">
    <action name="login" class="com.qst.chapter03.action.LoginAction" />
</package>
```

Action 只是一个逻辑控制器，不直接对用户请求生成任何响应。因此，Action 处理完用户请求后，需要将指定的视图资源呈现给用户，即配置 Action 时，应该配置逻辑视图和物理视图资源之间的映射。

配置逻辑视图和物理视图之间的映射关系是通过<result>元素来定义的，每个<result>元素定义逻辑视图和物理视图之间的一次映射。在 Action 中配置<result>子元素示例如下所示。

【示例】 配置<result>子元素

```
<package name = "default" namespace = "/" extends = "struts - default">
    <action name = "login" class = "com.qst.chapter03.action.LoginAction3">
        <! -- 配置 execute()方法返回值与视图资源之间的映射关系 -->
        <result name = "success">/ok.jsp</result>
        <result name = "error">/error.jsp</result>
        <result name = "input">/login.jsp</result>
    </action>
</package>
```

3.3.2 动态方法调用

Struts 1 提供了 DispatchAction，从而允许一个 Action 内包含多个控制处理逻辑。例如，对于同一个表单，当用户通过不同的提交按钮进行提交时，系统需要使用 Action 的不同方法进行处理用户请求，此时就需要让 Action 中包含多个控制处理逻辑。

Struts 2 框架同样允许一个 Action 中包含多个处理逻辑。

在如图 3-9 所示页面中，演示了在产品管理模块中，当管理员单击"编辑"或"删除"操作时，应该使用 Action 的不同方法来处理请求。该 JSP 页面中包含两个操作，分别交给 Action 的不同方法处理，其中"编辑"操作希望使用编辑逻辑处理请求，而"删除"操作则希望使用删除逻辑处理请求。

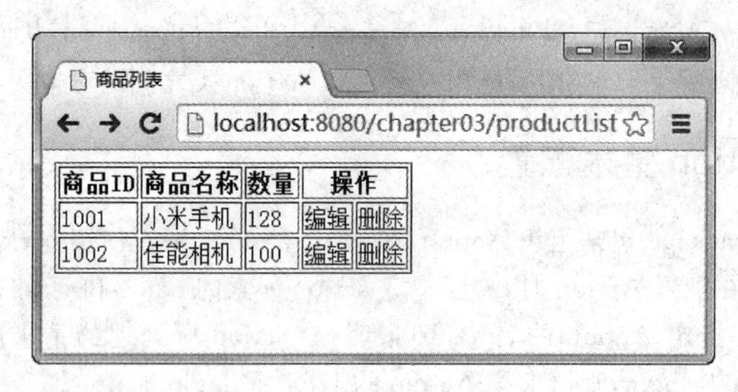

图 3-9 商品管理界面

Struts 2 中请求一个 Action 中的不同处理逻辑方法，这种方式称为 DMI（Dynamic Method Invocation，动态方法调用），其请求格式如下所示：

【语法】

```
actionName!methodName.action
```

其中：

- actionName 是 Action 的名字，即 struts.xml 中配置的 Action 的 name 属性值；
- methodName 是 Action 实现类中处理逻辑的方法名。

【示例】 动态方法调用

```
//访问 product 中的 edit()方法
product!edit.action
```

下述代码演示动态方法调用的使用方式。

【代码 3-18】 productList.jsp

```
<%@ page language="java" contentType="text/html; charset=UTF-8"
    pageEncoding="UTF-8"%>
<html>
<head>
<meta http-equiv="Content-Type" content="text/html; charset=UTF-8">
<title>商品列表</title>
</head>
<body>
    <table border="1">
        <tr>
            <th>商品 ID</th>
            <th>商品名称</th>
            <th>数量</th>
            <th colspan="2">操作</th>
        </tr>
        <tr>
            <td>1001</td>
            <td>小米手机</td>
            <td>128</td>
            <td><a href="product!edit.action?productId=1001">编辑</a></td>
            <td><a href="product!del.action?productId=1001">删除</a></td>
        </tr>
        <tr>
            <td>1002</td>
            <td>佳能相机</td>
            <td>100</td>
            <td><a href="product!edit.action?productId=1002">编辑</a></td>
            <td><a href="product!del.action?productId=1002">删除</a></td>
        </tr>
    </table>
</body>
</html>
```

上述代码中,商品列表中的每个商品使用超链接进行编辑、删除操作。超链接中 href 属性值采用动态方法调用的方式进行链接请求,并将产品 ID 作为参数传递给 Action。以“product! edit.action? productId=1001”为例,其中“product! edit.action”是动态方法调用,请求名为 product 的 Action 实现类中的 edit()方法;“? productId=1001”是传递一个参数,参数名为 productId,参数值为 1001。

ProductAction 的代码如下所示。

【代码 3-19】 ProductAction.java

```
package com.qst.chapter03.action;

import com.opensymphony.xwork2.ActionSupport;

public class ProductAction extends ActionSupport {
```

```
    private int productId;

    public int getProductId() {
        return productId;
    }

    public void setProductId(int productId) {
        this.productId = productId;
    }

    //编辑商品
    public String edit() {
        System.out.println("编辑商品" + productId);
        //...省略一些编辑商品的业务
        return "edit";
    }

    //删除商品
    public String del() {
        System.out.println("删除商品" + productId);
        //...省略一些删除商品的业务
        return "del";
    }
}
```

上述代码中,创建了两个业务方法 edit()和 del()方法,execute()方法可以不出现。当用户单击“编辑”链接时,系统将交给 ProductAction 的 edit()方法进行处理;单击“删除”链接时,系统将交给 ProductAction 的 del()方法处理。

编写 edit.jsp 和 del.jsp 页面。

【代码 3-20】 edit.jsp

```
<%@ page language="java" contentType="text/html; charset=UTF-8"
    pageEncoding="UTF-8"%>
<!DOCTYPE html PUBLIC "-//W3C//DTD HTML 4.01 Transitional//EN" "http://www.w3.org/TR/html4/loose.dtd">
<html>
<head>

<title>编辑商品</title>
</head>
<body>
${param.productId}商品编辑
</body>
</html>
```

【代码 3-21】 del.jsp

```
<%@ page language="java" contentType="text/html; charset=UTF-8"
    pageEncoding="UTF-8"%>
<!DOCTYPE html PUBLIC "-//W3C//DTD HTML 4.01 Transitional//EN"
    "http://www.w3.org/TR/html4/loose.dtd">
<html>
<head>

<title>删除商品</title>
```

```
</head>
<body>
${param.productId}商品删除成功!
</body>
</html>
```

在 struts. xml 中配置 ProductAction，代码如下所示。

【代码 3-22】 struts. xml

```
<?xml version="1.0" encoding="UTF-8" ?>
<!DOCTYPE struts PUBLIC
    "-//Apache Software Foundation//DTD Struts Configuration 2.3//EN"
    "http://struts.apache.org/dtds/struts-2.3.dtd">

<struts>
    <!-- 指定 Struts 2 处于开发阶段,可以进行调试 -->
    <constant name="struts.devMode" value="true" />
    <constant name="struts.enable.DynamicMethodInvocation" value="true"/>

    <!-- Struts 2 的 Action 都必须配置在 package 里,此处使用默认 package -->
    <package name="default" namespace="/" extends="struts-default">
...
        <action name="product" class="com.qst.chapter03.action.ProductAction">
            <result name="edit">/edit.jsp</result>
            <result name="del">/del.jsp</result>
        </action>

    </package>

</struts>
```

上述配置文件中，配置了常量 struts. enable. DynamicMethodInvocation 的值为 true，这样 Struts 2 才会开启动态方法调用，否则将保持其默认值 false，不会开启动态方法调用。

运行结果如图 3-10 所示。

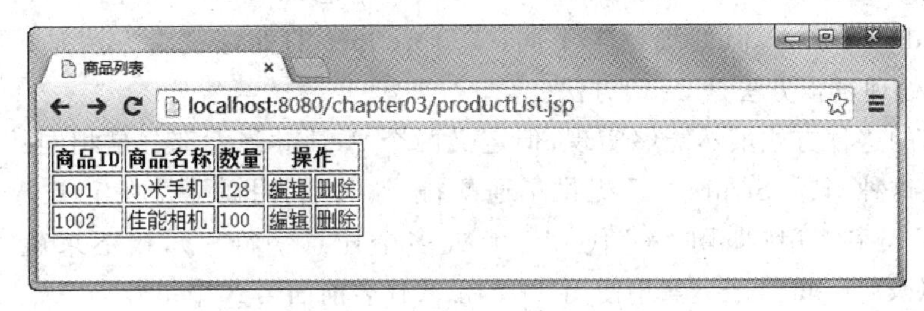

图 3-10 productList. jsp 页面

单击一个商品的“编辑”超链接后，运行结果如图 3-11 所示。

图 3-11 edit. jsp 页面

单击一个商品的“删除”超链接后，运行结果如图 3-12 所示。

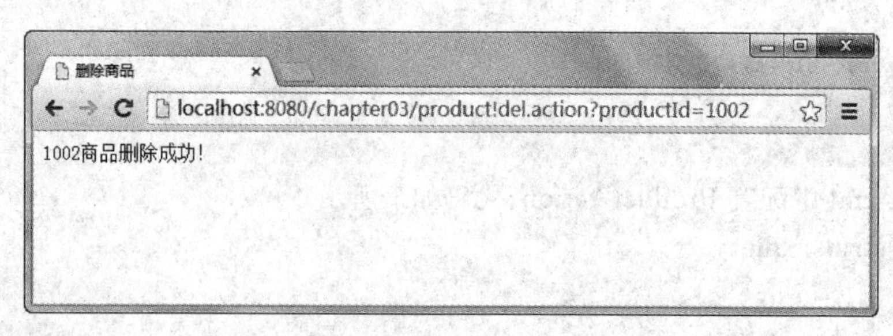

图 3-12　del.jsp 页面

3.3.3　使用 method 属性及通配符

除了动态方法调用之外，Struts 2 框架还提供了另一种处理方法，即将 Action 处理类定义成多个逻辑 Action。此时，在配置<action>元素时，需要指定 name、class 和 method 属性。指定 method 属性后，则可以让 Action 调用指定方法，而不是 execute()方法来处理用户请求。

例如，可以将 ProductAction 类定义成两个逻辑 Action，即将该类中的 edit()和 del()方法映射成不同的 Action，示例代码如下所示。

【示例】　使用 method 属性将 ProductAction 定义成两个逻辑 Action

```
<action name = "editproduct" class = "com.qst.chapter03.action.ProductAction"
    method = "edit">
    <result name = "edit">/edit.jsp</result>
</action>
<action name = "delproduct" class = "com.qst.chapter03.action.ProductAction"
    method = "del">
    <result name = "del">/del.jsp</result>
</action>
```

上述代码中定义了 editproduct 和 delproduct 两个逻辑 Action，这两个 Action 对应的处理类都是 ProductAction，但处理逻辑不同：editproduct 的处理逻辑方法是 edit()方法，而 delproduct 的处理逻辑方法是 del()方法。

上面介绍的这种方式虽然能够实现，但定义两个 Action 绝大部分是相同的，因此造成冗余。为了解决这种问题，Struts 2 还提供了通配符“*”。利用通配符在定义 Action 的 name 属性时使用模式字符串(即用“*”代表一个或多个任意字符串)，接下来就可以在 class、method 属性以及<result>子元素中使用{N}的形式代表前面第 N 个星号“*”所匹配的子串。

【示例】　*通配符

```
<struts>
    <!-- 演示通配符的使用方法 -->
    <package name = "product" extends = "struts-default">
        <action name = "*product" class = "com.qst.chapter03.action.ProductAction"
            method = "{1}">
            <result name = "edit">/edit.jsp</result>
            <result name = "del">/del.jsp</result>
        </action>
    </package>
</struts>
```

上述代码中，Action 的 name 属性值为"* product"，使用了通配符，此时定义的不是一个普通的 Action，而是定义了一系列的逻辑 Action，只要用户请求的 URL 符合"* product.action"的模式，都可以通过 ProductAction 处理。此外，必须指定 method 属性，其中 method 属性用于指定用户请求的方法。在 method 属性中使用了一个表达式"{1}"，该表达式的值就是 name 属性值中第一个"*"指代的值。通过上述配置规则，可以达到与动态方法调用同样的运行效果。例如，如果用户请求的 URL 为 editproduct.action，系统会调用 ProductAction 中的 edit()方法；如果用户请求的 URL 为 delproduct.action，系统会调用 ProductAction 中的 del()方法。如此，相当于一个<action>元素定义了多个 Action。

此外，Struts 2 允许在 class 属性和 method 属性中同时使用表达式，示例如下所示。

【示例】 **class 和 method 同时使用表达式**

```
<action name="*_*" class="com.qst.chapter03.action.{1}Action" method="{2}">
```

上面配置定义了一个模式为"*_*"的 Action，即只要匹配该模式的请求，都可以被该 Action 处理。其中，class 属性中的"{1}"，匹配模式"*_*"中的第 1 个"*"；method 属性中的"{2}"匹配模式"*_*"中的第 2 个"*"。例如，"Product_edit.action"会调用 ProductAction 处理类的 edit ()方法来处理请求。

注意

> 以商品管理为例，自己修改配置文件，使用通配符进行配置，再修改访问的 URL 进行测试，效果跟动态方法调用一样，此处不再演示。

3.4 result

Action 只是 Struts 2 控制器的一部分，只负责处理用户请求。当 Action 处理完请求后，处理的结果会通过视图资源来展示，此时通过<result>元素配置逻辑视图和物理视图之间的映射关系。

3.4.1 result 处理流程

Action 处理完请求后，将返回一个普通字符串，整个普通字符串就是一个逻辑视图名。该字符串在 struts.xml 配置文件中对应了一个物理视图资源，通常就是 JSP 页面。Struts 2 框架通过配置文件中<action>的<result>子元素配置逻辑视图名和物理视图资源之间的映射关系。当 Struts 2 框架收到 Action 返回的某个逻辑视图名时，就会将对应的物理视图呈现给用户。

Struts 2 框架的 result 处理流程时序图如图 3-13 所示，其具体步骤说明如下：

(1) 用户发送请求；

(2) Struts 2 框架将用户请求转发到 Action 控制器；

(3) Action 控制器处理完用户请求后，并未直接将请求转发给任何具体的视图资源，而是返回一个逻辑视图(该视图只是一个普通的字符串)；

(4) Struts 2 框架收到这个逻辑视图后，就将请求转发到对应的视图资源；

（5）视图资源将处理结果呈现给用户。

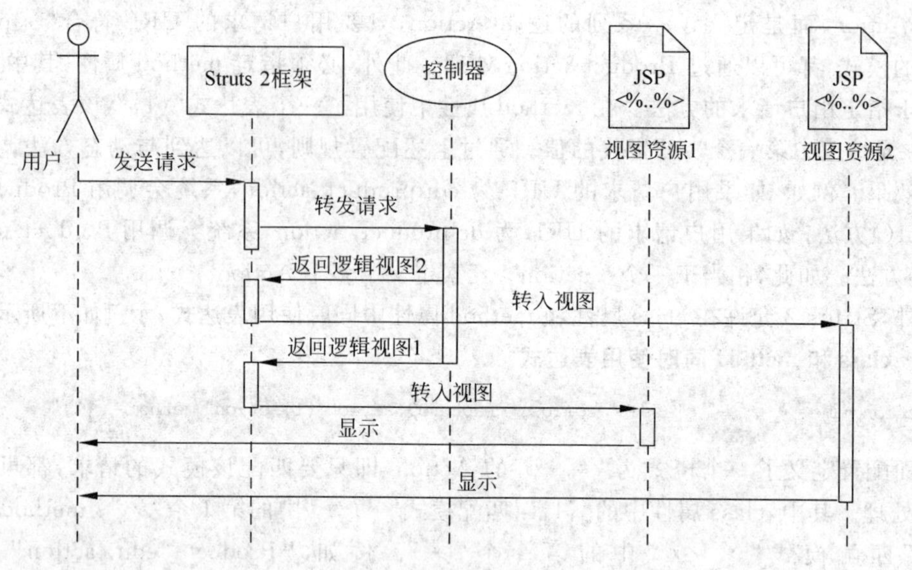

图 3-13　Struts 2 框架 result 处理流程时序图

注意

> Struts 2 框架将处理结果转向实际资源时，实际资源不仅可以是 JSP 视图资源，也可以是 FreeMarker 视图资源，甚至可以将请求转向下一个 Action 处理，形成 Action 的链式处理。

3.4.2 配置 result

逻辑视图和物理视图之间的映射是通过在 struts. xml 中配置<result>元素来实现。配置 result 是告诉 Struts 2 框架，当 Action 处理结束后，系统下一步做什么，应该调用哪个物理视图资源来显示处理结果。

根据<result>元素在 struts. xml 文件中所在位置的不同，可以将 result 分为以下两种：

- 局部 result——将<result>元素作为<action>元素的子元素配置。
- 全局 result——将<result>元素作为<global-results>元素的子元素配置。

1. 局部 result

局部 result 是通过在<action>元素中指定<result>子元素进行配置的，一个<action>元素可以有多个<result>元素，这表示一个 Action 对应多个 result。局部 result 只在特定的 Action 范围内有效，即一个 Action 不能使用另外一个 Action 配置的局部 result。

配置<result>元素时通常需要指定 name 和 type 两个属性：

- name 属性指定逻辑视图名称，即 Action 的 execute()方法返回的字符串。
- type 属性指的是 result 类型，默认值是 dispatcher，表示请求转发到 JSP 页面。

配置局部 result 示例如下所示。

【示例】 局部 result

```
<package name = "test" extends = "struts - default">
    <action name = "login" class = "com.qst.chapter03.action.LoginAction">
        <result name = "success" type = "dispatcher">/ok.jsp</result>
    </action>
</package>
```

配置<result>元素是如果没有指定 name 和 type 属性值，则系统将使用默认的 name 属性值和默认的 type 属性值，其中 success 是默认的 name 属性值，dispacher 是默认的 type 属性值。因此，在配置局部 result 时，代码可以如下进行简化。

【示例】 简化后的 result

```
<package name = "test" extends = "struts - default">
    <action name = "login" class = "com.qst.chapter03.action.LoginAction">
    <result>/ok.jsp</result>
    </action>
</package>
```

2. 全局 result

全局 result 在<global-results>元素中指定，全局 result 的作用范围是对所有的 Action 都有效。

配置全局 result 的示例如下所示。

【示例】 全局 result

```
<package name = "test" extends = "struts - default">
    <global - results>
        <result>/ok.jsp</result>
    </global - results>
    <action name = "login" class = "com.qst.chapter03.action.LoginAction"/>
</package>
```

如果一个 Action 中包含了与全局 result 同名的局部 result，则局部 result 会覆盖全局 result。即当 Action 处理完用户请求后，首先搜索当前 Action 中的局部 result，当没有匹配的局部 result 时，才会搜索全局 result。

在<action>元素中配置的<result>子元素与在<global-results>中配置的<result>子元素属性都是相同的，只是两者作用范围不同。此外，配置 result 时，如果不需要对所有 Action 都有效，应该配置成局部 result。

3.4.3 result 类型

针对不同的视图技术，Struts 2 提供了一系列的结果类型，如表 3-6 所示。

表 3-6 访问 Servlet API 的接口名称及说明

结果类型	描述
chain 结果类型	用于进行 Action 链式处理
chart 结果类型	用于整合 JFreeChart 技术
dispatcher 结果类型	用于整合 JSP 技术

续表

结果类型	描述
freemarker 结果类型	用于整合 FreeMarker 技术
httpheader 结果类型	用于控制特殊的 HTTP 行为
jasper 结果类型	用于整合 JasperReport 报表技术
jsf 结果类型	用于整合 JSF 技术
redirect 结果类型	用于重定向到其他 URL
redirectAction 结果类型	用于重定向到其他的 Action
stream 结果类型	用于向浏览器返回 InputStream，一般用于文件下载
tiles 结果类型	用于整合 Tiles 技术
velocity 结果类型	用于整合 Velocity 技术
xslt 结果类型	用于整合 XML/XSLT 技术
plainText 结果类型	用于显示某个页面的源代码

其中，dispatcher、redirect 和 redirectAction 是最常用的结果类型。默认的结果类型是 dispatcher，配置 result 时，如果没有指定 result 的 name 和 type 属性，name 属性值默认为 success，而 type 属性值默认为 dispatcher。在其他类型中，本书主要介绍针对 JSP 视图的 redirect 和 redirectAction 结果类型。

1. redirect 类型

redirect 类型和 dispatcher 类型类似，dispatcher 类型是将请求 forward(转发)到指定的 JSP 资源；而 redirect 类型将请求 redirect(重定向)到指定的视图资源。

dispatcher 和 redirect 之间的区别主要是转发和重定向的区别：重定向会丢失所有的请求参数、请求属性，同时 Action 的处理结果也会丢失。当使用 redirect 类型时，系统实际上会调用 HttpServletResponse 的 sendRedirect()方法来重定向指定视图资源，这种重定向的效果就是产生一个新的请求，因此请求对象中所有的参数、属性、Action 对象和 Action 中封装的属性全部会丢失。

【示例】 redirect 类型

```
<package name = "test" extends = "struts - default">
    <action name = "login" class = "com.qst.chapter03.action.LoginAction">
        <result type = "redirect">/index.jsp </result>
    </action>
</package>
```

上述代码中，<result>元素的 type 属性为 redirect 类型，当 Action 处理完用户请求后，Struts 2 框架将重新生成一个请求，重定向到 index.jsp 页面。

2. redirectAction 类型

redirectAction 类型和 redirect 类型相似，一样是重新生成一个全新的请求，都会丢失请求参数、请求属性和前一个 Action 的处理结果。但与 redirect 的区别是在于：redirectAction 使用 ActionMapperFactory 提供的 ActionMapper 进行重定向；而 redirect 使用 HttpServletResponse 的 sendRedirect()方法来重定向。

当需要让一个 Action 处理结束后，直接将请求重定向到另一个 Action 时，可以使用

redirectAction 类型。

配置 redirectAction 类型需要指定 actionName 和 namespace 两个参数：

- actionName 参数指定重定向的 Action 名称。
- namespace 参数指定需要重定向的 Action 所在的命名空间。

【示例】 redirectAction 类型

```
<package name = "product" extends = "struts - default">
    <action name = " * product" class = "com.qst.chapter03.action.ProductAction"
        method = "{1}">
        <result name = "list">/productList.jsp</result>
        <result name = "edit">/edit.jsp</result>
        <result name = "del">/del.jsp</result>
    </action>
</package>
<package name = "user" extends = "struts - default">
    <action name = "login" class = "com.qst.chapter03.action.LoginAction">
        <result type = "redirectAction">
            <param name = "actionName">listproduct</param>
            <param name = "namespace">/product</param>
        </result>
    </action>
</package>
```

在上述 struts.xml 配置文件中，当 LoginAction 处理完请求后，会重定向到 ProductAction 中的 list()方法进行处理，list()方法处理完成后，会转发到 productList.jsp 界面并显示列表结果。

3.4.4 动态 result

动态 result 是指在指定实际视图资源时使用表达式语法，通过这种语法实现动态转入实际的视图资源。

前面在介绍配置 Action 时，可以在<action>元素的 name 属性中使用通配符，在 class 和 methode 属性中使用{N}表达式。同样，在配置<result>元素时也可以使用{N}表达式，从而根据请求动态决定实际资源。

【示例】 动态 result

```
<package name = "product" extends = "struts - default" namespace = "/">
    <action name = " * product" class = "com.qst.chapter03.action.ProductAction"
        method = "{1}">
        <result>/{1}.jsp</result>
    </action>
</package>
```

上述配置中，有一个名为“ * product”的 Action，该 Action 处理匹配所有“ * product .action”请求，并根据请求动态转入不同的 JSP 页面。例如，当用户请求 URL 是 delproduct .action 时，匹配“ * product”模式的第 1 个“ * ”的值为“del”，因此“/{1}.jsp”的表达式的值为“/del.jsp”页面。

3.5 Struts 2 异常处理

任何成熟的框架都提供异常处理机制，当然可以采用手动捕获异常的方式，但这种方式非常繁琐，最好采用声明式的方式管理异常处理。声明式的异常处理机制使得异常处理和代码的耦合度降低，有利于维护。

3.5.1 异常处理机制

Struts 2 框架提供了一种声明式的异常处理方式。Struts 2 异常的处理流程如图 3-14 所示。

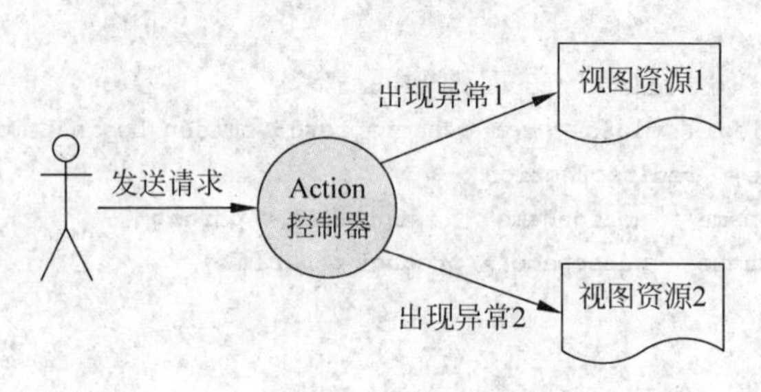

图 3-14 Struts 2 异常处理流程

当 Action 处理用户请求时，如果出现了异常 1，则系统转入视图资源 1，同时在该视图资源上输出服务器提示；如果出现异常 2，则系统转入视图资源 2，并在该资源上输出服务器提示。

3.5.2 配置异常

Struts 2 框架捕获异常后，按照 struts.xml 文件中<exception-mapping>元素配置的映射，转入到相应的页面进行进一步处理。

配置<exception-mapping>元素时需要指定 exception 和 result 两个属性：

- exception 属性用于指定 Action 出现的异常所映射的异常类型。
- result 属性用于指定 Action 抛出异常时，系统转入该属性值对应的<action>或者<global-results>中配置的<result>元素。

根据<exception-mapping>元素出现位置的不同，异常映射又分为以下两种：

- 局部异常映射——将<exception-mapping>元素作为<action>元素的子元素配置。
- 全局异常映射——将<exception-mapping>元素作为<global-exception-mappings>元素的子元素配置。

与<result>元素的配置类似，全局异常映射对所有的 Action 都有效，局部异常映射仅对该异常映射所在的 Action 内有效。如果局部异常映射和全局异常映射配置了相同的异常类型，则前者会覆盖后者。

下述代码中，LoginAction5 的 execute()处理用户请求时，如果用户名或密码不正确，将抛出 RuntimeException 异常。

【代码 3-23】 LoginAction5.java

```
package com.qst.chapter03.action;

public class LoginAction5 {
    /* 用户名 */
    private String userName;
    /* 密码 */
    private String password;

    public String getUserName() {
        return userName;
    }

    public void setUserName(String userName) {
        this.userName = userName;
    }

    public String getPassword() {
        return password;
    }

    public void setPassword(String password) {
        this.password = password;
    }

    /**
     * 调用业务逻辑方法,控制业务流程
     */
    public String execute() {
        System.out.println("----登录的用户信息-----");
        System.out.println("用户名: " + userName);
        System.out.println("密码: " + password);
        if (userName.startsWith("qst") && password.length() >= 6) {
            //返回成功页面
            return "success";
        } else {
            //抛出异常
            throw new RuntimeException("用户登录失败!");
        }
    }
}
```

在 struts.xml 配置文件中配置 LoginAction5,并对异常进行配置,代码如下所示。

【代码 3-24】 struts.xml 中的异常配置

```
<action name="login5" class="com.qst.chapter03.action.LoginAction5">
    <exception-mapping result="error" exception="java.lang.Exception" />
    <result>/ok.jsp</result>
    <result name="error">/error.jsp</result>
</action>
```

上述配置中,如果 LoginAction5 抛出了异常,系统捕获该异常后,就会根据<exception-mapping>元素的 result 属性与<result>元素之间的匹配,转到<result>元素所对应的

error.jsp 页面。

修改 login.jsp 页面中表单的 action 属性值为 loging5.action，运行程序，当输入的数据不符合要求时会抛出异常，程序直接跳到 error.jsp 页面，运行效果如图 3-15 所示。

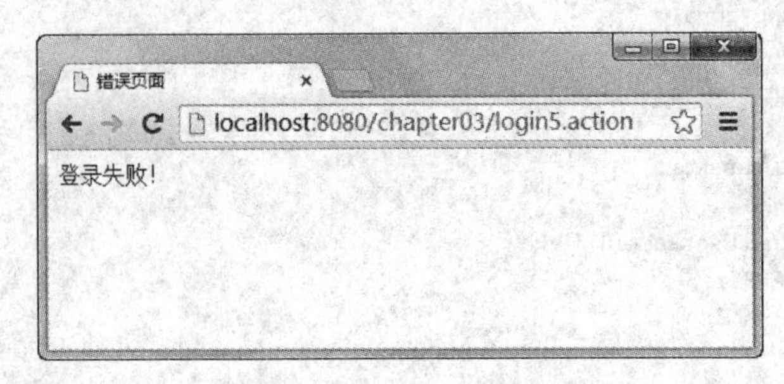

图 3-15 运行结果

3.6 贯穿任务实现

3.6.1 实现任务 3-1

下述内容“GIFT-EMS 礼记”系统中的任务 3-1 设计及实现 BaseAction 基础类和 ActionContext 工具类。

在实际应用中，通常一个 Action 中包含多个处理逻辑。如图 3-16 所示，在用户管理模块中，当进行“删除”或“编辑”操作时，应该调用 Action 的不同方法对请求进行处理。

图 3-16 用户管理界面

上面的 JSP 页面包含两个操作，但分别交给 Action 的不同方法处理，其中“删除”操作希望使用删除逻辑处理请求，而“编辑”操作则希望使用编辑逻辑处理请求。

此时可以根据“actionName! methodName.action”的形式来访问 Action，如“reg! del.action”是指可以直接访问 RegAction 中的 del()方法。这种方式被称为 DMI(Dynamic Method Invocation，动态方法调用)。

在实际项目设计中，一般会采用“actionName.action? method=del”的方式，例如“reg.action? method=del”，这种方式比较让人接受，并且在开发过程中便于记忆。因此需要重新设计基类，以便所有具有多操作方法的 Action 都可以采用该方式。

1. 创建基类 BaseAction 类

【任务 3-1】 BaseAction.java

```
package com.qst.core.web.action;

import java.lang.reflect.InvocationTargetException;
import java.lang.reflect.Method;
```

```
import java.util.HashMap;
import org.apache.commons.logging.Log;
import org.apache.commons.logging.LogFactory;
import com.opensymphony.xwork2.ActionSupport;
import com.qst.core.exception.BaseAppRuntimeException;
import com.qst.core.utils.ActionContextUtils;
import com.qst.core.utils.StringUtils;
/**
 * <p>
 * 该类是所有 Action 的基类,它主要负责分派不同的方法来处理具体的业务
 * 该类主要通过获取 HttpServletRequest 的请求参数 method,根据 method 的取值,从而调用
 * 合适的方法.例如:如下请求字符串:xxx.jsp?method=delete,那么该 Action 就会根据 method
 * 的值为 delete 调用 delete()方法进行业务处理.<br/><b>注意:<b>method 是硬编码的,在编程
 * 过程中需注意这点
 * <ul> *
 * <li>public String delete()</li>
 * <li>public String insert()</li>
 * <li>public String update()</li> *
 * </ul>
 * <p>
 * 以上述方法为例,对于以下路径:
 * </p>
 * <p>
 * <code> http://localhost:8080/myapp/saveSubscription.do?method=update
 * </code>
 * </p>
 * 系统将要调用 update()方法进行业务处理
 */

@SuppressWarnings({ "serial", "unchecked" })
public abstract class BaseAction extends ActionSupport {
    /**
     * Session 中保存的消息 Map
     */
    public static final String MESSAGE_MAP = "MESSAGE_MAP";
    /**
     * Commons Logging 日志实例
     */
    private static Log logger = LogFactory.getLog(BaseAction.class);

    /**
     * <code>BaseAction</code>类型的实例
     */
    private Class clazz = this.getClass();

    /**
     * Method 对象的集合,该集合封装了类中不同的方法对象,当第一次调用后就被封装进该 Map 中
     */
    private HashMap<String, Method> methods = new HashMap<String, Method>();
    /**
     * 反射方法调用时,默认的类型集合.<strong>注意:</strong> 所有的方法参数类型都一致
     */
    private Class[] types = {};
    /**
```

```
     * 默认动作为 index
     */
    private String method = "index";
    /**
     * 验证方法前缀
     */
    private final static String VALIDATE_PREFIX = "validate";

    /**
     * 默认构造方法,初始化 applicationContext 和 messageSource 对象
     */
    public BaseAction() {}

    /**
     * Struts 2 默认调用的 execute 方法
     *
     * @return 返回处理结果
     */
    @Override
    public String execute() throws Exception {
        //获取方法的名称.
        String methodName = getMethod();
        //防止递归调用
        if ("execute".equals(methodName)) {
            String message = this.getMessage("dispatch.recursive");
            logger.error(message);
            throw new BaseAppRuntimeException(message);
        }
        return dispatchMethod(methodName);
    }

    /**
     * 利用反射机制,分派调用具体的业务方法
     *
     * @param name
     *            被调用的方法的名称
     * @return 返回调用的结果
     * @throws Exception
     *             如果系统出现异常则抛出
     */
    private String dispatchMethod(String name) throws Exception {
        //确保系统有正确的方法可以调用
        //如果方法不正确,调用 unspecified 进行默认处理
        if (name == null) {
            return this.unspecified();
        }
        //具体方法调用
        //获取 Method 对象,进行方法的动态调用
        Method method = null;
        try {
            method = getMethod(name);
        } catch (NoSuchMethodException e) {
            String message = this.getMessage("dispatch.nosuchmethod",
                    new String[] { name });
```

```
            logger.error(message, e);
            throw new NoSuchMethodException(message);
        }
        String forward = null;
        try {
            //参数数组
            Object[] args = {};
            //方法调用
            forward = (String) method.invoke(this, args);
        } catch (ClassCastException e) {
            String message = this.getMessage("dispatch.return");
            logger.error(message, e);
            throw e;
        } catch (IllegalAccessException e) {
            String message = this.getMessage("dispatch.error");
            logger.error(message, e);
            throw e;
        } catch (InvocationTargetException e) {
            //尽可能地抛出异常从而使得JVM的异常处理机制及时处理它
            Throwable t = e.getTargetException();
            if (t instanceof Exception) {
                throw ((Exception) t);
            } else {
                String message = this.getMessage("dispatch.error");
                logger.error(message, e);
                throw new RuntimeException(t);
            }
        }
        //返回处理的结果
        return (forward);
    }
    /**
     * 获取method参数值
     *
     * @return
     */
    public String getMethod() {
        return method;
    }

    /**
     * 设置method参数值
     *
     * @param method
     */
    public void setMethod(String method) {
        this.method = method;
    }

   ...省略代码

}
```

上述代码中，BaseAction 继承了 Struts 2 默认的 ActionSupport 类，然后重写了 execute()方法，然后该方法调用方法 dispatchMethod()，其核心代码如下。

```
(String) method.invoke(this, args)
```

上述代码通过反射机制，根据动态传递的 method 参数值，动态的调用 method 参数值对应的 Action 中的方法，从而达到与 DMI 方式同样的调用效果。例如，可以通过"a.action?method=b"的方式，对 a.action 对应的 Action 类中名称为 b 的方法进行直接访问。

2. 创建工具类 ActionContextUtils 类

由于 Struts 2 中针对于 Servlet API(例如，HttpServletRequest、HttpServletResponse)等接口处理较为烦琐，在本系统中对 Servlet API 做了进一步封装，代码如下所示。

【任务 3-1】 ActionContextUtils.java

```
package com.qst.core.utils;
import java.util.Map;
import javax.servlet.ServletContext;
import javax.servlet.http.HttpServletRequest;
import javax.servlet.http.HttpServletResponse;
import com.opensymphony.xwork2.ActionContext;

/**
 * 处理 ActionContext 中的关于 request,session,application 等范围对象中的方法
 */
@SuppressWarnings("unchecked")
public final class ActionContextUtils {
    /**
     * 获取 ActionContext 对象.
     * @return ActionContext 对象
     */
    public static ActionContext getContext() {
        return ActionContext.getContext();
    }

    /**
     * 获取指定的键所对应的对象的值.<br>
     * 对应 HttpServletRequest 对象中的 request.getParameterMap()方法
     *
     * @param key
     *            指定的键
     * @return 指定的键所映射到的值
     */
    public static String[] getParameters(String key) {
        ...省略代码
    }

    /**
     * 获取指定的键所对应的对象的值的第一个字符串.<br>
     * 对应 HttpServletRequest 对象中的 request.getParameterMap()方法
     */
    public static String getParameter(String key) {
        ...省略代码
    }
    /**
     * 从指定的对象范围中获取指定的键所对应的对象,并返回该对象的值.<br/> 如果指定的对象
     * 范围内不包含指定键的任何映射,则返回{@code NULL}.<br/>
```

```
  * 该方法对应对象范围的 getAttribute()方法
  *
  * @param scopeName
  *            对象范围的名称 (request,session,application)
  */
public static Object getAttribute(String key, String scopeName) {
     ...省略代码
}

/**
  * 将对象保存在 request 中,对应 setAttribute()方法
  */
public static void setAtrributeToRequest(String key, Object value) {
  ...省略代码
}
/**
  * 将对象保存在 session 中,对应 setAttribute()方法
  */
public static void setAttributeToSession(String key, Object value) {
  ...省略代码
}
/**
  * 将对象保存在 application 中,对应 ServletContext 的 setAttribute()方法
  */
public static void setAttributeToApplication(String key, Object value) {
    //返回 application 对象
    ...省略代码
}

/**
  * 从 request 中删除指定的对象,对应 ServletRequest 的 removeAttribute()方法.
  */
public static void removeAttrFromRequest(String key) {
    HttpServletRequest request = getRequest();
    request.removeAttribute(key);
}

/**
  * 从 session 中删除指定的对象,对应 HttpSession 的 removeAttribute()方法.
  */
public static void removeAttrFromSession(String key) {
 ...省略代码
}

/**
  * 从 application 中删除指定的对象,对应 ServletContext 的 removeAttribute()方法.
  */
public static void removeAttrFromApplication(String key) {
  ...省略代码
}

/**
  * 获取 HttpServletRequest 对象
  */
public static HttpServletRequest getRequest() {
    ...省略代码
}
```

```
    /**
     * 判断是否是 Ajax 请求
    */
    public static boolean isAjaxRequest() {
        ...省略代码
    }
    /**
     * 获取 HttpServletResponse 对象
     */
    public static HttpServletResponse getResponse() {
        ...省略代码
    }
    /**
     * 获取 ServletContext 对象
     */
    public static ServletContext getServletContext() {
        return (ServletContext) ActionContext.getContext().get(SERVLET_CONTEXT);
    }
    /**
     * 获取工程上下文路径
     */
    public static String getContextPath() {
        return getRequest().getContextPath();
    }
}
```

上述代码中，getContext()方法是直接获取 ActionContext 对象；getParameters()方法的功能与 HttpServletRequest 接口中的 getParameterValues()方法相同；getAttribute()方法根据传递的 scope 参数值（如 request、session、application），返回不同范围内的对象；setAttributeToXxx()方法用于往 request、session、application 对象中保存数据提供了接口。

3.6.2 实现任务 3-2

下述内容"GIFT-EMS 礼记"系统中的任务 3-2 Session 管理功能设计及实现。

在 Web 应用中通常是使用 Session 对象来存储特定用户会话所需的信息。这样，当用户在应用程序的 Web 页之间跳转时，存储在 Session 对象中的变量将不会丢失，而是在整个用户会话中一直存在下去。当用户请求来自应用程序的 Web 页时，如果该用户还没有会话，则 Web 服务器将自动创建一个 Session 对象。当会话过期或被放弃后，服务器将终止该会话。Session 对象最常见的一个用法就是存储登录用户的基本信息，这样在用户多页面跳转时，始终可以从 Session 中取得用户对象并进行相应运算。

为了便于管理 Session 对象，并且为了方便地统计在线用户数，系统提供了 LoginManger 类，代码如下所示。

【任务 3-2】 LoginManager. java

```
package com.qst.giftems.login;
import java.util.Collection;
import java.util.Collections;
import java.util.Set;
import java.util.concurrent.ConcurrentHashMap;
```

```
import javax.servlet.http.HttpSession;
import javax.servlet.http.HttpSessionBindingEvent;
import javax.servlet.http.HttpSessionBindingListener;
import org.apache.commons.logging.Log;
import org.apache.commons.logging.LogFactory;
import com.qst.core.utils.ActionContextUtils;
import com.qst.giftems.user.pojos.User;
/**
 * Session 管理类
 */
public class LoginManager {
      ...省略代码
    /**
     * 登录.记录用户及其对应的 HttpSession
     */
    public static void login(User user) {
        logout(user.getId());
        HttpSession session = currentSession();
        //创建 Listener 对象
        UserSessionBindingListener listener = new UserSessionBindingListener();
        listener.user = user;
        session.setAttribute(LOGIN_FLAG, listener);
    }

    /**
     * 当前会话中的用户退出
     */
    public static void logout() {
        ...省略代码
    }
    /**
     * 获取在线用户的数量
     */
    public static int getOnlineNum() {
        ...省略代码
    }
    /**
     * 判断用户是否在线
     */
    public static boolean isOnline(){
        ...省略代码
    }
    /**
     * 判断用户是否在线
     */
    public static boolean isOnline(String userName) {
        ...省略代码
    }
    /**
     * 特定 ID 的用户退出
     */
    public static void logout(Integer userId) {
        ...省略代码
    }
```

```
/**
 * 特定会话的用户退出
 */
public static void logout(HttpSession session) {
    if (session == null)
        return;
    session.removeAttribute(LOGIN_FLAG);
    session.invalidate();
}

/**
 * 获取当前会话的已登录用户
 * JSP 中可通过 ${LoginManager.currentUser}获取
 */
public static User currentUser() {
   ...省略代码
}
/**
 * 获取当前会话的已登录用户
 * JSP 中可通过 ${LoginManager.currentUser}获取
 */
public static Integer getCurrentUserId() {
   ...省略代码
}
/**
 * 获取特定会话的已登录用户
 */
public static User currentUser(HttpSession session) {
    ...省略代码
}
/**
 * 获取所有已登录用户
 */
public static Collection<User> getLoggedinUsers() {
    return Collections.unmodifiableCollection(USERS.values());
}

/**
 * 获取所有已登录用户的 ID
 */
public static Set<Integer> getLoggedinUserIds() {
    ...省略代码
}
/**
 * 获取特定 ID 的已登录用户
 */
public static User getLoggedinUser(Integer userId) {
    ...省略代码
}
/**
 * 获取特定会话中的已登录用户
 */
public static User getLoggedinUser(HttpSession session) {
   ...省略代码
```

```
        }
        //当前会话
        private static HttpSession currentSession() {
            return ActionContextUtils.getRequest().getSession();
        }
        /**
         * HttpSessionBindingLister 监听器
         */
        public static class UserSessionBindingListener
        implements HttpSessionBindingListener {
            /** User 对象的引用 **/
            User user;
            /** 获取当前用户 **/
            public User getCurrentUser() {
                return user;
            }
            /** User 和 Session 自动绑定 **/
            public void valueBound(HttpSessionBindingEvent e) {
             ...省略代码
            }
            /** User 和 Session 自动解除绑定 **/
            public void valueUnbound(HttpSessionBindingEvent e) {
              ...省略代码
            }
        }
    }
```

上述代码中,isOnline()方法用于判断当前用户是否在线; getOnlineNum()方法用于获取当前用户在线数量; logout()方法用于退出当前系统,本质上就是在 Session 中销毁已经保存的当前用户信息; currentUser()方法用于获取当前登录的用户信息; getLoggedinUsers()方法用于获取当前登录系统的所有用户对象。

此外,在 LoginManager 类中使用了 UserSessionBindingListener 类,该类实现了 HttpSessionBindingListener 接口。

如果一个对象实现了 HttpSessionBindingListener 接口,当这个对象被绑定到 Session 中或者从 session 中被删除时,Servlet 容器会通知这个对象,而这个对象在接收到通知后,可以做一些初始化或清除状态的操作。

HttpSessionBindingListener 接口提供了以下方法:

```
public void valueBound(HttpSessionBindingEvent event)
```

当对象正在被绑定到 Session 中,Servlet 容器调用这个方法来通知该对象。

```
public void valueUnbound(HttpSessionBindingEvent event)
```

当从 Session 中删除对象时,Servlet 容器调用这个方法来实现 HttpSessionBindingListener 接口的对象,而这个对象可以利用 HttpSessionBindingEvent 对象来访问与它相联系的 HttpSession 对象。因此在 LoginManager 类中,当用户登录时,即系统调用 login()方法时,该方法创建了 HttpSessionBindingListener 对象,代码如下:

```
HttpSession session = currentSession();
//创建 Listener 对象
UserSessionBindingListener listener = new UserSessionBindingListener();
```

然后把该对象存储到 session 对象中，代码如下：

```
session.setAttribute(LOGIN_FLAG, listener);
```

这时 valueBound()方法被调用，可以在该方法中添加存储 User 对象的逻辑，可以用于统计在线用户数等操作。

当系统调用 logout()方法时，实际上执行了如下代码：

```
session.removeAttribute(LOGIN_FLAG);
session.invalidate();
```

这时 valueUnbound()方法将要被调用，可以在该方法中添加从 Map 中删除 User 对象的逻辑，便于统计实际在线人数。

3.6.3 实现任务 3-3

下述内容"GIFT-EMS 礼记"系统中的任务 3-3 实现 login/logout 功能。

要实现系统的登录功能，主要有以下几个步骤：

(1) 设计 LoginAction，该 Action 用于处理登录或退出等功能，该类的父类为 BaseAction。

(2) 整个"GIFT-EMS 礼记"系统主要分为前台的电商系统和后台的内容管理系统，其中前台登录为普通用户登录，后台登录为管理员登录，本任务中主要练习前台普通用户的登录和退出。

(3) 使用已经创建好的 User 类，用于封装用户基本信息。

(4) 设计登录页面 login.jsp、系统主页面 main.jsp。

下述内容详细介绍实现登录功能的步骤。

1. 定义 LoginAction 类

在项目中创建 LoginAction 主要用于用户的登录，代码如下所示。

【任务 3-3】 LoginAction.java

```
package com.qst.giftems.login;
import java.util.Date;
import javax.servlet.http.HttpServletRequest;
import javax.servlet.http.HttpSession;
import org.apache.commons.logging.Log;
import org.apache.commons.logging.LogFactory;
import com.qst.core.utils.ActionContextUtils;
import com.qst.core.utils.ExceptionUtils;
import com.qst.core.utils.StringUtils;
import com.qst.core.web.action.BaseAction;
import com.qst.giftems.user.pojos.User;
/**
 * 用于用户的登录与退出
 */
@SuppressWarnings("serial")
public class LoginAction extends BaseAction {
    /**
```

```
 * 日志记录类
 */
public static Log logger = LogFactory.getLog(LoginAction.class);
private static final String LOGIN = "login";
/** 默认登录首页 **/
private static final String INDEX = "index";
/** 用户 Id **/
private Integer id;
/** 用户名 **/
private String userName;
/** 用户姓名 **/
private String name;
/** 密码 **/
private String password;
/** 邮箱(可用于登录) **/
private String email;
/** 手机号 **/
private String mobile;
/**
 * 跳转到登录界面
 * @return
 */
public String toLogin(){
//回传字符串
String result = LOGIN;
if (LoginManager.isOnline()) {
        result = INDEX;
        ActionContextUtils.setAtrributeToRequest("msg","登录成功!");
    }
return result;
}
/**
 * 用户登录
 */
public String login() {
    HttpServletRequest request = ActionContextUtils.getRequest();
    HttpSession session = request.getSession();
    //回传字符串
    String result = LOGIN;
    //处理刷新系统的情况
    if (LoginManager.isOnline()) {
        result = INDEX;
        ActionContextUtils.setAtrributeToRequest("msg","登录成功!");
        return result;
    }
    try {
        if (StringUtils.isEmpty(this.userName)) {
            //如果用户名为空,返回提示信息
            ActionContextUtils.setAtrributeToRequest("msg","登录成功!");
        } else if (StringUtils.isEmpty(this.password)) {
            //如果密码为空,返回提示信息
            ActionContextUtils.setAtrributeToRequest("msg","密码不能为空!");
        } else {
            //根据用户名或 email 查找用户
```

```
                User user = new User();
                user.setId(1);
                user.setUserName("admin");
                user.setPassword("123456");
                if (user != null) {
                    String pass2 = this.password;
                    if (!user.getPassword().equals(pass2)) {
                        //判断密码是否正确
                        ActionContextUtils.setAtrributeToRequest("msg","密码错误!");
                    } else if (user.getStatus() != 0) {
                        //用户冻结
                        ActionContextUtils.setAtrributeToRequest("msg","用户已经被冻结!");
                    } else {
                        User user2 = LoginManager.getLoggedinUser(user.getId());
                        if (user2 != null) {
                            session.setAttribute("anotherUser", user2);
                            LoginManager.logout(user2.getId());
                        }
                        //登录时间
                        user.setLastLoginTime(new Date(System
                                .currentTimeMillis()));
                        LoginManager.login(user);
                        //保存信息
                        ActionContextUtils.setAtrributeToRequest("user", user);
                        //返回成功界面
                        result = INDEX;
                    ActionContextUtils.setAtrributeToRequest("msg","登录成功!");
                    }
                } else {
                ActionContextUtils.setAtrributeToRequest("msg","用户不存在!");
                }
            }
        } catch (Exception ex) {
            String event = ExceptionUtils.formatStackTrace(ex);
            logger.error(event);
        }
        return result;
    }

    // ////////////////////////////////////////////
    // //getter/setter 方法
    // ///////////////////////////////////////////
    …省略
```

上述代码中，login()方法是用户单击“登录”按钮后，LoginAction中将要调用的方法，由于还没有引入数据库，因此假定默认的用户名为admin，默认的密码为123456，然后用户可以在界面上输入相应的用户名密码加以验证。

2. 创建login.jsp

login.jsp用于提供用户的登录界面，界面代码设计如下：

【任务 3-3】 Login.jsp

```
<div class = "login_content">

    <h2 class = "reg_top">
        登录 <span class = "close"></span>
    </h2>
    <form action = " ${ctx}/user/l.action?method = login" name = "loginForm" id = "loginForm"
method = "POST">
        <dl class = "login_text1">
            <dt>账号: </dt>
            <dd>
                <input type = "text" class = "input1" name = "userName" id = "userName" value =
" ${userName}" placeholder = "登录账号可以为手机号" />
                <span class = "red" id = "userName - info - span"></span>
            </dd>
            <dt>密码: </dt>
            <dd>
                <input type = "password" class = "input1" name = "password" id = "password" value =
" ${password }" placeholder = "密码在 6～15 位之间" />
                <span class = "red" id = "password - info - span"></span>
            </dd>
            <dd>
                <span class = " faq" > </span > < a href = " ${ctx}/user/l. action? method =
forgetPassword">忘记密码</a>
                <span class = "red">
                    <c:if test = " ${not empty info and info ne 'unseted'}">【 ${info }】</c:if>
                </span>
            </dd>
        </dl>
        <div class = "clear"></div>
        <div style = "padding - left:20px;">
            <span class = "reg_button" id = "login - button" style = "cursor: pointer;">登录
</span>

            <a href = " ${ctx}/user/l.action?method = toRegister">
                 <span id = "register - button">还没注册</span>
            </a>
        </div>
    </form>
</div>
```

上述代码中引用了 CSS 样式，其中，JS 的实现采用的是 jQuery 的方式。<form>元素的 action 值为：

```
${ctx}/user/l.action?method = login
```

即单击“登录”按钮后，浏览器将向上述地址发出请求。login 代码运行效果如图 3-17 所示。

3. 创建首页面 main.jsp

为了便于其他页面引用，对首页的 top 部分进行了代码处理，形成了 top.jsp 文件，对首页的 bottom 部分进行抽象，形成了 bottom.jsp 文件，index.jsp 中引用了 top.jsp 和 bottom.jsp 文件，这三个文件都位于 WebContent/jsp 目录下，main.jsp 代码如下所示。

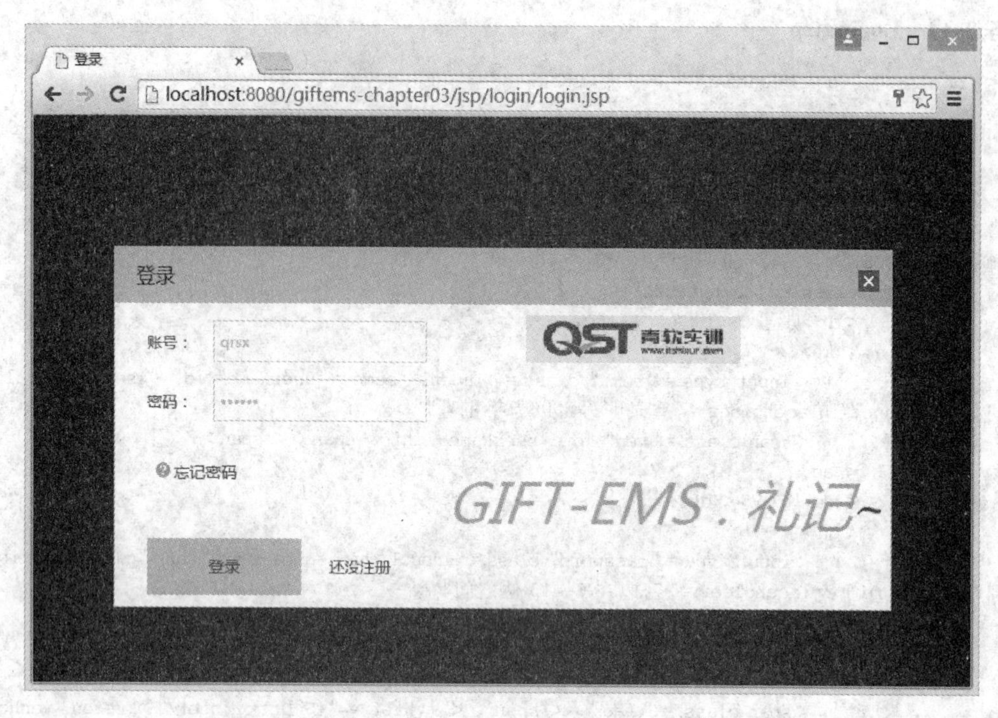

图 3-17　login.jsp 运行效果

【任务 3-3】　main.jsp

```
<div class="index_main">
    <!-- 头部 top.jsp -->
    <jsp:include page="/jsp/top.jsp"></jsp:include>
    <!-- banner start -->
    <div class="lp_banner" style="position: relative;">
        <!-- 广告区 -->
          <ul id="index-banner-ul">
             ...代码省略
        </ul>
        <div class="banner-image-index">
            <!-- 显示广告区域的 1、2 、3 、4 的指示索引 -->
             <ul>
                <c:forEach begin="1" end="4" step="1" var="item">
                <li <c:if test="${item == 1}">class="current"</c:if>>${item}</li>
                </c:forEach>
             </ul>
        </div>
    </div>
    <!-- banner end -->
        <!-- 七大图标 end -->
        <div class="clear"></div>
    </div>
    <div class="clear"></div>
</div>
<!-- 引用底部 bottom.jsp -->
<jsp:include page="/jsp/bottom.jsp"></jsp:include>
...代码省略
```

首页代码的效果如图 3-18 所示。

图 3-18 main.jsp 运行效果

注意

限于篇幅，top.jsp 和 bottom.jsp 的代码此处不再给出，读者请下载相关代码进行研究。

4. 配置 struts.xml

LoginAction 类主要用于用户的登录，在 struts.xml 中配置 LoginAction，代码如下所示。

【任务 3-3】 struts.xml

```
<!-- 用户中心 -->
<package name = "user" extends = "qrsx - default" namespace = "/user">
    <!-- 登录 Action -->
    <action name = "l" class = "com.qst.giftems.login.LoginAction">
        <!-- 用户登录成功后跳转 -->
        <result name = "main" type = "redirect">/jsp/main.jsp</result>
    </action>
</package>
```

上述配置中，定义了 LoginAction，当请求的 url 为“l.action? method＝login”时，该 Action 接受请求，并且调用 login()方法，验证用户名和密码的正确性，如果验证成功，则转发到 main.jsp 页面，验证失败则转发到 login.jsp 页面。

在浏览器中输入以下地址，并访问：

```
http://localhost:8080/giftems-chapter03/jsp/login.jsp
```

浏览器会加载 login.jsp 界面，然后用户在用户名、密码框中分别输入 admin、123456，用户登录成功后，在 main.jsp 的界面中会展示下拉菜单，如图 3-19 所示。

图 3-19　main.jsp 登录成功

5. 实现退出系统功能

为了实现“退出系统”功能，需要在 LoginAction 类中添加 logout()方法，该方法的代码如下所示。

【任务 3-3】 LoginAction.java

```
    /**
     * 退出系统
     */
    public String logout() throws Exception {
     try{
         User user = LoginManager.currentUser();
         if (user != null) {
            LoginManager.logout(user.getId());
         }
    }catch(Exception ex){
            String event = ExceptionUtils.formatStackTrace(ex);
            logger.error(event);
    }
       return INDEX;
}
```

上述代码为系统的退出功能，当单击“安全退出”命令时，系统首先会销毁会话中与用户相关的信息，然后转到首页。在系统中单击“安全退出”时，弹出如图 3-20 所示窗口。

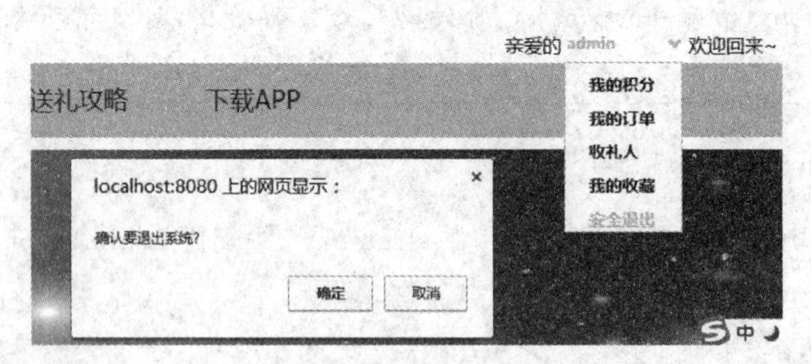

图 3-20　退出系统

此外，“退出系统”功能在 top.jsp 页面中对应的代码如下：

```
<a href="javascript:void(0)" onclick="if(confirm('确实要退出系统?')) location.href=
'${ctx}/user/l.action?method=logout';">安全退出</a>
```

6. 简化首页访问

如果想要在浏览器地址栏中直接输入应用路径，而不是输入具体的 JSP 路径，例如，输入下面地址：

```
http://localhost:8080/giftems-chapter03/
```

系统能够直接访问 main.jsp，需要配置中间转发的页面 index.jsp，通常 index.jsp 直接放到系统的根路径下，index.jsp 的代码如下所示。

【任务 3-3】 index.jsp

```
<%@ page language="java" import="java.util.*" pageEncoding="UTF-8"%>
<jsp:forward page="/user/l.action?method=main"/>
```

在 index.jsp 页面中使用了<jsp:forward>转发，如果实现内部转发功能，则需要在 web.xml 中 Struts 2 配置代码中增添内部转发配置，并配置系统的默认访问路径（欢迎页面），代码如下所示。

【任务 3-3】 web.xml

```
<filter-mapping>
    <filter-name>struts2</filter-name>
    <url-pattern>/*</url-pattern>
    <!--添加代码-->
    <dispatcher>REQUEST</dispatcher>
    <!-- 用于内部转发 index.jsp 到 g.action -->
   <dispatcher>FORWARD</dispatcher>
</filter-mapping>
...
<welcome-file-list>
   <welcome-file>index.jsp</welcome-file>
</welcome-file-list>
```

然后在 LoginAction 中添加 main()的转发方法，代码如下所示。

【任务 3-3】 LoginAction.java

```
/**
 * 跳转到主页
 */
public String main(){
 return INDEX;
}
```

通过上述几个步骤，就可以通过下述路径，例如：

```
http://localhost:8080/giftems-chapter03/
```

直接访问系统的首页了。

本章总结

小结

- Struts 2 框架以配置文件的方式来管理核心组件，从而允许开发者方便地扩展框架的核心组件。

- 在 struts. xml 文件中通过配置常量来指定 Struts 2 的属性值,可以改变框架的默认行为。
- Struts 2 使用包来管理 Action 和拦截器等组件,每个包就是若干个 Action、拦截器、拦截器引用组成的集合。
- 通过命名空间的配置,可以在 Struts 2 配置 Action 的过程中避免重名的问题,类似于 Java 语言中的"包"机制。
- 包含配置体现的是软件工程中"分而治之"的原则,通过<include>元素在 struts. xml 文件中包含其他配置文件。
- Struts 2 中的 Action 是一个普通的 Java 类,该类通常包含一个 execute()方法,该方法没有任何参数,只返回一个字符串类型值。
- Struts 2 中的 Action 可以通过 ActionContext 类访问 Servlet API。
- 配置 Action 就是让 Struts 2 容器知道该 Action 的存在,并且能够调用该 Action 来处理用户请求。
- Action 处理完请求后通常会返回一个字符串即逻辑视图名,必须在 struts. xml 文件中完成逻辑视图和物理视图资源的映射,才能让系统跳转到实际的视图资源。
- dispatcher、redirect 和 redirectAction 是常用的结果类型,配置 result 时,如果没有指定 result 的 name 和 type 属性,name 属性值默认为 success,而 type 属性值默认为 dispatcher。
- Struts 2 的异常处理机制是通过在 struts. xml 文件中配置<exception-mapping>元素来完成的,配置该元素时,需要指定 exception 和 result 两个属性。

Q&A

问题:简述 Struts 2 的优点。

回答:Struts 2 支持更多的表现层技术,有更好的适应性;Struts 2 中的 Action 无须跟 Servlet API 耦合,使得测试更加容易,同时也提高代码的重用率;Struts 2 具有更好的模块化和可扩展性。

章节练习

习题

1. 下列文件中,除了________不能配置 Struts 2 的常量,其他三个文件都可以配置 Struts 2 的常量。

   A. struts. properties　　B. struts. xml

   C. web. xml　　D. struts-config. xml

2. 下列________方式不能用于实现 Struts 2 中 Action。

   A. POJO 方式　　B. 实现 Action 接口

   C. 继承 ActionSupport 类　　D. 继承 Action 类

3. 下列关于 Action 接口和 ActionSupport 类的说法中,错误的是________。(多选)

   A. 实现 Action 接口后可以方便地使用一些常量,以规范 execute()方法的返回值

B. ActionSupport 类实现了 Action 接口

C. Struts 2 中的 Action 必须继承 ActionSupport 类

D. ActionSupport 类是 Struts 2 的默认 Action 处理类

4. 下列做法中只有________不能够访问 ServletAPI。

A. 使用 ActionContext 的方法可以访问 request、session、application 等 Servlet 作用域

B. 实现 ServletRequestAware 接口后，可以得到 HttpServletRequest 的引用

C. 使用 ServletActionContext 类的方法可以得到 HttpServletRequest 等对象的引用

D. 为 execute()方法添加 HttpServletRequest 和 HttpServletResponse 参数，即可得到它们的引用

5. 下列做法中，调用 MyAction 的 test()方法错误的是________。

A. 在 struts. xml 中配置如下：

```
<constant name = "struts.enable.DynamicMethodInvocation" value = "true" />
<package name = "mypackage" extends = "struts - default">
<action name = "my" class = "a.b.c.MyAction">
</action>
</package>
```

通过"my! test. action"访问

B. 在 struts. xml 中配置如下：

```
<package name = "mypackage" extends = "struts - default">
<action name = "my * " class = "a.b.c.MyAction" method = "{1}" >
</action>
</package>
```

通过 mytest. action 访问

C. 在 struts. xml 中配置如下：

```
<package name = "mypackage" extends = "struts - default">
<action name = " * _ * " class = "a.b.c.{1}Action" method = "{2}" >
</action>
</package>
```

通过 my_test. action 访问

D. 在 struts. xml 中配置如下：

```
<package name = "mypackage" extends = "struts - default">
<action name = " * _ * " class = "a.b.c.{1}Action" method = "{2}" >
</action>
</package>
```

通过 My_test. action 访问

6. Struts 2 可以在________、________和________三种文件中配置常量(请按常量加载顺序填写)。

7. 简述 Struts 2 配置文件中的 package 的作用。

8. Struts 2 框架的 Action 中如何访问 Servlet API。

上机

1. 训练目标：Struts 2 框架应用。

培养能力	熟练使用 Struts 2 框架实现功能		
掌握程度	★★★★★	难度	中
代码行数	400	实施方式	编码强化
结束条件	熟练使用 Struts 2 框架实现功能		
参考训练内容 用 1 个 Action 中的 4 个方法处理加减乘除操作，使用动态方法调用的方式完成，并且计算完成转向结果显示页面时使用重定向的跳转方式			

2. 训练目标：Struts 2 框架应用。

培养能力	熟练使用 Struts 2 框架实现功能		
掌握程度	★★★★★	难度	中
代码行数	400	实施方式	编码强化
结束条件	熟练使用 Struts 2 框架实现功能		
参考训练内容 使用 Struts 2 框架的动态方法调用功能，使点击同一个页面的登录、注册两个按钮时，分别执行同一个 Action 的 login()和 register()两个方法。			

Struts 2标签库

本章任务是了解“GIFT-EMS 礼记”用户基本购物流程实现及界面实现：

- 【任务 4-1】 用户基本购物流程实现。
- 【任务 4-2】 礼品中心界面实现。
- 【任务 4-3】 商品详情界面实现。

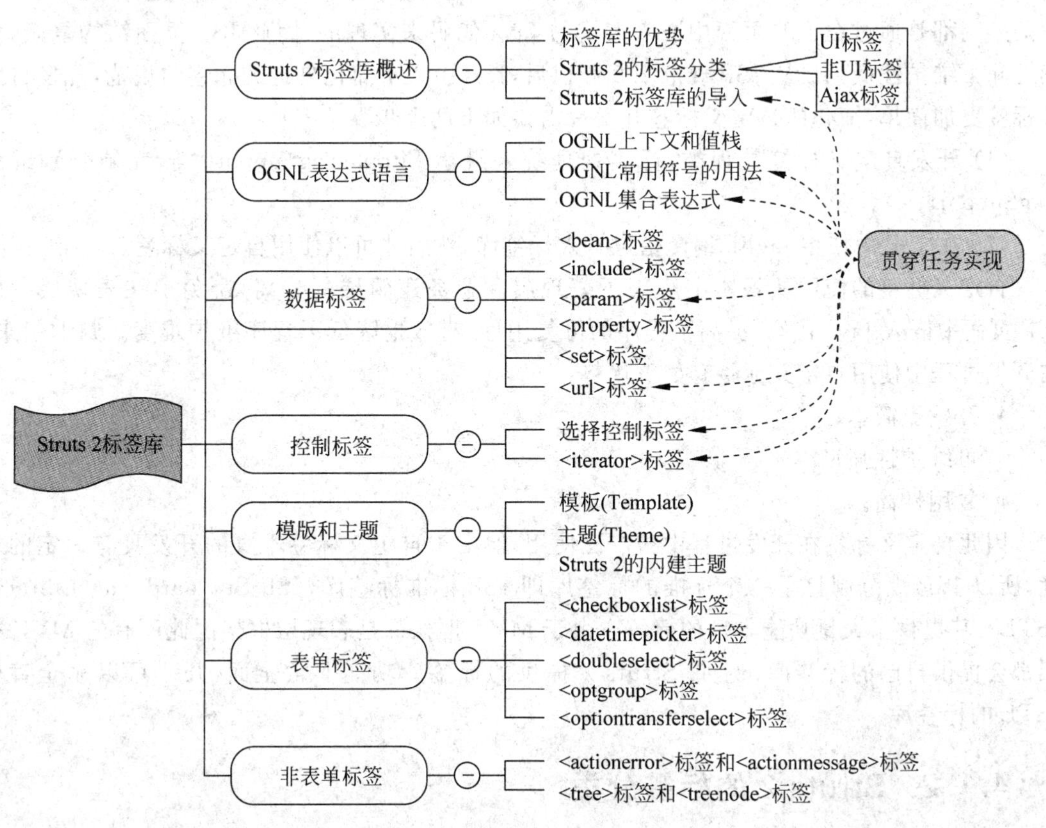

知 识 点	Listen(听)	Know(懂)	Do(做)	Revise(复习)	Master(精通)
OGNL 表达式的使用	★	★	★	★	
Struts 2 数据标签的使用	★	★	★	★	★
Struts 2 控制标签的使用	★	★	★	★	★
Struts 2 表单标签的使用	★	★	★	★	★

4.1 Struts 2 标签库概述

JSP 标签库能够简化 JSP 的编写，避免 JSP 中嵌入大量 Java 脚本，将显示和控制逻辑分离，常见的 Web 层框架，包括 Struts 2，都提供了自己的特有标签库。Struts 2 的标签库功能非常丰富，大大简化了数据输出和页面效果生成，同时还能完成一些基本的流程控制功能。

4.1.1 标签库的优势

在初期 Java 技术的 B/S 架构开发过程中，Web 页面所输出的数据的处理和页面业务流程的控制都是通过在 JSP 页面中嵌入大量的 Java 代码来实现的，因此 JSP 页面结构复杂，可读性和可维护性低下。从 JSP 规范 2.0 版以后，JSP 引入了简化自定义标签的规范，开发自定义标签更加简单，简化的自定义标签开发只需要如下两个步骤：

(1) 开发自定义标签处理类，标签处理统一继承 SimpleTagSupport 类，无须分别继承 TagSupport；

(2) 在 JSP 中使用 taglib 编译指定导入标签库，然后才可以使用自定义标签。

自定义标签的使用从根本上解决了表现层和业务逻辑层的分离，避免了在表现层中的 JSP 页面中嵌入 Java 代码，提高了程序的可复用性，有效地降低了程序维护难度。归纳起来，在开发过程中使用自定义标签有如下优势：

- 开发更简单；
- 可维护性强；
- 复用性高。

因此自定义标签在开发过程中被广泛使用，但由于自定义标签本身的开发具有一定的难度，所以 JSP 规范制订了一个标准的标签库即 JSP 标准标签库(JSP Standard Tag Library，JSTL)，其提供了大量功能丰富的标签。由于 MVC 框架都是表现层框架因此所有的 MVC 框架都会提供自己的标签库，例如，Struts 2 提供的标签库功能非常全面，几乎可以完全替代 JSTL 的标签库。

4.1.2 Struts 2 的标签分类

与 Struts 1 的标签库相比，Struts 2 提供的标签库功能更强大，使用上也更简单。此外，Struts 2 的标签不依赖任何的表现层技术，即，Struts 2 的大部分标签可以适用于任何的表示

层技术，不仅在常用的JSP页面中使用，也可以在Velocity、FreeMarker等模板技术中使用。

Struts 2将所有的标签都定义在URI为/struts-tags的空间下，并未提供严格的标签库分类。按照标签所实现的功能，大致可分为3类：

- UI(User Interface，用户界面)标签——主要用于生成HTML元素的标签；
- 非UI标签——主要用于数据访问、逻辑控制的标签；
- Ajax标签——用于支持AJAX(Asynchronous JavaScript and XML)的标签。

其中对于UI标签还可进一步进行细分，具体如下：

- 表单标签——主要用于生成HTML页面的form标签及普通表单元素的标签；
- 非表单标签——主要用于生成页面上的树、Tab页等标签。

对于非UI标签，也可分为如下两类：

- 流程控制标签——主要包含用于实现分支、循环等流程控制的标签；
- 数据访问标签——主要包含用于操作值栈和完成国际化功能的标签。

Struts 2框架的标签库分类如图4-1所示。

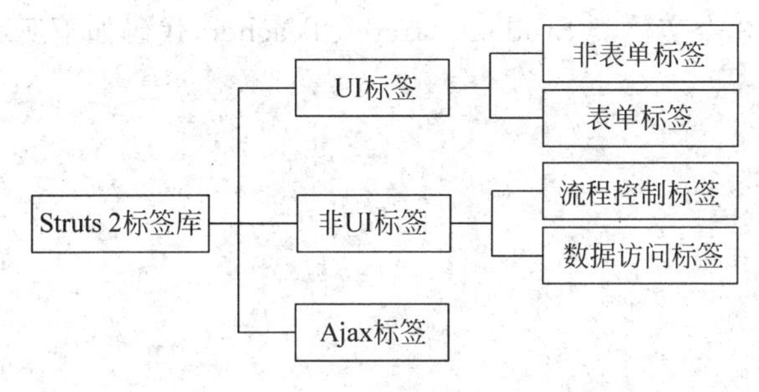

图4-1　Struts 2标签库分类

4.1.3　Struts 2标签库的导入

Struts 2提供的struts2-core-2.3.20.jar文件中包含了标签的处理类和描述文件，解压此文件，在META-INF路径下可以找到struts-tags.tld文件，该文件就是Struts 2的标签库描述文件。下述代码是struts-tags.tld文件的片段：

```
<?xml version="1.0" encoding="UTF-8"?>
<!DOCTYPE taglib PUBLIC "-//Sun Microsystems, Inc.//DTD JSP Tag Library 1.2//EN"
    "http://java.sun.com/dtd/web-jsptaglibrary_1_2.dtd">
<taglib>
    <tlib-version>2.2.3</tlib-version>
    <jsp-version>1.2</jsp-version>
    <!-- 标签库的默认短名 -->
    <short-name>s</short-name>
    <!-- 标签库的默认 uri -->
    <uri>/struts-tags</uri>
    <display-name>"Struts Tags"</display-name>
    …
</taglib>
```

在JSP中使用标签库时，必须使用taglib指令引入标签库，代码如下：

```
<%@ taglib prefix="s" uri="/struts-tags" %>
```

上述代码中,prefix="s"指定了使用此标签库时的前缀,uri="/struts-tags"指定了标签库描述文件的路径。如果项目采用的 Servlet 规范版本是 2.3 或以下,还需要在 web.xml 中增加对标签库的定义,代码如下:

```
<taglib>
<taglib-uri>/struts-tags</taglib-uri>
<taglib-location>/WEB-INF/lib/struts2-core-2.0.11.1.jar</taglib-location>
</taglib>
```

4.2 OGNL 表达式语言

OGNL(Object-Graph Navigation Language,对象图导航语言)是一种功能强大的表达式语言,OGNL 提供了存取对象属性、调用对象方法、遍历对象结构图、对象类型转换的特定语法。OGNL 是 Struts 2 内建的表达式语言,大大加强了 Struts 2 数据访问功能。通过一个示例来了解 OGNL。分别创建 3 个实体类 Student、Grade、Teacher,代码如下所示。

```
//学生类
public class Student{
    private String name;
    private Integer age;
    private Grade grade;
}
//年级类
public class Grade{
    private String name;
    private Teacher teacher;
}
//教师类
public class Teacher{
    private String name;
}
```

通过分析上述代码中 3 个实体类对象的属性可形成如图 4-2 所示的关系依赖图。

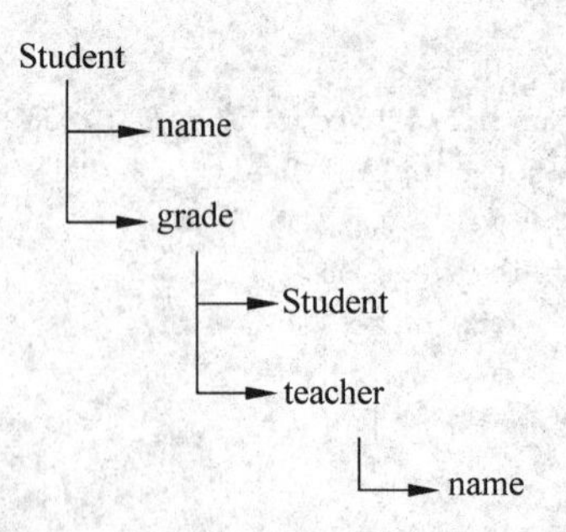

图 4-2 Student、Grade 和 Teacher 三个实体类的属性依赖

通过依赖关系图可见,根据 student 对象导航到 grade 对象,继而通过 grade 对象导航到 teacher 对象。代码实现如下所示。

```
String teacherName = student.getGrade().getTeacher().getName();
```

在 Struts 2 中通过 OGNL 表达式语言即可实现上述的效果，代码如下所示。

```
//取值表达式，都是基于对象的 getter 方法进行导航的
String teachName = (String)Ognl.getValue("grade.teacher.name", student);
```

4.2.1　OGNL 上下文和值栈

上述代码中 OGNL 的 getValue 方法中有两个参数，其中：

- 第 1 个参数是表达式。表达式是整个 OGNL 的核心，所有 OGNL 操作都是针对表达式解析后进行的。它表明了此次 OGNL 操作要“做什么”。表达式就是一个带有语法含义的字符串，这个字符串规定了操作的类型和操作的内容。OGNL 支持大量的表达式语法，不仅支持这种“链式”猫鼠对象访问路径，还支持在表达式中进行简单的计算。
- 第 2 个参数是 Root 对象。Root 对象也就是操作对象。表达式规定了“做什么”，而 Root 对象则规定了“对谁操作”。

但实际上 OGNL 的取值还需要一个上下文环境。设置了 Root 对象，OGNL 可以对 Root 对象进行取值或写值等操作，那么 Root 对象放在哪里，OGNL 又在哪里对它进行的操作呢？这个操作对象所在环境就是 OGNL 的上下文环境（Context）。上下文环境规定了 OGNL 的操作“在哪里进行”。

在 Struts 2 中，采用标准命名的上下文对象（OGNLContext）来处理 OGNL 表达式。处理 OGNL 的顶级对象是一个 Map（也可称为 Context Map），而 OGNL 在这个 OGNLContext 中就是一个顶级对象或根对象。在用法上，Root 对象的属性访问是不需要任何标记前缀的。而其他非顶级的对象访问则需要使用“#”标记。

例如，下面的代码示例：

```
Student s1 = new Student("student1");
Student s2 = new Student("student2");
Student s3 = new Student("student3");
Map context = new HashMap();
context.put("s1", s1);
context.put("s2", s2);
String names = (String)Ognl.getValue("#s1.name+','+#s2.name+','+name", context, s3);
```

输出结果为：

```
student1,student2,student3
```

Struts 1 的 Action 是依赖容器的，Action 中就封装了 Web 容器对象，比如 request、response 等。而 Struts 2 的 Action 已经彻底的脱离容器，但是提交的 Action 还是需要和 Web 容器进行交互的，Struts 2 是构造了一个 Action 的上下文环境，称之为 ActionContext，它封装了当前的 Action 以及与 Web 容器交互的 requst、response 等对象。并且使用 ThreadLocal 模式对每一次请求对会实例话一个新的 ActionContext 与当前线程绑定，也正因此 Struts 2 的 action 是线程安全的。可以说 ActionContext 封装一个处理 Web 请求的环境，而在这个环境中对请求数据存储传输则是交给了 ValueStatic。

ValueStack 被称为值栈，是对 OGNL 的扩展，Struts 2 正是通过 ValueStack 来使用 OGNL 进行赋值和取值操作的。

ValueStack 不仅封装了 OGNL 的所有功能，并且主要对 OGNL 的 Root 对象进行了扩展。ValueStack 封装了一个 CompoundRoot 类型的对象作为 root 属性，CompoundRoot 是一个继承 ArrayList 的栈存储结构。而所有被压入栈中的对象，都会被视为 OGNL 的 Root 对象。在使用 OGNL 计算表达式时，首先会将栈顶元素作为 Root 对象，进行表达式匹配，匹配不成功则会依次向下匹配，最后返回第一个成功匹配的表达式计算结果。因此，Struts 2 通过 ValueStack 实现了多 Root 对象的 OGNL 操作。

当提交一个请求，会为这个请求创建一个和 Web 容器交互的 ActionContext，与此同时会创建 ValueStack，并置于 ActionContext 之中。而实例化 Action 之后，就会将这个 action 对象压入 ValueStack 中。

在请求"映射"过程中，Struts 2 通过 ParametersInterceptor 拦截器将提交的参数值封装入对应的 Action 属性中。因此 action 实例可以作为 OGNL 的 Root 对象，对于 Action 中的属性、方法都可以使用 OGNL 来获取。

在 Struts 2 中，值栈对应 ValueStack 接口，该接口的实现类为 OgnlValueStack。

4.2.2 OGNL 常用符号的用法

#、%和 $ 符号在 OGNL 表达式中经常出现，因此开发人员需要熟练掌握并理解这 3 种符号的使用方法。详细介绍如下所述。

1. #符号

#符号的用途有下面 3 种：

(1) 访问非根对象属性。

例如，4.2.1 节示例中的 #s1.name 表达式，因为在 Struts 2 中值栈是作为根对象，所以访问在访问其他非根对象时可以使用 # 前缀。实际上，# 相当于调用了 ActionContext.getContext()方法；#s1.name 表达式相当于调用了 ActionContext.getContext().getSession().get("name")方法。

但当 OGNL 访问 OgnlContext 中的其他对象时，必须通过使用"#"符号作为前缀来指明，列举如下：

- parameters 对象——用于访问 HTTP 请求参数。例如，#parameters.name 相当于调用 HttpServletRequest 对象的 getParameter("name")方法。
- request 对象——用于访问 HttpServletRequest 属性，例如，#request.name 相当于调用 getAttribute("name")方法。
- session 对象——用于访问 HttpSession 对象，例如，#session.name 相当于调用 getAttribute("name")方法。
- application 对象——用于访问 ServletContext 对象，例如，#application.name 相当于调用 ServletContext 的 getAttribute("name")方法。
- attr 对象——用于按照 page→request→session→application 的顺序访问其属性。

(2) 用于过滤和投影集合，将在 4.2.3 节中讲解。

(3) 用于构造 Map 对象，将在 4.2.3 节中讲解。

2. %符号

%符号的用途是在标志的属性为字符串类型时,计算 OGNL 表达式的值,如果不使用%符号则会按照普通字符串处理。下面的代码演示%符号的使用。

```
<h3>构造 Map</h3>
    <s:set name="foobar" value="#{'foo1':'bar1','foo2':'bar2'}" />
    <p>The value of key "foo1" is <s:property value="#foobar['foo1']" /></p>
    <p>不使用%:<s:url value="#foobar['foo1']" /></p>
    <p>使用%:<s:url value="%{#foobar['foo1']}" /></p>
```

运行结果如下所示:

```
he value of key "foo1" is bar1
不使用%: #foobar['foo1']
使用%:bar1
```

此外,在 JSP 页面中"%{"就表示 OGNL 表达式开始,"}"表示 OGNL 表达式结束,例如,访问根对象中的对象和属性则可通过如下方式访问:

```
%{Object.field}
```

此外,利用%还可以取出值栈中 Action 对象的方法,具体用法如下所示:

```
%{getText('key')}
```

通过上述代码可获取国际化信息。

3. $符号

$符号主要有两个方面的用途。

(1) 在国际化资源文件中,引用 OGNL 表达式,例如国际化资源文件中的代码:reg.agerange=国际化资源信息:年龄必须在${min}同${max}之间。

(2) 在 Struts 2 框架的配置文件中引用 OGNL 表达式,如下面的代码片断所示:

```
<validators>
    <field name="intb">
        <field-validator type="int">
            <param name="min">10</param>
            <param name="max">100</param>
            <message>BAction-test 校验:数字必须为${min}为${max}之间!</message>
        </field-validator>
    </field>
</validators>
```

4.2.3 OGNL 集合表达式

在开发过程中,开发人员经常需要一个集合元素,如 List 对象、Map 对象。此时可通过 OGNL 表达式直接生成一个集合。以直接生成一个 List 类型集合为例,其语法如下所示、

```
{x1,x2,x3,…}
```

上述表达式直接生成了一个 List 类型集合，该集合包含了 x1、x2 和 x3 这 3 个元素。每个元素之间用英文逗号“,”隔开即可。而直接生成 Map 类型集合的语法则如下所示。

```
#{key1:value1,key2:value2,key3:value3,…}
```

通过上述表达式可见，生成的 Map 类型的集合其元素是一个键值对(key-value)对象，每个元素之间也是用英文逗号“,”间隔开。

对于集合 OGNL 提供了 in 和 not in 两个元素符号，其中：前者用于判断某个元素是否在指定的集合中；后者则用于判断某个元素是否不在指定的集合中。

对于上述两个元素符号的使用方法通过下述的示例进行说明，代码如下所示。

```
<!----------------- in表达式示例----------------->
<s:if test="'zhao' in {'zhao','gao'}">
    在
</s:if>
<s:else>
    不在
</s:else>
<!----------------- not in表达式示例----------------->
<s:if test="'zhao' not in {'zhao','gao'}">
    不在
</s:if>
<s:else>
    在
</s:else>
```

除了 in 和 not in 之外，OGNL 还允许使用某个规则获得集合对象的子集，常用的有以下 3 个相关元素符号。

- ?：获得所有符合逻辑的元素；
- ^：获得符合逻辑的第一个元素；
- $：获得符合逻辑的最后一个元素。

4.3 数据标签

数据标签主要用于提供各种数据访问的相关功能，包括显示一个 Action 范围内的属性，以及生成国际化输出等功能。常用数据标签如表 4-1 所示。

表 4-1 常用数据标签介绍

标　签	描　述
<action>	在 JSP 文件中直接调用一个 Action，通过指定 executeResult 参数，还可以将该 Action 的处理结果包含到当前页面中
<bean>	用于创建一个 JavaBean 实例，如果指定了 id 属性则可以将创建的 JavaBean 实例放入 StackContext 中
<date>	此标签用于格式化输出的日期
<debug>	在页面上生成一个调试链接，通过单击链接可以查看 ValueStack 和 StackContext 中的内容
<i18n>	用于指定国际化资源文件中的 baseName
<include>	用于在 JSP 页面中包含其他的 JSP 或 Servlet 资源

续表

标　签	描　述
<param>	用于设置一个参数,通常是用作 bean 标签的子标签
<property>	用于输出某个值,包含 ValueStack、StackContext 和 ActionContext 中的值
<push>	将指定的值放入到 ValueStack 的栈顶
<set>	用于设置一个新的变量,并将其存放到指定的范围内
<text>	用于输出国际化信息
<url>	用于生成一个 URL 地址

对于表 4-1 中的<bean>、<include>、<param>、<property>、<set>、<url>等常用的数据标签的功能、使用方法将在下文中详细介绍。

4.3.1 <bean>标签

通过使用<bean>标签来创建一个 JavaBean 的实例。对于创建的 JavaBean 实例可通过在<bean>标签内通过使用<param/>标签为 JavaBean 类设置或访问其属性,但需要为该 JavaBean 类提供对应的 setter 和 getter 方法。关于<bean>标签的属性及描述如表 4-2 所示。

表 4-2 <bean>标签属性及描述

属性名	是否可选	描　述
name	否	该属性指定要实例化的 JavaBean 实现类
id	是	如果设置了该属性,则会将 JavaBean 的实例放入到 StackContext 中,从而通过该属性来实现对该 JavaBean 实例的访问

注意

在<bean>标签内时,<bean>标签创建的 JavaBean 实例放在 valuestack 的栈顶,该标签结束,生成的子集被移出 valuestack 栈,除非指定了 id 属性。

通过下述示例来学习<bean>标签的用法。

【代码 4-1】 bean.jsp

```
<%@ page language="java" contentType="text/html; charset=UTF-8"
    pageEncoding="UTF-8"%>
<%@taglib prefix="s" uri="/struts-tags"%>
<!DOCTYPE html PUBLIC "-//W3C//DTD HTML 4.01 Transitional//EN"
    "http://www.w3.org/TR/html4/loose.dtd">
<html>
<head>
<meta http-equiv="Content-Type" content="text/html; charset=UTF-8">
<title>bean标签示例</title>
</head>
<body>
    <s:bean name="com.qst.chapter04.action.Person">
        <s:param name="name" value="'张先生'"/>
        <s:param name="sex" value="'男'"/>
```

```
        <s:param name="age" value="31"/>
        姓名:<s:property value="name"/><br/>
        性别:<s:property value="sex"/><br/>
        年龄:<s:property value="age"/>
    </s:bean>
</body>
</html>
```

上述代码中,利用<bean>标签创建了一个 Person 类型的对象,并对 name、sex 和 age 这 3 个属性进行了赋值,然后利用<property>标签输出 JavaBean 的值。运行结果如图 4-3 所示。

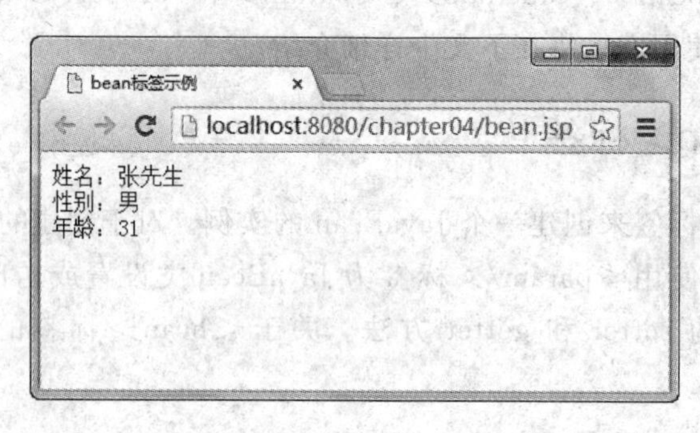

图 4-3 <bean>标签示例

4.3.2 <include>标签

Struts 2 的<include>标签和 JSP 中的<include>标记非常相似,用于将一个 JSP 页面或一个 Servlet 或其他任何资源包含到当前页面中,并且允许将参数传递给被包含的文件,是 Struts 2 框架的一部分。关于<include>标签的属性及描述如表 4-3 所示。

表 4-3 <include>标签属性及描述

属 性 名	是 否 可 选	描 述
value	否	该属性设定所包含的 JSP 或 Servlet
id	是	该标签的标识

通过下述示例来演示<include>标签的使用方法,该案例将 4.3.1 节中的 bean.jsp 页面包含到 include.jsp 页面中。代码如下所述。

【代码 4-2】 include.jsp

```
<%@ page language="java" contentType="text/html; charset=UTF-8"
    pageEncoding="UTF-8"%>
<%@taglib prefix="s" uri="/struts-tags"%>
<!DOCTYPE html PUBLIC "-//W3C//DTD HTML 4.01 Transitional//EN"
    "http://www.w3.org/TR/html4/loose.dtd">
<html>
<head>
<meta http-equiv="Content-Type" content="text/html; charset=UTF-8">
<title>include标签示例</title>
</head>
```

```
<body>
    <h1>我包含了 bean.jsp 页面</h1>
    <s:include value="bean.jsp"></s:include>
</body>
</html>
```

运行结果如图 4-4 所示。

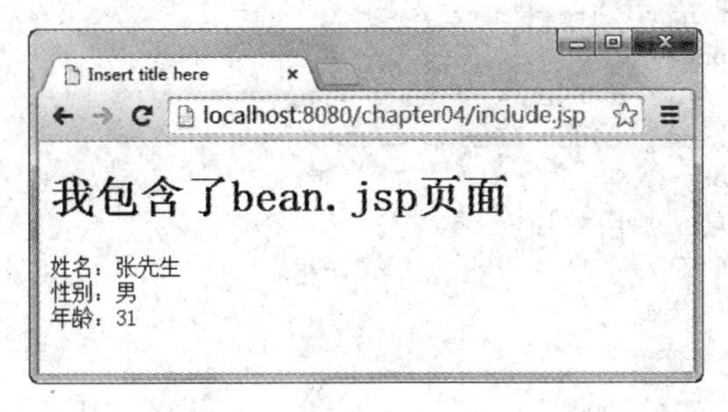

图 4-4 <include>标签示例

注意

> 可以为<include>标签指定多个<param>子标签，用于将多个参数值传入被包含的JSP页面或Servlet中。

4.3.3 <param>标签

顾名思义<param>标签是为其他标签如<include>标签、<bean>标签提供参数。其属性及描述如表 4-4 所示。

表 4-4 <param>标签属性及描述

属 性 名	是否可选	描 述
name	是	指定被设置参数的参数名
value	是	指定被设置参数的参数值，该值为 Object 类型
id	是	指定引用该元素的标识

<param>标签通常有三种方式为其他标签提供参数，具体方法通过代码 4-3 演示。改写代码 4-1 中三个属性 name、sex 和 age 的赋值方式。代码如下所示。

【代码 4-3】 param.jsp

```
<%@ page language="java" contentType="text/html; charset=UTF-8"
    pageEncoding="UTF-8"%>
<%@taglib prefix="s" uri="/struts-tags"%>
<!DOCTYPE html PUBLIC "-//W3C//DTD HTML 4.01 Transitional//EN"
    "http://www.w3.org/TR/html4/loose.dtd">
<html>
<head>
```

```
<meta http-equiv="Content-Type" content="text/html; charset=UTF-8">
<title>param标签示例</title>
</head>
<body>
    <s:bean name="com.qst.chapter04.action.Person" var="userInfo">
        第1种写法<br/>
        <s:param name="name" value="'张先生'"/>
        姓名:<s:property value="name"/><br/>
        第2种写法<br/>
        <s:param name="sex">男</s:param>
        性别:<s:property value="sex"/><br/>
        第3种写法<br/>
        <s:param name="age" value="age"/>
        年龄:<s:property value="#userInfo.age"/>
    </s:bean>
</body>
</html>
```

运行结果如图4-5所示。

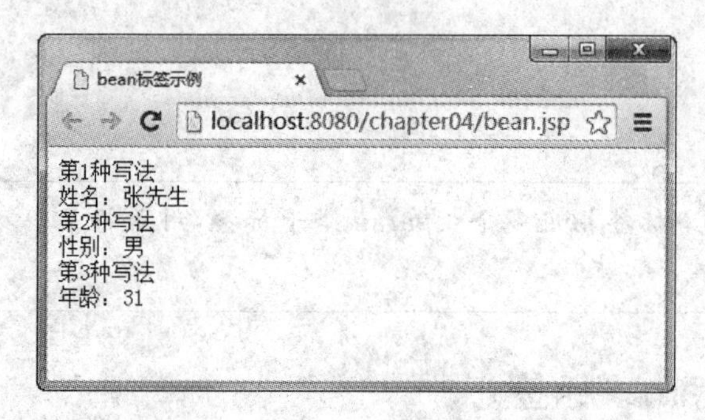

图4-5　<param>标签示例

4.3.4　<property>标签

<property>标签主要用于输出其value属性中指定的值,如果value属性没有指定输出的值,则默认输出ValueStack的栈顶值。<property>标签的属性及描述如表4-5所示。

表4-5　<property>标签属性及描述

属　性　名	是否可选	描　　述
default	是	当需要输出的属性值为Null时,显示default属性指定的值
escape	是	是否转义HTML,默认为true
escapeJavaScript	是	是否转义JavaScript,默认为false
value	是	指定需要输出的属性值,如果没有指定该属性,则默认输出ValueStack栈顶的值

关于<property>标签的使用方法在介绍<bean>标签时已经涉及,此处不再举例说明。

4.3.5　<set>标签

<set>标签用于给变量赋予一个特定范围内的值。如开发过程中希望给一个变量赋一个复杂的表达式,每次访问该变量而不是复杂的表达式时用到。其在两种情况下非常有用:

复杂的表达式很耗时(性能提升)或者很难理解(代码可读性提高)。<set>标签的属性及描述如表 4-6 所示。

表 4-6 <set>标签属性及描述

属性名	是否可选	描　　述
name	否	设置变量的名称
scope	是	用于设置变量的作用域,可以为 application、session、request、 page、action。如果没有指定该属性,则默认将该变量放置在 OgnlContext 中
value	是	用来设置变量的值,如果没有指定该属性,则将 ValueStack 栈顶的值赋给该变量

通过如下示例来演示<set>标签的用法,代码如下所示。

【代码 4-4】 set.jsp

```
<%@ page language="java" contentType="text/html; charset=UTF-8"
    pageEncoding="UTF-8"%>
<%@taglib prefix="s" uri="/struts-tags"%>
<!DOCTYPE html PUBLIC "-//W3C//DTD HTML 4.01 Transitional//EN"
    "http://www.w3.org/TR/html4/loose.dtd">
<html>
<head>
    <meta http-equiv="Content-Type" content="text/html; charset=UTF-8">
    <title>set 标签示例</title>
</head>
    <body>
        <s:set name="technologyName1" value="%{'Java'}"/>
            技术方向 1:<s:property value="#technologyName1"/><br/>
        <s:set name="technologyName2" value="%{'C++'}"/>
            技术方向 2:<s:property value="#technologyName2"/><br/>
        <s:set name="technologyName3" value="%{'.NET'}"/>
            技术方向 3:<s:property value="#technologyName3"/><br/>
    </body>
</html>
```

运行结果如图 4-6 所示。

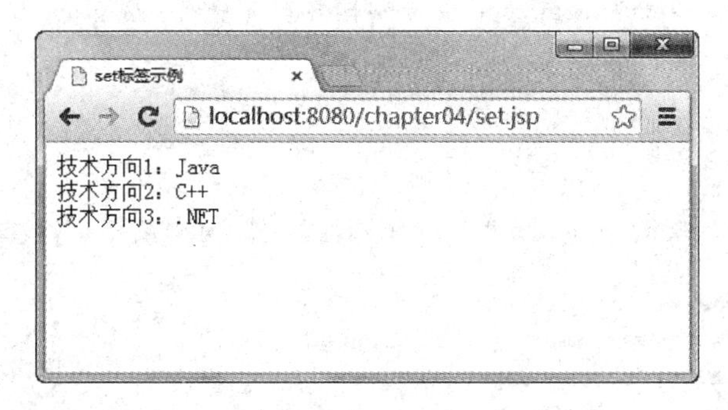

图 4-6 <set>标签示例

4.3.6 <url>标签

<url>标签用于创建一个 URL 地址,但是不显示在页面上,需要其他的标签引用它,比如<a>标签。<url>标签可以包含<param>标签,通过<param>标签来设置 URL 要传

递的参数。关于<url>标签的属性及描述如表4-7所示。

表4-7 <url>标签属性及描述

属性名	是否可选	描　述
action	是	指定生成的URL地址为哪个action,如果action没有提供值,就使用value作为URL的地址值
value	是	指定生成URL的地址值,如果value没有提供值,就使用action属性指定的action作为URL地址
includeParams	是	该属性指定是否包含请求参数,该属性的值可为none、get或all
scheme	是	用于设定scheme属性
namespace	是	该属性用于指定命名空间,可以与action属性结合使用,而与value属性结合使用时没有意义
method	是	该属性用于指定使用Action的方法
encode	是	该属性指定是否需要对请求参数进行编码
includeContext	是	该属性指定是否需要将当前上下文包含在URL地址中
anchor	是	该属性用于指定URL的锚点
id	是	指定该URL元素的引用ID,使用该属性时,生成的URL不会在页面上输出,但可以引用
escapeAmp	是	指定是否将特殊符号"&"解析成实体"&"

通过如下示例来演示<url>标签的用法,代码如下所示。

【代码4-5】 url.jsp

```
<%@ page contentType="text/html; charset=UTF-8" %>
<%@ taglib prefix="s" uri="/struts-tags" %>
<html>
<head>
<title>url标签示例</title>
</head>
    <body>
        <h3 align="left">url标签使用范例</h3>

        <h3 align="left">action由value属性指定,不显示全路径URL</h3>
        <p>
          <s:url value="actionTag.action">
              <s:param name="param" value="'frank'" />
          </s:url>
        </p>
        <h3 align="left">action由action属性指定,显示全路径URL</h3>
        <p>
            <s:url action="actionTag">
                <s:param name="param" value="'frank'" />
            </s:url>
        </p>
        <h3 align="left">value、action属性同时指定,以value指定为准即不显示全路径URL</h3>
        <p>
            <s:url action="actionTag" value="actionTag.action">
                <s:param name="param" value="'frank'" />
            </s:url>
        </p>
```

```
        <h3 align="left">
                <p>value、action 属性都不指定,则显示当前浏览器中 URL 内容.</p>
                <p>若有参数定义则 URL 后以 "?" 开头,使用 " 参数名 = 参数值 " 格式显示参
数名和参数值 </p>
        </h3>
        <p>
            <s:url includeParams="get">
                <s:param name="param" value="'frank'" />
        </s:url>
        </p>
    </body>
</html>
```

上述代码中,通过在不同的<url>标签中指定 action 属性、value 属性和 includeParams 属性来显示不同形式的 URL 地址。运行结果如图 4-7 所示。

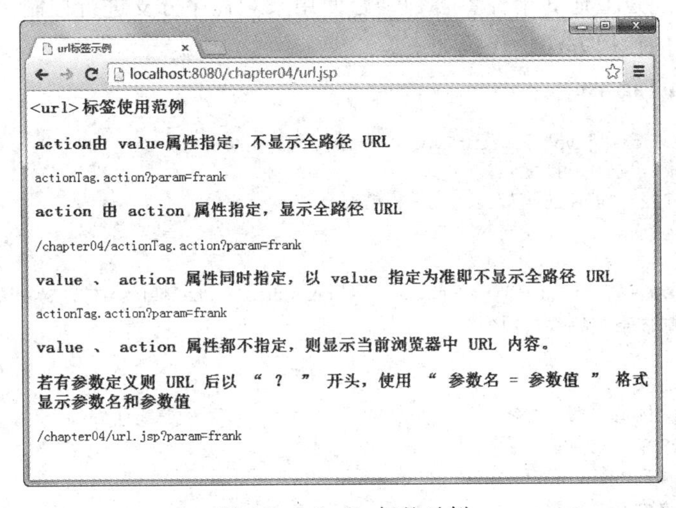

图 4-7 <url>标签示例

4.4 控制标签

Struts 2 中的控制标签关注程序的运行流程,比如用 if/else 来进行分支控制,用 iterator 来进行循环控制。关于控制标签的简单介绍如表 4-8 所示。

表 4-8 控制标签介绍

标　　签	描　　述
<append>	用于将多个集合拼接成一个新的集合
<else>	与 if 标签结合使用,当条件不成立时输出
<elseif>	与 if 标签结合使用,多分支条件判断
<if>	用于控制选择输出的标签
<iterator>	该标签是一个迭代器,用于将集合迭代输出
<generator>	该标签是一个字符串解析器,用于将一个字符串解析成一个集合
<merge>	用于将多个集合拼接成一个新集合,但与 append 的拼接方式有所不同
<sort>	该标签用于对集合进行排序
<subset>	该标签用于截取集合的部分集合,形成新的子集合

本节只介绍常用选择控制标签和<iterator>标签。

4.4.1 选择控制标签

如表 4-8 所示，选择控制标签是指<if>标签、<elseif>标签、<else>标签这 3 个。功能及属性描述如下所述。

- <if>标签：类似于 Java 程序中的 if，用来表达分支判断。选择控制标签中只有<if>标签可独自使用，只有一个 test 属性，其本身是一个 OGNL 表达式，运算结果为一个 boolean 值，表示是否符合条件，必须设置；
- <elseif>标签：类似于 Java 程序中的 else if 语句，其属性同<if>标签；
- <else>标签：类似于 Java 程序中的 else 语句。

在开发中通常通过上述 3 个标签各种结合使用来对程序分支进行控制。通过下述示例来演示选择控制标签的使用方法。代码如下。

【代码 4-6】 controlTag.jsp

```
<%@ page language="java" contentType="text/html; charset=UTF-8"
    pageEncoding="UTF-8"%>
<%@taglib prefix="s" uri="/struts-tags"%>
<html>
<head>
<meta http-equiv="Content-Type" content="text/html; charset=UTF-8">
<title>选择控制标签示例</title>
</head>
<body>
<!-- 判断成绩的优良等级 -->
<s:set name="score" value="78" />
<s:if test="%{#score<60}">
    您的成绩等级为：不及格
</s:if>
<s:elseif test="%{#score>=60&&#score<70}">
    您的成绩等级为：及格
</s:elseif>
<s:elseif test="%{#score>=70&&#score<80}">
    您的成绩等级为：中
</s:elseif>
<s:elseif test="%{#score>=80&&#score<90}">
    您的成绩等级为：良
</s:elseif>
<s:else>
    您的成绩等级为：优
</s:else>
</body>
</html>
```

通过上述代码可见，if/elseif/else 标签在进行组合使用时，其用法和 Java 语言中的 if...else if...else 语句结构类似。对于<if>标签或<elseif>标签都必须指定一个 test 属性，该属性就是进行条件判断的逻辑表达式。此外，test 属性值是利用“%”符号运算后的结果，利用“%”可以计算“{}”中的逻辑表达式，最后返回 true 或 false 结果。运行结果如图 4-8 所示。

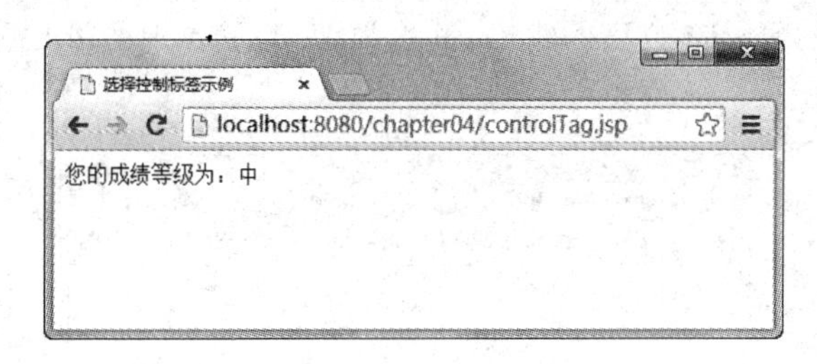

图 4-8　选择控制标签示例

4.4.2 <iterator>标签

<iterator>标签用来处理循环，可以用其遍历数组、Set 和 List 等集合对象。此标签还支持在 ActionContext 中保持一个保存遍历状态的对象，通过这个变量可以得到当前循环的各种信息。

<iterator>标签在遍历一组对象的时候，会将正在循环的对象放在值栈的栈顶，因此可以直接引用此对象的方法或属性。关于<iterator>标签的属性及描述如表 4-9 所示。

表 4-9　<iterator>标签属性及描述

属性名	是否可选	描　　述
value	是	该属性指定的是被迭代的集合，被迭代集合通常使用 OGNL 表达式指定。如果没有指定 value 属性，则使用 ValueStack 栈顶的集合
status	是	该属性指定迭代时的 IteratorStatus 实例，通过该实例可判断当前迭代元素的属性，因此如果指定该属性，则每次迭代时将生成一个 IteratorStatus 实例并放入堆栈中
id	是	该属性指定了集合中元素的标识，可以利用该属性访问集合中的单个元素

在 Java 程序设计中对于循环的处理主要是通过 for 循环和 while 循环来实现，而 do-while 循环相对使用较少。通过下述的示例使用<iterator>标签实现类似 Java 语言中的 for 循环。代码如下所示。

【代码 4-7】　<iterator>标签示例

```
<%@ page language="java" contentType="text/html; charset=UTF-8"
    pageEncoding="UTF-8"%>
<%@taglib prefix="s" uri="/struts-tags"%>
<!DOCTYPE html PUBLIC "-//W3C//DTD HTML 4.01 Transitional//EN"
    "http://www.w3.org/TR/html4/loose.dtd">
<html>
<head>
<meta http-equiv="Content-Type" content="text/html; charset=UTF-8">
<title>iterator标签示例</title>
</head>
<body>
<s:bean name="com.qst.chapter04.action.NumAction">
    <!-- 循环输出1-10,实现for循环 -->
    <s:iterator var="num" begin="1" end="10" step="1">
        <s:property value="#num"/>
    </s:iterator>
</s:bean>
</body>
</html>
```

上述代码中实现的 1～10 数字的输出，过程类似于 Java 中的 for 循环，运行结果如图 4-9 所示。

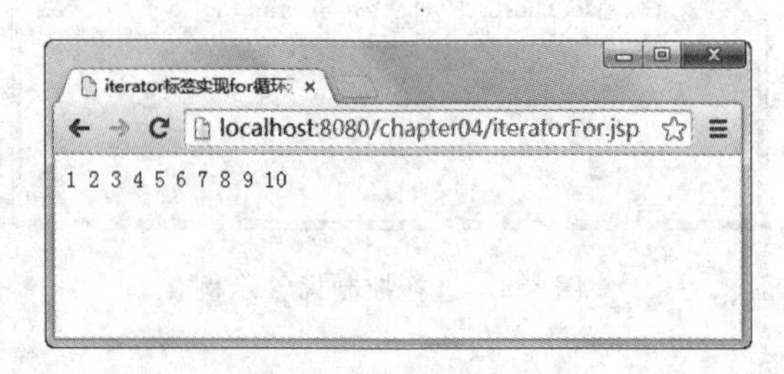

图 4-9　<iterator>标签实现 For 循环

在使用<iterator>标签时如果设置了 status 属性，则在每次迭代时都会创建一个 IteratorStatus 类型对象，IteratorStatus 类包含的方法及介绍如表 4-10 所示。

表 4-10　IteratorStatus 类的方法

方　法　名	描　　述
int getCount()	返回当前迭代的元素的个数
int getIndex()	返回当前迭代元素的索引
boolean isEven()	返回当前被迭代元素的索引是否是偶数
boolean isFirst()	返回当前被迭代元素是否是第一个元素
boolean isLast()	返回当前被迭代元素是否是最后一个元素
boolean isOdd()	返回当前被迭代元素的索引是否是奇数

通过下述示例来演示<iterator>标签 status 属性的使用方法，通过操作 IteratorStatus 中的方法来控制输出的表格奇偶行的颜色，代码如下所示。

【代码 4-8】　iteratorStatus. jsp

```
<%@ page language="java" contentType="text/html; charset=UTF-8"
    pageEncoding="UTF-8"%>
<%@taglib prefix="s" uri="/struts-tags"%>
<html>
<head>
<meta http-equiv="Content-Type" content="text/html; charset=UTF-8">
<title>iterator标签 status 属性示例</title>
</head>
<body>
    <table border=1 width=200>
        <s:iterator value="{'刘备','关羽','张飞'}" id="heroName" status="st">
            <tr <s:if test="#st.odd"> style="background-color:#def7c2" </s:if>>
                <td><s:property value="#st.count" /></td>
                <td><s:property value="heroName" /></td>
            </tr>
        </s:iterator>
    </table>
</body>
</html>
```

上述代码中通过 status. odd 来判断输出表格的奇偶行，从而设置奇数行的背景颜色，通过 status. count 来获取当前的行数。运行结果如图 4-10 所示。

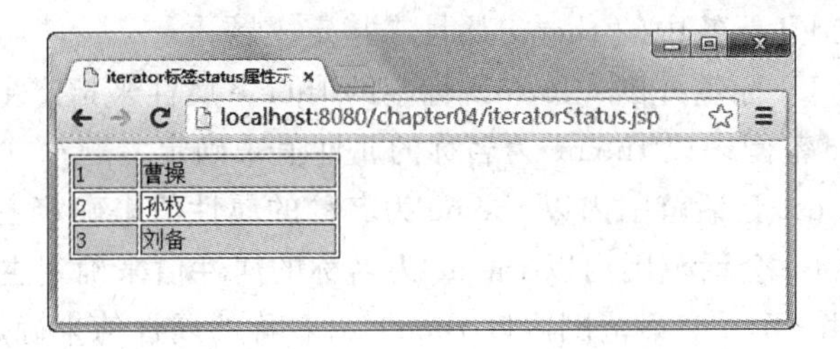

图 4-10　<iterator>标签的 status 属性示例

4.5　模板和主题

UI 标签是用来生成 Web 界面，或者为 Web 界面提供某些功能支持的标签，比如，表单标签就是把各种途径获取的需要展示的数据，通过动态生成 HTML 的形式展示到界面上。在进入具体的 UI 标签学习之前，有必要先理解主题和模板的概念，这对使用 Struts 2 的 UI 标签非常重要，因为 Struts 2 的 UI 标签的展示和实现是基于主题和模板的。主题和模板是所有 Struts 2 所有 UI 标签的核心。

4.5.1　模板(Template)

所谓模板，就是一些代码，在 Struts 2 中通常是用 FreeMarker 来编写的，标签使用这些代码能渲染生成相应的 HTML 代码。

一个标签在使用时需要确定显示的数据，以及最终生成什么样风格的 HTML 代码。其中，显示的数据一般是通过开发人员指定的 OGNL 表达式去值栈取；而最终生成什么样风格的 HTML 代码，就由一组 FreeMarker 的模板来定义，每个标签都会有自己对应的 FreeMarker 模板。这组模板在 Struts 2 核心 jar 包(struts2-core-2.3.20.jar)的 template 包中，如图 4-11 所示。

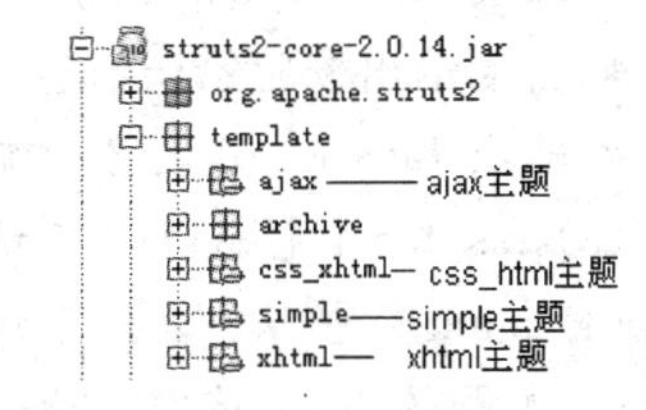

图 4-11　struts2-core-2.3.20.jar 包的结构

4.5.2　主题(Theme)

所谓主题，就是一系列模板的集合。通常情况下，这一系列模板会有相同或类似的风格，这样能保证功能或视觉效果的一致性。

Struts 2 标签是使用一个模板来生成最终的 HTML 代码，这也就意味着，如果使用不同的模板，那么同一个标签所生成的 HTML 代码并不一样，也意味着不同的标签所生成的 HTML 代码的风格也可能不一样。

这就带来一个麻烦，一个页面会使用很多标签，如果每个标签所生成的 HTML 代码的风格不一样，这个页面会很杂乱，那么怎么统一这多个标签的功能或者风格呢？

答案自然就是主题，每一个主题包含一系列的模板，这些模板就会有相同或类似的风格，从而解决上面的问题。这也意味着，在 Struts 2 中，可以通过设置主题来切换标签所生成的 HTML 的风格。设置主题的方法有如下几种。

- 通过设定特定 UI 标签中的 theme 属性来指定主题；
- 通过设定特定 UI 标签外围<form>标签的 theme 属性来指定主题；
- 通过获取 page 范围内以 theme 为名称的属性值来确定主题；
- 通过获取 request 会话范围内以 theme 为名称的属性值来确定主题；
- 通过获取 session 会话范围内以 theme 为名称的属性值来确定主题；
- 通过获取 application 会话范围内以 theme 为名称的属性值来确定主题；
- 通过获取名为 struts.ui.theme 的常量值(默认值是 xhtml)来确定主题，该常量可以在 struts.xml 或 struts.properties 文件中配置。

4.5.3 Struts 2 的内建主题

Struts 2 提供了 4 种内建的主题，可以满足绝大多数的应用，当然，开发人员也可以自定义主题。4 种内建主题分别是：

(1) Simple 主题——最简单的主题，是最底层的结构，主要用于构建附加的功能或行为(例如在此主题基础上进行扩展)，使用 simple 主题时，每个 UI 标签只生成一个简单的 HTML 元素，不会生成其他任何的内容。

(2) xhtml 主题——是 Struts 2 的默认主题，在 simple 的基础上提供附加功能，如下所述：

- 针对 HTML 标签使用标准的两列表格布局；
- 每个 HTML 标签的 Label，既可以出现在 HTML 元素的左边，也可以出现在上边，这取决于 labelposition 属性的设置；
- 自动输出校验错误信息；
- 输出 JavaScript 的客户端校验。

(3) css_html 主题——在 xhtml 的基础之上进行了扩展，添加对 CSS 样式的支持和控制。

(4) ajax 主题——继承自 xhtml，在 xhtml 主题基础之上为每个标签提供了 Ajax 技术支持，ajax 主题的 Ajax 技术支持是以 Dojo 和 DWR 为基础的，ajax 主题在 xhtml 主题基础上增加了如下特性：

- 支持 Ajax 方式的客户端校验；
- 支持远程表单的异步提交(最好和 submit 标签一起使用)；
- 提供高级的 div 标签，允许实现更新部分 HTML 的功能；
- 提供高级的 a 标签，允许动态加载并执行远端的 JavaScript 代码；
- 提供支持 Ajax 的 tabbedPanel；
- 提供“富客户端”模型的 pub-sub 事件模型。

在 4 种内建主题中，Struts 2 以 xhtml 为默认主题。但是，xhtml 主题有一定的局限性，因为其使用表格进行布局，因此只支持每一行放一个表单项，所以难以满足复杂的页面布局。此时可通过设置常量 struts.ui.theme，来改变默认主题，具体做法是在 struts.xml 或者 struts.properties 中增加相应的配置。比如现在想要使用 simple 的主题，那么在 struts.xml 中增加如下的配置：

```
<constant name = "struts.ui.theme" value = "simple"/>
```

或在 struts.properties 中增加如下的配置：

```
struts.ui.theme = simple
```

4.6 表单标签

熟悉 HTML 的读者对于诸如<select>、<checkbox>等 HTML 标签的使用应该是耳熟能详,这些标签都可以归类为表单标签。在 Struts 2 中除了这些基本的 HTML 标签的定义外,还定义了许多特殊的但又基于上述 HTML 表单标签个性化的标签。关于 Struts 2 中表单标签的概要论述如表 4-11 所示。

表 4-11 表单标签介绍

标 签 名	描 述
<checkboxlist>	该标签根据一个集合属性一次可以创建多个复选框
<combobox>	该标签将生成一个单行文本框和一个下拉列表框的组合
<datetimepicker>	该标签会生成一个日期、时间下拉选择框
<doubleselect>	该标签会生成一个相互关联的列表框即生成联动下拉框
<file>	该标签用于在表单中生成一个上传文件元素
<form>	该标签生成一个 form 表单
<hidden>	该标签用来生成一个 hidden 类型的用户输入元素
<optgroup>	该标签用来生成一个下拉列表框的选项组,下拉列表框中可以包含多个选项组
<optiontransferselect>	该标签会生成两个下拉列表框,同时生成相应的按钮,这些按钮可以控制选项在两个下拉列表之间移动、排序
<password>	该标签用来生成一个密码表单域
<radio>	该标签用来生成一组单选按钮
<reset>	该标签用来生成一个 reset 按钮
<select>	该标签用来生成一个下拉列表框
<submit>	该标签用来生成一个 submit 按钮
<textarea>	该标签用来生成一个文本域
<textfiled>	该标签用来生成一个单行文本输入框
<token>	该标签用来防止用户多次提交表单,例如通过刷新页面来提交表单
<updownselect>	该标签用法与 select 类似,此外,该标签支持选项内容的上下移动

如表 4-10 所示,Struts 2 表单标签大部分与 HTML 表单标签一一对应,因此本节只介绍与 HTML 表单标签不对应的标签。

4.6.1 <checkboxlist>标签

<checkboxlist>标签使用一个列表创建一系列复选框,实际上就是同时生成多个 HTML 的<checkbox>标签。根据设置其 list 属性所指定的集合来确定生成的复选框。例如,假设 list 属性指定为一个 Map(key,value),那么 Map 的 key 会成为选项 value 的参数,Map 的 value 会成为选项的内容。关于<checkboxlist>标签的属性描述如表 4-12 所示。

表 4-12　<checkboxlist>标签属性及描述

属性名	是否可选	描　　述
list	否	该属性用来指定集合属性值
listKey	是	该属性指定集合元素中的某个属性作为复选框的 value。如果集合为 Map 类型,则可以使用 key 和 value 分别代表 Map 对象的 key 和 value 作为复选框的 value
listValue	是	该属性指定集合元素中的某个属性作为复选框的 label。如果集合为 Map 类型,则可以使用 key 和 value 分别代表 Map 对象的 key 和 value 作为复选框的 label

通过下述示例来学习<checkboxlist>标签的用法。代码如下所示。

【代码 4-9】　checkboxlist.jsp

```
<%@ page language="java" contentType="text/html; charset=UTF-8"
    pageEncoding="UTF-8"%>
<%@taglib prefix="s" uri="/struts-tags"%>
<!DOCTYPE html PUBLIC "-//W3C//DTD HTML 4.01 Transitional//EN"
    "http://www.w3.org/TR/html4/loose.dtd">
<html>
<head>
<meta http-equiv="Content-Type" content="text/html; charset=UTF-8">
<title>Insert title here</title>
</head>
<body>
    <s:form>
    <!-- 使用简单集合对象生成多个复选框 -->
    <s:checkboxlist name="cities" labelposition="top" label="请选择您喜欢的城市"
        list="{'北京','上海','杭州','青岛'}"/>
    <!-- 使用简单 Map 对象生成多个复选框 -->
    <s:checkboxlist name="cities1" labelposition="top" label="请选择您最想去城市旅游的月份"
        list="#{'北京':'8月','上海':'7月','杭州':'5月','青岛':'9月'}"
        listKey="key" listValue="value"/>
</s:form>
</body>
</html>
```

上述代码中,简单集合对象和简单 Map 对象都是通过 OGNL 表达式直接生成,通过指定<checkboxlist>标签的 listKey 和 listValue 属性,可以分别指定多个复选框的 value 和 label。页面执行效果如图 4-12 所示。

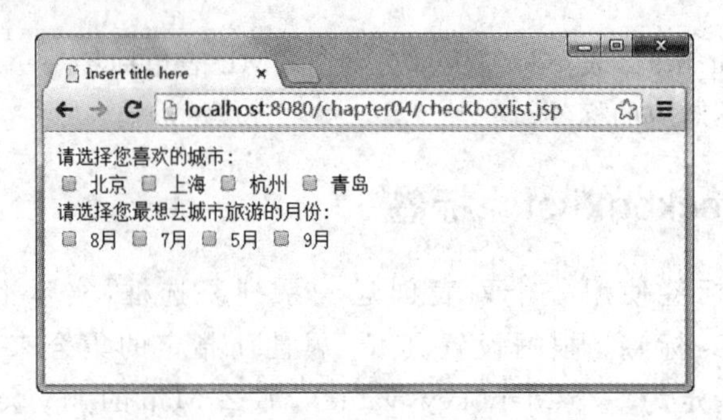

图 4-12　<checkboxlist>标签示例

4.6.2 <datetimepicker>标签

<datetimepicker>标签就是生成一个有日期控件的文本输入框。使用此标签的前提就是要在<head></head>内加一个"<s:head theme="ajax" />",然后在 form 内使用该标签即可。<datetimepicker>标签的主要属性及描述如表 4-13 所示。

表 4-13 <datetimepicker>标签属性及描述

属 性 名	是否必须	描 述
displayFormat	否	指定日期的显示格式,例如使用"yyyy-MM-dd"格式
displayWeeks	否	指定日历能显示星期数
endDate	否	指定日期集的最后可用日期,例如 2015-12-28,一旦指定了该日期,则后面的日期不可用
formatLength	否	指定日期显示的格式,这些格式值就是 DateFormat 中的格式,该属性支持 long、short、medium 和 full 这 4 种值
language	否	指定日期显示的 Locale,如果需要指定简体中文,则设置为 zh_CN
startDate	否	指定最早可用日期,例如,1900-01-01,则该日期前面的日期值不可用
toggleDuration	否	指定选择框出现、隐藏的切换时间
toggleType	否	指定日期选择框出现、隐藏的方式,可以选择 plain、wipe、explode 和 fade 这 4 种值
type	否	指定日期选择框的类型,支持的值有 date 和 time,分别代表日期选择框和时间选择框
value	否	指定当前日期、时间,可以使用 today 代表今天
weekStartsOn	否	指定选择框中哪一天才是一周的第一天。周日为 0,周六为 6

当用户使用<datetimepicker>选择框来选择某个日期、时间时,系统会自动将选中的日期、时间输入指定文本框,所以需要将日期、时间转换成字符串,为了设置该字符串的格式,需要使用日期、时间的格式符,即设置<datetimepicker>的 displayFormat 属性值。日期、时间的格式符如下:

- dd——以 2 位数字来显示日,当日期不足 2 位时,前面补 0,例如"08";
- d——以 1 位数字显示日,当日期超过 1 位时,原样显示;
- MM——以 2 位数字显示月,当月份不足 2 位时,前面补 0,例如"02";
- M——以 1 位数字显示月,当月份超过 1 位时,原样显示;
- yyyy——以 4 位数字显示年,例如"2011"年;
- yy——以 2 位数字显示年,只显示年份的后两位,例如"11"年;
- y——以 1 位数字显示年的最后一位数字,例如"1"年。

下面语句将<datetimepicker>的 displayFormat 属性设为"yyyy-MM-dd",则日期将按照指定格式显示到文本框中,例如"2014-12-17"。

```
<s:datetimepicker name = "mydate" toggleType = "explode" value = "today"
    type = "date" language = "zh_CN" displayFormat = "yyyy - MM - dd"/>
```

通过如下示例来演示<datetimepicker>标签的用法。代码如下所示。

【代码 4-10】 datetimepicker.jsp

```
<%@ page language="java" contentType="text/html; charset=UTF-8"
    pageEncoding="UTF-8"%>
<%@taglib prefix="s" uri="/struts-tags"%>
<%@taglib prefix="sd" uri="/struts-dojo-tags"%>
<!DOCTYPE html PUBLIC "-//W3C//DTD HTML 4.01 Transitional//EN"
    "http://www.w3.org/TR/html4/loose.dtd">
<html>
<head>
<meta http-equiv="Content-Type" content="text/html; charset=UTF-8">
<title>datetimepicker 标签示例</title>
<s:head theme="xhtml"/>
<sd:head parseContent="true"/>

</head>
<body>
    <s:form theme="simple">
    您输入的日期是：<sd:datetimepicker name="date" toggleType="explode"
        value="today" type="date" language="zh_CN"/>
    </s:form>
</body>
</html>
```

需要说明的是，Struts 2.1 不再提供 ajax 主题，而将原来的 ajax 主题放入了 Dojo 插件中，因此需要将 Dojo 标签引入到 JSP 页面中。如上述代码中的：<%@taglib prefix="sd" uri="/struts-dojo-tags"%>。运行结果如图 4-13 所示。

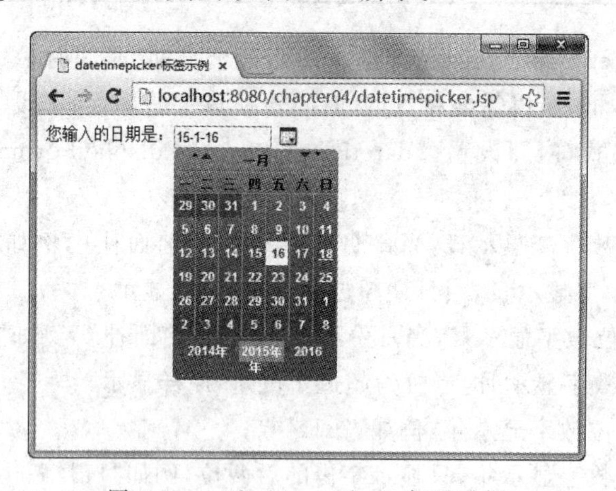

图 4-13 <datetimepicker>标签示例

4.6.3 <doubleselect>标签

<doubleselect>标签输出关联的两个 HTML 列表框，产生级联效果。即，第二个列表框中的内容跟随第一个列表框所选内容的不同而进行变化。最常见就是省市之间的级联，通过选择不同的省而对应其所包含的城市。<doubleselect>标签的常用属性及介绍如表 4-14 所示。

表 4-14 <doubleselect>标签属性及说明

属性名	是否可选	描述
list	否	该属性用于指定要迭代的集合，如 collection、map、array 等，使用集合中的元素来设置各个选项，如果 list 的属性为 Map，则 Map 的 key 成为选项的 value，Map 的 value 会成为选项的内容
listKey	是	该属性用于指定集合对象中的哪个属性作为选项的 value，该选项只对第一个列表框起作用
listValue	是	该属性用于指定集合对象中的哪个属性作为选项的内容，该选项只对第一个列表框起作用
headerKey	是	设置当用户选择了 header 选项时提交的 value，如果使用该属性，不能为该属性设置空值
headerValue	是	显示在页面中 header 选项内容
doubleList	否	该属性用于指定第 2 个要迭代的集合
doubleListKey	是	该属性用于指定集合对象中的哪个属性作为选项的 value，该选项只对第 2 个列表框起作用
doubleListValue	是	指定集合对象中的哪个属性作为选项的内容，该选项只对第 2 个列表框起作用
doubleName	是	指定第 2 个列表框的 name 映射
doubleValue	是	第 2 个列表框的初始选中项

通过如下示例来演示<doubleselect>标签的用法。代码如下所示。

【代码 4-11】 doubleselect.jsp

```
<%@ page language="java" contentType="text/html; charset=UTF-8"
    pageEncoding="UTF-8"%>
<%@taglib prefix="s" uri="/struts-tags"%>
<!DOCTYPE html PUBLIC "-//W3C//DTD HTML 4.01 Transitional//EN"
    "http://www.w3.org/TR/html4/loose.dtd">
<html>
<head>
<meta http-equiv="Content-Type" content="text/html; charset=UTF-8">
<title>doubleselect 标签示例</title>
</head>
<body>
    <s:form action="eg" name="selectForm">
        <s:doubleselect label="选择部门" headerValue="--请选择--" formName="test"

        labelposition="left" name="dept" list="{'人事部','财务部'}"
        doubleName="employee" doubleList="top == '人事部'?{'张小小','李双双'}:{'王亮亮','赵
明明'}" />
    </s:form>
</body>
</html>
```

上述代码利用<doubleselect>标签生成一个级联下拉框，使得部门对应起所包含的员工。运行结果如图 4-14 所示。

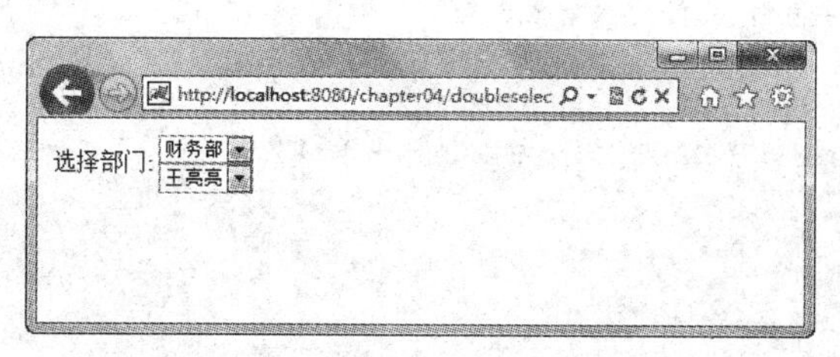

图 4-14 <doubleselect>标签示例

注意

使用<doubleselect>标签时，必须放置在<s:form…/>标签中使用，并且必须为<s:form…/>标签指定 action 属性。

4.6.4 <optgroup>标签

<optgroup>标签作为<select>标签的子标签使用，用于创建选项组。因此该标签必须放在<select>标签中。可以在<select>标签的标签体中使用一个或者多个<optgroup>标签，对选项进行逻辑分组。但需要注意的是，<optgroup>标签本身不能嵌套使用。<optgroup>标签的常用属性及说明如表 4-15 所示。

表 4-15 <optgroup>标签属性及说明

属性名	是否可选	描　述
label	是	该属性指定下拉框中显示的 Label
list	是	该属性用来指定选项组中要显示的集合属性
listKey	是	该属性指定集合元素中的某个属性作为选项组的<option>标签的 value 值。如果集合为 Map 类型，则可以使用 key 和 value 分别代表 Map 对象的 key 和 value 作为选项组中<option>标签的 value 值
listValue	是	该属性指定集合元素中的某个属性作为选项组<option>标签的 Label。如果集合为 Map 类型，则可以使用 key 和 value 分别代表 Map 对象的 key 和 value 作为选项组中<option>标签的 label

通过下述示例来说明<optgroup>标签的使用方法，代码如下所示。

【代码 4-12】 optgroup.jsp

```
<%@ page language="java" contentType="text/html; charset=UTF-8"
    pageEncoding="UTF-8"%>
<%@taglib prefix="s" uri="/struts-tags"%>
<!DOCTYPE html PUBLIC "-//W3C//DTD HTML 4.01 Transitional//EN"
    "http://www.w3.org/TR/html4/loose.dtd">
<html>
<head>
<meta http-equiv="Content-Type" content="text/html; charset=UTF-8">
<title>optgroup 标签示例</title>
</head>
<body>
    <s:form>
        <!-- 使用 Map 对象来生成下拉选择框的选项组 -->
        <s:select label="请选择您的岗位" name="select" list="{'人事部','财务部'}">
            <s:optgroup label="人事部岗位"
                list="#{'HR1':'招聘专员','HR2':'人事专员'}" />
            <s:optgroup label="财务部岗位"
                list="#{'CA1':'会计','CA2':'出纳'}" />
        </s:select>
    </s:form>
</body>
</html>
```

通过上述示例可以看出，直接通过<select>标签的 list 属性生成的选项，是单独的选项，但通过<optgroup>标签的 list 属性生成的选项，则形成一个选项组，对于选项组的组名，是无法选择的。运行结果如图 4-15 所示。

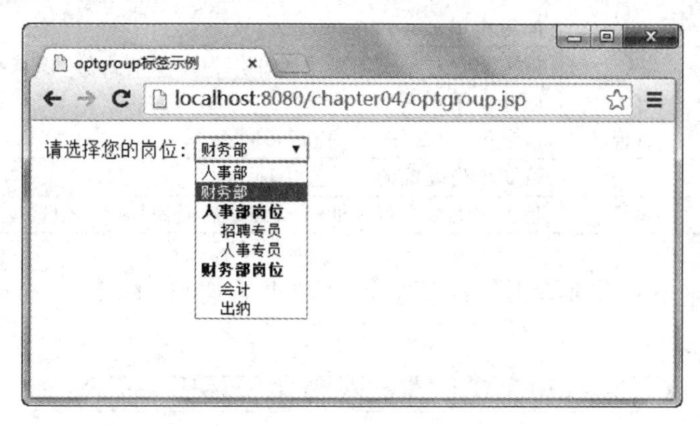

图 4-15 <optgroup>示例

4.6.5 <optiontransferselect>标签

<optiontransferselect>标签创建一个选项转移列表组件，由两个<select>标签以及位于两者中间的用于将选项在两个<select>之间相互移动的按钮组成。表单提交时，将提交两个列表框中选中的选项。<optiontransferselect>标签的常用属性及介绍如表 4-16 所示。

表 4-16 <optiontransferselect>标签属性及描述

属 性 名	是否可选	描 述
list	否	要迭代的集合，使用集合中的元素来设置各个选项，如果 list 的属性为 Map，则 Map 的 key 成为选项的 value，Map 的 value 会成为选项的内容，该选项只对第 1 个列表框起作用
listKey	是	指定集合对象中的哪个属性作为选项的 value，该选项只对第 1 个列表框起作用
listValue	是	指定集合对象中的哪个属性作为选项的内容，该选项只对第 1 个列表框起作用
addAllToLeftLabel	是	设置全部移动到左边的按钮的文字
addAllToRightLabel	是	设置全部移动到右边的按钮的文字
addToLeftLabel	是	设置向左移动的按钮的文字
addToRightLabel	是	设置向右移动的按钮的文字
allowAddAllToLeft	是	是否使用全部移动到左边的按钮
allowAddAllToRight	是	是否使用全部移动到右边的按钮
allowAddToLeft	是	是否使用移动到左边的按钮
allowAddToRight	是	是否使用移动到右边的按钮
leftTitle	是	设置左边列表框的标题
rightTitle	是	设置右边列表框的标题
allowSelectAll	是	是否使用全部选择按钮
selectAllLable	是	设置全部选择按钮的文字
doubleList	否	要迭代的集合，使用集合中的元素来设置各个选项，如果 doubleList 的属性为 Map，则 Map 的 key 成为选项的 value，Map 的 value 会成为选项的内容，该选项只对第 2 个列表框起作用

续表

属 性 名	是否可选	描 述
doubleListKey	是	指定集合对象中的哪个属性作为选项的 value,该选项只对第 2 个列表框起作用
doubleListValue	是	指定集合对象中的哪个属性作为选项的内容,该选项只对第 2 个列表框起作用
doubleName	否	指定第 2 个列表框的 name 映射
doubleValue	是	第 2 个列表框的初始选中项
doubleMultiple	是	是否在第 2 个列表框的 header 后面添加一个空选项

通过模拟 eclipse 在运行部署工程时的界面,如图 4-16 所示,来演示<optiontransferselect>标签的使用方法。

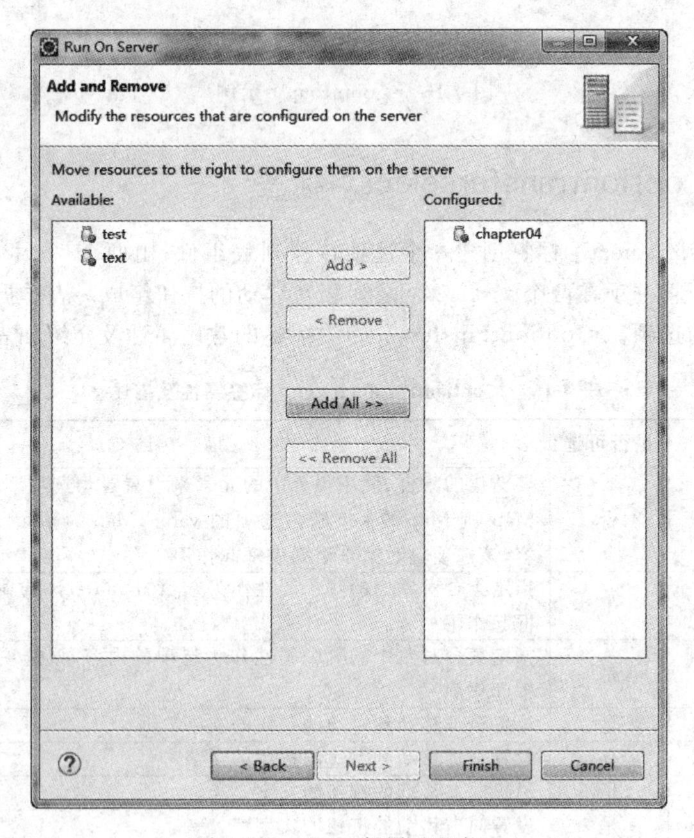

图 4-16 eclipse 部署工程窗口

【代码 4-13】 optiontransferselect.jsp

```
<%@ page language="java" contentType="text/html; charset=UTF-8"
    pageEncoding="UTF-8"%>
<%@taglib prefix="s" uri="/struts-tags"%>
<html>
<head>
<meta http-equiv="Content-Type" content="text/html; charset=UTF-8">
<title>optiontransferselect 标签示例</title>
</head>
```

```
<body>
<s:form>
    <s:optiontransferselect list="{'chapter01 工程','chapter02 工程','chapter03 工程'}"
    headerKey="headerKey" headerValue="--- Web 工程列表 ---"
    doubleHeaderValue="--- 已选择要部署的工程列表 ---" doubleHeaderKey="doubleHeaderKey"
name="leftRecords"
    leftTitle="Available:" rightTitle="Configured:" doubleList=""
    doubleName="rightRecords" />
</s:form>
</body>
</html>
```

上述代码中，利用<optiontransferselect>标签来实现对部署工程的选择，上面代码会生成两个下拉列表框：第一个是所有工程的列表，第二个列表框是已选择要部署的工程，同时还会生成左右、上下移动的按钮，运行结果如图 4-17 所示。

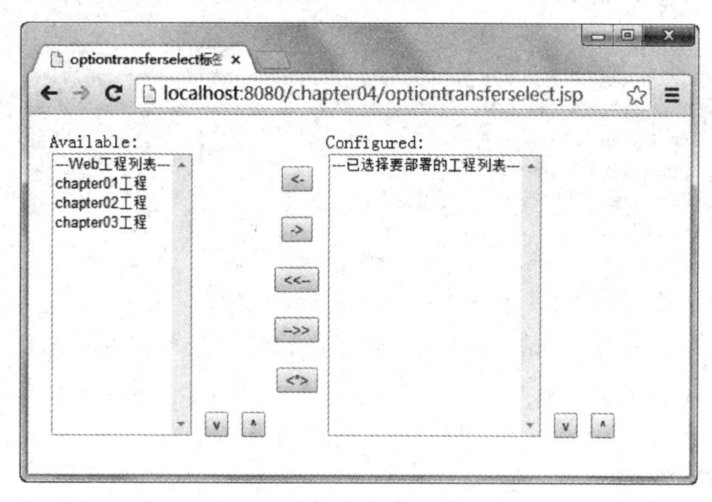

图 4-17　<optiontransferselect>标签示例

4.7　非表单标签

非表单标签主要用于输出在 Action 中封装的信息，这在开发过程中运用非常普遍。关于非表单标签描述如表 4-17 所示。

表 4-17　非表单标签介绍

标　签	描　述
<actionerror>	该标签用来输出 Action 中的错误信息
<actionmessage>	该标签用来输出 Action 中的信息
<component>	该标签通过主题、模板属性生成一个自定义组件
<div>	该标签用来生成一个 div 片段
<fielderror>	该标签用来输出异常提示信息，如果 Action 实例存在表单域的类型转换错误，校验错误，该标签负责输出这些信息
<tabbedPanel>	该标签用来生成 HTML 页面中的 Tab 页
<tree>	该标签用来生成一个树形组件
<treenode>	该标签用来生成树形组件的节点

4.7.1 <actionerror>标签和<actionmessage>标签

<actionerror>标签主要用于输出错误信息到客户端，该标签将 Action 中的信息输出到页面中，实际上，该标签输出的信息是 Action 实例中的 getActionErrors()方法的返回值。<actionmessage>标签主要用于输出提示错误信息到客户端，该标签将 Action 中封装的信息封装到页面中非表单标签主要用于输出在 Action 中封装的信息，这在实际开发中是很常见的。

通过下述示例来介绍<actionerror>标签和<actionmessage>标签的用法。首先创建一个 NonTagAction 的 Action 类，并封装 error 和 message 信息，通过 execute()方法输出。代码如下所示。

【代码 4-14】 NonTagAction.java

```
package com.qst.chapter04.action;
import com.opensymphony.xwork2.ActionSupport;
public class NonTagAction extends ActionSupport {
    public String execute() {
        addActionError("封装 error 信息");
        addActionMessage("封装 message 信息");
        return SUCCESS;
    }
}
```

上述代码中，利用 addActionError()和 addActionMessage()方法在 Action 实例中封装了 error 和 message 信息，并直接返回 SUCCESS 字符串。创建 NonTag.jsp 文件并在页面中使用<actionerror>标签和<actionmessage>标签，代码如下所示。

【代码 4-15】 NonTag.jsp

```
<%@ page language="java" contentType="text/html; charset=UTF-8"
    pageEncoding="UTF-8"%>
<%@taglib prefix="s" uri="/struts-tags"%>
<!DOCTYPE html PUBLIC "-//W3C//DTD HTML 4.01 Transitional//EN"
    "http://www.w3.org/TR/html4/loose.dtd">
<html>
<head>
    <meta http-equiv="Content-Type" content="text/html; charset=UTF-8">
    <title>actionerror 标签和 actionmessage 标签示例</title>
</head>
</head>
<body>
    <s:actionerror/>
    <s:actionmessage/>
</body>
</html>
```

然后在 struts.xml 中配置 Action 的相关信息，代码如下所示。

```
<package name="NonTag" extends="struts-default">
    <action name="NonTag" class="com.qst.chapter04.action.NonTagAction">
        <result>/NonTag.jsp</result>
    </action>
</package>
```

运行示例，结果如图 4-18 所示。

图 4-18 <actionerror>标签和<actionmessage>标签示例

4.7.2 <tree>标签和<treenode>标签

<tree>标签是一个可定制的能在 JSP 中动态生成树形结构的标签，可以包含一个或多个<treenode>标签作为树的节点，也可以动态地获得它的子元素。<tree>标签的属性如表 4-18 所示。

表 4-18 <tree>标签属性及描述

属 性 名	是否可选	描 述
rootNode	是	该属性用来指定树形结构的根节点
nodeIdProperty	是	该属性指定当前树形结构节点的 ID 属性
nodeTitleProperty	是	该属性指定当前树形结构节点的 title 属性
childCollectionProperty	是	该属性指定当前树形结构节点的所有子节点

需要说明的是，<tree>标签不是 struts-tags 里面的标签，而是 struts-dojo-tags 里的标签，所以使用时需在 JSP 页面中声明标签的时候使用<%@ taglib prefix="s" uri="/struts-dojo-tags"%>。

通过下述示例来演示<tree>标签和<treenode>标签的使用方法，代码如下所示。

【代码 4-16】 tree.jsp

```
<%@ page language="java" contentType="text/html; charset=UTF-8"
    pageEncoding="UTF-8"%>
<%@taglib prefix="s" uri="/struts-tags"%>
<%@taglib prefix="sx" uri="/struts-dojo-tags"%>
<!DOCTYPE html PUBLIC "-//W3C//DTD HTML 4.01 Transitional//EN"
    "http://www.w3.org/TR/html4/loose.dtd">
<html>
<head>
    <meta http-equiv="Content-Type" content="text/html; charset=UTF-8">
<title>tree 标签和 treenode 标签示例</title>
<s:head theme="xhtml"/>
<sx:head parseContent="true"/>
</head>
<body>
    <sx:tree label="技术分类" id="book" showRootGrid="true" showGrid="true"
treeSelectedTopic="treeSelected">
        <sx:treenode label="Java 方向" id="java">
            <sx:treenode label="JavaWeb" id="javaweb">
                <sx:treenode label="JSP" id="jsp"/>
                <sx:treenode label="Servlet" id=""/>
            </sx:treenode>
```

```
                <sx:treenode label = "Hibernate" id = "hibernate"/>
                <sx:treenode label = "Struts 2" id = "struts 2"/>
            </sx:treenode>
            <sx:treenode label = ".NET方向" id = "net">
                <sx:treenode label = "C#" id = "C"/>
            </sx:treenode>
            <sx:treenode label = "C++方向" id = "C++">
                <sx:treenode label = "Arm" id = "arm"/>
            </sx:treenode>
        </sx:tree>
    </body>
    </html>
```

上述代码通过<tree>标签和<treenode>标签实现了Java、.NET和C++三个技术方向所包含的技术内容，运行结果如图4-19所示。

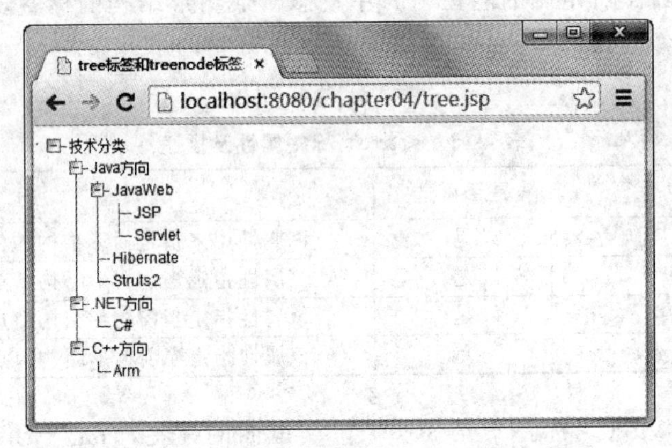

图4-19 <tree>标签和<treenode>标签示例

4.8 贯穿任务实现

4.8.1 实现任务4-1

下述内容“GIFT-EMS礼记”系统中的任务4-1用户基本购物流程实现。

用户的基本购物流程如下：

(1) 用户通过“礼品中心”进行礼品的选择；由于本系统属于轻量级购物平台，上线初期礼品量较少，因此可以通过礼品中心的礼品展示直接进入礼品详情。

(2) 进入“礼品详情”页面后，选择所需的礼品款式，不同的款式价格有所区别，用户可以查看礼品的详细介绍及用户的评论情况。用户也可以单击下方的“加入购物车”按钮将礼品加入用户的购物车(如果暂时未打算购买，仅需要收藏该商品，用户可以选择“收藏”，这时如果用户已经登录，则该礼品会立即保存到“个人收藏夹”，否则提示让用户登录或注册)。

(3) 用户单击“立即购买”按钮后页面自动跳转至用户的购物车(这时用户可在购物车所在页面查看即将购买的礼品信息)，用户可以选择“确认结账”确定即将购买的礼品去结算或选择继续购物。

(4) 如果用户尚未完善个人收货信息，可以在页面上进行编辑完善个人收货信息；如果选择“送给他人”，并且只知道用户的手机号，不知道用户的详细地址情况下，当前用户也可以进行付款，付款成功后，系统会根据收礼人的手机号发送短信给收礼人，只要收礼人根据短信提示内容完善自己的收货信息后，后台就可以发货，该功能也是本系统的特色功能。

(5) 用户成功提交订单后。到此，已成功完成购买的全部操作。最后，用户只需等待工作人员联系及送货上门。用户可以单击“个人中心”模块中的“我的订单”选项返回会员中心查看订单详情。

根据以上操作步骤，系统的核心流程图设计如图 4-20 所示。

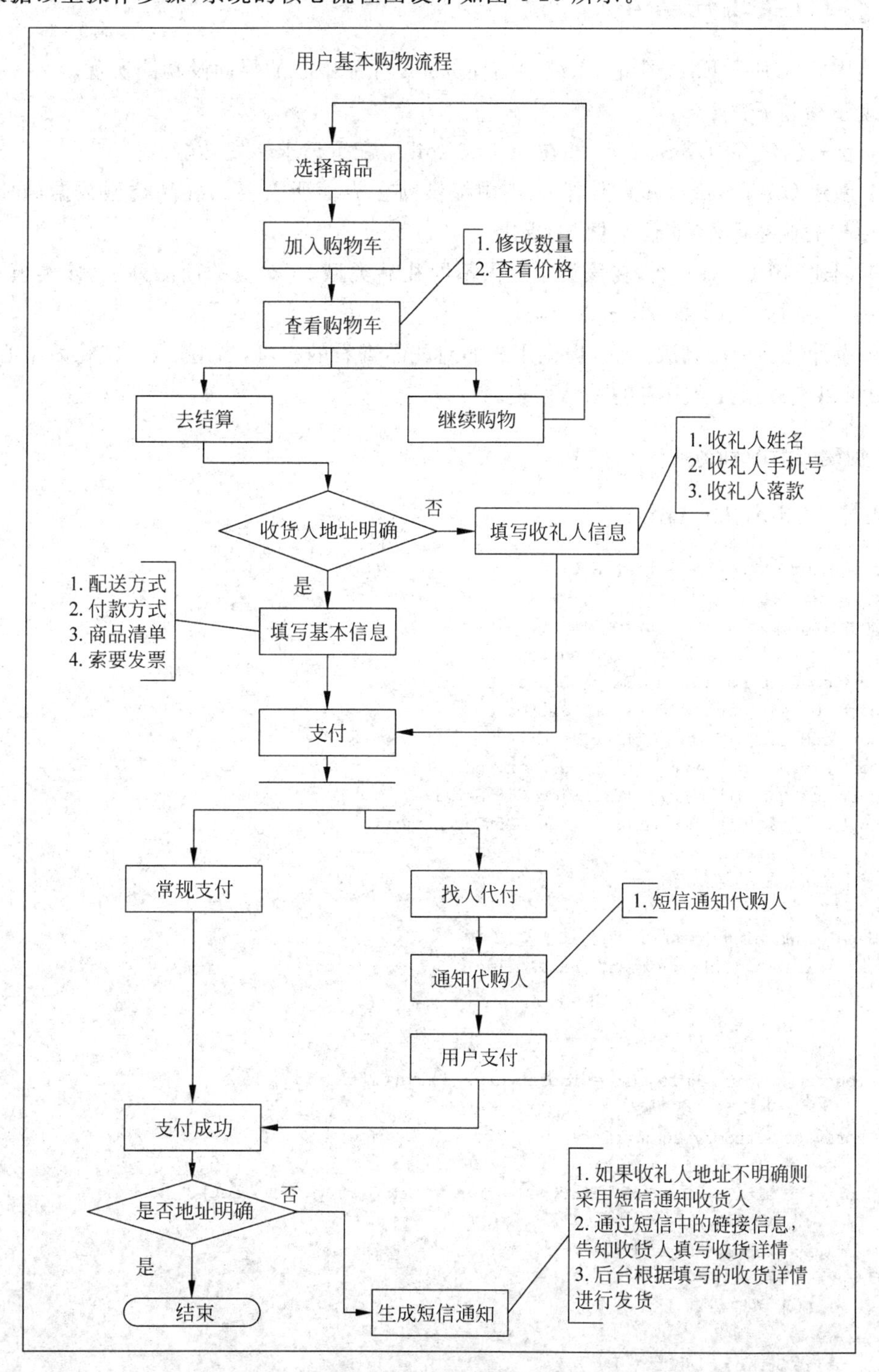

图 4-20　用户购物流程

注意

读者可根据用户购物流程图结合上面购物的步骤详细了解系统的购物逻辑。

4.8.2 实现任务4-2

下述内容“GIFT-EMS礼记”系统中的任务4-2礼品中心的界面及功能实现。

实现步骤如下：

(1) 首先创建GiftAction类，并在struts.xml中配置请求转发功能。

(2) 创建GiftTypeService类，在该类中提供前台界面所需要的礼品类型数据，同时该类中实现模拟的业务操作和“假数据”的提供。

(3) 创建GiftService类，在该类中提供不同礼品类型Id对应的商品列表，该类模拟礼品的查询和“假数据”的提供。

(4) 设计礼品中心列表界面，提供用户的对礼品查看的入口，当用户点击“礼品中心”链接后，用户可以查看系统内所有的礼品列表。

1. 创建GiftAction类

【任务4-2】 GiftAction.java

```
package com.qst.giftems.gift.action;
import java.util.List;
import org.apache.commons.logging.Log;
import org.apache.commons.logging.LogFactory;
import com.qst.core.utils.ActionContextUtils;
import com.qst.core.web.action.BaseAction;
import com.qst.giftems.gift.pojos.Gift;
import com.qst.giftems.gift.pojos.GiftType;
import com.qst.giftems.gift.service.GiftService;
import com.qst.giftems.gift.service.GiftTypeService;
/**
 * 礼品Action
 */
@SuppressWarnings("serial")
public class GiftAction extends BaseAction {
    /**
     * 日志记录类
     */
    public static Log logger = LogFactory.getLog(GiftAction.class);
    /** Gift Service **/
    private GiftService giftService = new GiftService();
    /** GiftType Service **/
    private GiftTypeService giftTypeService = new GiftTypeService();
    /**类型Id**/
    private Integer typeId = -1;
    /**
     * 显示详细信息
     */
    public String giftList() {
```

```
        //查找所有商品类型分类,默认搜索 parentid 为 10 的
        List<GiftType> list = giftTypeService.findByParentId(10);
        ActionContextUtils.setAtrributeToRequest("list", list);
        //查询根据给定的 typeId 查询对应的商品列表
        List<Gift> giftList = giftService.findList(typeId);
        ActionContextUtils.setAtrributeToRequest("giftList", giftList);
        String typeName = "全部类型";
        for (GiftType type : list)
            if (type.getId() == typeId)
                typeName = type.getName();
        ActionContextUtils.setAtrributeToRequest("typeName", typeName);
        return "giftList";
    }
    ...省略 getter/setter 方法
```

上述代码用于实现查询礼品的功能,当用单击“礼品中心”时,该 Action 接受请求并进行查询,然后返回礼品列表,并在界面上进行展示。

2. 创建 GiftTypeService 类

【任务 4-2】 GiftTypeService.java

```
package com.qst.giftems.gift.service;

import java.util.ArrayList;
import java.util.List;

import com.qst.giftems.gift.pojos.GiftType;

/**
 * 礼品类型
 */
public class GiftTypeService {

    /**
     * 二级分类(不包括顶层)
     */
    public List<GiftType> findByParentId(Integer parentId) {
        List<GiftType> list = new ArrayList<GiftType>();
        GiftType gt = new GiftType();
        gt.setName("圣诞礼品");
        gt.setId(1);
        gt.setParentId(10);
        list.add(gt);
        gt = new GiftType();
        gt.setName("宠物礼品");
        gt.setId(2);
        gt.setParentId(10);
        list.add(gt);
        return list;
    }
}
```

上述代码中,提供了礼品类型列表的“假数据”,当用户进行查询时,返回该数据对象列表。

3. 创建 GiftService 类

【任务 4-2】 GiftService.java

```
package com.qst.giftems.gift.service;
import java.util.ArrayList;
import java.util.HashMap;
import java.util.List;
import java.util.Map;
import com.qst.giftems.gift.pojos.Gift;
/**
 *
 * 礼品 Service
 *
 */
public class GiftService {

    static Map<Integer, List<Gift>> GIFT_MAP = new HashMap<Integer, List<Gift>>();
    static{
        //假数据提供
        List<Gift> list = new ArrayList<Gift>();
        //类型为 1 商品列表,三列
        for(int i = 1;i<=3;i++){
            Gift gift = new Gift();
            gift.setName("礼品" + i);
    gift.setPic ( " http://localhost: 8080/giftems - chapter04/styles/images/gift _ pic/" +
i + ".jpg");
            gift.setTypeId(1);
            list.add(gift);
        }
        GIFT_MAP.put(1, list);
        list = new ArrayList<Gift>();
        //类型为 2 商品列表,两列
        for(int i = 4;i<=5;i++){
            Gift gift = new Gift();
            gift.setName("礼品" + i);

    gift.setPic("http://localhost:8080/giftems-chapter04/styles/images/gift_pic/" + i + ".jpg");
            gift.setTypeId(2);
            list.add(gift);
        }
        GIFT_MAP.put(2, list);
    }
    /***
     * 根据类型 Id 查询对应的礼品列表
     * @param typeId
     */
    public List<Gift> findList(Integer typeId) {
        List<Gift> list = new ArrayList<Gift>();
        if(typeId == -1){
            //获取全部礼品
            for(List<Gift> l : GIFT_MAP.values()){
                list.addAll(l);
```

```
            }
            return list;
        }else{
            if(GIFT_MAP.get(typeId)!= null){
                list.addAll(GIFT_MAP.get(typeId));
            }
        }
        return list;
    }

}
```

上述代码中,提供了不同类型对应不同礼品列表的“假数据”,还提供了 findList()方法,该方法根据礼品类型 Id 获取对应的礼品列表,默认情况下,获取全部的礼品列表。

注意

后面章节中使用 Hibernate 查询时,将提供分页获取礼品列表的功能。

4. 在 struts.xml 文件中进行配置

```
<! -- 礼品中心 -->
<package name = "gift" extends = "qrsx - default" namespace = "/">
    <action name = "g" class = "com.qst.giftems.gift.action.GiftAction">
        <! -- 礼品分类首页 -->
        <result name = "giftList">/jsp/gift/giftList.jsp</result>
    </action>
</package>
```

5. giftList.jsp 界面

giftList.jsp 界面用于展示礼品中心的礼品列表,位于 WebContent/jsp/gift 文件夹下,其核心代码如下:

```
    <span class = "giftindexicon"></span>
        当前所在位置:<a href = "/g.action?method = index">首页</a>>
        <a href = "${ctx}/g.action?method = giftList">礼品</a>>
    <span>全部类型</span>
    <table class = "gifttable" cellspacing = "0" cellpadding = "5">
        <tr>
            <td><a href = "${ctx}/g.action?method = giftList">全部类型</a></td>
            <s:iterator value = "#request.list" var = "item">
                                    <td><a

href = "${ctx}/g.action?method = giftList&typeId = ${item.id}">${item.name }</a></td>
            </s:iterator>
        </tr>
    </table>
    <! -- lp_banner start -->
  <div class = "giftlist">
        <s:iterator value = "#request.giftList" var = "item">
            <dl>
```

```
                <dd class = "ddimg">
                    <a href = " ${ctx}/g.action?method = info&giftId = ${item.id}">
                        < imgsrc = " ${item.pic}" width = "100 % " height = "400">
                    </a>
                </dd>
                <dt>
                    <div class = "giftzhezhao"></div>
                    <h3 class = "dttitle">
                        < a href = " ${ctx}/g.action? method = info&giftId = ${item.id}">
${item.name}</a>
                    </h3>
                </dt>
            </dl>
        </s:iterator>
```

上述代码用于展示“礼品中心”的礼品列表，代码标粗的地方使用了 Struts 2 迭代标签实现对多个礼品的循环展示。giftList.jsp 运行效果如图 4-21 所示。

图 4-21　giftList.jsp 运行效果

4.8.3　实现任务 4-3

下述内容“GIFT-EMS 礼记”系统中的任务 4-3 礼品详情的界面及功能实现。

实现步骤如下：

(1) 首先在 GiftAction 类中添加 info()方法用于显示礼品详情，并在 struts.xml 中配置请求转发功能。

(2) 在 GiftService 类中供前台界面所需要的礼品详情数据，同时该类中实现模拟的业务操作和“假数据”的提供。

(3) 设计礼品详情界面 giftInfo.jsp，当用户查看某一礼品时，可以查看其不同款式的价格、不同款式的图片以及该商品的详情信息。

1. 在 GiftAction 类中添加 info()方法

```
...省略部分代码
public class GiftAction extends BaseAction {

    /** 礼品 Id **/
    private Integer id;
    ...省略代码
    /**
      * 详情展示界面
      * @return
    /**
      * 详情展示界面
      * @return
      */
    public String info(){
        Gift gift = giftService.findById(this.id);
        //默认第一个款式
        if(styleId == -1){
        ActionContextUtils.setAtrributeToRequest("style", gift.getStyles().get(0));
        }else{
        //根据款式 Id 获取对应的款式
        List<GiftStyle> styles = gift.getStyles();
        for(GiftStyle gs :styles){
            if(gs.getId() == styleId){
                ActionContextUtils.setAtrributeToRequest("style",gs);
                break;
            }
        }
        }

        ActionContextUtils.setAtrributeToRequest("gift", gift);
        return "info";
    }
...省略 getter/setter 方法
```

上述代码根据礼品的 Id 查询对应的礼品对象，然后保存到 request 对象中，并传递到界面中进行动态展示。

2. 在 GiftService 类中添加 findById()方法

```
...省略代码
public class GiftService {
    ...省略代码
/**
      * 根据 Id 查询礼品详情
      * @param id
      * @return
      */
     public Gift findById(Integer id) {
         //提供假数据
         Gift gift = new Gift();
         gift.setName("礼品 Demo");
         gift.setRemark("<img src = 'http://localhost:8080/giftems - chapter04/styles/images/
style_pic/info.jpg'/>");
```

```
        //款式列表,展示三种款式
        GiftStyle style = new GiftStyle();
        style.setId(1);
        //原价
        style.setPrice(100f);
        //折扣价
        style.setDiscount(99f);

        style.setPic1("http://localhost:8080/giftems-chapter04/styles/images/style_pic/1-1.jpg");

        style.setPic2("http://localhost:8080/giftems-chapter04/styles/images/style_pic/1-2.jpg");

        style.setPic3("http://localhost:8080/giftems-chapter04/styles/images/style_pic/1-3.jpg");
        gift.getStyles().add(style);
        //第二种款式
        style = new GiftStyle();
        style.setId(2);
        //原价
        style.setPrice(120f);
        //折扣价
        style.setDiscount(110f);

        style.setPic1("http://localhost:8080/giftems-chapter04/styles/images/style_pic/2-1.jpg");

        style.setPic2("http://localhost:8080/giftems-chapter04/styles/images/style_pic/2-2.jpg");

        style.setPic3("http://localhost:8080/giftems-chapter04/styles/images/style_pic/2-3.jpg");
        gift.getStyles().add(style);
        return gift;
    }
...省略代码
```

上述代码根据 id 可以进行礼品的查询,该方法提供了礼品的"假数据",并针对 Gift 对象提供了 2 个款式对象 GiftStyle,GiftStyle 代表礼品的多个款式,不同的款式价格可以不同。

注意

> 本功能点的目标是让读者了解整个礼品详情的流程,因此只是提供了假数据,后面章节中通过功能升级的方式逐步完善该功能。

3. 配置 struts.xml 请求转发

```
<!-- 礼品中心 -->
<package name="gift" extends="qrsx-default" namespace="/">
    <action name="g" class="com.qst.giftems.gift.action.GiftAction">
        <!-- 礼品分类首页 -->
        <result name="giftList">/jsp/gift/giftList.jsp</result>
        <result name="info">/jsp/gift/giftInfo.jsp</result>
    </action>
</package>
```

4. 设计礼品详情页 giftInfo.jsp

giftInfo.jsp 界面核心代码如下所示：

```
<! -- 商品详情 start -- >
<div class = "position2">
    <span class = "home"></span>首页→礼品中心→<span class = "green14">${gift.name}</span>

</div>
<div style = "margin:0 auto;">
    <div class = "lpxx_left">
        <div id = "view - pic - div" >
            <c:if test = "${not empty style.pic1}">
                <img id = "view - img" src = "${style.pic1}" style = "width: 500px; height:
500px; vertical - align: center;" />
            </c:if>
        </div>
        <! -- 显示不同款式的图片 -- >
        <ul class = "small_pic" id = "small - pic - ul">
            <c:if test = "${not empty style.pic1}">
            <li>
                <img src = "${style.pic1}" />
            </li>
            </c:if>
            <c:if test = "${not empty style.pic2}">
            <li>
                <img src = "${style.pic2}" />
            </li>
            </c:if>
            <c:if test = "${not empty style.pic3}">
            <li>
                <img src = "${style.pic3}" />
            </li>
            </c:if>
            <c:if test = "${not empty style.pic4}">
            <li>
                <img src = "${style.pic4}" />
            </li>
            </c:if>
            <c:if test = "${not empty style.pic5}">
            <li>
                <img src = "${style.pic5}" />
            </li>
            </c:if>
        </ul>
    </div>
    <div class = "lpxx_right">
        <form action = "${ctx}/user/cart.action?method = addCart" name = "giftFrom" id =
"giftFrom" method = "POST">
        <input type = "hidden" name = "giftId" value = "${id}" id = "giftIdHidden" />
        <input type = "hidden" name = "styleId" value = "${styleId}" id = "styleIdHidden" />
        <h1>${gift.name}</h1>
        <div>
            <span class = "price" title = "折扣价格">¥${style.discount}</span>
```

```
            市场价：<span class = "old_price" title = "市场价">¥${style.price}</span>
        </div>
        <ul class = "item" style = "height: 150px;">
            <c:forEach items = "${gift.styles}" var = "style">
                <li class = "${style.id eq styleId ? 'selected' : ''}">
                        <a href = "${ctx}/g.action?method = info&id = ${gift.id}&styleId =
${style.id}"><img src = "${style.pic1}" width = "100" height = "100" /></a>
                    <p><a href = "${ctx}/g.action?method = info&id = ${gift.id}&styleId =
${style.id}">${style.name}</a></p>
                </li>
            </c:forEach>
        </ul>
        <div class = "clear"></div>
        <p>品牌：XX品牌</p>
        <p>
            数量：<span class = "add" id = "add - count - btn"></span>
            <input name = "count" type = "text" value = "1" class = "input3" id = "count - input"
onafterpaste = "this.value = this.value.replace(/\D/g,'')" maxlength = "3" size = "3"/>
            <span class = "minus" id = "minus - count - btn"></span>
        </p>
        <div class = "operate">
            <span class = "operate1" id = "toCart - button">放入购物车</span>
            <span class = "operate2" id = "buy - button">立即购买</span>
            <span class = "operate3" id = "collect - button">收藏</span>
             <a href = "${ctx}/user/order.action?method = rqt&id = ${gift.id}&styleId =
${style.id}"><span class = "operate4">找人送我</span></a>
        </div>

        </form>
    </div>
</div>
<! -- 商品详情 end -->
<! -- 商品详情 start -->
<div class = "clear"></div>
<div class = "pro_details">
    <div class = "pro_details_top">
        <span class = "details_bg" id = "details_tab" style = "cursor: pointer;">商品详情
</span>
    </div>
    <div id = "details_content">
    <! -- 商品信息 -->
    <div class = "middle">
        <c:choose>
            <c:when test = "${empty gift.remark }">
                <div>呜呜,该礼品还没有上传图片!!</div>
            </c:when>
            <c:otherwise>
                <c:out value = "${gift.remark }" escapeXml = "false" />
            </c:otherwise>
        </c:choose>
    </div>
</div>
<! -- 商品详情 end -->
```

上述代码主要实现了如下功能：

(1) 可以根据不同的款式展示该款式下的礼品价格。

(2) 用户选择某一款时，图片可以动态切换，用户可以根据图片内容对该款式进行了解。

(3) 多款商品得详情时相同的，通过图文并茂的方式展示。

界面效果运行如图 4-22 所示。

图 4-22 giftInfo.jsp 运行效果

本章总结

- Struts 2 的标签库大大简化了数据的输出，也提供了大量标签来生成页面效果，同时还能完成一些基本的流程控制功能。
- Struts 2 将所有的标签都定义在 URI 为/struts-tags 的空间下，并未提供严格的标签库分类。
- OGNL 是 Struts 2 内建的表达式语言，大大加强了 Struts 2 数据访问功能。
- 标准的 OGNL 内部会维护一个 OgnlContext 对象(OGNL 上下文)，该对象实现了 Map 接口，OGNL 将多个对象放在 OgnlContext 对象中统一管理，并且多个对象中只有一个对象会被指定为根对象(root)。
- 数据标签主要用于提供各种数据访问的相关功能，包括显示一个 action 范围内的属性，以及生成国际化输出等功能。
- Struts 2 中的控制标签关注程序的运行流程，比如用 if/else 来进行分支控制，用 iterator 来进行循环控制。
- 所谓模板，就是一些代码，在 Struts 2 中通常是用 FreeMarker 来编写的，标签使用这些代码能渲染生成相应的 HTML 代码。
- 所谓主题，就是一系列模板的集合。通常情况下，这一系列模板会有相同或类似的风格，这样能保证功能或视觉效果的一致性。

- 在 Struts 2 中除了基本的 HTML 标签的定义外，还定义了许多特殊的但又基于上述 HTML 表单标签个性化的标签。
- 非表单标签主要用于输出在 Action 中封装的信息，这在开发过程中运用非常普遍。

Q&A

问题：简述 Struts 2 标签的分类。

回答：Struts 2 将所有的标签都定义在 URI 为/struts-tags 的空间下，并未提供严格的标签库分类。但仍可对其标签根据所实现的功能进行分类。大致可分为 3 类，如下所述。

- UI(User Interface，用户界面)标签：主要用于生成 HTML 元素的标签；
- 非 UI 标签：主要用于数据访问、逻辑控制的标签；
- Ajax 标签：用于支持 Ajax(Asynchronous JavaScript and XML)的标签。

章节练习

习题

1. 下述哪个选项的数据默认情况下不在值栈中？________

   A. 临时对象　　B. 模型对象　　C. action 对象　　D. request 对象

2. 不属于 Struts 2 标签库分类的是________。

   A. UI 标签　　B. 非 UI 标签　　C. JSTL　　D. AJAX 标签

3. 下列关于 Struts 2 和 OGNL 的说法中，不正确的是________。

   A. 在 Struts 2 中 OGNL 的根对象就是值栈

   B. 在 Struts 2 中，值栈对应 ValueStack 接口，该接口的实现类为 OgnlValueStack

   C. OgnlContext 对象代表 OGNL 上下文

   D. OgnlContext 对象依赖于值栈，即 OgnlValueStack 对象

4. Struts 2 中通过 OGNL 访问对象属性时，如果不是根对象，需要添加________。

   A. $　　B. #　　C. &　　D. %

5. "#{key1:value1,key2:value2}" OGNL 表达式的作用是________。

   A. 生成一个 List 对象　　B. 生成一个 Map 对象

   C. 显示一个 List 对象　　D. 显示一个 Map 对象

6. Struts 2 的 iterator 标签可以遍历集合，但不包括下列的________。

   A. Map　　B. List

   C. 数组　　D. 所有 Collection

7. 标准的 OGNL 内部会维护一个________对象，该对象实现了 Map 接口。

8. <bean>标签用于创建一个________实例，创建该实例时，可以在标签体内使用<param.../>标签为该实例传入属性。

9. 简述使用自定义标签的优势。

10. 简述 Struts 2 标签的分类及功能。

上机

训练目标：熟练使用 Struts 2 的标签。

培养能力	熟练运用 Struts 2 标签。		
掌握程度	★★★★★	难度	容易
代码行数	0	实施方式	编码强化
结束条件	独立编写，不出错。		
参考训练内容			
在 UserAction 中创建 list 方法，并组装一个 list 对象，其中 list 对象中封装的是 User 对象，然后转发到 list.jsp 页面，通过 Struts 2 标签在 list.jsp 页面中以列表的方式显示出来。			

第5章 Hibernate入门

任务驱动

本章任务是实现“GIFT-EMS礼记”系统的登录和注册功能，并完成客户端JS校验功能：

- 【任务5-1】 升级任务3-3登录功能，并完成客户端的JS校验功能。
- 【任务5-2】 实现用户注册功能，并完成客户端的JS校验功能。
- 【任务5-3】 实现登录验证功能。

学习路线

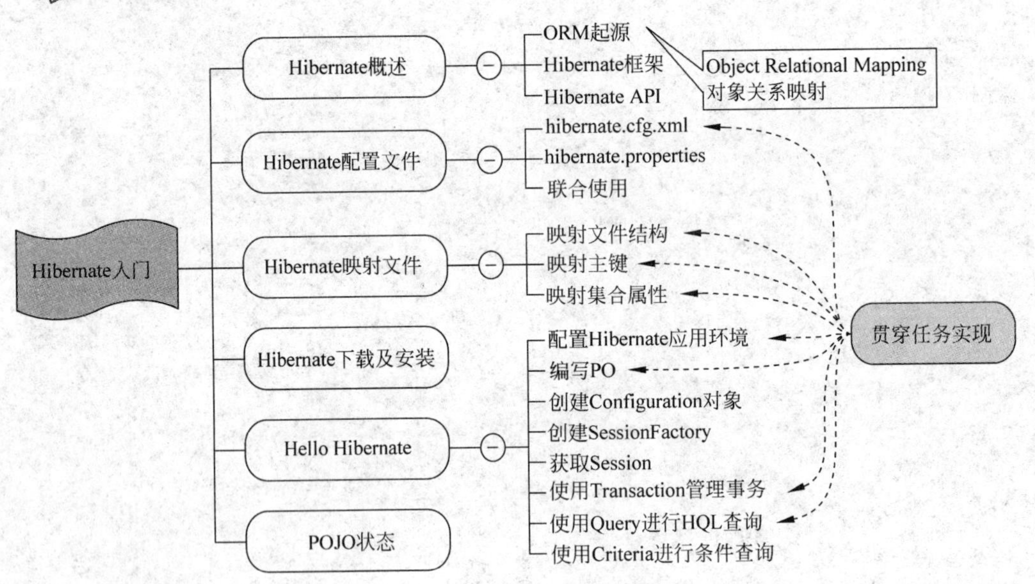

本章目标

知识点	Listen(听)	Know(懂)	Do(做)	Revise(复习)	Master(精通)
Hibernate 概述	★	★	★		
Hibernate 下载及安装	★	★	★		
Hello Hibernate	★	★	★	★	★
Hibernate 配置文件详解	★	★	★	★	
Hibernate 映射文件详解	★	★	★	★	
POJO 持久化对象	★	★	★	★	

5.1 Hibernate概述

Hibernate是一个开放源码的ORM(Object Relational Mapping,对象关系映射)框架,能够很好地解决对象与关系型数据之间的映射问题,并对JDBC进行最大限度的对象封装,使得程序员可以通过面向对象编程思维来操作数据库。在企业级开发应用中,Hibernate由于其功能完备、性能优越、开源等特点已被广泛使用。

5.1.1 ORM起源

现今流行的主流的开发语言,如Java、C#等,都是面向对象的编程语言,对象都存在内存中,无法永久保存数据,因此要将对象永久保存就需要进行对象的持久化操作,即将对象存储到数据库中;然而目前广泛应用的主流数据库仍是关系型数据库产品,如Oracle、SQL Server等,依然是关系型数据库,关系型数据库中存放的是关系型数据而非对象数据。面向对象的编程语言和底层数据库的发展不协调,便带来对象与关系型数据之间映射问题,由此催生了ORM框架。

ORM框架是面向对象编程语言和关系型数据库之间的桥梁。可以将ORM理解成一种规范,这种规范概述了此类框架的基本特征:完成面向对象的编程语言到关系型数据库的映射。当ORM框架完成映射后,既可以利用面向对象程序设计语言的简单易用性,又可利用关系数据库的技术优势。

ORM框架的优势有以下几点:

- 通过面向对象的编程思想对数据库进行访问;
- 简单易用,提高开发效率,最大限度地降低代码的编写工作;
- 降低访问数据库的频率,提高应用程序性能;
- 相对独立,变动时不会影响上层的实现。

为了将针对关系型数据的操作转换成对象操作,ORM框架需要实现关系数据到对象的映射,这种映射关系通常使用配置文件来完成。所有的ORM工具都遵循相同的映射思路,ORM基本映射规律有以下几条:

- 表与类映射。数据库中的表被映射到一个持久化类上,当对该持久化类进行操作时,系统会自动转换为对数据库中的表进行添加、删除、修改等操作。受ORM管理的持久化类其实只是一个普通的Java类,也称为POJO(Plain Ordinary Java Object)。
- 表中的行与对象(持久化类的实例)映射。持久化类会生成很多实例对象,每个实例对象都与表中的一行记录相对应。当修改某个持久化类的实例时,ORM工具会自动转换成对相应数据库表中的特定行进行操作。
- 表中的列(字段)与对象的属性映射。当修改持久化对象的属性值时,ORM工具会自动转换成对相应数据库表中的指定行、指定列的操作。

如图5-1所示,ORM工具将数据库中的表映射到类,表中行映射到对象,行中的列映射成对象的属性。表中的每一条记录都对应一个持久化对象,表与表之间的关系也映射成对象与对象之间的关系。

如图5-2所示,数据库中有一个Students表,它与Student类相互映射,表中的列名(字

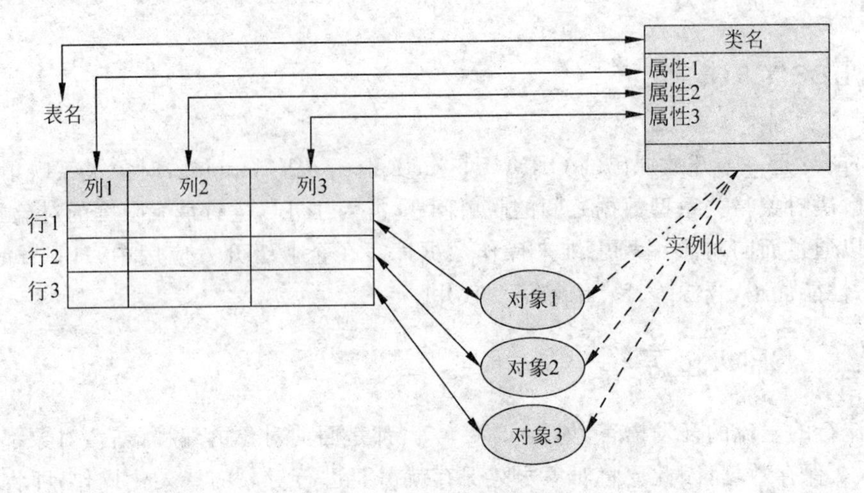

图 5-1 ORM 映射规律

段)id、name、score 与 Student 类中的 3 个同名属性相映射；objStudent 是 Student 类的一个实例对象，与 Students 表中的第 4 条记录信息相映射。

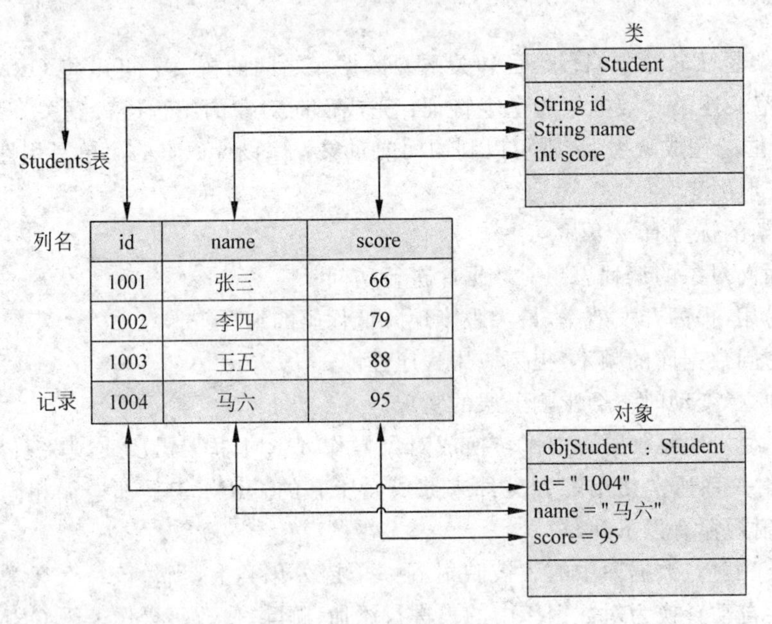

图 5-2 ORM 映射示意图

目前 ORM 框架的产品非常多，比较流行的有以下几个产品：

- JPA——JPA 本身只是一种 ORM 规范，并不是 ORM 产品。JPA 实体与 Hibernate 的 POJO 十分相似，甚至 JPA 实体完全可作为 Hibernate 的 POJO 类使用。相对于其他开源 ORM 框架，JPA 的最大优势在于是官方公布的 Java EE 规范标准，具有通用性。
- Hibernate——是目前流行的 ORM 框架，已经被选作 JBoss 的持久层解决方案，而 JBoss 又加入了 Red Hat 组织，因此 Hibernate 属于 Red Hat 组织的一部分。Hibernate 设计灵巧、性能优秀、文档丰富是其风靡全球的重要原因。
- iBATIS——Apache 软件基金组织的子项目，是一种 SQL Mapping 框架。曾经在 J2EE 开发中扮演非常重要的角色，但因为并不支持纯粹的面向对象的操作，因此现在逐渐开始被取代，但在一些公司，依然占有一席之地。特别是一些对数据访问特别灵活的地方，iBATIS 更加灵活，允许开发人员直接编写 SQL 语句。

- TopLink——是 Oracle 公司的产品，早年单独作为 ORM 框架使用时一直没有赢得广泛的市场，现在主要作为 JPA 实现。GlassFish 服务器的 JPA 实现就是 TopLink。

5.1.2 Hibernate 框架

Hibernate 框架是 Java 语言下的 ORM 解决方案，是一个“面向对象-关系数据库”的映射工具，用来将对象模型映射到基于 SQL 的关系模型数据结构中。Hibernate 不仅管理对象数据到数据库表的映射(包括 Java 数据类型到 SQL 数据类型的映射)，还提供数据查询和获取数据的方法，与单纯使用 JDBC 相比，Hibernate 简单易用，大幅节省了数据持久化处理操作的开发时间。

与其他 ORM 框架对比，Hibernate 能在众多的 ORM 框架中脱颖而出，是因为有如下几个方面的优势：

- 开源、免费，便于研究源代码，或修改源代码进行功能定制等；
- 轻量级封装，避免引入过多复杂问题，易调试；
- 具有可扩展性，API 开放，根据研发需要可以自行扩展；
- 性能稳定，具有保障。

Hibernate 的持久化解决方案将开发者从复杂 JDBC 访问中释放出来，用户无须关注底层的 JDBC 操作，而是以面向对象的方式进行持久层操作。底层数据连接的获得、数据访问的实现、事务控制都无须开发者关心。这是一种“全面解决”的体系结构方案，将应用层从底层的 JDBC/JTA API 中抽象出来。通过配置文件来管理底层的 JDBC 连接，让 Hibernate 解决持久化访问的实现。这种“全面解决”方案的体系结构图如图 5-3 所示。

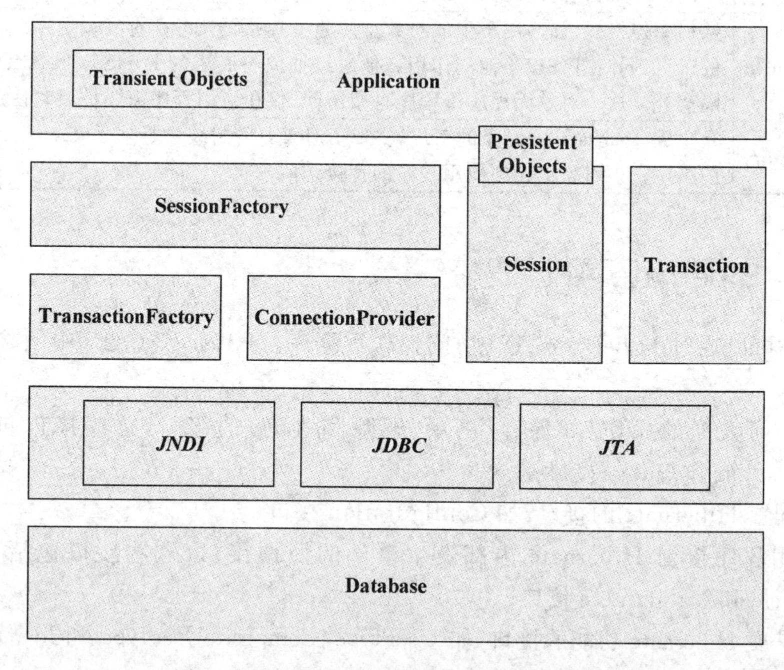

图 5-3　Hibernate 全面解决方案体系结构图

Hibernate 体系结构中各对象的主要功能如表 5-1 所示。

表 5-1 Hibernate 中的主要对象

对 象 名	功 能 描 述
SessionFactory	是 Hibernate 的关键对象，是单个数据库映射关系经过编译后的内存镜像，也是线程安全的。SessionFactory 是生成 Session 的工厂，本身要应用到 ConnectionProvider，该对象可以在进程和集群的级别上，为那些在事务之间可以重用的数据提供可选的二级缓存
Session	是应用程序和持久存储层之间交互操作的一个单线程对象，是 Hibernate 持久化操作的关键对象，所有的持久化对象必须在 Session 的管理下才能够进行持久化操作。此对象的生存周期很短，其隐藏了 JDBC 连接，也是 Transaction 的工厂。Session 对象有一个一级缓存，现实执行 Flush 之前，所有的持久化操作的数据都在缓存中 Session 对象处
Transaction	提供持久化中的原子操作，具有数据库事务的概念。代表一次原子操作，具有数据库事务的概念。但通过抽象，将应用程序从底层的具体的 JDBC、JTA 和 CORBA 事务中隔离开。在某些情况下，一个 Session 之内可能包含多个 Transaction 对象。虽然事务操作是可选的，但是所有的持久化操作都应该在事务管理下进行，即使是只读操作
Persistent Object	持久化对象，与 Session 关联，处于持久化状态。系统创建的 POJO 实例一旦与特定 Session 关联，并对应数据表的指定记录，那该对象就处于持久化状态，这一系列的对象都被称为持久化对象。程序中对持久化对象的修改，都将自动转换为持久层的修改。持久化对象完全可以是普通的 Java Beans/POJO，唯一的特殊性是它们正与 Session 关联着
Transient Object	瞬态对象，没有与 Session 关联，尚未持久化的对象。系统进行 new 关键字进行创建的 Java 实例，没有 Session 相关联，此时处于瞬态。瞬态实例可能是在被应用程序实例化后，尚未进行持久化的对象。如果一个曾经持久化过的实例，但因为 Session 的关闭而转换为脱管状态
ConnectionProvider	数据库连接提供者，用于生成与数据库建立连接的 JDBC 对象。是生成 JDBC 的连接的工厂，同时具备连接池的作用。他通过抽象将底层的 DataSource 和 DriverManager 隔离开。这个对象无须应用程序直接访问，仅在应用程序需要扩展时使用
TransactionFactory	是生成 Transaction 对象的工厂，实现了对事务的封装。是生成 Transaction 对象实例的工厂。该对象也无须应用程序的直接访问

5.1.3 Hibernate API

应用程序可以通过 Hibernate API 访问操作数据库。Hibernate API 中的接口可以分为以下几类：

- 提供访问数据的操作（如保存、更新、删除和查询）的接口，这些接口包括 Session、Transaction 和 Query 接口；
- 用于配置 Hibernate 的接口，如 Configuration 接口；
- 使应用程序接受 Hibernate 内部发生事件的回调接口，这些接口包括 Interceptor、Lifecycle 和 Validatable 接口；
- 用于扩展 Hibernate 功能的接口，如 UserType、CompositeUserType 和 IdentifierGenerator 接口。

Hibernate 内部封装了 JDBC、JTA（Java Transaction API）和 JNDI（Java Naming and

Directory Interface)。JDBC 提供底层的数据访问操作，只要用户提供了相应的 JDBC 驱动程序，Hibernate 就可以访问任何一个数据库系统。

本书不详细介绍 Hibernate API 的所有用法，只侧重介绍 Hibernate 常用的 5 个核心接口，所有的 Hibernate 应用都会访问这 5 个核心接口。

- Configuration 接口：配置和启动 Hibernate，创建 SessionFactory 对象，Hibernate 应用通过 Configuration 实例获得对象-关系映射文件中的元数据，以及动态配置 Hibernate 的属性，然后创建 sessionFactory 实例；
- SessionFactory 接口：初始化 Hibernate，充当数据存储源的代理，创建 Session 对象；
- Session 接口：也称为持久化管理器，提供了持久化相关的操作，如保存、更新、删除、加载和查询对象；
- Transaction 接口：管理事务；
- Query 和 Criteria 接口：执行数据库查询，Query 接口用于执行 HQL 数据库查询，而 Criteria 接口用于 QBC 检索方式。

注意

> 根据版本不同，Hibernate API 所属的包也不同，Hibernate3.6 的 API 在 org.hibernate 包中。

Hibernate 的 5 个核心接口的类框图如图 5-4 所示。

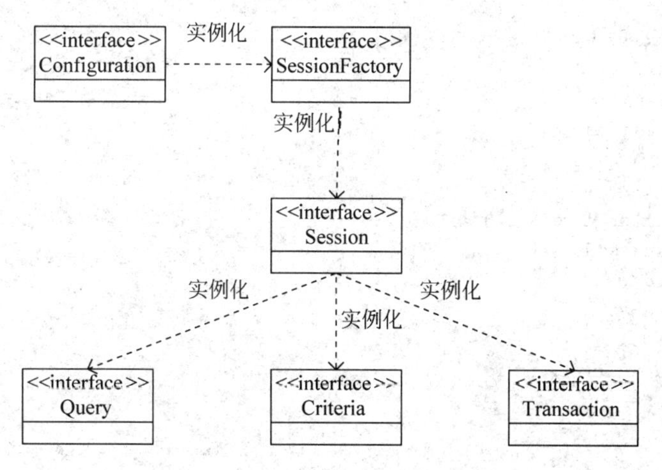

图 5-4 Hibernate 的核心接口的类框图

5.2 持久化对象

Hibernate 应用开发中通过持久化对象作为媒介，对数据库按照面向对象的方式进行操作。即应用程序无须直接访问数据库，只需创建、修改或删除持久化对象，Hibernate 则会负责将这些操作转换成相应的对数据库表的操作。如图 5-5 所示为 Hibernate 简要的体系结构，在该体系结构中，Hibernate 需要两个文件：

- Hibernate 配置文件，该文件用于配置 Hibernate 和数据库之间的连接信息；

- Hibernate映射文件,该文件用于确定持久类和数据表、数据列之间的对应关系。

Hibernate采用低侵入式设计持久化类,这种设计对持久化类不进行任何要求,完全使用POJO(Plain Old Java Object,普通传统的Java对象)作为持久化对象。虽然Hibernate对POJO没有明确要求,但程序员在编写POJO时约定俗成地需要遵守如下几个规则:

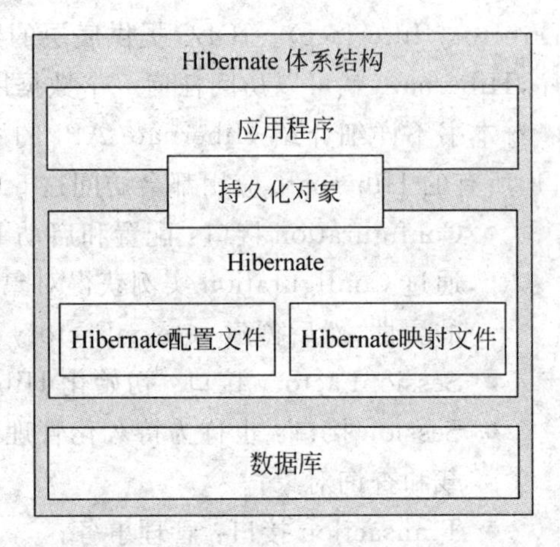

图5-5 Hibernate简要体系结构

- 持久化类需要实现Serializable接口,使持久化对象可序列化,便于数据传递;
- 持久化类不能是最终类,即非final类;
- 持久化类需要提供一个无参数的构造方法(默认构造方法);
- 持久化类需要提供一个标识属性,通常映射到数据库表中的主键;
- 每个属性都提供相应的setter和getter方法。

以Student学生类为例,来演示Hibernate中的持久化对象的创建,代码如下所示。

【代码5-1】 Student.java

```
package com.qst.chapter05.pojos;

public class Student {
    //属性
    private String id;
    private String name;
    private int score;

    //属性的getter和setter方法
    public String getId() {
        return id;
    }

    public void setId(String id) {
        this.id = id;
    }

    public String getName() {
        return name;
    }

    public void setName(String name) {
        this.name = name;
    }

    public int getScore() {
        return score;
    }

    public void setScore(int score) {
```

```
        this.score = score;
    }

}
```

从上述代码中可以看出，POJO 跟普通的 JavaBean 一样。Hibernate 直接采用 POJO 作为 PO，不需要持久化类继承任何父类，或者实现任何接口，以低侵入方式保证了代码的简单性、独立性和可重用性。

为使 POJO 具备可持久化操作的能力，Hibernate 采用 XML 格式的文件来制定 POJO 类和数据库表的映射。在程序运行时，Hibernate 根据这个映射文件生成各种 SQL 语句。映射文件的扩展名为 hbm. xml，需要强调的是，映射文件应和其对应的持久化类放在同一目录中。通过配置上文中 Student 类的映射文件来演示 POJO 对应的映射文件示例如下。

【代码 5-2】 Student. hbm. xml

```
<?xml version="1.0"?>
<!DOCTYPE hibernate-mapping PUBLIC
    "-//Hibernate/Hibernate Mapping DTD 3.0//EN"
    "http://hibernate.sourceforge.net/hibernate-mapping-3.0.dtd">
<hibernate-mapping>
    <class name="com.qst.chapter05.pojos.Student" table="STUDENTS">
        <id name="id" column="ID">
            <generator class="uuid.hex" />
        </id>
        <property name="name" column="NAME" type="string" not-null="true" />
        <property name="score" column="SCORE" type="java.lang.Integer"
            not-null="true" />
    </class>
</hibernate-mapping>
```

上述配置文件中，<hibernate-mapping>元素是 Hibernate 映射文件的根元素，<class>元素描述类和表之间的映射，这样每个<class>元素将映射成一个 PO，即：

```
PO = POJO + 映射文件
```

通过 Hibernate 映射文件中的配置信息，清晰地表达了持久化类和数据库表之间的对应关系。

5.3 Hibernate 配置文件

Hibernate 配置文件用于配置访问数据库的一些参数，如连接数据库的 URL 连接字符串、用户名、密码以及是否创建或更新表等信息，这些信息对于所有持久化类都是通用的。

要使用 Hibernate 配置文件，可以采用如下 3 种形式：

- hibernate. cfg. xml 文件形式，该文件采用 XML 文件形式，是 Hibernate 最常用的配置方式；
- hibernate. properties 文件形式，采用“键/值”对的属性文件形式，能够快速配置

Hibernate 的信息；

- hibernate.cfg.xml 和 hibernate.properties 结合使用形式，联合各自的优势，一起作为配置文件。

在 hibernate.properties 和 hibernate.cfg.xml 文件中都可以对 Hibernate 的属性信息进行配置，其中 Hibernate 常用的配置属性如表 5-2 所示。

表 5-2　Hibernate 配置文件常用属性

属　　性	功 能 描 述
hibernate.dialect	针对不同的数据库提供不同的方言类，允许 Hibernate 针对特定的数据库生成优化的 SQL 语句
hibernate.connection.driver_class	数据库驱动类
hibernate.connection.datasource	数据源的 JNDI 名字
hibernate.connection.url	JNDI 数据库提供者的 URL
hibernate.connection.username	连接数据库的用户名
hibernate.connection.password	连接数据库的密码
hibernate.connection.pool_size	数据库连接池的最大容量
hibernate.show_sql	是否输出 Hibernate 操作数据库使用的 SQL 语句
hibernate.format_sql	是否格式化输出的 SQL 语句
hibernate.hbm2ddl.auto	是否根据映射文件自动建立数据库表，该属性可以是 create、create-drop 和 update 三个值：值为 create 时会根据 POJO 创建表，但每次运行都要重新生成表；值为 create-drop 时，则关闭 sessionFactory 时，自动删除创建的表；update 是最常用的属性，不会删除以前的行记录

Hibernate 可以连接多种不同的数据库，因不同的数据库在支持标准 SQL 的基础上增加一些特有的扩展，所以连接不同的数据库需要使用不同的数据库方言。在 Hibernate 配置文件中，通过设置 hibernate.dialect 属性值来指定访问不同数据库的方言类，不同数据库所对应的不同数据库方言类如表 5-3 所示。

表 5-3　数据库方言类

数　据　库	数据方言类
Oracle 9i/10g/11g	org.hibernate.dialect.OracleDialect
MySQL	org.hibernate.dialect.MySQLDialect
DB2	org.hibernate.dialect.DB2Dialect
Microsoft SQL Server	org.hibernate.dialect.SQLServerDialect
Sybase	org.hibernate.dialect.SybaseDialect

5.3.1　hibernate.cfg.xml

hibernate.cfg.xml 文件是 Hibernate 配置文件常用的形式，因为 XML 文件的结构性强、容易读取以及配置灵活等优势，且可以直接配置 POJO 所对应的映射文件。

在 hibernate.cfg.xml 文件中配置 Hibernate 属性时，可以省略 hibernate 前缀，例如，配置 hibernate.dialect 属性可以直接简化成 dialect。

【示例】 在 hibernate.cfg.xml 中配置属性

```
<property name="dialect">
    org.hibernate.dialect.OracleDialect
</property>
```

hibernate.cfg.xml 配置文件通常放在 Java 类文件的根目录，即 src 根目录下，如图 5-6 所示。

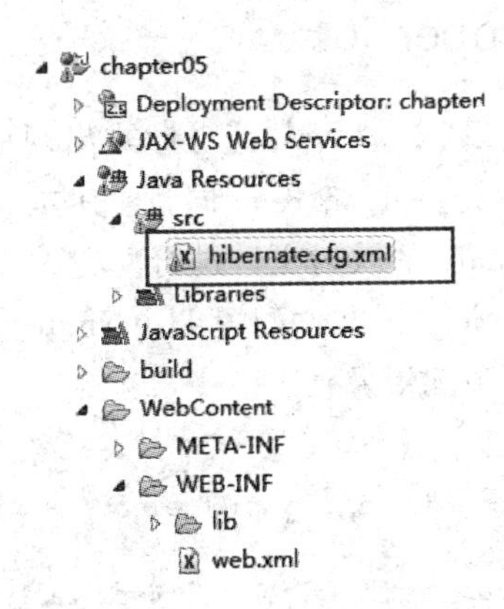

图 5-6 hibernate.cfg.xml 配置文件的位置

【代码 5-3】 hibernate.cfg.xml

```
<!DOCTYPE hibernate-configuration PUBLIC
    "-//Hibernate/Hibernate Configuration DTD 3.0//EN"
    "http://www.hibernate.org/dtd/hibernate-configuration-3.0.dtd">
<hibernate-configuration>
    <session-factory>
        <!-- 配置访问 Oracle 数据库参数信息 -->
        <property name="dialect">
            org.hibernate.dialect.OracleDialect
        </property>
        <property name="connection.driver_class">
            oracle.jdbc.driver.OracleDriver
        </property>
        <property name="connection.url">
            jdbc:oracle:thin:@localhost:1521:orcl
        </property>
        <property name="connection.username">scott</property>
        <property name="connection.password">scott123</property>
        <!-- 在控制台显示 SQL 语句 -->
        <property name="show_sql">true</property>
        <!-- 根据需要自动生成、更新数据表 -->
        <property name="hbm2ddl.auto">update</property>
        <!-- 注册所有 ORM 映射文件 -->
        <mapping resource="com/qst/chapter05/pojos/Student.hbm.xml" />

    </session-factory>
</hibernate-configuration>
```

Hibernate 配置文件中有如下几个元素：

- <hibernate-configuration>元素，Hibernate 配置文件的根元素；
- <session-factory>元素，是<hibernate-configuration>根元素的子元素；
- <property>元素，是<session-factory>元素的子元素，用于配置访问数据库参数信息，可以有多个<property>子元素；
- <mapping>元素，是<session-factory>元素的子元素，用于注册所有 ORM 映射文件，每个<mapping>子元素注册一个 Hibernate 映射文件，可以有多个<mapping>子元素。

5.3.2 hibernate.properties

hibernate.properties 文件是以"key＝value"对形式出现的，虽然 hibernate.properties 和 hibernate.cfg.xml 这两个配置文件的格式不同，但其本质完全一样，只是在 hibernate.properties 文件中不能对 Hibernate 的映射文件进行配置。

下述代码使用 hibernate.properties 文件配置 Hibernate 相关信息。

【示例】 在 hibernate.properties 中配置属性

```
#Oracle 方言
hibernate.dialect = org.hibernate.dialect.OracleDialect
#Oracle 驱动
hibernate.connection.driver_class = oracle.jdbc.driver.OracleDriver
#连接数据库的 URL
hibernate.connection.url = jdbc:oracle:thin:@localhost:1521:orcl
#连接数据库的用户名
hibernate.connection.username = scott
#连接数据库的密码
hibernate.connection.password = scott123
#显示 Sql
hibernate.show_sql = true
#格式化 Sql
hibernate.format_sql = true
#自动创建表
hibernate.hbm2ddl.auto = update
```

hibernate.properties 文件也是放在类文件的根目录(与 hibernate.cfg.xml 同目录)。

因为 hibernate.properties 文件没有对映射文件进行配置，在 Hibernate 应用程序中必须调用 Configuration 对象的 addResource()方法添加映射文件，示例代码如下所示。

【示例】 添加映射文件

```
//实例化 Configuration
Configuration configuration = new Configuration();
//添加映射文件
configuration.addResource("com/qst/chapter05/pojos/Student.hbm.xml");
```

5.3.3 联合使用

hibernate.cfg.xml 和 hibernate.properties 各自具有自己的优势，可以将 hibernate.properties 和 hibernate.cfg.xml 这两种文件结合使用，例如，在 hibernate.properties 文件中只对数据库的相关配置信息进行配置，而在 hibernate.cfg.xml 文件中只对 Hibernate 映射文

件进行配置，示例代码如下所示。

【示例】 在 hibernate.cfg.xml 中配置映射文件

```
<?xml version = '1.0' encoding = 'UTF - 8'?>
<! DOCTYPE hibernate - configuration PUBLIC
        " - //Hibernate/Hibernate Configuration DTD 3.0//EN"
        "http://hibernate.sourceforge.net/hibernate - configuration - 3.0.dtd">
< hibernate - configuration >
    < session - factory >
        <! -- 映射文件的配置 -- >
        < mapping resource = "com/qst/chapter05/pojos/Student.hbm.xml"/>
    </session - factory >
</hibernate - configuration >
```

5.4 Hibernate 映射文件

5.4.1 映射文件结构

Hibernate 映射文件的根元素是<hibernate-mapping>，该元素下可以有多个<class>子元素，每个<class>元素对应一个 POJO 持久化类的映射，将类和表之间的关系进行映射。

【示例】 映射文件结构

```
< hibernate - mapping 属性 = "值">
    < class name = "类名" table = "表名">
        <! -- 主键 -- >
        < id name = "主键名" column = "主键列">
            <! -- 主键生成器 -- >
            < generator class = "生成策略" />
        </id >
        <! -- 属性列表 -- >
        < property name = "属性名" column = "列名" type = "数据类型"/>
        ...
    </class >
...
</hibernate - mapping >
```

其中<hibernate-mapping>元素的可选属性如表 5-4 所示。

表 5-4 <hibernate-mapping>元素的可选属性

属　　性	功 能 描 述
auto-import	是否允许在查询语言中使用非全限定的类名，默认值为 true
catalog	所映射数据库的 Catalog 名
default-cascade	Hibernate 默认的级联风格，默认值为 none
default-access	默认属性访问策略，默认值为 property
default-lazy	默认延迟加载策略，默认值为 true
auto-import	是否允许使用非全限定的类名，默认值为 true
package	指定包名，对于映射文件中非全限定的类名，默认在该包下
schema	映射数据库的 schema 名

<class>元素常用的可选属性如表 5-5 所示。

表 5-5 <class>元素常用的可选属性

属　性	功 能 描 述
name	持久化类的类名
table	持久化类映射的表名
discriminator-value	区分不同子类的值
mutable	指定持久化类的实例是否可变，默认值为 true
proxy	延迟装载时的代理，可以是该类自己的名字

5.4.2 映射主键

Hibernate 中持久化类会有一个标识属性，用于标识唯一的持久化实例，而标识属性则要映射到底层的主键。在 Hibernate 映射文件中，标识属性是通过<id>元素来指定，<id>元素常用的可选属性如表 5-6 所示。

表 5-6 <id>元素的可选属性

属　性	功 能 描 述
name	标识属性名
type	标识属性的数据类型，该类型既可以是 Hibernate 内建类型，也可以是 Java 类型(带包名)
column	标识属性所映射的数据库中表的列名
unsaved-value	指定刚创建、未保存的某个实例的标识属性值
access	指定访问标识属性的访问策略，默认是 property

通常情况下，推荐在 Hibernate 中使用逻辑主键，尽量避免使用复杂的物理主键，使用物理主键会增加数据库维护的复杂度。Hibernate 为逻辑主键提供了主键生成器，以便为每个持久化实例生成唯一的逻辑主键值。在 Hibernate 中内置了多种主键生成器，如表 5-7 所示。

表 5-7 主键生成器列表

类 型 名	功 能 描 述
increment	获取数据库表中所有主键中的最大值，在最大值基础上加 1，为最新记录的主键
identity	自动增长。MS SQL Server、MySQL 和 DB2 等数据库中可以设置表的某个字段(列)的数值自动增长。此种方式生成主键的数据类型可以是 long、short、int 及其对应的封装类的类型
sequence	序列。Oracle、DB2 等数据库可以创建一个序列，然后从序列中获取当前序号作为主键值
hilo	“高/低位”高效算法产生主键值。此种方式生成主键的数据类型可以是 long、short、int 及其对应的封装类的类型
seqhilo	与 hilo 类似，但使用指定的 sequence 获取高位值
uuid	采用 128 位的 UUID 算法生成一个字符串类型的主键
guid	采用 GUID 字符串产生主键值
native	由 Hibernate 根据所使用的数据库支持能力从 identity、sequence 或者 hilo 中选择一种，例如，Oracle 中使用 sequence，MySQL 中使用 identity
assigned	指派值
foreign	通过的关联持久化对象为主键赋值

下述代码采用 native 生成主键。

【示例】 指定主键生成器

```
<id name="id" column="ID">
    <generator class="native" />
</id>
```

在选择 Hibernate 的主键生成器策略时,可参考以下两个原则:

- 如果应用系统不需要分布式部署,在数据库支持的情况下使用 sequence、identity、hilo、seqhilo 和 uuid;
- 如果应用需要使用多个数据库或者进行分布式的部署,则 uuid 是最佳的选择。

5.4.3 映射集合属性

集合属性也是常见的属性,例如,一个部门有多个员工,那么员工就是部门类中的集合属性。集合属性是现实中非常普遍的属性关系。

集合属性大致有两种:

- 第一种是单纯的集合属性,例如,List、Set 或数组;
- 另外一种是 Map 结构的集合属性,每个属性都是"键/值"对。

Hibernate 要求集合属性必须声明为接口,例如 List、Set、Map 接口等。Hibernate 之所以要求使用集合接口声明集合属性,是因为当程序持久化某个实例时,Hibernate 会自动把程序中的集合实现类替换成 Hibernate 自己的集合实现类。对于不同的集合接口,在 Hibernate 映射文件中需要采用不同的集合映射元素。不同的集合具有不同的特性,选择正确的集合映射元素在实际开发中非常重要。表 5-8 列出了 Hibernate 中的集合映射元素、对应的集合属性及其特性。

表 5-8 Hibernate 集合映射元素

集合映射元素	集合属性	特征
<list>	java.util.List	集合中的元素可以重复,可以通过索引存取元素
<set>	java.util.Set	集合中的元素不重复
<map>	java.util.Map	集合中的元素是以键/值对形式存放
<array>	数组	可以是对象数组或基本数据类型的数组
<primitive-array>	基本数据类型的数组	基本数据类型的数组,例如,int[]、char[]等
<bag>	java.util.Collection	无序集合
<idbag>	java.util.Collection	无序集合,但可以为集合增加逻辑次序

注意

集合属性其实是 Hibernate 关联关系的体现,该属性对应另一个数据表中的数据。有关集合映射元素的应用参见第 6 章内容。

5.5 Hibernate 下载及安装

登录 Hibernate 官方网站并进入下载页面,下载 Hibernate 最新产品,下载网址是"http://hibernate.org/orm/downloads",如图 5-7 所示,下载 Hibernate 4.3.8.Final 版。

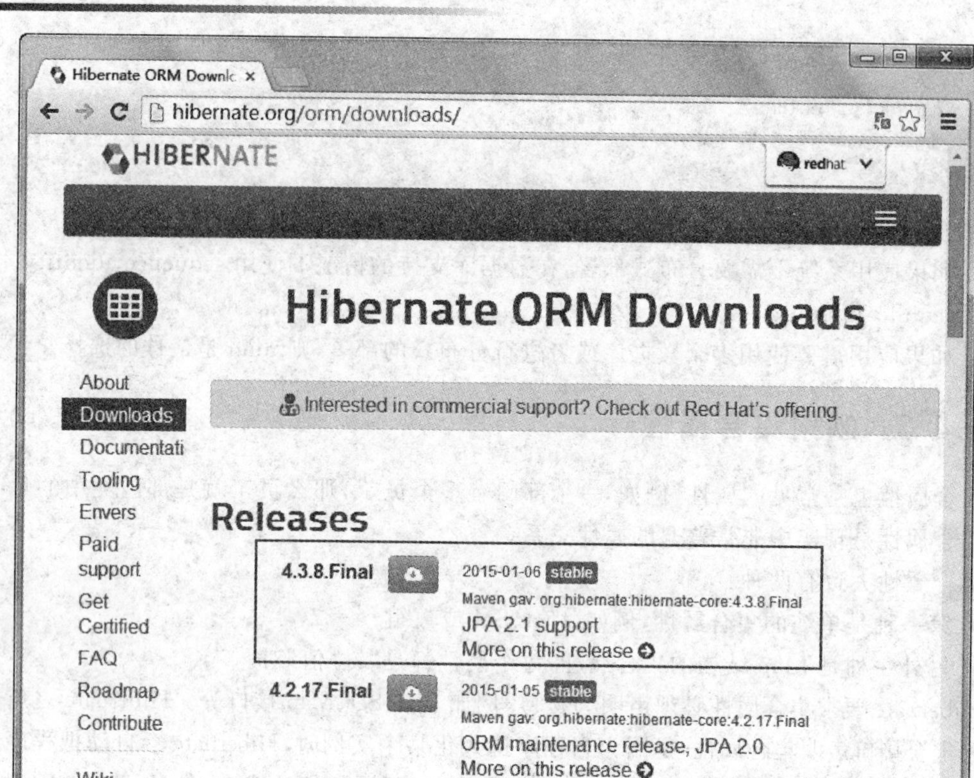

图 5-7　下载 Hibernate 发布版

将下载的压缩包解压，解压缩得到一个名为 hibernate-release-4.3.8.Final 的文件夹，该文件夹下的文件目录如图 5-8 所示。

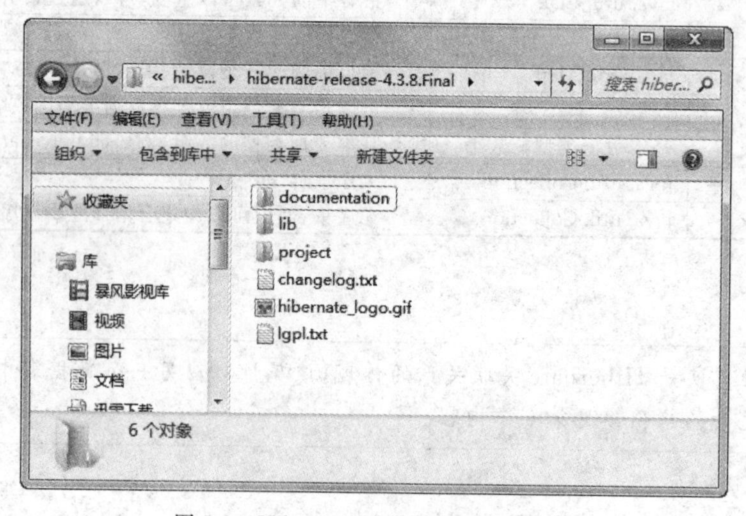

图 5-8　Hibernate 压缩包中的文件目录

其中：

- documentation 目录下存放了 Hibernate 的相关文档，包括 Hibernate 的参考文档和 API 等；

- lib 目录下存放了 Hibernate 编译和运行所依赖的第三方类库(即 jar 文件)；
- project 目录下存放了 Hibernate 各种相关项目的源代码。

将 lib 目录下的 required 和 jpa 子目录中的所有 jar 包添加到应用的类加载路径中，便可以在应用程序中使用 Hibernate 框架的功能。

5.6 Hello Hibernate

开发 Hibernate 应用程序的方式有以下 3 种：

- 第一种方式，自顶向下从持久化类到数据库表，即先编写持久化类，再编写映射文件，进而生成数据库表结构。
- 第二种方式，自底向上从数据库表到持久化类，即根据数据库表结构生成对应的映射文件和持久化类。
- 第三种方式，从中间出发向上与向下同时发展，即先编写映射文件，然后根据映射文件向上生成持久化类，向下生成数据库表结构。

注意

本书采用第一种自顶向下的开发方式，该方式符合面向对象的编程思路。由于 Hibernate 底层依然是基于 JDBC 的，因此在应用程序中使用 Hibernate 执行持久化时一定少不了 JDBC 驱动。本书底层采用 Oracle 数据库，因此还需要将 Oracle 数据库的驱动 jar 文件添加到应用的类加载路径中。

自顶向下开发 Hibernate 应用程序的步骤如下：

(1) 配置 Hibernate 应用环境，在应用中添加 Hibernate 所需的 jar 包，并创建 Hibernate 配置文件；

(2) 编写 PO；

(3) 创建 Configuration 对象；

(4) 创建 SessionFactory 对象；

(5) 获取 Session 对象；

(6) 使用 Transaction 管理事务；

(7) 使用 Query 进行 HQL 查询或利用 Criteria 实现条件查询。

下述内容通过 Hello Hibernate 示例来演示如何在 Eclipse 中开发 Hibernate 应用程序的详细过程。

5.6.1 配置 Hibernate 应用环境

使用 Hibernate 框架前，首先需要将下载的 Hibernate 压缩包中 lib 目录下的 required、jpa 子目录中的所有 jar 包添加到应用的类加载路径中。如果是 Web 应用程序，则只需将 Hibernate 所必需的核心 jar 文件复制到 WEB-INF/lib 目录下，如图 5-9 所示。这些 jar 文件都是必需的，其中 hibernate-core-4. 3. 8. Final. jar 文件是 Hibernate 的核心类库文件，其他文件是 Hibernate 框架本身需要引用的 jar 文件。

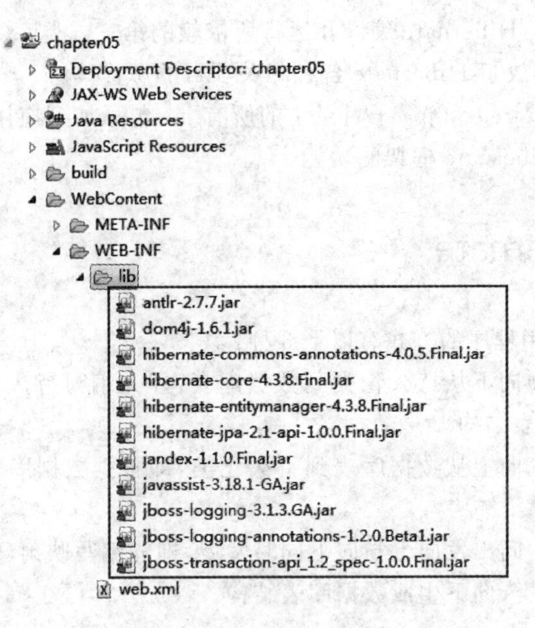

图 5-9　Hibernate 所必需的 jar 包

注意

> 本书使用 Hibernate4. 3. 8 Final 版，因 Hibernate 各版本之间可能存在一些细节差异，在应用中不必一次性将所有 jar 文件都复制到应用程序中，而是根据需要添加相应的 jar 文件即可，避免在 S2SH 框架整合时出现版本冲突。

添加完 Hibernate 所必需的 jar 包后，还需要创建 Hibernate 的配置文件 hibernate. cfg . xml，并将该文件放在类文件的根目录(即 src 目录)下。

5.6.2　编写 PO

Hibernate 中每个 PO 是由“POJO ＋映射文件”组成，因此编写 PO 需要编写 POJO 持久化类，以及 POJO 所对应的映射文件。

在 com. qst. chapter05. pojos 包下创建一个持久化类 User。

【代码 5-4】　User. java

```
package com.qst.chapter05.pojos;

import java.io.Serializable;

public class User implements Serializable {
    /* 用户 ID */
    private Integer id;
    /* 用户名 */
    private String userName;
    /* 密码 */
    private String userPwd;
    /* 权限 */
    private Integer role;
```

```
    /* 默认构造方法 */
    public User() {
    }
    /* 根据属性创建构造方法 */
    public User(String userName, String userPwd, Integer role) {
        this.userName = userName;
        this.userPwd = userPwd;
        this.role = role;
    }
    ...省略 getter 和 setter 方法
}
```

上述代码创建了一个持久化实体类 User，该类中分别提供了带参数和不带参数的构造方法，其属性有用户 ID、用户名、密码和权限 4 项，并对这些属性提供相应的 getter 和 setter 方法。

创建 User 类所对应的映射文件 User.hbm.xml，该映射文件与 User 类放在同一目录下，如图 5-10 所示。

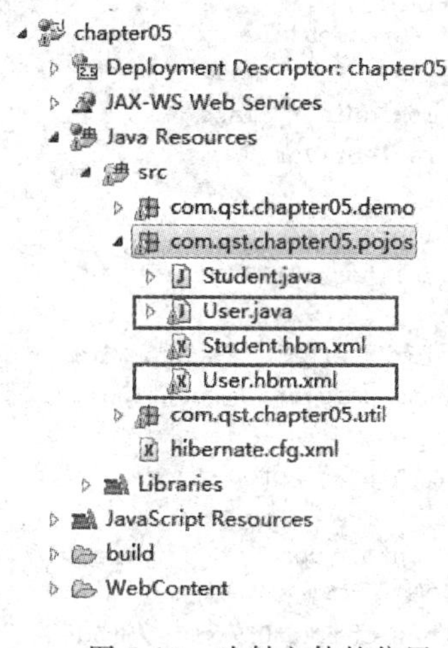

图 5-10 映射文件的位置

【代码 5-5】 User.hbm.xml

```
<?xml version = "1.0"?>
<!DOCTYPE hibernate-mapping PUBLIC
    "-//Hibernate/Hibernate Mapping DTD 3.0//EN"
    "http://hibernate.sourceforge.net/hibernate-mapping-3.0.dtd">
<hibernate-mapping>
    <class name = "com.qst.chapter05.pojos.User" table = "tbUsers">
        <!-- 主键 -->
        <id name = "id" column = "ID">
            <generator class = "native" />
        </id>
        <!-- 用户名 -->
        <property name = "userName" column = "USERNAME" type = "string"
            not-null = "true" />
        <!-- 密码 -->
        <property name = "userPwd" column = "USERPWD" type = "string"
```

```
            not-null="true" />
        <!-- 权限 -->
        <property name="role" column="ROLE" type="java.lang.Integer"
            not-null="true" />

    </class>
</hibernate-mapping>
```

上述配置文件将 User 类和数据库中的 tbUsers 表进行映射。

在 hibernate.cfg.xml 配置文件中注册 User.hbm.xml 映射文件，代码如下所示。

【代码 5-6】 hibernate.cfg.xml

```
<!DOCTYPE hibernate-configuration PUBLIC
    "-//Hibernate/Hibernate Configuration DTD 3.0//EN"
    "http://www.hibernate.org/dtd/hibernate-configuration-3.0.dtd">
<hibernate-configuration>
    <session-factory>
        <!-- 配置访问 Oracle 数据库参数信息 -->
        <property name="dialect">
            org.hibernate.dialect.OracleDialect
        </property>
        <property name="connection.driver_class">
            oracle.jdbc.driver.OracleDriver
        </property>
        <property name="connection.url">
            jdbc:oracle:thin:@localhost:1521:orcl
        </property>
        <property name="connection.username">scott</property>
        <property name="connection.password">scott123</property>
        <!-- 在控制台显示 SQL 语句 -->
        <property name="show_sql">true</property>
        <!--根据需要自动生成、更新数据表 -->
        <property name="hbm2ddl.auto">update</property>
        <!-- 注册所有 ORM 映射文件 -->
        <mapping resource="com/qst/chapter05/pojos/Student.hbm.xml" />
        <mapping resource="com/qst/chapter05/pojos/User.hbm.xml" />

    </session-factory>
</hibernate-configuration>
```

5.6.3 创建 Configuration 对象

Configuration 对象代表一个应用程序到数据库的映射配置。根据 Hibernate 使用的配置文件的不同，创建 Configuration 对象的方式也不同，通常采用 hibernate.cfg.xml 文件作为 Hibernate 的配置文件，此时创建 Configuration 对象的示例代码如下所示。

【示例】 创建 Configuration 对象

```
//实例化 Configuration
Configuration configuration = new Configuration();
//加载 hibernate.cfg.xml 文件
configuration.configure("/hibernate.cfg.xml");
```

上述代码也可以进行简化，代码如下：

```
//实例化 Configuration 对象，并加载 hibernate.cfg.xml 文件
Configuration configuration = new Configuration()
                                        .configure("/hibernate.cfg.xml");
```

Configuration 对象可以产生一个不可变的 SessionFactory 对象，Configuration 对象只存在于系统的初始化阶段，所有持久化操作都通 SessionFactory 实例来完成。

注意

> 通过 new 关键字创建 Configuration 对象之后，不要忘记调用 configure()方法。SessionFactory 与 Configration 对象之间不存在反向的关联关系。

5.6.4 创建 SessionFactory

通过 Configuration 对象的 buildSessionFactory()方法可以创建一个 SessionFactory 对象，SessionFactory 对象是 Hibernate 进行持久化操作所必需的对象，该对象是整个数据库映射关系经编译后形成的内存镜像。通常一个应用程序只有一个 SessionFactory 的实例，并且 SessionFactory 的实例是唯一的、不可改变的。

【示例】 创建 SessionFactory 对象

```
//Hibernate4.3 创建 SessionFactory 的方式
StandardServiceRegistryBuilder standardServiceRegistryBuilder =
        new StandardServiceRegistryBuilder();
standardServiceRegistryBuilder.applySettings(configuration.getProperties());
SessionFactory sessionFactory = configuration.buildSessionFactory(
        standardServiceRegistryBuilder.build());
```

上述代码中，先创建一个 StandardServiceRegistryBuilder 对象，该对象具有注册表功能，可以对服务进行统一加载、初始化、存放和获取。Configuration 对象会根据配置文件的内容构建 SessionFactory 实例，即 SessionFactory 一旦构建完毕，就会包含配置文件的信息，之后任何对 Configuration 实例的改变都不会影响到已经构建的 SessionFactory 实例对象。

5.6.5 获取 Session

Session 对象是 Hibernate 持久化操作的基础，是应用程序与数据库之间交互操作的一个关键对象。持久化对象的生命周期、事务的管理、对象的查询、更新和删除等操作都是通过 Session 对象完成的。

通过调用 SessionFactory 对象中的 openSession()或 getCurrentSession()方法都可以获取一个 Session 对象，代码如下所示。

【示例】 获取 Session 对象

```
//获取 Session
Session session = sessionFactory.openSession();
```

Session 对象封装了 JDBC 连接，具有一个一级缓存，在显式执行 flush()方法之前，所有持久化操作的数据都在 Session 对象的缓存中。

Session 对象中常用的方法及功能如表 5-9 所示。

表 5-9 Session 中的方法

方　法	功能描述
save()	保存持久化对象,在数据库中新增一条记录
get()	获取数据库中的一条记录,当未找到符合条件的持久化对象时返回 null
load()	获取数据库中的一条记录,当未找到符合条件的持久化对象时会抛出异常
update()	更新数据库中对应的数据
delete()	删除数据库中的一条记录

注意

get()和 load()方法都可以根据标识符属性查询并获取一个持久化对象,但是在未找到符合条件的持久化对象时,get()方法返回 null,而 load()方法抛出一个 HibernateException 异常。另外,get()方法查找对象时先从 Hibernate 一级缓存中查询,找不到则直接从数据库中查找记录;而 load()方法在一级缓存中找不到的情况下,还会查找 Hibernate 的二级缓存,仍未找到才查找数据库。

5.6.6 使用 Transaction 管理事务

Transaction 对象主要用于管理事务,所有持久化操作都需要在事务管理下进行。Transaction 通过抽象将应用程序从底层的 JDBC、JTA 以及 CORBA 事务中隔离开,允许开发人员使用一个统一的事务操作让自己的项目可以在不同的环境和容器之间迁移。

通过 Session 对象的 beginTransaction()方法可以获得一个 Transaction 对象的实例。

【示例】 获取 Transaction 对象

```
Transaction trans = session.beginTransaction();
```

Transaction 中主要定义了 commit()和 rollback()两个方法:

- commit()方法,用于提交事务;
- rollback()方法,用于回滚事务。

一个 Transaction 对象的事务可能包括多个持久化操作,程序员可以根据需要将多个持久化操作放在开始事务和提交事务之间,从而形成一个完整的事务。

【示例】 事务

```
//开始一个事务
Transaction trans = session.beginTransaction();
//多个持久化操作
...
//提交事务
trans.commit();
```

通常 Hibernate 执行数据库事务的时序图如图 5-11 所示。

下述代码将 User 对象信息保存到数据库中。

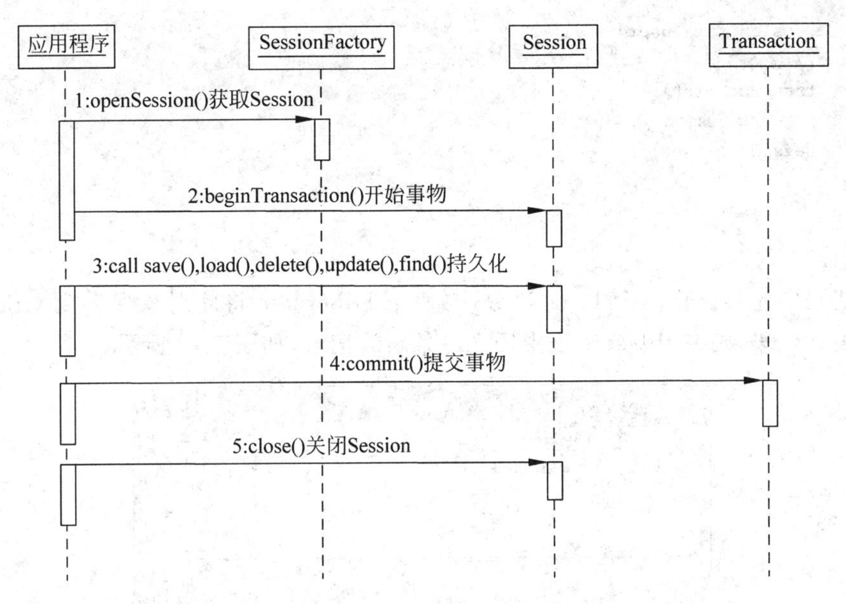

图 5-11 执行数据库事务的时序图

【代码 5-7】 **UserDemo.java**

```
package com.qst.chapter05.demo;

import org.hibernate.Session;
import org.hibernate.SessionFactory;
import org.hibernate.Transaction;
import org.hibernate.cfg.Configuration;

import com.qst.chapter05.pojos.User;

public class UserDemo {

    public static void main(String[] args) {
        //创建 User 对象
        User user = new User("zhangsan", "123", 1);
        //实例化 Configuration
        Configuration configuration = new Configuration();
        //加载 hibernate.cfg.xml 文件
        configuration.configure("/hibernate.cfg.xml");
        //创建 SessionFactory
        //Hibernate4.3 创建 SessionFactory 的方式
        StandardServiceRegistryBuilder standardServiceRegistryBuilder =
            new StandardServiceRegistryBuilder();
        standardServiceRegistryBuilder.applySettings(configuration
                .getProperties());
        SessionFactory sessionFactory = configuration
                .buildSessionFactory(standardServiceRegistryBuilder.build());
        //打开 Session
        Session session = sessionFactory.openSession();
        //开始一个事务
        Transaction trans = session.beginTransaction();
        //持久化操作
```

```
            session.save(user);
            //提交事务
            trans.commit();
            //关闭 Session
            session.close();
        }

    }
```

上述代码中先实例化一个 User 对象，再使用 Hibernate 将此对象保存到 Oracle 数据库中。运行上述代码，则在 tbUsers 表中插入一条新的记录，如图 5-12 所示。

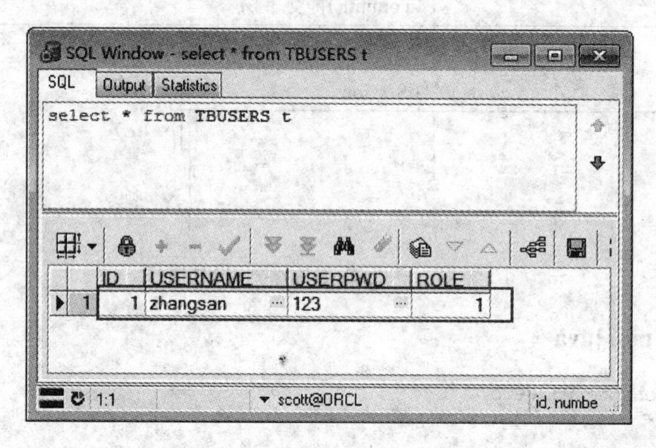

图 5-12　添加一个用户记录

第一次执行时，如果数据库中没有 User 表，Hibernate 会根据配置文件和映射文件自动生成 User 表，以后再次执行时则更新 User 表。这是因为在前面配置 hibernate.cfg.xml 文件时配置了如下一条属性：

```
<!-- 根据需要自动生成、更新数据表 -->
<property name="hbm2ddl.auto">update</property>
```

hbm2ddl.auto 属性值为 update，这是最常用的属性值，该属性可以根据 POJO 类及其映射文件生成表，即使表结构改变了，表中的记录仍然存在，不会删除以前的数据。

下述代码在本章创建的持久化类 Student 及其映射文件 Student.hbm.xml 基础上，将学生对象信息保存到数据库中。

【代码 5-8】 StudentDemo.java

```
package com.qst.chapter05.demo;

import org.hibernate.Session;
import org.hibernate.SessionFactory;
import org.hibernate.Transaction;
import org.hibernate.cfg.Configuration;

import com.qst.chapter05.pojos.Student;

public class StudentDemo {

    public static void main(String[] args) {
```

```
        //创建 Student 对象
        Student stu = new Student();
        stu.setName("张三");
        stu.setScore(98);
        //实例化 Configuration
        Configuration configuration = new Configuration();
        //加载 hibernate.cfg.xml 文件
        configuration.configure("/hibernate.cfg.xml");
        //创建 SessionFactory
        //Hibernate4.3 创建 SessionFactory 的方式
        StandardServiceRegistryBuilder standardServiceRegistryBuilder =
            new StandardServiceRegistryBuilder();
        standardServiceRegistryBuilder.applySettings(configuration
                .getProperties());
        SessionFactory sessionFactory = configuration
                .buildSessionFactory(standardServiceRegistryBuilder.build());
        //打开 Session
        Session session = sessionFactory.openSession();
        //开始一个事务
        Transaction trans = session.beginTransaction();
        //持久化操作
        session.save(stu);
        //提交事务
        trans.commit();
        //关闭 Session
        session.close();
    }

}
```

执行上述代码，则在 Students 表中添加一个学生记录，如图 5-13 所示。

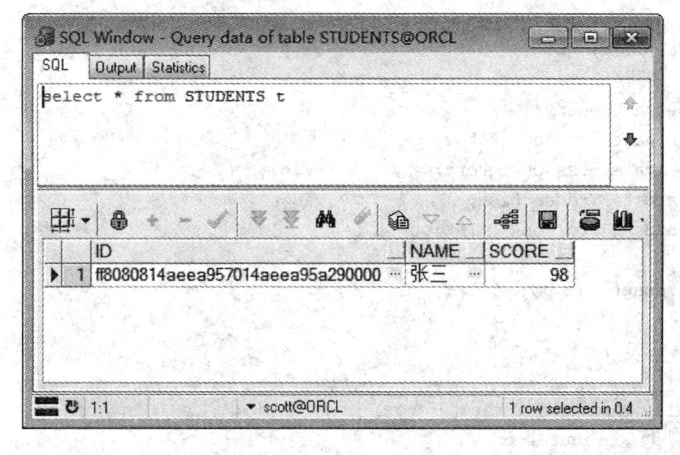

图 5-13 添加一个学生记录

5.6.7 使用 Query 进行 HQL 查询

Hibernate 提供功能强大的查询体系，使用 Hibernate 有多种查询方式，包括 HQL (Hibernate Query Language)查询、SQL 查询等。其中 HQL 是完全面向对象查询语言，所操作的对象是类、实例、属性等。

HQL 被广泛地使用，主要在于其具备以下几个方面的优势：

- 支持继承、多态等特性；
- 支持各种条件查询、连接查询和子查询；
- 支持分页、分组查询；
- 支持各种聚集函数和自定义函数；
- 支持动态绑定查询参数。

HQL 查询依赖于 Query 类，每个 Query 实例对应一个查询对象。

利用 Query 进行 HQL 查询的步骤如下：

(1) 获取 Hibernate Session 对象；

(2) 编写 HQL 语句；

(3) 以 HQL 语句作为参数，调用 Session 的 createQuery()方法创建 Query 查询对象；

(4) 如果 HQL 语句包含参数，则调用 Query 的 setXxx()方法为参数赋值；

(5) 调用 Query 对象的 list 等方法返回查询结果。

Query 对象通过 Session 对象的 createQuery()方法创建，示例代码如下所示。

【示例】 创建 Query 对象

```
Query query = session.createQuery("from User");
```

其中 createQuery()方法的参数"from User"是 HQL 语句，表示读取所用 User 类型的对象，即将 User 类对应表中的所有记录封装成 User 对象并保存到 List 集合中。

下述代码利用 Query 查询所有用户信息。

【代码 5-9】 UserHQLDemo.java

```
package com.qst.chapter05.demo;

import java.util.List;

import org.hibernate.Query;
import org.hibernate.Session;
import org.hibernate.SessionFactory;
import org.hibernate.Transaction;
import org.hibernate.cfg.Configuration;

import com.qst.chapter05.pojos.User;

public class UserHQLDemo {

    public static void main(String[] args) {
        //实例化 Configuration
        Configuration configuration = new Configuration();
        //加载 hibernate.cfg.xml 文件
        configuration.configure("/hibernate.cfg.xml");
        //创建 SessionFactory
        //Hibernate4.3 创建 SessionFactory 的方式
        StandardServiceRegistryBuilder standardServiceRegistryBuilder =
            new StandardServiceRegistryBuilder();
        standardServiceRegistryBuilder.applySettings(configuration
```

```
            .getProperties());
    SessionFactory sessionFactory = configuration
            .buildSessionFactory(standardServiceRegistryBuilder.build());
    //打开 Session
    Session session = sessionFactory.openSession();
    //开始一个事务
    Transaction trans = session.beginTransaction();
    //查询 Customer 表
    Query query = session.createQuery("from User");
    //执行查询
    List<User> list = query.list();
    //遍历输出
    for (User u : list) {
        System.out.println(u.getId() + "\t" + u.getUserName() + "\t"
                + u.getUserPwd() + "\t" + u.getRole());
    }
    //提交事务
    trans.commit();
    //关闭 Session
    session.close();

  }

}
```

上述代码使用 Query 对象的 list()方法执行查询并返回查询结果的集合，再遍历集合中的每个元素然后输出，运行结果如下所示：

```
Hibernate: select user0_.ID as ID1_1_, user0_.USERNAME as USERNAME2_1_, user0_.USERPWD as
USERPWD3_1_, user0_.ROLE as ROLE4_1_ from tbUsers user0_
1  zhangsan   123     1
2  李四       123456  1
```

5.6.8 使用 Criteria 进行条件查询

上述的 Query 方式使用非常方便，但是缺点也非常明显，即 Query 所使用的 HQL 是字符串字面值，这不太符合面向对象的原则，并且 HQL 编写过程中也容易出错。为此，Hibernate 提供了一种更加面向对象的查询方式，即 Criteria 方式，Criteria 类提供了丰富的方法，能够以面向对象方式组装查询逻辑。通过 Session 对象的 createCriteria()方法可以创建 Criteria 的实例对象，代码格式如下：

```
Criteria criteria = session.createCriteria(Customer.class);
```

下述代码利用 Criteria 查询所有用户信息。

【代码 5-10】 StudentCriteriaDemo.java

```
package com.qst.chapter05.demo;

import java.util.List;

import org.hibernate.Criteria;
import org.hibernate.Session;
```

```
import org.hibernate.SessionFactory;
import org.hibernate.Transaction;
import org.hibernate.cfg.Configuration;

import com.qst.chapter05.pojos.Student;

public class StudentCriteriaDemo {

    public static void main(String[] args) {
        //实例化 Configuration
        Configuration configuration = new Configuration();
        //加载 hibernate.cfg.xml 文件
        configuration.configure("/hibernate.cfg.xml");
        //创建 SessionFactory
        //Hibernate 4.3 创建 SessionFactory 的方式
        StandardServiceRegistryBuilder standardServiceRegistryBuilder =
            new StandardServiceRegistryBuilder();
        standardServiceRegistryBuilder.applySettings(configuration
                .getProperties());
        SessionFactory sessionFactory = configuration
                .buildSessionFactory(standardServiceRegistryBuilder.build());
        //打开 Session
        Session session = sessionFactory.openSession();
        //开始一个事务
        Transaction trans = session.beginTransaction();
        //创建一个 Criteria 查询对象,查询 Student 类的所有对象
        Criteria criteria = session.createCriteria(Student.class);
        //执行查询
        List<Student> list = criteria.list();
        //遍历输出
        for (Student stu : list) {
            System.out.println(stu.getId() + "\t" +
                    stu.getName() + "\t" + stu.getScore());
        }
        //提交事务
        trans.commit();
        //关闭 Session
        session.close();
    }

}
```

使用 Criteria 进行条件查询与 Query 类似,执行上述代码,控制台输出结果如下所示。

```
Hibernate: select this_.ID as ID1_0_0_, this_.NAME as NAME2_0_0_, this_.SCORE as SCORE3_0_0_
from STUDENTS this_
402881e44af6dc0a014af6dc2e6e0000   张三   98
402881e44af6e690014af6e6ae6e0000   李四   98
```

注意

使用 Query、Criteria 进行复杂的查询的详细内容参见本书第 6 章。

5.7 POJO 状态

当应用程序通过 new 语句创建一个 POJO 对象时，这个对象的生命周期就开始了，JVM 会为该对象分配一块内存空间，只要该对象被引用变量引用，就一直存在内存中；当 POJO 对象不被任何引用变量引用，则该对象的生命周期结束，JVM 的垃圾回收器将收回其所占用的内存空间。

对于需要被持久化的 POJO 对象，其生命周期有以下三个状态：

- **瞬时状态（Transient）**——刚刚用 new 关键字创建，还没有被持久化，且尚未与 Hibernate Session 关联，不处于 Session 的缓存中，此时的对象处于瞬时状态。处于瞬时状态的对象被称为瞬态对象，瞬态对象不会被持久化到数据库，也不会被赋予持久化标识，如果程序中失去了瞬态对象的引用，瞬态对象将被垃圾回收机制销毁。
- **持久化状态（Persistent）**——已经被持久化，加入到 Session 缓存中，与数据库中表的一条记录对应，并拥有一个持久化标识。持久化状态的对象可以是刚刚保存的，也可以是刚被加载的。Hibernate 会检测到持久化状态的对象的任何改动，并且在 Session 关闭或 Transaction 提交的同时更新数据库中的对应数据，而不需要手动更新。
- **脱管状态**（Detached）——已经被持久化，但不再处于 Session 的缓存中。如果对象曾经处于持久化状态，但与之关联的 Session 关闭后，则该对象就变成脱管状态；如果重新让脱管对象与某个 Session 发生了关联，则这个脱管对象将会转换成持久化状态。

POJO 持久化对象的状态转换如图 5-14 所示。

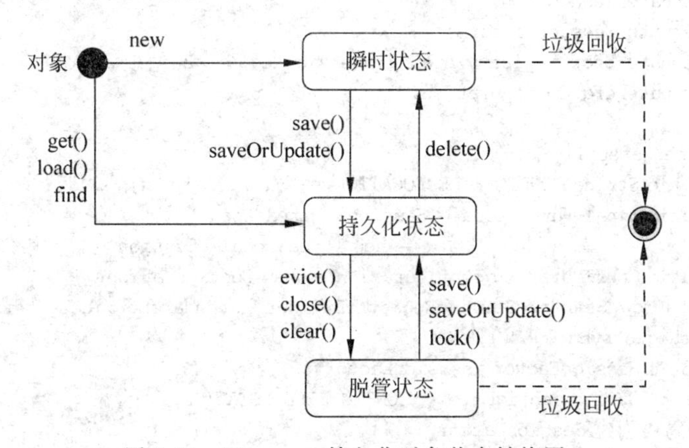

图 5-14　Hibernate 持久化对象状态转换图

注意

> 当调用 Session 的 close()、clear()方法时，所有与该 Session 有关联的对象都将受到影响。

调用 Hibernate Session 的不同方法会引起持久化对象的状态改变，Hibernate Session 中的方法及对持久化对象状态所产生的影响如表 5-10 所示。

表 5-10 Hibernate Session 中的方法及影响

状　态	方 法 名	功 能 描 述
持久化状态	save()	该方法保存持久化对象，进而在数据库中新增一条数据
	saveOrUpdate()	保存或更新，该方法根据映射文件中的<id>标签的 unsaved-value 属性值决定执行新增或更新
	get()	根据标识符属性值获取一个持久化对象，如果未找到，则返回 null
	load()	根据标识符属性值加载一个持久化对象，如果未找到，则抛出异常
	update()	对脱管状态的对象重新完成持久化，并更新数据库中对应的数据
瞬时状态	delete()	用于删除数据库表中的一条记录，在删除时，首先需要 get()或 load()方法获取要删除记录对应的持久化对象，然后调用 delete()方法删除
脱管状态	close()	关闭当前 Session 对象，并清空该对象中的数据
	evict()	清除 Session 缓存中的某个对象
	clear()	清除 Session 中所有缓存对象

在执行 Hibernate 持久化操作时都需要创建 Configuration 对象、SessionFactory 对象和 Session 对象，因此可以将这部分代码封装成一个工具类，以便重复调用该工具类中的相应方法。

下述代码创建一个 HibernateUtils 工具类，该类对 Hibernate 的常用操作进行封装，代码如下所示。

【代码 5-11】 HibernateUtils. java

```
package com.qst.chapter05.util;

import org.hibernate.HibernateException;
import org.hibernate.Session;
import org.hibernate.SessionFactory;
import org.hibernate.boot.registry.StandardServiceRegistryBuilder;
import org.hibernate.cfg.Configuration;

public class HibernateUtils {
    private static String CONFIG_FILE_LOCATION = "/hibernate.cfg.xml";
    private static final ThreadLocal<Session> threadLocal
                                = new ThreadLocal<Session>();
    private static Configuration configuration = new Configuration();
    private static StandardServiceRegistryBuilder standardServiceRegistryBuilder = new
StandardServiceRegistryBuilder();
    private static SessionFactory sessionFactory;
    private static String configFile = CONFIG_FILE_LOCATION;
    /* 静态代码块创建 SessionFactory */
    static {
        try {
            configuration.configure(configFile);
            //Hibernate 4.3 创建 SessionFactory 的方式

    standardServiceRegistryBuilder.applySettings(configuration.getProperties());
            sessionFactory = configuration. buildSessionFactory ( standardServiceRegistryBuilder
.build());
        } catch (Exception e) {
            System.err.println("%%%% Error Creating SessionFactory %%%%");
            e.printStackTrace();
```

```
        }
    }
    private HibernateUtils() {
    }
    /**
     * 返回 ThreadLocal 中的 session 实例
     */
    public static Session getSession() throws HibernateException {
        Session session = (Session) threadLocal.get();
        if (session == null || !session.isOpen()) {
            if (sessionFactory == null) {
                rebuildSessionFactory();
            }
            session = (sessionFactory != null) ? sessionFactory.openSession()
                    : null;
            threadLocal.set(session);
        }
        return session;
    }
    /**
     * 返回 Hibernate 的 SessionFactory
     */
    public static void rebuildSessionFactory() {
        try {
            configuration.configure(configFile);
            sessionFactory = configuration.buildSessionFactory(standardServiceRegistryBuilder
.build());
        } catch (Exception e) {
            System.err.println("%%%% Error Creating SessionFactory %%%%");
            e.printStackTrace();
        }
    }
    /**
     * 关闭 Session 实例并且把 ThreadLocal 中的副本清除
     */
    public static void closeSession() throws HibernateException {
        Session session = (Session) threadLocal.get();
        threadLocal.set(null);
        if (session != null) {
            session.close();
        }
    }
    /**
     * 返回 SessionFactory
     */
    public static SessionFactory getSessionFactory() {
        return sessionFactory;
    }
    public static void setConfigFile(String configFile) {
        HibernateUtils.configFile = configFile;
        sessionFactory = null;
    }
    public static Configuration getConfiguration() {
        return configuration;
    }
}
```

上述代码提供了获取 SessionFactory、获取 Session 和关闭 Session 等操作的静态方法。该工具类定义后，Hibernate 应用中只需直接调用该类中的相应方法即可。

下述代码演示 Session 接口中其他核心方法的使用，代码如下所示。

【代码 5-12】 HibernateSessionDemo.java

```
package com.qst.chapter05.demo;

import org.hibernate.Session;
import org.hibernate.Transaction;

import com.qst.chapter05.pojos.User;
import com.qst.chapter05.util.HibernateUtils;

public class HibernateSessionDemo {

    public static void main(String[] args) {
        //调用 getUser()方法获取用户对象
        User user = getUser(new Integer(1));
        System.out.println("--------原始数据-----------");
        System.out.println(user.getId() + "\t" + user.getUserName()
                + "\t" + user.getUserPwd() + "\t" + user.getRole());
        user.setUserPwd("987654");
        //调用 changeUser()方法修改用户对象信息
        changeUser(user);
        System.out.println("--------修改后的数据-----------");
        System.out.println(user.getId() + "\t" + user.getUserName()
                + "\t" + user.getUserPwd() + "\t" + user.getRole());
    }
    /* 获取用户 */
    public static User getUser(Integer key) {
        Session session = HibernateUtils.getSession();
        Transaction trans = session.beginTransaction();
        //根据主键获取用户对象
        User user = (User) session.get(User.class, key);
        trans.commit();
        HibernateUtils.closeSession();
        return user;
    }
    /* 修改用户信息 */
    public static void changeUser(User user) {
        Session session = HibernateUtils.getSession();
        Transaction trans = session.beginTransaction();
        //更新
        session.update(user);
        trans.commit();
        HibernateUtils.closeSession();
    }

}
```

上述代码中定义了获取用户和修改用户信息的两个静态方法，并在方法中直接调用 HibernateUtils 类中的方法获取、关闭 Session 对象。在 main()方法中首先调用 getUser()方法获取 ID 是 1 的用户对象并输出，再调用 changeUser()方法修改此用户密码。

执行 HibernateSessionDemo.java 程序，在控制台将输出如下所示的结果。

```
Hibernate: select user0_.ID as ID1_1_0_, user0_.USERNAME as USERNAME2_1_0_, user0_.USERPWD as
USERPWD3_1_0_, user0_.ROLE as ROLE4_1_0_ from tbUsers user0_ where user0_.ID = ?
--------原始数据-----------
1  zhangsan  123  1
Hibernate: update tbUsers set USERNAME = ?, USERPWD = ?, ROLE = ? where ID = ?
--------修改后的数据-----------
1  zhangsan  987654  1
```

查看数据库中 tbUsers 表，密码已经更改成新的密码，如图 5-15 所示。

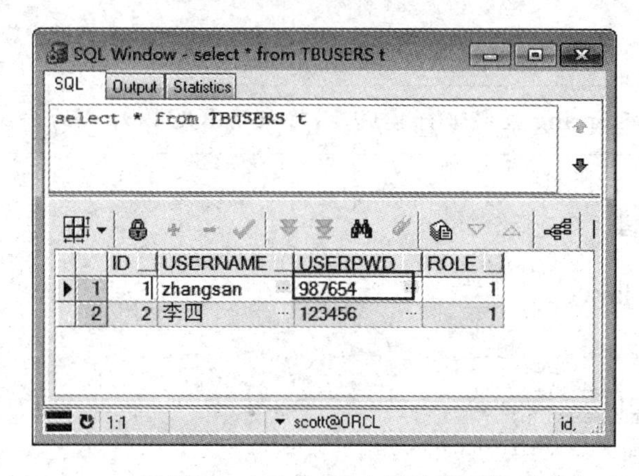

图 5-15　tbUsers 表中记录的更新

5.8 贯穿任务实现

5.8.1 实现任务 5-1

下述内容升级任务 3-3 的登录功能，并完成客户端的 JS 校验功能，步骤如下：

(1) 在 UserService 类中编写 findUserByNameOrMobile()方法，可以根据用户名或手机号查询用户对象。

(2) 调用 HibernateUtils 类提供的静态方法以获得 Session 对象，处理完后并关闭 Session 对象。

(3) 在 UserDao 类中采用 Hibernate 的方式操作数据库，完成对 User 对象的查询方法。

1. 创建 UserService 类

【任务 5-1】 UserService.java

```
package com.qst.giftems.user.service;
import com.qst.giftems.user.daos.UserDao;
import com.qst.giftems.user.pojos.User;
public class UserService {
    /** UserDao **/
    private UserDao userDao = new UserDao();
    /**
```

```
      * 根据用户名或手机号查询用户对象
      * @param name
      * @return
      */
    public User findUserByNameOrMobile(String name) {
        return userDao.findUserByNameMobile(name);
    }
...省略代码
```

上述代码中,使用 UserDao 对象时,需要显示的创建一个对象进行赋值。

注意

> 在后面章节中,与 Spring 框架进行集成后,将采用 IOC 以注入的方式进行对象的赋值。

2. 创建 UserDao 类

【任务 5-1】 UserDao.java

```
package com.qst.giftems.user.daos;
import org.hibernate.Query;
import org.hibernate.Session;
import com.qst.core.utils.HibernateUtils;
import com.qst.giftems.user.pojos.User;
public class UserDao {
    /**
      * 根据姓名或电话进行查询
      * @param name
      * @return
      */
    public User findUserByNameMobile(String name) {
        Session session = null;
        try {
            //获取 Session 对象
            session = HibernateUtils.getSession();
            //创建 Query 对象,并使用 HQL 进行查询
        Query query = session
                    .createQuery("from User u where u.userName = ? or u.mobile = ?");
            //设置参数
            query.setString(0, name);
            query.setString(1, name);
            //返回唯一 User 对象
            User user = (User) query.uniqueResult();
            return user;
        } finally {
            //释放 Session 对象
            HibernateUtils.closeSession();
        }
    }
}
```

上述代码中,通过 HibernateUtils 类获取 Session 对象,然后利用 Session 对象创建 Query 对象,并通过 HQL 进行查询并返回唯一的 User 对象,如果无查询结果,则返回 null。

LoginAction 的修改代码如下所示。

【任务 5-1】 LoginAction. java

```
/**
 * 用户登录
 */
public String login() {
    HttpServletRequest request = ActionContextUtils.getRequest();
    HttpSession session = request.getSession();
    //回传字符串
    String result = LOGIN;
    //处理刷新系统的情况
    if (LoginManager.isOnline()) {
        result = INDEX;
        ActionContextUtils.setAtrributeToRequest("msg","登录成功!");
        return result;
    }
    try {
        if (StringUtils.isEmpty(this.userName)) {
            //如果用户名为空,返回提示信息
            ActionContextUtils.setAtrributeToRequest("msg","登录成功!");
        } else if (StringUtils.isEmpty(this.password)) {
            //如果密码为空,返回提示信息
            ActionContextUtils.setAtrributeToRequest("msg","密码不能为空!");
        } else {
            //根据姓名或电话进行查询
            User user =
                    userService.findUserByNameOrMobile(userName.trim());
            //判读用户是否已经注册
            if (user != null) {
                String pass2 = new MD5().getMD5ofStr(this.password);
                if (!user.getPassword().equals(pass2)) {
                    //判断密码是否正确
                    ActionContextUtils.setAtrributeToRequest("msg","密码错误!");
                } else if (user.getStatus() != 0) {
                    //用户冻结
                    ActionContextUtils.setAtrributeToRequest("msg","用户已经被冻结!");
                } else {
                    User user2 = LoginManager.getLoggedinUser(user.getId());
                    if (user2 != null) {
                        session.setAttribute("anotherUser", user2);
                        LoginManager.logout(user2.getId());
                    }
                    //登录时间
                    user.setLastLoginTime(new Date(System
                            .currentTimeMillis()));
                    LoginManager.login(user);
                    //保存信息
                    ActionContextUtils.setAtrributeToRequest("user", user);
                    //返回成功界面
                    result = INDEX;
            ActionContextUtils.setAtrributeToRequest("msg","登录成功!");
            }
        } else {
```

```
                ActionContextUtils.setAtrributeToRequest("msg","用户不存在!");
            }
        }
    } catch (Exception ex) {
            String event = ExceptionUtils.formatStackTrace(ex);
            logger.error(event);
        }
        return result;
    }
```

上述代码的加粗部分首先使用 UserService 对象获取 User 对象，然后使用了 MD5 算法对用户传递上来的密码进行加密，并和数据库中获取的已经加密的密码进行比较。如果用户名、密码都相同，则登录成功，否则登录失败，并返回到登录页面，同时以相应错误消息进行提示。

下述内容是用户在登录过程中的校验规则内容如下：

(1) 账号不能为空，登录账号可以为手机号码。

(2) 密码不能为空，在 6～15 位之间。

在实际应用中，通常通过 JS 来实现上述校验规则，本项目中通过 jQuery 框架实现了上述规则，代码如下：

【任务 5-1】 Login.jsp 中的 JS 校验

```
$ (function(){
    //提示信息
    var userNameInfoStr = "账号长度在 3～20 位之间";
    var passwordInfoStr = "密码长度在 6～15 位之间";
    //输入框
    var userNameInput = $ ("input # userName");
    var passwordInput = $ ("input # password");
    //提示区域
    var userNameSpan = $ ("span # userName - info - span");
    var passwordSpan = $ ("span # password - info - span");
    //当键盘按键被按下时,会发生该事件.它发生在当前获得焦点的元素上,
    //每插入一个字符,就会发生 keypress 事件.
    userNameInput.bind("keyup", function(event) {
        var userName = userNameInput.val();
        //删除按钮  backspace
        if (event.which == 8) {
            if ( $ .trim(userName) == "") {
                userNameSpan.text(userNameInfoStr);
            }else{
                userNameSpan.text("");
            }
            return;
        }
    });
    passwordInput.bind("keyup", function(event) {
        var password = passwordInput.val();
        //删除按钮 backspace
        if (event.which == 8) {
            if ( $ .trim(password) == "") {
                passwordSpan.text(passwordInfoStr);
            }else{
                passwordSpan.text("");
```

```
            }
            return;
        }
    });
    //提交表单
    function submitLoginForm(event){
        //分别获取用户名和密码的值
        var userName = userNameInput.val();
        var password = passwordInput.val();
        //进行用户名位数校验
        if ( $ .trim(userName) == ""
        || $ .trim(userName).length<3|| $ .trim(userName).length>20) {
            userNameSpan.text(userNameInfoStr);
            userNameInput.focus();
            return;
        }
        userNameSpan.text("");
        //进行密码位数校验
        if ( $ .trim(password) == ""
        || $ .trim(password).length<6 || $ .trim(password).length>15) {
            passwordSpan.text(passwordInfoStr);
            passwordInput.focus();
            return;
        }
        userNameSpan.text("");
        $ ("#loginForm").submit();
    }
    //提交表单
    $ ("#login-button").click(submitLoginForm);
    $ (".close").click(function(){
        history.back(-1);
    });
});
```

当用户没有输入密码并单击“登录”按钮时，效果图如图 5-16 所示。

图 5-16 登录时的校验

5.8.2 实现任务5-2

下述内容实现用户注册功能，并完成客户端的JS校验功能。步骤如下：

(1) 编写注册界面register.jsp，并完成基本的JS校验功能。

(2) 在LoginAction中添加register()方法，实现注册成功或失败的请求转发功能。

(3) 分别在UserService和UserDao中添加相应的业务方法完成注册功能。

(4) 在struts.xml中配置请求转发。

(5) 为了避免暴力注册，添加验证码功能。

1. 创建register.jsp文件

在WebContent/login文件夹中创建register.jsp文件，实现基本的用户注册功能。核心代码如下。

【任务5-2】 register.jsp

```
<form id="register-form" name="register-form"
            action="${ctx}/user/l.action?method=register" method="post">
        <dl class="reg_text">
            <dt>账号:</dt>
            <dd>
                <input type="text" class="input1" name="userName"
        id="userName" autocomplete="off"
placeholder="至少3位以上" onblur="javascript:validateUserName()"/><span class="red"id=
"userName-info-span"></span><span id="name_message"></span>
            </dd>
            <dt>密码:</dt>
            <dd>
                <input type="password" name="password" class="input1"
                    placeholder="长度在6-15位之间" /><span class="red"
                    id="password-info-span"></span>
            </dd>
            <dt>确认密码:</dt>
            <dd>
                <input name="confirm_password" type="password" class="input1"
                    placeholder="密码确认" />
            </dd>
            <dt>手机号码:</dt>
            <dd>
                <input name="mobile" type="text" id="mobile" class="input1"
autocomplete="off"
                    placeholder="请输入手机号"/>
            </dd>
            <c:if test="${not empty info}">
              <dd>   提示:<font style="font-size: 12;color: red">
${info}</font></dd>
            </c:if>
            <dd><input name="" type="checkbox" value="" checked="checked" style=
"vertical-align: middle;margin-right:5px;" />
        我已阅读并同意<a href="${ctx}/about.action?method=copyright" target="_blank"
class="blue">«骆礼用户注册协议»</a></dd>
        </dl>
```

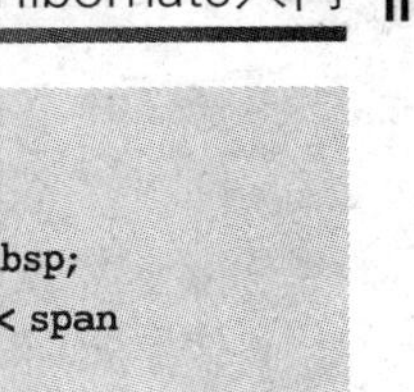

```
        <div align = "center">
            <a href = "javascript:void(0)" id = "register">< span
                class = "reg_button">注册</span></a>     
            <a href = " ${ctx}/user/l.action?method = login" id = "login">< span
                class = "reg_button">直接登录</span></a>
        </div>
    </form>
```

效果图如图 5-17 所示。

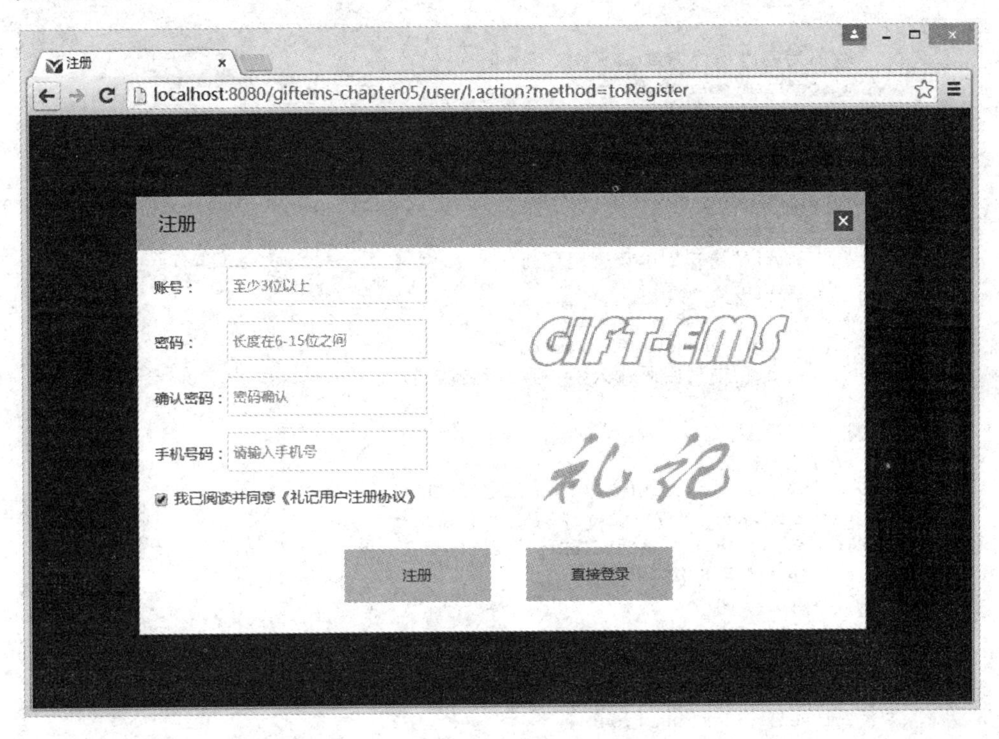

图 5-17　register.jsp 界面效果图

JS 校验代码如下所示。

【任务 5-2】 register.jsp 中的 JS 校验

```
var isRegister = false;
$(function(){
        //注册账号
        $('#register').live('click',function(){
            var userName = $('#userName').val();
            //用户名长度
            if( $.trim(userName).length < 3 || userName.length > 20){
                alert("用户名长度在 3～20 位之间");
                return;
            }
            //不能连续单击多次"注册"按钮
            if(isRegister){
                return;
            }
            //判断密码长度
```

```
            var password =  $ ('input[name = password]').val();
            if(password.length < 6 || password.length > 15){
                alert("密码长度在 6～15 位之间");
                return;
            }
            //确认密码
            var confirm_password =  $ ('input[name = confirm_password]').val();
            if( $ .trim(confirm_password) == ''){
                alert("请输入确认密码!");
                return;
            }
            //前后密码是否一致
            if(confirm_password != password){
                alert("前后密码输入不一致,请确认!");
                return;
            }
            var confirm_password =  $ ('input[name = confirm_password]').val();
            if( $ .trim(confirm_password) == ''){
                alert("请输入确认密码!");
                return;
            }
            if(confirm_password != password){
                alert("前后密码输入不一致,请确认!");
                return;
            }
            //验证手机格式
            var mobile = $ .trim( $ ('#mobile').val());
            var mobileReg_ = /^1\d{10} $ /;
            if(mobile == '' || !mobileReg_.test(mobile)){
               alert("手机格式不正确!");
               return;
            }
            $ ('#register - form').submit();
        });    //end
        $ (".close").click(function(){
            history.back( - 1);
        });
    });
```

上述代码中对用户名、密码的长度进行了校验,同时对手机的格式进行了校验,读者可以进行验证。

注意

> 在实际应用中,通常前端使用 JS 进行数据格式的校验,后台使用 Java 代码再进行同样的校验,从而保证数据的格式安全性。

2. 实现 register()方法

在 LoginAction 中添加 register()方法,实现注册功能,代码如下:

【任务 5-2】 LoginAction.java

```
package com.qst.giftems.login;
import java.util.Date;
```

```
import javax.servlet.http.HttpServletRequest;
import javax.servlet.http.HttpSession;
import org.apache.commons.logging.Log;
import org.apache.commons.logging.LogFactory;
import com.qst.core.utils.ActionContextUtils;
import com.qst.core.utils.CommonUtils;
import com.qst.core.utils.ExceptionUtils;
import com.qst.core.utils.MD5;
import com.qst.core.utils.StringUtils;
import com.qst.core.web.action.BaseAction;
import com.qst.giftems.user.pojos.User;
import com.qst.giftems.user.service.UserService;
@SuppressWarnings("serial")
public class LoginAction extends BaseAction {
    …省略内容
    /***
     * 注册功能：注册成功回到主页
     */
    @NotNecessaryLogin
    public String register(){
        //回传字符串
        String result = REGISTER;

        //获取验证码
    if(StringUtils.isEmpty(this.userName)||this.userName.length()< 3 || this.userName.length()>
20){
            //如果用户名为空,返回提示信息
        ActionContextUtils.setAtrributeToRequest("msg","用户名长度在3～20之间!");
    }else if(StringUtils.isEmpty(this.password)||this.password.length()< 6 || this.password
.length()> 15){
            //如果密码为空,返回提示信息
        ActionContextUtils.setAtrributeToRequest("msg","密码长度在6～15之间!");
    }else if(StringUtils.isEmpty(this.mobile)){
        //验证手机号是否为空
        ActionContextUtils.setAtrributeToRequest("msg","手机号不能为空!");
    }else {
            //查询是否存在同名的用户对象并返回
            User u = userService.findUserByUserName(this.userName);
            if(u!= null && StringUtils.isNotEmpty(u.getUserName())){
                //该用户已经注册过
                ActionContextUtils.setAtrributeToRequest("msg","该用户已经注册过!");
            }else{
                u = userService.findUserByNameOrMobile(this.mobile);
                if(u!= null){
                    ActionContextUtils.setAtrributeToRequest("msg","该手机号已经注册过!");
                }else{
                    //可以注册了
                User user = new User();
                user.setUserName(this.userName);
                user.setMobile(mobile);
                //密码进行MD5加密
                user.setPassword(new MD5().getMD5ofStr(this.password));
                user.setCreateTime(new Date());
                user.setBindStatus(1);
```

```
                    user.setLastLoginIp(CommonUtils.getIP());
                    user.setDeleted(0);
                    user.setStatus(0);
                    userService.doRegister(user);
                    //处于登录状态
                    LoginManager.login(user);
                    ActionContextUtils.setAtrributeToRequest("user", user);
                    result = "regSuccess";
                    }
                }
        }
        return result;
        }
        …省略 getter/setter 方法
```

上述代码首先对用户上传的用户名、密码及手机号进行格式校验；然后查询数据库中是否已存在该用户名的用户，如果符合注册条件，把密码进行加密并设置其他默认值，然后把数据保存到数据库中从而实现了用户注册功能，最后成功跳转到首页。

3. 在 UserService 中添加注册方法

【任务 5-2】 UserService.java

```
package com.qst.giftems.user.service;
import com.qst.giftems.user.daos.UserDao;
import com.qst.giftems.user.pojos.User;
public class UserService {
    /** UserDao **/
    private UserDao userDao = new UserDao();
    …
    /**
     * 根据用户名查找用户对象
     * @param userName
     * @return
     */
    public User findUserByUserName(String userName) {
        return userDao.findUserByUserName(userName);
    }
    /**
     * 注册用户
     */
    public void doRegister(User user) {
        userDao.save(user);
    }
    …省略代码
}
```

上述代码分别定义并实现了 findUserByUserName()和 doRegister()方法，用于实现按用户名查询用户和用户的注册功能。

注意

> 在实际应用中，通常在 Action 层调用 Service 层的方法；在 Service 层实现具体的业务逻辑并调用 DAO 层的方法；在 DAO 层实现具体的数据库处理。本例中业务逻辑较为简单，对于复杂的业务逻辑，通常在 Service 方法中可能会调用多个 DAO 来完成一项事务处理。

4. 在 UserDao 实现注册业务方法

在 UserDao 中定义并实现 doRegister()和 findUserByUserName()方法,用于实现注册的功能,核心代码如下所示。

【任务 5-2】 UserDao.java

```
package com.qst.giftems.user.daos;
import org.hibernate.Query;
import org.hibernate.Session;
import org.hibernate.Transaction;
import com.qst.core.utils.HibernateUtils;
import com.qst.giftems.user.pojos.User;
public class UserDao {
    /**
     * 根据用户名查找
     * @param userName
     * @return
     */
    public User findUserByUserName(String userName) {
        Session session = null;
        try {
            //获取 Session 对象
            session = HibernateUtils.getSession();
            //创建 Query 对象,并使用 HQL 进行查询
            Query query = session
                    .createQuery("from User u where u.userName = ?");
            //设置参数
            query.setString(0, userName);
            //返回唯一 User 对象
            User user = (User) query.uniqueResult();
            return user;
        } finally {
            //释放 Session 对象
            HibernateUtils.closeSession();
        }
    }
    /**
     * 保存用户对象
     * @param user
     */
    public void save(User user) {
        Session session = null;
        Transaction trans = null;
        try {
            //获取 Session 对象
            session = HibernateUtils.getSession();
            //提交事务
            trans = session.beginTransaction();
          session.save(user);
          trans.commit();
        } catch(Exception ex){
            //回滚事务
            trans.rollback();
```

```
        }finally {
            //释放 Session 对象
            HibernateUtils.closeSession();
        }
    }

}
```

上述代码分别实现了 findUserByUserName()方法和 save()方法。其中，findUserByUserName()方法用于实现根据用户名查询用户对象的功能；save()方法用于保存对象。

注意

> 在调用完 Session 后，通过 HibernateUtils.closeSession()方法进行 session 的关闭来释放资源，对于初学者而言，调用了资源要及时释放，以避免造成内存泄露。

5. 配置请求转发

下述代码用于配置注册功能的请求转发，核心代码如下：

【任务 5-2】 struts.xml

```
<!-- 用户中心 -->
<package name="user" extends="qrsx-default" namespace="/user">
    <!-- 登录 Action -->
    <action name="l" class="com.qst.giftems.login.LoginAction">
        <!-- 用户登录成功后跳转 -->
        <result name="main">/jsp/main.jsp</result>
        <!-- 用户登录界面 -->
        <result name="toLogin">/jsp/login/login.jsp</result>
        <!-- 用户注册界面 -->
        <result name="toRegister">/jsp/login/register.jsp</result>
        <!-- 用户注册成功跳转 -->
        <result name="regSuccess">/jsp/login/register_suc.jsp</result>
    </action>
</package>
```

6. 验证码功能

通常对于网站的注册功能而言，为了避免非法用户的暴力注册，一般采用验证码的方式来提高网站的安全性。创建步骤如下：

创建 ImageCodeServlet 并在 web.xml 中进行配置，核心代码如下所示。

【任务 5-2】 ImageCodeServlet.java

```
public void doGet(HttpServletRequest request, HttpServletResponse response)
        throws ServletException, IOException {
    //设置浏览器不要缓存此图片
    response.setHeader("Pragma", "No-cache");
    response.setHeader("Cache-Control", "no-cache");
```

```
        response.setDateHeader("Expires", 0);
        Map<String,Object> resultMap = ImageCodeUtils.createImageCode();
        //写到浏览器中、同时保存到 Session 中
        HttpSession session = request.getSession();
        String rand = String.valueOf(resultMap.get(ValidateCode.RAND));
        session.setAttribute("validateCode", rand);
        byte[] buf = (byte[])resultMap.get(ValidateCode.BUFFER);
        response.setContentLength(buf.length);
        //获取输出流对象
        ServletOutputStream out = response.getOutputStream();
        out.write(buf);
        //关闭流
        out.close();
    }
```

在上述代码中，在界面中如果访问上述 Servlet，将动态生成临时验证码图片并把相应图片的字节流存放到内存中，其中验证码内容存放到 Session 中用于服务器端和终端的对比。

在 web.xml 中对 ImageCodeServlet 进行配置，配置代码如下所示。

【任务 5-2】 web.xml

```
<!-- 验证码 -->
<servlet>
    <display-name>ValidateCode</display-name>
    <servlet-name>ValidateCodeServlet</servlet-name>
    <servlet-class>
        com.qst.core.web.servlet.ImageCodeServlet
    </servlet-class>
</servlet>
<servlet-mapping>
    <servlet-name>ValidateCodeServlet</servlet-name>
    <url-pattern>/imgcode</url-pattern>
</servlet-mapping>
```

注意

> 限于篇幅，对 ImageCodeUtils 类不做讲解，请读者下载源代码后自行分析。

在 register.jsp 中添加验证码引用，核心代码如下所示。

【任务 5-2】 register.jsp

```
<dt>验证码：</dt>
<dd>
    <input name="validateCode" type="text" class="input2" id="validateCode"/>
        <span><a href="javascript:" onclick
          ="document.getElementById('img_code').src='${ctx}/imgcode?r='+Math.random();">
            <imgheight="30px" id="img_code"
            width="70px"
            src='${ctx}/imgcode' align="absmiddle"
            onclick="document.getElementById('img_code').src='${ctx}/imgcode?r='+Math
.random();" />
            <span class="blue">换一张</span>
                        </a>
        </span>
</dd>
```

在上述代码中，当单击验证码图片或单击“换一张”链接时，都会访问“${ctx}/imgcode”链接对应的 Servlet，即 ImageServlet，并重新生成新的验证码图片，效果如图 5-18 所示。

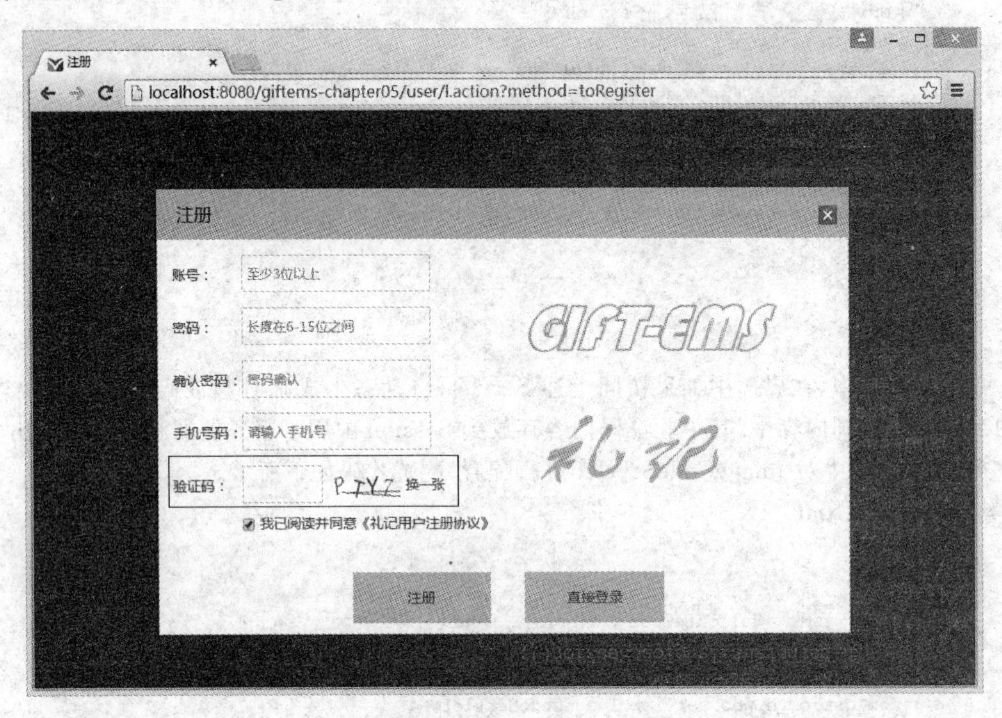

图 5-18　验证码界面效果图

在 LoginAction 中的 register()方法中添加对应的验证码处理逻辑，核心代码如下：

【任务 5-2】 LogingAction. java

```
public String register(){
 …省略代码

       String validateCode =
         (String)ActionContextUtils.getAttribute("validateCode", "session");
    if(StringUtils.isEmpty(validateCode) ||
               StringUtils.isEmpty(this.validateCode)){
          //检查验证码是否为空
          ActionContextUtils.setAtrributeToRequest("msg","验证码不能为空!");
    }else if(!validateCode.trim().equalsIgnoreCase(
                 this.validateCode.trim())){
          //验证码错误
          ActionContextUtils.setAtrributeToRequest("msg","验证码错误!");
    }else{
          …省略代码
    }
```

上述代码添加了验证码为空和正确与否的判断，同时验证码不区分大小写。

5.8.3　实现任务 5-3

下述内容实现“GIFT-EMS 礼记”系统中实现登录验证功能。

前面章节的任务驱动中所有的功能，例如登录、注册、礼品中心、礼品详情等，都没有要求在用户必须登录后才能操作,在后续的任务驱动中,例如购物车功能、个人中心、用户下单、付款等等功能要求用户必须登录后才能操作,这就需要采用 Session 登录权限验证的方式来实现上述要求。实现步骤如下:

(1) 创建 NotNecessaryLogin,实现对特定方法或对类中所有方法的非 Session 权限验证。

(2) 创建 Action 类,在该类中实现 Session 登录校验功能,并结合 NotNecessaryLogin 实现特定方法或类的非 Session 权限验证。

(3) 针对 GiftAction 和 LoginAction 类设置不需要进行登录验证的方法。

1. 创建 NotNecessaryLogin

创建 NotNecessaryLogin 类型的注解并放到 com. qst. giftems. login 包中,代码如下所示。

【任务 5-3】 NotNecessaryLogin. java

```
package com.qst.giftems.login;
import static java.lang.annotation.ElementType.METHOD;
import static java.lang.annotation.ElementType.TYPE;
import java.lang.annotation.Documented;
import java.lang.annotation.Retention;
import java.lang.annotation.RetentionPolicy;
import java.lang.annotation.Target;
/**
 * 不需要登录即可执行的 Action 方法.
 *
 * 在 Action 中处理请求的方法上加上此注解后,不会判断必须登录.
 *
 * @see {@link com.yunrui.core.web.action.Action#execute()}
 */
@Documented
@Target({TYPE, METHOD})
@Retention(RetentionPolicy.RUNTIME)
public @interface NotNecessaryLogin {}
```

上述代码创建了 NotNecessaryLogin 注解,由于该注解的 Target 值为 TYPE 和 METHOD,所以该注解既可以用到类前面,也可以用到具体的方法前面。

以 GiftActioin 为例,注解用到该类前面的语法如下所示。

```
@NotNecessaryLogin
public class GiftAction extends BaseAction {}
```

这意味着 GiftAction 中的所有方法在前端调用时,都不需要登录。

注解用到类中特定方法的语法如下:

```
public class GiftAction extends Action {
    @NotNecessaryLogin
    public String giftList() {}
}
```

上述代码中,在前端调用 giftList()方法时,不需要登录就可以调用,这就意味着对于 giftList()方法之外的其他方法调用,则必须登录后才能调用。

2. 创建 Action

创建 Action 类,实现 Session 登录权限的验证,并结合 NotNecesssaryLogin 实现特定方法的非登录操作,核心代码如下所示。

【任务 5-3】 LoginAction.java 中的核心代码

```
public String execute() {
        //检查是否需要登录
        String className = getClass().getName();
        String methodName = getMethod();
        String classMethodName = className + '#' + methodName;
        Boolean[] methodFlag = METHODS.get(classMethodName);
        HttpServletRequest request = ActionContextUtils.getRequest();
        Method method = null;
        try {
            method = getClass().getMethod(methodName);
        } catch (Exception e) {
            if (e instanceof NoSuchMethodException) {
                throw new AppException("抱歉,你访问的页面地址有误,或者该页面不存在!", e);
            }
            throw new AppException(ERROR_MSG, e);
        }
        if (methodFlag == null) {
            methodFlag = new Boolean[3];
            //1.在方法上添加注解, 此方法是否是不需要登录就可访问的
            methodFlag[0]
                    = method.isAnnotationPresent(NotNecessaryLogin.class);
            //2.是否是 AJAX 请求(通过 x - requested - with 头判断)
            String ajaxHeader = request.getHeader("x - requested - with");
            methodFlag[1] = ajaxHeader != null
                  & ajaxHeader.equalsIgnoreCase("XMLHttpRequest");
            //3.如果在类头部添加 NotNecessaryLogin 注解,
            //则该类的全部方法都不需要进行登录验证
            methodFlag[2] =
                      getClass().isAnnotationPresent(NotNecessaryLogin.class);
            METHODS.put(classMethodName, methodFlag);
        }
        if (!methodFlag[2]&&!methodFlag[0]) { //需要登录
            //没有登录或也没有记住登录状态
            if (!LoginManager.isOnline()) {
                String msg = "您还没有登录,请立即登录!";
                if (methodFlag[1]) {
                    ActionContextUtils.getResponse().setHeader("sessionstatus",
                            "timeout");
                    //Ajax 形式的未登录在 JQuery.js 中已经判断
                    this.putRootJson("msg", msg);
                    this.putRootJson("login", false);
                    writeToResponse(this.getJsonString());
                    return RESULT_NULL;
                } else {
                    request.setAttribute(MSG, msg);
                    //返回登录界面
                    return LOGIN;
```

```
                }
            }
        }

        //是否是 AJAX。super.execute()出异常时无法通过结果是否是 RESULT_AJAXJSON 判断
        boolean ajax = methodFlag[1];
        //获取处理结果
        try {
            String result = super.execute();
            String msg = "unseted";
            //如果是 Ajax 的形式
            if (RESULT_AJAXJSON.equals(result)) {
                //国际化信息返回,一般用于成功或失败的信息
                if (StringUtils.isNotEmpty(this.getInfo())) {
                    msg = getMessage(this.getInfo());
                    putRootJson(MSG, msg);   //存为根对象
                }
                if (json.entrySet().size() != 0) {
                    //如果用户使用了 json 对象
                    writeToResponse(this.getJsonString());
                } else if (!StringUtils.isEmpty(getJsonData())) {
                    //直接写到 Response 对象中
                    writeToResponse(getJsonData());
                }
                //对于 Ajax 的形式,一律返回 Ajax 的 Json 串形式
                result = RESULT_NULL;
            } else {
                //非获取信息
                if (StringUtils.isNotEmpty(this.getInfo())) {
                    msg = this.getMessage(this.getInfo());
                    //传到页面进行显示
                    this.setInfo(msg);
                }
            }
            return result;
        } catch (Exception ex) {
            …省略代码
        }
    }
```

上述代码实现了 Session 登录校验功能,并实现了基于 Ajax 响应和普通 Response 响应的两种方式,解释如下:

(1) 通过 method.isAnnotationPresent()方法查询在当前 method 方法上是否存在 NotNecessaryLogin 注解,如果存在则把 methodFlag[0]设置为 true,否则设置为 false;

(2) 通过 request.getHeader("x-requested-with")方式判断,当前请求是否是 Ajax 请求,如果是 Ajax 请求,则把 methodFlag[1]赋值为 true,否则赋值为 false;

(3) 通过 getClass().isAnnotationPresent()方式判断,当前类上是否存在 NotNecessaryLogin 注解,如果存在则把 methodFlag[2]设置为 true,否则设置为 false;

(4) 接着通过 methodFlag[2]和 methodFlag[0]的值判断当前被调用的方法是否需要进行 Session 登录校验,代码如下:

```
if (!methodFlag[2]&&!methodFlag[0]) {…}
```

如果满足以上条件，则当前被调用的方法需要进行 Session 登录校验，否则不需要进行登录验证。

注意

在实际应用中，可以根据具体情况通过 NotNecessaryLogin 注解来设置哪些方法不需要登录就可以操作，对于没有设置 NotNecessaryLogin 注解的方法默认情况下必须进行 Session 登录校验。

本章总结

小结

- Hibernate 是一个开放源码的 ORM(Object Relational Mapping，对象关系映射)框架
- ORM 框架是面向对象编程语言和关系型数据库之间的桥梁
- Hibernate 框架是企业 JavaEE 应用中持久层的解决方案，是一个面向对象/关系数据库映射工具，用来将对象模型映射到基于 SQL 的关系模型数据结构中
- Hibernate 中的 PO 非常简单，采用低侵入设计，完全使用 POJO(Plain Old Java Object，普通传统的 Java 对象)作为持久化对象
- Hibernate 配置文件可以是 hibernate. properties 或 hibernate. cfg. xml 这两种配置文件任选其一，或两者结合使用
- 每个配置文件对应一个 Configuration 对象，代表一个应用程序到数据库的映射配置
- Configuration 对象提供一个 buildSessionFactory() 方法，该方法可以创建一个 SessionFactory 对象
- 持久化对象的生命周期、事务的管理、对象的查询、更新和删除都是通过 Session 对象完成
- HQL(Hibernate Query Language)是完全面向对象查询语言，所操作的对象是类、实例、属性等

Q&A

1. 问题：简述 Hibernate 的优点。

回答：Hibernate 具有的优点是：开源、免费，便于研究源代码，或修改源代码进行功能定制等；轻量级封装，避免引入过多复杂问题，易调试；具有可扩展性，API 开放，根据研发需要可以自行扩展；性能稳定，具有保障。

2. 问题：简述在应用中使用 Hibernate 进行开发的 3 种方式。

回答：(1) 自底向上从数据库表到持久化类；采用手动或者开发工具根据数据库中表的结构生成对应的映射文件和持久化类。

(2) 自顶向下从持久化类到数据库表；先编写持久化类，然后手动或采用工具编写映射文件，进而生成数据库表结构。

(3) 从中间出发向上与向下同时发展;先编写映射文件,然后根据映射文件向上生成持久化类,向下生成数据库表结构。

章节练习

习题

1. 下面关于 ORM 框架的优点的说法中,错误的是________。
   A. 贯彻面向对象的编程思想对数据库进行访问
   B. 简单易用,提高开发效率
   C. 提高访问数据库的性能,增加访问数据库的频率
   D. 具有相对独立性,发生变化时不会影响上层的实现
2. 下面对接口或类描述错误的一项是________。
   A. Configuration 类用于配置、启动 Hibernate,创建 SessionFactory 实例对象
   B. SessionFactory 接口用于初始化 Hibernate,创建 Session 实例,充当数据源代理
   C. Session 接口用于保存、更新、删除、加载和查询持久化对象,充当持久化管理器
   D. Query 接口和 Criteria 接口都可以充当 Hibernate 查询器,其中 Criteria 用于执行 HQL 查询语句
3. 下述对持久化对象的状态描述正确的是________。(多选)
   A. 对象由 new 关键字创建,且尚未与 Hibernate Session 关联,这时对象的状态为瞬时状态
   B. 持久化状态(Persistent)的对象与数据库中表的一条记录对应,并拥有一个持久化标识,这时该对象可以不与 Session 对象进行关联
   C. 曾经处于持久化状态,但随之与之关联的 Session 被关闭,这时对象的状态为脱管状态
   D. 处于脱管状态下的对象和瞬时状态的对象的区别是,脱管状态的对象具有一个持久化标识
4. 关于 ORM 描述错误的一项是________。
   A. ORM 表示对象关系映射,用于在面向对象的编程语言和关系型数据库中间简化互操作的过程
   B. 常见的 ORM 技术有 Hibernate、Toplink、JPA 等
   C. ORM 框架特别适合于存在大量复杂查询,但是数据修改较少的系统
   D. 使用 ORM 框架后,基本不必再编写 SQL 语句
5. 关于 Hibernate 框架描述正确的一项是________。
   A. Hibernate 只支持 Oracle 和 MySql 数据库
   B. Hibernate 是开源并且免费的
   C. Hibernate 框架只能用于 Web 项目
   D. Hibernate 框架可用于 ASP. NET
6. 使用 Hibernate 框架后,持久化对象具有三种状态________、________和________。

上机

训练目标：Hibernate 框架应用。

培养能力	熟练使用 Hibernate 框架进行数据操作		
掌握程度	★★★★★	难度	中
代码行数	400	实施方式	编码强化
结束条件	运行不出错误		

参考训练内容

使用 Oracle 数据库和 Hibernate 框架，完成下列功能：

(1) 编写用户实体类(id,name,age,birthday)、创建数据库表；

(2) 编写 Hibernate 配置文件和映射文件；

(3) 在 main()方法中添加 10 个用户；

(4) 在 main()方法中删除 id 为偶数的用户。

Hibernate进阶

本章任务是配置“GIFT-EMS礼记”系统的实体类及关联关系，实现核心功能购物车功能，并完善前面章节的功能点：

- 【任务6-1】 配置“GIFT-EMS礼记”系统中实体类及其关联关系。
- 【任务6-2】 升级任务4-2和任务4-3分别完成礼品中心和礼品详情功能。
- 【任务6-3】 升级任务6-2中的礼品中心功能，并实现分页查询。
- 【任务6-4】 实现购物车功能。

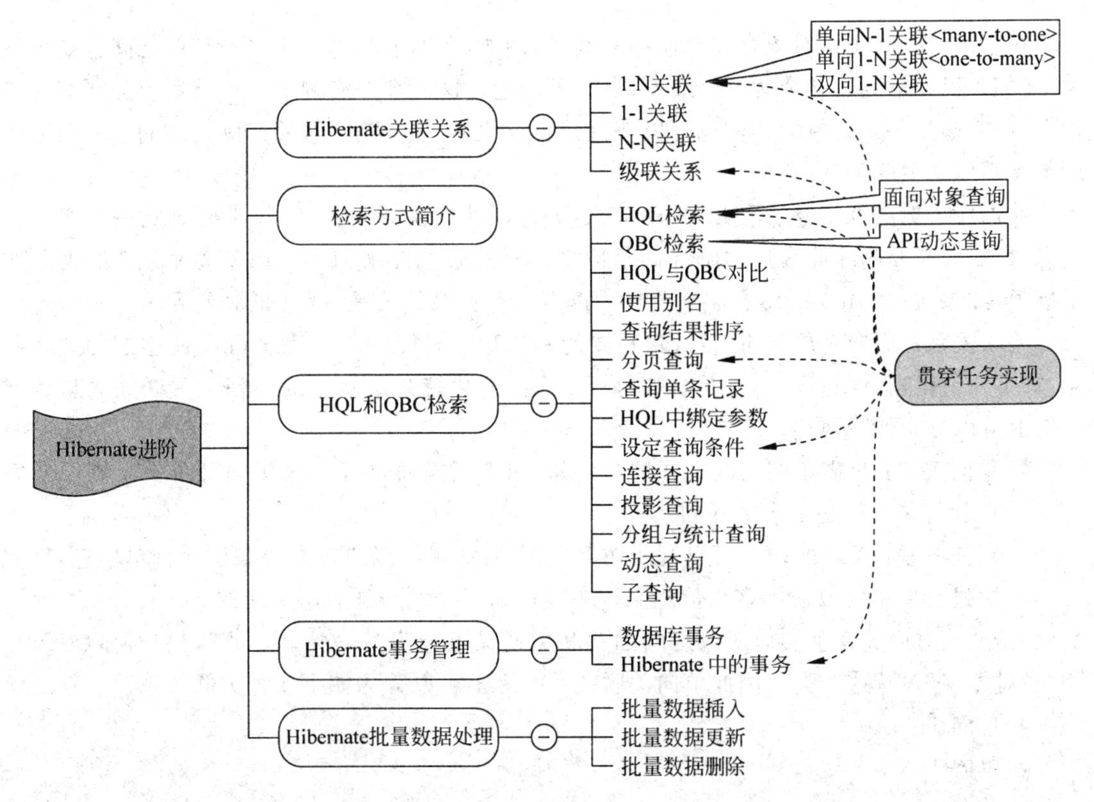

知　识　点	Listen(听)	Know(懂)	Do(做)	Revise(复习)	Master(精通)
Hibernate 关联关系	★	★	★	★	★
Hibernate 批量处理	★	★	★	★	★
HQL 检索	★	★	★	★	★
QBC 检索	★	★	★	★	★
Hibernate 事务管理	★	★			

通过第 5 章的学习，开发者了解到通过 Hibernate 可以从底层的 JDBC 操作中释放出来以面向对象的方式进行数据库访问。但实际上面向对象远不止这些内容，如对象和对象之间的关联关系，其意义在于对现实世界进行建模，此外，完全可以通过 Hibernate 来理解面向对象的继承、多态等概念。一旦建立了正确的继承关系，系统程序就可以通过面向对象的方式进行数据库访问。

本章将更加深入地介绍 Hibernate 的关联关系、继承关系等内容。同时也会详细介绍 Hibernate 的检索方式以及在实际开发中如何使用 Hibernate，如何处理 Hibernate 的性能、事务等实际问题。

6.1 Hibernate 关联关系

在客观世界中实体对象之间普遍存在联系，例如，在网上购物时客户和订单之间存在关联关系，如果已经得到了某个客户的实例，那么可以通过这个客户实例来获得其对应的所有订单信息，反之通过一个订单的实例也可以获得其对应的客户的信息，这种实例之间的互相引用访问的关系就是关联关系。

数据库中的关联关系在使用 JDBC 进行处理时非常困难。例如，如果要删除一个客户的信息，那么同时要删除此客户的所有订单信息。此时通过使用 JDBC 处理这种关系的关联非常麻烦，如果通过 Hibernate 在映射文件中配置这种关系的关联，则会非常灵活。

关联关系是面向对象分析、设计最重要的基础理论，Hibernate 完全可以描述这种关联关系，如果映射得当，Hibernate 的关联映射可以大大简化持久层数据的访问。关联关系从访问方向上可以分为如下两类。

- 单向关联：只需单向访问关联端。例如，如果只能通过客户来访问订单信息则说明客户和订单之间是单向关联的。
- 双向关联：关联的两端可以互相访问。例如，如果可以通过客户来访问订单信息，反之通过订单也可以访问客户信息则说明客户和订单之间是双向关联的。

此外，从对应关系上实体对象之间的关联关系又可分为“一对一(1-1)”、“一对多(1-N)”和“多对多(N-N)”这 3 类。因此单向关联关系实际上可以分为如下 4 种关联关系。

- 单向 1-1；
- 单向 1-N；
- 单向 N-1；

- 单向 N-N。

而双向关联关系则有以下 3 种分类：

- 双向 1-1；
- 双向 1-N；
- 双向 N-N。

注意

> 双向关联关系中“1-N”和“N-1”的含义是完全相同的，因此在本书中统一使用“双向 1-N”进行表示。

为了便于理解和掌握，在介绍 Hibernate 的关联关系时都采用“客户-订单-产品”这同一个模型，该模型中各个元素之间的关联关系如图 6-1 所示。

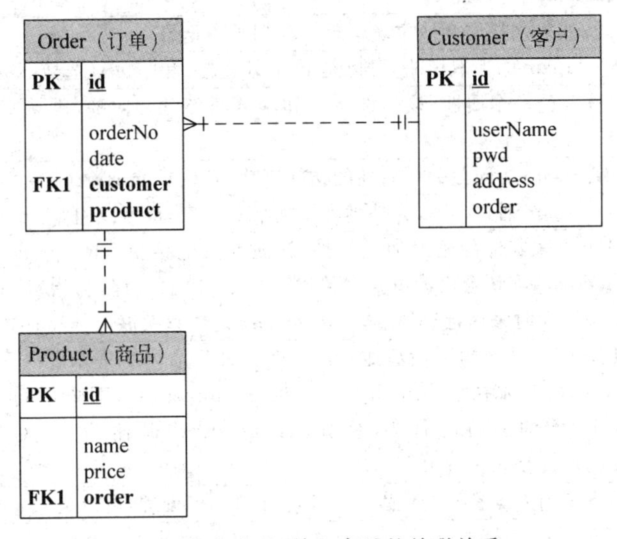

图 6-1　客户、订单和商品的关联关系

6.1.1　1-N 关联

1. 单向 N-1 关联

N-1 关联是最常见的关联关系，如学生和老师的关系就是 N-1 关联关系，单向的 N-1 关联只需从 N 的一端可以访问 1 的一端。比如多个订单信息对应同 1 个客户，只需通过订单信息中的 customer 字段就可找到所关联的客户信息。

在 Hibernate 映射文件中，使用<many-to-one>元素来实现 N-1 的关联关系，通过<many-to-one>元素来映射关联实体时需要在 N 的一端对应的数据表中增加一个外键列，用于参照主表记录。

【示例】　单向 N-1 关联映射

```
<!-- 用于映射 N-1 关联实体，指定关联实体类为 Address
    指定外键列名为 addressId，并指定级联全部操作 -->
<many-to-one name="address" cascade="all"
    class="Address" column="addressId"/>
```

注意

> 使用<many-to-one>元素来映射 N-1 关联时，Hibernate 将无须使用连接表，直接使用外键关联策略来处理这种关联映射。

<many-to-one>元素拥有许多属性，常用的属性及介绍如表 6-1 所示。

表 6-1　many-to-one 常用属性及介绍

属性名	描　述
name	指定属性的名字，例如，Order 类中的 customer 属性名
column	指定进行关联的外键列的列名，例如，ORDER 表的外键 CUSTOMER_ID
class	指定关联实体的类名，默认是通过反射得到该属性所属类的类名。例如，设定 customer 属性为 Customer 类型
cascade	指定哪些持久化操作会从主表记录级联到子表记录
fetch	指定 Hibernate 的抓取策略，可以是 join(外连接)和 select(选择)两个值之一
property-ref	指定关联类的一个属性，该属性将会和本类的外键相对应，默认直接使用对方关联类的主键
access	指定 Hibernate 访问此关联属性的访问策略，默认是 property
unique	指定 Hibernate 通过 DDL 为外键列添加唯一约束，也可以用作 property-ref 的目标属性
lazy	指定引用关联实体的延迟加载特性，该属性只能接受 false、proxy(默认)、no-proxy 三个值；Hibernate 默认会启动单实例关联(N-1、1-1)的代理，当指定 no-proxy 时则实例变量第一次被访问时采用延迟抓取，当指定 false 时则该关联实体总是被预先抓取
not-null	指定使用 DDL 为外键字段添加非空约束。如果为 true，表示属性不允许为 null，该属性默认为 false，如上例中当 not-null 为 true 时，customer 属性不能为 null。此外，该属性还会影响 Hibernate 的运行时行为，例如，Hibernate 在保存 Order 对象时，会先检查它的 customer 属性是否为 null
not-found	该属性指定当外键参照的主表记录不存在时如何处理，可以是 ignore 和 exception(默认)
formula	指定一个 SQL 表达式，该外键值将根据该 SQL 表达式来计算

下述内容通过对订单类和客户类实现单向 N-1 关联关系来演示如何通过使用 Hibernate 来实现单向 N-1 关联关系。首先创建 Order 的实体类，代码如下所述。

【代码 6-1】　Order.java

```
package com.qst.chapter06.pojos;import java.io.Serializable;
import java.util.Date;

public class Order implements Serializable {
    private String id;                  //定义 ID 变量
    private String orderNo;             //定义订单编号
    private Date date;                  //定义下单时间
    private Customer customer;          //定义客户类型变量
    //默认构造方法
    public Order() {
        super();
    }
    //带参数的构造方法
    public Order(String orderNo, Date date, Customer customer) {
```

```
        super();
        this.orderNo = orderNo;
        this.date = date;
        this.customer = customer;
    }

    …省略 getter/setter 方法
}
```

上述代码中创建了 Order 订单类，并定义了其 id、orderNo、date 和 customer 等属性，省略了 setter 和 getter 方法。

创建 Customer 类与 Order 类形成单向 *N*-1 关联，代码如下所述。

【代码 6-2】 Customer. java

```
package com.qst.chapter06.pojos;

import java.io.Serializable;

public class Customer implements Serializable{
    private String id;              //定义 ID 属性
    private String userName;        //定义用户名
    private String pwd;             //定义密码
    private String address;         //定义客户地址
    //默认构造方法
    public Customer() {
        super();
    }
    //带参数的构造方法
    public Customer(String userName, String pwd, String address) {
        this.userName = userName;
        this.pwd = pwd;
        this.address = address;
    }

    …省略 setter/getter 方法
}
```

上述代码通过在 Order 类中定义一个 Customer 类型的属性来实现 Order 到 Customer 的 *N*-1 单向关联，而在 Customer 类中无须定义用于存放 Order 对象的集合属性。Customer 类和 Order 类的类图如图 6-2 所示。

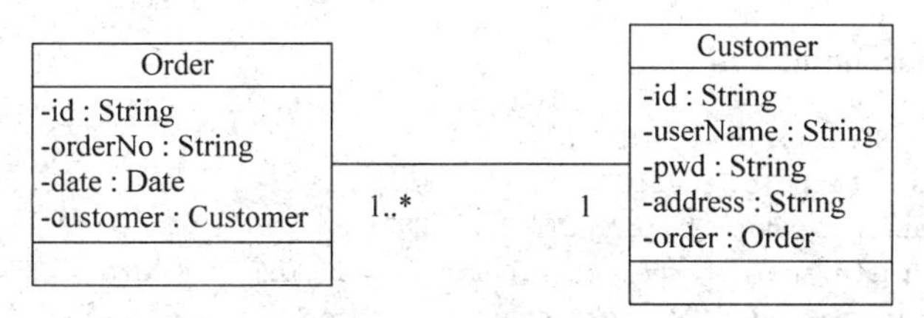

图 6-2 Order 类与 Customer 类的单向 *N*-1 关联

创建 Order 类的映射文件，该文件与 Order 类在同一目录下，代码如下所述。

【代码 6-3】 Order. hbm. xml

```
<?xml version = "1.0" encoding = "UTF - 8"?>
<! DOCTYPE hibernate - mapping PUBLIC
```

```
    "-//Hibernate/Hibernate Mapping DTD 3.0//EN"
    "http://hibernate.sourceforge.net/hibernate-mapping-3.0.dtd">
<hibernate-mapping package="com.qst.chapter06.pojos">
    <class name="Order" table="ORDERS">
        <id name="id" column="ID">
            <generator class="uuid.hex" />
        </id>
        <!-- 订单编号 -->
        <property name="orderNo" column="ORDERNO" type="string"/>
        <!-- 下单日期: yyyy-MM-dd HH:MM:SS -->
        <property name="date" column="ORDERDATE" type="timestamp" />
        <!-- 单向关联 N-1  -->
        <many-to-one name="customer" column="CUSTOMER_ID" class="Customer" />
    </class>
</hibernate-mapping>
```

在 Hibernate 映射文件中，使用<many-to-one>元素映射 N-1 的关联实体，直接采用<many-to-one>元素来映射关联实体时需要在 N 的一端的数据表中增加一个外键列，用于参照主表记录。例如，Order 和 Customer 这两个类之间的 N-1 关联映射时，建立了 customer 属性与 ORDER 表的外键 CUSTOMER_ID 之间的映射。

Order.hbm.xml 映射文件编写完成后，需要在 hibernate.cfg.xml 文件中对其进行配置，代码如下所示。

【代码 6-4】 hibernate.cfg.xml

```
<?xml version="1.0" encoding="UTF-8"?>
<hibernate-configuration>
    <session-factory>
    ...
        <!-- 配置 Order.hbm.xml 映射文件 -->
        <mapping resource="com/qst/chapter06/pojos/Order.hbm.xml"/>
    </session-factory>
</hibernate-configuration>
```

在 Hibernate 的配置文件 hibernate.cfg.xml 中增加对 Order.hbm.xml 映射文件的配置，从而使得 Hibernate 能够操纵 Order 对象。

按照上述同样的方法创建 Customer.hbm.xml 文件，对 Customer 类进行配置，代码如下所述。

【代码 6-5】 Customer.hbm.xml

```
<?xml version="1.0" encoding="UTF-8"?>
<!DOCTYPE hibernate-mapping PUBLIC
    "-//Hibernate/Hibernate Mapping DTD 3.0//EN"
    "http://hibernate.sourceforge.net/hibernate-mapping-3.0.dtd">
<hibernate-mapping package="com.qst.chapter06.pojos">
    <class name="Customer" table="CUSTOMER">
        <!-- 主键 -->
        <id name="id" column="ID">
            <generator class="uuid.hex" />
        </id>
        <!-- 用户名 -->
        <property name="userName" column="USERNAME" type="string"
```

```
            not - null = "true" />
        <! -- 密码 -->
        < property name = "pwd" column = "PWD" type = "string"
            not - null = "true" />
        <! -- 地址 -->
        < property name = "address" column = "ADDRESS" type = "string" />
    </class >
</hibernate - mapping >
```

在 Hibernate 配置文件 hibernate. cfg. xml 中增加对 Customer. hbm. xml 映射文件的配置,代码如下所示。

【代码 6-6】 hibernate. cfg. xml

```
<?xml version = "1.0" encoding = "UTF - 8"?>
< hibernate - configuration >
    < session - factory >
        <! -- 配置 Order. hbm. xml 映射文件 -->
        < mapping resource = "com/qst/chapter06/pojos/Order. hbm. xml"/>
        <! -- 配置 Customer. hbm. xml 映射文件 -->
        < mapping resource = "com/qst/chapter06/pojos/Customer. hbm. xml"/>
    </session - factory >
</hibernate - configuration >
```

在 com. qst. chapter06. dao 包中创建订单数据访问类 OrderDao,代码如下所示。

【代码 6-7】 OrderDao. java

```
package com. qst. chapter06. dao;

import org. hibernate. Session;
import org. hibernate. Transaction;

import com. qst. chapter06. pojos. Order;
import com. qst. chapter06. util. HibernateUtils;

public class OrderDao {
    /* 添加 order 对象 */
    public static void addOrder(Order order) {
        //获取 Session 对象
        Session session = HibernateUtils. getSession();
        //开启事务
        Transaction trans = session. beginTransaction();
        //保存对象
        session. save(order);
        //提交事务
        trans. commit();
        //关闭 Session
        HibernateUtils. closeSession();
    }
}
```

在上述代码中,定义一个订单数据访问类 OrderDao,并提供一个添加订单对象的静态方法 addOrder()方法。

注意

上述代码中使用 HibernateUtils 工具类对 Hibernate 的 Session 进行操作, HibernateUtils 工具类是通用的,其代码已在第 5 章讲述,此处不再赘述。

在 com. qst. chapter06. dao 包中创建客户数据访问类 CustomerDao,代码如下所示。

【代码 6-8】 CustomerDao. java

```
package com.qst.chapter06.dao;

import org.hibernate.Session;
import org.hibernate.Transaction;

import com.qst.chapter06.pojos.Customer;
import com.qst.chapter06.util.HibernateUtils;

public class CustomerDao {
    /* 添加客户 */
    public static void addCustomer(Customer customer) {
        //获取 Session 对象
        Session session = HibernateUtils.getSession();
        //开启事务
        Transaction trans = session.beginTransaction();
        //保存对象
        session.save(customer);
        //提交事务
        trans.commit();
        //关闭 Session
        HibernateUtils.closeSession();
    }

}
```

在上述代码中,定义一个客户数据访问类 CustomerDao,并提供一个添加客户对象的静态方法 addCustomer()方法。

下述代码用户测试 Customer 类和 Order 类的添加功能,代码如下所示。

【代码 6-9】 OrderCustomerDemo. java

```
package com.qst.chapter06.demo;

import java.util.Date;

import com.qst.chapter06.dao.CustomerDao;
import com.qst.chapter06.dao.OrderDao;
import com.qst.chapter06.pojos.Customer;
import com.qst.chapter06.pojos.Order;

public class OrderCustomerDemo {

    public static void main(String[] args) {

        addOrderCustomer();
    }

        /* 添加客户和订单信息 */
    private static void addOrderCustomer() {
        System.out.println("-----添加 1 条 Customer 记录-----");
        //实例化一个客户信息对象
        Customer customer = new Customer("zhangsan1", "123456","青岛市");
```

```
        //调用客户数据访问类 CustomerDao 中的 addCustomer()方法将 customer 对象数据保存到数
据库中
        CustomerDao.addCustomer(customer);

        System.out.println("-----添加 2 条 Order 记录-----");
        //创建两个 Order 对象
        Order order1 = new Order("1",new Date(),customer);
        Order order2 = new Order("2",new Date(),customer);

        //调用订单数据访问类 OrderDao 中的 addOrder()方法将 order 对象数据保存到数据库中
        OrderDao.addOrder(order1);
        OrderDao.addOrder(order2);
    }

}
```

执行上述代码,在控制台的输出结果如下:

```
-----添加 1 条 Customer 记录-----
Hibernate: insert into CUSTOMER (USERNAME, PWD, ADDRESS, ID) values (?, ?, ?, ?)
-----添加 2 条 Order 记录-----
Hibernate: insert into ORDERS (ORDERNO, ORDERDATE, CUSTOMER_ID, ID)
          values (?, ?, ?, ?)
Hibernate: insert into ORDERS (ORDERNO, ORDERDATE, CUSTOMER_ID, ID)
          values (?, ?, ?, ?)
```

Hibernate 执行了 3 条 insert 语句,其中第 1 条 insert 语句是向 CUSTOMER 表中插入一条客户信息,后两条语句是向表 ORDERS 表中插入两条订单信息,并主动添加了外键 CUSTOMER_ ID 的值,用于关联 Customer 对象。因此,当 Order 类和 Customer 类在 Hibernate 中配置为 N-1 关系时,保存 Order 对象时系统会将 Customer 对象的属性 ID 作为外键赋值给 ORDER 表中的 CUSTOMER_ID 字段。

执行结束后,查看数据库中的 CUSTOMER 表和 ORDERS 表,其数据如图 6-3 所示。

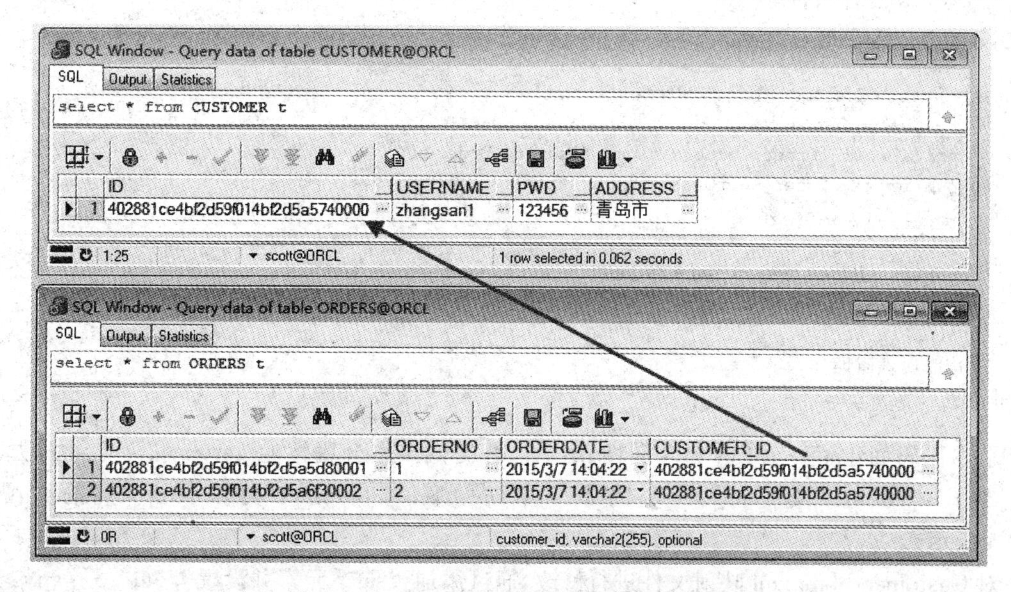

图 6-3 CUSTOMER 表和 ORDERS 表数据

2. 单向 1-N 关联

相对于 Order 类和 Customer 类的单向 N-1 关联，如果由 Customer 对象来维护多个 Order 对象，由于一个 Customer 对象可以对应多个 Order 对象，所以该关联方式可以认为是单向的 1-N 关联关系。

单向 1-N 关联的持久化类发生了改变，持久化类里需要使用集合属性。因为 1 的一端需要访问 N 的一端，而 N 的一端将以集合 Set 形式表现。在 Hibernate 映射文件中，使用 set 元素来映射 1-N 关联。

【示例】 单向 1-N 关联映射

```
<! -- 映射集合属性,集合元素是其他持久化实体
     没有指定 cascade 属性 -->
< set name = "addresses">
     <! -- 指定关联的外键列 -->
     < key column = "personId"/>
     <! -- 用以映射到关联类属性 -->
     < one - to - many class = "Address"/>
</set >
```

set 元素的常用属性如表 6-2 所示。

表 6-2 set 元素常用属性及介绍

属 性 名	描 述
name	指定需要映射的持久化类的属性名
key	指定关联表的外键
one-to-many	指定关联的持久化类

通过下述代码来演示使用 Customer 类来维护多个 Order 对象，修改 Customer 类在该类中添加 orders 集合属性。

【代码 6-10】 Customer.java

```
public class Customer implements Serializable {
     /* 订单集合 orders */
     private Set < Order > orders = new HashSet < Order >(0);
     public Set < Order > getOrders() {
         return orders;
     }
     public void setOrders(Set < Order > orders) {
         this.orders = orders;
     }
...其他属性省略
}
```

上述代码创建了一个 Set 集合属性 orders，并提供该集合属性的 getter 和 setter 方法，从而实现了 Customer 类到 Order 类的 1-N 单向关联。Customer 类和 Order 类的类图如图 6-4 所示。

对 Customer.hbm.xml 映射文件进行修改，通过添加<set>元素并设置<one-to-many>元素来配置 Customer 类和 Order 类之间的 1-N 关联关系。

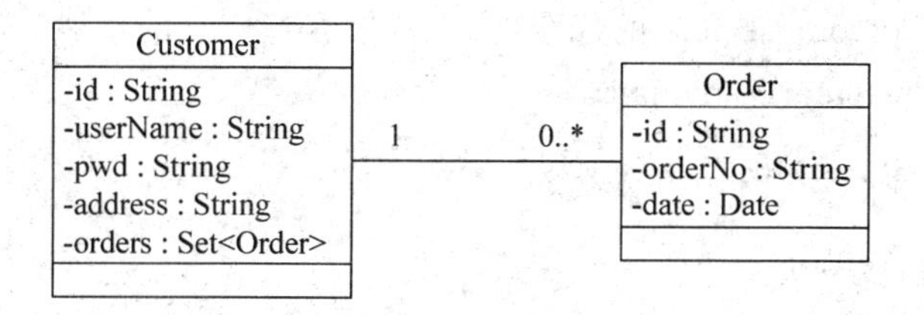

图 6-4 Customer 与 Order 类 1-N 关联

【代码 6-11】 Customer.hbm.xml

```
<hibernate-mapping package="com.qst.ch05.pojos">
    <class name="Customer" table="CUSTOMER">
    ...
        <!-- 1-N 关联关系 -->
        <set name="orders">
            <key column="CUSTOMER_ID" />
            <one-to-many class="Order" />
        </set>
    </class>
</hibernate-mapping>
```

上述代码通过 set 元素的 orders 属性及其子元素<key>和<one-to-many>建立了 Customer 类和 Order 类之间的 1-N 关联映射。

下述内容实现查询一个用户的所有订单,并在控制台输出。

首先,在客户数据访问类 CustomerDao 中增加根据用户 ID 获取用户对象的方法,代码如下所述。

【代码 6-12】 CustomerDao.java

```
package com.qst.chapter06.dao;

import org.hibernate.Session;
import org.hibernate.Transaction;

import com.qst.chapter06.pojos.Customer;
import com.qst.chapter06.util.HibernateUtils;

public class CustomerDao {
    ...
    //* 获取客户 */
    public static Customer getCustomer(String id){
        //获取 Session 对象
        Session session = HibernateUtils.getSession();
        //根据 id 获取 Customer 对象
        Customer customer = (Customer)session.get(Customer.class, id);
        return customer;
    }

}
```

上述代码增加一个 getCustomer()方法,该方法可以根据 ID 返回一个 Customer 对象。Hibernate 的 Session 对象提供一个 get()方法,该方法可以根据 ID 返回一个指定类型的持久化对象。

然后修改 OrderCustomerDemo 的代码，测试获取客户信息的功能，修改代码如下所示。

【代码 6-13】 OrderCustomerDemo.java

```
package com.qst.chapter06.demo;

import java.util.Date;
import java.util.Set;

import com.qst.chapter06.dao.CustomerDao;
import com.qst.chapter06.dao.OrderDao;
import com.qst.chapter06.pojos.Customer;
import com.qst.chapter06.pojos.Order;

public class OrderCustomerDemo {

    public static void main(String[ ] args) {

        //addOrderCustomer();
        getCustomer();
    }
    ...
    /* 获取客户信息 */
    private static void getCustomer()
    {
        //根据 id 获取 Customer 对象
        Customer customer = CustomerDao
                .getCustomer("402881ce4bf2d59f014bf2d5a5740000");
        //获取 Order 集合
        Set<Order> orders = customer.getOrders();
        //打印相关信息
        System.out.println("客户：" + customer.getUserName() + "的订单如下：");
        for (Order order : orders) {
            System.out.print("ID: " + order.getId() + ", ");
            System.out.print("订单编号：" + order.getOrderNo() + ", ");
            System.out.print("下单日期：" + order.getDate());
            System.out.println();
        }

    }

}
```

上述代码增加一个 getCustomer()方法用于显示指定用户的所有订单信息，运行结果如下所示。

```
Hibernate: select customer0_.ID as ID1_0_0_, customer0_.USERNAME as USERNAME2_0_0_, customer0_
.PWD as PWD3_0_0_, customer0_.ADDRESS as ADDRESS4_0_0_ from CUSTOMER customer0_ where customer0_
.ID = ?
客户：zhangsan1 的订单如下：
Hibernate: select orders0_.CUSTOMER_ID as CUSTOMER4_0_0_, orders0_.ID as ID1_1_0_, orders0_.ID
as ID1_1_1_, orders0_.ORDERNO as ORDERNO2_1_1_, orders0_.ORDERDATE as ORDERDAT3_1_1_, orders0_
.CUSTOMER_ID as CUSTOMER4_1_1_ from ORDERS orders0_ where orders0_.CUSTOMER_ID = ?
ID: 402881ce4bf2d59f014bf2d5a6f30002, 订单编号：2, 下单日期：2015-03-07 14:04:22.0
ID: 402881ce4bf2d59f014bf2d5a5d80001, 订单编号：1, 下单日期：2015-03-07 14:04:22.0
```

3. 双向 1-N 关联

将单向的 1-N 关联和单向的 N-1 关联整合在一起就是双向的 1-N 或 N-1 关联。双向 1-N 关联表示既可以从 1 段访问到 N 端也可以从 N 端访问 1 端。例如，既可以根据 Customer 对象查询到其所对应的所有 Order 对象，也可以根据一个 Order 对象查询到其所对应的 Customer 对象。

需要说明的是，在实际的开发过程中不建议使用单向的 1-N 关联，而是使用 1-N 双向关联。只需在 1 端配置<set>元素，在 N 端配置<many-to-one>元素即可形成双向 1-N 关联。

6.1.2　1-1 关联

在 Hibernate 中，1-1 关联关系有单向、双向的区分，同时关联策略也有基于主键和基于外键之分。因此，可以将 1-1 关联关系分为以下 4 种类型：

- 基于外键的单向 1-1 关联，可以理解为特殊的单向 N-1 关系，只不过 N 端也为 1；
- 基于主键的单向 1-1 关联，基于主键的关联持久化类不能拥有自己的主键生成器策略，其主键由关联实体负责生成；
- 基于外键的双向 1-1 关联，外键可以放在任意一边，存放外键的一端增加<many-to-one>元素，而另一端需要使用<one-to-one>元素。
- 基于主键的双向 1-1 关联，两个关联表使用相同的主键值，其中一个表的主键共享另外一个表的主键。

1. 基于外键的单向 1-1

基于外键的单向 1-1 在 POJO 类中代码的编写方式可以参考单向的 N-1，因为 N 的一端或 1 的一端都是直接访问关联实体。对于映射配置，两者也是类似的，只不过基于外键的单向 1-1 需要在原有的<many-to-one>元素中设置 unique 属性为 true，用以表示 N 的一端必须唯一，通过在 N 的一端添加唯一约束的方法，将单向 N-1 变成等同于基于外键的单向 1-1 关联关系。

在日常生活中最常见的 1-1 关系就是人以及其身份证，所以基于网上购物示例，创建一个身份证类 IdCard，属性有 id、身份证编号（cardNo），演示 Customer 与 IdCard 的基于外键的单向 1-1 关联关系，定义一个 IdCard 类代码如下所述。

【代码 6-14】　IdCard.java

```
package com.qst.chapter06.pojos;

public class IdCard {
    /* 主键 ID */
    private Integer id;
    /* 身份证编号 */
    private String cardNo;

    public Integer getId() {
        return id;
```

```
    }

    public void setId(Integer id) {
        this.id = id;
    }

    public String getCardNo() {
        return cardNo;
    }

    public void setCardNo(String cardNo) {
        this.cardNo = cardNo;
    }
}
```

在 IdCard 类的同一目录下创建该类的映射文件 IdCard. hbm. xml,注意此时 IdCard 类的生成策略是 UUID,与 Customer 的主键没有关联,其配置代码如下所述。

【代码 6-15】 IdCard. hbm. xml

```
<?xml version = "1.0" encoding = "UTF - 8"?>
<!DOCTYPE hibernate - mapping PUBLIC
    " - //Hibernate/Hibernate Mapping DTD 3.0//EN"
    "http://hibernate.sourceforge.net/hibernate - mapping - 3.0.dtd">
<hibernate - mapping package = "com.qst.chapter06.pojos">
    <class name = "IdCard" table = "IDCARD">
        <id name = "id" column = "ID">
            <!-- 主键生成策略为 uuid -->
            <generator class = "uuid.hex" />
        </id>
        <!-- 身份证编号 -->
        <property name = "cardNo" column = "CARDNO" type = "string"/>
    </class>
</hibernate - mapping>
```

在 Hibernate. cfg. xml 文件中增加对 IdCard. hbm. xml 映射文件的配置信息,其配置代码如下所示。

【代码 6-16】 Hibernate. hbm. xml

```
<!DOCTYPE hibernate - configuration PUBLIC " - //Hibernate/Hibernate Configuration DTD 3.0//EN"
"http://www.hibernate.org/dtd/hibernate - configuration - 3.0.dtd">
<hibernate - configuration>
    <session - factory>
        <!-- 配置访问 Oracle 数据库参数信息 -->
        <property name = "dialect">
            org.hibernate.dialect.OracleDialect
        </property>
        <property name = "connection.driver_class">
            oracle.jdbc.driver.OracleDriver
        </property>
        <property name = "connection.url">
            jdbc:oracle:thin:@localhost:1521:orcl
        </property>
        <property name = "connection.username"> scott </property>
```

```
        <property name="connection.password">scott123</property>
        <!-- 在控制台显示 SQL 语句 -->
        <property name="show_sql">true</property>
        <!--根据需要自动生成、更新数据表 -->
        <property name="hbm2ddl.auto">update</property>
        <!-- 注册所有 ORM 映射文件 -->
        <!-- 配置 Order.hbm.xml 映射文件 -->
        <mapping resource="com/qst/chapter06/pojos/Order.hbm.xml"/>
        <!-- 配置 Customer.hbm.xml 映射文件 -->
        <mapping resource="com/qst/chapter06/pojos/Customer.hbm.xml"/>
        <!-- 配置 IdCard.hbm.xml 映射文件 -->
        <mapping resource="com/qst/chapter06/pojos/IdCard.hbm.xml"/>
    </session-factory>
</hibernate-configuration>
```

修改 Customer 类，在原来基础上增加 idCard 属性，增加的代码如下所示。

【代码 6-17】 Customer.java

```
public class Customer implements Serializable {
...//省略原来 Customer 类中的代码
    /*增加身份证对象*/
    private IdCard idCard;
    public IdCard getIdCard() {
        return idCard;
    }
    public void setIdCard(IdCard idCard) {
        this.idCard = idCard;
    }
}
```

修改 Customer.hbm.xml 映射文件，在原来配置信息的基础上增加一个<many-to-one>元素，配置 Customer 类和 IdCard 类之间的单向 1-1 关联，其配置代码如下所示。

【代码 6-18】 Customer.hbm.xml

```
<?xml version="1.0" encoding="UTF-8"?>
<!DOCTYPE hibernate-mapping PUBLIC
    "-//Hibernate/Hibernate Mapping DTD 3.0//EN"
    "http://hibernate.sourceforge.net/hibernate-mapping-3.0.dtd">
<hibernate-mapping package="com.qst.chapter06.pojos">
    <class name="Customer" table="CUSTOMER">
        <!-- 主键 -->
        <id name="id" column="ID">
            <generator class="uuid.hex" />
        </id>
        <!-- 用户名 -->
        <property name="userName" column="USERNAME" type="string"
            not-null="true" />
        <!-- 密码 -->
        <property name="pwd" column="PWD" type="string" not-null="true" />
        <!-- 地址 -->
        <property name="address" column="ADDRESS" type="string" />
        <!-- 1-N 关联关系 -->
        <set name="orders">
```

```
            <key column = "CUSTOMER_ID" />
            <one - to - many class = "Order" />
        </set>
        <! -- 基于外键的 1 - 1 关联：增加 many - to - one 元素，并设置其 unique 属性值为 true -->
        < many - to - one name = "idCard" class = "IdCard" cascade = "all"
            column = "IDCARD_ID" unique = "true" />
    </class>
</hibernate - mapping>
```

在上述配置代码中，设置<many-to-one>元素的 cascade 属性值为 all，说明当 Hibernate 对 Customer 对象进行保存、更新或删除操作时，将同时对 IdCard 对象进行级联保存、更新或删除操作。

注意

<many-to-one>元素的 unique 属性默认值为 false，代表对象之间的 *N*-1 关联关系；如果该属性的值被设置为 true，则代码对象之间的 1-1 关联关系。

2. 基于主键的单向 1-1

基于主键关联的持久化类不能拥有自己的主键生成器策略，其主键由关联实例来负责生成。基于主键的 1-1 关联时，需要使用<one-to-one>元素来映射关联实体，其常用的属性如表 6-3 所示。

表 6-3 <one-to-one>元素常用属性及介绍

属性名	描述
name	指定需要映射的持久化类的属性名
class	指定关联实体的全限定类名，默认是通过反射得到该属性所属类的类名
cascade	指定哪些操作会从主表记录级联到子表记录
constrained	指定该类对应的表和被关联的对象所对应的表之间，通过一个外键引用对主键进行约束。此属性会影响 save()和 delete()在级联执行时的先后顺序，以及该关联能否被委托
fetch	指定抓取策略
property-ref	指定关联类的一个属性，该属性与本类的主键相对应，默认使用对方关联类的主键
access	指定 Hibernate 访问该关联属性的访问策略，默认是 property
lazy	指定引用关联实体的延迟加载特性，该属性只能接受 false、proxy、no-proxy 三个值

基于主键的单向 1-1 关联的映射文件代码如下所示。

【代码 6-19】 Customer. hbm. xml

```
<?xml version = "1.0" encoding = "UTF - 8"?>
<!DOCTYPE hibernate - mapping PUBLIC
    " - //Hibernate/Hibernate Mapping DTD 3.0//EN"
    "http://hibernate.sourceforge.net/hibernate - mapping - 3.0.dtd">
<hibernate - mapping package = "com.qst.chapter06.pojos">
    <class name = "Customer" table = "CUSTOMER">
        <! -- 主键 -->
        < id name = "id" column = "ID">
```

```
            <!-- 主键由关联实体生成 -->
            <generator class = "foreign">
                <param name = "property"> idCard </param>
            </generator>
        </id>
        <!-- 用户名 -->
        <property name = "userName" column = "USERNAME" type = "string"
            not-null = "true" />
        <!-- 密码 -->
        <property name = "pwd" column = "PWD" type = "string" not-null = "true" />
        <!-- 地址 -->
        <property name = "address" column = "ADDRESS" type = "string" />
        <!-- 1-N关联关系 -->
        <set name = "orders">
            <key column = "CUSTOMER_ID" />
            <one-to-many class = "Order" />
        </set>
        <!-- 基于主键的1-1关联 -->
        <one-to-one name = "idCard" class = "IdCard" constrained = "true" />
    </class>
</hibernate-mapping>
```

在上述代码中，Customer类的主键没有拥有自己的主键生成器策略，而是由关联的IdCard来负责生成；因为是基于主键的1-1关联，所以采用<one-to-one>元素进行映射关联，且<one-to-one>元素的constrained属性值为true，表示Customer表的ID主键同时作为外键参考IdCard表。在Customer.hbm.xml文件中，必须为ID使用foreign标识符生成策略，这样Hibernate就会保证Customer对象与关联的IdCard对象共享一个ID主键。

3. 基于外键的双向1-1

基于外键的双向1-1关联，外键可以存放在任意一边，存放外键的一端需要增加<many-to-one>元素，并将该元素的unique属性值设置为true；而另一端则使用<one-to-one>元素。对于1-1的关联关系，两个实体原本处于平等状态，但当选择任意一个表增加外键之后（增加<many-to-one>的实体端），该表就变成从表，而另一个表则成为主表。

修改IdCard类，增加一个customer属性，使得IdCard和Customer两个类之间的关系是双向的。增加的代码如下所示。

【代码6-20】 IdCard.java

```
package com.qst.chapter06.pojos;

public class IdCard {
...//省略原来Customer类中的代码
    /* 关联Customer */
    private Customer customer;

    public Customer getCustomer() {
        return customer;
    }

    public void setCustomer(Customer customer) {
        this.customer = customer;
    }
}
```

在 IdCard.hbm.xml 映射文件中增加对新增 customer 的关联映射，其代码如下所示。

【代码 6-21】 IdCard.hbm.xml

```
<?xml version = "1.0" encoding = "UTF - 8"?>
<!DOCTYPE hibernate - mapping PUBLIC
    " - //Hibernate/Hibernate Mapping DTD 3.0//EN"
    "http://hibernate.sourceforge.net/hibernate - mapping - 3.0.dtd">
< hibernate - mapping package = "com.qst.chapter06.pojos">
    < class name = "IdCard" table = "IDCARD">
        < id name = "id" column = "ID">
            <! -- 主键生成策略为 uuid -- >
            < generator class = "uuid.hex" />
        </id>
        <! -- 身份证编号 -- >
        < property name = "cardNo" column = "CARDNO" type = "string" />
        <! -- 1 - 1 关联 -- >
        < one - to - one name = "customer" class = "Customer" constrained = "true" />
    </class>
</hibernate - mapping>
```

修改 Customer.hbm.xml 映射文件，跟原来基于外键的配置一致，代码如下所示。

【代码 6-22】 Customer.hbm.xml

```
<?xml version = "1.0" encoding = "UTF - 8"?>
<!DOCTYPE hibernate - mapping PUBLIC
    " - //Hibernate/Hibernate Mapping DTD 3.0//EN"
    "http://hibernate.sourceforge.net/hibernate - mapping - 3.0.dtd">
< hibernate - mapping package = "com.qst.chapter06.pojos">
    < class name = "Customer" table = "CUSTOMER">
        <! -- 主键 -- >
        < id name = "id" column = "ID">
            < generator class = "uuid.hex" />
        </id>
        ...
        <! -- 基于外键的 1 - 1 关联：增加 many - to - one 元素，并设置其 unique 属性值为 true -- >
        < many - to - one name = "idCard" class = "IdCard" cascade = "all"
            column = "IDCARD_ID" unique = "true" />
    </class>
</hibernate - mapping>
```

4. 基于主键的双向 1-1

基于主键关联的双向 1-1 关联与基于主键关联的单向 1-1 关联类似，区别在于没有＜one-to-one＞标记的一方增加了＜one-to-one＞标记，从而建立了双向的一对一关联。

基于主键的双向 1-1 关联时，IdCard.hbm.xml 映射文件的配置信息如下。

【代码 6-23】 IdCard.hbm.xml

```
<?xml version = "1.0" encoding = "UTF - 8"?>
<!DOCTYPE hibernate - mapping PUBLIC
    " - //Hibernate/Hibernate Mapping DTD 3.0//EN"
    "http://hibernate.sourceforge.net/hibernate - mapping - 3.0.dtd">
< hibernate - mapping package = "com.qst.chapter06.pojos">
    < class name = "IdCard" table = "IDCARD">
```

```
        <id name="id" column="ID">
        <!-- 主键由关联实体生成 -->
            <generator class="foreign">
            <param name="property">customer</param>
            </generator>
        </id>
        <!-- 身份证编号 -->
        <property name="cardNo" column="CARDNO" type="string"/>
        <!-- 1-1关联 -->
        <one-to-one name="customer" class="Customer" constrained="true"/>
    </class>
</hibernate-mapping>
```

同样在 Customer. hbm. xml 文件中也使用<one-to-one>元素进行配置，代码如下所述。

【代码 6-24】 Customer. hbm. xml

```
<?xml version="1.0" encoding="UTF-8"?>
<!DOCTYPE hibernate-mapping PUBLIC
    "-//Hibernate/Hibernate Mapping DTD 3.0//EN"
    "http://hibernate.sourceforge.net/hibernate-mapping-3.0.dtd">
<hibernate-mapping package="com.qst.chapter06.pojos">
    <class name="Customer" table="CUSTOMER">
        <!-- 主键 -->
        <id name="id" column="ID">
            <generator class="uuid.hex" />
        </id>
        ...
        <!-- 基于主键的1-1关联 -->
        <one-to-one name="idCard" class="IdCard" cascade="all"/>
    </class>
</hibernate-mapping>
```

6.1.3 *N-N* 关联

在实际的开发过程中，数据库表之间 *N-N* 关联使用不太多，通常是拆分成两个 1-*N* 关联来实现。同样在 Hibernate 中也可以使用两个 1-*N* 关联来代替 *N-N* 关联。

1. 单向 *N-N*

单向 *N-N* 关联和 1-*N* 关联的持久化类代码完全相同，只需在主关联关系的一端增加一个 Set 类型的属性，被关联的持久化实例对象以集合形式存在。*N-N* 关联必须使用连接表，*N-N* 关联与有连接表的 1-*N* 关联非常相似，只要去掉<many-to-many>元素的 unique= "true"即可。

【示例】 单向 *N-N* 关联映射

```
<!-- 映射集合属性,集合元素是其他持久化实体指定连接表的表名 -->
<set name="addresses" table="person_address">
    <!-- 指定连接表中参照本表记录的外键列名 -->
    <key column="person_id" />
    <!-- 使用 many-to-many 来映射 N-N 关联,没有 unique="true" -->
    <many-to-many class="Address" column="address_id"/>
</set>
```

在上述配置代码中，<set>元素的 name 设置了所映射的集合属性，table 则指明了 Person 和 Address 两表之间的连接表的表名 person_address，该连接表用于保存两表之间的映射关系；key 元素用于指定连接表中参照本表记录的外键列名，外键名字为 person_id；<many-to-many>元素中设置了 Person 与 Address 对象的多对多关系，其中 class 属性设置了 addresses 集合中每个被包含的对象的类型为 Address，同时使用 column 属性设置连接表中引用自 Address 表的外键名为 address_id。

依然以商品订单为例，其中 Order 类和 Product 类之间就属于多对多的关系，即一个订单中可以包含多种不同的商品，一个商品也可以被多个订单包含；如果定义 Order 类为主关联关系的一端只需在 Order 类中增加一个关于 Product 实例对象的 Set 集合即可。Order 类和 Product 类的单向 *N-N* 关联关系如图 6-5 所示。

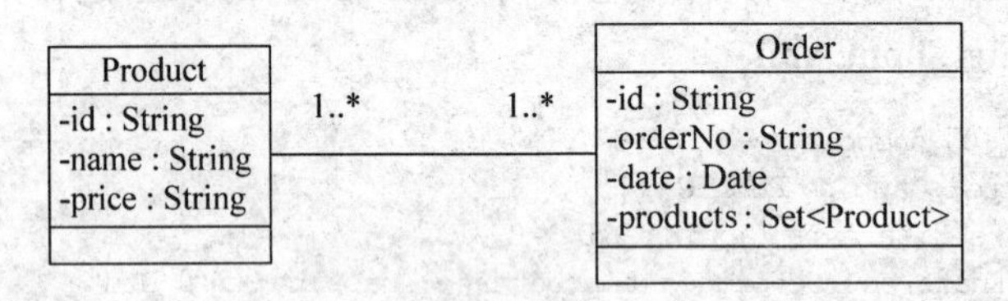

图 6-5　Order 与 Product 类单向 *N-N* 关联关系图

利用代码来实现 Order 类和 Product 类的单向 *N-N* 关联关系，首先创建 Product 产品类，属性有 id、name(商品名)、price(商品价格)、description(商品描述)，代码如下所示。

【代码 6-25】　Product. java

```
package com.qst.chapter06.pojos;

import java.util.HashSet;
import java.util.Set;

public class Product {
    /* 主键 */
    private Integer id;
    /* 商品名 */
    private String name;
    /* 商品价格 */
    private Double price;
    /* 商品描述 */
    private String description;
    ...//省略 getter 和 setter 方法
}
```

然后创建 Product 类对应的映射文件 Product. hbm. xml，配置代码如下所述。

【代码 6-26】　Product. hbm. xml

```
<hibernate-mapping package="com.qst.chapter06.pojos">
    <class name="Product" table="PRODUCT">
        <id name="id" column="ID">
            <generator class="native" />
        </id>
        <!--商品名 -->
        <property name="name" column="NAME" type="string"
```

```
            not - null = "true" />
        <!-- 商品价格 -->
        <property name = "price" column = "PRICE" type = "double"
            not - null = "true" />
        <!-- 商品描述 -->
        <property name = "description" column = "DESCRIPTION" type = "string" />
    </class>
</hibernate - mapping>
```

修改 Order 类，添加商品集合，在 Order.java 代码中添加对 Product 对象的定义，代码如下所述。

【代码 6-27】　Order.java

```
public class Order {
    ...省略
    /* 商品集合 */
    private Set < Product > products;
...省略
}
```

修改 Order.hbm.xml 文件，设置 Order 类与 Product 类之间的单向 *N-N* 关联关系，配置代码如下所述。

【代码 6-28】　Order.hbm.xml

```
<hibernate - mapping package = "com.qst.chapter06.pojos">
    <class name = "Order" table = "ORDERS">
    ...
        <set name = "products" table = "ORDERITEM">
            <key column = "ORDER_ID" />
            <many - to - many class = "Product" column = "PRODUCT_ID" />
        </set>
    </class>
</hibernate - mapping>
```

上述配置中，<set>元素设置了 Order 对象中包含的 Product 对象的集合。<set>元素中的 table 属性为 ORDERITEM，指明了 ORDER 和 PRODUCT 表之间的连接表的表名，连接表用于保存 Product 和 Order 对象之间的映射关系。<key>元素用于在连接表 ORDERITEM 中设置关于 ORDER 表的外键，外键名字为 ORDER_ID。<many-to-many>元素中设置了 Order 与 Product 对象的多对多关系，其中 class 属性设置了 products 集合中每个被包含的对象的类型为 Product，同时使用 column 属性设置连接表中引用自 PRODUCT 表的外键名为 PRODUCT_ID。

注意

ORDERITEM 表中只有两个字段，分别是 ORDER_ID 和 PRODUCT_ID。

2. 双向 *N-N*

双向 *N-N* 是指具有关联关系的两端可以相互控制。双向 *N-N* 关联只是在单向 *N-N* 的基础上在被动方对象上增加了对主动方的关联。双向 *N-N* 关联需要两端都使用 Set 集合属性，两端都增加对集合属性的访问。双向 *N-N* 关联没有太多的选择，只能采用连接表来建立两个实体之间的关联关系。以 Person 和 Address 为例，两者之间是双向 *N-N* 关联，两个实体之间的关联表是 Person_address，对应的配置信息示例代码如下。

【示例】 双向 *N-N* 关联映射（甲方）

```
<!--N-N关联实体,两边的table属性值相同-->
<set name="addresses" table="person_address">
    <!-- 指定连接表中参照本表记录的外键列名 -->
    <key column="person_id" />
    <!-- 使用many-to-many来映射N-N关联 -->
    <many-to-many class="Address" column="address_id"/>
</set>
```

【示例】 双向 *N-N* 关联映射（乙方）

```
<!--N-N关联实体,两边的table属性值相同-->
<set name="persons" table="person_address">
    <!-- 指定连接表中参照本表记录的外键列名 -->
    <key column="address_id" />
    <!-- 使用many-to-many来映射N-N关联 -->
    <many-to-many class="Address" column="person_id"/>
</set>
```

依然以商品订单为例，Order 类与 Product 类之间的关系如果设置为双向 *N-N* 关联关系，其现实意义是可以通过 Order 类来查找其对应的商品信息，也可以通过 Product 类来查找其对应的订单信息，其双向 *N-N* 关联关系如图 6-6 所示。

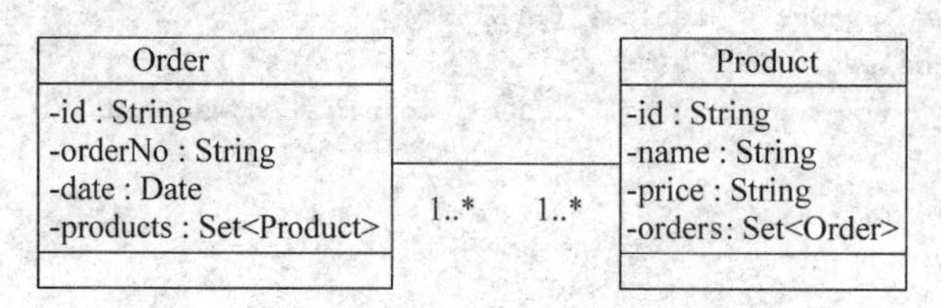

图 6-6　Order 与 Product 类的双向 *N-N* 关联关系图

通过图 6-6 可见，双向 *N-N* 关联需在其类中定义被关联一端的实例对象的 Set 集合。如在 Order 中定义了 Product 类实例对象的 Set 集合，反之在 Product 类中定义了 Order 类实例对象的 Set 集合。

通过对 Product. hbm. xml 文件进行配置，实现 Order 类与 Product 类之间的双向 *N-N* 关联关系，代码如下所述。

【代码 6-29】 Product. hbm. xml

```
<!--  配置多对多关联  -->
<set name="orders" table="ORDERITEM">
    <key column="PRODUCT_ID" />
    <many-to-many class="Order" column="ORDER_ID" />
</set>
```

上述在 Product. hbm. xml 中添加的配置表明，Product 对象也可以作为 *N-N* 关联的主动方，Product 类的 orders 属性保存所有被关联的 Order 对象。

3. 拆分 *N-N* 为两个 1-*N* 关联

在实际应用中，由于订单中不仅需要记录购买人的基本情况、购买产品的名称和单价，还需要记录所购买的不同产品的数量，而之前的所有对象都不能记录购买产品的数量。因此就需要在连接表 ORDERITEM 中添加额外的字段类记录这些信息。例如，可以在 ORDERITEM 表中添加字段记录购买产品的成交价格和数量。为了解决上述问题，可以把 *N-N* 关联关系拆分成两个 1-*N* 关联，即 Order 对象与 OrderItem 对象和 Product 对象与 OrderItem 对象的两个 1-*N* 关联。在 OrderItem 对象对应的 ORDERITEM 表中保存额外的数据。Product 类、Order 类与 OrderItem 类的类图如图 6-7 所示。

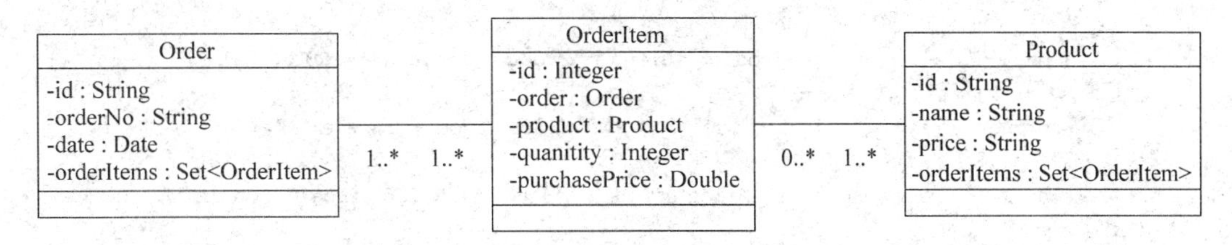

图 6-7　Order、Product 和 OrderItem 类的类图

从图 6-7 中可以看出一个 Order 对象可以包含 1 或多个 OrderItem 对象，一个 Product 对象也可以包含 0 或多个 OrderItem 对象。

注意

> 在前面 *N-N* 关系中，并没有创建 OrderItem 对象，而是创建了 ORDERITEM 表来保存 Order 对象和 Product 对象的关联关系，这种关联关系是通过 ORDER 表与 PRODUCT 表的主键来维护的。而分解为两个 1-*N* 关系后，需要 OrderItem 类。

下述代码创建 OrderItem 订单单项类，属性有 id、order、product、quantity（产品数量）、purchasePrice（购买价格），演示 *N-N* 拆分成两个 1-*N* 的情况。

【代码 6-30】　OrderItem.java

```
package com.qst.chapter06.pojos;

public class OrderItem {

    private Integer id;
    /* 订单属性 */
    private Order order;
    /* 商品属性 */
    private Product product;
    /* 商品数量 */
    private Integer quantity;
    /* 购买价格 */
    private Double purchasePrice;
...//省略 getter 和 setter 方法
}
```

OrderItem 对应的 OrderItem.hbm.xml 映射文件的配置信息如下所示。

【代码 6-31】 OrderItem. hbm. xml

```
<?xml version = "1.0" encoding = "UTF - 8"?>
<! DOCTYPE hibernate - mapping PUBLIC
    " - //Hibernate/Hibernate Mapping DTD 3.0//EN"
    "http://hibernate.sourceforge.net/hibernate - mapping - 3.0.dtd">
< hibernate - mapping package = "com.qst.chapter06.pojos">
    <class name = "OrderItem" table = "ORDERITEM">
        < id name = "id" column = "ID">
            < generator class = "native" />
        </id>
        <! -- OrderItem 与 Order 是 1 - N 关系 -->
        < many - to - one name = "order" class = "Order" column = "ORDER_ID" />
        <! -- OrderItem 与 Product 是 1 - N 关系 -->
        < many - to - one name = "product" class = "Product" column = "PRODUCT_ID" />
        <! -- 购买商品数量 -->
        < property name = "quantity" column = "QUANTITY" type = "integer" />
        <! -- 商品购买时的价格 -->
        < property name = "purchasePrice" column = "PURCHASEPRICE" type = "double" />
    </class>
</hibernate - mapping>
```

Order. hbm. xml 和 Product. hbm. xml 文件中的配置信息需要修改，将原来的 *N*-*N* 关系去掉改成 1-*N* 关系，如下所示。

【代码 6-32】 Order. hbm. xml

```
< hibernate - mapping package = "com.qst.chapter06.pojos">
    <class name = "Order" table = "ORDERS">
...省略
    < set name = "orderitems" cascade = "save - update" inverse = "true"
            table = "ORDERITEM">
        < key column = "ORDER_ID" />
        < one - to - many class = "OrderItem" />
    </set>
    </class>
</hibernate - mapping>
```

上述代码配置了 Order 与 OrderItem 的 1-*N* 关联关系。在名为 orderitems 集中保存所关联的多个 OrderItem 类型的对象，ORDERITEM 表中的外键 ORDER_ID 对应于 ORDER 表的主键。

【代码 6-33】 Product. hbm. xml

```
< hibernate - mapping package = "com.qst.chapter06.pojos">
    <class name = "Product" table = "PRODUCT">
    ...
    < set name = "orderitems" table = "ORDERITEM" inverse = "true">
        < key column = "PRODUCT_ID" />
        < one - to - many class = "OrderItem" />
    </set>
    </class>
</hibernate - mapping>
```

上述代码配置了 Product 与 OrderItem 的 1-*N* 关联关系。同样，也是在 orderitems 集中保存所关联的多个 OrderItem 类型的对象，ORDERITEM 表中的外键 PRODUCT_ID 对应于

PRODUCT 表的主键。

6.1.4 级联关系

在使用 Hibernate 进行开发时，持久化对象之间通过关联关系相互引用是很常见的，通常对其中一个对象进行修改、删除或更新等操作时，被关联的对象也需进行相应的操作。进行这样的操作时通过使用 Hibernate 的级联(cascade)功能即可解决。如在删除一个 Customer 对象时，通过级联关系让 Hibernate 决定是否删除该对象对应的所有订单对象。cascade 是 set 元素的一个属性，该属性常用值及介绍如表 6-4 所述。

表 6-4 cascade 属性值及介绍

属性值	描述
none	默认值，表示关联对象之间无级联操作
save-update	表示主动方对象在调用 save()、update()和 saveOrUpdate()方法时对被关联对象执行保存或更新操作
delete	表示主动方对象在调用 delete()方法时对被关联对象执行删除操作
delete-orphan	用在 1-*N* 关联中，表示主动方对象调用 delete()方法时删除不被任何一个关联对象所引用的关联对象，多用于父子关联对象中
all	等价于 save-update 和 delete 的联合使用

注意

在实际开发中，级联通常用在 1-*N* 和 1-1 关联关系中，而对于 *N*-1 和 *N*-*N* 关联使用级联操作则没有意义。此外，cascade 属性值 save-update 最为常用。

通过添加一个顾客对象，同时保存该顾客的所有订单来演示 Hibernate 级联的使用方法。在 OrderCustomerDemo 代码中增加 addCustomerWithCascade()方法，添加的代码如下所示。

【代码 6-34】 OrderCustomerDemo.java

```
package com.qst.chapter06.demo;

import java.util.Date;
import java.util.Set;

import com.qst.chapter06.dao.CustomerDao;
import com.qst.chapter06.dao.OrderDao;
import com.qst.chapter06.pojos.Customer;
import com.qst.chapter06.pojos.Order;

public class OrderCustomerDemo {

    public static void main(String[ ] args) {

        //addOrderCustomer();
        //getCustomer();
        addCustomerWithCascade();
    }
```

```
    /* 级联保存 */
    private static void addCustomerWithCascade() {
        //实例化一个客户信息对象
        Customer customer = new Customer("lisi", "123456","青岛市");
        //实例化 1 个订单信息对象
        Order order1 = new Order("5",new Date(),customer);
        //建立关联关系,实现级联保存
        customer.getOrders().add(order1);
        System.out.println("-----级联保存客户和订单-----");
        //调用客户数据访问类 CustomerDao 中的 addCustomer()方法将 customer 对象数据保存到数
        //据库中
        CustomerDao.addCustomer(customer);
    }
    ...//省略
}
```

对于 Customer.hbm.xml 文件进行如下配置。

【代码 6-35】 Customer.hbm.xml

```
<hibernate-mapping package="com.qst.chapter06.pojos">
    <class name="Customer" table="CUSTOMER">
    ...//省略
        <!-- 1-N 关联关系 -->
        <set name="orders" cascade="save-update">
            <key column="CUSTOMER_ID" />
            <one-to-many class="Order" />
        </set>
    </class>
</hibernate-mapping>
```

上述代码配置了级联保存或更新操作,当保存顾客对象时,会把其对应的订单对象级联保存。

运行 OrderCustomerDemo 程序,在控制台输出如下语句:

```
Hibernate: insert into CUSTOMER (USERNAME, PWD, ADDRESS, IDCARD_ID, ID) values (?, ?, ?, ?, ?)
Hibernate: insert into ORDERS (ORDERNO, ORDERDATE, CUSTOMER_ID, ID) values (?, ?, ?, ?)
Hibernate: update ORDERS set CUSTOMER_ID=? where ID=?
```

通过上述语句可以发现,当执行 OrderCustomerDemo 程序中的 addCustomerWithCascade()方法时,Hibernate 首先在 CUSTOMER 表中插入一条记录,然后根据外键 CUSTOMER_ID 的值在 ORDERS 表中插入订单信息,最后执行一条 update 语句来更新 ORDERS 表中的 CUSTOMER_ID 信息,从而实现两张表之间的关联关系。

在 1-*N* 关联关系中,通常将控制权交给"*N*"方,这可以在 set 元素中通过配置 inverse 属性来实现,当 inverse="true"时表示关联关系由对方维护。修改后的 Customer.hbm.xml 代码如下所示。

【代码 6-36】 Customer.hbm.xml

```
<!-- 配置控制反转 -->
<set name="orders" inverse="true" cascade="save-update">
        <key column="CUSTOMER_ID" />
        <one-to-many class="Order" />
</set>
```

通过上面的配置，设置关联的控制权交给了 Order 对象，所以在保存 Customer 对象前 Order 对象必须关联到该对象。

【代码 6-37】 OrderCustomerDemo.java

```
package com.qst.chapter06.demo;

import java.util.Date;
import java.util.Set;

import com.qst.chapter06.dao.CustomerDao;
import com.qst.chapter06.dao.OrderDao;
import com.qst.chapter06.pojos.Customer;
import com.qst.chapter06.pojos.Order;

public class OrderCustomerDemo {

    public static void main(String[ ] args) {

        //addOrderCustomer();
        //getCustomer();
        addCustomerWithCascade();
    }
    /* 级联保存 */
    private static void addCustomerWithCascade() {
        //实例化一个客户信息对象
        Customer customer = new Customer("lisi", "123456","青岛市");
        //实例化 1 个订单信息对象,order 对象必须关联 customer 对象,inverse 才起作用
        Order order1 = new Order("5",new Date(),customer);
        //建立关联关系,实现级联保存
        customer.getOrders().add(order1);
        //order 对象必须关联 customer 对象,inverse 才起作用
        //order1.setCustomer(customer);
        System.out.println("----- 级联保存客户和订单 -----");
        //调用客户数据访问类 CustomerDao 中的 addCustomer()方法将 customer 对象数据保存到数
        //据库中
        CustomerDao.addCustomer(customer);
    }
    ...//省略
}
```

上述代码在创建 order 对象时一定要关联 customer 对象，例如，“Order order1 = new Order("5",new Date(),customer)”或“order1.setCustomer(customer)”，关联后 inverse 才起作用。运行 OrderCustomerDemo 程序，在控制台输出如两条 insert 语句：

```
Hibernate: insert into CUSTOMER (USERNAME, PWD, ADDRESS, IDCARD_ID, ID) values (?, ?, ?, ?, ?)
Hibernate: insert into ORDERS (ORDERNO, ORDERDATE, CUSTOMER_ID, ID) values (?, ?, ?, ?)
```

运行 ShoppingService 完毕后，CUSTOMER 表和 ORDERS 表中的数据如图 6-8 所示。

通过运行结果可见，当将关联的控制权交给“*N*”方时，无须执行 update 语句就可完成两关联对象之间的级联操作。

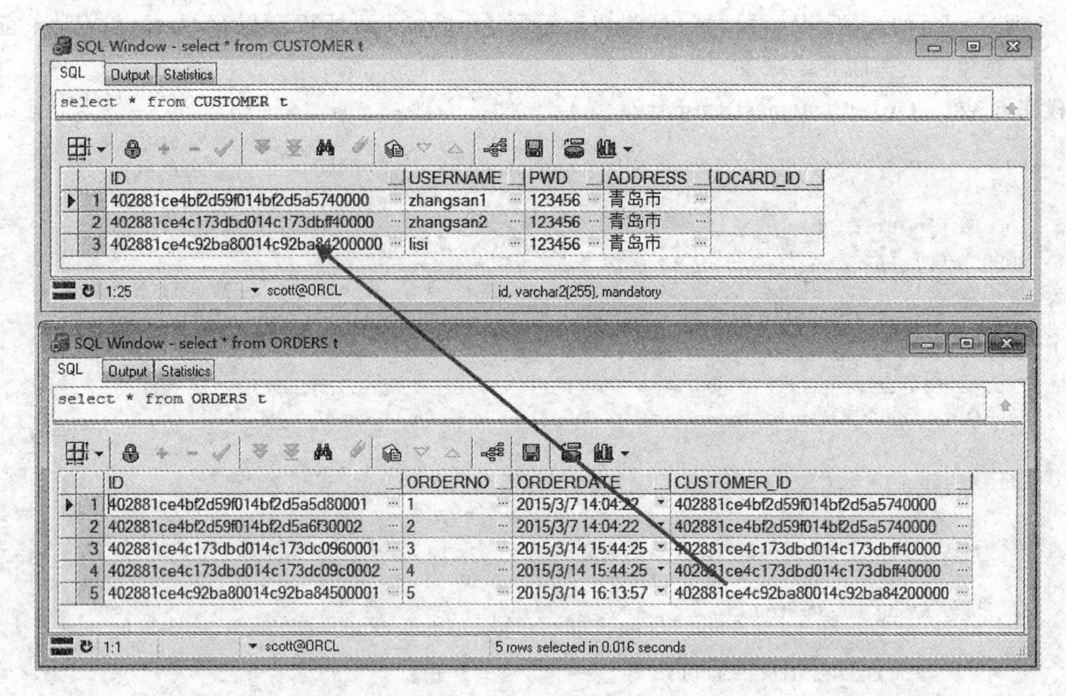

图 6-8　CUSTOMER 表和 ORDERS 表数据

6.2　检索方式简介

Hibernate 提供异常强大的查询体系，其查询检索方式主要有 5 种，分别为导航对象图检索方式、OID 检索方式、HQL 检索方式、QBC 检索方式和 SQL 检索方式。其中前两种比较简单，例如 OID 检索方式是指通过 Session 对象的 get()和 load()方法来检索对象，这种方式在前面已经涉及，此处不再赘述。

关于 Hibernate 提供的各种检索方式的介绍如表 6-5 所示。

表 6-5　Hibernate 几种检索对象的方式

检索方式	描　述
导航对象图检索方式	根据已加载的对象，利用对象之间关联关系，导航到其他对象。例如，对于已经加载的 Customer 对象，通过调用该对象的 getOrders(). iterator()方法就可以导航到某一个 Order 对象
OID 检索方式	按照对象的 OID 来检索对象。可以使用 Session 的 load()或 get()方法。例如，想要检索 OID 为 1 的 Customer 对象，如果数据库中存在，就可以通过 load (Customer. class,1)检索到该对象
HQL 检索方式	使用 HQL(Hibernate Query Language)查询语言来检索对象。Hibernate 中提供了 Query 接口，该接口是 HQL 查询接口，能够执行各种复杂的 HQL 查询语句
QBC 检索方式	使用 QBC(Query By Criteria)API 来检索对象。该 API 提供了更加面向对象的接口，用于各种复杂的查询
本地 SQL 检索方式	使用本地数据库的 SQL 查询语句。Hibernate 负责把检索到的 JDBC ResultSet 结果集映射为持久化对象图

注意

> “检索”与“查询”这两种说法所表达的意思其实是一样的，但出于表达的便利，通常“检索”在面向对象的语义环境中使用得更广泛，而“查询”在面向关系的语言环境中使用得广泛些。

6.3 HQL与QBC检索

在实际开发中，HQL和QBC是常见的两种强大的查询方式，本书主要围绕这两种查询方式进行详细介绍。

6.3.1 HQL检索

HQL(Hibernate Query Language)是面向对象的查询语言。与SQL查询语言相比，虽然在语法上类似，都是在运行时进行解析，但HQL是完全面向对象的查询语言，并不像SQL那样操作的是数据表、列等数据库对象，HQL所操作的对象是类、对象、属性等。由于HQL具有面向对象特性，因此可以支持继承和多态等特征。在Hibernate提供的各种检索方式中，HQL是使用最广泛的。

HQL基本的查询语法规则如下所示。

【语法】

```
[select attribute_name_list]
from class_name
[where ...]
[group by ...]
[having ...]
[order by ...]
```

其中：

- select、where、group by、having、order by子句都是可选的；
- attribute_name_list指定查询的属性列表，多个属性名之间使用逗号隔开；
- class_name指定查询的类名，可以使用类的全称，如com.qst.chapter06.pojos.Customer。

HQL查询常用的关键字如表6-6所示。

表6-6 HQL查询关键字

关键字	功 能	示 例
from	指定查询的类	from Customer(返回Customer类的所有实例，默认情况下省略select子句时，表示返回实例的所有属性)
where	指定条件，用来筛选数据源	from Customer where address='青岛市'(返回地址是“青岛市”的所有Customer实例，其中address是Customer类的属性)
select	执行查询后，返回元素所包含的内容	select realName, address from Customer(返回所有Customer实例的realName和address属性值)

续表

关键字	功　能	示　例
group by	对查询结果进行分组	select count(o) from Order o group by o. customer(按照客户进行分组查询,返回所有客户订单的个数)
order by	对查询结果进行排序	from Customer order by age(默认按照属性 age 进行升序排序,可以使用 asc 或 desc 关键字指明了按照升序或降序进行排序)
join	join 单独使用时表示内连接,left join 表示左外连接,right join 表示右外连接	select c from Customer c inner join c. orders(返回 Customer 的所有实例,注意 set 集合默认使用延迟加载,只有在真正使用集合中的 order 对象时,才真正查询 order 表的内容)
fetch	一次性取出当前对象和所被关联的对象,也叫预先抓取	select c from Customer c inner join fecth c. orders(返回 Customer 的所有实例,并把该实例的 orders 属性进行预先加载,而不是延迟加载)

HQL 查询依赖于 Query 对象,通常 HQL 的检索方式的步骤如下:

(1) 获取 Hibernate 的 Session 对象;

(2) 编写 HQL 查询语句;

(3) 以 HQL 作为参数,调用 Session 对象的 createQuery()方法,创建 Query 对象;

(4) 如果 HQL 语句中包含参数,调用 Query 对象的 setXXX()方法为参数赋值;

(5) 调用 Query 对象的 list()等方法得到查询结果。

HQL 查询依赖于 Query 接口,Query 是 Hibernate 提供的查询接口,每一个 Query 实例都对应一个查询对象,用于向数据库查询对象以及控制执行查询的过程。

Query 接口中提供了许多方法,常用方法及描述如表 6-7 所示。

表 6-7　Query 接口的方法及描述

方　法　名	描　　述
int executeUpdate()	执行更新或删除等操作,返回值是受此操作影响的记录数
Iterator iterate()	返回一个 Iterator 对象,用于迭代查询的结果集。使用该方法时,首先检索 ID 字段,然后根据 ID 字段到 Hibernate 的一级和二级缓存中查找匹配的对象,如果存在就放到结果集中,否则执行额外的 select 语句,根据 ID 查询数据库。如果对象位于缓存中,该方法性能比 list()方法要高
List list()	返回 List 类型的结果集,如果是投影查询即查询部分属性,则返回 Object[]形式
Query setFirstResult(int first)	设定开始检索的起始位置,参数 first 表示对象在查询结果中的索引位置,索引位置的起始值为 0。默认情况下,Query 接口从索引位置为 0 的对象开始检索
Query setMaxResult(int max)	设定一次最多检索出的对象数目,默认情况下,Query 接口检索出查询结果中的所有对象,该方法通常和 setFirstResult()方法配合实现分页查询
Object uniqueResult()	返回单个对象,如果没有查询到结果则返回 null,该方法通常和 setMaxResult()方法配合使用,用于返回单个对象
Query setString(String name, String val)	绑定映射类型为 String 的参数,Query 接口提供了绑定各种 Hibernate 映射类型参数的方法
Query setEntity(String name, Object val)	把参数与一个持久化对象绑定,该方法有多个重载方法

续表

方法名	描述
Query setParameter (String name,Object val)	用于绑定任意类型的参数,该方法有多个重载方法
Query setProperties (String name,Object val)	用于把命名参数与一个对象的属性值绑定,该方法有多个重载方法

注意

使用 Query 接口方法时首先要获取一个 Query 实例,可以利用 Session 的 createQuery() 方法获取。

【代码 6-38】 HqlCriteriaBusinessDemo.java

```
public class HqlCriteriaBusinessDemo {
    public static void main(String[ ] args) {
        findCustomersByAddress_HQL("青岛市");
    }

    /* 使用 HQL 检索根据地址查询 Customer */
    public static void findCustomersByAddress_HQL(String address) {
        //(1)获取 session 对象
        Session session = HibernateUtils.getSession();
        //(2)编写 hql 语句
        String hql = "from Customer c where c.address = :address";
        //(3)以 HQL 作为参数,调用 session 的 createQuery()方法创建 Query 对象
        Query query = session.createQuery(hql);
        //(4)调用 Query 对象的 setXXX()方法为参数赋值
        query.setString("address", address);
        //(5)调用 Query 对象的 list()等方法得到查询结果
        List<Customer> list = query.list();
        //遍历输出结果
        for (Customer c : list) {
            System.out.println(c.getId() + "\t" + c.getUserName());
        }
    }
}
```

上述代码定义一个 findCustomersByAddress_HQL()方法,该方法使用 HQL 检索的方式根据地址查询 Customer 对象,并对查询结果进行遍历输出。其中,在编写 HQL 查询语句时,参数通过使用":参数名"的格式进行定义,例如,":address"就是一个参数。

上述代码是按照 HQL 检索步骤逐步一一实现,其中 Query 对象是使用显示的方式进行命名并使用。其实为了优化代码,在实际应用中会经常对 Query 对象采用匿名的方式进行简化,可以将上述代码中 HQL 检索步骤中的(3)、(4)、(5)步进行整合简化,代码如下所示。

【示例】 Query 对象匿名方式

```
List<Customer> list = session.createQuery(hql)
                        .setString("address", address)
                        .list();
```

上述代码所采用的编写风格也称为“方法链”编程风格，这是由于 createQuery()和 setString()方法的返回值类型都为当前 Query 对象，所以可以连续使用多个方法。

在 main()方法中调用 findCustomersByAddress_HQL()方法，并传递一个“青岛市”字符串参数，用于检索地址是“青岛市”的客户信息。运行该程序，在控制台输出的结果如下所示。

```
Hibernate: select customer0_.ID as ID1_0_, customer0_.USERNAME as USERNAME2_0_, customer0_.PWD
as PWD3_0_, customer0_.ADDRESS as ADDRESS4_0_, customer0_.IDCARD_ID as IDCARD_I5_0_ from
CUSTOMER customer0_ where customer0_.ADDRESS = ?
402881ce4bf2d59f014bf2d5a5740000   zhangsan1
402881ce4c173dbd014c173dbff40000   zhangsan2
402881ce4c92ba80014c92ba84200000   lisi
```

注意

除了 Java 类与属性的名称外，查询语句并不区分字母大小写。对 HQL 查询语句中的关键字不区分大小写，为了版面的简洁统一，本书对 HQL 查询语句中的关键字一律采用小写形式。

6.3.2 QBC 检索

QBC(Query By Criteria)检索同样也是一种面向对象的查询方式，这种查询是以函数 API 的方式动态地设置查询条件，组成查询语句，因此也被称为“条件查询”。

QBC 检索主要通过以下两个接口和一个工具类来实现：

- Criteria 接口，代表一次查询；
- Criterion 接口，代表一个查询条件；
- Restrictions 类，产生查询条件的工具类。

通常使用 QBC 检索方式的步骤如下：

(1) 获取 Hibernate 的 Session 对象；

(2) 调用 Session 对象的 createCriteria()方法，创建 Criteria 对象；

(3) 调用 Criteria 对象的 add()方法，增加 Criterion 查询条件；

(4) 执行 Criteria 的 list()或 uniqueResult()方法返回查询结果集。

注意

HQL 与 QBC 两种检索方式各有特点，HQL 类似于 SQL，功能要比 QBC 方式强大；而 QBC 主要通过特定的 API 来完成查询，完全面向对象化，支持在运行时动态生成查询语句，因此在动态查询时要比 HQL 更有优势。通常情况下，可以根据两者特点结合使用。

QBC 检索时经常需要使用 Criteria 接口，该接口是 Hibernate 的查询接口，用于向数据库查询对象，以及控制执行查询的过程。Criteria 接口完全封装了基于字符串形式的查询语句，比 Query 接口更加面向对象。

在条件查询中，Criteria 接口代表一次查询，该查询不具备任何数据筛选功能。Criteria 本身是一个查询容器，具体的查询条件可以通过 Criteria 的 add()方法加入到 Criteria 实例中，开发人员甚至不用编写任何的 SQL 或 HQL 就可以实现数据的查询。此外,QBC 在编译时就进行解析,比较容易排错。

Criteria 接口提供了很多方法,其常用的方法及描述如表 6-8 所示。

表 6-8 Criteria 接口的方法及描述

方法名	描述
Criteria add(Criterion cri)	往 Criteria 容器中增加查询条件
Criteria addOrder(Order order)	增加排序规则,通过调用 Order 的 asc()或 desc()方法来确定对结果集进行升序还是降序排序
Criteria createCriteria(String path)	在相互关联的持久化类之间建立条件约束
List list()	返回 List 类型的结果集
Criteria setFirstResult(int first)	设定开始检索的起始位置
Criteria setMaxResult(int max)	设定一次最多检索出的对象数目
Object uniqueResult()	返回单个对象
Criteria setProjection (Projection projectionf)	设定统计函数实现分组统计功能,Projection 类型的对象代表一个统计函数,通过 Projections 类可以获取常用的统计函数

注意

使用 Criteria 接口方法时首先需获取一个 Criteria 实例,可以利用 Session 的 createCriteria()方法获取。

下述代码在 HqlCriteriaBusinessDemo 程序中增加一个 findCustomersByAddress_QBC()方法,使用 QBC 检索方式根据地址查询 Customer,代码如下所示。

【代码 6-39】 HqlCriteriaBusinessDemo.java

```
public class HqlCriteriaBusinessDemo {
    public static void main(String[ ] args) {
        //findCustomersByAddress_HQL("青岛市");
        findCustomersByAddress_QBC("青岛市");
    }
    ...//省略
    /* 使用 QBC 检索根据地址查询 Customer */
    public static void findCustomersByAddress_QBC(String address) {
        //(1)获取 session 对象
        Session session = HibernateUtils.getSession();
        //(2)以 Customer 的 Class 对象作为参数,创建 Criteria 对象
        Criteria critera = session.createCriteria(Customer.class);
        //(3)调用 Criteria 对象的 add()方法,增加 Criterion 查询条件
        critera.add(Restrictions.eq("address", address));
        //(4)执行 Criteria 的 list()方法返回查询结果
        List<Customer> list = critera.list();
        //遍历输出结果
        for (Customer c : list) {
            System.out.println(c.getId() + "\t" + c.getUserName());
        }
    }
}
```

上述代码在使用 Session 的 createCriteria()方法创建 Criteria 对象时,需要以 Class 对象作为参数,例如 Customer.class 表示需要对 Customer 对象进行筛选。在调用 Criteria 对象的 add()方法增加查询条件时,该查询条件由 Restrictions 负责产生,这个类是专门用于查询条件的工具类。Restrictions 工具类中提供了大量的静态方法,其常用的方法如表 6-9 所示。

表 6-9 Restrictions 类中的静态方法及描述

方 法 名	描 述
static Criterion allEq(Map propertyNameValues)	判定指定属性(由 Map 参数的 key 指定)和指定值(由 Map 参数的 value 指定)是否完全相等
static Criterion between(String propertyName, Object lo, Object hi)	判断属性值在指定范围之内
static Criterion ilike(String propertyName, Object value)	判断属性值匹配某个字符串
static Criterion in(String propertyName, Collection values)	判断属性值在某个集合内
static Criterion in(String propertyName, Object[] values)	判断属性值在数组元素内
static Criterion isEmpty(String propertyName)	判断属性值是否为空
static Criterion isNotEmpty(String propertyName)	判断属性值是否不为空
static Criterion isNull(String propertyName)	判断属性值是否为 null
static Criterion isNotNull(String propertyName)	判断属性值是否不为 null
static Criterion not(Criterion expression)	对 Criterion 求否
static Criterion sqlRestriction(String sql)	直接使用 SQL 语句作为筛选条件
static Criterion sqlRestriction(String sql, Object value, Type type)	直接使用带一个参数的 SQL 语句作为筛选条件,并指定该参数的值
static Criterion sqlRestriction(String sql, Object[] values, Type[] types)	直接使用带多个参数的 SQL 语句作为筛选条件,并指定多个参数的值

与 Query 对象类似,使用 Criteria 对象进行查询时也可以通过匿名方式进行代码优化,代码如下所示。

【示例】 Criteria 对象匿名方式

```
List<Customer> list = session.createCriteria(Customer.class)
        .add(Restrictions.eq("address", address))
        .list();
```

在 HqlCriteriaBusinessDemo 程序代码中调用 findCustomersByAddress_QBC("青岛市")方法,执行改程序,其运行结果与 findCustomersByAddress_HQL("青岛市")的运行结果一致。

```
Hibernate: select this_.ID as ID1_0_0_, this_.USERNAME as USERNAME2_0_0_, this_.PWD as PWD3_0_0_,
this_.ADDRESS as ADDRESS4_0_0_, this_.IDCARD_ID as IDCARD_I5_0_0_ from CUSTOMER this_ where this_
.ADDRESS = ?
402881ce4bf2d59f014bf2d5a5740000   zhangsan1
402881ce4c173dbd014c173dbff40000   zhangsan2
402881ce4c92ba80014c92ba84200000   lisi
```

6.3.3 HQL与QBC对比

Hibernate提供的HQL和QBC这两种检索方式各有优缺点，总结如表6-10所述。

表6-10 HQL和QBC优缺点比较

检索方式	优　点	缺　点
HQL检索方式	(1) 和SQL查询语句比较接近，较容易读懂； (2) 功能强大，支持各种查询	(1) 应用程序必须提供基于字符串形式的查询。 (2) HQL查询语句只有在运行时才被解析。 (3) 尽管支持生成动态查询语句，但编程麻烦
QBC检索方式	(1) 封装了基于字符串形式的查询，提供了更加面向对象的查询。 (2) QBC在编译期会做检查，因此更加容易排错。 (3) 适合于生成动态查询语句	(1) 没有HQL的功能强大，例如，对连接查询支持不友好，不支持子查询，但可以通过DetachedCriteria和Subqueries类来实现子查询。 (2) QBC把查询语句分解成一组Criterion实例，可读性较差

对于查询方式的选择，在实际开发中需要根据具体的情况由开发人员自己选择。

6.3.4 使用别名

通过HQL检索一个类的实例时，如果在查询语句的其他地方需要引用该类，则应该为这个类指定一个别名，以便于引用。

使用as关键字可以设定别名，也可以将as关键字省略，其语法格式如下：

【语法】

```
类名 as 别名
```

或

```
类名 别名
```

下述代码是给Customer类定义别名，示例如下所示。

【示例】 给Customer定义别名

```
from Customer as c where c.userName = :name
```

或

```
from Customer c where c.userName = :name
```

QBC检索方式不需要由应用程序显式的指定类的别名，Hibernate会自动把查询语句中的根节点实体赋予别名this。例如：

```
List<Customer> list = session.createCriteria(Customer.class)
        .add(Restrictions.eq("address", address))
        .list();
```

上述代码中Restrictions工具类中的eq()方法的第一个参数为address，代表Customer类的address属性，与this.address等价。等价代码如下所示：

```
List<Customer> list = session.createCriteria(Customer.class)
        .add(Restrictions.eq("this.address", address))
        .list();
```

6.3.5 查询结果排序

HQL和QBC都支持对查询结果排序。HQL采用order by关键字对查询结果进行排序，而QBC中采用org.hibernate.criterion.Order类对查询结果进行排序。下面举例分别说明这两种查询结果排序。

1. HQL查询结果排序

在HQL语句中可以使用order by子句根据类或组件的任何属性进行排序，还可以使用asc或desc关键字指定升序或降序的排序规则，如果没有指定排序规则，则默认采用asc升序规则。

order by子句的语法格式如下所示。

【语法】

```
order by 属性列表[asc|desc]
```

【示例】 使用order by子句排序

```
from Customer as c order by c.address,c.userName desc
```

在HqlCriteriaBusinessDemo程序代码中增加一个orderByUserNameByDesc_HQL()方法，该方法利用HQL对查询结果按照Customer的userName进行降序排序，代码如下所示。

【代码6-40】 HqlCriteriaBusinessDemo.java

```
public class HqlCriteriaBusinessDemo {
    public static void main(String[ ] args) {
        //findCustomersByAddress_HQL("青岛市");
        //findCustomersByAddress_QBC("青岛市");
        orderByUserNameByDesc_HQL();
    }
    ...//省略
    /* 使用HQL对查询结果按照Customer的userName进行降序排序 */
    public static void orderByUserNameByDesc_HQL() {
        //(1)获取session对象
        Session session = HibernateUtils.getSession();
        //(2)编写hql语句
        String hql = "from Customer c order by c.userName desc";
        //(3)以HQL作为参数,调用session的createQuery()方法创建Query对象
        Query query = session.createQuery(hql);
        //(4)调用query对象的list()等方法遍历结果
        List<Customer> list = query.list();
        //打印结果
        for (Customer c : list) {
            System.out.println(c.getId() + "\t" + c.getUserName());
        }
    }
}
```

上述代码中,在HQL语句中利用order by对结果集按照降序排列。运行结果如下所示。

```
Hibernate: select customer0_.ID as ID1_0_, customer0_.USERNAME as USERNAME2_0_, customer0_.PWD
as PWD3_0_, customer0_.ADDRESS as ADDRESS4_0_, customer0_.IDCARD_ID as IDCARD_I5_0_ from
CUSTOMER customer0_ order by customer0_.USERNAME desc
402881ce4c173dbd014c173dbff40000  zhangsan2
402881ce4bf2d59f014bf2d5a5740000  zhangsan1
402881ce4c92c6f1014c92c6f49e0000  wangwu
402881ce4c92ba80014c92ba84200000  lisi
```

如果HQL语句"from Customer c order by c.userName desc"去掉desc,则将按照asc升序排序,运行结果如下所示。

```
Hibernate: select customer0_.ID as ID1_0_, customer0_.USERNAME as USERNAME2_0_, customer0_.PWD
as PWD3_0_, customer0_.ADDRESS as ADDRESS4_0_, customer0_.IDCARD_ID as IDCARD_I5_0_ from
CUSTOMER customer0_ order by customer0_.USERNAME
402881ce4c92ba80014c92ba84200000  lisi
402881ce4c92c6f1014c92c6f49e0000  wangwu
402881ce4bf2d59f014bf2d5a5740000  zhangsan1
402881ce4c173dbd014c173dbff40000  zhangsan2
```

2. Criteria查询结果排序

QBC中采用org.hibernate.criterion.Order类对查询结果进行排序,其中Order类是代表排序的类,该类提供了asc()和desc()两个静态方法,分别用于升序和降序,其返回值均为Order类型。

使用Order类的语法规则如下所示。

【语法】

```
criteria.addOrder(Order.asc("属性"));            //升序
```

或

```
criteria.addOrder(Order.desc("属性"));            //降序
```

【示例】 使用Order类排序

```
Criteria critera = session.createCriteria(Customer.class);
criteria.addOrder(Order.desc("userName"));
```

在HqlCriteriaBusinessDemo程序代码中增加一个orderByUserNameByDesc_QBC()方法,该方法利用QBC检索中的Order类对查询结果按照Customer的userName进行降序排序,代码如下所示。

【代码6-41】 HqlCriteriaBusinessDemo.java

```
public class HqlCriteriaBusinessDemo {
    public static void main(String[ ] args) {
        //findCustomersByAddress_HQL("青岛市");
        //findCustomersByAddress_QBC("青岛市");
        //orderByUserNameByDesc_HQL();
        orderByUserNameByDesc_QBC();
    }
```

```
    ...//省略
    /* 使用 QBC 检索中的 Order 类对查询结果按照 Customer 的 userName 进行降序排序 */
    public static void orderByUserNameByDesc_QBC() {
        //(1)获取 session 对象
        Session session = HibernateUtils.getSession();
        //(2)以 Customer 的 Class 对象作为参数,创建 Criteria 对象
        Criteria critera = session.createCriteria(Customer.class);
        //(3)调用 criteria 对象的 addOrder()方法条件排序规则
        critera.addOrder(org.hibernate.criterion.Order.desc("userName"));
        List<Customer> list = critera.list();
        //打印结果
        for (Customer c : list) {
            System.out.println(c.getId() + "\t" + c.getUserName());
        }
    }
}
```

上述代码中使用 org.hibernate.criterion.Order 类时通过完整的类路径进行指明，这是由于本章同时使用了订单类 com.qst.chapter06.pojos.Order 类，如果在程序中同时引用了这两个类，为了区分这两个类，必须使用完整的类路径进行区分。在添加排序条件时，使用的是 addOrder()方法而不是 add()方法。desc()方法用于对结果集按照降序排列。运行结果如下所示。

```
Hibernate: select this_.ID as ID1_0_0_, this_.USERNAME as USERNAME2_0_0_, this_.PWD as PWD3_0_0_,
this_.ADDRESS as ADDRESS4_0_0_, this_.IDCARD_ID as IDCARD_I5_0_0_ from CUSTOMER this_ order by
this_.USERNAME desc
402881ce4c173dbd014c173dbff40000   zhangsan2
402881ce4bf2d59f014bf2d5a5740000   zhangsan1
402881ce4c92c6f1014c92c6f49e0000   wangwu
402881ce4c92ba80014c92ba84200000   lisi
```

6.3.6 分页查询

当批量查询数据时，如果数据量很大，会导致无法在客户端的单个页面上显示所有记录，此时就需要使用分页。分页是在程序开发中经常用到的一项技术。例如，查询 CUSTOMER 表中的所有记录，共 58 条记录，这些记录可以在终端用户界面上使用分页进行显示；每页只显示 10 条记录，则需要使用 6 页，其中前 1～5 页每页都是 10 条记录，而第 6 页则显示 8 条记录；6 个页面之间提供页码超链接进行导航，方便用户跳转到所要查看的页。

Query 和 Criteria 接口都提供了分页查询的方法，因此 HQL 语句和 QBC 都可以用来编写分页查询的代码。

1. HQL 分页查询

HQL 分页查询主要是通过 Query 接口中的 setFirstResult()和 setMaxResults()方法的结合使用来实现的。

在 HqlCriteriaBusinessDemo 程序代码中增加一个 listPageCustomer_HQL()方法，该方法使用 HQL 实现分页查询 Customer 表的信息功能，代码如下所述。

【代码 6-42】 HqlCriteriaBusinessDemo.java

```
public class HqlCriteriaBusinessDemo {
    public static void main(String[ ] args) {
        //findCustomersByAddress_HQL("青岛市");
        //findCustomersByAddress_QBC("青岛市");
        //orderByUserNameByDesc_HQL();
        //orderByUserNameByDesc_QBC();
        //第 2 页,每页 3 条记录
        List < Customer > list = listPageCustomer_HQL(2,3);
        //打印结果
        for (Customer c : list) {
            System.out.println(c.getId() + "\t" + c.getUserName());
        }
    }
    ...//省略
    /* 使用 HQL 分页查询 Customer 信息 */
    public static List < Customer > listPageCustomer_HQL(int pageNo, int perPageNum) {
        Session session = HibernateUtils.getSession();
        String hql = "from Customer c order by c.userName desc";
        Query query = session.createQuery(hql);
        query.setFirstResult((pageNo - 1) * perPageNum);
        query.setMaxResults(perPageNum);
        List < Customer > list = query.list();
        return list;
    }
}
```

上述代码定义了一个 listPageCustomer_HQL()方法,该方法带两个参数：pageNo 表示是页码,perPageNum 表示的是每页显示的记录数。由于 setFirstResult(int first)方法中的 first 值是从 0 开始,即查询结果中的索引位置从 0 开始计算,因此每页的第一条记录的索引是“(pageNo－1) * perPageNum”,例如,查询第 1 页时,第 1 页中第一个对象的位置是“(1－1) * perPageNum＝0”。setMaxResults()用于设定一次最多检索出的记录条数,因此其参数为 perPageNum。

在 main()方法中调用“listPageCustomer_HQL(2,3)”,用于分页查询第 2 页,每页 3 条记录,其查询的执行结果如下：

```
Hibernate: select * from ( select row_.*, rownum rownum_ from ( select customer0_.ID as ID1_0_,
customer0_.USERNAME as USERNAME2_0_, customer0_.PWD as PWD3_0_, customer0_.ADDRESS as ADDRESS4_
0_, customer0_.IDCARD_ID as IDCARD_I5_0_ from CUSTOMER customer0_ order by customer0_.USERNAME
desc ) row_ ) where rownum_ <= ? and rownum_ > ?
402881ce4c92ba80014c92ba84200000  lisi
```

2. Criteria 分页查询

Criteria 分页查询与 HQL 分页查询类似,也是通过 Criteria 接口中的 setFirstResult()和 setMaxResults()方法的结合使用来实现的。

在 HqlCriteriaBusinessDemo 程序代码中增加一个 listPageCustomer_QBC()方法,该方法使用 Criteria 分页查询完成对 Customer 表中信息的分页显示,代码如下所述。

【代码 6-43】 HqlCriteriaBusinessDemo.java

```
public class HqlCriteriaBusinessDemo {
    public static void main(String[ ] args) {
```

```
        //findCustomersByAddress_HQL("青岛市");
        //findCustomersByAddress_QBC("青岛市");
        //orderByUserNameByDesc_HQL();
        //orderByUserNameByDesc_QBC();
        //第2页,每页3条记录
        //List<Customer> list = listPageCustomer_HQL(2,3);
        List<Customer> list = listPageCustomer_QBC(2,3);
        //打印结果
        for (Customer c : list) {
            System.out.println(c.getId() + "\t" + c.getUserName());
        }
    }
    ...//省略
    /*使用QBC分页查询Customer信息*/
    public static List<Customer> listPageCustomer_QBC(int pageNo, int perPageNum) {
        Session session = HibernateUtils.getSession();
        Criteria criteria = session.createCriteria(Customer.class);
        criteria.setFirstResult((pageNo - 1) * perPageNum);
        criteria.setMaxResults(perPageNum);
        List<Customer> list = criteria.list();
        return list;
    }
}
```

上述代码定义一个listPageCustomer_QBC()方法,该方法带两个参数：pageNo表示是页码,perPageNum表示的是每页显示的记录数。该方法是通过设置Criteria对象的setFirstResult()和setMaxResults()方法实现分页查询。

Criteria分页查询的执行结果如下所示。

```
Hibernate: select * from ( select row_.*, rownum rownum_ from ( select this_.ID as ID1_0_0_,
this_.USERNAME as USERNAME2_0_0_, this_.PWD as PWD3_0_0_,this_.ADDRESS as ADDRESS4_0_0_, this_.
IDCARD_ID as IDCARD_I5_0_0_ from CUSTOMER this_ ) row_ ) where rownum_ <= ? and rownum_ > ?
402881ce4c92c6f1014c92c6f49e0000    wangwu
```

注意

> Hibernate进行分页查询时在操作上具有很大的灵活性,对于不同的数据库,Hibernate在底层都会使用特定的SQL语句来实现分页,例如,使用MySQL时,会利用limit关键字；使用Oracle时,利用rownum；使用SQL Server时,利用top关键字。Hibernate屏蔽了底层的SQL实现,开发人员不必关心。

6.3.7 查询单条记录

在某些情况下,需要查询单条记录,即只希望检索出一个对象,此时可以经过下面两个步骤获取：

(1) 先调用Query或Criteria接口中的setMaxResults(1)方法,将最大检索数设置为1；

(2) 然后调用uniqueResult()方法返回一个Object类型的对象。

1. HQL 查询单条记录

在 HqlCriteriaBusinessDemo 程序代码中增加一个 findOneCustomer_HQL()方法，该方法通过使用 HQL 从数据库中查询单条记录，代码如下所述。

【代码 6-44】 HqlCriteriaBusinessDemo.java

```
public class HqlCriteriaBusinessDemo {
    public static void main(String[ ] args) {
        //findCustomersByAddress_HQL("青岛市");
        //findCustomersByAddress_QBC("青岛市");
        //orderByUserNameByDesc_HQL();
        //orderByUserNameByDesc_QBC();
        //第 2 页，每页 3 条记录
        //List<Customer> list = listPageCustomer_HQL(2,3);
        //List<Customer> list = listPageCustomer_QBC(2, 3);
        //打印结果
        //for (Customer c : list) {
        //System.out.println(c.getId() + "\t" + c.getUserName());
        //}
        Customer c = findOneCustomer_HQL();
        System.out.println(c.getId() + "\t" + c.getUserName());
    }
    ...//省略
    /* 利用 HQL 检索单个 Customer 对象 */
    public static Customer findOneCustomer_HQL() {
        Session session = HibernateUtils.getSession();
        String hql = "from Customer c order by c.userName desc";
        Customer customer = (Customer) session.createQuery(hql)
                .setMaxResults(1)
                .uniqueResult();
        return customer;
    }
}
```

上述代码通过 setMaxResults()方法将最大检索数设为 1，然后通过 uniqueResult()方法返回单个 Customer 对象。

在 main()中调用 findOneCustomer_HQL()方法，运行结果如下所示。

```
Hibernate: select * from ( select customer0_.ID as ID1_0_, customer0_.USERNAME as USERNAME2_0_,
customer0_.PWD as PWD3_0_, customer0_.ADDRESS as ADDRESS4_0_,customer0_.IDCARD_ID as IDCARD_I5_
0_ from CUSTOMER customer0_ order by customer0_.USERNAME desc ) where rownum <= ?
402881ce4c173dbd014c173dbff40000    zhangsan2
```

如果明确知道查询结果只会包含一个对象，此时可以不用调用 setMaxResult()方法。例如在有检索条件的情况下，根据该检索条件所返回的值是唯一的，代码如下所示：

```
Customer customer = (Customer) session.createQuery("from Customer c where c.id = 1").uniqueResult();
```

如果查询结果中包含了多个对象，但没有调用 setMaxResults()方法设置最大检索数，此时就会抛出 NonUniqueResultException 异常。

2. Criteria 检索单条记录

在 HqlCriteriaBusinessDemo 程序代码中增加一个 findOneCustomer_QBC()方法，该方

法利用 Criteria 对象从数据库中查询单条记录,代码如下所述。

【代码 6-45】 HqlCriteriaBusinessDemo. java

```
public class HqlCriteriaBusinessDemo {
    public static void main(String[ ] args) {
        //findCustomersByAddress_HQL("青岛市");
        //findCustomersByAddress_QBC("青岛市");
        //orderByUserNameByDesc_HQL();
        //orderByUserNameByDesc_QBC();
        //第 2 页,每页 3 条记录
        //List<Customer> list = listPageCustomer_HQL(2,3);
        //List<Customer> list = listPageCustomer_QBC(2, 3);
        //打印结果
        //for (Customer c : list) {
        //System.out.println(c.getId() + "\t" + c.getUserName());
        //}
        //Customer c = findOneCustomer_HQL();
        Customer c = findOneCustomer_QBC();
        System.out.println(c.getId() + "\t" + c.getUserName());
    }
    ...//省略
    /* 利用 QBC 检索单个 Customer 对象 */
    public static Customer findOneCustomer_QBC() {
        Session session = HibernateUtils.getSession();
        Customer customer = (Customer) session.createCriteria(Customer.class)
                .addOrder(org.hibernate.criterion.Order.desc("userName"))
                .setMaxResults(1)
                .uniqueResult();
        return customer;
    }
}
```

在上述代码的 findOneCustomer_QBC()中,先调用 Criteria 对象的 addOrder()方法进行排序,再依次调用 setMaxResults()和 uniqueResult()方法查询返回单个 Customer 对象。

在 main()方法中调用 findOneCustomer_QBC()方法,运行结果如下所示。

```
Hibernate: select * from ( select this_.ID as ID1_0_0_, this_.USERNAME as USERNAME2_0_0_, this_.
PWD as PWD3_0_0_, this_.ADDRESS as ADDRESS4_0_0_, this_.IDCARD_ID as IDCARD_I5_0_0_ from
CUSTOMER this_ order by this_.USERNAME desc ) where rownum <= ?
402881ce4c173dbd014c173dbff40000    zhangsan2
```

通过运行结果可以发现,调用 findOneCustomer_HQL()方法和 findOneCustomer_QBC()方法的返回值是一致的。

6.3.8 HQL 中绑定参数

在实际开发过程中,为用户提供查询窗口通过用户输入的查询条件来返回用户期望看到的信息,是在数据信息显示页面必需的功能之一,例如,用户在窗口中输入姓名信息等条件要求查询匹配的 Customer 对象。类似这样的情况可通过下述的代码来实现。

```
public static List<Customer> findCustomersByName(String name){
    //获取 Session 对象
    Session session = HibernateUtils.getSession();
```

```
        //创建查询 HQL 语句,根据 realName 查询符合条件的对象
        String hql = "from Customer as c where c.realName = '" + name + "'";
        //执行查询
        Query query = session.createQuery(hql);
        //返回查询列表
        return query.list();
    }
```

上述代码完全可以实现相应的页面功能,但书写起来比较麻烦,如果传入多个字符串参数作为条件,就会采用重复单引号的形式,这种方式和 JDBC 中使用 Statement 查询类似。此外,上述代码最大的问题是存在安全隐患,如果某个用户在查询窗口中输入“z ' or SomeProcedure() or'1' = '1”,那么实际的 HQL 查询语句就变成了如下的格式:

```
from Customer as c where c.realName = 'z' or SomeProcedure() or '1' = '1'
```

在上面的查询语句中,不仅使检索条件失效而且会执行一个名为 SomeProcedure 的存储过程,这就是所谓的“SQL 注入”,因此这种方法通常是不可取的。

在 JDBC 中,通过使用 PreparedStatement 来避免 SQL 注入的问题,同样,在 Hibernate 中也提供了参数绑定机制。而实际上,Hibernate 的参数绑定机制在底层就是依赖了 JDBC 中的 PreparedStatement 的预定义 SQL 语句功能。Hibernate 参数绑定有按参数名字绑定和按参数位置绑定两种方式,以 setString()方法为例来说明:

- 按照参数名字绑定。

```
public Query setString(String name, String val);
```

- 按照参数位置绑定。

```
public Query setString(int position, String val);
```

1. 按照参数名字绑定

在 HQL 语句中定义命名参数,命名参数以“:”开头,示例代码如下所示。

【示例】 HQL 中定义命名参数

```
from Customer as c where c.userName = :name
```

在 HqlCriteriaBusinessDemo 程序代码中增加一个 findCustomersByName1()方法,代码如下所示。

【代码 6-46】 HqlCriteriaBusinessDemo.java

```
public class HqlCriteriaBusinessDemo {
    public static void main(String[ ] args) {
        //findCustomersByAddress_HQL("青岛市");
        //findCustomersByAddress_QBC("青岛市");
        //orderByUserNameByDesc_HQL();
        //orderByUserNameByDesc_QBC();
        //第 2 页,每页 3 条记录
        //List<Customer> list = listPageCustomer_HQL(2,3);
        //List<Customer> list = listPageCustomer_QBC(2, 3);
        //打印结果
        //for (Customer c : list) {
```

```
        //System.out.println(c.getId() + "\t" + c.getUserName());
        //}
        //Customer c = findOneCustomer_HQL();
        //Customer c = findOneCustomer_QBC();
        //System.out.println(c.getId() + "\t" + c.getUserName());
        List<Customer> list = findCustomersByName1("zhangsan1");
         //打印结果
         for (Customer c : list) {
         System.out.println(c.getId() + "\t" + c.getUserName());
         }
    }
    ...//省略
    public static List<Customer> findCustomersByName1(String name) {
        //获取 Session 对象
        Session session = HibernateUtils.getSession();
        //创建 HQL
        String hql = "from Customer as c where c.userName = :name";
        Query query = session.createQuery(hql);
        //按照参数名字进行绑定
        query.setString("name",name);
        return query.list();
    }
}
```

上述代码中，在 HQL 语句中定义了一个命名参数 name，然后使用 query 对象的 setString()方法来绑定参数。在 main()方法中调用 findCustomersByName1()方法，运行结果如下所示。

```
Hibernate: select customer0_.ID as ID1_0_, customer0_.USERNAME as USERNAME2_0_, customer0_.PWD
as PWD3_0_, customer0_.ADDRESS as ADDRESS4_0_, customer0_.IDCARD_ID as IDCARD_I5_0_ from
CUSTOMER customer0_ where customer0_.USERNAME = ?
402881ce4bf2d59f014bf2d5a5740000  zhangsan1
```

Query 接口提供了绑定各种 Hibernate 映射类型的参数的方法，方法名及描述如表 6-11 所示。

表 6-11　Query 接口的绑定参数方法

方　法　名	描　　述
setString()	绑定映射类型为 string 的参数
setCharacter()	绑定映射类型为 character 的参数
setBoolean()	绑定映射类型为 boolean 的参数
setByte()	绑定映射类型为 byte 的参数
setShort()	绑定映射类型为 short 的参数
setInteger()	绑定映射类型为 integer 的参数
setLong()	绑定映射类型为 long 的参数
setFloat()	绑定映射类型为 float 的参数
setDouble()	绑定映射类型为 double 的参数
setBinary()	绑定映射类型为 binary 的参数
setText()	绑定映射类型为 text 的参数
setDate()	绑定映射类型为 date 的参数
setTime()	绑定映射类型为 time 的参数
setTimestamp()	绑定映射类型为 timestamp 的参数

对于上述一系列的 setXXX()方法，方法中都有两个参数，参数所代表的含义如下所述：

- 参数 1，代表命名参数的名字；
- 参数 2，参数代表命名参数的值。

2. 按照参数位置绑定

在 HQL 查询语句中也可以使用“?”来定义参数的位置，示例代码如下所示。

【示例】 HQL 中使用“?”定义参数位置

```
from Customer as c where c.userName = ?
```

在 HqlCriteriaBusinessDemo 程序代码中增加一个 findCustomersByName2()方法，代码如下所示。

【代码 6-47】 HqlCriteriaBusinessDemo.java

```
public class HqlCriteriaBusinessDemo {
    public static void main(String[ ] args) {
        //findCustomersByAddress_HQL("青岛市");
        //findCustomersByAddress_QBC("青岛市");
        //orderByUserNameByDesc_HQL();
        //orderByUserNameByDesc_QBC();
        //第 2 页,每页 3 条记录
        //List < Customer > list = listPageCustomer_HQL(2,3);
        //List < Customer > list = listPageCustomer_QBC(2,3);
        //打印结果
        //for (Customer c : list) {
        //System.out.println(c.getId() + "\t" + c.getUserName());
        //}
        //Customer c = findOneCustomer_HQL();
        //Customer c = findOneCustomer_QBC();
        //System.out.println(c.getId() + "\t" + c.getUserName());
        //List < Customer > list = findCustomersByName1("zhangsan1");
        List < Customer > list = findCustomersByName2("zhangsan1");
         //打印结果
         for (Customer c : list) {
         System.out.println(c.getId() + "\t" + c.getUserName());
         }
    }
    ...//省略
    public static List < Customer > findCustomersByName2(String name) {
        Session session = HibernateUtils.getSession();
        String hql = "from Customer as c where c.userName = ?";
        Query query = session.createQuery(hql);
        //按照参数位置进行绑定
        query.setString(0,name);
        return query.list();
    }
}
```

在上述代码中，HQL 查询语句定义了一个参数，第一个参数的位置从 0 开始，然后调用 Query 的 setString()方法来绑定参数。

注意

在 JDBC 查询中,对于 PreparedStatement 的绑定参数位置从 1 开始,而 Hibernate 中从 0 开始。

6.3.9 设定查询条件

HQL 与 SQL 查询一样,HQL 查询语句也是通过 where 子句来设定查询条件,而唯一不同的是,HQL 在 where 子句中使用的是对象的属性名,而不是字段名称。

【语法】

```
where 条件表达式
```

【示例】 where 子句设定查询条件

```
from Customer c where c.userName = 'zhangsan'
```

与 HQL 查询不同,QBC 查询是通过使用 Restrictions 工具类创建一个 Criterion 对象来设定查询条件。

【示例】 使用 Restrictions 设定查询条件

```
Criteria critera = session.createCriteria(Customer.class)
                    .add(Restrictions.eq("userName","zhangsan"));
```

表 6-12 列出了 HQL 和 QBC 在设定查询条件时可用的各种运算。

表 6-12 HQL 和 QBC 查询的各种运算

运算类型	HQL 运算符	QBC 运算方法	描述
比较运算	=	Restrictions. eq()	等于
	>	Restrictions. gt()	大于
	>=	Restrictions. ge()	大于等于
	<	Restrictions. lt()	小于
	<=	Restrictions. le()	小于等于
	<>	Restrictions. ne()	不等于
	is null	Restrictions. isNull()	判断是否空
	is not null	Restrictions. isNotNull()	判断是否非空
范围运算	in	Restrictions. in()	对应 SQL 的 in 子句
	not in	无	对应 SQL 的 not in 子句
	between and	Restrictions. between()	对应 SQL 的 between and 子句
	not between and	无	对应 SQL 的 not between and 子句
字符串模式匹配	like	Restrictions. like()	对应 SQL 的 like 子句
	无	Restrictions. ilike()	对应 SQL 的 like 子句,但是匹配的字符串忽略大小写
逻辑运算	and	Restrictions. and()	条件与
	or	Restrictions. or()	条件或
	not	Restrictions. not()	条件非

1. 比较运算

下面分别使用 HQL 和 QBC 检索地址为“青岛”的 Customer 对象，示例代码如下所示。

【示例】 **HQL 检索地址为“青岛”的 Customer**

```
session.createQuery("from Customer c where c.address = '青岛'");
```

【示例】 **QBC 检索地址为“青岛”的 Customer**

```
Criteria critera = session.createCriteria(Customer.class)
                    .add(Restrictions.eq("address","青岛"));
```

下面分别使用 HQL 和 QBC 检索地址不是“青岛”的 Customer 对象，示例代码如下所示。

【示例】 **HQL 检索地址不是“青岛”的 Customer**

```
session.createQuery("from Customer c where c.address <>'青岛'");
```

【示例】 **QBC 检索地址不是“青岛”的 Customer**

```
Criteria critera = session.createCriteria(Customer.class)
                    .add(Restrictions.ne("address","青岛"));
```

下面分别使用 HQL 和 QBC 检索地址检索地址为空的 Customer 对象，示例代码如下所示。

【示例】 **HQL 检索地址为空的 Customer**

```
session.createQuery("from Customer c where c.address is null");
```

【示例】 **QBC 检索地址为空的 Customer**

```
Criteria critera = session.createCriteria(Customer.class)
                    .add(Restrictions.isNull("address"));
```

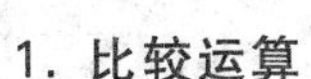
注意

> 不能通过 c.address＝null 的方式来检索地址为空的 Customer 对象，因为在 SQL 查询语句中诸如“'青岛'＝null”的比较结果值不是 true 或 false，而是 null。

设定查询条件时经常会用到不区分大小写。在 HQL 查询语句中，可以直接调用 SQL 的 lower()函数，把字符串转为小写，或者调用 upper()函数，把字符串转为大写，然后再判断；在 QBC 查询时则可以直接调用 ignoreCase()方法直接忽略大小写。

下面分别使用 HQL 和 QBC 检索用户名为 zhangsan 且不区分大小写的 Customer 对象，代码如下所示。

【示例】 **HQL 检索用户名不区分大小写的 Customer**

```
session.createQuery("from Customer c where lower(c.userName) = 'zhangsan'");
```

【示例】 **QBC 检索用户名不区分大小写的 Customer**

```
Criteria critera = session.createCriteria(Customer.class)
                    .add(Restrictions.eq("userName","zhangsan").ignoreCase());
```

2. 范围运算

下面分别使用 HQL 和 QBC 检索用户名是 zhangsan、lisi 或 wangwu 的 Customer 对象，示例代码如下所示。

【示例】 HQL 检索用户名在指定范围的 Customer

```
session.createQuery("from Customer c where c.userName in('zhangsan','lisi','wangwu')");
```

【示例】 QBC 检索用户名在指定范围的 Customer

```
String[ ] names = {"zhangsan","lisi","wangwu"};
Criteria criteria = session.createCriteria(Customer.class)
                                    .add(Restrictions.in("userName",names));
```

在 HqlCriteriaBusinessDemo 程序代码中增加一个 printOrders_HQL()方法，该方法使用 HQL 检索订单日期是 2015 年 3 月份的 Order 对象，代码如下所示。

【代码 6-48】 HqlCriteriaBusinessDemo.java 中 printOrders_HQL()方法

```
/* HQL 检索 3 月份的订单对象 */
public static void printOrders_HQL() {
    Session session = HibernateUtils.getSession();
    //HQL 检索日期在指定范围之内
    String hql = "from Order o where o.date between ? and ?";
    //创建一个日期格式类,用于格式化日期
    SimpleDateFormat dateFormat = new SimpleDateFormat(
            "yyyy - MM - dd HH:mm:ss");
    try {

        List<Order> list = session.createQuery(hql)
                .setParameter(0, dateFormat.parse("2015 - 03 - 01 00:00:00"))
                .setParameter(1, dateFormat.parse("2015 - 03 - 31 23:59:59"))
                .list();

        //打印结果
        for (Order o : list) {
            System.out.println(o.getId() + "\t" + o.getDate());
        }
    } catch (ParseException e) {
        //TODO Auto - generated catch block
        e.printStackTrace();
    }
}
```

上述代码中 HQL 语句使用“between ? and ?”指定日期范围。在指定日期参数之前，先定义一个 SimpleDateFormat 日期格式化类的对象，使用该对象的 parse()方法可以将指定的字符串转换成 Date 日期类型。

在 main()方法中调用 printOrders_HQL()方法，运行结果如下所示。

```
Hibernate: select order0_.ID as ID1_3_, order0_.ORDERNO as ORDERNO2_3_, order0_.ORDERDATE as
ORDERDAT3_3_, order0_.CUSTOMER_ID as CUSTOMER4_3_ from ORDERS order0_ where order0_.ORDERDATE
between ? and ?
402881ce4bf2d59f014bf2d5a5d80001   2015 - 03 - 07 14:04:22.0
402881ce4bf2d59f014bf2d5a6f30002   2015 - 03 - 07 14:04:22.0
```

```
402881ce4c173dbd014c173dc0960001  2015-03-14 15:44:25.0
402881ce4c173dbd014c173dc09c0002  2015-03-14 15:44:25.0
402881ce4c92ba80014c92ba84500001  2015-03-14 16:13:57.0
```

同样，在 HqlCriteriaBusinessDemo 程序代码中增加一个 printOrders_QBC()方法，该方法使用 QBC 检索订单日期是 2015 年 3 月份的 Order 对象，代码如下所示。

【代码 6-49】 HqlCriteriaBusinessDemo.java 中 printOrders_QBC()方法

```
/* QBC 检索 3 月份的订单对象 */
public static void printOrders_QBC() {
    Session session = HibernateUtils.getSession();
    //创建一个日期格式类,用于格式化日期
    SimpleDateFormat dateFormat = new SimpleDateFormat(
            "yyyy-MM-dd HH:mm:ss");
    try {
        //QBC 检索
        List<Order> list = session
                .createCriteria(Order.class)
                .add(Restrictions.between("date",
                        dateFormat.parse("2015-03-01 00:00:00"),
                        dateFormat.parse("2015-03-31 23:59:59")))
                        .list();
        //打印结果
        for (Order o : list) {
            System.out.println(o.getId() + "\t" + o.getDate());
        }
    } catch (ParseException e) {
        //TODO Auto-generated catch block
        e.printStackTrace();
    }
}
```

上述代码使用 Restrictions.between()方法指定日期范围。在 main()方法中调用 printOrders_QBC()，其运行结果与 printOrders_HQL()的输出结果一致，如下所示。

```
Hibernate: select this_.ID as ID1_3_0_, this_.ORDERNO as ORDERNO2_3_0_, this_.ORDERDATE as
ORDERDAT3_3_0_, this_.CUSTOMER_ID as CUSTOMER4_3_0_ from ORDERS this_ where this_.ORDERDATE
between ? and ?
402881ce4bf2d59f014bf2d5a5d80001  2015-03-07 14:04:22.0
402881ce4bf2d59f014bf2d5a6f30002  2015-03-07 14:04:22.0
402881ce4c173dbd014c173dc0960001  2015-03-14 15:44:25.0
402881ce4c173dbd014c173dc09c0002  2015-03-14 15:44:25.0
402881ce4c92ba80014c92ba84500001  2015-03-14 16:13:57.0
```

3. 字符串模式匹配

字符串模式匹配时会用到下面两种通配符：

- 百分号(%)，用于匹配任意类型且任意长度的字符串，字符串的长度可以为 0；
- 下划线(_)，用于匹配单个任意字符串，常用来限制字符串表达式的长度。

HQL 进行模糊查询时与 SQL 类似，也使用 like 关键字，模糊查询能够比较字符串是否与指定的字符串模式匹配。QBC 模糊查询则是通过 Restrictions.like()方法来实现。

下面分别使用 HQL 和 QBC 检索用户名以 z 开头的 Customer 对象，示例代码如下所示。

【示例】 HQL检索用户名以z开头的Customer

```
session.createQuery("from Customer c where c.userName like 'z%'");
```

【示例】 QBC检索用户名以z开头的Customer

```
Criteria criteria = session.createCriteria(Customer.class)
                    .add(Restrictions.like("userName","z%"));
```

对于QBC查询方式，除了使用通配符，还可以使用org.hibernate.criterion.MatchMode类的各种静态常量实例来设定字符串模式，MatchMode类常用的静态常量实例如表6-13所示。

表6-13 MatchMode类的静态常量实例

匹配模式	描　述
MatchMode.START	匹配以某个字符串开头的字符串模式
MatchMode.END	匹配以某个字符串结尾的字符串模式
MatchMode.ANYWHERE	匹配以某个字符串在任意位置的字符串模式
MatchMode.EXACT	精确匹配某个字符串的字符串模式

使用QBC检索用户名以z开头的Customer的代码也与下述代码等价：

```
Criteria criteria = session.createCriteria(Customer.class)
                    .add(Restrictions.like("userName","z",MatchMode.START));
```

4. 逻辑运算

下面分别使用HQL和QBC检索用户名以z开头，且密码长度大于5的Customer对象，示例代码如下所示。

【示例】 HQL检索用户名以z开头且地址为“青岛”的Customer

```
session.createQuery("from Customer c where c.userName like 'z%'
                     and c.address = '青岛'");
```

【示例】 QBC检索用户名以z开头且密码长度大于5的Customer

```
Criteria criteria = session.createCriteria(Customer.class)
                    .add(Restrictions.like("userName","z%"))
                    .add(Restrictions.eq("address","青岛"));
```

等价于

```
Criteria criteria = session.createCriteria(Customer.class)
.add(Restrictions.like("userName","z%"),Restrictions.eq("address","青岛"));
```

上面QBC检索的两种方式所实现的效果是等价的，当在Criteria中使用add()方法添加多个Criterion对象时，这些条件之间默认是and的关系。

注意

> 当查询条件特别复杂的时候，因为QBC方式的代码可读性较差，所以建议使用HQL进行查询。

6.3.10 连接查询

在程序开发中，一个页面上需要显示的数据信息来自多张数据库中的表是经常遇到的情况，在 SQL 语句中就会考虑使用多表连接查询。HQL 中同样也支持各种常见的连接查询，例如内连接、外连接等。此外 HQL 中还支持预先抓取(fetch)内连接和预先抓取左外连接。关于 HQL 的各种连接类型如表 6-14 所示。

表 6-14 HQL 支持的连接类型

连接类型	HQL 语法	适用条件
内连接	inner join 或 join	适用于有关联的持久化类，并且在映射文件中对这种关联关系做了映射
预先抓取内连接	inner join fetch 或 join fetch	
左外连接	left outer join 或 left join	
预先抓取左外连接	left outer join fetch 或 left join fetch	
右外连接	right outer join 或 right join	

在各种连接方式中，两种预先抓取连接与左外连接和内连接不同的是，预先抓取连接不仅指定了连接查询方式，而且显式地指定了关联级别的检索策略。下面分别介绍内连接、预先抓取内连接、左外连接和预先抓取左外连接。

注意

> QBC 在连接查询的支持方面没有 HQL 强大，且编码复杂，因此在开发中不建议使用，此处不再赘述。

1. 内连接

在 HQL 中，inner join 关键字表示内连接，inner 关键字可以省略，单独使用 join 默认表示内连接。只要两个持久化类对应的表的关联字段之间有相同的数据，内连接就会组合两个表中的连接。内连接在一对多或多对一的关联中比较常见。

在 HqlCriteriaBusinessDemo 程序代码中增加一个 findCustomerByJoin()方法，用于演示 HQL 中内连接的使用。在 Customer.hbm.xml 文件中对 orders 集合设置了延迟检索策略，利用 HQL 的 inner join 来查询用户名以 z 开头的 Customer 对象的所有订单编号。

【代码 6-50】 HqlCriteriaBusinessDemo.java

```
public class HqlCriteriaBusinessDemo {
    public static void main(String[ ] args) {
        //findCustomersByAddress_HQL("青岛市");
        //findCustomersByAddress_QBC("青岛市");
        //orderByUserNameByDesc_HQL();
        //orderByUserNameByDesc_QBC();
        //第 2 页,每页 3 条记录
        //List<Customer> list = listPageCustomer_HQL(2,3);
        //List<Customer> list = listPageCustomer_QBC(2,3);
        //打印结果
        //for (Customer c : list) {
```

```
        //System.out.println(c.getId() + "\t" + c.getUserName());
        //}
        //Customer c = findOneCustomer_HQL();
        //Customer c = findOneCustomer_QBC();
        //System.out.println(c.getId() + "\t" + c.getUserName());
        //List<Customer> list = findCustomersByName1("zhangsan1");
        //List<Customer> list = findCustomersByName2("zhangsan1");
        ////打印结果
        //for (Customer c : list) {
        //System.out.println(c.getId() + "\t" + c.getUserName());
        //}
        findCustomerByJoin();
    }
    ...//省略
/* HQL内连接 */
    public static void findCustomerByJoin() {
        Session session = HibernateUtils.getSession();
        //使用HQL进行内连接
        String hql = "from Customer c inner join c.orders o where c.userName like :name";
        Query query = session.createQuery(hql);
        query.setString("name", "z%");
        List<Object[]> list = query.list();
        for (Object[] objs : list) {
            Customer customer = (Customer) objs[0];
            System.out.print(customer.getId() + " * " + customer.getUserName()
                    + " * ");
            Order order = (Order) objs[1];
            System.out.print(order.getOrderNo() + " * ");
            System.out.print(order.getDate());
            System.out.println();
        }
    }
}
```

上述代码通过使用内连接的方式，将Query对象的list()方法返回的集合中包含的满足条件的元素在控制台上输出，且每个元素对应查询结果中的一条记录，每个元素都是Object[]类型，并且其长度为2。实际上，每个Object[]数组中都存放了一对Customer和Order对象。执行结果如下所示。

```
Hibernate: select customer0_.ID as ID1_0_0_, orders1_.ID as ID1_3_1_, customer0_.USERNAME as USERNAME2_0_0_, customer0_.PWD as PWD3_0_0_, customer0_.ADDRESS as ADDRESS4_0_0_, customer0_.IDCARD_ID as IDCARD_I5_0_0_, orders1_.ORDERNO as ORDERNO2_3_1_,orders1_.ORDERDATE as ORDERDAT3_3_1_, orders1_.CUSTOMER_ID as CUSTOMER4_3_1_ from CUSTOMER customer0_, ORDERS orders1_ where customer0_.ID=orders1_.CUSTOMER_ID and (customer0_.USERNAME like ?)
402881ce4bf2d59f014bf2d5a5740000 * zhangsan1 * 1 * 2015-03-07 14:04:22.0
402881ce4bf2d59f014bf2d5a5740000 * zhangsan1 * 2 * 2015-03-07 14:04:22.0
402881ce4c173dbd014c173dbff40000 * zhangsan2 * 3 * 2015-03-14 15:44:25.0
402881ce4c173dbd014c173dbff40000 * zhangsan2 * 4 * 2015-03-14 15:44:25.0
```

在上述结果中，分别在控制台打印了Customer的userName和Order的orderNo信息，结果中打印了两次1，说明这两组Object[]对象数组重复引用OID为1的Customer对象。此外，由于在Customer.hbm.xml文件中对orders集合配置了延迟检索策略，因此orders集合并没有被初始化。只有当程序第一次调用OID为1的Customer对象的getOrders().iterator()

方法时，才会初始化 Customer 对象的 orders 集合。

如果要求 Query 对象的 list()方法返回的集合中仅包含 Customer 对象，可以在 HQL 语句中使用 select 关键字，HQL 语句如下所示。

```
String hql = "select c from Customer c inner join c.orders o where c.userName like :name";
```

此时，在 Query 的 list()方法返回的 list 对象中，只包含 Customer 类型的数据。

注意

如果在 Customer.hbm.xml 映射文件中，对 orders 集合设置了立即检索策略，HQL 在执行 inner join 的同时，会把 Customer 对象的 orders 集合属性初始化。

2. 预先抓取内连接

在 HQL 查询语句中，inner join fetch 表示预先抓取内连接，inner join 在默认情况下是延迟加载的，而使用 fetch 关键字后会一次性取出当前对象以及该对象的关联实例或关联的集合，这种情况就是“预先抓取(预先加载)”。

通过下述示例演示 HQL 中的预先抓取内连接的使用方法。使用 HQL 的 inner join fetch 查询用户名以 z 开头的 Customer 对象的所有订单编号。

【代码 6-51】 HqlCriteriaBusinessDemo.java 中的 findCustomerByFetchJoin()方法

```
public static void findCustomerByFetchJoin() {
    Session session = HibernateUtils.getSession();
    String hql = "from Customer c inner join fetch c.orders o where c.userName
    like :name";
    Query query = session.createQuery(hql);
    query.setString("name", "z%");
    List<Customer> list = query.list();
    for (Customer customer : list) {
        System.out.print(customer.getId() + " " + customer.getUserName()
                + " ");
        for (Order order : customer.getOrders()) {
            System.out.print(order.getOrderNo() + " ");
        }
        System.out.println();
    }
}
```

上述代码使用了预先抓取内连接的查询方式，Query 对象的 list()方法返回的集合中包含了满足条件的元素，每个元素都是 Customer 类型的，并且每个 Customer 类型的对象中的 orders 集合已经被初始化。执行结果如下所示。

```
Hibernate: select customer0_.ID as ID1_0_0_, orders1_.ID as ID1_3_1_, customer0_.USERNAME as
USERNAME2_0_0_, customer0_.PWD as PWD3_0_0_, customer0_.ADDRESS as ADDRESS4_0_0_, customer0_.
IDCARD_ID as IDCARD_I5_0_0_, orders1_.ORDERNO as ORDERNO2_3_1_,orders1_.ORDERDATE as ORDERDAT3_
3_1_,orders1_.CUSTOMER_ID as CUSTOMER4_3_1_,orders1_.CUSTOMER_ID as CUSTOMER4_0_0__,orders1_.
ID as ID1_3_0__ from CUSTOMER customer0_,ORDERS orders1_ where customer0_.ID = orders1_.CUSTOMER_
ID and (customer0_.USERNAME like ?)
```

```
402881ce4bf2d59f014bf2d5a5740000 zhangsan1 2 1
402881ce4bf2d59f014bf2d5a5740000 zhangsan1 2 1
402881ce4c173dbd014c173dbff40000 zhangsan2 4 3
402881ce4c173dbd014c173dbff40000 zhangsan2 4 3
```

在上述结果中，分别在控制台打印了Customer的userName和Order的orderNo，结果中打印了两次1，由此可见，当使用预先抓取内连接检索策略时，查询结果中可能会包含重复元素，但可以通过HashSet来过滤重复元素。代码如下所示。

【代码6-52】 使用HashSet过滤重复元素

```
public static void findCustomerByFetchJoin() {
    Session session = HibernateUtils.getSession();
    String hql = "from Customer c inner join fetch c.orders o where c.userName like :name";
    Query query = session.createQuery(hql);
    query.setString("name", "z%");
    List<Customer> list = query.list();
    //使用HashSet过滤重复元素
    Set<Customer> set = new HashSet<Customer>(list);
    for (Customer customer : set) {
        System.out.print(customer.getId() + " " + customer.getUserName()
                + " ");
        for (Order order : customer.getOrders()) {
            System.out.print(order.getOrderNo() + " ");
        }
        System.out.println();
    }
}
```

使用HashSet过滤重复元素后，运行结果如下所示。

```
Hibernate: select customer0_.ID as ID1_0_0_, orders1_.ID as ID1_3_1_, customer0_.USERNAME as USERNAME2_0_0_, customer0_.PWD as PWD3_0_0_, customer0_.ADDRESS as ADDRESS4_0_0_, customer0_.IDCARD_ID as IDCARD_I5_0_0_, orders1_.ORDERNO as ORDERNO2_3_1_, orders1_.ORDERDATE as ORDERDAT3_3_1_, orders1_.CUSTOMER_ID as CUSTOMER4_3_1_, orders1_.CUSTOMER_ID as CUSTOMER4_0_0__, orders1_.ID as ID1_3_0__ from CUSTOMER customer0_, ORDERS orders1_ where customer0_.ID = orders1_.CUSTOMER_ID and (customer0_.USERNAME like ?)
402881ce4c173dbd014c173dbff40000 zhangsan2 4 3
402881ce4bf2d59f014bf2d5a5740000 zhangsan1 2 1
```

注意

如果在程序代码中使用inner join fetch，会覆盖映射文件中指定的任何检索策略。

3. 左外连接

在HQL中，left outer join关键字表示左外连接，可省略outer关键字，left join默认为左外连接。在使用左外连接查询时，将根据映射文件的配置来决定orders集合的检索策略。

通过下述示例来演示左外连接的使用方法，在Customer.hbm.xml文件中对orders集合设置了延迟检索策略，利用HQL的left outer join来查询“青岛市”的Customer对象的所有订单编号。

【代码 6-53】 HqlCriteriaBusinessDemo.java 中的 findCustomerByLeftJoin()

```
public static void findCustomerByLeftJoin() {
        Session session = HibernateUtils.getSession();
        String hql = "from Customer c left outer join  c.orders o where c.address = ?";
        Query query = session.createQuery(hql);
        query.setString(0, "青岛市");
        List<Object[ ]> list = query.list();
        for (Object[ ] objs : list) {
            Customer customer = (Customer) objs[0];
            System.out.print(customer.getId() + " " + customer.getUserName()
                    + " ");
            Order order = (Order) objs[1];
            if(objs[1]!= null)
                System.out.print(order.getOrderNo());
            System.out.println();
        }
    }
```

上述代码对 Customer 和 Order 类使用了左外连接的查询方式，通过 Query 对象的 list() 方法返回满足条件的元素集合，每个元素对应查询结果中的一条记录，都是 Object[ ]类型，并且其长度为 2。每个 Object[ ]数组中都存放了一对 Customer 和 Order 对象。与内连接查询不同的是，如果 Customer 对象满足条件，而该对象没有对应的 Order 对象，这时 Hibernate 仍然将该对象检索出来，只不过 objs[1]的值为 null。执行结果如下所示。

```
Hibernate: select customer0_.ID as ID1_0_0_, orders1_.ID as ID1_3_1_, customer0_.USERNAME as
USERNAME2_0_0_, customer0_.PWD as PWD3_0_0_, customer0_.ADDRESS as ADDRESS4_0_0_, customer0_.
IDCARD_ID as IDCARD_I5_0_0_,orders1_.ORDERNO as ORDERNO2_3_1_, orders1_.ORDERDATE as ORDERDAT3_
3_1_, orders1_.CUSTOMER_ID as CUSTOMER4_3_1_ from CUSTOMER customer0_, ORDERS orders1_ where
customer0_.ID = orders1_.CUSTOMER_ID( + ) and customer0_.ADDRESS = ?
402881ce4bf2d59f014bf2d5a5740000 zhangsan1 1
402881ce4bf2d59f014bf2d5a5740000 zhangsan1 2
402881ce4c173dbd014c173dbff40000 zhangsan2 3
402881ce4c173dbd014c173dbff40000 zhangsan2 4
402881ce4c92ba80014c92ba84200000 lisi 5
```

上述结果分别在控制台打印了 Customer 的 userName 和 Order 的 orderNo 信息，输出打印了两个 1 和一个 2，说明前两组 Object[ ]对象数组都引用 OID 为 1 的同一个 Customer 对象。而对于 OID 为 2 的 Customer 对象，由于没有对应的 Order 对象，所以没有输出其 orderNo 信息。

另外，由于在 Customer.hbm.xml 文件中对 orders 集合配置了延迟检索策略，因此 orders 集合并没有被初始化。只有当程序第一次调用 OID 为 1 的 Customer 对象的 getOrders().iterator()方法时，才会初始化 Customer 对象的 orders 集合。

如果要求 Query 的 list()方法只返回 Customer 对象，可以在 HQL 语句中使用 select 关键字，HQL 语句如下所示。

```
select c from Customer c left outer join c.orders o where c.address = ?
```

此时，在 Query 的 list()方法返回的 list 对象中，只包含 Customer 类型的数据。

注意

> 如果在 Customer.hbm.xml 映射文件中，对 orders 集合设置了立即检索策略，HQL 在执行 left outer join 的同时，会把 Customer 对象的 orders 集合属性初始化。

4. 预先抓取左外连接

在 HQL 查询语句中，left outer join fetch 表示预先抓取左外连接，也可省略 outer 关键字。

通过下述示例来演示预先抓取左外连接的使用方法。使用 HQL 的 left outer join fetch 来查询“青岛市”的 Customer 对象的所有订单编号。

【代码 6-54】 HqlCriteriaBusinessDemo. java 中的 findCustomerByLeftFetch()

```
/*预先抓取左外连接*/
public static void findCustomerByLeftFetch() {
    Session session = HibernateUtils.getSession();
    String hql = "from Customer c left join fetch c.orders  where c.address = ?";
    Query query = session.createQuery(hql);
    query.setString(0, "青岛市");
    List<Customer> list = query.list();
    HashSet<Customer> set = new HashSet<Customer>(list);
    for (Customer customer : set) {
        System.out.print(customer.getId() + " " + customer.getUserName()
                + " ");
        for (Order order : customer.getOrders()) {
            System.out.print(order.getOrderNo() + " ");
        }
        System.out.println();
    }

}
```

上述代码使用了预先抓取左外连接的查询方式，Query 对象的 list()方法返回的集合中包含了满足条件的元素，每个元素都是 Customer 类型的，并且每个 Customer 类型的对象中的 orders 集合都已经被初始化。执行结果如下所示。

```
Hibernate: select customer0_.ID as ID1_0_0_, orders1_.ID as ID1_3_1_, customer0_.USERNAME as
USERNAME2_0_0_, customer0_.PWD as PWD3_0_0_, customer0_.ADDRESS as ADDRESS4_0_0_, customer0_.
IDCARD_ID as IDCARD_I5_0_0_, orders1_.ORDERNO as ORDERNO2_3_1_,orders1_.ORDERDATE as ORDERDAT3_
3_1_,orders1_.CUSTOMER_ID as CUSTOMER4_3_1_,orders1_.CUSTOMER_ID as CUSTOMER4_0_0__,orders1_.
ID as ID1_3_0__ from CUSTOMER customer0_,ORDERS orders1_ where customer0_.ID = orders1_.CUSTOMER_
ID(+) and customer0_.ADDRESS = ?
402881ce4bf2d59f014bf2d5a5740000 zhangsan1 1 2
402881ce4bf2d59f014bf2d5a5740000 zhangsan1 1 2
402881ce4c173dbd014c173dbff40000 zhangsan2 4 3
402881ce4c173dbd014c173dbff40000 zhangsan2 4 3
402881ce4c92ba80014c92ba84200000 lisi 5
```

通过执行结果可见，当使用预先抓取内连接检索策略时，查询结果中可能会包含重复元素，为避免输出结果的重复，同样可以通过使用 HashSet 来过滤重复元素。代码如下所述。

```
public static void findCustomerByLeftFetch() {
    Session session = HibernateUtils.getSession();
    String hql = "from Customer c left join fetch c.orders  where c.address = ?";
    Query query = session.createQuery(hql);
    query.setString(0, "青岛市");
    List<Customer> list = query.list();
```

```
        Set<Customer> set = new HashSet<Customer>(list);
        for (Customer customer : set) {
            System.out.print(customer.getId() + " " + customer.getUserName()
                    + " ");
            for (Order order : customer.getOrders()) {
                System.out.print(order.getOrderNo() + " ");
            }
            System.out.println();
        }
    }
```

执行结果如下所示。

```
Hibernate: select customer0_.ID as ID1_0_0_, orders1_.ID as ID1_3_1_, customer0_.USERNAME as USERNAME2_0_0_, customer0_.PWD as PWD3_0_0_, customer0_.ADDRESS as ADDRESS4_0_0_, customer0_.IDCARD_ID as IDCARD_I5_0_0_, orders1_.ORDERNO as ORDERNO2_3_1_,orders1_.ORDERDATE as ORDERDAT3_3_1_,orders1_.CUSTOMER_ID as CUSTOMER4_3_1_,orders1_.CUSTOMER_ID as CUSTOMER4_0_0__,orders1_.ID as ID1_3_0__ from CUSTOMER customer0_,ORDERS orders1_ where customer0_.ID = orders1_.CUSTOMER_ID( + ) and customer0_.ADDRESS = ?
402881ce4c173dbd014c173dbff40000 zhangsan2 4 3
402881ce4c92ba80014c92ba84200000 lisi 5
402881ce4bf2d59f014bf2d5a5740000 zhangsan1 1 2
```

注意

如果在程序代码中使用 left outer join fetch,会覆盖映射文件中指定的任何检索策略。

6.3.11 投影查询

投影查询是指结果仅包含部分实体或者部分的实体属性(不包含全部属性值)。投影查询是通过 select 关键字来实现的,在上述的连接查询的示例中已经使用过。例如,只想查询出 Customer 对象的 id 和 useName 属性,可以使用如下查询代码实现。

```
String hql = "select c.id,c.userName from Customer c inner join c.orders o   where c.userName like 'z%'";
    Query query = session.createQuery(hql);
    List<Object[ ]> list = query.list();
    for(Object[ ] objs :list){
    System.out.println(objs[0] + "" + objs[1]);
    }
```

通过上述 HQL 语句查询,其返回结果的集合中包含多个 Object[]类型的对象,每个 Object[]对象代表一条查询记录,其长度为 2。其中,objs[0]对应 c.id,objs[1]对应 c.userName。

1. 实例化查询结果

在使用投影查询时由于使用 Object[]数组,操作和理解起来不太方便,如果将 Object[]的所有成员封装成一个对象在操作上就十分方便,即实例化查询。

例如,对上述代码按照实例化查询进行代码改进,如下所述。

```
String hql = "select new Customer(c.id,c.userName) from Customer c inner join c.orders o    where
c.userName like 'z%'";
    Query query = session.createQuery(hql);
    List<Customer> list = query.list();
    for(Customerc :list){
    System.out.println(c.getId() + "" + c.getUserName());
    }
```

上面代码通过代码 new Customer(c.id,c.userName)对查询结果进行了实例化,查询的结果封装在 Customer 对象中。需要注意的是,使用上述方法必须在 Customer 类中重写其构造方法为 Customer(int,String),否则抛出 PropertyNotFoundException 异常。

对于 c.id 和 c.userName 的值进行封装,不一定非要采用 Customer,也可以定义一个其他的类,如 CustomerRow 类,但仍必须保证新定义的类也具有相应的构造方法。对应的 HQL 如下所示。

```
String hql = "select new CustomerRow(c.id,c.userName) from Customer c inner join c.orders o where
c.userName like 'z%'";
```

此外,在 HQL 中还可以使用 Map 类型,对应的代码如下所示。

```
    String hql = "select new map(c.id,c.userName) from Customer c inner join c.orders o    where
c.userName like 'z%'";
        Query query = session.createQuery(hql);
        List<Map> list = query.list();
        for(Map m :list){
        System.out.println(m.get("0") + "" + m.get("1"));
}
```

在上述代码中,Query 对象的 list()方法返回了包含多个 Map 对象的集合,根据该对象的 0 和 1 这两个键值就可以获取 id、userName 值。

2. 性能分析

通过使用 select 语句检索类的属性时,Hibernate 返回的结果是关系型数据,不是持久化对象。通过下述的两个 HQL 语句进行比对。

```
from Customer;                                                   //返回的是持久化对象
select new map(c.id,c.userName,c.address)from Customer c;   //返回的是关系数据
```

通过执行上述的两条 HQL 语句发现返回的查询数据是相同的,区别在于前者返回的数据类型是一个持久化对象,并存于 Session 缓存中,而后者返回的是关系型数据,且不会占用 Session 缓存,当程序中没有任何变量引用这些数据时,其占用的内存就会被 JVM 回收。

在报表查询中,通常处理的数据量十分大但一般是涉及数据方面的操作,如果采用第一种查询方式,可能会检索出很多的 Customer 对象并且把与之关联的 Order 对象也检索出来,从而导致大量的 Customer 对象位于 Session 缓存中,降低了报表查询的性能。而对于第二种形式的 HQL 语句,通过实例化查询返回的是多个 Map 对象,这些 Map 对象不在 Session 缓存中,使用完毕后就会被 JVM 回收,并释放内存,因此效率比第一种方式要高,所以在报表查询中一般建议采用实例化查询的方式。

6.3.12 分组与统计查询

1. HQL 分组与统计查询

与 SQL 一样，HQL 中也包含统计函数，常用的统计函数如表 6-15 所示。

表 6-15 HQL 中常用的统计函数

函数名称	功能
count()	统计记录条数
min()	求最小值
max()	求最大值
sum()	求和
avg()	求平均值

统计函数在使用上比较简单，通过下述的一系列示例来说明各种统计函数的使用方法。

【示例】 count 函数

```
String hql = "select count(p.id) from Product p";
Long count = (Long) session.createQuery(hql).uniqueResult();
```

上述 HQL 语句用于查询产品的数量，并返回 Long 类型的查询结果。

【示例】 max 和 min 函数

```
String hql = "select max(p.price) ,min(p.price) from Product p";
Object[] objs = (Object[])session.createQuery(hql).uniqueResult();
Double maxPrice = (Double)objs[0];     //最高价格
DoubleminPrice = (Double)objs[1];     //最低价格
```

上述 HQL 语句查询所有产品价格的最高值和最低值，并返回一个 Object[]类型的数组，该数组中每个元素的实际类型为 Double 类型。

【示例】 avg 函数

```
String hql = "select avg(p.price) from Product p";
Double avgAge = (Double) session.createQuery(hql).uniqueResult();//平均价格
```

上述 HQL 语句查询所有产品的平均价格，并返回一个 Double 类型的查询结果。

在 HQL 中使用 group by 语句进行分组查询，并且也可以使用 having 关键字对分组数据设定约束条件。下面举例说明分组查询的应用方式。

【示例】 按照客户 ID 分组，统计每个顾客的订单数目

```
public static void groupByCustomer() {
    Session session = HibernateUtils.getSession();
    String hql = "select c.userName,count(o) from Customer c left join c.orders o group by c.id";
    Query query = session.createQuery(hql);
    List<Object[ ]> list = query.list();
    for (Object[ ] objs : list) {
        String username = (String) objs[0];
        Long count = (Long) objs[1];
        System.out.println("用户名: " + username + "  订单数: " + count);
    }
}
```

上述代码使用左外连接进行分组查询，返回的 list 是 Object[]类型的集合，每个 Object[]对应一条查询记录，其中，objs[0]为 String 类型，objs[1]为 Long 类型。执行结果如下所示。

```
用户名：zhangsan 订单数：2
用户名：lisi 订单数：0
```

【示例】 按照客户 ID 分组，统计订单数目大于等于 1 的所有顾客

```
String hql = "select c.userName,count(o) from Customer c left join c.orders o group by c.id having
count(o)>=1";
Query query = session.createQuery(hql);
```

上述代码使用 having 子句用于为分组查询加上约束。

2. Criteria 分组与统计查询

在 Hibernate 中，通过使用 Projection 接口实现 Criteria 的方式也可以进行分组与统计查询。Projection 接口类位于 org.hibernate.criterion 包中，通过 Criteria 对象的 setProjection()方法将投影应用到一个查询中。此外，通过 Projection 接口的工厂类 Projections 获取常用的统计函数，Projections 类和 Projection 接口位于同一包中。关于 Projections 类中的常用方法及介绍如表 6-16 所示。

表 6-16 Projections 常用方法及介绍

方 法 名	描 述
avg(String propertyName)	对某个属性求平均值
max(String propertyName)	对某个属性求最大值
min(String propertyName)	对某个属性就最小值
sum(String propertyName)	对某个属性求和
count(String propertyName)	根据某个属性来统计记录数，和 count(propertyName)类似
rowCount()	统计行数，与 count(*)类似
countDistinct(String propertyName)	不重复的统计记录数，与 count(distinct propertyName)类似
groupProperty(String propame)	根据特定属性分组，与 group by proname 类似
projectionList()	返回一个 ProjectionList 对象数组，代表投影列表
property(String propertyName)	把某个属性加入到投影查询中

同样通过具体示例来说明 Projections 类中统计方法的用法。

【示例】 count()方法

```
Criteria criteria = session.createCriteria(Product.class);
criteria.setProjection(Projections.count("id"));
Long count = (Long)criteria.uniqueResult();
System.out.println(count);
```

上述代码使用 count()方法来统计产品的数量。

【示例】 max()和 min()方法

```
Criteria criteria = session.createCriteria(Product.class);
ProjectionList p = Projections.projectionList();
p.add(Projections.max("price"));
```

```
p.add(Projections.min("price"));
criteria.setProjection(p);
Object[ ] objs = (Object[ ])criteria.uniqueResult();
DoublemaxPrice = (Double)objs[0];
Double minPrice = (Double)objs[1];
System.out.println(maxPrice + " " + minPrice);
```

上述代码使用了 ProjectionList 对象来同时获取多个统计函数的值，该对象可以包含多个 Projection 对象。由于 ProjectionList 对象表示包含多个 Projection 对象的集合，所以 Criteria 对象的 uniqueResult()方法返回了一个值，但该值是一个 Object[]类型的对象，包含了多个值。使用 max()方法获取最大值，使用 min()方法获取最小值。

通过使用 Projections 对象的 groupProperty()方法可以执行分组查询，通过下述示例说明 Projections 类分组方法的用法。

【示例】 groupProperty()方法

```
Criteria criteria = session.createCriteria(Customer.class);
ProjectionList p = Projections.projectionList();
p.add(Projections.groupProperty("userName"));
p.add(Projections.rowCount());
criteria.setProjection(p);
List<Object[ ]> list = criteria.list();
for (Object[ ] objs : list) {
    System.out.println("用户名: " + objs[0] + ",个数: " + objs[1]);
}
```

上述代码通过使用 groupProperty()方法，按照姓名分组，统计 Customer 对象中具有相同姓名的顾客个数。

在实际开发中，有时需要对分组后结果进行排序，为了便于开发人员编写代码通常会在排序时对分组统计结果指定一个别名，此时可以通过使用 Projections 的 as()方法来完成。

下述代码按照姓名分组，统计 Customer 对象中具有相同姓名的顾客个数，并按照个数降序排列排序。

【示例】 Projections 的 as()方法

```
Criteria criteria = session.createCriteria(Customer.class);
ProjectionList p = Projections.projectionList();
p.add(Projections.groupProperty("userName").as("u"));
p.add(Projections.rowCount());
criteria.setProjection(p);
criteria.addOrder(org.hibernate.criterion.Order.desc("u"));
List<Object[ ]> list = criteria.list();
for (Object[ ] objs : list) {
    System.out.println("用户名: " + objs[0] + ",个数: " + objs[1]);
}
```

6.3.13 动态查询

动态查询是指在开发过程中无法确定要查询的字段时采用的查询方式，与之相对的静态查询是开发时已经确定了要查询的字段，根据 HQL 和 QBC 的特点，前者比较适用于静态查询，后者比较适合动态查询。

1. HQL 动态查询

现实中，用户在使用一个程序系统时，通过在页面中输入查询条件来检索自己想要看到的数据信息是最普遍的一种动态查询的效果，如用户在页面中输入产品名和价格两个条件，通过单击“查询”按钮来进行数据检索，如图 6-9 所示。

商品名称：
价格：

图 6-9 动态查询窗口

通过使用 HQL 生成的动态查询语句来完成图 6-9 中所要实现的功能。在 HqlCriteriaBusinessDemo 中增加 findProductsByHQL()方法，代码如下所示。

【代码 6-55】 HQL 动态查询产品信息

```
public static List<Product> findProductsByHQL(String name, Double price) {
    Session session = HibernateUtils.getSession();
    StringBuffer buffer = new StringBuffer();
    //生成基础 SQL
    buffer.append("from Product p where 1 = 1");
    //如果 name 满足条件,则加入语句中
    if (name != null) {
        buffer.append(" and lower(p.name) like :name");
    }
    //如果 age 满足条件,则加入语句中
    if (price != null && price != 0) {
        buffer.append(" and p.price = :price");
    }
    Query query = session.createQuery(buffer.toString());
    if (name != null) {
        query.setString("name", "%" + name.toLowerCase() + "%");
    }
    if (price != null && price != 0) {
        query.setDouble("price", price);
    }
    return query.list();

}
```

上述代码利用 StringBuffer 类动态的构造 HQL 语句，首先创建基础 SQL 语句，其中加入了“where 1=1”子句。然后，通过判断前台页面中输入的 name 和 price 是否满足条件而决定在 HQL 语句后追加内容。

在 HqlCriteriaBusinessDemo 的 main()方法中调用 findProductsByHQL()方法，并显示返回的产品信息，代码如下所示。

```
List<Product> listProduct = findProductsByHQL("打印机", 560.0);
for(Product p:listProduct){
System.out.println(p.getId() + "\t" + p.getName() + "\t" + p.getPrice() + "\t"
                    + p.getDescription());
}
```

运行结果如下所示。

```
Hibernate: select product0_.ID as ID1_4_, product0_.NAME as NAME2_4_, product0_.PRICE as PRICE3_
4_,product0_.DESCRIPTION as DESCRIPT4_4_ from PRODUCT product0_ where 1 = 1 and (lower(product0_.
NAME) like ?) and product0_.PRICE = ?
1   打印机   560.0   佳能喷墨
```

注意

> 在 SQL 或 HQL 中使用"where 1=1"子句是一种常见的开发技巧,使用这个子句的目的是避免在后续追加查询条件时为是否存在 where 而进行复杂的判断。

2. Criteria 动态查询

利用 HQL 生成动态的查询语句虽然可以正常工作,但是相对来说实现起来比较烦琐,当要查询的字段很多时,使用 HQL 进行动态查询维护起来就相当不方便。如果采用 QBC 检索方式来进行如图 6-9 所示的查询,就可以大大简化编码。

通过下述示例来演示使用 Criteria 动态查询的方式实现上面示例中对产品信息的检索。在 HqlCriteriaBusinessDemo 中增加 findProductsByCriteria()方法,代码如下所示。

【代码 6-56】 QBC 动态查询产品信息

```
public static List<Product> findProductsByCriteria(String name, Double price) {
    Session session = HibernateUtils.getSession();
    Criteria criteria = session.createCriteria(Product.class);
    if (name != null) {
        criteria.add(Restrictions.ilike("name", name, MatchMode.ANYWHERE));
    }
    if (price != null && price != 0) {
        criteria.add(Restrictions.eq("price", price));
    }
    return criteria.list();
}
```

上述代码利用 QBC 来动态的生产查询语句在编码的复杂程度上要比 HQL 语句简单得多,尤其是当查询条件很多的时候这种对比会更加明显。开发人员只需把满足条件的 Criterion 对象放入 Criteria 对象中即可。在 HqlCriteriaBusinessDemo 的 main()方法中调用 findProductsByCriteria()方法,其运行结果如下所示。

```
Hibernate: select this_.ID as ID1_4_0_, this_.NAME as NAME2_4_0_, this_.PRICE as PRICE3_4_0_, this_.DESCRIPTION as DESCRIPT4_4_0_ from PRODUCT this_ where lower(this_.NAME) like ? and this_.PRICE = ?
1  打印机  560.0  佳能喷墨
```

3. QBE 查询

QBE 查询就是检索与指定的样本对象具有相同属性的对象。因此 QBE 查询的关键就是样本对象的创建,所谓的样本对象,就是根据用户输入的各种条件所创建的对象。样本对象中的所有非空属性均将作为查询条件。QBE 是 QBC 的功能子集,虽然没有 QBC 功能强大,但是在有些场合下,QBE 使用起来更为方便。QBE 检索方式中使用的核心类为 Example 类,该类常用的方法如表 6-17 所示。

表 6-17　Example 常用的方法

方　法　名	描　　述
ignoreCase()	忽略模板类中所有 String 属性的大小写
enableLike(MatchMode mode)	表示对模板类中的所有 String 属性进行 like 模糊匹配，mode 参数指明以何种方式进行匹配
excludeZeroes()	不把为 0 的字段值加入到 where 条件子句中
excludeNone()	不把为空的字段值加入到 where 条件子句中
excludeProperty(String name)	不把属性为 name 的字段加入到 where 条件子句中

对如图 6-9 所示的查询，按照 QBE 方法进行查询，返回满足条件的商品信息。在 HqlCriteriaBusinessDemo 中增加 findProductsByQBE()方法，代码如下所示。

【代码 6-57】　QBE 动态查询商品信息

```
public static List<Product> findProductsByQBE(Product product) {
    Session session = HibernateUtils.getSession();
    /* customer 为样本对象,根据查询条件创建的对象 */
    Example example = Example.create(product)//根据样本对象创建 Example 对象
            .enableLike(MatchMode.ANYWHERE)  //对所有 String 类型的字段进行模糊匹配
            .excludeNone()                   //不把为空的字段加入 where 子句中
            .excludeZeroes()                 //不把值为 0 的字段加入 where 子句中
            .ignoreCase();                   //忽略所有 String 类型字段的大小写
    Criteria criteria = session.createCriteria(Product.class);
    criteria.add(example);
    return criteria.list();
}
```

上述代码中，通过样本对象 Product 创建了一个 example 对象，然后为 example 对象设定各种限定条件，例如，模糊匹配和忽略大小写等，最后返回符合条件的 Product 对象列表。

在 HqlCriteriaBusinessDemo 的 main()方法中调用 findProductsByQBE()方法，代码如下所示。

```
Product product = new Product();
product.setName("打印机");
product.setPrice(560.0);
List<Product> listProduct = findProductsByQBE(product);
for (Product p : listProduct) {
    System.out.println(p.getId() + "\t" + p.getName() + "\t"
            + p.getPrice() + "\t" + p.getDescription());
}
```

运行结果如下所示。

```
Hibernate: select this_.ID as ID1_4_0_, this_.NAME as NAME2_4_0_, this_.PRICE as PRICE3_4_0_,
this_.DESCRIPTION as DESCRIPT4_4_0_ from PRODUCT this_ where (lower(this_.NAME) like ? and this_
.PRICE = ?)
1  打印机  560.0  佳能喷墨
```

在实际开发中，当要实现的是针对单个对象的动态查询，可以通过使用 QBE 来实现。

4. DetachedCriteria 离线查询

使用 Criteria 进行查询时，Criteria 对象在运行时与 Session 对象绑定，所以二者的生命周

期相同。使用 Criteria 对象查询时每次都要在执行时动态建立 Criteria 对象，并添加各种查询条件，Session 对象失效后，该 Criteria 对象也会随之失效。为了延长其生命周期并能够重复使用，Hibernate 3.0 以后提供了 DetachedCriteria 类，该类位于 org.hibernate.criterion 包中，使用 DetachedCriteria 对象可以实现离线查询。有关 DetachedCriteria 的查询可以称为 QBDC(Query By Detached Criteria)。

离线查询在 Web 应用中十分灵活。例如，在分层的 Web 应用中有时需要进行动态查询。即用户在表示层页面上可以自由选择某些查询条件，页面提交之后，应用程序根据用户选择的查询条件进行查询。实现该功能需要将表示层数量不定的查询条件传递给业务逻辑层，业务逻辑层获得这些查询条件后动态地构造查询语句。这些数量不定的查询条件可以以键/值(key/value)对的形式保存到 Map 对象中，但使用 Map 对象传递的信息非常有限，并且不容易传递具体的条件运算。使用 DetachedCriteria 可以解决类似的问题，即在业务逻辑层中创建 DetachedCriteria 对象并保存用户选择的查询条件，然后将该对象传递给数据访问层，数据访问层获得 DetachedCriteria 对象后与 Session 对象进行绑定，获得最终的查询结果，然后显示给用户。DetachedCriteria 对象的创建与传递示意图如图 6-9 所示。

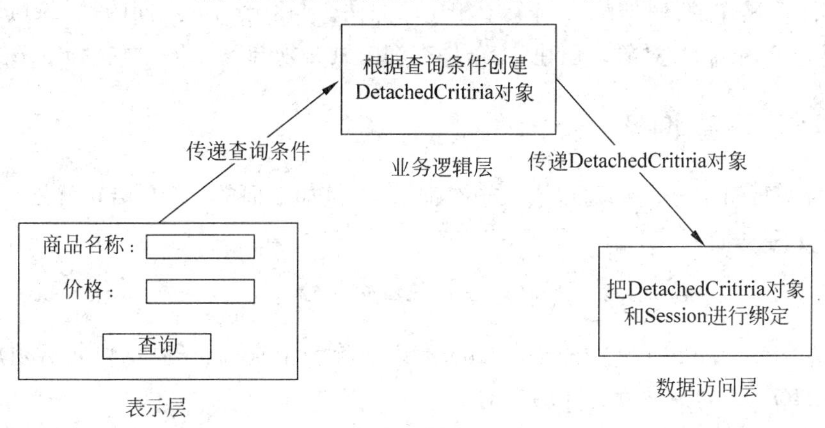

图 6-9 DetachedCritera 对象的传递

通过下述示例来演示使用 DetachedCriteria 进行离线查询的方法。在 HqlCriteriaBusinessDemo 中增加 findProducts()方法，代码如下所示。

【代码 6-58】 DetachedCriteria 离线查询商品信息

```
    //在业务逻辑层把 DetachedCriteria 对象与 Session 对象绑定,并返回查询结果
public static List<Product> findProducts(DetachedCriteria detachedCriteria) {
    Session session = HibernateUtils.getSession();
    Criteria criteria = detachedCriteria.getExecutableCriteria(session);
    return criteria.list();
}
```

上述代码在 findProducts()方法中，利用 DetachedCriteria 的 getExecutableCriteria()方法把 DetachedCriteria 对象与 Session 进行绑定，最后返回查询的结果。

在 HqlCriteriaBusinessDemo 的 main()方法中调用 findProducts()方法，代码如下所示。

```
DetachedCriteria cri = DetachedCriteria.forClass(Product.class);
//根据用户的动态查询条件,创建 DetachedCriteria 对象
cri.add(Restrictions.ilike("name", "打印机", MatchMode.ANYWHERE));
cri.add(Restrictions.eq("price", 560.0));
```

```
List<Product> listProduct = findProducts(cri);
for (Product p : listProduct) {
    System.out.println(p.getId() + "\t" + p.getName() + "\t"
            + p.getPrice() + "\t" + p.getDescription());
}
```

上述代码利用 DetachedCriteria 的静态方法 forClass()来创建基于 Product 类的 DetachedCriteria 对象,然后把查询条件加入到该对象中,接着将该对象传递到 findProducts()方法中。

运行结果如下所示。

```
Hibernate: select this_.ID as ID1_4_0_, this_.NAME as NAME2_4_0_, this_.PRICE as PRICE3_4_0_,
this_.DESCRIPTION as DESCRIPT4_4_0_ from PRODUCT this_ where lower(this_.NAME) like ? and this_
.PRICE = ?
1   打印机   560.0   佳能喷墨
```

由于 DetachedCriteria 在底层依赖于 Criteria 对象,因此操作 DetachedCriteria 对象的一些方法时实际上操作的是 Criteria 对象中相应的方法。与 Criteria 不同的是,DetachedCriteria 对象可以独立于 Session 对象来创建,在条件查询时则必须与 Session 对象绑定来实现查询。

6.3.14 子查询

HQL 的 WHERE 子句中可以嵌入子查询语句,例如下面的 HQL 语句就是一种子查询。

【示例】 HQL 子查询

```
form Customer c where (select count( * ) from c.orders)> 2
```

其中,加粗的"select count(*) from c. orders"语句称为子查询,子查询语句必须放在小括号内;而整个 HQL 语句则被称为外层查询。

注意

> HQL 子查询依赖于底层数据库对子查询的支持能力。并不是所有的数据库都支持子查询,例如,MySQL 4.0.x 或者以前更老的版本都不支持子查询。如果希望应用程序能够在不同的数据库平台之间移植,应该避免使用 HQL 的子查询功能。

从子查询与外层查询的关系上可以将子查询进行如下分类:

- 相关子查询——是指子查询语句引用了外层查询语句定义的别名,例如上面子查询语句中的"c"是 Customer 类;
- 无关子查询——是指子查询语句与外层的查询语句无关,例如下面 HQL 语句查询商品价格大于平均商品价格的所有商品。

```
from Product p where p.price >(select avg(p1.price) from Product p1)
```

根据子查询返回的行数可以将子查询分为:

- 单行子查询,返回单行记录;
- 多行子查询,返回多行记录。

1. 单行子查询

当在 where 子句中引用单行子查询时，可以使用单行比较符(>、<、=、>=、<=、<>)。

下述代码演示单行子查询的使用，通过 HQL 查询所有价格和商品“打印机”相同的商品列表。在 HqlCriteriaBusinessDemo 中增加 findProductsBySubQuerys()方法，代码如下所示。

【代码 6-59】 单行子查询

```java
public static void findProductsBySubQuerys() {
    Session session = HibernateUtils.getSession();
    String hql = "from Product p where p.price =
        (select p1.price from Product p1 where p1.name = :name)
        and p.name!= :name";
    Query query = session.createQuery(hql);
    query.setString("name", "打印机");
    List<Product> list = query.list();
    for (Product p : list) {
        System.out.println(p.getId() + "\t" + p.getName() + "\t"
                + p.getPrice() + "\t" + p.getDescription());
    }
}
```

上述代码中的 HQL 语句是无关子查询，把与“打印机”价格相同的其他商品都查询了出来。在 HqlCriteriaBusinessDemo 的 main()方法中调用 findProductsBySubQuerys()方法，运行结果如下所示。

```
Hibernate: select product0_.ID as ID1_4_, product0_.NAME as NAME2_4_, product0_.PRICE as PRICE3_
4_, product0_.DESCRIPTION as DESCRIPT4_4_ from PRODUCT product0_ where product0_.PRICE = (select
product1_.PRICE from PRODUCT product1_ where product1_.NAME = ?) and product0_.NAME <>?
3  微波炉  560.0  美的家电
```

注意

> 在 QBDC 查询中，通过 Subqueries 类可以在 DetachedCriteria 查询中引入子查询。

2. 多行子查询

对多行子查询要使用多行运算符而不是单行运算符。关于多行运算符的介绍如表 6-18 所示。

表 6-18 多行运算符

操　作	含　义
all	比较子查询返回的全部值，不能单独使用，只能与单行比较符结合使用
any	比较子查询返回的每个值，不能单独使用，只能与单行比较符结合使用
in	等于列表中的任何成员
some	与 any 等价
exists	表示子查询语句至少返回一条记录

通过具体的示例来各个多行运算符的使用方法。

【示例】 **all 运算符,返回所有订单的价格都小于 100 的客户**

```
from Customer c where 100 > all(select o.total from c.orders o)
```

【示例】 **any 运算符,返回有一条订单的价格小于 100 的客户**

```
from Customer c where 100 > any(select o.total from c.orders o)
```

【示例】 **in 运算符,返回有一条订单的价格等于 100 的客户**

```
from Customer c where 100 in(select o.total from c.orders o)
```

或

```
from Customer c where 100 = any(select o.total from c.orders o)
```

或

```
from Customer c where 100 = some(select o.total from c.orders o)
```

【示例】 **exists 运算符:返回至少有一条订单的客户**

```
from Customer c where exists (from c.orders)
```

3. 操纵集合的函数和属性

为了使查询更加方便,HQL 提供了一组操纵集合的函数或属性,这些函数或属性在某些情况下可以取代子查询,对其介绍如表 6-19 所示。

表 6-19 HQL 提供的集合函数或属性

函数或属性名	描 述
size()或 size	获得集合中元素的数目
minIndex()或 minIndex	对于建立了索引的集合,获得最小的索引
maxIndex()或 maxIndex	对于建立了索引的集合,获得最大的索引
minElement()或 minElement	对于包含基本类型元素的集合,获得集合中取值最小的元素
maxElement()或 maxElement	对于包含基本类型元素的集合,获得集合中取值最大的元素
elements()	获得集合中的所有元素

通过下述示例分别说明 HQL 中提供的集合函数或属性的使用方法。

【示例】 **查询订单数目都大于 0 的客户**

```
from Customer c where 0 <(select count( * ) from c.orders)
```

或

```
from Customer c where 0 <(size(c.orders))
```

注意

在 Hibernate4 中,上述函数或属性只能用在 where 子句中。

6.4 Hibernate 事务管理

Hibernate 是 JDBC 的轻量级封装，本身并不具备事务管理能力，在事务管理层，Hibernate 将其委托给底层的 JDBC 或 JTA 以实现事务的管理和调度。另外只在有掌握好数据库事务的基础知识上，才能深刻理解 Hibernate 对数据库事务的支持，进而开发出正确合理的 Hibernate 应用。

6.4.1 数据库事务

事务(transaction)是访问并可能操作各种数据项的一个数据库操作序列，这些操作要么全部执行，要么全部不执行，是一个不可分割的工作单位。事务由事务开始与事务结束之间执行的全部数据库操作组成。事务具有如下的特性：

- 原子性(Atomicity)——事务是应用中最小的执行单位，其全部操作在数据库中不可分割，只能全部执行完或全部不执行；
- 一致性(Consistency)——几个并行执行的事务，其执行结果必须与按某一顺序串行执行的结果相一致；
- 隔离性(Isolation)——各个事务的执行互不干扰，事务执行的中间结果对其他事务必须是透明的；
- 持久性(Durability)——是指事务一旦提交，对数据所做的任何的改变都要记录到物理数据库中，保证不被丢失。

事务的 ACID 特性是由关系数据库系统(DBMS)来实现的，DBMS 采用日志来保证事务的原子性、一致性和持久性。日志记录了事务对数据库所做的更新，如果某个事务在执行过程中发生错误，就可以根据日志，撤销事务对数据库已做的更新，使得数据库回滚到执行事务前的初始状态。

对于事务的隔离性，DBMS 是采用锁机制来实现的。当多个事务同时更新数据库中相同的数据时，只允许持有锁的事务更新该数据，其他事务必须等待，直到前一个事务释放了锁，其他事务才有机会更新该数据。

在实际应用中，由于事务的隔离性不完全，就会导致各种并发问题，这些并发问题主要可以归纳为以下几类：

- 更新丢失(lost update)——当两个事务同时更新同一数据时，由于某一事务的撤销，导致另一事务对数据的修改也失效了，这种现象称为更新丢失。
- 脏读(dirty read)——一个事务读取到了另一个事务还没有提交但已经更改过的数据。在这种情况下数据可能是不一致的，这种现象称为脏读。
- 不可重复读(non-repeatableread)——当一个事务读取了某些数据后，另一个事务修改了这些数据并进行了提交。这样当该事务再次读取这些数据时，发现这些数据已经被修改了，这种现象称为不可重复读。
- 幻读(phantom read)——同一查询在同一事务中多次进行，由于其他事务所做的插入操作，导致每次查询返回不同的结果集，这种现象称为幻读。严格来说幻读可以算是“不可重复读”的一种。但幻读指的是在第二次读取时，一些新数据被添加进来。而“不可重复读”指的是相同数据的减少或更新，而不是增加。

为了避免这些并发问题的出现，以保证数据的完整性和一致性，必须实现事务的隔离性。隔离性是事务的四个特性之一。在隔离状态执行事务，使它们好像是系统在给定时间内执行的唯一操作。如果在相同的时间内有两个事务在运行，而执行的功能又相关，事务的隔离性将确保每一事务在系统中认为只有该事务在使用系统。

事务的隔离级别用来定义事务与事务之间的隔离程度。隔离级别与并发性是互为矛盾的，隔离程度越高，数据库的并发性越差；隔离程度越低，数据库的并发性越好。

因为事务之间隔离级别的存在，对于具有相同输入、相同执行流程的事务可能会产生不同的执行结果，这取决于所使用的隔离级别。

ANSI/ISO SQL92 标准定义了一些数据库操作的隔离级别：

- 序列化级别(serializable)——在此隔离级下，所有事务相互之间都是完全隔离的。换言之，系统内所有事务看起来都是一个接一个执行的，不能并发执行。这是事务隔离的最高级别，事务之间完全隔离。
- 可重复读(repeatable read)——在此隔离级下，所有被 select 语句读取的数据记录都不能被修改。
- 读已提交(read committed)——在此隔离级下，读取数据的事务允许其他事务继续访问其正在读取的数据，但是未提交的写事务将会禁止其他事务访问其正在写的数据。
- 读未提交(read uncommitted)——在此隔离级下，如果一个事务已经开始写数据，则不允许其他事务同时进行写操作，但允许其他事务读取其正在写的数据。这是事务隔离的最低级别，一个事务可能看到其他事务未提交的修改。

隔离级别及其对应的可能出现或不可能出现的现象如表 6-20 所示。

表 6-20 事务比较

隔离级别	更新丢失	脏读	不可重复读	幻读
读未提交	N	Y	Y	Y
读已提交	N	N	Y	Y
可重复读	N	N	N	Y
序列化	N	N	N	N

对于不同的 DBMS，具体应用的隔离级别可能不同。

在 Hibernate 中，可以在 hibernate. properties 或 hibernate. cfg. xml 文件中配置事务的隔离级别，在 hibernate. properties 中配置如下：

```
Hibernate.connection.isolation = 4
```

上述配置中，设置了 Hibernate 事务的隔离级别为 4，其中级别数字的意义如下：

- 1——读未提交；
- 2——读已提交；
- 4——可重复读；
- 8——序列化。

注意

在默认情况下，Hibernate 的事务隔离级别为“读已提交”级别，在实际开发中，一般不需要显式设置其隔离级别，如果隔离级别设置不当，例如，若把隔离级别设为“序列化”级别，就会使并发性能降低。

6.4.2 Hibernate 中的事务

数据库系统的客户程序只要向 DBMS 声明了一个事务，DBMS 就会自动保证事务的 ACID 特性。声明事务包括下面内容：

- 事务开始边界——事务的开始。
- commit——提交事务，永久保存被事务更新后的数据库状态。
- rollback——撤销事务，使数据库退回到执行事务前的初始状态。

在 Hibernate 中，使用 org. hibernate. Transaction 封装了 JDBC 的事务管理。

Hibernate 中进行事务处理的步骤如下述代码所示。

【示例】 Hibernate 事务处理

```
Session session = HibernateUtils.getSession();
//1.开始一个事务
Transaction trans = session.beginTransaction();
try {
    //2.执行一些操作
    ...
} catch (Exception e) {
    e.printStackTrace();
    //操作不成功,回滚事务
    trans.rollback();
}
//3.提交事务
trans.commit();
HibernateUtils.closeSession();
```

上述代码中，首先利用 beginTransaction()方法设定事务的开始边界，如果数据保存成功，则调用 commit()方法，把数据持久化到数据库中，如果有异常产生，则事务利用 rollback()方法回滚到原来的状态。

6.5 Hibernate 批量数据处理

Hibernate 完全以面向对象的方式来操作数据库，所有对持久化对象的操作都将被自动转换为对数据库的操作。在软件开发中，不可避免地会遇到对数据进行批量处理的情况，例如同时向数据库中插入或更新 100 000 条记录信息，此时如果逐一加载 100 000 条记录，然后依次调用 Hibernate 相应方法，这种做法不仅烦琐，而且在对多条数据同时进行插入或更新时如果使用不当会使得 Hibernate 对数据的访问性能下降。为了解决这种批量数据处理问题，Hibernate 提供了数据批量处理的解决方案，下面从数据批量插入、更新和删除这三个方面进行介绍。

6.5.1 批量数据插入

如果将 100 000 条 Customer 信息批量插入到数据库中，Hibernate 通常可以采用下述做法。

【示例】 批量插入 100 000 条 Customer 信息

```
//获取 Session 对象
Session session = HibernateUtils.getSession();
```

```
//开启事务
Transaction trans = session.beginTransaction();
/* 保存 1000000 个 Customer 对象 */
for (int i = 0; i < 1000000; i++) {
    Customer customer = new Customer();
    //保存对象
    session.save(customer);
}
//提交事务
trans.commit();
//关闭 Session 对象
HibernateUtils.closeSession();
```

上述代码总会在某个时候运行失败，并抛出 OutOfMemoryException 内存溢出异常。这是因为 Hibernate 持有一个必选的一级缓存(即 Session 缓存)，所有 100 000 个 Customer 对象都将在该 Session 级别的缓存区中存储的缘故，所以上述代码在大概运行到 50 000 条记录左右就会失败并抛出内存溢出异常。

为了解决这个问题，可以定时将 Session 缓存的数据刷新存入数据库，而不是一直在 Session 级别的缓存区中。例如，可以在保存 Customer 对象的过程中，每保存 10 个对象就清空一次 Session 缓存，示例代码如下所示。

【示例】 定时清空 Session 缓存

```
Session session = HibernateUtils.getSession();
Transaction trans = session.beginTransaction();
/* 保存 100000 个 Customer 对象 */
for (int i = 0; i < 1000000; i++) {
    //创建 Customer 对象
    Customer customer = new Customer();
    //保存对象
    session.save(customer);
    //每保存 10 个 Customer 对象,清空一次缓存
    if (i % 10 == 0) {
        //刷新缓存
        session.flush();
        //清空缓存
        session.clear();
        //提交事务
        trans.commit();
        //重新开始事务
        trans = session.beginTransaction();
    }
}
//关闭 Session
HibernateUtils.closeSession();
```

上述代码中，当“i%10==0”时，手动将 Session 缓存中的数据保存到数据库，并手动提交事务，以此来避免产生 OutOfMemoryException 内存溢出异常。

除了要对 Session 级别缓存进行处理外，还需要进行如下配置来关闭 SessionFactory 的二级缓存：

```
hibernate.cache.use_second_level_catch false
```

注意

除了要手动清空Session级别的缓存外，最好关闭SessionFactory级别的二级缓存，否则也可能会因为SessionFactory的二级缓存的存在而引发异常。

6.5.2 批量数据更新

批量数据更新可以采用上面6.5.1节所介绍的批量插入方法，如果需要返回多行数据，则可以使用scroll()方法，该方法可以充分利用服务器端游标所带来的性能优势。

下面示例演示如何使用scroll()方法对多个Customer对象的userName值进行批量更新，代码如下所示。

【示例】 批量数据更新

```
Session session = HibernateUtils.getSession();
Transaction trans = session.beginTransaction();
/* 查询出Customer表中的所有对象 */
ScrollableResults customers = session.createQuery("from Customer")
        .scroll();
int count = 0;
//遍历所有Customer对象
while (customers.next()) {
    Customer customer = (Customer) customers.get(0);
    customer.setUserName("username" + count);
    //每保存10个Customer对象,清空一次缓存
    if (count % 10 == 0) {
        session.flush();
        session.clear();
        trans.commit();
        trans = session.beginTransaction();
    }
    count++;
}
//提交事务
trans.commit();
//关闭Session对象
HibernateUtils.closeSession();
```

通过上述代码的这种方式虽然可以实现批量数据更新，但执行效率不高，如果是对于每次更新的数据量不多的情况可以采用这种方法。上述代码在执行过程中是逐行更新数据的，即每更新一条信息就需要执行一条update语句，造成性能非常低下。

为避免此种情况，Hibernate提供一种类似DML语句的批量更新和删除的HQL语句。

Hibernate提供的HQL语句也支持批量的更新和删除，其语法格式如下所示：

【语法】

```
update|delete from ClassName [where conditions]
```

其中：

- 在from子句中，from关键字是可选的，即完全可以不写from关键字；
- ClassName是一个类名，该类名不能有别名；

- where 子句是可选的；
- 不能在批量 HQL 语句中使用连接(显式或者隐式的都不可以)，但可以在 where 子句后使用子查询。

下面的示例通过使用 HQL 语句对 Customer 对象的 userName 值进行批量更新，代码如下所示。

【示例】 HQL 批量数据更新

```
Session session = HibernateUtils.getSession();
Transaction trans = session.beginTransaction();
//定义 HQL 语句
String hql = "update Customer set name = :name";
//获取 Query 对象
Query query = session.createQuery(hql);
//进行参数绑定
query.setString("name", "qst");
//执行更新
query.executeUpdate();
//提交事务
trans.commit();
//关闭 Session 对象
HibernateUtils.closeSession();
```

上述代码使用了 HQL 对 Customer 对象进行批量更新操作，默认将数据库中所有 customer 记录的名字都改为 qst，其 HQL 批量数据更新的主要步骤如下：

(1) 首先定义 HQL 语句，该语句中带“:name”参数；

(2) 再通过 Session 的 createQuery()方获取 Query 对象；

(3) 然后使用 setString()方法对 Query 对象中的参数进行绑定，使参数具有值；

(4) 最后调用 Query 对象的 executeUpdate()执行批量更新操作。

HQL 的更新语法类似于 PreparedStatement 的 executeUpdate()语法，实际上 HQL 的批量更新就是直接借鉴了 SQL 语法的 update 语句。

上述代码中获取 Query 对象是使用显示的方式，也可以使用匿名的方式对代码进行优化，代码如下所示。

【示例】 HQL 批量数据更新(Query 对象匿名方式)

```
Session session = HibernateUtils.getSession();
Transaction trans = session.beginTransaction();
//定义 HQL 语句
String hql = "update Customer set name = :name";
//返回更新的数量
int count = session.createQuery(hql)
                   .setString("name", "qst");
                   .executeUpdate();
//提交事务
trans.commit();
//关闭 Session 对象
HibernateUtils.closeSession();
```

注意

> 使用 HQL 批量更新语法时,通常只需要执行一次 SQL 的 update 语句,即可完成所有满足条件记录的更新操作。但有可能需要执行多条 update 语句,例如实例之间存在依赖关系,当更新一个实例时,其所依赖的另外一个实例也需要更新。

6.5.3 批量数据删除

执行一个 HQL 批量数据删除操作时,同样可以使用 Query 对象的 executeUpdate()方法。

下述示例来演示如何使用 HQL 进行批量删除操作,代码如下所示。

【示例】 **HQL 批量数据删除**

```
Session session = HibernateUtils.getSession();
Transaction trans = session.beginTransaction();
//定义 HQL 删除语句
String hql = "delete Customer";
//返回删除的数量
int count = session.createQuery(hql)
                    .executeUpdate();
//提交事务
trans.commit();
//关闭 Session 对象
HibernateUtils.closeSession();
```

上述代码利用 HQL 的批量删除功能,将数据库中的所有 Customer 信息都删除掉。

6.6 贯穿任务实现

6.6.1 实现任务 6-1

下述内容创建"GIFT-EMS 礼记"系统中实体类之间的关联关系。

根据在"GIFT-EMS 礼记"系统的需求分析结合任务 2-2 对系统中 POJO 类的分析,系统中主要的 POJO 之间的关联关系进一步的说明如表 6-21 所示。

表 6-21 POJO 类关联关系表

类 名	说 明
User	用户类。在本系统中,所有业务类都是围绕着 User 进行设计的
GiftType	礼品类型类。礼品类型与礼品是 1-*N* 的关联关系,即一个礼品类型可以有 0 个或多个礼品
Gift	礼品类。礼品与礼品类型的关系是 *N*-1 的关联关系,即一个礼品只属于 1 个礼品类型。此外,礼品和礼品类型之间根据需要可以是双向关联关系
GiftStyle	礼品款式类。礼品和礼品款式的关系是 1-*N* 的双向关联关系,即一个礼品都有多个款式。同时每一个礼品款式只属于一个礼品
Order	订单类。订单和 User 的关系是 *N*-1 的关系,即一个订单只属于一个用户所有
OrderItem	订单明细表。订单与订单明细是 1-*N* 双向关联关系。一个订单对象对应多个订单明细对象,每个订单明细对象又关联着一个礼品对象

下述内容在任务 2-2 中创建的 POJO 类的基础上进一步完善类之间的关联关系。

【任务 6-1】 GiftStyle.java

```
/**
 * 礼品类型
 */
@SuppressWarnings("serial")
public class GiftType implements java.io.Serializable {
    …省略代码
    /** 关联 Gift 对象 **/
    private Set<Gift> giftList = new HashSet<Gift>();
    …省略对应的 getter/setter 方法代码
```

上述代码中,GiftType 与 Gift 的 1-*N* 关联关系通过属性 giftList 来体现。

注意

在实际应用中,giftList 变量通常进行上述类型的赋值,避免程序中产生 NullPointException 类的异常。

【任务 6-1】 Gift.java

```
/**
 * 礼品
 */
@SuppressWarnings("serial")
public class Gift implements java.io.Serializable{
    …省略代码
    /****/
    private GiftType giftType;
    /** 款式集合 **/
    private Set<GiftStyle> styles = new HashSet<GiftStyle>();
    …省略 getter/setter 代码
```

上述代码中,通过 giftType 属性来体现 Gift 与 GiftType 之间的 *N*-1 的关联关系,在实际应用中通常把 Gift 和 GiftType 的关系设置为 *N*-1 的单向关联关系。通过 styles 属性来体现 Gift 与 GiftStyle 之间的 1-*N* 关联关系。

【任务 6-1】 GiftType.java

```
/**
 * 款式与礼品是多对一关系
 */
@SuppressWarnings("serial")
public class GiftStyle implements java.io.Serializable {
    …省略代码
    /** 对应 Gift 的 Id **/
    private Integer giftId;
    /** 所属 Gift **/
    private Gift gift;
    …省略代码
```

上述代码中,通过 gift 属性来体现 GiftStyle 与 Gift 之间的 N-1 关联关系。

【任务 6-1】 Order.java

```
/**
 * 用户订单
 */
@SuppressWarnings("serial")
public class Order implements java.io.Serializable {
    ……省略代码
    /** 当前登录用户 **/
    private User user;
    /** 订单明细 **/
    private Set<OrderItem> items = new HashSet<OrderItem>();
   …省略代码
```

上述代码中,通过 user 属性来体现 Order 与 User 之间的 N-1 单向关联关系。通过 items 属性来体现 Order 与 OrderItem 之间的 1-N 关联关系。

【任务 6-1】 OrderItem.java

```
/**
 * 订单明细
 */
@SuppressWarnings("serial")
public class OrderItem implements java.io.Serializable{
    …省略代码
    /** 关联所属的订单 **/
    private Order order;
…省略代码
```

上述代码通过 order 属性来体现 OrderItem 与 Order 之间的 N-1 的关联关系。

接下来实现上述 POJO 类对应的 Hibernate 映射文件及上述类在映射文件中的关联关系。步骤如下:

(1) 针对每个实体类都创建一个 Hibernate 的映射文件,映射文件一般与实体类放在同一个包内。映射文件编写完毕后,需要在 Hibernate 的配置文件 hibernate.cfg.xml 中通过 mapping 元素指定映射文件的引用路径。

(2) Gift 和 GiftType 类之间存在单向的 N-1 关联关系,在 Gift 类的映射文件中需要使用<many-to-one>元素来配置两者之间的关系。

(3) Gift 和 GiftStyle 类之间存在双向的 1-N 关联关系,在 Gift 类的映射文件中需要使用<set>元素配置一个 GiftStyle 的集合,在<set>元素中通过<one-to-many>子元素指定关联关系;在 GiftStyle 类的映射文件中需要通过<many-to-one>元素配置与 Gift 类的关联关系。

(4) Order 与 OrderItem 类之间存在双向 1-N 关联关系。在 Order 类的映射文件中需要使用<set>元素配置一个 OrderItem 的集合,在<set>元素中通过<one-to-many>子元素指定关联关系;在 OrderItem 类的映射文件中需要通过<many-to-one>元素配置与 Order 类的关联关系。

(5) 对于 OrderItem 类,分别存在与 Gift 和 GiftStyle 的单向关联关系。在 OrderItem 的映射文件中通过<many-to-one>元素分别配置与 Gift 和 GiftStyle 类的关联关系。

上述 POJO 类分别对应的 Hibernate 映射文件的代码如下所示。

【任务 6-1】 GiftType. hbm. xml

```
…省略头部
<hibernate-mapping>
    <class name="com.qst.giftems.gift.pojos.GiftType" table="t_gift_type">
        <id name="id" column="id">
            <generator class="native" />
        </id>
        <!-- 礼品类型名称 -->
        <property name="name" column="name" type="string" />
        <!-- 所属父类型 Id-->
        <property name="parentId" column="parent_id" type="integer" />
    </class>
</hibernate-mapping>
```

【任务 6-1】 Gift. hbm. xml

```
…省略头部
<hibernate-mapping>
    <class name="com.qst.giftems.gift.pojos.Gift" table="t_gift">
        <id name="id" column="id">
            <generator class="native" />
        </id>
        <!-- 礼品名称 -->
        <property name="name" column="name" type="string" />
        <!-- 所属类型 Id-->
        <property name="typeId" column="type_id" type="integer" />
        <!-- 状态: 0:编辑 1:上架 2:下架 -->
        <property name="status" column="status" type="integer" />
        <!-- 礼品描述-->
        <property name="remark" column="remark" type="string" />
        <!-- 删除状态 -->
        <property name="deleted" column="deleted" type="integer" />
        <!-- 发布时间 -->
        <property name="publishTime" column="publish_time" type="string" />
        <!-- 礼品图片 -->
        <property name="pic" column="pic" type="string" />
        <!-- 关联款式 -->
        <set name="styles" inverse="true" fetch="join">
            <key column="gift_id"/>
            <one-to-many class="com.qst.giftems.gift.pojos.GiftStyle"/>
        </set>
        <!-- 关联 GiftType -->
        <many-to-one name="giftType" column="type_id"
                class="com.qst.giftems.gift.pojos.GiftType" fetch="join"/>
    </class>
</hibernate-mapping>
```

注意

在上述代码中，<set>元素的 fetch 属性设置为 join，表示预先抓取策略，<many-to-one>的检索策略中设置为预先抓取，关于该检索策略的详细讲解，请参阅第 7 章。

【任务 6-1】 GiftStyle.hbm.xml

```
…省略代码
<hibernate-mapping>
    <class name="com.qst.giftems.gift.pojos.GiftStyle" table="t_gift_style">
        <id name="id" column="id">
            <generator class="native" />
        </id>
        <!-- 礼品名称 -->
        <property name="name" column="name" type="string" />
        <!-- 所属礼品 Id -->
        <property name="giftId" column="gift_id" type="integer" insert="false" update=
"false" />
        <!-- 显示价格 -->
        <property name="discount" column="discount" type="double" />
        <!-- 原价 -->
        <property name="price" column="price" type="double" />
        <!-- 图片 1 -->
        <property name="pic1" column="pic1" type="string" />
        <!-- 图片 2 -->
        <property name="pic2" column="pic2" type="string" />
        <!-- 图片 3 -->
        <property name="pic3" column="pic3" type="string" />
        <!-- 图片 4 -->
        <property name="pic4" column="pic4" type="string" />
        <!-- 图片 5 -->
        <property name="pic5" column="pic5" type="string" />
        <!-- 排序 -->
        <property name="orderNum" column="order_num" type="integer" />
        <!-- 关联 Gift -->
        <many-to-one name="gift" column="gift_id"
                     class="com.qst.giftems.gift.pojos.Gift"/>
    </class>
</hibernate-mapping>
```

【任务 6-1】 Order.hbm.xml

```
…省略代码
<hibernate-mapping>
    <class name="com.qst.giftems.order.pojos.Order" table="t_order">
        <id name="id" column="id">
            <generator class="native" />
        </id>
        <!-- 订单编号 -->
        <property name="orderNo" column="order_no" type="string" />
        <!-- 交易编号 -->
        <property name="transNo" column="trans_no" type="string" />
        <!-- 快递号 -->
        <property name="deliveryNo" column="delivery_no" type="string" />
        <!-- 快递公司 -->
        <property name="deliveryName" column="delivery_name" type="string" />
        <!-- 付款类型 -->
        <property name="payType" column="pay_type" type="string" />
        <!-- 用户 Id -->
        <property name="userId" column="user_id" type="integer" />
```

```
        <!-- 用户名 -->
        <property name="userName" column="user_name" type="string" />
        <!-- 收货人姓名 -->
        <property name="receiverName" column="receiver_name" type="string" />
        <!-- 收货人地址 -->
        <property name="receiverAddress" column="receiver_address" type="string" />
        <!-- 收货人电话 -->
        <property name="receiverPhone" column="receiver_phone" type="string" />
        <!-- 价格 -->
        <property name="price" column="price" type="double" />
        <!-- 付款时间 -->
        <property name="payTime" column="pay_time" type="string" />
        <!-- 订单状态 -->
        <property name="status" column="status" type="integer" />
        <!-- 发货时间 -->
        <property name="sendTime" column="send_time" type="string" />
        <!-- 收货时间 -->
        <property name="confirmTime" column="confirm_time" type="string" />
        <!-- 关联订单明细 -->
        <set name="items" inverse="true" fetch="join">
            <key column="order_id"/>
            <one-to-many class="com.qst.giftems.order.pojos.OrderItem"/>
        </set>
    </class>
</hibernate-mapping>
```

【任务 6-1】 **OrderItem.hbm.xml**

```
…省略代码
<hibernate-mapping>
    <class name="com.qst.giftems.order.pojos.OrderItem" table="t_order_item">
        <id name="id" column="id">
            <generator class="native" />
        </id>
        <!-- 订单编号 -->
        <property name="orderId" column="order_id" type="integer" insert="false" update=
"false"/>
        <!-- 礼品编号 -->
        <property name="giftId" column="gift_id" type="string" />
        <!-- 礼品名称 -->
        <property name="giftName" column="gift_name" type="string" />
        <!-- 礼品数量 -->
        <property name="giftCount" column="gift_count" type="string" />
        <!-- 款式 Id -->
        <property name="styleId" column="style_id" type="string" />
        <!-- 款式名称 -->
        <property name="styleName" column="style_name" type="string" />
        <!-- 款式价格 -->
        <property name="stylePrice" column="style_price" type="string" />
        <!-- 显示价格 -->
        <property name="discount" column="discount" type="string" />
        <!-- 关联 Order -->
        <many-to-one name="order" column="order_id"
                          class="com.qst.giftems.order.pojos.Order"/>
    </class>
</hibernate-mapping>
```

【任务 6-1】 User. hbm. xml

```
…省略代码
<hibernate-mapping>
    <class name="com.qst.giftems.user.pojos.User" table="t_user">
        <id name="id" column="id">
            <generator class="native" />
        </id>
        <!-- 用户名 -->
        <property name="userName" column="user_name" type="string" />
        <!-- 密码 -->
        <property name="password" column="password" type="string" />
        <!-- 邮箱 -->
        <property name="email" column="email" type="string" />
        <!-- 性别 -->
        <property name="sex" column="sex" type="string" />
        <!-- 生日 -->
        <property name="birthday" column="birthday" type="string" />
        <!-- 真实姓名 -->
        <property name="realName" column="real_name" type="string" />
        <!-- 电话 -->
        <property name="mobile" column="mobile" type="string" />
        <!-- 城市 -->
        <property name="city" column="city" type="string" />
        <!-- 状态 -->
        <property name="status" column="status" type="integer" />
        <!-- 删除状态 -->
        <property name="deleted" column="deleted" type="integer" />
    </class>
</hibernate-mapping>
```

6.6.2 实现任务 6-2

下述内容对任务 4-2 和任务 4-3 进行了升级，分别完成礼品中心和礼品详情功能。

对于礼品中心和礼品详情功能，只需要修改对应的 Dao 中的方法即可，对于界面、Action 和 Service 则不需要做修改，这也体现了多层的优点。

修改 GiftDao 类，添加如下代码：

```
public class GiftDao {
    /**
     * 根据 typeId 查询礼品
     * @param typeId
     * @return
     */
    public List<Gift> findList(Integer typeId) {
        Session session = null;
        Transaction trans = null;
        List<Gift> list = new ArrayList<Gift>();
        try {
            //获取 Session 对象
            session = HibernateUtils.getSession();
            trans = session.beginTransaction();
            String hql = "from Gift g ";
```

```
            if(typeId != -1){
                hql = hql + " where g.typeId = " + typeId;
            }
            //创建 Query 对象,并使用 HQL 进行查询
            Query query = session.createQuery(hql);
            list = query.list();
            trans.commit();
        } catch(Exception ex){
            ex.printStackTrace();
        }finally {
            //释放 Session 对象
            HibernateUtils.closeSession();
        }
        return list;
    }
    /**
     * 根据礼品 Id 查询对应的礼品
     * @param giftId
     * @return
     */
    public Gift findById(Integer giftId){
        Session session = null;
        Gift gift = null;
        try {
            //获取 Session 对象
            session = HibernateUtils.getSession();
            gift = (Gift) session.get(Gift.class, giftId);
        }catch(Exception ex){
            ex.printStackTrace();
        }
        finally {
            //释放 Session 对象
            HibernateUtils.closeSession();
        }
        return gift;
    }
}
```

在上述代码中,findList()方法的功能是根据传递的礼品类型 typeId 查询对应的礼品列表,如果 typeId 值为-1,则默认查询所有的礼品；findById()方法实现了根据 id 获取 Gift 对象的功能,由于在映射文件 Gift.hbm.xml 配置了 Gift 与 GiftType 和 GiftStyle 的关联关系,所以在得到 Gift 对象时,Hibernate 会同时把相应的 GiftType 和 GiftStyle 对象组装到 Gift 对象中。

注意

读者运行系统后会发现如果礼品过多的话,一页显示会很庞大,这时应该采用分页的方式来处理多页礼品的问题,分页的实现将在第 7 章的贯穿任务中讲解。

6.6.3 实现任务 6-3

下述内容实现"GIFT-EMS 礼记"系统中礼品中心分页功能,步骤如下:

(1) 创建用于进行分页的类 Pagination,该类位于 com. qst. core. web. taglib 包中。

(2) 创建 JSP 分页标签 PageTag,该标签位于 com. qst. core. web. taglib 包中。

(3) 创建标签文件 qst. tld,该标签文件位于 WEB-INF/tlds 文件夹下。

(4) 在 giftList. jsp 页面中使用 qst. tld 标签,实现分页功能。

(5) 在 GiftAction 中实现分页查询功能。

(6) 分别在 GiftService 和 GiftDao 中添加用于分页查询的方法。

1. 创建 Pagination 类

Pagination 类用于对分页查询过来的对象进行封装,并通过记录数和每页的记录数可以实现总页数的计算,核心代码如下所示。

【任务 6-3】 Pagination. java

```
/**
 * 分页类,进行分页。
 */
public class Pagination<T> {
    //条件分组
    private Map<String, String> params = new HashMap<String, String>();
    //页大小
    private int pageSize = 6;
    //查询的页码
    private int pageNumber = 1;
    //最大页数
    private int maxPages;
    //最大记录数
    private int maxElements;
    //列表
    private List<T> list = new ArrayList<T>(0);
    /**
     * 设置最大记录数。
     *
     * @param maxElements
     *          最大记录数
     */
    public void setMaxElements(int maxElements) {
        this.maxElements = maxElements;
        //设置最大页数
        setMaxPages();
    }
    /**
     * 设置最大页数。
     */
    public void setMaxPages() {
        if (maxElements != 0 && (maxElements % pageSize == 0)) {
            maxPages = maxElements / pageSize;
        } else {
            maxPages = maxElements / pageSize + 1;
        }
        //判断当前页码是否超出范围
        if (pageNumber > maxPages) {
            this.pageNumber = maxPages;
```

```
        }
    }
    /**
     * 设置页大小。
     *
     * @param pageSize
     *        页大小
     */
    public void setPageSize(int pageSize) {
        if(pageSize > 0){
            this.pageSize = pageSize;
        }
    }

    /**
     * 获取页大小。
     *
     * @return 页大小
     */
    public int getPageSize() {
        return pageSize;
    }
    /**
     * 把数组所有元素排序,并按照"参数=参数值"的模式用"&"字符拼接成字符串
     * @param params 需要排序并参与字符拼接的参数组
     * @return 拼接后字符串
     */
    public String createLinkString() {
        List<String> keys = new ArrayList<String>(params.keySet());
        Collections.sort(keys);
        String prestr = "";
        for (int i = 0; i < keys.size(); i++) {
            String key = keys.get(i);
            String value = params.get(key);
            if(value!= null){
              //取第一个
                if (i == keys.size() - 1) {//拼接时,不包括最后一个&字符
                    prestr += key + "=" + value;
                } else {
                    prestr += key + "=" + value + "&";
                }
            }
        }
        return prestr;
    }
    …省略代码
}
```

在上述代码中,读者可以看到 Pagination 类为泛型<T>方式,对于任何 POJO 对象都可以使用分页方式;setMaxPages()用于计算最大页数,其中 pageNumber 和 maxElements 分别代码当前页码和最大记录数;createLinkString()方法用于动态构造“key=value”类型的字符串用于分页查询的条件构造,在 PageTag 类中使用。

2. 创建 PageTag 类

由于 JSP 标签的可复用性并且便于封装数据的操作;把数据的表示与实现分离,因此本

系统中采用了自定义 JSP 标签的方式，通过在页面中调用实现分页的展示，核心代码如下所示。

【任务 6-3】 PageTag. java

```
package com.qst.core.web.taglib;
import java.io.IOException;
import javax.servlet.jsp.JspException;
import javax.servlet.jsp.tagext.TagSupport;
import com.qst.core.utils.StringUtils;
/**
 * 分页标签
 */
@SuppressWarnings("serial")
public class PageTag extends TagSupport {
    …省略属性部分
    /*
     * 开始标签
     */
    @SuppressWarnings("unchecked")
    @Override
    public int doStartTag() throws JspException {
        StringBuilder output = new StringBuilder();
        //获取分页对象
         pagination = (Pagination) pageContext.findAttribute(name);
        //开始部分
        output.append("<div class = 'pagination'>")
              .append("<span style = 'padding - right:10px;line - height:35px;'><font class =
'green>")
              .append(pagination.getMaxElements())
              .append("</font>条  / ")
              .append("<font class = 'green'>")
              .append(pagination.getMaxPages())
              .append("</font>页</span>");
        //页码开始部分
        output.append("<span>").append("<ul>");
        //内容处理
        output.append(handlePage(pagination));
        //页码结束部分
        output.append("</span>").append("</ul>");
        //结束标签
        output.append("</div>");
        try {
            pageContext.getOut().println(output.toString());
        } catch (IOException e) {
            e.printStackTrace();
            throw new JspException(e);
        }
        return EVAL_PAGE;
    }

    /**
     * 处理分页部分
     *
     * @param pageNo 当前页码
     * @param pageSize 页大小
```

```
     * @param url 连接
     * @return
     */
    @SuppressWarnings("unchecked")
    private String handlePage(Pagination pagination) {
        StringBuilder sb = new StringBuilder(1000);
        if (pagination.getMaxElements() == 0)
            return "<span style='line-height:35px;'>没有符合条件的记录</span>";

        //获取最大页码
        int maxPageNo = pagination.getMaxPages();
        //获取当前页码
        int pageNo = pagination.getPageNumber();
        if (isAjax) {
            …省略代码
        } else {
           //处理非 Ajax 的情况
         url = url + "&" + pagination.createLinkString() + "&p=";
            //1.页数少于默认显示页的情况,没有上一页、下一页,只有两个箭头
            if (maxPageNo < DISPLAY_PAGE_NUM) {
                for (int i = 1; i <= maxPageNo; i++) {
                    //判断当前选中状态
                    String classStr = pageNo == i ? " class='active'" : "";
                        sb.append("<li" + classStr + ">");
                        if(pageNo != i){
                            sb.append("<a href=\"" + url + i + "\">");
                                                                //传递页码及查询表单
                        }else{
                            sb.append("<a href=\"javascript:void(0)\">");
                                                                //传递页码及查询表单
                        }
                        sb.append(i)
                          .append("</a>")
                          .append("</li>");

                }
            } else {
                //开始页码
                int fromPageNo = pageNo - MIDDLE_NUM + 1 <= 0 ? 1 : pageNo
                        - MIDDLE_NUM + 1;
                if ((fromPageNo + DISPLAY_PAGE_NUM - 1) >= maxPageNo) {
                    fromPageNo = maxPageNo - DISPLAY_PAGE_NUM + 1;
                }
                //结束页码
                int toPageNo = fromPageNo + DISPLAY_PAGE_NUM - 1;
                if ((toPageNo - MIDDLE_NUM + 1) > maxPageNo) {
                    toPageNo = maxPageNo;
                }
                if (pageNo > 1) {
                    //首页
                        sb.append("<li><a title='首页' href=\"" + url + 1 + "\"><<")
                          .append("</a></li>");
                    //上一页
                        sb.append("<li><a title='上一页' href=\"" + url + (pageNo - 1) +
"\"><</a></li>");
```

```
                        //.append("</a></li>");
                }
                for (int i = fromPageNo; i <= toPageNo; i++) {
                    //判断当前选中状态
                    String classStr = pageNo == i ? " class='active'" : "";
                        sb.append("<li" + classStr + ">");
                            /* style=\"color: black;\" */
                        if(pageNo != i){
                            sb.append("<a style=\"color: black;\" href=\"" + url + i +
"\">");  //传递页码及查询表单
                        }else{
                            sb.append("<a href=\"javascript:void(0)\">");
                                                                    //传递页码及查询表单
                        }
                        sb.append(i)
                        .append("</a>")
                        .append("</li>");

                }
                if (pageNo < maxPageNo&& maxPageNo > 1) {
                    //下一页
                        sb.append("<li><a title='下一页' href=\"" + url + (pageNo + 1) +
"\">></a></li>");
                        //.append("</a></li>");
                    //尾页
                        sb.append("<li><a title ='尾页' href=\"" + url + maxPageNo + "\">>>")
                        .append("</a></li>");
                }
            }

        }
        return sb.toString();
    }
…省略 getter/setter 方法

}
```

在上述代码中，自定义标签处理类 PageTag 类继承了 TagSupport 类，并重写了 doStartTag()方法，在方法中调用了 handlePage()方法，该方法实现了 Ajax 方式的分页和非 Ajax 方式的分页，在本系统中采用了非 Ajax 方式来实现分页。

3. 定义 TLD 文件

定义了自定义标签处理类 PageTag 后，要是在 JSP 页面上能够正常引用自定义标签，需要定义 TLD 文件，其核心代码如下所示。

【任务 6-3】 qst.tld

```
<?xml version="1.0" encoding="UTF-8"?>
<taglib version="2.0" xmlns="http://java.sun.com/xml/ns/j2ee"
    xmlns:xsi="http://www.w3.org/2001/XMLSchema-instance"
    xsi:schemaLocation="http://java.sun.com/xml/ns/j2ee http://java.sun.com/xml/ns/j2ee/web
-jsptaglibrary_2_0.xsd">
    <description>系统标签</description>
```

```
    <display-name>qst</display-name>
    <tlib-version>1.0</tlib-version>
    <short-name>qst</short-name>
    <uri>http://www.itshixun.com/tags</uri>
    <tag>
        <description>分页标签</description>
        <name>page</name>
        <tag-class>com.qst.core.web.taglib.PageTag</tag-class>
        <body-content>JSP</body-content>
        <attribute>
            <description>要遍历的存放于 scope 中的 Pagination 对象的别名</description>
            <name>name</name>
            <required>true</required>
            <rtexprvalue>true</rtexprvalue>
        </attribute>
        <attribute>
        <description>查询 form 的名称</description>
            <name>queryForm</name>
            <required>false</required>
            <rtexprvalue>true</rtexprvalue>
        </attribute>
        <attribute>
        <description>查询 url 的名称,当 url 与 form 同时存在时,url 会替换 form</description>
            <name>url</name>
            <required>false</required>
            <rtexprvalue>true</rtexprvalue>
        </attribute>
        <attribute>
        <description>
        设置是否启用 Ajax 方式,需要引用或重写 getPage 方法
        </description>
            <name>isAjax</name>
            <required>false</required>
            <rtexprvalue>false</rtexprvalue>
        </attribute>
        <attribute>
        <description>
            pageNumberParam 设定传页码的参数
        </description>
            <name>pageNumberParam</name>
            <required>false</required>
            <rtexprvalue>false</rtexprvalue>
        </attribute>
        <attribute>
        <description>
            listDiv 默认为 listDiv,替换列表的 div 的 Id
        </description>
            <name>listDiv</name>
            <required>false</required>
            <rtexprvalue>false</rtexprvalue>
        </attribute>
    </tag>
</taglib>
```

上述代码使用<tag>标签在 qst.tld 文件中描述 PageTag 标签类,描述的内容包括标签

名(name),标签处理器类(tag-class),标签体的内容(body-content)。该文件位于 WEB-INF/tlds 下,标签前缀为 qst,用法如下:

```
<qst:page name="pagination"
          url="${ctx}/g.action?method=giftList" isAjax="false"></qst:page>
```

其中,<qst:page>指分页标签;name 属性指 Pagination 类型变量的名称;url 是指待分页的 URL 地址;isAjax 指是否采用 ajax 方式分页。

注意

> 对于自定义标签的流程及方法,限于篇幅,本书不再赘述,读者可以通过其他渠道进行查询了解。

4. giftList.jsp 中引用分页标签

要使用<qst:page>标签,首先引入 qst.tld 标签库,在"WebContent/comm/taglibs.jsp"引入方式如下:

```
<%@ page language="java" pageEncoding="UTF-8"%>
<%@taglib uri="http://java.sun.com/jsp/jstl/core" prefix="c"%>
<%@taglib uri="http://java.sun.com/jsp/jstl/fmt" prefix="fmt"%>
<%@taglib uri="http://java.sun.com/jsp/jstl/functions" prefix="fn"%>
<%@taglib uri="/struts-tags" prefix="s"%>
<%@taglib uri="http://www.itshixun.com/tags" prefix="qst"%>
<c:set var="ctx" value="${pageContext.request.contextPath}"></c:set>
```

然后再在 giftList.jsp 中引用 taglibs.jsp 文件,引入方式如下:

```
<%@include file="/comm/taglibs.jsp"%>
```

在 giftList.jsp 中使用<qst:page>标签的核心代码如下:

```
<qst:page name="pagination" url="${ctx}/g.action?method=giftList" isAjax="false"></qst:
page>
```

5. 修改 GiftAction 的 giftList()方法

GiftAction 的 giftList()方法代码如下所示。

【任务 6-3】 GiftAction 的 giftList()方法

```
/**
 * 分页显示礼品
 */
public String giftList() {
    //查找所有商品类型分类,默认搜索 parentid 为 10 的
    List<GiftType> list = giftTypeService.findByParentId(10);
    ActionContextUtils.setAtrributeToRequest("list", list);
    String typeName = "全部类型";
    for (GiftType type : list)
        if (type.getId() == typeId)
            typeName = type.getName();
    ActionContextUtils.setAtrributeToRequest("typeName", typeName);
```

```
    //返回 p 参数值
    String[ ] str = ActionContextUtils.getParameters(Globals.PAGE_NUMBER);
    //把 p 参数对应的当前页码值转化成 int 型值
    int pageNo = NumberUtils.toInt(str[0], 1);
    //构造条件 List
    List<Object> params = new ArrayList<Object>();
    //动态构造 hql
    String hql = "from Gift g where g.status = 1 ";
    if(typeId!= -1){
        hql += "and g.typeId = ?";
        params.add(typeId);
    }
    Pagination<Gift> pagination = this.giftService.findByPage(pageNo, 6,hql, params);
    //保存条件,用于在 PageTag 中动态构造 url 参数
    Map<String, String> map = new HashMap<String, String>();
    map.put("typeId", typeId + "");
    pagination.getParams().putAll(map);
    //把 pagination 对象保存到 request 范围中
    ActionContextUtils.setAtrributeToRequest("pagination", pagination);
    return "giftList";
}
```

上述代码实现了 Action 层的分页查询的功能,解释如下:

(1) 查询礼品中心的所有类型,默认为“全部类型”;

(2) 获取页面传递上来的页码参数并转化成 int 类型;

(3) 根据条件动态构造 HQL 语句,然后调用 findByPage()方法返回 Pagination 对象,该对象中封装了最大页数,当前页对应的对象列表等基本信息;

(4) 然后把之前的条件存放到 Map 中,用于在 PageTag 标签中动态构造 URL,作为单击“其他页”的链接;

(5) 最后把 pagination 对象存放到 request 对象中,用于在 JSP 页面中展示。

6. 在 GiftService 中添加分页方法

在 GiftService 中添加分页方法 findByPage()代码如下所示。

【任务 6-3】 GiftService 的 findByPage()方法

```
/**
 * 分页查询礼品
 * @param pageNo 当前页码
 * @param pageSize 每页数据大小
 * @param hql  HQL
 * @param params 条件参数
 * @return
 */
public Pagination<Gift> findByPage(int pageNo, int pageSize,String hql ,List<Object> params) {
    return giftDao.findByPage(pageNo, pageSize, hql,params.toArray());
}
```

7. 在 GiftDao 中添加分页方法

在 GiftDao 中添加分页方法 findByPage()代码如下所示。

【任务 6-3】 GiftDao 的 findByPage()方法

```
/**
 * 分页查询礼品
 * @param pageNo 当前页码
 * @param pageSize 每页大小
 * @param criteria 查询条件
 */
public Pagination<Gift> findByPage(int pageNo, int pageSize, String hql,Object... params) {
    //获取总记录数
    int totalRowsNum = findTotalRowsNum(hql, params);
    //创建 Pagination 类型的对象
    final Pagination<Gift> pagination = new Pagination<Gift>();
    //设置当前页码
    pagination.setPageNumber(pageNo);
    //设置每页记录数
    pagination.setPageSize(pageSize);
    //设置符合条件的记录总数
    pagination.setMaxElements(totalRowsNum);
    //创建 Session 对象
    Session session = HibernateUtils.getSession();
    Query query = session.createQuery(hql);
    //设置站位参数,从 0 开始
    for (int i = 0; i < params.length; i++) {
        query.setParameter(i, params[i]);
    }
    //设置页码
    int begin = (pagination.getPageNumber() - 1) * pageSize;
    if (begin >= 0)
        query.setFirstResult(begin);
    //设置最大记录数
    if (pageSize > 0)
        query.setMaxResults(pageSize);
    //返回结果集
    //把记过集封装在 Pagination 对象中
    pagination.getList().addAll(query.list());
    //返回 Pagination 对象
    return pagination;
}
```

上述代码实现了持久层的分页查询的功能,解释如下:

(1) 查询符合条件的总记录数,并存放到变量 totalRowsNum 中;

(2) 创建 Pagination 对象,并分别设置当前页码 pageNo、每页记录数 pageSize 等变量值;

(3) 构造 Query 对象进行查询,并利用 Query 接口的 setFirstResult()和 setMaxResults()实现查询过程中的分页;

(4) 把返回的结果封装到 pagination 对象中并返回;

最终分页功能实现效果如图 6-10 所示。

图 6-10 分页效果图

6.6.4 实现任务 6-4

下述内容实现“GIFT-EMS 礼记”系统中任务 6-4 购物车功能。

实现步骤如下：

(1) 创建 ShoppingCartAction 类，用于实现用户的请求转发功能。

(2) 创建 ShoppingCartService 类，用于实现购物车相关的业务逻辑功能。

(3) 创建 ShoppingCartDao 类，用于实现购物车相关的数据库操作功能，例如，对购物车明细的保存。

(4) 修改 giftInfo.jsp 页面，添加“加入购物车”按钮，并实现相应的 JS 逻辑处理。

(5) 配置 struts.xml 文件，如果用户添加礼品到购物车成功，则跳转到购物车界面 cart.jsp 供用户查看购物车中礼品。

1. 创建 ShoppingCartAction

ShoppingCartAction 用于处理针对购物车的请求，例如，添加礼品、删除礼品、购物车列表等等。添加购物车的核心代码如下：

```
public class ShoppingCartAction extends Action {
    /** 购物车 Service **/
    private ShoppingCartService cartService = new ShoppingCartService();
    /** 礼品 Id **/
    private Integer giftId;
    /** 款式 Id **/
    private Integer styleId;
    /** 商品数量 **/
    private Integer count;
    /** 购物车 Id **/
```

```
    private Integer cartId;

    /**
     * 添加购物车
     * cookie 中存储购物车中的商品,cookie name: {giftId}_{styleId} value: {count}
     */
    public String addCart(){
        try {
            if (giftId == null)
                throw new AppException("请选择礼品!");
            if (styleId == null)
                throw new AppException("请选择礼品的款式!");
            //购买数量默认为 1
            if (count == null || count < 1) {
                count = 1;
            }
            User user = LoginManager.currentUser();
            if (user != null) {
                //加入到数据库
                ShoppingCart cart = new ShoppingCart();
                cart.setUserId(user.getId());
                cart.setGiftId(giftId);
                cart.setStyleId(styleId);
                cart.setCount(count);
                cart.setCreateTime(DateUtils.formatDate(Globals.DATE_PATTERN));
                cartService.save(cart);
            }
            this.putRootJson(SUCCESS, true)
                .putRootJson(MSG, "已加入到购物车");

        } catch (Exception e) {
            this.addLog(e);
            this.putRootJson(SUCCESS, false);
            if(e instanceof AppException){
                this.putRootJson(MSG, e.getMessage());
            }else{
                this.putRootJson(MSG, "加入购物车失败.");
            }
        }
        return RESULT_AJAXJSON;
    }
```

在上述代码中,当用户单击“加入购物车”按钮后,系统会把从浏览器传来的请求封装成 ShoppingCart 对象,并保存到数据库中,最后转发到购物车列表界面让用户进行查看。

2. 创建 ShoppingCartService

在 com.qst.giftems.user.service 包中创建 ShoppingCartService 类,并创建 save()方法用于实现“加入购物车”的逻辑,核心代码如下:

```
/**
 * 购物车 Service
 */
public class ShoppingCartService {
```

```
    /***购物车Dao**/
    private ShoppingCartDao cartDao = new ShoppingCartDao();
    public void save(ShoppingCart cart) {
        cartDao.save(cart);
    }
    …省略代码
}
```

3. 创建 ShoppingCartDao 类

在 com.qst.giftems.user.daos 包中创建 ShoppingCartDao 类，用于实现购物车明细的保存，核心代码如下：

```
public class ShoppingCartDao {
    /**
     * 保存购物车
     * @param cart
     */
    public void save(ShoppingCart cart) {
        Session session = null;
        try {
            //获取 Session 对象
            session = HibernateUtils.getSession();
            session.save(cart);
        }catch(Exception ex){
            ex.printStackTrace();
        }
        finally {
            //释放 Session 对象
            HibernateUtils.closeSession();
        }
    }
}
```

4. 加入购物车

修改 giftInfo.jsp 页面，添加"加入购物车"按钮的JS实现逻辑，核心代码如下：

```
var giftFrom = $("#giftFrom");
/**
 * 把礼品添加到购物车
 */
$("span#toCart-button").click(function(event){
    var url = giftFrom.attr("action") + "&r=" + Math.random();
    $.ajax({
        url: url,
        data: giftFrom.serialize(),
        type: "POST",
        dataType: "JSON",
        success: function (data){
            if(typeof(data.login)!='undefined'&&!data.login){
                dialogInfoP.html(data.msg);
                $("#dialog").dialog({
```

```
                modal: true,
                buttons: {
                    "确定": function() {
                      $ (this).dialog("close");
                      location.href = " $ {ctx}/user/l.action?method = toLogin";
                    }
                  }
            });

        }else{
        dialogInfoP.html(data.msg + "<br /><br /><p style = 'text - align: center;'><a
href = ' $ {ctx}/user/cart.action?method = list' class = 'operate1' style = 'margin:0 auto'>去购物车
</a></p>");
        $ ("#dialog").dialog({
                modal: true,
                buttons: {
                    "确定": function() {
                      $ (this).dialog("close");
                      dialogInfoP.html("");
                    }
                }
          });
        }

    },
    …省略代码
});
```

上述代码首先获取 id 为 giftForm 的 jQuery Form 对象,然后通过构造 jQuery ajax 方法,异步提交 giftForm 表单元素;如果用户未登录,则系统提示用户首先登录然后才能够提交表单,如图 6-11 所示;如果用户已经登录,则提交表单后,请求会发送到 ShoppingCartAction 的 addCart 方法,然后系统保存 ShoppingCart 对象,最后转发到 cart.jsp 页面。

图 6-11 加入购物车

5．购物车列表功能

(1) 在 ShoppingCartAction 类中添加 list()方法，实现购物车列表的请求转发，核心代码如下：

```
/**
 * 显示购物车列表
 */
public String list(){
    User user = LoginManager.currentUser();
    List<ShoppingCart> list = cartService.findCarts(user);
    //购物车金额总计
    Double total = 0d;
        for(ShoppingCart sc : list){
            //排除下架的商品
            if(sc.getGift().getStatus() == 1)
                total += sc.getCount() * sc.getGiftStyle().getDiscount();
    }
    ActionContextUtils.setAtrributeToRequest("list", list);
    ActionContextUtils.setAtrributeToRequest("total", total);
    return "list";
}
```

上述代码实现购物车列表的请求转发。

(2) 在 ShoppingCartService 中添加 findCarts()方法，核心代码如下：

```
/**
 * 获取某用户所有购物车明细
 * @param user
 * @return
 */
public List<ShoppingCart> findCarts(User user) {
    return cartDao.findCarts(user);
}
```

(3) 在 ShoppingCartDao 中添加 findCarts()方法，核心代码如下：

```
/**
 * 查询用户的购物车明细
 * @param user
 * @return
 */
public List<ShoppingCart> findCarts(User user) {
    List<ShoppingCart> list = null;
    Session session = null;
    try {
        //获取 Session 对象
        session = HibernateUtils.getSession();
        //根据用户 Id 查询购物车明细
        String hql = "from ShoppingCart sc where sc.userId = ?";
        Query query = session.createQuery(hql);
        query.setParameter(0, user.getId());
        list = query.list();
    }catch(Exception ex){
```

```
            ex.printStackTrace();
        }
        finally {
            //释放 Session 对象
            HibernateUtils.closeSession();
        }
        return list;
    }
```

上述代码通过构造 HQL 来实现购物车明细列表的查询。其中，当查询 ShoppingCart 对象时，为了使得所关联对象 gift（礼品）和 giftStyle（款式）对象被关联查询出来，需要在 ShoppingCart.hbm.xml 做以下配置：

```
<hibernate-mapping>
    <class name="com.qst.giftems.user.pojos.ShoppingCart" table="t_user_cart">
        <id name="id" column="id">
            <generator class="native" />
        </id>
        <!-- 用户 Id -->
        <property name="userId" column="user_id" type="integer"/>
        <!-- 关联礼品 Id-->
        <property name="giftId" column="gift_id" type="integer" />
        <many-to-one name="gift" column="gift_id" fetch="join" lazy="false"
  class="com.qst.giftems.gift.pojos.Gift" insert="false" update="false"/>
        <!-- 款式 Id-->
        <property name="styleId" column="style_id" type="integer" update="false"/>
    <many-to-one name="giftStyle" column="style_id" fetch="join" lazy="false"
class="com.qst.giftems.gift.pojos.GiftStyle"  insert="false" update="false"/>
        <!-- 礼品数量 -->
        <property name="count" column="count" type="integer" />
        <!-- 备注 -->
        <property name="remark" column="remark" type="string" />
    </class>
</hibernate-mapping>
```

上述粗体代码实现了 ShoppingCart 对象分别与 Gift 和 GiftStyle 的关联关系。

（4）struts.xml 配置。

```
<!-- 购物车 -->
<action name="cart" class="com.qst.giftems.user.action.ShoppingCartAction">
  <result name="list">/jsp/gift/cart.jsp</result>
</action>
```

上述代码配置了购物车列表的转发界面，当用户单击“加入购物车”按钮时，如果礼品成功加入后，系统会跳转到 cart.jsp 界面。

（5）创建 cart.jsp 界面用于显示购物车列表，核心代码如下：

```
<table class="table table-striped" width="100%">
        <thead>
            <tr>
                <th>商品名称</th>
                <th>单价</th>
                <th>商品数量</th>
```

```
                <th>小计(元)</th>
                <th>操作</th>
            </tr>
        </thead>
        <tbody>
            <c:if test="${empty list}">
                <tr>
                    <td colspan="5">
                        购物车是空的,请到<a href="${ctx}/g.action?method=giftList">礼品
中心</a>挑选礼物
                    </td>
                </tr>
            </c:if>
            <c:forEach items="${list}" var="item" varStatus="s">
                <tr>
                    <td align="left">
                        <a href="${ctx}/g.action?method=info&id=${item.gift.id}
&styleId=${item.giftStyle.id}">
                        <img src="${item.giftStyle.pic1}" width="55" height="55" align=
"absmiddle" />
                        <span class="order_text">${item.gift.name}【${item.giftStyle.
name}】</span>
                        </a>
                        <c:if test="${not empty item.gift.status && item.gift.status eq 1}">
                            <input type="hidden" name="giftId" value="${item.gift.id}" />
                                <input type="hidden" name="styleId" value="${item.
giftStyle.id}" />
                        </c:if>
                    </td>
                    <td>¥${item.giftStyle.discount}</td>
                    <td>
                        <c:if test="${empty item.gift.status || item.gift.status ne 1}">
                            ${item.count}
                        </c:if>
                        <c:if test="${not empty item.gift.status && item.gift.status eq 1}">
                            <span class="add add-count-btn" data-index="${s.index}">
</span>
                            <input type="text" class="input3 count-input" name="count"
id="count-input-${s.index}"
                                data-index="${s.index}" data-discount="${item.
giftStyle.discount}"
                                value="${item.count}" onafterpaste="this.value=this
.value.replace(/\D/g,'')" maxlength="3" size="3" />
                            <span class="minus minus-count-btn" data-index="${s.
index}"></span>
                        </c:if>
                    </td>
                    <!-- <td>102 分</td> -->
                    <td class="gift-price" id="gift-price-${s.index}" data-price=
"${item.giftStyle.discount * item.count}">
                        ¥${item.giftStyle.discount * item.count}</td>
                    <td>
                        <c:if test="${not empty item.gift.status && item.gift.status ne 1}">下
架</c:if>
```

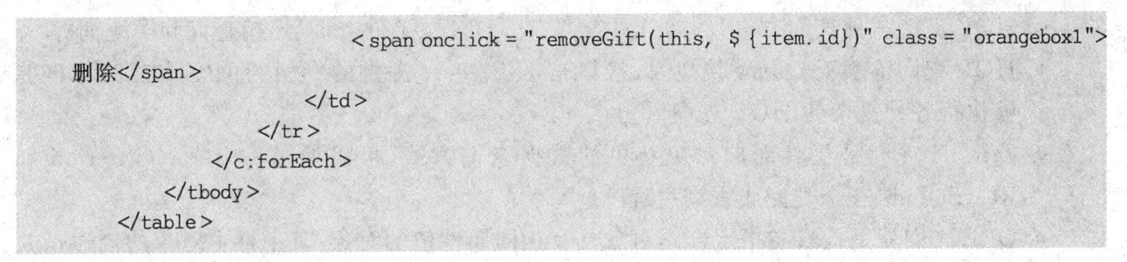

```
                    <span onclick="removeGift(this, ${item.id})" class="orangebox1">
删除</span>
                </td>
            </tr>
        </c:forEach>
    </tbody>
</table>
```

界面如图 6-12 所示。

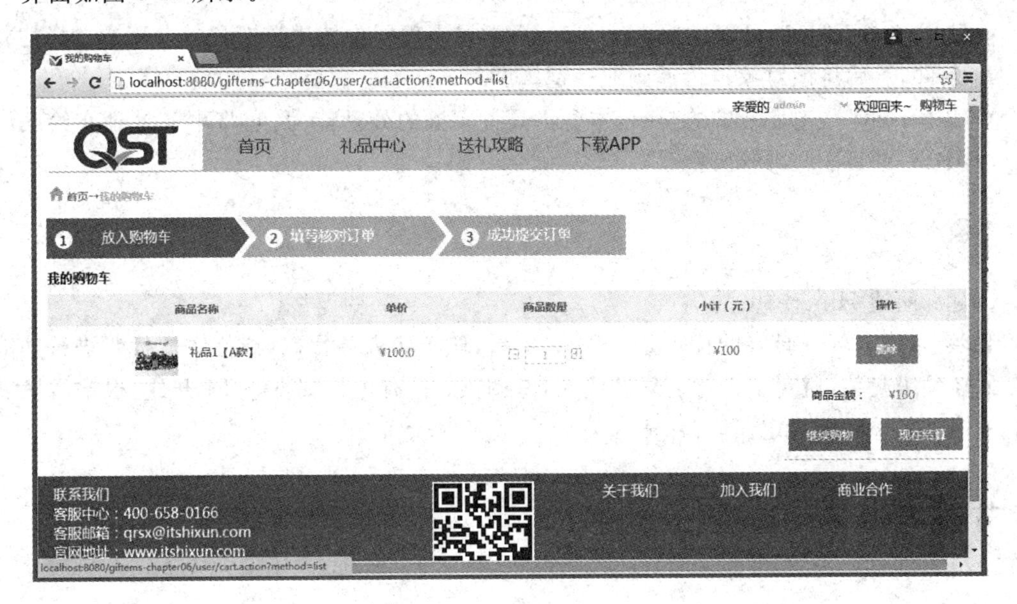

图 6-12　购物车列表

图 6-13 显示的是添加礼品后的购物车列表。

注意

> 在购物车界面中，已经实现了礼品的删除、数量的修改及价格的自动计算，限于篇幅，此处不再讲解，读者可以查看源代码进行研究。

本章总结

小结

- 关联关系是面向对象分析、设计最重要的基础理论，Hibernate 完全可以描述这种关联关系，在 Hibernate 中，如果关系映射得当可以简化持久层数据的访问
- 关联关系可以分为单向关系和双向关系两类，前者只能通过一端对象访问另一端对象，而后者则通过任何一端对象都可以访问到另一端对象
- HQL 是一种完全面向对象的查询语言，其操作的对象是类、实例和属性等，此外 HQL 可以支持继承和多态等特征

- HQL 支持多种查询方式，例如分页查询、查询排序、条件查询、连接查询和子查询等
- HQL 查询依赖于 Query 接口，该接口是 Hibernate 提供的专门的 HQL 查询接口，能够执行各种复杂的 HQL 查询语句
- Criteria 查询是更具面向对象特色的数据查询方式，可以通过 Criteria、Criterion 和 Restrictions 三个类完成查询过程
- QBE 查询就是检索与指定样本对象具有相同属性值的对象，其中样本对象的创建是关键，样本对象中不为空的属性值作为查询条件
- DetachedCriteria 可以实现离线查询，通常在表现层中使用该对象保存用户选择的查询条件，然后将该对象再传递到业务逻辑层
- Hibernate 是对 JDBC 的封装，本身不具备事务的处理能力，它将事务处理交给底层的 JDBC 或者 JTA 的处理

Q&A

问题：简述 Hibernate 的优点。

回答：Hibernate 具有的优点是：开源、免费，便于研究源代码，或修改源代码进行功能定制等；轻量级封装，避免引入过多复杂问题，易调试；具有可扩展性，API 开放，根据研发需要可以自行扩展；性能稳定，具有保障。

章节练习

习题

1. 下述选项中，________关联关系和关系数据库中的外键参照关系最为相似。

   A. 1-1 关联　　B. *N*-*N* 关联

   C. 单向 1-*N* 关联　　D. 单向 *N*-1 关联

2. 下面说法正确的是________。

   A. 基于外键的单向 1-1 需要在原有的 many-to-one 元素中设置 unique 属性为 true

   B. 基于主键的 1-1 关联时，需要使用 one-to-one 元素来映射关联实体

   C. 基于外键的双向 1-1 关联，两端都使用 many-to-one 元素进行关联映射

   D. 基于主键关联的双向 1-1 关联，两端都使用 one-to-one 元素进行关联映射

3. 在 Hibernate 映射文件中，使用________元素映射 *N*-1 的关联实体。

   A. many-to-one　　B. many-to-many　　C. one-to-one　　D. one-to-many

4. 对于 HQL 查询的优缺点，下述错误的选项是________。

   A. 和 SQL 查询语句比较接近，较容易读懂

   B. 功能强大，支持各种查询

   C. HQL 查询语句只有在编译时才被解析

   D. 应用程序必须提供基于字符串形式的查询

5. 下面________不能用于 Criteria 查询。

   A. Criteria　　B. Criterion　　C. Query　　D. Restrictions

6. 对于 QBC 查询的优缺点，下述错误的是________。

A. 封装了基于字符串的形式的查询，提供了更加面向对象的查询

B. QBC 在编译期会做检查，因此更加容易排错

C. 适合于生成动态查询语句

D. QBC 把查询语句分解成一组 Criterion 实例，可读性高，便于理解

7. 事务具有________、________、________和________的特点。

8. Hibernate 检索方式主要有 5 种，分别为导航对象图检索方式、OID 检索方式、________、________和________。

上机

训练目标：Hibernate 关联关系。

培养能力	熟练掌握 Hibernate 关联关系映射		
掌握程度	★★★★★	难度	中
代码行数	400	实施方式	编码强化
结束条件	编译运行不出错误		
参考训练内容 (1) 针对 Hibernate 框架，编写实体类和映射文件，实现学校和教师的单向一对多关联关系； (2) 实现学校和教师的双向一对多关联关系； (3) 实现教师和学生的单向多对多关联关系； (4) 实现教师和学生的双向多对多关联关系。			

第7章 Hibernate高级

本章任务是实现“GIFT-EMS礼记”系统的“地址管理”功能，以及配置数据库连接池：

- 【任务7-1】 实现“地址管理”功能。
- 【任务7-2】 升级“地址管理”功能，实现“省市区”三级联动效果。
- 【任务7-3】 配置数据库连接池，优化系统性能。

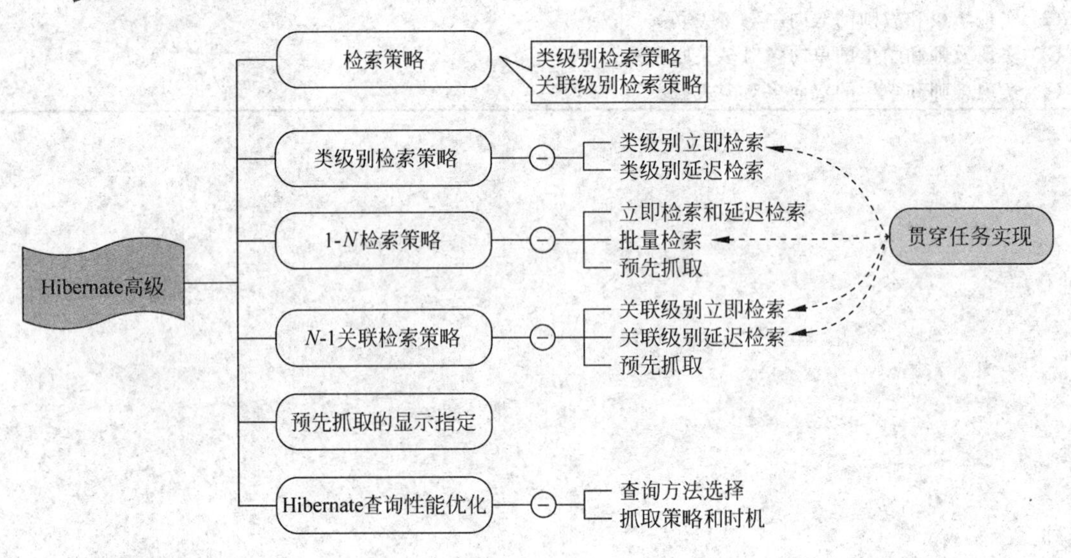

知　识　点	Listen(听)	Know(懂)	Do(做)	Revise(复习)	Master(精通)
立即检索	★	★	★	★	★
延迟检索	★	★	★	★	★
1-N 延迟检索	★	★	★	★	★
查询性能优化	★	★	★		

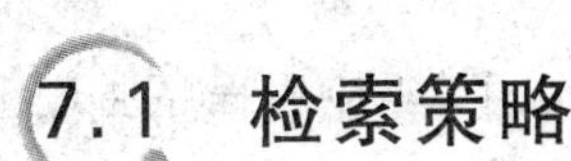

7.1 检索策略

以用户和订单为例，一个用户可以有多个订单，两者之间的关系为 1-*N* 关联关系，即一个 Customer 对象可以对应多个 Order 对象。图 7-1 列出了 t_customer 表和 t_order 表中记录。

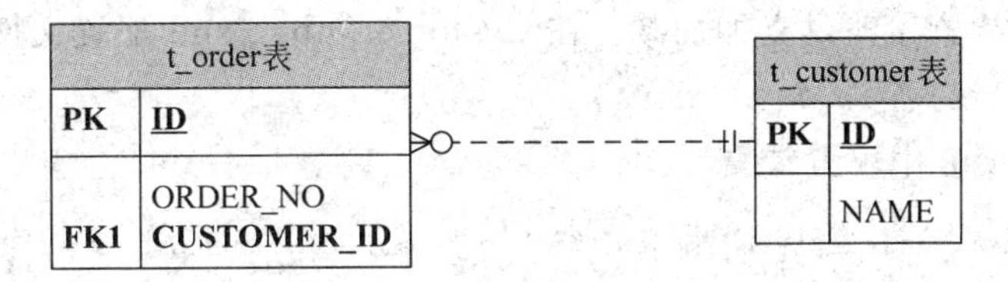

图 7-1　t_customer 表和 t_order 表记录

下面中通过介绍如何设置 Hibernate 检索策略，并结合 Customer 和 Order 对象进行过讲解，以优化检索性能。

在 Hibernate 中，Session 主要有两种检索方法：get()、load()，这两个方法都是用来从数据库中检索对象，并按照参数指定的对象标识符 OID 来加载一个持久化对象。

注意

> Hibernate 使用对象标识符 OID 来区分对象。Java 语言按内存地址来识别同一个类的不同对象，而关系数据库是按照主键值来识别同一个表的不同记录。因此 Hibernate 使用 OID 来消除两者之间的矛盾，OID 是关系数据中的主键(通常为代理主键)在 Java 对象模型中的等价物。Hibernate 根据 OID 来维持 Java 对象和数据库表中记录的对应关系。

下述代码用于检索 OID 为 1 的 Customer 对象。

【示例】 使用 load()和 get()方法加载对象

```
Customer customer1 = (Customer)session.load(Customer.class, 1);
Customer customer2 = (Customer)session.get(Customer.class, 1);
```

当 Hibernate 方法执行上述代码时，需要获取以下信息：

- 类级别检索策略：使用 Session 的 load()或 get()方法进行检索时，对当前对象进行检索的策略，例如，使用上述方法对 Customer 对象检索时，直接检索了该对象本身。类级别检索包括立即加载、延迟加载。
- 关联级别检索策略：使用 Session 的 load()、get()方法或使用 HQL 进行检索时，对当前对象的关联对象进行检索的策略，例如对与 Customer 进行关联的 Order 对象(即 Customer 对象的 orders 集合)进行检索时所采用的策略。关联级别检索，包括：立即加载、延迟加载和预先抓取。

7.2 类级别检索策略

类级别的检索策略包括立即加载和延迟加载，默认为立即加载。如果＜class＞元素的 lazy 属性为 true，表示延迟加载；如果 lazy 属性为 false，表示 Hibernate 要使用立即加载来检索对象。

在类级别的检索策略中优先考虑使用立即加载，原因是在多数情况下，当应用程序通过Session 的 load()方法加载一个持久化对象时，总会立即访问该对象。

7.2.1 类级别立即加载

类级别默认的检索策略是立即加载。在 Customer. hbm. xml 配置文件中，下面两种方式都表示立即加载。

【示例】 在 struts. xml 中配置常量

```
<class name = "com.qst.chapter07.pojos.Customer" table = "t_customer">
```

或

```
<class name = "com.qst.chapter07.pojos.Customer" table = "t_customer" lazy = "false">
```

当通过 Session 的 load()方法加载 Customer 对象时，Hibernate 会立即执行查询 t_customer 表的 select 语句，其 SQL 语句如下所示。

```
select * from t_customer where id = 1
```

因此，立即抓取是指宿主对象被加载时，其所关联的对象也会被立即加载。

7.2.2 类级别延迟加载

当把 Customer. hbm. xml 的<class>标签中的 lazy 属性设置为 true 时，代码如下所示。

```
<class name = "com.qst.chapter07.pojos.Customer" table = "t_customer" lazy = "true">
```

当执行 session. load()方法时，Hibernate 不会立即执行 select 语句并进行数据库的 SQL 查询，而是返回 Customer 类的代理类的实例，该代理类具有以下特征。

- 由 Hibernate 在运行时动态生成，扩展了 Customer 类，并继承了 Customer 类的属性和方法。
- 当 Hibernate 创建 Customer 代理类实例的时候，仅初始化了该对象的 OID 属性，其他属性都是 null，因此，占用的内存很少。
- 当应用程序第一次访问 Customer 代理类实例时(如调用 getter()或 setter()方法等)，Hibernate 会初始化代理类实例，在初始化过程中执行 select 语句，真正从数据库中加载 Customer 对象的所有数据，getId()方法例外。

下面示例代码通过 Session 的 load()方法加载 Customer 对象，然后访问它的 getName()方法。

【示例】 使用 load()方法验证延迟加载策略

```
Session session = HibernateUtils.getSession();
Customer customer1 = (Customer)session.load(Customer.class, 1);
customer1.getUserName();
```

在运行 load()方法时，Hibernate 不会执行任何 SQL 语句，仅返回了 Customer 类的代理类的实例，它的 OID 为 1，当应用程序调用 customer1. getUserName()方法时，Hibernate 会初

始化 Customer 代理类实例，从数据库中加载 Customer 对象的数据，并执行下面 select 语句。

```
select customer0_.id as id1_0_0_, customer0_.USER_NAME as USER_NAM2_0_0_, customer0_.PWD as
PWD3_0_0_, customer0_.ADDRESS as ADDRESS4_0_0_ from t_customer customer0_ where customer0_.id = 1
```

因此，当<class>元素的 lazy 属性为 true 时，会影响 load()方法的各种运行时行为。

(1) 如果对应的 Customer 在数据库中不存在，load()方法不会抛出异常，只有在调用 getUserName()方法时才会抛出异常。

(2) 如果在 Session 范围内，没有访问过 Customer 对象，那么其代理类的实例不会被初始化，不会执行任何 select 语句。

(3) Hibernate 类的 initialize()静态方法用于在 Session 范围内显示初始化代理类实例，isInitialized()方法判断代理类实例是否已经被初始化。

(4) 程序调用 getId()方法时，不会触发 Hibernate 初始化代理类实例的行为，即不会执行 select 查询语句。

类级别的立即加载和延迟加载总结如表 7-1 所示。

表 7-1 类级别检索策略

检索策略	功 能 说 明
立即检索	如果把<class>标签的 lazy 属性设置为 false 时，则为立即检索；当调用 Session 的 load()方法时，会立即加载检索方法指定的对象，即立即进行 SQL 查询，并且仅对 load()方法有影响
延迟检索	延迟检索是默认的检索策略，<class>标签中的 lazy 属性，默认为 true，当加载对象时，并没有直接进行 SQL 查询，只有当调用对象当中的属性时，才真正地查询数据库

7.3 1-N 检索策略

Hibernate 的关联检索策略有以下三种方式：

- 立即加载；
- 延迟加载；
- 预先抓取。

下面以 Customer 和 Order 为例，进行 Hibernate 关联检索策略的分析。

在映射文件中，使用<set>元素来配置 1-N(1 对多)和 N-N(多对多)关联关系。在 Customer.hbm.xml 文件中通过下述代码配置 Customer 与 Order 的 1-N 关联关系。

【示例】 使用<set>元素配置 1-N 关联关系

```
<set name = "orders">
    <key column = "CUSTOMER_ID" />
    <one-to-many class = "com.qst.chapter07.pojos.Order" />
</set>
```

其中，在 Customer 类中定义一个 java.util.Set 的集合类型的 orders 属性，代码如下：

```
private Set<Order> orders;    //订单
public Set<Order> getOrders() {
    return orders;
}
```

```
public void setOrders(Set<Order> orders) {
    this.orders = orders;
}
```

7.3.1 立即加载和延迟加载

下述代码通过打印 Customer 来验证 Hibernate 中<set>元素默认的关联策略。

【代码 7-1】 BusinessService.java

```
package com.qst.chapter07.demo;
import org.hibernate.Session;
import com.qst.chapter07.pojos.Customer;
import com.qst.chapter07.util.HibernateUtils;
/**
 * 业务类
 */
public class BusinessService {
    public static void main(String[ ] args) {
        Session session = HibernateUtils.getSession();
        Customer customer1 = (Customer)session.get(Customer.class, 1);
    }
}
```

当执行完该程序后，由于 get()方法对于 Customer 对象采用类级别的立即加载策略，对于 Customer 关联的 Order 对象，采用 1-*N* 关联级别的延迟加载策略，因此 Hibernate 执行的 select 语句如下所示。

```
Hibernate: select customer0_.id as id1_0_0_, customer0_.USER_NAME as USER_NAM2_0_0_, customer0
_.PWD as PWD3_0_0_, customer0_.ADDRESS as ADDRESS4_0_0_ from t_customer customer0_ where
customer0_.id=?
```

注意

Hibernate4 版本中默认的检索策略一般是优化后的通用配置，只有对各种情景下的配置有了深入了解，在配置检索策略时才可以得心应手。

由上述代码得知，并没有执行针对 Order 对象的数据库查询，即实现了查询 Customer 对象时并没有查询 Order 对象的延迟加载。

如果在 main()方法最后添加如下代码：

```
//读者可以注释掉,验证一下
int size = customer1.getOrders().size();
```

由于使用到了有关 Order 的属性，则会执行 Order 对象的查询，执行结果如下所示。

```
Hibernate: select orders0_.CUSTOMER_ID as CUSTOMER3_0_0_, orders0_.ID as ID1_1_0_, orders0_.ID
as ID1_1_1_, orders0_.ORDER_NO as ORDER_NO2_1_1_ from t_order orders0_ where orders0_.CUSTOMER_
ID=?
```

如果在<set>元素中，这是 lazy 属性为 false，当执行代码 7-1 时，则会同时产生两条 SQL

语句，分别对 Customer 和 Order 对象进行查询，这种情况属于关联级别的立即查询。

这时 Hibernate 通过上述两条 SQL 语句，加载了一个 Customer 对象和两个 Order 对象。Customer 对象的 orders 属性引用的是一个 Hibernate 提供的 Set 代理类实例，该代理类实例引用两个 Order 对象，对象图如图 7-2 所示。

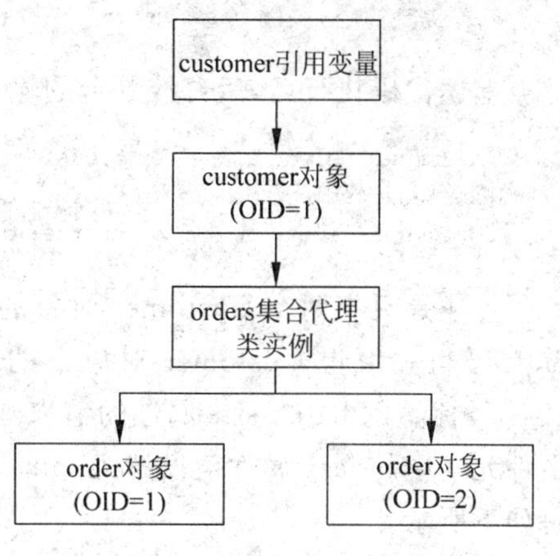

图 7-2 常量加载与覆盖顺序

假如一个 Customer 对象对应 100 个 Order 对象，Session 的 get 方法会立即加载 Customer 对象和 100 个 Order 对象，但在多数情况下，应用程序并不需要访问这些 Order 对象，所以在关联级别中不能随意使用立即加载策略，即设置 lazy 的值为 false，推荐使用 Hibernate 默认的延迟策略，即 lazy 的值设置为 true。

7.3.2 批量检索

<set>元素有一个 batch-size 属性，用于为延迟加载或立即加载策略设定的批量检索数量，批量检索可以减少 select 语句的数目，提高延迟或立即加载的性能。

该代理类具有以下特征：

- 对于 1-*N* 和 *N*-*N* 的情况，在集合的配置中设置，以 set 为例，代码如下：

```
<set name="orders" batch-size="3" lazy="false">
    <key column="CUSTOMER_ID" />
    <one-to-many class="com.qst.chapter07.pojos.Order" />
</set>
```

- 1-1 和 *N*-1 的情况，如果要对末端为 1 的关联设置的批量加载，要在 1 端进行设置，例如，Order 和 Customer 的 *N*-1 关系，要实现对 Customer 的批量加载，应设置如下：

```
<class name="com.qst.chapter07.pojos.Customer"
        table="t_customer" batch-size="3">
```

1. 批量立即加载

批量立即加载会将与当前检索数据所有关联的数据全部查询出来。以 Customer 与 Order 对象是 1-*N* 的 1 对多关联，如果采用立即加载得到 Customer 对象，Customer 对象会通过类关联导航并且取到所有的 Order 数据，对象加载关系如图 7-3 所示。

图 7-3 对象加载关系

示例代码如下所示。

【示例】 批量立即加载

```
Session session = HibernateUtils.getSession();
String hql = "from Customer";
Query query = session.createQuery(hql);
```

```
List list = query.list();
...//提交事务,关闭 session
```

上述代码执行后,后台控制台的输出语句如下:

```
Hibernate: select c. * from t_customer c
Hibernate: select o. * from t_order o_ where o_.CUSTOMER_ID = ?
Hibernate: select o. * from t_order o_ where o_.CUSTOMER_ID = ?
```

上述是只有两个 Customer 对象的情况,如果有 100 个 Customer 对象,则要发送 100 条 SQL 语句去取得 Customer 对象下的 Order 集合对。批量检索可以通过改变映射文件中 <set>标签的 batch-size 属性的值来减少 SQL 语句的数量。使用批量立即加载时要将映射文件元素中的 lazy 属性值设置为 false。如果在配置文件中设置 bath-size 属性的大小为 2,代码如下所示。

```
<set name = "orders" lazy = "false" batch - size = "2">
```

即批量加载 Order 集合的数量为 2,如果有 100 个 Customer 对象,则有 100 个 Order 对象集合,因为设置了批量加载,所以要加载 100/2=50 次,共需要发送查询 Order 的 SQL 为 50 次,量减少了一半,当然也可以设置 batch-size 的大小为 50,这样共需要发送 2 条查询 Order 的语句即可,当然视情况而定,如果 batch-size 的值设置太大,将会使得延迟加载失去意义。

下面验证 batch-size 的值设置为 2 后的效果,对象关系如图 7-4 所示。

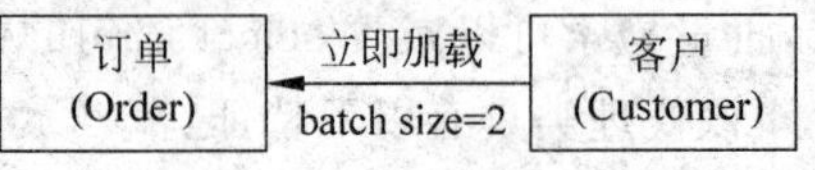

图 7-4　对象加载关系

生成代码如下:

```
Hibernate: select c. * from t_customer c
Hibernate: select o. * from t_order o_ where o_.CUSTOMER_ID in(?,?)
```

2. 批量延迟加载

使用批量延迟加载时要在映射文件中将元素的 lazy 属性值设置成 true。批量延迟加载只检索当前查询的数据表,不去检索与它关联的其他数据表。当方法中明确指定需要查询某一个对象时,例如执行 customer1. getOrders(). iterator()方法时,Hibernate 重新向数据库发送 SQL 语句执行查询。使用的过程中同样要求配置 batch-size 值。

在 t_customer 表中共有 2 条记录,因此 Hibernate 将要创建 2 个 Customer 对象,其 orders 属性各自引用一个集合代理类实例,如图 7-5 所示。

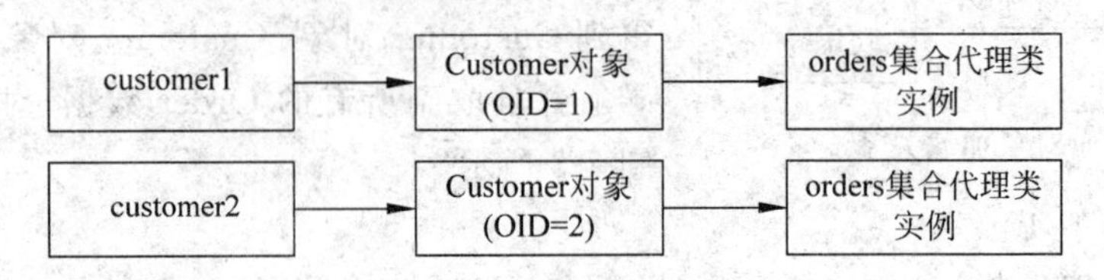

图 7-5　对象加载关系

当访问 customer1. getOrders(). iterator()方法时,会初始化 OID 为 1 的 Customer 对象对应的 orders 集合代理类实例,这时 Hibernate 执行的 select 语句为:

```
select o.* from t_order o_ where o_.CUSTOMER_ID = 1
```

当访问 customer2.getOrders().iterator()方法时，会初始化 OID 为 2 的 Customer 对象对应的 orders 集合代理类实例，这时 Hibernate 执行的 select 语句为：

```
select o.* from t_order o_ where o_.CUSTOMER_ID = 2
```

由此可见，为了初始化 2 个 orders 集合代理类实例，Hibernate 必须执行 2 条查询 t_order 表的 select 语句，为了减少 select 语句的数目，可以采用批量延迟加载，batch-size 的设置如下：

```
<set name = "orders" lazy = "true" batch - size = "2">
```

此时，执行的代码如下所示。

【示例】 批量延迟加载

```
Session session = HibernateUtils.getSession();
String hql = "from Customer c";
Query query = session.createQuery(hql);
List list = query.list();
Customer c1 = (Customer)list.get(0);
c1.getOrders().iterator();
```

当执行 c1.getOrders().iterator()时，此时 Session 的缓存中共有 2 个 orders 集合类实例没有被初始化，由于 batch-size 的属性值为 2，因此会批量初始化 2 个 orders 集合代理实例，因此 Hibernate 执行的 select 语句为：

```
Hibernate: select o.* from t_order o_ where o_.CUSTOMER_ID in(?,?)
```

然后在上面可执行的代码后面添加如下代码：

```
Customer c2 = (Customer)list.get(0);
c2.getOrders().iterator();
```

当执行 c2.getOrders().iterator()时，Hibernate 不需要再初始化 c2 的 orders 集合代理类的实例，即不再进行 select 查询。

注意

对于上述 select 语句的生成情况，请读者自行验证。

7.3.3 预先抓取

预先抓取指的是 Hibernate 通过 select 语句，使用 outer join(外连接，一般是左外连接 left outer join)来获取对象的关联实例或关联集合(集合被初始化)。实际上，预先抓取并非简单的通过外连接取得数据，否则也不会有“预先抓取”这种说法，直接称之为“外连接”即可。首先对立即加载、延迟加载和预先抓取进行简单区分。立即加载和延迟加载在上面已经做出解释，前者是立即填充附属物，后者是给附属物创建一个代理，该代理对象只有实际使用到附属物数据时才会被填充。实际上，立即加载和延迟加载在填充附属物时，所执行的 select 语句形式是一样的，而预先抓取的 select 语句形式和前者不同。下面通过运行结果进行验证。

把<set>标签的 fetch 属性值设置为 join，代码如下所示。

【示例】 在 1-*N* 关联关系中设置预先抓取

```
<set name="orders" fetch="join">
    <key column="CUSTOMER_ID" />
    <one-to-many class="com.qst.chapter07.pojos.Order" />
</set>
```

当检索 Customer 对象时，会采用预先抓取方式来检索 Customer 对象关联的 orders 集合对象。

执行下述代码：

```
Session session = HibernateUtils.getSession();
Customer customer1 = (Customer)session.get(Customer.class, 1);
//读者可以注释掉，验证一下
int size = customer1.getOrders().size();
```

其输出结果如下所示：

```
Hibernate: select c.*,o.* from t_customer c left outer join t_order o on c.id = o.CUSTOMER_ID
where c.id = ?
```

由此可知，使用预先抓取方式减少了多条 SQL 的执行，从而提高了效率。

下面解释一下预先抓取与外连接的区别。假设有一个类 A 有两个属性 p1 和 p2，则 HQL 语句"from A as a left outer join a.p1"执行时，Hibernate 会忽略配置文件的预先抓取策略。

(1) 不管 A 类对 p1 在配置文件里是什么策略(可能是预先抓取、立即加载或延迟加载，都会失效)，这时都采用 HQL 指定的左外连接；左外连接必定会初始化 p1 属性(或对象)，但是如果配置文件里对 p1 的检索策略是延迟加载，A 类得到对 p1 的引用，为了得到这个引用，需要再次发送一条 SQL 语句来确立这种引用关系，这种情况在 p1 为集合时经常出现。

(2) A 类在配置文件中设置的对 p2 的预先抓取策略将被忽略，对 p2 有影响的设置是立即加载和延迟加载，Hibernate 只看得到这两种策略，所以在使用语句"from A as a left outer join a.p1"时，p2 的加载策略将仅由 lazy＝"true"或者是 lazy＝"false"来决定。

在配置 1-*N* 检索策略的过程中，在<set>标签中，当 lazy 和 fetch 的取值不同时，会对检索的结果有所影响，表 7-2 列出了这两个属性取不同值时的检索策略。

表 7-2 <set>元素的 lazy 和 fetch 属性

lazy 属性	fetch 属性	检索策略
false	select	采用立即加载，当使用 Hibernate 的二级缓存时，可以考虑使用立即加载方式
false	join	采用预先抓取方式检索，这是 Hibernate4.x 默认的检索方式
true	join	采用预先抓取方式检索，由此可见预先抓取的优先级别比延迟加载的级别高
true	select	采用延迟加载策略

注意

<set>标签不仅用于映射 1-*N* 和 *N*-*N* 关联关系，还能映射存放值类型数据的集合，本节主要以 Customer 和 Order 类的 1-*N* 关联为例，介绍如何在<set>标签中设置检索策略，该设置也适用于 *N*-*N* 关联和存放值类型数据的集合。

7.4 N-1 关联检索策略

在映射文件中，<many-to-one>及<one-to-one>标签分别用来设置 N-1、1-1 关联关系。在 Order.hbm.xml 文件中，下述代码用来设置 Order 类与 Customer 类的 N-1 关联关系。

【示例】 设置 N-1 关联关系

```
<many-to-one name="customer" class="com.qst.chapter07.pojos.Customer" column="CUSTOMER_
ID"/>
```

<many-to-one>元素有个 fetch 属性，可选值如下：

- join——无论 Customer.hbm.xml 文件的<class>元素的 lazy 值为 true 或 false，对与 Order 关联的 Customer 对象都采用预先抓取检索策略。
- select——始终不会对与 Order 关联的 Customer 对象采用预先抓取策略。如果 Customer.hbm.xml 文件的<class>元素的 lazy 属性值为 true，那么对与 Order 关联的 Customer 对象采用延迟加载策略，否则采用立即加载策略。

表 7-3 列出了 fetch 属性及 lazy 属性取不同值时设置的检索策略。

表 7-3 设置 N-1 关联的检索策略

Order.hbm.xml 的<many-to-one>元素的 fetch 属性	Customer.hbm.xml 的<class>元素的 lazy 属性	检索 Order 对象时对关联的 Customer 对象使用的检索策略
join	true	预先抓取方式检索
join	false	预先抓取方式检索
select	true	延迟加载
select	false	立即加载

注意

> 对于 N-1 或 1-1 关联，应该优先考虑使用预先抓取检索策略，因为它比立即加载策略使用的 select 语句数目少。假如应用程序仅希望访问 Order 对象，并不需要立即访问与 Order 关联的 Customer 对象，也可以考虑使用延迟加载策略。

7.4.1 立即加载

如果 Order.hbm.xml 文件的<many-to-one>元素的 fetch 属性设置为 select，并且 Customer.hbm.xml 文件的<class>元素的 lazy 属性为 false，会对与 Order 关联的 Customer 对象采用立即加载策略，配置代码如下所示。

```
<many-to-one name="customer" class="com.qst.chapter07.pojos.Customer"
        column="CUSTOMER_ID" fetch="select" lazy="false"/>
```

对于以下程序代码：

```
Order order = (Order)session.get(Order.class, 1);
```

执行结果如下：

```
Hibernate: select o. * from t_order o where o.ID = ?
Hibernate: select c. * from t_customer c where c.id = ?
```

以上两条 select 语句用于立即加载当前的 Order 对象及与之关联的 Customer 对象。

7.4.2 延迟加载

如果要对 Order 对象所关联的 Customer 对象进行延迟加载，则需要把 Customer.hbm.xml 文件中的<class>元素的属性 lazy 的值设置为 true，此时 Order.hbm.xml 文件中<many-to-one>元素的 fetch 属性值设置为 select。

【示例】 验证延迟加载

```
Session session = HibernateUtils.getSession();
Order order = (Order)session.get(Order.class, 1);
```

当运行上述代码时，仅执行了检索 Order 对象的一条 SQL 语句：

```
Hibernate: select o. * from t_order o where o.ID = ?
```

Order 对象的 customer 属性引用 Customer 代理类实例，该代理类实例的 OID 由 t_order 表的 CUSTOMER_ID 外键值决定。

如果添加如下代码并执行：

```
System.out.print(order.getCustomer().getUserName());
```

这时会在控制台打印一条查询 Customer 对象的 SQL 语句。

7.4.3 预先抓取

在 Hibernate 4.x 版本中，<many-to-one>元素中 fetch 属性默认的值为 join，<class>元素的 lazy 属性值默认为 true，因此如果检索 Order 对象时，则对关联的 Customer 对象默认使用延迟加载策略；如果要使用预先抓取策略，则需要把<class>元素的 lazy 属性设置为 false。

【示例】 *N*-1 关联下的预先抓取

```
Session session = HibernateUtils.getSession();
Order order = (Order)session.get(Order.class, 1);
```

执行上述代码后，生成如下 SQL 语句。

```
Hibernate: select o. * ,c. * from t_order o left outer join t_customer c o.CUSTOMER_ID = c.id where
o.ID = ?
```

7.5 预先抓取的显式指定

在映射文件中设定的检索策略是固定的，通常为立即加载、延迟加载和预先抓取之一。在实际开发过程中，应用程序的逻辑是复杂多变的，有些情况下需要立即加载，有时需要使用延迟加载或者使用预先加载。Hibernate 允许在应用程序中覆盖映射文件中设定的检索策略，在应用程序运行时决定采用何种检索策略。

下面代码用于检索 OID 为 1 的 Customer 对象。

【代码 7-2】 BusinessService.java

```
String hql = "from Customer c where c.id = 1 ";
Query query = session.createQuery(hql);
List list = query.list();
hql = "from Customer c left join fetch c.orders where c.id = 1";
query = session.createQuery(hql);
list = query.list();
```

在执行第 1 条 SQL 语句时，将使用映射文件配置的检索策略。在执行第 2 条 SQL 语句时，在 HQL 语句中显式指定预先抓取策略检索关联的 Order 对象，因此会覆盖映射文件配置的检索策略。无论在 Customer.hbm.xml 文件中<set>元素的 lazy 属性是 true 还是 false，Hibernate 都会执行以下 select 语句。

```
Hibernate: select c.*,o.*   from t_customer c left outer join t_order o on c.id = o.CUSTOMER_ID
where c.id = 1
```

7.6 Hibernate 查询性能优化

使用正确的 SQL 语句可以在很大程度上提高系统的查询性能。获得同样数据而采用不同方式的 SQL 语句在性能上的差距可能是十分巨大的。由于 Hibernate 是对 JDBC 的封装，所以 SQL 语句的产生都是动态由 Hibernate 自动完成的。通过前面的介绍可知，Hibernate 产生 SQL 语句的方式有两种：一种是通过开发人员编写的 HQL 语句来生成，另一种是依据开发人员对关联对象的访问来自动生成相应的 SQL 语句。至于使用什么样的 SQL 语句可以获得更好的性能，要依据数据库的结构以及所要获取数据的具体情况来进行处理。在确定了所要执行的 SQL 语句后，可以通过以下三个方面来影响 Hibernate 所生成的 SQL 语句：

- HQL 语句的书写方法；
- 查询时所使用的查询方法；
- 对象关联时所使用的抓取策略。

7.6.1 查询方法选择

前面已经介绍过，执行数据查询功能的基本方法有两种：一种是得到单个持久化对象的 get()方法和 load()方法，另一种是 Query 对象的 list()方法和 iterator()方法。在开发中应该依据不同的情况选用正确的方法。

get()方法和 load()方法的区别在于对二级缓存的使用上。load()方法会使用二级缓存，而 get()方法在一级缓存没有找到的情况下会直接查询数据库，不会去二级缓存中查找。在使用中，对使用了二级缓存的对象进行查询时最好使用 load()方法，以充分利用二级缓存来提高检索的效率。

注意

关于 Hibernate 二级缓存的使用参见任务 8-2。

list()方法和 iterator()方法之间的区别可以从以下几个方面来进行比较：

- 执行的查询不同。list()方法在执行时，是直接运行查询结果所需要的查询语句，而 iterator()方法则是先执行得到对象 ID 的查询，然后再根据每个 ID 值去取得所要查询的对象。因此，对于 list()方式的查询通常只会执行一个 SQL 语句，而对于 iterator()方法的查询则可能需要执行 $N+1$ 条 SQL 语句(N 为结果集中的记录数)。iterator()方法只是可能执行 $N+1$ 条数据，具体执行 SQL 语句的数量取决于缓存的情况以及对结果集的访问情况。
- 缓存的使用不同。list()方法只能使用二级缓存中的查询缓存，而无法使用二级缓存对单个对象的缓存(但是会把查询出的对象放入二级缓存中)。所以，除非重复执行相同的查询操作，否则无法利用缓存的机制来提高查询的效率。iterator()方法则可以充分利用二级缓存，在根据 ID 检索对象的时候会首先到缓存中查找，只有在找不到的情况下才会执行相应的查询语句。所以，缓存中对象的存在与否会影响到 SQL 语句的执行数量。
- 对于结果集的处理方法不同。list()方法会一次获得所有的结果集对象，而且会依据查询的结果初始化所有的结果集对象。这在结果集非常大的时候必然会占据非常多的内存，甚至会造成内存溢出情况的发生。iterator()方法在执行时不会一次初始化所有的对象，而是根据对结果集的访问情况来初始化对象。因此在访问中可以控制缓存中对象的数量，以避免占用过多缓存而导致内存溢出情况的发生。使用 iterator()方法的另外一个好处是，如果只需要结果集中的部分记录，那么没有被用到的结果对象根本不会被初始化。所以，对结果集的访问情况也是调用 iterator()方法时执行数据库 SQL 语句多少的一个因素。

所以，在使用 Query 对象执行数据查询时应该从以上几个方面去考虑使用何种方法来执行数据库的查询操作。

7.6.2 抓取策略和时机

前面介绍的"抓取策略"就是指当应用程序需要利用关联关系进行对象获取的时候，Hibernate 获取关联对象的策略。抓取策略可以在 ORM 映射的元数据中声明，也可以在特定的 HQL 或条件查询中声明。

1. 抓取时机

在 Hibernate 中，对于集合类型的关联在默认情况下会使用延迟集合加载的抓取时机，而对于返回单值类型的关联在默认情况下会使用延迟代理抓取的抓取时机。

对于立即抓取在开发中很少被用到，因为这很可能会造成不必要的数据库操作，从而影响系统的性能。当宿主对象和关联对象总是被同时访问的时候才有可能会用到这种抓取时机。另外，使用立即连接抓取可以通过外连接来减少查询 SQL 语句的数量，所以，也会在某些特殊的情况下使用。

然而，延迟加载又会面临另外一个问题，如果在 Session 关闭前关联对象没有被实例化，那么在访问关联对象的时候就会抛出异常。处理的方法就是在事务提交之前就完成对关联对象的访问。

所以，在通常情况下都会使用延迟的方式来抓取关联的对象。因为每个立即抓取都会导致关联对象的立即实例化,太多的立即抓取关联会导致大量的对象被实例化,从而占用过多的内存资源。

2. 抓取策略

对于抓取策略的选取将影响到抓取关联对象的方式,也就是抓取关联对象时所执行的SQL语句。这就要根据实际的业务需求、数据的数量以及数据库的结构来进行选择。

在这里需要注意的是,通常情况下都会在执行查询的时候针对每个查询来指定对其合适的抓取策略。指定抓取策略的方法如下所示。

```
Customer customer = (Customer) session.createCriteria(Customer.class)
                            .setFetchMode("permissions", FetchMode.JOIN)
                            .add( Restrictions.idEq(userId) )
                            .uniqueResult();
```

注意

> 在实际开发过程中,需要开发人员根据具体业务情况选择不同的检索策略进行调试优化,从而达到理想的优化效果。

7.7 贯穿任务实现

7.7.1 实现任务 7-1

下述内容实现“GIFT-EMS礼记”系统的“收货地址管理”功能。用于管理用户指定的收货地址信息。

实现步骤如下:

(1) 创建UserAddressAction类,用于实现浏览器端的请求转发功能。

(2) 创建UserAddressService类,用于实现“收货地址管理”的业务逻辑功能。

(3) 创建UserAddressDao类,用于实现“收货地址管理”功能相关的数据库操作功能,例如添加收货地址功能。

(4) 添加address_list.jsp页面,用于显示用户的收货人地址列表,并可以在该列表中进行设置和删除地址信息。

1. 创建UserAddressAction类

该类用于处理收货人地址的列表、添加、删除、设置默认地址等功能的请求转发。核心代码如下所示。

【任务7-1】 UserAddressAction.java

```
public class UserAddressAction extends Action {
    /** 地址 Service **/
    private UserAddressService userAddressService = new UserAddressService();
    /** 对传来的请求参数进行封装 **/
```

```
    private UserAddress userAddress;
    /** 默认地址 **/
    private UserAddress defaultAddress;
    /** 地址 Id **/
    private Integer addressId;

    /**
     * 收货人地址列表
     */
    public String list(){
        //从请求参数中获取 pageNumber
        String[ ] str = ActionContextUtils.getParameters(Globals.PAGE_NUMBER);
        int pageNo = NumberUtils.toInt(str[0], 1);
        User user = LoginManager.currentUser();
        Pagination<UserAddress> pagination =
            userAddressService.findByPage(pageNo, Globals.PAGE_SIZE, user);
        ActionContextUtils.setAtrributeToRequest("pagination", pagination);
        return "list";
    }
    /**
     * 保存收货人地址
     */
    public String save(){
        User user = LoginManager.currentUser();
        try{
            userAddress.setUserId(user.getId());
            userAddressService.save(userAddress);
            this.putRootJson(SUCCESS, true)
                .putRootJson(MSG, "保存成功");
        }catch(Exception ex){
          this.addLog(ex);
            this.putRootJson(SUCCESS, false)
            .putRootJson(MSG, "保存失败");
        }
        return RESULT_AJAXJSON;
    }

    /**
     * 删除收货人地址
     */
    public String remove(){
        User user = LoginManager.currentUser();
        userAddress = userAddressService.findById(user, addressId);
        if(user.getId().equals(userAddress.getUserId())){
            this.putRootJson("success", true).putRootJson("msg", "删除成功");
            userAddressService.remove(addressId);
        }else{
            this.putRootJson("success", false).putRootJson("msg", "你没有权限删除该收货地址");
        }
        return RESULT_AJAXJSON;
    }
    /**
     * 设置默认地址,并把其他地址设置为非默认地址
     */
```

```
    public String setDefault(){
        User user = LoginManager.currentUser();
        userAddress = userAddressService.findById(user, addressId);
        if(user.getId().equals(userAddress.getUserId())){
            this.putRootJson("success", true).putRootJson("msg", "设置成功");
            userAddressService.doSetDefault(addressId,user.getId());
        }else{
            this.putRootJson("success", false).putRootJson("msg", "你没有权限设置该收货地址");
        }
        return RESULT_AJAXJSON;
    }
```

在上述代码中，list()方法是收货人地址列表；save()方法用于保存收货人地址信息；remove()方法用于删除收货人地址信息；setDefault()方法用于设置默认地址，其中当设置某个地址信息为默认地址时，当前用户的其他地址信息都成为非默认地址。

注意

> 对于 remove()和 setDefault()方法，返回的参数都为 RESULT_AJAXJSON 格式，即 Ajax 的响应形式，对应的界面传递的请求为 Ajax 形式的请求。

2. 创建 UserAddressService 类

UserAddressService 类用于处理有关收货人地址的相关逻辑，核心代码如下所示。

【任务 7-1】 UserAddressService.java

```
public class UserAddressService {
    private UserAddressDao userAddressDao = new UserAddressDao();

    /**
     *
     * @param pageNo
     * @param pageSize
     * @param user
     * @return
     */
    public Pagination<UserAddress> findByPage(int pageNo, int pageSize,
            User user) {
        String hql = "from UserAddress  ua where ua.userId = ?";
        return userAddressDao.findByPage(pageNo,pageSize,hql,user.getId());
    }

    /**
     * 根据 id 查找,需要判断是否是当前用户添加的地址
     *
     * @param id
     * @return
     */
    public UserAddress findById(User user, Integer id) {
        UserAddress temp = userAddressDao.findById(id);
        if (temp != null && !user.getId().equals(temp.getUserId())) {
```

```
            throw new AppException("该收货人地址非你所用!");
        }
        return temp;
    }
    /**
     * 保存地址
     */
    public void save(UserAddress address) {
        userAddressDao.save(address);
    }
    /**
     * 设置当前地址为默认地址,同时设置用户的其他地址为非默认地址
     * @param addressId
     * @param userId
     */
    public void doSetDefault(Integer addressId, Integer userId) {
        userAddressDao.setDefault(addressId,userId);
    }
    /**
     * 删除
     */
    public void remove(Integer id) {
        userAddressDao.removeById(id);
    }
```

在上述代码中,findByPage()方法实现了收货人地址列表的分页；findById()方法用于查询特定收货人地址信息；remove()方法用于删除收货人地址信息；doSetDefault()方法用于设置默认地址,其中当设置某个地址信息为默认地址时,当前用户的其他地址信息都成为非默认地址。

3. 创建 UserAddressDao 类

UserAddressDao 类用于对 UserAddress 进行各种数据库的操作,其核心代码如下所示。

【任务 7-1】 UserAddressDao. java

```
public class UserAddressDao {
    /**
     * 根据 Id 删除 UserAddress
     * @param id
     */
    public void removeById(Integer id) {
        Session session = null;
        try{
            String hql = "delete from UserAddress ua where ua.id = ?";
            session = HibernateUtils.getSession();
            Query query = session.createQuery(hql);
            query.setParameter(0, id);
            query.executeUpdate();
        }catch(Exception ex){
            ex.printStackTrace();
        }finally{
            HibernateUtils.closeSession();
        }
```

```
    }
    /**
     * 保存地址
     * @param address
     */
    public void save(UserAddress address) {
        Session session = null;
        try{
            session = HibernateUtils.getSession();
            session.save(address);
        }catch(Exception ex){
            ex.printStackTrace();
        }finally{
            HibernateUtils.closeSession();
        }
    }
    /**
     * 根据 Id 获取 UserAddress 对象
     * @param id
     * @return
     */

    public UserAddress findById(Integer id) {
        Session session = null;
        UserAddress ua = null;
        try{
            session = HibernateUtils.getSession();
            ua = (UserAddress)session.get(UserAddress.class, id);
        }catch(Exception ex){
            ex.printStackTrace();
        }finally{
            HibernateUtils.closeSession();
        }
        return ua;
    }
    …省略分页代码
    /**
     * 设置当前地址为默认地址,同时设置用户的其他地址为非默认地址
     * @param addressId
     * @param userId
     */
    public void setDefault(Integer addressId, Integer userId) {
        Session session = null;
        try{
            session = HibernateUtils.getSession();
            String hql = "update UserAddress ua set ua.defaultFlag = (case when ua.id = ? then
1 when ua.id <>? then 0 end) where ua.userId = ? ";
            Query query = session.createQuery(hql);
            //设置占位参数
            query.setParameter(0, addressId);
            query.setParameter(1, addressId);
            query.setParameter(2, userId);
            query.executeUpdate();
        }catch(Exception ex){
```

```
            ex.printStackTrace();
        }finally{
            HibernateUtils.closeSession();
        }
    }
```

上述代码解释如下：

(1) removeById()方法用于通过 Id 方式直接从数据库中删除对应的记录。

(2) save()方法用于保存 UserAddress 对象到数据库中。

(3) findById()方法通过地址的 Id 查询 UserAddress 对象，并返回。

(4) setDefault()方法用于设置默认地址，实现方式采用了 case when 的方式。

4. 添加 address_list.jsp

在 WebContent/jsp/member 文件夹下建立 address_list.jsp 文件，用于显示收货人地址列表，以及进行收货人地址的删除、设置。

核心代码如下所示。

【任务 7-1】 address_list.jsp

```
<div class = "line_orange">收货人地址列表</div>
<table width = "100 % " border = "0" cellspacing = "0" cellpadding = "0"
    class = "table table - striped">
    <tr>
        <th>姓名</th>
        <th>地址</th>
        <th>电话</th>
        <th>操作</th>
    </tr>
    <c:forEach items = " $ {pagination.list}" var = "addr">
        <tr>
            <td> $ {addr.name }</td>
            <td> $ {addr.address }</td>
            <td> $ {addr.mobile }</td>
            <td>
              <c:choose>
                <c:when test = " $ {not empty addr.defaultFlag
                        and addr.defaultFlag == 1}">
          <span class = "btn btn - primary">默认地址</span></c:when>
                <c:otherwise>
    <span class = "btn btn - warning btn_set" addr_id = " $ {addr.id }">
        设置默认</span>
                </c:otherwise>
              </c:choose>
            <span class = "btn btn_del" addr_id = " $ {addr.id }">
                删除</span>
            </td>
        </tr>
      </c:forEach>
    </table>
    <qst:page name = "pagination"
url = " $ {ctx}/user/addr.action?method = list" isAjax = "false"></qst:page>
```

通过上面主要的几个步骤，就可以实现收货人的地址管理功能。

当用户登录并单击“收礼人”菜单时，效果如图 7-6 所示，系统会把请求转向 UserAddressAction 进行处理，然后 UserAddressAction 通过调用 UserAddressService 及 UserAddressDao 分页查询出登录用户对应的收货人地址，然后转发到 address_list.jsp 界面进行显示，效果如图 7-7 所示。

图 7-6　单击“收礼人”菜单

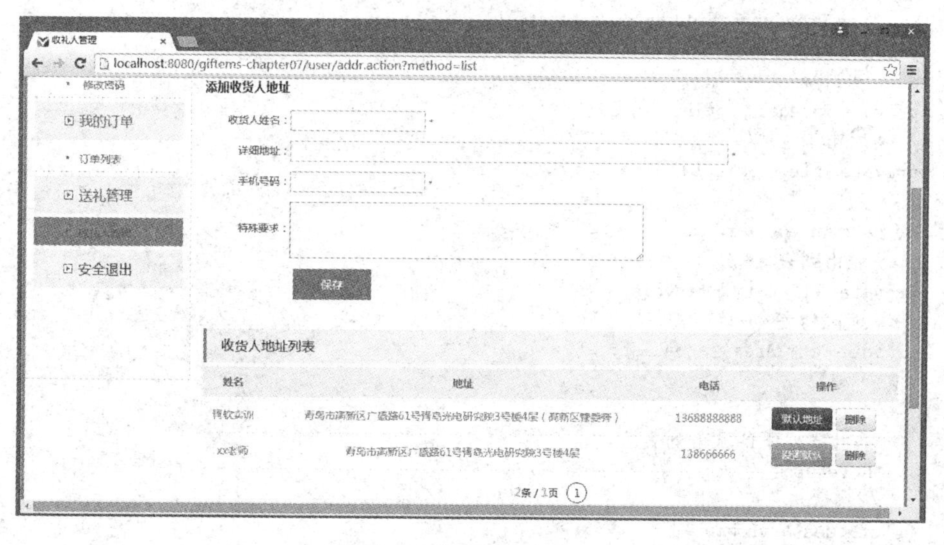

图 7-7　收货人地址管理

注意

> 通常在用户下单时才会用到收货人地址，当用户下单时，可以选择默认的地址，也可以到收货人地址列表中创建新的地址。此外，收货人地址功能此处暂无省市区的联动，在后面的任务驱动中会进行添加。

7.7.2 实现任务7-2

下述内容实现升级“GIFT-EMS礼记”系统的“地址管理”功能，实现“省市区”三级联动效果。

实现步骤如下：

(1) 创建ProvinceAction类，用于实现“省市区”三级联动的请求转发。

(2) 配置struts.xml文件，实现请求转发功能。并创建area_select.jsp和city_select.jsp文件，用于通过Ajax的方式返回城市列表和地区列表。

(3) 创建ProvinceService类，用于实现省、市、区的业务逻辑功能，例如，省、市、区的查询功能。

(4) 创建ProvinceDao、CityDao和AreaDao类，用于实现省、市、区功能相关的数据库操作功能。

(5) 创建Province.hbm.xml文件，为了便于管理，把Province、City和Area三个类对应的映射文件配置在一个映射文件中。

(6) 修改address_list.jsp文件，添加JS代码，最后实现省市区三级联动效果。

1. 创建ProvinceAction类

创建ProvinceAction类，用于实现省、市和地区的请求转发，代码如下所示。

【任务7-2】 ProvinceAction.java

```
public class ProvinceAction extends Action {
    private ProvinceService provinceService = new ProvinceService();
    /** 省 Id **/
    private Integer provinceId;
    /** 城市 Id **/
    private Integer cityId;
    /** 地区 Id **/
    private Integer areaId;
    /** 城市列表 **/
    private Set<City> cityList;
    /** 地区列表 **/
    private Set<Area> areaList;

    /**
     * 查找省份下的城市列表
     * @return
     */
    @NotNecessaryLogin
    public String cityList(){
        Province province = provinceService.findProvinceById(provinceId);
        cityList = province.getCities();
        return "citySelect";
    }

    /**
     * 查找省份下、城市下的区县列表
     * @return
```

```
    */
    @NotNecessaryLogin
    public String areaList(){
        City city = provinceService.findCityById(cityId);
        areaList = city.getAreas();
        return "areaSelect";
    }
    …省略代码
```

在上述代码中，cityList()方法用于根据传递上来cityId动态获取城市列表；areaList()方法用于根据传递上来的areaId动态获取地区列表。

注意

> 读者可以发现在cityList()和areaList()方法上的注解为NotNecessaryLogin，意味着这两个方法可在非登录状态下就访问。

2. 配置struts.xml文件实现请求转发

ProvinceAction配置的核心代码如下：

```
<!-- 省市区数据 -->
<action name = "province"
    class = "com.qst.giftems.area.action.ProvinceAction">
    <result name = "citySelect">/jsp/member/ajax/city_select.jsp</result>
    <result name = "areaSelect">/jsp/member/ajax/area_select.jsp</result>
</action>
```

在上述代码中，当访问cityList()或areaList()方法时，分别返回city_select.jsp和area_select.jsp文件，其中，city_select.jsp文件的代码为：

```
<%@ page language = "java" contentType = "text/html; charset = UTF-8"
        pageEncoding = "UTF-8" %>
<%@include file = "/comm/taglibs.jsp" %>
<s:select id = "city" name = "userAddress.cityId" list = "cityList" listKey = "id"
        listValue = "name" value = "cityId">
</s:select>
```

area_select.jsp代码为：

```
<%@ page language = "java" contentType = "text/html; charset = UTF-8"
    pageEncoding = "UTF-8" %>
<%@include file = "/comm/taglibs.jsp" %>
<s:select id = "area" name = "userAddress.areaId" list = "areaList" listKey = "id" listValue =
"name" value = "areaId"></s:select>
```

上述代码用于动态生成城市列表和地区列表。

3. 创建ProvinceService类

ProvinceService类用于处理ProvinceDao、CityDao和AreaDao类，核心代码如下所示。

【任务 7-2】 **ProvinceService. java**

```
public class ProvinceService {
    /** 省 Dao **/
    private ProvinceDao provinceDao = new ProvinceDao();
    /** 城市 Dao **/
    private CityDao cityDao = new CityDao();
    /** 地区 Dao **/
    private AreaDao areaDao = new AreaDao();
    private List<Province> provinceList = new ArrayList<Province>();
    /**
     * 得到省份
     * @return
     */
    public Province findProvinceById(Integer id){
        return provinceDao.findProvinceById(id);
    }

    /**
     * 得到城市
     * @return
     */
    public City findCityById(Integer cityId){
        return cityDao.findCityById(cityId);
    }

    /**
     * 得到地区列表
     * @return
     */
    public Area findAreaById(Integer areaId){
        return areaDao.findAreaById(areaId);
    }
    …省略代码
```

上述代码在 ProvinceService 中集成了 ProvinceDao、CityDao 和 AreaDao 的查询功能。

注意

通常情况下,每个 POJO 类都对应一个 Service 类,由于 Province、City 和 Area 都属于同一类地址操作,为了简化管理,故三个 POJO 类对应的 Service 类都通过 ProvinceService 集中处理。

4. 创建 ProvinceDao、CityDao 和 AreaDao 类

在 com. qst. giftems. area. daos 包中分别创建 ProvinceDao、CityDao 和 AreaDao 类分别用于查询和更新 Province、City 和 Area 对象。

以 ProvinceDao 为例,核心代码如下所示。

【任务 7-2】 **ProvinceDao. java**

```
public class ProvinceDao {
    /***
```

```
     * 根据 Id 获取 Province 对象
     * @param id
     * @return
     */
    public Province findProvinceById(Integer id) {
        Session session = null;
        Province province = null;
        try {
            //获取 Session 对象
            session = HibernateUtils.getSession();
            province = (Province) session.get(Province.class, id);
        }catch(Exception ex){
            ex.printStackTrace();
        }
        finally {
            //释放 Session 对象
            HibernateUtils.closeSession();
        }
        return province;
    }
    …省略代码
}
```

注意

CityDao 和 AreaDao 代码此处不再赘述，请读者下载本章源代码进行查看。

5. 创建 Province.hbm.xml 映射文件

创建 Province.hbm.xml 文件，为了便于管理，把 Province、City 和 Area 三个类对应的映射文件配置在一个映射文件中，核心代码如下：

```
<hibernate-mapping package="com.qst.giftems.area.pojos">
    <!--省 -->
    <class name="Province" table="t_province">
        <id name="id" column="id">
            <generator class="native" />
        </id>
        <!--省名称 -->
      <property name="name" column="name"  type="string"/>
      <!--关联城市集合 -->
        <set name="cities" fetch="join" lazy="false" inverse="true" order-by="id">
            <key column="province_id"/>
            <one-to-many class="City" />
        </set>
    </class>
    <!--市 -->
    <class name="City" table="t_city">
        <id name="id" column="id">
            <generator class="native" />
        </id>
```

```
        <!-- 城市名称 -->
        <property name = "name" column = "name"  type = "string"/>
        <!-- 邮编 -->
        <property name = "zipCode" column = "zip_code" type = "string"/>
        <!-- 关联地区集合 -->
        <set name = "areas" fetch = "join" lazy = "false" inverse = "true" order-by = "id">
            <key column = "city_id"/>
            <one-to-many class = "Area" />
        </set>
    </class>
    <!-- 地区 -->
    <class name = "Area" table = "t_area">
        <id name = "id" column = "id">
            <generator class = "native" />
        </id>
        <!-- 地区名称 -->
        <property name = "name" column = "name"  type = "string"/>
    </class>
</hibernate-mapping>
```

上述代码分别配置了 Province、City 和 Area 对应的 Hibernate 映射，并通过<set>元素实现了三者的关联关系，其中，Province 和 City 为 1-*N* 关联关系；City 和 Area 为 1-*N* 关联关系。

6. 修改 address_list.jsp 文件，实现"省市区"三级联动

(1) 在 address_list.jsp 文件中添加"省市区"下拉列表，核心代码如下：

```
<ul>
  <li class = "addr_tdiv">所在城市：</li>
  <li><s:select name = "userAddress.provinceId" id = "province" list = "provinceList" listKey =
"id" listValue = "name" value = "provinceId"></s:select>
  </li>
  <li id = "city-select">
    <s:select name = "userAddress.cityId" id = "city" list = "cityList" listKey = "id"
        listValue = "name" value = "cityId"></s:select>
  </li>
  <li id = "area-select">
    <s:select name = "userAddress.areaId" id = "area" list = "areaList" listKey = "id"
      listValue = "name" value = "areaId"></s:select>
  </li>
</ul>
```

(2) 针对上述代码实现 Ajax 方式的请求访问，核心代码如下：

```
$(function() {
        $("#province").change(function(){
            var that = $(this);
            var provinceId = that.val();
            //根据 provinceId,加载城市列表
            citiesByAjax(provinceId);
        });

        $("#city").change(function(){
```

```
            var that = $(this);
            var cityId = that.val();
            //根据 cityId,加载区县列表
            areasByAjax(cityId);
        });

        function citiesByAjax(provinceId){
            if(provinceId != undefined && provinceId > 0){
                $.ajax({
                    url: "${ctx}/user/province.action?method = cityList&provinceId = " +
provinceId,
                    dataType: "html",
                    type: "post",
                    success:function(data){
                        $("li#city-select").html(data);
                        //更新后,新选中的城市 id
                        var cityId = $("#city").val();
                        areasByAjax(cityId);
                        //根据新选中的城市 id,加载其 area
                        $("#city").change(function(){
                            var that = $(this);
                            var cityId = that.val();
                            //根据 cityId,加载区县列表
                            areasByAjax(cityId);
                        });
                    }
                });
            }
        }

        function areasByAjax(cityId){
            if(cityId != undefined && cityId > 0){
                $.ajax({
                    url: "${ctx}/user/province.action?method = areaList&cityId = " + cityId,
                    dataType: "html",
                    type: "post",
                    success:function(data){
                        $("li#area-select").html(data);
                    }
                });
            }
        }
    });
```

上述代码分别实现了 id 为 province 和 id 为 city 的<select>元素的 onchange 事件，以 province 为例，当单击 province 下拉列表时，citiesByAjax()方法将会被执行，然后该请求会被传递到 ProvinceAction 类对应的 citySelect()方法进行处理，然后把回传的 city 列表在 city_select.jsp 文件进行封装，并传递到当前的 citiesByAjax()方法中，并通过 html 的形式替换 id 为 city 的<select>元素的数据，从而实现了“省-市”的联动效果，对于“市-区”的联动效果原理类似。通过上述步骤，从而实现了“省市区”三级联动效果，如图 7-8 所示。

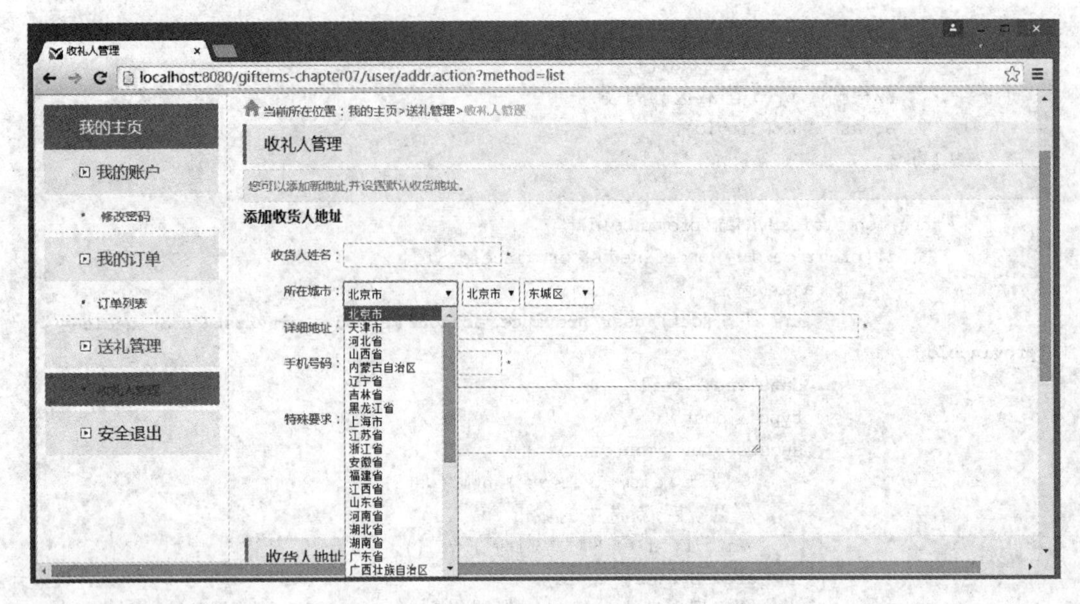

图 7-8　省-市-区三级联动效果

注意

由于省市区等数据变动不是很频繁,因此适合做缓存数据,从而提高系统的性能,具体将在第 8 章的任务 8-1 进行讲解。

7.7.3　实现任务 7-3

下述内容实现“GIFT-EMS 礼记”系统的“数据库连接池”的配置,用于优化系统性能。

在系统运行过程中,数据库连接是一种关键的、有限的且昂贵的资源,这一点在 Web 应用程序中体现得尤为突出。对数据库连接的管理能显著影响到整个应用程序的伸缩性和健壮性,影响到程序的性能指标。数据库连接池正是针对这个问题提出来的。

数据库连接池负责分配、管理和释放数据库连接,它允许应用程序重复使用一个现有的数据库连接,而不是再重新建立一个；释放空闲时间超过最大空闲时间的数据库连接来避免因为没有释放数据库连接而引起的数据库连接遗漏。这项技术能明显提高对数据库操作的性能。

数据库连接池基本的思想是在系统初始化的时候,将数据库连接作为对象存储在内存中,当用户需要访问数据库时,并非建立一个新的连接,而是从连接池中取出一个已建立的空闲连接对象。使用完毕后,用户也并非将连接关闭,而是将连接放回连接池中,以供下一个请求访问使用。而连接的建立、断开都由连接池自身来管理。同时,还可以通过设置连接池的参数来控制连接池中的初始连接数、连接的上下限数以及每个连接的最大使用次数、最大空闲时间等等。也可以通过其自身的管理机制来监视数据库连接的数量、使用情况等。

在开发过程中,可以使用 Hibernate 默认的连接池,但在实际生产环境中,通常使用性能、稳定性都比较好的 C3P0。C3P0 是一个开源的 JDBC 连接池,它实现了数据源(DataSource)和 JNDI 绑定,支持 JDBC3 规范和 JDBC2 的标准扩展。目前使用它的开源项目有 Hibernate、

Spring 等。

C3P0 在 lib 目录中与 Hibernate 一起发布，包括了实现 JDBC3 和 JDBC2 扩展规范说明的 Connection 和 Statement 池的 DataSource 对象。

在 Hibernate 整合中 C3P0 实现连接池的步骤如下：

1. 将 C3P0 包复制到项目中

因为 Hibernate 发布时，也包含了 C3P0 相关的包，Hibernate 4.3.8 版本解压缩后，C3P0 位置如图 7-9 所示。

hibernate-release-4.3.8.Final
documentation
lib
envers
jpa
jpa-metamodel-generator
optional
c3p0
ehcache
infinispan
proxool
osgi
required
project

图 7-9　C3P0 路径

把 C3P0 文件夹下的 3 个 jar 包都复制到 WebContent/WEB-INF/lib 下。

2. 修改 hibernate.cfg.xml 配置文件

通过配置 hibernate.cfg.xml 配置文件，选择 C3P0 作为连接池。核心代码如下：

```
<hibernate-configuration>
    <session-factory>
        <!-- C3P0 配置 -->
        <property
name="hibernate.connection.provider_class">org.hibernate.connection.C3P0ConnectionProvider
</property>
        <property name="hibernate.c3p0.max_size">20</property>
        <property name="hibernate.c3p0.min_size">5</property>
        <property name="hibernate.c3p0.timeout">120</property>
        <property name="automaticTestTable">Test</property>
        <property name="hibernate.c3p0.max_statements">100</property>
        <property name="hibernate.c3p0.idle_test_period">120</property>
        <property name="hibernate.c3p0.acquire_increment">1</property>
        <property name="c3p0.testConnectionOnCheckout">true</property>
        <property name="c3p0.idleConnectionTestPeriod">18000</property>
        <property name="c3p0.maxIdleTime">25000</property>
        <property name="c3p0.idle_test_period">120</property>
          <!-- 配置访问 Oracle 数据库参数信息 -->
          <property name="dialect">
            org.hibernate.dialect.MySQL5Dialect
          </property>
          <property name="connection.driver_class">
            org.gjt.mm.mysql.Driver
          </property>
          <property name="connection.url">
            jdbc:mysql://localhost:3306/gift_ems?useUnicode=true&amp;characterEncoding=UTF-8
          </property>
          <property name="connection.username">root</property>
          <property name="connection.password">123456</property>
          <property name="max_fetch_depth">3</property>
          <property name="connection.autocommit">true</property>
          <!-- 在控制台显示 SQL 语句 -->
          <property name="show_sql">true</property>
          <!-- 根据需要自动生成、更新数据表 -->
          <property name="hbm2ddl.auto">update</property>
```

```
        <!-- 注册所有 ORM 映射文件 -->
        <mapping resource="com/qst/giftems/user/pojos/User.hbm.xml" />
        <mapping resource="com/qst/giftems/user/pojos/UserAddress.hbm.xml" />
        <mapping resource="com/qst/giftems/user/pojos/ShoppingCart.hbm.xml" />
        <mapping resource="com/qst/giftems/gift/pojos/Gift.hbm.xml" />
        <mapping resource="com/qst/giftems/gift/pojos/GiftType.hbm.xml" />
        <mapping resource="com/qst/giftems/gift/pojos/GiftStyle.hbm.xml" />
    </session-factory>
</hibernate-configuration>
```

其中：

```
<property name="hibernate.connection.provider_class">org.hibernate.connection.C3P0ConnectionProvider</property>
```

上述属性用于指定 Hibernate 的连接提供方式，如果没有该属性，系统将不会使用 C3P0 作为 Hibernate 的连接池。

3. 查看连接池是否起作用

通常情况下，是否使用连接池，用户基本很难感觉到，以 MySQL 为示例，有下面两种测试方法：

- 修改 log4j 的 log4j.properties，修改 log4j.rootLogger＝Info，这样将降低记录与显示日志的级别。运行程序时如果能看到[org.hibernate.connection.C3P0ConnectionProvider]标志 Hibernate 在连接数据库时已选择了 C3P0。
- 在 MySQL 中使用命令 show processlist 查看连接数，如连接池中配置最小 5 个连接时将有如图 7-10 显示的效果。

未使用连接池

```
mysql> show processlist;
+-----------+-------------+-------------------+-------------+---------+------+-------+------------------+
| Id        | User        | Host              | db          | Command | Time | State | Info             |
+-----------+-------------+-------------------+-------------+---------+------+-------+------------------+
| 381051761 | net66243875 | 27.42.74.88:13927 | NULL        | Sleep   | 1278 |       | NULL             |
| 381051836 | net66243875 | 27.42.74.88:13930 | net66243875 | Sleep   | 1276 |       | NULL             |
| 381071116 | net66243875 | 27.42.74.88:14721 | NULL        | Query   |    0 | NULL  | show processlist |
+-----------+-------------+-------------------+-------------+---------+------+-------+------------------+
3 rows in set
```

使用连接池

```
mysql> show processlist;
+-----------+-------------+-------------------+-------------+---------+------+-------+------------------+
| Id        | User        | Host              | db          | Command | Time | State | Info             |
+-----------+-------------+-------------------+-------------+---------+------+-------+------------------+
| 381051761 | net66243875 | 27.42.74.88:13927 | NULL        | Sleep   | 2657 |       | NULL             |
| 381051836 | net66243875 | 27.42.74.88:13930 | net66243875 | Sleep   | 2655 |       | NULL             |
| 381071116 | net66243875 | 27.42.74.88:14721 | NULL        | Query   |    0 | NULL  | show processlist |
| 381129319 | net66243875 | 27.42.74.88:17119 | net66243875 | Sleep   |    2 |       | NULL             |
| 381129320 | net66243875 | 27.42.74.88:17120 | net66243875 | Sleep   |    3 |       | NULL             |
| 381129321 | net66243875 | 27.42.74.88:17121 | net66243875 | Sleep   |    3 |       | NULL             |
| 381129341 | net66243875 | 27.42.74.88:17123 | net66243875 | Sleep   |    2 |       | NULL             |
| 381129342 | net66243875 | 27.42.74.88:17124 | net66243875 | Sleep   |    2 |       | NULL             |
+-----------+-------------+-------------------+-------------+---------+------+-------+------------------+
8 rows in set
```

图 7-10　查看是否使用 C3P0

由图 7-10 可以看出，当使用 C3P0 后，数据库的连接数增多，默认增加数为 5 个。

此外 C3P0 配置属性的说明如表 7-4 所示。

表 7-4　C3P0 属性说明

lazy 属性	检索策略
acquireIncrement	当连接池中的连接耗尽的时候 C3P0 一次同时获取的连接数。Default：3
acquireRetryAttempts	定义在从数据库获取新连接失败后重复尝试的次数。Default：30
acquireRetryDelay	两次连接中间隔时间，单位毫秒。Default：1000

续表

lazy 属性	检索策略
autoCommitOnClose	连接关闭时默认将所有未提交的操作回滚。Default：false
automaticTestTable	C3P0 将建一张名为 Test 的空表，并使用其自带的查询语句进行测试。如果定义了这个参数那么属性 preferredTestQuery 将被忽略。不能在这张 Test 表上进行任何操作，它将只供 C3P0 测试使用。Default：null
breakAfterAcquireFailure	获取连接失败将会引起所有等待连接池来获取连接的线程抛出异常。但是数据源仍有效保留，并在下次调用 getConnection()的时候继续尝试获取连接。如果设为 true，那么在尝试获取连接失败后该数据源将申明已断开并永久关闭。Default：false
checkoutTimeout	当连接池用完时客户端调用 getConnection()后等待获取新连接的时间，超时后将抛出 SQLException，如设为 0 则无限期等待。单位毫秒。Default：0
connectionTesterClassName	通过实现 ConnectionTester 或 QueryConnectionTester 的类来测试连接。类名需制定全路径。 Default：com. mchange. v2. c3p0. impl. DefaultConnectionTester
factoryClassLocation	指定 C3P0 libraries 的路径，如果(通常都是这样)在本地即可获得那么无须设置，默认保留 null 即可。Default：null
idleConnectionTestPeriod	每 60 秒检查所有连接池中的空闲连接。Default：0
initialPoolSize	初始化时获取三个连接，取值应在 minPoolSize 与 maxPoolSize 之间。Default：3
maxIdleTime	最大空闲时间，60 秒内未使用则连接被丢弃。若为 0 则永不丢弃。Default：0
maxPoolSize	连接池中保留的最大连接数。Default:15
maxStatements	JDBC 的标准参数，用以控制数据源内加载的 PreparedStatements 数量。但由于预缓存的 statements 属于单个 connection 而不是整个连接池。所以设置这个参数需要考虑到多方面的因素。如果 maxStatements 与 maxStatements PerConnection 均为 0，则缓存被关闭。Default：0
maxStatementsPerConnection	maxStatementsPerConnection 定义了连接池内单个连接所拥有的最大缓存 statements 数。Default：0
numHelperThreads	C3P0 是异步操作的，缓慢的 JDBC 操作通过帮助进程完成。扩展这些操作可以有效地提升性能，通过多线程实现多个操作同时被执行。Default：3
overrideDefaultUser	当用户调用 getConnection()时，使 root 用户成为去获取连接的用户。主要用于连接池连接非 C3P0 的数据源时。Default：null
overrideDefaultPassword	与 overrideDefaultUser 参数对应使用的一个参数。Default：null
preferredTestQuery	定义所有连接测试都执行的测试语句。在使用连接测试的情况下这可以显著提高测试速度。注意：测试的表必须在初始数据源的时候就存在。Default：null
propertyCycle	用户修改系统配置参数执行前最多等待 300 秒。Default：300
testConnectionOnCheckout	因性能消耗大，所以建议只在需要的时候使用它。如果设为 true，那么在每个 connection 提交的时候都将校验其有效性。建议使用 idleConnection-TestPeriod 或 automaticTestTable 等方法来提升连接测试的性能。Default：false
testConnectionOnCheckin	如果设为 true，那么在取得连接的同时将校验连接的有效性。Default：false

注意

读者在实际应用过程中，可以通过配置数据库连接去感受一下获取连接的速度是否明显变化。

本章总结

小结

- 类级别的检索策略包括立即加载和延迟加载，默认为立即加载。
- Hibernate 的关联检索策略有立即加载、延迟加载和预先抓取。
- <set>元素的 batch-size 属性用于为延迟加载或立即加载策略设定的批量检索数量，通过批量检索可以减少 select 语句的数目，提高延迟或立即加载的性能。
- 使用批量延迟加载时要在映射文件中将元素的 lazy 属性值设置成 true。

Q&A

1. 问题：简述类级别检索策略分类。

回答：类级别的检索策略包括立即加载和延迟加载，默认为立即加载。

2. 问题：简述 Hibernate 的关联检索策略种类。

回答：Hibernate 的关联检索策略有立即加载、延迟加载和预先抓取。

章节练习

习题

1. 下面说法错误的是________。

   A. 类级别的检索策略包括立即加载和延迟加载

   B. 立即加载是默认的检索策略

   C. 延迟加载时，<class>元素的 lazy 属性为 true

   D. 延迟加载时，<class>元素的 lazy 属性为 false

2. Hibernate 的关联检索策略有________。（多选）

   A. 立即加载　　B. 延迟加载　　C. 预先抓取　　D. 延迟抓取

上机

训练目标：Hibernate 检索策略。

培养能力	熟练掌握 Hibernate 检索策略		
掌握程度	★★★★★	难度	难
代码行数	400	实施方式	编码强化
结束条件	编译运行不出错		
参考训练内容			
针对 Hibernate 框架，编写实体类和映射文件，实现教师和学生的双向多对多关联关系，分别使用不同检索策略查询学生"张三"的老师。			

第8章 Spring初步

本章任务是实现"GIFT-EMS 礼记"系统的"框架集成"、"Hibernate 二级缓存"、"生成订单"等核心功能：

- 【任务 8-1】 实现 Spring、Hibernate 和 Struts 2 三者在项目中的集成。
- 【任务 8-2】 配置 Hibernate 二级缓存，优化"省市区"三级联动性能。
- 【任务 8-3】 实现用户"生成订单"功能。

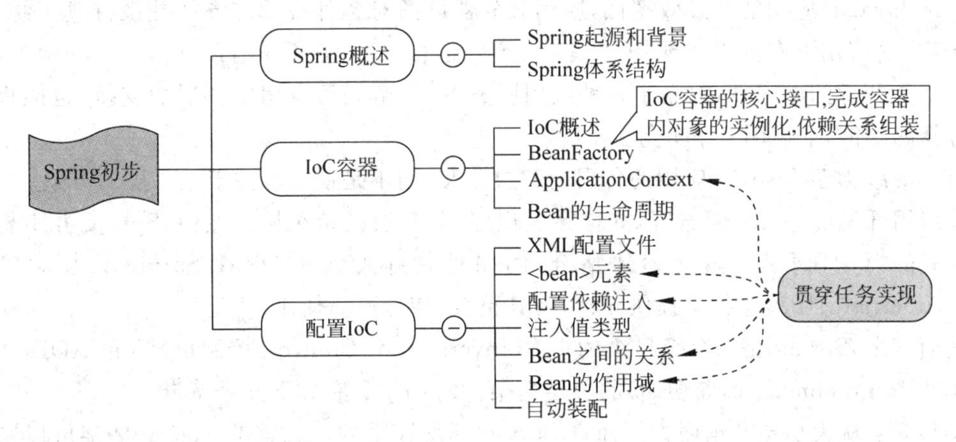

知　识　点	Listen(听)	Know(懂)	Do(做)	Revise(复习)	Master(精通)
Spring 概述	★	★	★	★	★
IoC 容器	★	★	★	★	★
IoC 容器中装配 Bean	★	★	★	★	★

8.1 Spring 概述

Spring 框架是一个针对 JavaEE 的轻量级解决方案，其简化了 JavaEE 企业级应用程序的开发过程，是目前最流行的 JavaEE 集成开发框架。

8.1.1 Spring 起源背景

随着技术的发展，企业级应用程序变得越来越复杂，为了全面应对各种复杂的需求，JavaEE 规范也越来越庞大，其核心的 EJB 规范受到了大量的批评，而各种“民间”的 JavaEE 框架也如雨后春笋般涌现，Spring 框架正是在这种情况下应运而生的。Spring 框架的第一个版本由 Rod Johnson 开发，于 2003 年发布。实际上，Rod Johnson 在 2002 年出版的 *Expertone on one J2EE design and development* 一书中，已经根据自己多年的开发经验，对传统的 J2EE 平台提出了深层次的思考和质疑，并给出了 Spring 中包含的一些核心思想。

Spring 为企业级开发提供一个轻量级的解决方案，主要包括如下功能：

- 基于依赖注入的核心功能；
- 声明式的面向切面编程(AOP)支持；
- 与多种持久层技术的整合；
- 独立的 Web MVC 框架。

传统 JavaEE 应用的开发效率低，应用服务器厂商对各种技术的支持并没有真正统一，导致 JavaEE 的应用没有真正实现“编写一次，到处运行”(Write Once，Run Anywhere)的承诺。Spring 作为开源的中间件，独立于各种应用服务器，甚至无须应用服务器的支持，也能提供应用服务器的功能，如声明式事务等。

Spring 致力于 JavaEE 应用的各层的解决方案，而不是仅仅专注于某一层的方案。Spring 是企业应用开发的“一站式”选择，并贯穿表现层、业务层及持久层。然而，Spring 并不想取代那些已有的框架，而是与其无缝地整合，例如对象持久化和 ORM，Spring 只是对现有的 JDBC、Hibernate、JPA 等技术提供支持，将其整合，使之更易使用。

简而言之，Spring 是一个轻量级的 IoC(Inversion of Control，控制反转)和 AOP(Aspect Oriented Programming，面向切面)的容器框架。Spring 具有如下几个特点。

- 轻量：从大小与开销两方面而言 Spring 都是轻量的。完整的 Spring 框架可以在一个大小只有 1MB 多的 JAR 文件里发布，并且 Spring 所需的处理开销也是微不足道的。此外，Spring 是非侵入式的，Spring 应用中的对象不依赖于 Spring 的特定类。
- 控制反转：Spring 通过一种称作控制反转(IoC)的技术促进了松耦合。当应用了 IoC 时，一个对象依赖的其他对象会通过被动的方式传递进来，而不是这个对象自己创建或者查找依赖对象。因此可以认为 IoC 与 JNDI 相反，不是对象从容器中查找依赖，而是容器在对象初始化时不等对象请求就主动将依赖传递给它。
- 面向切面：Spring 提供了面向切面编程的丰富支持，允许通过分离应用的业务逻辑与系统级服务(例如审计和事务等)进行内聚性的开发。应用对象可以只实现它们应该做的，即完成业务逻辑，而不需要负责其他的系统级关注点。
- 容器：Spring 包含并管理应用对象的配置和生命周期，在这个意义上 Spring 只是一种

容器,开发者可以配置自己的每个 Bean,可以创建一个单独的实例或者每次需要时都生成一个新的实例,以及配置这些 Bean 之间是如何相互关联的。然而,Spring 不应该被混同于传统的重量级的 EJB 容器,EJB 经常是庞大与笨重的,并且难以使用。

- 框架:Spring 可以将简单的组件配置、组合成为复杂的应用。在 Spring 中,应用对象被声明式地组合,典型情况下是在一个 XML 文件里。Spring 也提供了很多基础功能(事务管理、持久化框架集成等等),将应用逻辑的开发留给开发者。

8.1.2 Spring 体系结构

Spring 框架包含 1400 多个类,整个框架按其所属功能可以划分为 5 个主要模块,如图 8-1 所示。

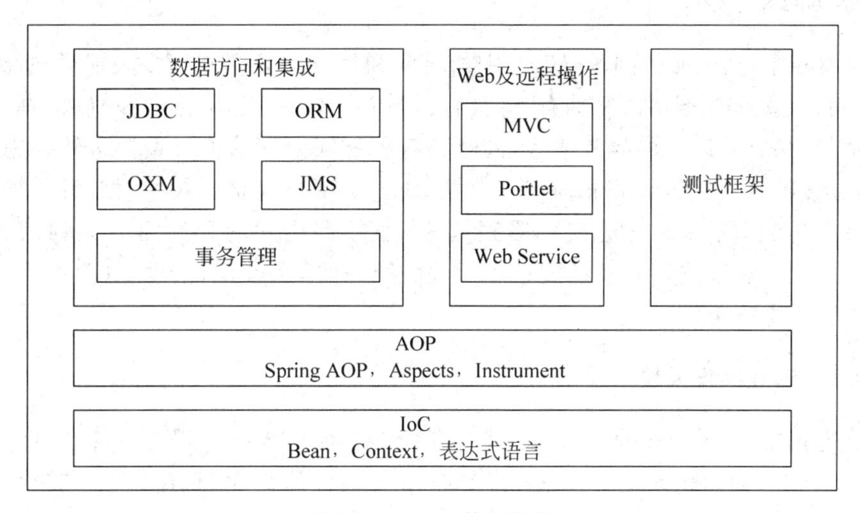

图 8-1 Spring 体系结构

从整体看,这 5 个主要模块几乎为企业应用提供了所需的一切,从持久层、业务层到展示层都拥有相应的支持。其中,IoC 和 AOP 是 Spring 所依赖的根本,在此基础上,Spring 整合了各种企业应用开源框架和许多优秀的第三方类库,成为 Java 企业应用全栈的开发框架。Spring 框架的精妙之处在于,开发者拥有自由的选择权,Spring 不会将自己的意志强加给开发者。针对某个领域问题,Spring 往往支持多种实现方案,当希望选用不同的实现方案时,Spring 又能保证其过渡的平滑性。

关于 Spring 框架的体系结构中各模块的介绍如下所述。

1. Spring 核心模块

Spring 框架中最基础、最重要的模块,实现了 IoC 的功能,将类和类之间的依赖从代码中脱离出来,用配置的方式进行依赖关系描述,由 IoC 容器负责依赖类之间的创建、拼接、管理、获取等工作。BeanFactory 接口是 Spring 框架的核心接口,实现了容器的许多核心功能。

Context 模块构建于核心模块之上,扩展了 BeanFactory 的功能,添加了 i18n 国际化、Bean 生命周期控制、框架事件体系、资源加载透明化等多项功能。此外,该模块还提供了许多企业级服务的支持,如邮件服务、任务调度、JNDI 定位、EJB 集成、远程访问等。ApplicationContext 是 Context 模块的核心接口。

表达式语言是统一表达式语言(unified EL)的一个扩展,该表达式语言用于查询和管理运行期的对象,支持设置和获取对象属性,调用对象方法、操作数组、集合等,还提供了逻辑表达式运算、变量定义等功能。使用它就可以方便地通过表达式串和 Spring IoC 容器进行交互。

2. AOP 模块

AOP 是继 OOP 之后,对编程设计思想影响最大的技术之一。AOP 是进行横切逻辑编程的思想,开拓了人们考虑问题的思路。在 AOP 模块里,Spring 提供了满足 AOP Alliance 规范的实现,此外,还整合了 AspectJ 这种 AOP 语言级的框架。在 Spring 里实现 AOP 编程拥有众多的选择。Java 5.0 引入 java.lang.instrument,允许在 JVM 启动时启用一个代理类,通过该代理类在运行期修改类的字节码,改变一个类的功能,实现 AOP 的功能。

3. 数据访问和集成模块

任何应用程序,其核心的问题是对数据的访问和操作。数据有很多表现形式,如数据表、XML、消息等,而每种数据形式又拥有不同的数据访问技术。Spring 在 DAO 的抽象层面,建立了一套面向 DAO 层统一的异常体系,同时将各种访问数据的检查型异常转换为非检查型异常,为整合各种持久层框架提供基础。其次,Spring 通过模板化技术对各种数据访问技术进行了浅层的封装,将模式化的代码隐藏起来,使数据访问的程序得到大幅简化。因此,Spring 就建立起了和数据形式及访问技术无关的统一的 DAO 层,借助 AOP 技术,Spring 提供了声明式事务的功能。

4. Web 及远程操作模块

该模块建立在 Application Context 模块之上,提供了 Web 应用的各种工具类,如通过 Listener 或 Servlet 初始化 Spring 容器,将 Spring 容器注册到 Web 容器中。其次,该模块还提供了多项面向 Web 的功能,如透明化文件上传、Velocity、FreeMarker、XSLT 的支持。此外,Spring 可以整合 Struts、WebWork、Tapestry Web 等 MVC 框架。

5. Web 及远程访问模块

Spring 自己提供了一个完整的类似于 Struts 的 MVC 框架,称为 Spring MVC。据说,Spring 之所以也提供了一个 MVC 框架,是因为 Rod Johnson 想证明实现 MVC 其实是一项简单的工作。当然,如果不希望使用 Spring MVC,那么 Spring 对 Struts、Tapestry 等 MVC 框架的整合,一定也可以给你带来方便。相对于 Servlet 的 MVC,Spring 在简化 Portlet 的开发上也做了很多工作,开发者可以从中受益。

针对每个功能模块,Spring 框架都提供了独立的 jar 文件,这可以方便开发者有选择地使用 Spring 提供的功能。在 Java 应用程序中引入 Spring 的类库文件,即可搭建起 Spring 的开发环境,如果是 Web 项目,只需将 Spring 的类库文件复制到 WEB-INF/lib 目录下即可,如图 8-2 所示。

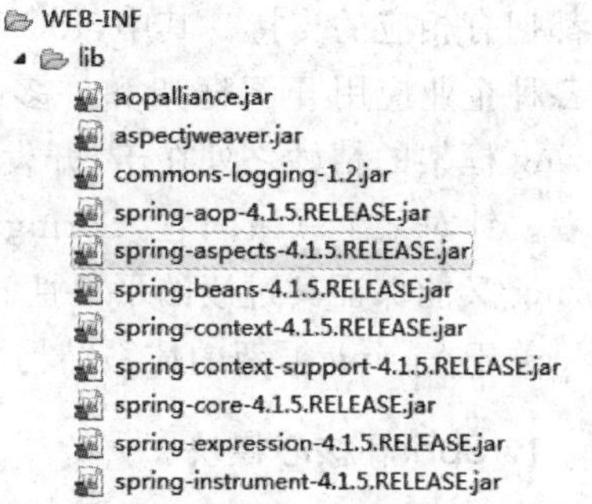

```
WEB-INF
  lib
    aopalliance.jar
    aspectjweaver.jar
    commons-logging-1.2.jar
    spring-aop-4.1.5.RELEASE.jar
    spring-aspects-4.1.5.RELEASE.jar
    spring-beans-4.1.5.RELEASE.jar
    spring-context-4.1.5.RELEASE.jar
    spring-context-support-4.1.5.RELEASE.jar
    spring-core-4.1.5.RELEASE.jar
    spring-expression-4.1.5.RELEASE.jar
    spring-instrument-4.1.5.RELEASE.jar
    spring-instrument-tomcat-4.1.5.RELEASE.jar
    spring-jdbc-4.1.5.RELEASE.jar
    spring-jms-4.1.5.RELEASE.jar
    spring-messaging-4.1.5.RELEASE.jar
    spring-orm-4.1.5.RELEASE.jar
    spring-oxm-4.1.5.RELEASE.jar
    spring-test-4.1.5.RELEASE.jar
    spring-tx-4.1.5.RELEASE.jar
    spring-web-4.1.5.RELEASE.jar
    spring-webmvc-4.1.5.RELEASE.jar
    spring-webmvc-portlet-4.1.5.RELEASE.jar
    spring-websocket-4.1.5.RELEASE.jar
```

图 8-2 配置 Spring 框架

8.2　IoC 容器

8.2.1　IoC 概述

Spring 框架的核心功能是控制反转 IoC，面向切面 AOP 和声明式事务等功能都依赖于 IoC 实现的基础上。所谓 IoC，就是通过容器来控制业务对象之间的依赖关系，而非传统实现中通过代码直接操控，这就是“控制反转”的含义所在，即控制权由应用代码中转到了外部容器，控制权的转移就是反转。控制权转移的意义是降低了业务对象之间的依赖程度。

使用 Spring IoC 容器后，容器会自动对被管理对象进行初始化并完成对象之间依赖关系的维护，在被管理对象中无须调用 Spring 的 API，如图 8-3 所示。

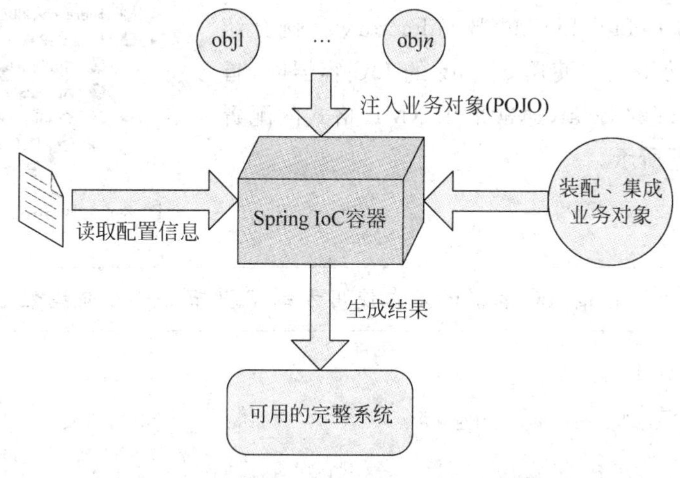

图 8-3　Spring IoC 容器

为实现 IoC 功能，Spring 提供了两个访问接口。

- org. springframework. beans. factory. BeanFactory：Bean 工厂，借助于配置文件能够实现对 JavaBean 的配置和管理，用于向使用者提供 Bean 的实例；
- org. springframework. context. ApplicationContext：ApplicationContext 构建在 BeanFactory 基础之上，提供了更多的实用功能。

注意

> Spring 中将 IoC 容器管理的对象称为 Bean，这与传统的 JavaBean 不完全相同，只是借用了 Bean 的名称。

8.2.2　BeanFactory

BeanFactory 是 Spring 的 IoC 容器的核心接口，作为制造 Bean 的工厂，BeanFactory 接口负责向容器的使用者提供实例，其功能主要是完成容器管理对象的实例化，并根据预定的配置完成对象之间依赖关系的组装，最终向使用者提供已完成装配的可用对象。Spring IoC 对容器管理对象没有任何要求,无须继承某个特定类或实现某些特定接口,这极大地提高了 IoC 容器的可用性。

BeanFactory 接口中常用的方法及功能如表 8-1 所示。

表 8-1 BeanFactory 接口的方法说明

方　法	功能描述
boolean containsBean(String name)	判断 Spring 容器是否包含 id 为 name 的 Bean 对象
Object getBean(String name)	返回容器 id 为 name 的 Bean 对象
Object getBean(String name,Class requiredType)	返回容器中 id 为 name、类型为 requiredType 的 Bean
Class getType(String name)	返回容器中 id 为 name 的 Bean 的类型

针对不同的场合,Spring 框架提供了 BeanFactory 接口的多个子接口和实现类,如图 8-4 所示。

下面以常用的 DefaultListableBeanFactory 为例介绍 BeanFactory 接口的用法。使用 Spring 的 IoC 容器时,首先需要配置容器管理的 Bean,通常采用 XML 格式的配置文件,配置信息如下所示。

- BeanFactory
  - SimpleJndiBeanFactory
  - AutowireCapableBeanFactory
  - HierarchicalBeanFactory
  - ListableBeanFactory
    - StaticListableBeanFactory
    - ApplicationContext
    - ConfigurableListableBeanFactory
      - DefaultListableBeanFactory
        - XmlBeanFactory

图 8-4　BeanFactory 继承体系

注意

> 此处仅仅演示 Spring IoC 容器的基本使用方式,8.3 节会详细介绍配置文件的写法。

【代码 8-1】 bean.xml

```
<?xml version="1.0" encoding="UTF-8"?>
<beans
    xmlns="http://www.springframework.org/schema/beans"
    xmlns:xsi="http://www.w3.org/2001/XMLSchema-instance"
    xsi:schemaLocation="
        http://www.springframework.org/schema/beans
        http://www.springframework.org/schema/beans/spring-beans-4.1.xsd">
    <bean id="book" class="com.qst.chapter08.Book">
        <property name="name" value="SSH开发" />
        <property name="author" value="qst" />
        <property name="publishHouse" value="某出版社" />
        <property name="price" value="70.25" />
    </bean>
</beans>
```

完成配置文件后,需要在代码中启动 Spring IoC 容器,并通过 BeanFactory 装载配置文件,示例代码如下所示。

【代码 8-2】 BeanFactoryExample.java

```
package com.qst.chapter08;

import org.springframework.beans.factory.support.DefaultListableBeanFactory;
import org.springframework.beans.factory.xml.XmlBeanDefinitionReader;
import org.springframework.core.io.ClassPathResource;

public class BeanFactoryExample {
```

```
    public static void main(String[ ] args) {
        //根据配置文件创建 ClassPathResource 对象
        ClassPathResource resource = new ClassPathResource(
                "com/qst/chapter08/bean.xml");
        //创建 BeanFactory 对象
        DefaultListableBeanFactory factory =
              new DefaultListableBeanFactory();
        XmlBeanDefinitionReader reader =
             new XmlBeanDefinitionReader(factory);
        reader.loadBeanDefinitions(resource);
        //从 BeanFactory 对象中,根据 id 获取具体对象
        Book book = (Book) factory.getBean("book");

        System.out.println(book.getName());
        System.out.println(book.getAuthor());
        System.out.println(book.getPublishHouse());
        System.out.println(book.getPrice());
    }
}
```

上例中,首先使用 ClassPathResource 类指定了配置文件是位于类路径下的 bean.xml,然后构造了 DefaultListableBeanFactory 对象,并将 DefaultListableBeanFactory 对象传递给新构造的 XmlBeanDefinitionReader 对象,通过 XmlBeanDefinitionReader 对象加载了配置文件,最后通过 DefaultListableBeanFactory 中的 getBean()方法从 IoC 容器中获取了 Bean。

8.2.3 ApplicationContext

ApplicationContext 接口是 BeanFactory 的子接口,代表一个应用的上下文环境。在 BeanFactory 的基础之上,ApplicationContext 扩展了更多实用的功能,如 Bean 的生命周期管理、框架事件体系、国际化支持等功能,并且这些功能大部分可以通过少量配置以零编码的方式实现。因此,应用上下文 ApplicationContext 是访问 Spring IoC 容器的最常用的接口。

除了扩展 BeanFactory 所支持的功能外,ApplicationContext 接口还通过继承其他接口扩展了 BeanFactory 的功能,这些接口主要包括:

- MessageSource——为应用提供国际化访问功能。
- ResourceLoader——提供资源(如 URL 和文件系统)的访问支持,根据资源的地址判断资源的类型,并返回对应的 Resource 实现类。
- ApplicationEventPublisher——引入了事件机制,包括启动事件、关闭事件等,让容器在上下文中提供了对应用事件的支持。

ApplicationContext 接口的主要实现类有 ClassPathXmlApplicationContext 和 FileSystemXmlApplicationContext,分别用于从类路径和文件系统加载 IoC 配置文件。

针对代码 8-1 中的 Spring 配置文件,使用 ApplicationContext 接口的示例代码如下。

【代码 8-3】 ApplicationContextExample.java

```
package com.qst.chapter08;
import org.springframework.context.support.ClassPathXmlApplicationContext;

public class ApplicationContextExample {
```

```
    public static void main(String[] args) {
        ClassPathXmlApplicationContext context =
         new ClassPathXmlApplicationContext("com/qst/chapter08/bean.xml");
        Book book = (Book) context.getBean("book");
        System.out.println(book.getName());
        System.out.println(book.getAuthor());
        System.out.println(book.getPublishHouse());
        System.out.println(book.getPrice());
        context.close();
    }
}
```

上例中构造 ClassPathXmlApplicationContext 对象时指定了配置文件的路径，然后通过其 getBean()方法从 IoC 容器中获得了 Bean 实例。

需要注意，由于 ClassPathXmlApplicationContext 类实现了 java.io.Closeable 接口，因此需要在使用完毕后调用 close()方法关闭。

ApplicationContext 的初始化和 BeanFactory 的初始化有一个重大的区别：BeanFactory 在初始化容器时，并未实例化 Bean，直到第一次访问某个 Bean 时才实例化目标 Bean；而 ApplicationContext 在初始化用上下文时就实例化所有单实例的 Bean。因此 ApplicationContext 的初始化时间比 BeanFactory 稍长一些，但程序后面获取 Bean 实例时将直接从缓存中调用，因此具有较好的性能。

在加载完毕配置文件并初始化 Spring IoC 容器时，如果使用 ApplicationContext 接口的实现类，则会在容器初始化完毕后就会构造所有 Bean 对象；而如果使用其他 BeanFactory 接口的实现类，则不会构造 Bean 对象，而是延迟到调用 getBean()方法时构造。因此 ApplicationContext 的初始化时间会稍长一些，但调用 getBean()时由于 Bean 已经构造完毕，速度会更快。

8.2.4 Bean 的生命周期

对象的生命周期是指其从创建到销毁的过程。托管于某种容器管理的对象通常会由容器来确定其生命周期，例如 Servlet 容器中的 Servlet 对象、EJB 容器中的会话 Bean 对象，类似的，Spring IoC 容器中的 Bean 也拥有由容器控制的完整而复杂的生命周期。ApplicationContext 中 Bean 的生命周期如图 8-5 所示。

针对 Bean 生命周期的不同时期，Spring 提供了多个回调方法，以便在不同时期执行特定的操作，主要包括三种：

- Bean 自身的方法，如调用 Bean 构造方法实例化 Bean，调用 setter 设置 Bean 的属性，以及通过<bean>元素的 init-method 和 destroy-method 属性所指定的方法。
- Bean 级生命周期接口方法，如 BeanNameAware、BeanFactoryAware、InitializingBean 和 DisposableBean，这些接口由 Bean 直接实现。
- 容器级生命周期接口方法，如 BeanPostProcessor 接口，其接口实现类为“后处理器”，它们独立于 Bean，以容器附加装置的形式注册到 Spring 容器中，当 Spring 容器创建 Bean 时，这些后处理器都会发生作用，其影响是全局性的。

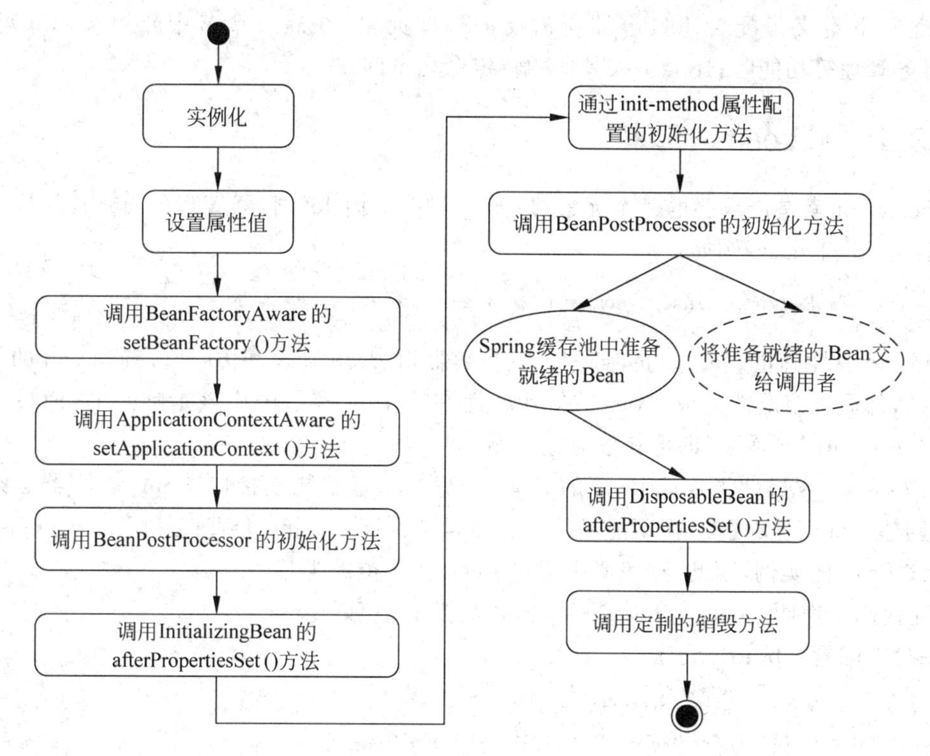

图 8-5　ApplicationContext 中的 Bean 的生命周期

8.3　配置 IoC

IoC 容器负责向使用者提供装配完成的对象，因此 IoC 容器必须了解如何来组装这些托管对象。针对 Spring IoC 容器，通常采用 XML 配置文件的方式来声明对象间的依赖关系，本节介绍 Spring 的常用配置。

8.3.1　XML 配置文件

Spring 框架支持 XML 文件和注解两种配置方式，本书将以 XML 文件方式作为重点来介绍 Spring 的配置功能。最基本的 Spring 配置文件如下所示。

【示例】 Spring 配置文件

```
<?xml version = "1.0" encoding = "UTF - 8"?>
<beans
    xmlns = "http://www.springframework.org/schema/beans"
    xmlns:xsi = "http://www.w3.org/2001/XMLSchema - instance"
    xsi:schemaLocation =
        "http://www.springframework.org/schema/beans
        http://www.springframework.org/schema/beans/spring - beans - 4.1.xsd">
    <! -- 配置 bean 等其他内容 -->
</beans>
```

Spring 对配置文件的名称和位置没有特定要求，但根元素必须是<beans>，其中需要引入 XML 命名空间 http://www.springframework.org/schema/beans，并指定对应的 schemaLocation。

此命名空间下定义了配置 IoC 容器所需要的一些元素，在后续章节中介绍 Spring 框架的 AOP、事务管理等功能时，还会引入其他的特定命名空间。

8.3.2 <bean>元素

<bean>元素是最重要的一个元素，用于声明一个由 IoC 容器管理的 Bean，其最基本的两个属性是 id 和 class，例如：

```
<bean id = "myService" class = "com.aaa.bbb.MyService"/>
```

- id：id 属性确定该 Bean 的唯一标识符，容器对 Bean 管理和访问以及该 Bean 的依赖关系，都通过该属性完成。Bean 的 id 属性在 Spring 容器中应该是唯一的，通过容器的"getBean("名称")"即可获取对应的 Bean。
- class：class 属性指定该 Bean 的具体实现类，这里不能是接口。Spring 容器必须知道创建 Bean 的实现类，而不能是接口。通常情况下，Spring 会直接使用 new 关键字创建该 Bean 的实例，因此，这里必须提供 Bean 实现类的类名。

下列代码中声明了一个<bean>元素，并配置了 id 和 class 属性。

【代码 8-4】 配置<bean>元素

```
<?xml version = "1.0" encoding = "UTF - 8"?>
<beans xmlns = "http://www.springframework.org/schema/beans"
    xmlns:xsi = "http://www.w3.org/2001/XMLSchema - instance"
    xsi:schemaLocation =
        "http://www.springframework.org/schema/beans
        http://www.springframework.org/schema/beans/spring - beans - 4.1.xsd">
    <bean id = "order" class = "com.qst.chapter08.config.Order" />
</beans>
```

当 Spring IoC 容器启动时，会解析上述配置文件，从而可以根据<bean>元素的 class 属性创建对应类的实例，并以 id 属性的值作为键值 key 保存在一个 Map 对象中，调用 BeanFactory 的 getBean()方法时即可根据 id 值从容器中获取这个实例。

注意，根据上述配置文件，Spring IoC 容器会调用 Bean 对应类的无参数构造方法来创建实例，因此要求这个类必须有这样的构造方法。在 8.3.3 节中会介绍调用有参数构造方法的配置方式。

8.3.3 配置依赖注入

依赖注入(Dependency Injection，DI)和控制反转(Inversion of Control，IoC)是同一个概念，都是为了处理对象间的依赖关系。在传统的程序设计中，对象之间的依赖关系是体现在代码中的，即通过代码将被依赖对象设置到依赖者中，从而完成对象的组合；而通过 DI/IoC 容器，互相依赖的对象由容器负责创建和装配，而不是在代码中完成。Spring 框架对受 IoC 容器管理的对象没有任何要求，无须实现某个接口或继承某个类，普通 POJO 即可。Spring 支持通过 setter 方法和构造方法两种方式完成注入。

1. setter 方法注入

setter 方法注入是最常见的一种注入方式，即通过 setter 方法注入依赖的值或对象，这种

注入方式具有高度灵活性。设值注入要求 Bean 提供一个默认的构造函数，并为需要注入的属性提供对应的 setter 方法。Spring 先调用 Bean 的默认构造函数实例化 Bean 对象，然后通过反射的方式调用 setter 方法注入属性值。

下例演示了如何使用 setter 方式注入，首先编写订单类 Order，并为其 id、orderNo、amount 属性添加 setter 方法，代码如下：

【代码 8-5】　Order.java

```
package com.qst.chapter08.config;

public class Order {
    private int id;
    private String orderNo;              //订单编号
    private double amount;               //订单金额

    public int getId() {
        return id;
    }

    public void setId(int id) {
        this.id = id;
    }

    public String getOrderNo() {
        return orderNo;
    }

    public void setOrderNo(String orderNo) {
        this.orderNo = orderNo;
    }

    public double getAmount() {
        return amount;
    }

    public void setAmount(double amount) {
        this.amount = amount;
    }

}
```

然后编写 Spring 的配置文件，其实使用<bean>元素配置 Order 类，并使用其<property>子元素对属性注入值，<property>元素的 value 属性用于设置对应 Java 属性的值，代码如下。

【代码 8-6】　setter 方法注入的配置

```
<?xml version = "1.0" encoding = "UTF - 8"?>
< beans xmlns = "http://www.springframework.org/schema/beans"
    xmlns:xsi = "http://www.w3.org/2001/XMLSchema - instance"
    xsi:schemaLocation = "http://www.springframework.org/schema/beans
http://www.springframework.org/schema/beans/spring - beans - 4.1.xsd">
    < bean id = "order" class = "com.qst.chapter08.config.Order">
        < property name = "id" value = "10" />
```

```
        <property name="orderNo" value="SP1234" />
        <property name="amount" value="1234.56" />
    </bean>
</beans>
```

编写测试类,代码如下所示。

【代码 8-7】 Test.java

```
package com.qst.chapter08.config;

import org.springframework.context.support.ClassPathXmlApplicationContext;

public class Test {

    public static void main(String[] args) {
        ClassPathXmlApplicationContext context =
            new ClassPathXmlApplicationContext(
                    "com/qst/chapter08/config/beans.xml");
        Order order = (Order) context.getBean("order");

        System.out.println(order.getId());
        System.out.println(order.getOrderNo());
        System.out.println(order.getAmount());

        context.close();
    }
}
```

运行测试代码,控制台正常情况下会输出下列结果:

```
10
SP1234
1234.56
```

2. 构造方法注入

除了通过 setter 方法完成依赖注入外,Spring 还支持通过构造方法完成。如果 Bean 的属性中有一些是必须赋值的,或者对多个属性的赋值顺序有要求,则使用 setter 方法注入可能会造成错误,只能通过人为保证,而使用构造方法注入可以保证 IoC 容器提供的 Bean 实例一定是可用的。

例如前面的 Order 类,如果要求 id 和 orderNo 属性必须设置值,则通过 setter 方法注入时就可能被人为地遗漏,而通过构造方法则可以避免。

修改 Order 类,添加新的构造方法,接收两个参数并赋值给 id 和 orderNo 属性,修改后的 Order 代码如下:

【代码 8-8】 Order.java

```
package com.qst.chapter08.config;

public class Order {
    private int id;
```

```
    private String orderNo;                    //订单编号
    private double amount;                     //订单金额

    public Order(int id, String orderNo) {
        this.id = id;
        this.orderNo = orderNo;
    }
    ...省略原有 getter/setter 方法
}
```

修改配置文件，为<bean>元素添加<constructor-arg>子元素，并通过 name 和 value 属性指定了构造方法的参数值，从而完成注入，代码如下：

【代码 8-9】 构造方法注入的配置

```
<?xml version = "1.0" encoding = "UTF - 8"?>
< beans xmlns = "http://www.springframework.org/schema/beans"
    xmlns:xsi = "http://www.w3.org/2001/XMLSchema - instance"
    xsi:schemaLocation =
        "http://www.springframework.org/schema/beans
        http://www.springframework.org/schema/beans/spring - beans - 4.1.xsd">
    < bean id = "order" class = "com.qst.chapter08.config.Order">
        < constructor - arg name = "id" value = "100" />
        < constructor - arg name = "orderNo" value = "SP1234" />
        < property name = "amount" value = "1234.56" />
    </bean >
</beans >
```

测试类没有变化，再次运行测试，输出结果与原来相同：

```
100
SP1234
1234.56
```

3. 两种注入方式的对比

- Spring 同时支持 setter 方法和构造方法两种注入方式，两种方式各有优缺点，开发中可以根据实际需求灵活选择，两种方式的特点总结如下：使用 setter 方法时，与传统的 JavaBean 写法更相似，程序开发人员更容易了解和接受，通过 setter 方法设定依赖关系显得更加直观、自然。
- 对于复杂的依赖关系，如果采用构造方法注入，会导致构造器过于臃肿，难以阅读。尤其是在某些属性可选的情况下，多参数的构造器更加笨重。
- 构造方法注入可以在构造器中决定依赖关系的注入顺序，当某些属性的赋值操作是有先后顺序时，这点尤为重要。
- 对于依赖关系无须变化的 Bean，构造注入更有用处。如果没有 setter 方法，所有的依赖关系全部在构造器内设定，后续代码不会对依赖关系产生破坏。依赖关系只能在构造器中设定，所以只有组件的创建者才能改变组件的依赖关系。而对组件的调用者而言，组件内部的依赖关系完全透明，更符合高内聚的原则。

8.3.4 注入值类型

针对注入的值，Spring 支持三种类型：字面值、其他 Bean 的引用、集合类型。

1. 字面值

字面值一般是指可用字符串表示的值，在 Spring 配置文件中，如果 Bean 需要注入的值是字面值，则可以通过<bean>或<constructor-arg>的<value>子元素或 value 属性注入。在默认情况下，基本数据类型及其封装类、String 等类型都可以采取字面值的方式注入，Spring 会根据参数类型自动将字面值转换为正确的类型。例如针对 8.3.3 节中的 Order 类，其 id、orderNo、amount 属性分别为 int、String 和 double 类型，都可以通过字面值方式注入。

【代码 8-10】 字面值方式注入

```
<?xml version = "1.0" encoding = "UTF - 8"?>
<beans xmlns = "http://www.springframework.org/schema/beans"
    xmlns:xsi = "http://www.w3.org/2001/XMLSchema - instance"
    xsi:schemaLocation =
        "http://www.springframework.org/schema/beans
        http://www.springframework.org/schema/beans/spring - beans - 4.1.xsd">
    <bean id = "order" class = "com.qst.chapter08.config.Order">
        <constructor - arg name = "id" value = "100" />
        <constructor - arg name = "orderNo">
            <value>ABCDEF</value>
        </constructor - arg>
        <property name = "amount">
            <value>5678.123</value>
        </property>
    </bean>
</beans>
```

2. 其他 Bean 的引用

如果 Bean 需要注入的属性是对象类型，则可以引用 IoC 容器中定义的类型匹配的其他 Bean。引用其他 Bean 时可以通过<bean>或<constructor-arg>的<ref>子元素或 ref 属性注入，下例演示了引用其他 Bean 的配置方式。

首先添加 OrderItem 类，代表订单项，代码如下：

【代码 8-11】 OrderItem.java

```
package com.qst.chapter08.config;

public class OrderItem {

    private int id;
    private String product;
    private float price;
    private int count;

    ...省略 getter/setter 方法
}
```

修改 Order 类，为其添加 OrderItem 类型属性，代码如下：

【代码 8-12】 Order.java

```
package com.qst.chapter08.config;

public class Order {
    private int id;
    private String orderNo;                    //订单编号
    private double amount;                     //订单金额
    private OrderItem orderItem;

    ...省略 getter/setter 方法
}
```

修改配置文件，添加类型为 OrderItem 的 Bean，并在 Order Bean 中添加 name 为 orderItem 的<property>子元素，并通过 ref 属性或<ref>子元素引用 OrderItem Bean，代码如下：

【代码 8-13】 applicationContext.xml 中配置 OrderItem

```
<?xml version="1.0" encoding="UTF-8"?>
<beans xmlns="http://www.springframework.org/schema/beans"
    xmlns:xsi="http://www.w3.org/2001/XMLSchema-instance"
    xsi:schemaLocation=
        "http://www.springframework.org/schema/beans
            http://www.springframework.org/schema/beans/spring-beans-4.1.xsd">
    <bean id="order" class="com.qst.chapter08.config.Order">
        <constructor-arg name="id" value="100" />
        <constructor-arg name="orderNo">
            <value>ABCDEF</value>
        </constructor-arg>
        <property name="amount">
            <value>5678.123</value>
        </property>
        <property name="orderItem" ref="orderItem1" />
    </bean>

    <bean id="orderItem1" class="com.qst.chapter08.config.OrderItem">
        <property name="id" value="10" />
        <property name="product" value="电视机" />
        <property name="price" value="6000" />
        <property name="count" value="4" />
    </bean>
</beans>
```

修改测试类，调用 Order 的 getOrderItem()方法获取注入的 OrderItem 对象，代码如下：

【代码 8-14】 Test.java

```
public static void main(String[] args) {
    ClassPathXmlApplicationContext context
        = new ClassPathXmlApplicationContext(
            "com/qst/chapter08/config/beans.xml");
    Order order = (Order) context.getbean("order");

    System.out.println(order.getId());
```

```
        System.out.println(order.getOrderNo());
        System.out.println(order.getAmount());

        OrderItem orderItem = order.getOrderItem();
        System.out.println(orderItem.getId());
        System.out.println(orderItem.getProduct());
        System.out.println(orderItem.getPrice());
        System.out.println(orderItem.getCount());

        context.close();
    }
```

运行后输出如下：

```
100
ABCDEF
5678.123
10
电视机
6000.0
4
```

从输出结果可以看到，Order 的 OrderItem 属性已经成功注入。

上述代码中，直接使用 ref 属性引用其他的 Bean，完成注入。

3. 集合类型

Spring 还支持对 Bean 的集合类型属性进行注入，<array>、<list>、<set>、<map>和<props>元素分别用来设置类型为数组、List、Set、Map 和 Properties 的集合属性值。

下例介绍集合属性的注入方式，修改 Order 类，添加多种集合属性，代码如下：

【代码 8-15】 Order.java

```
package com.qst.chapter08.config;

import java.util.List;
import java.util.Map;
import java.util.Properties;
import java.util.Set;

public class Order {
    private int id;
    private String orderNo;                    //订单编号
    private double amount;                     //订单金额

    private Object[] myArray;
    private List<?> myList;
    private Set<?> mySet;
    private Map<?, ?> myMap;
    private Properties myProp;

    ...省略 getter/setter 方法
}
```

上述代码中定义了数组、List、Map、Set 和 Properties 类型的属性，修改配置文件，为这些

属性注入值,代码如下:

【代码 8-16】 配置集合属性

```
<bean id = "order" class = "com.qst.chapter08.config.Order">
    <constructor-arg name = "id" value = "100" />
    <constructor-arg name = "orderNo">
        <value>ABCDEF</value>
    </constructor-arg>
    <property name = "amount">
        <value>5678.123</value>
    </property>

    <property name = "myArray">
        <array>
            <value>1234</value>
            <ref bean = "orderItem1" />
        </array>
    </property>

    <property name = "myList">
        <list>
            <value>1234</value>
            <ref bean = "orderItem1" />
        </list>
    </property>

    <property name = "mySet">
        <set>
            <value>1234</value>
            <ref bean = "orderItem1" />
        </set>
    </property>

    <property name = "myMap">
        <map>
            <entry key = "1" value = "1234" />
            <entry key = "2" value-ref = "orderItem1" />
        </map>
    </property>

    <property name = "myProp">
        <props>
            <prop key = "aaa">AAA</prop>
            <prop key = "bbb">BBBBB</prop>
        </props>
    </property>
</bean>
```

在上述配置文件中,使用<array>、<list>、<set>、<map>和<props>元素为对应类型的属性注入了值,其中<array>、<list>、<set>、<map>元素都配置了两个值:一个是字面值,一个是引用其他 Bean。

8.3.5 Bean 之间的关系

Spring 允许在配置 Bean 时为 Bean 指定继承和依赖两种关系。

1. 继承

IoC 容器管理的多个 Bean 可能具有相同的待注入属性，并且注入值也相同，此时如果针对每个 Bean 都重复编写注入信息则太过繁琐。为此，Spring 提供了配置信息的继承机制，可以通过为<bean>元素指定 parent 值重用已有的<bean>元素的配置信息。

【示例】 继承

```
<bean id = "baseUser" class = "com.qst.chapter08.config.BaseUser">
    <property name = "id" value = "1" />
    <property name = "userName" value = "Mike" />
    <property name = "password" value = "123456" />
</bean>
<bean id = "user2" parent = "baseUser">
    <property name = "id" value = "2" />
</bean>
<bean id = "user3" parent = "baseUser">
    <property name = "id" value = "3" />
</bean>
```

在上述配置文件中，首先声明了 id 为 baseUser 的 Bean，并注入了 id、userName、password 三个属性；然后在声明 user2 和 user3 两个 Bean 时，都指定了 parent 属性值为 baseUser，从而继承了 baseUser 这个 Bean 中已配置的 id、userName、password 属性值，此时只需再重新注入需要覆盖的 id 属性值即可。

需要注意的是，这里的继承是指配置信息的重用，与面向对象中的继承毫无关系。另外，Spring 并没有要求配置信息存在继承关系的两个 Bean 是同一类型的，只要具有相关属性即可。

2. 依赖

Spring 通过 Bean 之间的引用 ref 建立了所有 Bean 之间的完整依赖关系，当实例化一个 Bean 时，IoC 容器能够保证该 Bean 所依赖的其他 Bean 已经初始化完毕。但是还有一种特殊情况，有时可能要求 Bean A 的初始化必须在 Bean B 的初始化之后，而 B 并不是 A 的属性，因此无法通过向 A 注入 B 来保证首先完成 B 的创建，为此，Spring 为<Bean>元素提供了 depends-on 属性来指定前置依赖的 Bean。

【示例】 依赖

```
<bean id = "userDao" class = "com.abc.dao.UserDao"/>
<bean id = "userService" class = "comabc.service.UserService"
        depends - on = "userDao">
</bean>
```

在上述代码中，id 为 userService 的 Bean 声明了 depends-on 属性为 userDao，因此，Spring 在构造 userService 之前会首先构造 id 为 userDao 的 Bean。

8.3.6 Bean 作用域

在配置文件中定义一个 Bean 时，用户除了能够配置 Bean 的属性值以及相互之间的依赖关系，还可以定义 Bean 的作用域。作用域将对 Bean 的生命周期和创建方式产生影响。

Spring 支持为 IoC 容器管理的 Bean 设定作用域，从而对 Bean 的生命周期和创建方式产生影响。Bean 的作用域通过<bean>元素的 scope 属性指定，Spring 支持五种 Bean 的作用域，如表 8-2 所示。

表 8-2 Bean 的作用域

作用域	描述
singleton	一个 Bean 定义对应唯一一个对象实例，Bean 以单实例的方式存在
prototype	一个 Bean 定义对应多个对象实例，每次调用 getBean()时，就创建一个新实例
request	在一次 HTTP 请求中，一个 Bean 定义对应一个实例，即每次 HTTP 请求都将会有各自的 Bean 实例，它们依据某个 Bean 定义创建而成。该作用域仅在基于 Web 的 Spring ApplicationContext 情形下有效
session	在一个 HTTP Session 中，一个 Bean 定义对应一个实例。该作用域仅在基于 Web 的 Spring ApplicationContext 情形下有效
global session	在一个全局的 HTTP Session 中，一个 Bean 定义对应一个实例。典型情况下，仅在使用 portlet context 的时候有效。该作用域仅在基于 Web 的 Spring ApplicationContext 情形下有效

表 8-2 中的 request、session 和 global session 作用域是针对 WebApplicationContext 上下文的，即只针对 Web 项目可用，而 singleton 和 prototype 两个作用域适用于所有类型的应用。除了表 8-2 中的五种 Bean 的作用域外，Spring 还允许用户自定义 Bean 的作用域，可通过 org. springframework. Beans. factory. config. Scope 接口定义新的作用域，然后通过 org. springframework. Beans. factory. config. CustomScopeConfigurer 的 BeanFactoryPostProcessor 接口注册自定义的 Bean 作用域。下面介绍最常用的两个作用域：singleton 和 prototype。

1. singleton 作用域

singleton 作用域用于提供单例的 Bean 对象，对于 singleton 作用域的 Bean，Spring IoC 容器只会创建一个该 Bean 的实例，这个唯一实例会被缓存起来，IoC 容器收到的所有针对该 Bean 的后续请求和引用都将直接返回缓存中的实例，而不会在创建新的实例。可通过如下格式来设置 Bean 的作用域为 singleton。

```
<bean id = "order" class = "com.qst.chapter08.config.Order" scope = "singleton">
```

实际上，Bean 的默认作用域就是 singleton，因此上例中可以不必指定 scope = "singleton"。

2. prototype 作用域

prototype 作用域用于向请求者每次都提供一个新实例。如果一个 Bean 被设置成 prototype 作用域，程序每次请求该 id 的 Bean，Spring 都会新建一个 Bean 实例。此时，Spring 容器仅仅使用 new 关键字创建 Bean 实例，一旦创建成功，容器就不再跟踪实例，也不会维护 Bean 实例的状态。由于频繁创建和销毁对象会造成很大开销，因此，除非必要，不要将 Bean 设置成 prototype 作用域。

通过下述示例来测试 Bean 的作用域。

```
<bean id = "order" class = "com.qst.chapter08.config.Order"  scope = "prototype">
```

可使用下列代码测试。

【示例】 测试 Bean 的作用域

```
public class BeanTest {
    public static void main(String[ ] args) {
        ApplicationContext ctx = new
            ClassPathXmlApplicationContext("bean.xml");
        Order o1 = (Order)ctx.getBean("order");
        Order o2 = (Order)ctx.getBean("order");
        System.out.println(o1 == o2);
    }
}
```

运行结果是 false，说明两个调用 getBean("order")返回的不是同一个对象。

8.3.7 自动装配

Spring IoC 容器可以自动装配相互协作 Bean 之间的关联关系。因此，可以自动让 Spring 通过检查 BeanFactory 中的内容，来指定 Bean 的协作者(其他被依赖的 Bean)。由于 autowire 可以针对单个 Bean 进行设置，因此可以让有些 Bean 使用 autowire，有些 Bean 不采用。autowire 的方便之处在于减少或者消除属性或构造器参数的设置，这样可以精简配置文件。在 xml 配置文件中，autowire 一共有五种类型，可以在元素中使用 autowire 属性指定。

- no：不使用自动装配。必须通过 ref 元素指定依赖，这是默认设置。由于显式指定协作者可以使配置更灵活、更清晰，因此对于较大的部署配置，推荐采用该设置。而且在某种程度上，它也是系统架构的一种文档形式。
- byName：根据属性名自动装配。此选项将检查容器并根据名字查找与属性完全一致的 Bean，并将其与属性自动装配。例如，在 Bean 定义中将 autowire 设置为 byName，而该 Bean 包含 master 属性(同时提供 setMaster()方法)，Spring 就会查找名为 master 的 Bean 定义，并用它来装配给 master 属性。
- byType：如果容器中存在一个与指定属性类型相同的 Bean，那么将与该属性自动装配。如果存在多个该类型的 Bean，那么将会抛出异常，并指出不能使用 byType 方式进行自动装配。若没有找到相匹配的 Bean，则什么事都不发生，属性也不会被设置。如果你不希望这样，那么可以通过设置 dependency-check＝"objects"让 Spring 抛出异常。
- constructor 与 byType 的方式类似：不同之处在于它应用于构造器参数。如果在容器中没有找到与构造器参数类型一致的 Bean，那么将会抛出异常。
- autodetect：通过 Bean 类的自省机制(introspection)来决定是使用 constructor 还是 byType 方式进行自动装配。如果发现默认的构造器，那么将使用 byType 方式。

通过下述示例来演示通过 byName 方式进行自动装配的方法，代码如下所示。

```
<bean id = "orderDate" class = "java.util.Date" />
<bean id = "order" class = "com.qst.chapter08.config.Order"
    autowire = "byName">
</bean>
```

其中，Order 类有一个名为 orderDate 的 Date 类型属性，因为＜bean＞中配置了 autowire＝

"byName",因此 orderDate 属性会被赋值成 id 为 orderDate 的 Bean 引用。

byType 方式则只根据类型与否匹配来决定是否注入依赖关系,假如 A 实例有 setB(B b)方法,而 Spring 配置文件中恰有一个类型 B 的 Bean 实例,则 Spring 会注入此实例。如果容器中没有一个类型为 B 的实例或有多于一个的 B 实例,则都将抛出异常。可以将上例改为 byType 自动装配方式,然后运行程序查看输出结果。

8.4 贯穿任务实现

8.4.1 实现任务 8-1

下述内容在"GIFT-EMS 礼记"系统中实现 Spring、Hibernate 和 Struts 2 三者的集成。由于在本书第 10 章中将会详细讲解如何集成三个框架,因此本章贯穿案例的实现需要在学习完第 10 章后再来完成。

1. 统一的泛型 DAO 父类

集成 Spring 和 Hibernate 后,所有的 DAO 都需要继承 HibernateDaoSupport 类,并且所有的数据库操作都通过 HibernateTemplate 对象完成,虽然 HibernateTemplate 已经对常用的数据库操作方法进行了封装,但在一些特殊情况下,例如需要分页处理时,使用还是比较繁琐。

实际上,使用 Hibernate 后,大部分数据库操作都是针对一个实体类的,因此,可以为所有 DAO 编写一个统一的带泛型的父类,这个父类继承 HibernateDaoSupport,并把常用数据库操作都抽取到这个父类中,这样,每个具体的 DAO 中只要针对特殊需求编写很少的代码即可。

DAO 父类 GenericHibernateDao 的代码比较长,下面只介绍其中几个重点内容。首先,GenericHibernateDao 中需要明确实体类型才可以进行数据库操作,并且很多数据库操作是需要主键的,因此也必须明确主键的类型,所以,GenericHibernateDao 类需要有两个泛型参数:实体类型和实体的主键类型,其类声明如下。

【任务 8-1】 GenericHibernateDao 类声明

```
public class GenericHibernateDao<T, ID extends Serializable>
        extends HibernateDaoSupport {
    …
}
```

具体的 DAO 类继承 GenericHibernateDao 时,需要向 GenericHibernateDao 类提供确定的泛型类型,为此,GenericHibernateDao 类的构造方法中需要解析出具体的实体类型信息,代码如下。

【任务 8-1】 GenericHibernateDao 构造方法

```
public GenericHibernateDao() {
    Class<?> c = getClass();
    Type t = c.getGenericSuperclass();
```

```
        if (!(t instanceof ParameterizedType)) {
            throw new IllegalArgumentException(c + " 没有指定具体的泛型类型");
        }
        this.entityClass = (Class<T>) ((ParameterizedType) t)
                .getActualTypeArguments()[0];
    }
```

上述代码完成后，即可在GenericHibernateDao类中调用HibernateTemplate的各种方法来完成数据库操作了，下面列出了几个典型的常用方法。

【任务8-1】 GenericHibernateDao中的常用方法

```
    /**
     * 将瞬时对象进行持久化并保存.
     */
    public void save(T entity) {
        if (entity == null) {
            throw new RuntimeException("保存的实体对象为null,请确认!");
        }
        getHibernateTemplate().save(entity);
    }

    /**
     * 更新实体对象,将托管状态的对象进行持久化.
     */
    public void update(T entity) {
        if (entity == null) {
            throw new RuntimeException("更新的实体对象为null,请确认!");
        }
        getHibernateTemplate().update(entity);
    }

    /**
     * 根据ID删除实体对象.在实际应用中并不进行实际的删除操作,而是进行更新操作.
     *
     * @param id
     *            实体对象的标识符
     */
    public void remove(ID id) {
        if (id == null) {
            throw new RuntimeException("id值不能为空,请检查!");
        }
        //先获取对象,保证该对象存在且处于持久化状态
        Object obj = this.getHibernateTemplate().get(entityClass, id);
        //把持久化状态的对象进行删除
        this.getHibernateTemplate().delete(obj);
    }

    /**
     * 通过ID取得实体对象.
     */
    public T findById(ID id) {
        //根据Id获取实例
        return (T) this.getHibernateTemplate().get(entityClass, id);
```

```
}

/**
 * 根据Criterion进行查询,并返回符合条件的记录列表.
 * <li>Criterion可以为单个条件,也可以为数组形式.</li>
 * @param criterion 动态参数
 * @return 符合条件的List泛型对象
 */
private List<T> findByCriteria(Criterion... criterion) {
    return getHibernateTemplate().execute(new HibernateCallback<List<T>>() {
        @Override
        public List<T> doInHibernate(Session session)
                throws HibernateException {
            //根据传入的类型,获取Criteria对象
            Criteria criteria = session.createCriteria(getEntityClass());
            //添加传入的criterion条件
            if (criterion != null) {
                for (Criterion c : criterion) {
                    criteria.add(c);
                }
            }
            //设置查询缓存和区域
            prepareCriteria(criteria);
            //返回符合条件的记录列表
            return criteria.list();
        }
    });
}
/**
 * 根据HQL构造动态查询.
 *
 * @param hql 语句
 * @param params 动态参数,可有项目或多项目,代替hql中的"?"号
 * @return 符合条件的List泛型对象
 */
public List<T> findByHql(final String hql, final Object... params) {
    if (StringUtils.isEmpty(hql)) {
        throw new RuntimeException("Hql为空,请确认!");
    }
    //利用回调结果返回list结果集
    List list = this.getHibernateTemplate().execute(
            new HibernateCallback<List<T>>() {
                public List<T> doInHibernate(Session session)
                        throws HibernateException {
                    //根据session对象和hql获取Query对象
                    Query query = session.createQuery(hql);
                    //设置占位参数,从0开始
                    for (int i = 0; i < params.length; i++) {
                        query.setParameter(i, params[i]);
                    }
                    List list = query.list();
                    //返回列表
                    return list;
```

```
                }
            });
        return list;
    }


    /**
     * 根据 HQL 更新对象.
     * @param hql 语句
     * @param params 动态参数,可有项目或多项目,代替 hql 中的"?"号.
     */
    public void updateByHql(final String hql, final Object... params) {
        this.getHibernateTemplate().execute(new HibernateCallback() {
            //执行
            public Object doInHibernate(Session session)
                    throws HibernateException {
                Query query = session.createQuery(hql);
                for (int i = 0; i < params.length; i++) {
                    query.setParameter(i, params[i]);
                }
                query.executeUpdate();
                return null;
            }
        });
    }
    /**
     * 根据 HQL 进行动态分页查询.
     * @param pageNo 页码
     * @param pageSize 记录数量
     * @param hql 语句
     * @param params 动态参数,可有项目或多项目,代替 hql 中的"?"号
     * @return 符合条件的 Pagination 分页对象
     */
    public Pagination<T> findByPage(final int pageNo, final int pageSize,
            final String hql, final Object... params) {
        if (StringUtils.isEmpty(hql)) {
            throw new RuntimeException("Hql 为空,请确认!");
        }

        if (params == null) {
            throw new RuntimeException("params 为 null,请确认!");
        }
        //获取总记录数
        int totalRowsNum = findTotalRowsNum(hql, params);
        //创建 Pagination 类型的对象
        final Pagination<T> pagination = new Pagination<T>();
        //设置查询页码
        pagination.setPageNumber(pageNo);
        //设置最大页数
        pagination.setPageSize(pageSize);
        //设置最大页数
        pagination.setMaxElements(totalRowsNum);
        //利用回调结果返回结果集
        List<T> list = this.getHibernateTemplate().execute(
```

```
            new HibernateCallback < List < T >>() {
                public List < T > doInHibernate(Session session)
                        throws HibernateException {
                    //根据 session 和 Hql 获取 Query 对象
                    Query query = session.createQuery(hql);
                    //设置站位参数,从 0 开始
                    for (int i = 0; i < params.length; i++) {
                        query.setParameter(i, params[i]);
                    }
                    //设置页码
                    int begin = (pagination.getPageNumber() - 1) * pageSize;
                    if (begin >= 0)
                        query.setFirstResult(begin);
                    //设置最大记录数
                    if (pageSize > 0)
                        query.setMaxResults(pageSize);
                    //返回结果集
                    return query.list();
                }
            });
    //把结果集封装在 Pagination 对象中
    pagination.getList().addAll(list);
    //返回 Pagination 对象
    return pagination;
}

/**
 * 根据 HQL 查询符合条件的记录总数
 * @param hql 查询的 HQL 语句
 * @param params 动态参数,可有项目或多项目,代替 hql 中的"?"号
 * @return 符合条件的记录总数
 */
public int findTotalRowsNum(final String hql, final Object... params) {
    //返回结果
    int result = 0;
    //封装 sql
    final StringBuffer buffer = new StringBuffer();
    buffer.append("select count( * ) ");
    //取得第一个 from
    String tmphql = hql.substring(hql.indexOf("from "));
    //去掉 order by
    int orderByIndex = tmphql.lastIndexOf("order by");
    if (orderByIndex > 0)
        tmphql = tmphql.substring(0, orderByIndex);
    //加到 buffer 中
    buffer.append(tmphql);
    List < T > list = this.getHibernateTemplate().execute(
            new HibernateCallback < List < T >>() {
                //创建回调接口
                public List < T > doInHibernate(Session session)
                        throws HibernateException {
                    //根据传入的 HQL 语句,获取 Query 对象
                    Query query = session.createQuery(buffer.toString());
                    //设置占位参数,从 0 开始
```

```
                    for (int i = 0; i < params.length; i++) {
                        query.setParameter(i, params[i]);
                    }
                    //返回结果集
                    return query.list();
                }
            });

        if (list == null || list.isEmpty()) {
            //如果结果集为空或 null,返回 0
            if (logger.isDebugEnabled()) {
                logger.debug("GenericHibernateDao - findTotalRowsNum(hql) -- out");
            }
            return result;
        }
        result = NumberUtils.toInt(list.get(0).toString(), 0);
        //默认返回
        return result;
    }
```

注意

由于泛型 DAO 中的方法注释较为详细,故此处不再详述。

2. DAO 层

将项目中所有的 DAO 都改为继承 GenericHibernateDao,例如,UserDao 和 GiftDao 的代码需修改如下:

【任务 8-1】 UserDao.java

```
package com.qst.giftems.user.daos;
import java.util.List;
import com.qst.core.dao.GenericHibernateDao;
import com.qst.giftems.user.pojos.User;
public class UserDao extends GenericHibernateDao<User, Integer> {
    /**
     * 根据姓名或电话进行查询
     *
     * @param name
     * @return
     */
    public User findUserByNameMobile(String name) {
        List<User> list = findByHql(
                "from User u where u.userName = ? or u.mobile = ?", name, name);
        if (list != null && list.size() > 0)
            return list.get(0);
        return null;
    }

    /**
     * 根据用户名查找
```

```
     *
     * @param userName
     * @return
     */
    public User findUserByUserName(String userName) {
        List<User> list = findByHql("from User u where u.userName = ?",
                userName);
        if (list != null && list.size() > 0)
            return list.get(0);
        return null;
    }
  …省略部分代码
}
```

【任务 8-1】 **GiftDao.java**

```
package com.qst.giftems.gift.daos;
import java.util.List;
import com.qst.core.dao.GenericHibernateDao;
import com.qst.giftems.gift.pojos.Gift;
public class GiftDao extends GenericHibernateDao<Gift, Integer> {
    /**
     * 根据 typeId 查询礼品
     *
     * @param typeId
     * @return
     */
    public List<Gift> findList(Integer typeId) {
        String hql = "from Gift g";
        if (typeId != -1) {
            hql = hql + " where g.typeId = " + typeId;
        }
        return findByHql(hql);
    }
    …省略部分代码
}
```

注意

对于其他 DAO 层代码需要做类似修改,此处不再一一展示。

3. Service 层

Service 层中,原来是通过 new 操作符直接构造的 DAO 实例,使用 Spring 后,应改为依赖注入的方式,Service 代码中用到的所有 DAO 对象都不在构造实例,而是添加对应的 getter/setter 方法,通过 Spring 依赖注入方式注入 Service 中。以 UserService 和 GiftService 为例,代码修改如下。

【任务 8-1】 **UserService.java**

```
package com.qst.giftems.user.service;
import com.qst.giftems.user.daos.UserDao;
import com.qst.giftems.user.pojos.User;
```

```
public class UserService {
    private UserDao userDao;
    /**
     * 根据用户名或手机号查询用户对象
     * @param name
     * @return
     */
    public User findUserByNameOrMobile(String name) {
        String hql = "from User u where u.userName = ? or u.mobile = ?";
        Object[] params = {name,name};
        List<User> userList = userDao.findByHql(hql, params);
        if(userList!= null && userList.size()> 0){
            return userList.get(0);
        }
        return null;
    }
    /**
     * 根据用户名查找用户对象
     * @param userName
     * @return
     */
    public User findUserByUserName(String userName) {
        String hql = "from User u where u.userName = ?";
        List<User> userList = userDao.findByHql(hql, userName);
        if(userList!= null && userList.size()> 0){
            return userList.get(0);
        }
        return null;
    }
    /**
     * 注册用户
     */
    public void doRegister(User user) {
        userDao.save(user);
    }
    …省略代码
}
```

【任务 8-1】 GiftService.java

```
package com.qst.giftems.gift.service;
import java.util.List;
import com.qst.core.web.taglib.Pagination;
import com.qst.giftems.gift.daos.GiftDao;
import com.qst.giftems.gift.pojos.Gift;
/**
 *
 * 礼品 Service
 *
 */
public class GiftService {
    private GiftDao giftDao;

    /***
     * 根据类型 Id 查询对应的礼品列表
```

```
     *
     * @param typeId
     * @return
     */
    public List<Gift> findList(Integer typeId) {
        return giftDao.findList(typeId);
    }

    /**
     * 分页查询礼品
     *
     * @param pageNo
     *            当前页码
     * @param pageSize
     *            每页数据大小
     * @param hql
     *            HQL
     * @param params
     *            条件参数
     * @return
     */
    public Pagination<Gift> findByPage(int pageNo, int pageSize, String hql,
            List<Object> params) {
        return giftDao.findByPage(pageNo, pageSize, hql, params.toArray());
    }
    /**
     * 根据 Id 查询礼品详情
     *
     * @param id
     * @return
     */
    public Gift findById(Integer id) {
        return giftDao.findById(id);
    }
  …省略代码
}
```

注意

其他 Service 层代码需要做类似修改，此处不再一一展示。

4. Action 层

和 Service 层类似，Action 层中，原来也是通过 new 操作符直接构造的 Service 实例，使用 Spring 后，应改为依赖注入的方式，Action 代码中添加各个 Service 对应的 getter/setter 方法，通过 Spring 依赖注入方式注入 Action 中。

注意

由于 Action 层之前调用的是 Service 层的实例，因此只要业务逻辑不变，Action 层就没有变化，这也体现了多层架构的优势，即 DAO 层改变后对 Action 层没有任何影响。

5. web.xml 配置文件

web.xml 中需要添加 Spring 框架的上下文加载监听器和针对 Hibernate 的 OpenSessionInViewFilter，配置如下。

【任务 8-1】 web.xml

```
<?xml version="1.0" encoding="UTF-8"?>
<web-app xmlns:xsi="http://www.w3.org/2001/XMLSchema-instance"
    xmlns="http://java.sun.com/xml/ns/javaee"
    xsi:schemaLocation=
        "http://java.sun.com/xml/ns/javaee
        http://java.sun.com/xml/ns/javaee/web-app_2_5.xsd"
    id="WebApp_ID" version="2.5">
    <display-name>GIFT-EMS 礼记</display-name>
    <listener>
        <listener-class>
            org.springframework.web.context.ContextLoaderListener
        </listener-class>
    </listener>
    <!-- 验证码 -->
    <servlet>
        <display-name>ValidateCode</display-name>
        <servlet-name>ValidateCodeServlet</servlet-name>
        <servlet-class>
            com.qst.core.web.servlet.ImageCodeServlet
        </servlet-class>
    </servlet>
    <servlet-mapping>
        <servlet-name>ValidateCodeServlet</servlet-name>
        <url-pattern>/imgcode</url-pattern>
    </servlet-mapping>
    <!-- 配置 OpenSessionInViewFilter -->
    <filter>
        <filter-name>OpenSessionInViewFilter</filter-name>
        <filter-class>
           org.springframework.orm.hibernate4.support.OpenSessionInViewFilter
        </filter-class>
    </filter>
    <filter-mapping>
        <filter-name>OpenSessionInViewFilter</filter-name>
        <url-pattern>*.action</url-pattern>
    </filter-mapping>
    <!-- Struts 2 -->
    <filter>
        <filter-name>struts2</filter-name>
        <filter-class>
        org.apache.struts2.dispatcher.ng.filter.StrutsPrepareAndExecuteFilter
        </filter-class>
    </filter>
    <filter-mapping>
        <filter-name>struts2</filter-name>
        <url-pattern>/*</url-pattern>
```

```
        <dispatcher>REQUEST</dispatcher>
        <!-- 用于内部转发 index.jsp 到 g.action -->
        <dispatcher>FORWARD</dispatcher>
    </filter-mapping>
    <welcome-file-list>
        <welcome-file>index.jsp</welcome-file>
    </welcome-file-list>
</web-app>
```

项目中 Spring 的配置文件是/WEB-INF/applicationContext.xml，采用了框架的默认路径和文件名称，因此 web.xml 中无须配置其路径。

6. Spring 配置文件中配置数据源、HibernateSessionFactory

修改 Spring 配置文件 applicationContext.xml，将原来在 Hibernate 配置文件 hibernate.cfg.xml 中配置的数据源信息转移到 Spring 配置文件中，并删除 Hibernate 配置文件，然后添加 HibernateSessionFactory 配置，代码如下。

【任务 8-1】 applicationContext.xml

```
<?xml version="1.0" encoding="UTF-8"?>
<beans xmlns="http://www.springframework.org/schema/beans"
    xmlns:xsi="http://www.w3.org/2001/XMLSchema-instance"
    xmlns:aop="http://www.springframework.org/schema/aop"
    xmlns:tx="http://www.springframework.org/schema/tx"
    xmlns:context="http://www.springframework.org/schema/context"
    xmlns:task="http://www.springframework.org/schema/task"
    …省略部分代码
    <!-- 配置数据源 -->
        <bean id="dataSource" class="com.mchange.v2.c3p0.ComboPooledDataSource"
        destroy-method="close">
        <!-- 驱动配置 -->
        <property name="driverClass" value="org.gjt.mm.mysql.Driver" />
        <!-- url 配置 -->
        <property name="jdbcUrl"
value="jdbc:mysql://localhost:3306/gift_ems?useUnicode=true&amp;characterEncoding=UTF-8" />
        <!-- 用户名配置 -->
        <property name="user" value="root" />
        <!-- 密码配置 -->
        <property name="password" value="123456" />
        <!-- 当连接池中的连接耗尽的时候 c3p0 一次同时获取的连接数.Default: 3 -->
        <property name="acquireIncrement" value="1" />
        <!-- 连接池中初始大小 Default: 3 -->
        <property name="initialPoolSize" value="2" />
        <!-- 连接池中最小值 Default: 3 -->
        <property name="minPoolSize" value="2" />
        <!-- 连接池中最大连接数 20 -->
        <property name="maxPoolSize" value="20" />
        <!-- 最大空闲时间,60 秒内未使用则连接被丢弃.若为 0 则永不丢弃.Default: 0 -->
        <property name="maxIdleTime" value="60" />
        <!-- 每 60 秒检查所有连接池中的空闲连接.Default: 0 -->
        <property name="idleConnectionTestPeriod" value="900" />
        <property name="maxStatements" value="100" />
        <!-- 定义在从数据库获取新连接失败后重复尝试的次数.Default: 30 -->
```

```
        <property name="acquireRetryAttempts" value="30" />
        <!-- c3p0是异步的,JDBC操作通常是被不持有锁的 helper 线程执行的,允许多线程操作能
够改进性能 -->
        <property name="numHelperThreads" value="10" />
    </bean>
    <!-- 配置 SessionFactory -->
    <bean id="sessionFactory"
        class="org.springframework.orm.hibernate4.LocalSessionFactoryBean">
        <property name="dataSource" ref="dataSource" />
        <property name="hibernateProperties">
            <props>
                <prop key="hibernate.dialect">
                    org.hibernate.dialect.MySQLDialect
                </prop>
                <prop key="hibernate.show_sql">
                    true
                </prop>
            </props>
        </property>
        <property name="mappingResources">
            <list>
                <value>com/qst/giftems/user/pojos/User.hbm.xml</value>
                <value>com/qst/giftems/user/pojos/UserAddress.hbm.xml</value>
                <value>com/qst/giftems/area/pojos/Province.hbm.xml</value>
                <value>com/qst/giftems/user/pojos/ShoppingCart.hbm.xml</value>
                <value>com/qst/giftems/gift/pojos/Gift.hbm.xml</value>
                <value>com/qst/giftems/gift/pojos/GiftType.hbm.xml</value>
                <value>com/qst/giftems/gift/pojos/GiftStyle.hbm.xml</value>
            </list>
        </property>
    </bean>
</beans>
```

7. Spring 配置文件中配置 DAO、Service、Action 的 Bean

修改 Spring 配置文件 applicationContext.xml,为 DAO、Service、Action 层的类添加 Bean 配置,并声明依赖注入,代码如下。

【任务 8-1】 applicationContext.xml 中添加 Bean 配置

```
...省略其他配置
    <!-- Dao 配置 -->
    <bean id="areaDao" class="com.qst.giftems.area.daos.AreaDao">
        <property name="sessionFactory" ref="sessionFactory" />
    </bean>
    <bean id="cityDao" class="com.qst.giftems.area.daos.CityDao">
        <property name="sessionFactory" ref="sessionFactory" />
    </bean>
    <bean id="provinceDao" class="com.qst.giftems.area.daos.ProvinceDao">
        <property name="sessionFactory" ref="sessionFactory" />
    </bean>
    <bean id="giftDao" class="com.qst.giftems.gift.daos.GiftDao">
        <property name="sessionFactory" ref="sessionFactory" />
    </bean>
```

```
<Bean id="giftTypeDao" class="com.qst.giftems.gift.daos.GiftTypeDao">
    <property name="sessionFactory" ref="sessionFactory" />
</bean>
…省略部分代码

<!-- Service配置 -->
<bean id="provinceService"
        class="com.qst.giftems.area.service.ProvinceService">
    <property name="provinceDao" ref="provinceDao" />
    <property name="cityDao" ref="cityDao" />
    <property name="areaDao" ref="areaDao" />
</bean>
<bean id="giftService"
      class="com.qst.giftems.gift.service.GiftService">
    <property name="giftDao" ref="giftDao" />
</bean>
<bean id="giftTypeService"
        class="com.qst.giftems.gift.service.GiftTypeService">
    <property name="giftTypeDao" ref="giftTypeDao" />
</bean>
  …省略部分代码
<!-- Action配置 -->
<bean id="provinceAction" scope="prototype"
      class="com.qst.giftems.area.action.ProvinceAction">
    <property name="provinceService" ref="provinceService" />
</bean>
<bean id="giftAction" scope="prototype"
      class="com.qst.giftems.gift.action.GiftAction">
    <property name="giftService" ref="giftService" />
    <property name="giftTypeService" ref="giftTypeService" />
</bean>
<bean id="loginAction" scope="prototype"
      class="com.qst.giftems.login.LoginAction">
    <property name="userService" ref="userService" />
</bean>
<bean id="shoppingCartAction" scope="prototype"
      class="com.qst.giftems.user.action.ShoppingCartAction">
    <property name="giftService" ref="giftService" />
    <property name="cartService" ref="shoppingCartService" />
</bean>
<bean id="userAddressAction" scope="prototype"
      class="com.qst.giftems.user.action.UserAddressAction">
    <property name="provinceService" ref="provinceService" />
    <property name="userAddressService" ref="userAddressService" />
</bean>
…省略其他配置
```

8. Spring 配置文件中配置事务管理

修改 Spring 配置文件 applicationContext.xml，添加声明式事务管理，代码如下。

【任务 8-1】 applicationContext.xml 中添加事务管理

```
…省略其他配置
<!-- Hibernate的事务管理器 -->
```

```
<bean id="txManager"
class="org.springframework.orm.hibernate4.HibernateTransactionManager">
    <property name="sessionFactory" ref="sessionFactory" />
</bean>
<!-- 事务增强 -->
<tx:advice id="txAdvice" transaction-manager="txManager">
    <!-- 配置详细的事务定义 -->
    <tx:attributes>
        <!-- 所有以 find 开头的方法时 read-only 的 -->
        <tx:method name="find*" read-only="true" />
        <!-- 其他方法使用默认的事务设置 -->
        <tx:method name="*" />
    </tx:attributes>
</tx:advice>

<!-- 事务切面 -->
<aop:config>
    <!--该切入点匹配 com 的子孙包中的 service 包中的以 Service 结尾的类中所有的方法 -->
    <aop:pointcut expression="execution(* com..service.*Service.*(..))"
        id="txMethods" />
    <!-- 指定在 allMethods 切入点应用 txAdvice 切面 -->
    <aop:advisor advice-ref="txAdvice" pointcut-ref="txMethods" /></aop:config>
…省略其他配置
```

9. Struts 2 配置文件

修改 Struts 2 配置文件,action 的 class 属性都改为对应于 Spring 配置文件中的 Bean 的 id,代码如下。

【任务 8-1】 struts.xml

```
<?xml version="1.0" encoding="UTF-8"?>
<!DOCTYPE struts PUBLIC
    "-//Apache Software Foundation//DTD Struts Configuration 2.3//EN"
    "http://struts.apache.org/dtds/struts-2.3.dtd">
<struts>
    <!-- 默认包结构 -->
    …省略代码
    <!-- 用户中心 -->
    <package name="user" extends="qrsx-default" namespace="/user">
        <!-- 登录 Action -->
        <action name="l" class="loginAction">
            <!-- 用户登录成功后跳转 -->
            <result name="main">/jsp/main.jsp</result>
            <!-- 用户登录界面 -->
            <result name="toLogin">/jsp/login/login.jsp</result>
            <!-- 用户注册界面 -->
            <result name="toRegister">/jsp/login/register.jsp</result>
            <!-- 用户注册成功跳转 -->
            <result name="regSuccess">/jsp/login/register_suc.jsp</result>
        </action>
        <!-- 省市区数据 -->
        <action name="province" class="provinceAction">
            <result name="citySelect">
```

```
            /jsp/member/ajax/city_select.jsp
        </result>
        <result name="areaSelect">
            /jsp/member/ajax/area_select.jsp
        </result>
    </action>
    <!-- 购物车 -->
    <action name="cart" class="shoppingCartAction">
     <result name="list">/jsp/gift/cart.jsp</result>
    </action>
    <!-- 收货地址管理 -->
    <action name="addr" class="userAddressAction">
        <result name="list">/jsp/member/address_list.jsp</result>
        <result name="user_address">/jsp/ajax/user_address.jsp</result>
    </action>
</package>
…省略其他 Action 的配置
</struts>
```

10. 集成完毕

Spring、Struts 2、Hibernate 三个框架集成完毕后，运行项目，结果与第 7 章项目完全相同，此处不再演示。

8.4.2 实现任务 8-2

下述内容实现"GIFT-EMS 礼记"系统的"Hibernate 二级缓存"的配置，优化"省市区"的查询性能。

缓存是进行应用系统性能优化的一种重要手段，合理使用缓存可以极大地提高应用系统的运行效率。在持久层框架中也会通过缓存技术提高持久层的运行效率，这是因为应用程序访问数据库时，读写数据的代价非常高，而利用持久层的缓存可以减少应用程序与数据库之间的交互，即把访问过的数据保存到缓存中，当应用程序再次访问已经访问过的数据时，这些数据可以从缓存中获取，而不必再次访问数据库。此外，如果数据库中的数据被修改或删除，那么该数据所对应的缓存数据也会被同步修改或删除，进而保持缓存数据的一致性。

Hibernate 中的缓存分为一级缓存和二级缓存。Hibernate 的一级缓存是内置缓存，无法通过配置来取消该缓存。Hibernate 一级缓存通过 Session 对象实现缓存，也称为"Session 缓存"。一级缓存是事务级别的缓存，事务结束后缓存中的所有数据失效。使用一级缓存可以在一个事务中减少查询数据表的操作。

Hibernate 二级缓存由 SessionFactory 对象管理，是应用级别的缓存。它可以缓存整个应用的持久化对象，所以又称为"SessionFactory 缓存"。

使用 Hibernate 二级缓存后，进行数据查询时，Session 对象首先会在一级缓存中查找有无缓存数据被命中。如果没有，则查找二级缓存，如果数据在二级缓存中存在，则直接返回所命中的数据；否则查询数据库。

Hibernate 框架本身没有提供产品级别的二级缓存，而是利用第三方成熟的缓存组件实现。为了集成不同的第三方缓存组件，Hibernate 提供了 org.hibernate.cache.CacheProvider 接口用来作为缓存组件与 Hibernate 之间的适配器。在实际开发中常用的 Hibernate 二级缓存组件如表 8-3 所示。

表 8-3　Hibernate 二级缓存组件

名　称	对应的适配器类
EHCache	org. hibernate. cache. EhCacheProvider
OSCache	org. hibernate. cache. OSCacheProvider
SwarmCache	org. hibernate. cache. SwarmCacheProvider
JBossCache2	org. hibernate. cache. jbc2. JBossCacheRegionFactory

其中：

- EHCache——是一个容易上手且轻量级的缓存组件，它使用内存或硬盘保存缓存数据，不支持分布式缓存。
- OSCache——功能强大，不仅支持对持久层数据的缓存，还可以缓存表现层的动态网页，例如 JSP，它使用内存或硬盘保存缓存中的数据。
- SwarmCache——是一个支持集群缓存的缓存组件，使用 JavaGroups 实现分布式缓存的同步，特别适合缓存读取频繁但更新不频繁的持久化对象。
- JBoss Cache——是 JBoss 组织推出的缓存组件，支持分布式缓存。

由于二级缓存中的缓存数据也存在并发访问控制的问题，因此需要设置适当的缓存策略。二级缓存的缓存策略有以下几种：

(1) 只读策略(read-only)。

如果应用程序的持久化对象只需要读取而不需要进行修改，可以使用 read-only 缓存。这是最简单，也是实用性最好的策略。对于从来不会修改的数据，如权限数据，可以使用这种并发访问策略。

(2) 读/写(read-write)。

如果应用程序需要更新数据，read-write 缓存比较合适。如果需要序列化事务隔离级别，那么就不能使用这种缓存策略。对于经常被读但很少修改的数据，可以采用这种隔离类型，因为它可以防止脏读的并发问题。

(3) 不严格的读/写缓存(nonstrict-read-write)。

不严格的读/写缓存策略适合读取频繁但极少更新的 Hibernate 应用，它不保证两个事务并发修改同一个缓存数据的一致性，在性能上要比读/写缓存效率高。

(4) 事务缓存(transactional)。

事务缓存策略提供对缓存数据的全面的事务支持，只能用于 JTA 环境中。

各种缓存组件对缓存策略的支持如表 8-4 所示。

表 8-4　各种缓存组件对缓存策略的支持

名　称	read-only	read-write	nonstrict-read-write	transactional
EHCache	•	•	•	
OSCache	•	•	•	
SwarmCache	•		•	
JbossCache	•			•

下面以 EHCache 为例，讲解二级缓存的配置和使用，其中缓存的类分别是 Province、City 和 Area 类。

1. 实现步骤

(1) giftems-chapter07 项目的 lib 包下有 ehcache-core-2.4.3.jar 和 hibernate-ehcache-4.3.8.Final.jar 两个 jar 包，这两个包是实现二级缓存的核心包，位于 hibernate-release-4.3.8.Final\lib\optional\ehcache 目录下。此外还需要 slf4j-api-1.7.5.jar、slf4j-log4j12-1.7.5.jar 和 log4j-1.2.17.jar 三个 jar 文件，这三个 jar 包已经在 WebContent/WEB-INF/lib 文件夹中，不必再次复制。

(2) 在 applicationContext.xml 文件的 SessionFactory 配置部分加入 EhCache 缓存插件的提供类和启用查询缓存。

【任务 8-2】 applicationContext.xml 中 EhCache 缓存配置

```
<property name = "hibernateProperties">
<props>
    <!-- 启用二级缓存和查询缓存 -->
    <prop key = "hibernate.cache.use_second_level_cache"> true </prop>
    <prop key = "hibernate.cache.use_query_cache"> true </prop>
    <!-- 二级缓存工厂类 -->
    <prop key = "hibernate.cache.region.factory_class">
      org.hibernate.cache.ehcache.EhCacheRegionFactory
      </prop>
</props>
</property>
```

(3) 将 ehcache.xml 文件复制到项目工程的 src 目录下，并分别配置 Province、City 和 Area 类的数据过期策略，核心代码如下所示。

【任务 8-2】 ehcache.xml

```
<?xml version = "1.0" encoding = "UTF - 8"?>
<ehcache xmlns:xsi = "http://www.w3.org/2001/XMLSchema - instance"
    xsi:noNamespaceSchemaLocation = "ehcache.xsd" updateCheck = "true"
    monitoring = "autodetect" dynamicConfig = "true">
    …代码省略
    <!-- 省级缓存 -->
    <cache name = "com..giftems.area.pojos.Province"
        maxElementsInMemory = "10000" maxElementsOnDisk = "1000" eternal = "true"
        overflowToDisk = "true" diskSpoolBufferSizeMB = "20" timeToIdleSeconds = "0"
        timeToLiveSeconds = "0" memoryStoreEvictionPolicy = "LFU" />
    <!-- 市级缓存 -->
    <cache name = "com..giftems.area.pojos.City"
        maxElementsInMemory = "10000" maxElementsOnDisk = "1000" eternal = "true"
        overflowToDisk = "true" diskSpoolBufferSizeMB = "20" timeToIdleSeconds = "0"
        timeToLiveSeconds = "0" memoryStoreEvictionPolicy = "LFU" />
    <!-- 区级缓存 -->
    <cache name = "com..giftems.area.pojos.Area"
        maxElementsInMemory = "10000" maxElementsOnDisk = "1000" eternal = "true"
        overflowToDisk = "true" diskSpoolBufferSizeMB = "20" timeToIdleSeconds = "0"
        timeToLiveSeconds = "0" memoryStoreEvictionPolicy = "LFU" />
</ehcache>
```

上述黑体代码标示是省、市、区对象缓存时的名称，也可以起其他的名字进行标示。

(4) 修改 Hibernate 映射文件。

Hibernate 允许在类和集合的粒度上设置第二级缓存。在映射文件中，<class>和<set>元素都有一个<cache>子元素，该子元素用来配置二级缓存。为了映射方便，Province、City 和 Area 三个类的映射文件都位于 Province. hbm. xml 文件中，核心代码如下所示。

【任务 8-2】 Province. hbm. xml

```
<?xml version = "1.0"?>
<!DOCTYPE hibernate - mapping PUBLIC
    " - //Hibernate/Hibernate Mapping DTD 3.0//EN"
    "http://hibernate.sourceforge.net/hibernate - mapping - 3.0.dtd">
< hibernate - mapping package = "com..giftems.area.pojos">
    <! -- 省 -->
    < class name = "Province" table = "t_province">
     < cache usage = "read - only" region = "com..giftems.area.pojos.Province" />
        < id name = "id" column = "id">
            < generator class = "native" />
        </id>
        <! -- 省名称 -->
        < property name = "name" column = "name" type = "string"/>
        <! -- 关联城市集合 -->
        < set name = "cities" fetch = "join" lazy = "false" inverse = "true" order - by = "id">
            < cache usage = "read - only"
                region = "com..giftems.area.pojos.City" />
            < key column = "province_id"/>
            < one - to - many class = "City" />
        </set>
    </class>
    <! -- 市 -->
    < class name = "City" table = "t_city">
    < cache usage = "read - only" region = "com..giftems.area.pojos.City" />
        < id name = "id" column = "id">
            < generator class = "native" />
        </id>
        <! -- 城市名称 -->
        < property name = "name" column = "name" type = "string"/>
        <! -- 邮编 -->
        < property name = "zipCode" column = "zip_code" type = "string"/>
        <! -- 关联地区集合 -->
        < set name = "areas" fetch = "join" lazy = "false" inverse = "true" order - by = "id">
            < cache usage = "read - only"
                region = "com..giftems.area.pojos.Area" />
            < key column = "city_id"/>
            < one - to - many class = "Area" />
        </set>
    </class>
    <! -- 地区 -->
    < class name = "Area" table = "t_area">
     < cache usage = "read - only" region = "com..giftems.area.pojos.Area" />
```

```
        <id name = "id" column = "id">
            <generator class = "native" />
        </id>
        <!-- 地区名称 -->
        <property name = "name" column = "name" type = "string"/>
    </class>
</hibernate-mapping>
```

在上述代码中，<cache>元素用于配置对象的缓存，必须紧跟在class元素后面，对缓存中的Province、City或Area对象采用读写型的并发访问策略。

(5) 系统启动时，默认加载所有Province对象。

在系统启动时需要默认把Province、City和Area等对象加载到二级缓存中，这时需要在ProvinceService配置时添加初始化方法，代码如下所示。

【任务8-2】 applicationContext.xml中配置ProvinceService

```
<bean id = "provinceService"
  class = "com.qst.giftems.area.service.ProvinceService" init-method = "initData">
```

上述代码利用init-method属性，当创建ProvinceService对象时，会调用该对象的initData()方法，其中initData()的代码如下所示。

【任务8-2】 ProvinceService的initData()方法

```
/** 初始化所有数据 **/
public void initData() {
    //级联加载所有省份
    String hql = "select distinct p from Province p left join fetch p.cities
           city left join fetch city.areas";
    provinceList = provinceDao.findByHql(hql);
    hql = "select distinct c from City c left join fetch c.areas";
    //加载所有城市
    cityDao.findByHql(hql);
}
```

上述代码中，HQL语句中的distinct用于去掉重复的Province或City对象。

注意

> 请读者分别运行项目giftems-chapter07和giftems-chapter08，当点击"省市区"下的列表时，观察控制台下的SQL打印情况，就会发现在项目giftems-chapter07中，每次单击下拉列表时，会打印相应的查询语句，而在giftems-chapter08下，每次单击下拉列表后，系统将不在控制台输出SQL，这就表明省市区的数据实际上不再是通过查询数据库获得而是从Hibernate二级缓存中加载。上述结论请读者进行验证。

2. ehcache.xml文件详解

配置ehcache.xml文件时，首先需要了解<cache>元素的核心属性，如表8-5所示。

表 8-5 <cache>元素核心属性

名　称	描　述
name	Cache 的唯一标识
maxElementsInMemory	内存中最大缓存对象数
maxElementsOnDisk	磁盘中最大缓存对象数，若是 0 表示无穷大
eternal	对象是否永久有效，一旦设置了，timeout 将不起作用
overflowToDisk	配置此属性，当内存中对象数量达到 maxElementsInMemory 时，Ehcache 将会把对象写到磁盘中
timeToIdleSeconds	设置对象在失效前的允许闲置时间。仅当对象不是永久有效时使用，可选属性，默认值是 0，也就是可闲置时间无穷大
timeToLiveSeconds	设置对象在失效前允许存活时间。最大时间介于创建时间和失效时间之间。仅当对象不是永久有效时使用，默认是 0，也就是对象存活时间无穷大
diskPersistent	是否缓存虚拟机重启期数据
diskExpiryThreadIntervalSeconds	磁盘失效线程运行时间间隔，默认是 120 秒
diskSpoolBufferSizeMB	这个参数设置 DiskStore（磁盘缓存）的缓存区大小。默认是 30MB。每个 Cache 都应该有自己的一个缓冲区
memoryStoreEvictionPolicy	当达到 maxElementsInMemory 限制时，Ehcache 将会根据指定的策略去清理内存。默认策略是 LRU（最近最少使用）。可以设置为 FIFO（先进先出）或是 LFU（较少使用）

表 8-5 详细介绍了<cache/>元素的核心属性含义。此外，在步骤（5）中所示的 ehcache. xml 文件中，<ehcache>元素是 ehcache. xml 文件的根元素；<diskStore>元素的 path 属性设置了保存 Question 对象数据的路径，当内存中缓存对象的数量超过设置的最大缓存对象数量时，系统会把缓存对象保存在该路径下；<defaultCache>标签设置了默认的缓存参数，每个需要缓存的持久化类一般都需要通过<cache>标签设置缓存参数配置，否则会使用<defaultCache>标签设置默认的缓存参数；<cache>标签为不同的缓存区域设置不同的缓存参数。

8.4.3 实现任务 8-3

下述内容实现“GIFT-EMS 礼记”系统的用户“生成订单”功能。

实现步骤如下：

（1）创建 OrderAction 类，并实现 checkOrder()方法用于实现“生成订单”前的校验。

（2）创建 check_order. jsp 界面，用于展示系统对订单生成前校验的结果界面。

（3）在 OrderAction 类中添加 save()方法，用于生成订单。

（4）创建 OrderService 类，用于实现“生成订单”的业务逻辑功能。

（5）分别创建 OrderDao 类，用于实现“生成订单”功能相关的数据库操作功能，例如生成订单功能。

（6）添加 success_order. jsp 页面，用于系统生成订单后的结果界面。

1. 创建 OrderAction 类

在 com. qst. giftems. order. action 包中创建 OrderAction 类，其中 checkOrder()方法用于

实现订单的校验。当在购物车中单击“现在结算”功能按钮时，系统会把当前购物车的内容提交到如下地址：

```
${ctx}/user/order.action?method=checkOrder
```

即向OrderAction的checkOrder()方法发出请求，其中checkOrder()方法核心代码如下所示。

【任务8-3】 OrderAction.java

```
public String checkOrder(){
        //如果没有礼品可买，直接返回
        if(giftId == null || giftId.length < 1){
            return "noneOrder";
        }
        User user = LoginManager.currentUser();
        List<GiftStyle> list = new ArrayList<GiftStyle>();
        //总价
        Double totalPrice = 0d;
        for (int index = 0; index < giftId.length; index++) {
            int _giftId = NumberUtils.toInt(giftId[index], 0);
            int _styleId = NumberUtils.toInt(styleId[index], 0);
            int _count = NumberUtils.toInt(count[index], 0);

            GiftStyle giftStyle = giftStyleService.findById(_styleId);
            if (giftStyle != null && giftStyle.getGiftId() == _giftId) {
                //设置购买数量
                giftStyle.setOrderCount(_count);
                list.add(giftStyle);
            }
            totalPrice += giftStyle.getDiscount() * _count;
        }
        //礼品列表
        ActionContextUtils.setAtrributeToRequest("list", list);
        ActionContextUtils.setAtrributeToRequest("user", user);
        //订单总金额
        ActionContextUtils.setAtrributeToRequest("totalPrice", totalPrice);
        //检查当前用户的默认收货地址
        defaultAddress = userAddressService.findDefault(user);
        provinceList = provinceService.getProvinceList();

        if(defaultAddress != null){
            userAddressId = defaultAddress.getId();
            provinceId = defaultAddress.getProvinceId();
            cityId = defaultAddress.getCityId();
            areaId = defaultAddress.getAreaId();
            Province p = provinceService.findProvinceById(defaultAddress.getProvinceId());
            City c = provinceService.findCityById(defaultAddress.getCityId());
            cityList = p.getCities();
            areaList = c.getAreas();
        } else{
            //默认地址
            cityList = provinceList.get(0).getCities();
            areaList = cityList.iterator().next().getAreas();
        }
        //加载该用户下所有的收货人
```

```
        userAddressList = userAddressService.findByPage(1, Globals.PAGE_SIZE, user).getList();
        return "checkOrder";
    }
```

上述代码处理的步骤解释如下：

(1) 首先判断浏览器端传递的 giftId 参数是否合法，如果不合法则转向 noOrder 对应的界面；

(2) 根据传递上来的礼品款式数组和每个款式对应的数量进行总价的计算，把总价的值放到 totalPrice 变量中；

(3) 查询当前的默认收货地址，如果无默认的收货地址，则数组第一个作为默认收货地址；

(4) 对 privinceList、cityList 和 areaList 进行相关赋值，用以实现界面上的"省市区"三级联动效果。

在 WebContent/jsp/gift 文件夹中创建 check_order.jsp 文件，其中，可以动态选择、修改地址的核心代码如下：

【任务 8-3】 check_order.jsp 修改地址的核心代码

```
<h3 style = "margin:10px 0px; line - height: 40px;">
填写收礼人信息
  <span id = "add - recipient - span" style = "font - size: 12px; font - weight: normal;
cursor: pointer;display: ${empty defaultAddress? 'none':'inline - block'};">[修改]</span>
            </h3>
    <div class = "clear"></div>
    <div class = "addr_div" style = "display: ${empty defaultAddress? 'none':'block'};" id =
"user - address - div - info">
        <dl>
        <dt>收货人姓名:</dt>
            <dd id = "show - address - name - dd">${empty defaultAddress ? '':defaultAddress
.name}</dd>
            <dt>详细地址:</dt>
            <dd id = "show - address - address - dd">${empty defaultAddress ? '':defaultAddress
.address}</dd>
            <dt>手机号码:</dt>
            <dd id = "show - address - mobile - dd">${empty defaultAddress ? '':defaultAddress
.mobile}</dd>
            <dt>特殊要求:</dt>
            <dd id = "show - address - info - dd">${empty defaultAddress ? '':defaultAddress
.info}</dd>
                </dl>
                <div class = "clear"></div>
            </div>
            <!-- 收货地址开始 -->
            <div class = "addr_div" style = "display: ${not empty defaultAddress? 'none':
'block'};" id = "user - address - div - form">
                <jsp:include page = "/jsp/member/ajax/user_address.jsp"></jsp:include>
            </div>
```

上述代码实现效果如图 8-6 所示。

注意

> 可以单击黑框中的"修改"选项进行当前地址的修改，也可以选择"默认地址"。限于篇幅，书中不再展示 JavaScript 的相关实现，请读者获取本书配套源代码进行分析。

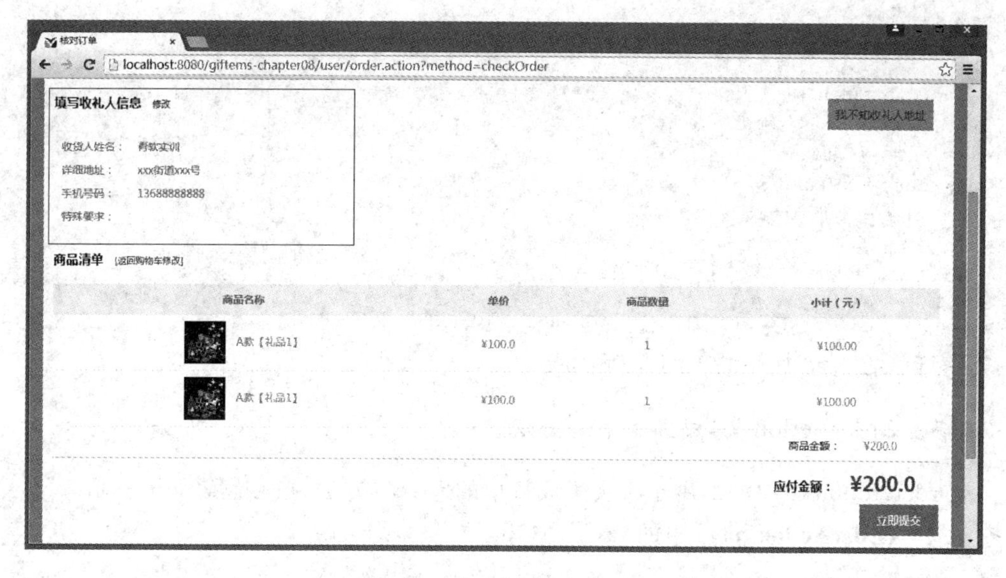

图 8-6 修改"收礼人"地址

下述代码实现了如图 8-6 所示的礼品列表。

【任务 8-3】 check_order.jsp 礼品列表

```
<form action="${ctx}/user/order.action?method=save" method="post"
        id="submitOrderForm" name="submitOrderForm">
<!-- 防止表单重复提交 -->
<s:token/>
<input type="hidden" name="userAddressId" id="userAddressIdHidden"
      value="${userAddressId}" />
   <table class="table table-striped" width="100%">
            <thead>
               <tr>
                  <th>商品名称</th>
                  <th>单价</th>
                  <th>商品数量</th>
                  <th>小计(元)</th>
               </tr>
            </thead>
            <tbody>
               <c:forEach items="${list}" var="giftStyle">
                  <tr>
   <td>
   <img src="${giftStyle.pic2}" width="55" height="55" align="absmiddle" />
      <span class="order_text">${giftStyle.name}【${giftStyle.gift.name}】</span>
      <input type="hidden" name="giftId" value="${giftStyle.gift.id}" />
      <input type="hidden" name="styleId" value="${giftStyle.id}" />
   </td>
   <td>¥${giftStyle.discount}</td>
   <td>${giftStyle.orderCount}
    <input type="hidden" name="count" value="${giftStyle.orderCount}" />
   </td>
   <!-- 保留两位小数 -->
   <td class="red14">¥<fmt:formatNumber value="${giftStyle.discount *
```

```
            giftStyle.orderCount}" pattern = "＃＃.＃＃" minFractionDigits = "2"/></td>
        </tr>
    </c:forEach>
                </tbody>
            </table>
<div class = "clear"></div>
  <dl class = "subtotal">
  <dt>商品金额: </dt>
  <dd class = "red14">¥${totalPrice}</dd>
</dl>
```

其中订单的总价计算、提交订单等功能。

2. 修改 OrderAction 类,添加 save()方法

在 OrderAction 类中添加用于实现生成订单的 save()方法,核心代码如下所示。

【任务 8-3】 OrderAction.java 中的 save()方法

```
/**
     * 由购物车点击结算时执行的方法,
     * 或点击直接购买时执行的方法
     * 需要的参数:
     * [{giftId, styleId, count},{giftId, styleId, count},{giftId, styleId, count}...]
     * @return
     */
    public String save(){
        User user = LoginManager.currentUser();
        //如果没有礼品可买,直接返回
        if(giftId == null || giftId.length < 1){
            putRootJson("msg", "请选择礼品及款式");
            return "noneOrder";
        }
        UserAddress userAddress = userAddressService.findById(user, userAddressId);
        if(userAddressId == null || userAddress == null){
            putRootJson("msg", "请确认收货人地址");
            return "checkOrder";
        }
        Order temp = null;
        if(giftId != null) {
            List<GiftStyle> list = new ArrayList<GiftStyle>();
            for(int index = 0; index < giftId.length; index ++){
                int _giftId = NumberUtils.toInt(giftId[index], 0);
                int _styleId = NumberUtils.toInt(styleId[index], 0);
                int _count = NumberUtils.toInt(count[index], 0);

                GiftStyle giftStyle = giftStyleService.findById(_styleId);
                if(giftStyle != null && giftStyle.getGiftId() == _giftId){
                    //设置购买数量
                    giftStyle.setOrderCount(_count);
                    list.add(giftStyle);
                }
            }
            //生成订单
            temp = orderService.save(user, list,userAddress);
```

```
            ActionContextUtils.setAtrributeToRequest("order", temp);
            //用于处理支付成功后
            ActionContextUtils.setAtrributeToRequest("userOrder", temp);
        }
        this.orderId = temp.getId();
        //支付成功去支付界面
        return "toPay";
    }
```

上述代码处理的步骤解释如下：

(1) 首先判断浏览器端传递的giftId参数是否合法,如果不合法则转向noOrder对应的界面；

(2) 其次判断收货人地址是否合法,如果非法则转向check_order.jsp界面,再次让读者填写地址。该处判断的目的是防止用户通过url的方式自己构造数据来实现非法生成订单。

(3) 对浏览器传递上来的礼品数组、礼品款式数组和每个款式对应的数量进行封装并调用OrderService类的save()方法进一步处理；

(4) 订单处理成功后,跳转到"toPay"对应的逻辑路径进行处理。

3. 创建OrderService类

在com.qst.giftems.order.service包中创建OrderService类,其中save()方法用于实现生成订单的核心功能,代码如下所示。

【任务8-3】 OrderService.java中的save()方法

```
public Order save(User user, List<GiftStyle> gstyles, UserAddress userAddress){
        if (user == null)
            throw new AppException("订单信息不全!");
        if (gstyles == null || gstyles.isEmpty())
            throw new AppException("订单信息不全!");
        Calendar calendar = Calendar.getInstance();
        Date now = calendar.getTime();
        Order order = new Order();
        order.setUserId(user.getId());
        order.setOrderNo(genOrderNo(now));
        //订单交易号(例如支付宝交易号)此时,该交易号为空
        order.setUserName(user.getUserName());
        order.setCreateTime(DateUtils.formatDate(Globals.DATE_PATTERN, now));
        //7天后过期
        calendar.add(Calendar.DAY_OF_YEAR, 7);
        order.setExpiredTime(DateUtils.formatDate(Globals.DATE_PATTERN,
            calendar.getTime()));
        //更新支付状态 自己支付为 DwltConst.PAY_DAIZHIFU 找人代付为 DwltConst.PAY_
        //DENGDAIDAIFU
        order.setStatus(Order.PAY_DAIZHIFU);
        //普通订单
        order.setStatus(Order.PAY_DAIZHIFU);
        order.setOrderInfo("生成待支付订单");
        //附加信息
        StringBuffer attachInfo = new StringBuffer("附加信息: ");

        List<String> orderTypeList = new ArrayList<String>();
        //订单总价格
        Double totalPrice = 0d;

        Set<OrderItem> items = new HashSet<OrderItem>();
```

```
        //添加订单 item
        for (GiftStyle style : gstyles) {
            if (style.getOrderCount() < 1)
               continue;

            OrderItem oi = new OrderItem();
            oi.setGiftId(style.getGiftId());
            oi.setStyleId(style.getId());
            oi.setStyleName(style.getName());
            attachInfo.append(style.getName());
            oi.setGiftName(style.getGift().getName());
            oi.setDiscount(style.getDiscount());
            oi.setStylePrice(style.getPrice());
            oi.setGiftCount(style.getOrderCount());
            //计算总价格
            totalPrice += style.getDiscount() * style.getOrderCount();
            oi.setRemark(style.getOrderRemark());
            items.add(oi);
            //增加购买信息
            attachInfo.append(style.getGift().getName() + " " + style.getName()
                    + " * " + style.getOrderCount() + " ");
            //
            orderTypeList.add(style.getGift().getTypeId() + "");
        }

        order.setAttachInfo(attachInfo.toString());
        //

        order.setPrice((order.getPrice() == null?0.0f:order.getPrice()) + totalPrice);
        //形成 1 - N 关联关系
        order.setItems(items);
        //订单 保存到数据库
        orderDao.save(order);
        //保存订单后,清除购物车中的信息
        List<Integer> styleIds = new ArrayList<Integer>();
        for (GiftStyle style : gstyles) {
            styleIds.add(style.getId());
        }
        //删除购物车中的所有货品
        shoppingCartDao.remove(user.getId(), styleIds);
        return order;
    }
```

上述代码处理的步骤解释如下：

(1) 首先传递的参数是否有效，如无效，则抛出异常，程序中断；

(2) 构造订单基本信息，例如，订单的用户 Id、用户名、订单编号(orderNo)、订单生成时间(createTime)、订单状态(status)等等，其中订单编号由 genOrderNo()方法进行生成。

(3) 通过传递的 gstyles 对象数组构造订单明细数组 items，构造完 items 后，使之与 Order 对象绑定，即执行如下代码：

```
order.setItems(items);
```

通过设置 Order 与 OrderItem 的 1-*N* 关系的级联关系，进行批量保存 OrderItem 对象，其中在 Order.hbm.xml 中的 cascade 属性的值设置如下：

```
<set name = "items" inverse = "true" fetch = "join" lazy = "false"
     cascade = "all - delete - orphan">
```

此外还要在 OrderItem.hbm.xml 做 *N*-1 的关联关系，代码如下：

```
<!-- 关联 Order -->
<many-to-one name="order" column="order_id"
                    class="com.qst.giftems.order.pojos.Order"/>
```

通过以上设置即可实现 1-*N* 关联关系中的级联保存。

(4) 生成订单和订单明细成功后，进行购物车中物品的清除；

4. 实现 DAO 层方法

在 OrderService 的 save()方法中主要调用了 OrderDao 的 save()方法和 ShoppingCartDao 的 remove()方法，其中 save()方法直接调用 OrderDao 默认的 save()方法就能够实现订单的保存和订单明细的批量保存。

ShoppingCartDao 的 remove()方法核心代码如下所示。

【任务 8-3】 ShoppingCartDao.java 中的 remove()方法

```
/****
 * 批量删除购物车中的礼品
 * @param params
 */
/****
 * 批量删除购物车中的礼品
 * @param params
 */
public void remove(Map<String, Object> params) {
        String hql = "delete from ShoppingCart sc where sc.userId = :userId and sc.styleId in
(:styleIds)";
        updateByHqlWithNamedParams(hql, params);
}
```

上述代码通过 Hibernate 按照参数名字绑定的方式实现了批量的删除。updateByHqlWithNamedParams()的代码结构参见 GenericHibernateDao 类。

注意

> OrderService 的 save()方法中分别调用了 OrderDao 的 save()方法和 ShoppingCartDao 的 remove()方法，实际上这两个方法并没有位于同一个事务中，而业务逻辑要求这两方法必须位于同一个事务中，即“要么同时成功执行，要么同时失败”，通过后面章节任务中的声明式事务的运用，可以实现 save()方法的事务性处理。

5. “生成订单”成功界面

在 WebContent/jsp/gift 文件夹下创建 success_order.jsp 页面，用于展示生成订单后的成功界面，核心代码如下所示。

【任务 8-3】 success_order.jsp 核心代码

```
<div class="position2">
    <span class="home"></span>首页→<span class="green14">成功提交订单</span>
```

```
        </div>
    <div class="order3">
        <span>放入购物车</span><span>填写核对订单</span><span>成功提交订单</span>
        </div>
        <div class="clear"></div>
        <div class="order_content">
            <div align="center">
                <img src="${ctx}/styles/images/right.jpg" />
            </div>
            <h1 align="center">订单提交成功!</h1>
            <h3 align="center">
                请您在提交订单后 24 小时内完成支付,否则订单会自动取消<br /> 订单号: ${userOrder.
orderNo}
            </h3>
            <p align="center">
                <c:if test="${userOrder.price le 0}">
                    <a href = "  ${ ctx }/user/pay. action? method = payWithCoupon&orderId =
${userOrder.id}" id="pay-with-coupon"><span
                        class="operate2">立即付款</span></a>
                </c:if>
                <c:if test="${userOrder.price gt 0}">
                    <a href="javascript:void(0)" id="pay_btn"><span
                        class="operate1">立即付款</span></a>
                </c:if>

            </p>
            <%@include file="/jsp/gift/selectPay.jsp"%>
            <div class="alert">
                <p>温馨提示:</p>
                <p>
                    1. 每天 17:00 以前的订单将在当天发货,17:00-0:00 的订单将在第二天发货。
<br /> 2.
                    本站提供 7 天退换货保障期,收货后有任何问题请拨打我们的客服热线: 400-6532
-280.<br />工作时间周一至周日,9 点-18 点。
                </p>
            </div>
        </div>
```

上述代码的实现效果如图 8-7 所示。

图 8-7　生成订单成功

小结

- Spring 框架由 Rod Johnson 开发，2003 年发布了 Spring 框架的第一个版本
- Spring 是一个轻量级的控制反转(IoC)和面向切面(AOP)的容器框架
- Spring 框架包含 1400 多个类，整个框架按其所属功能可以划分为 5 个主要模块
- IoC(Inversion of Control，控制反转)是 Spring 框架的核心，AOP、声明式事务等功能都是在此基础上实现的
- 如果将 BeanFactory 比喻为 Spring 的心脏，那么 ApplicationContext 就是其身躯
- XmlBeanFactory 以 XML 方式描述组成应用的对象以及对象间的依赖关系。XmlBeanFactory 类将根据 XML 的配置元数据构建一个完全可配置的系统
- Bean 的生命周期由特定生命阶段组成，每个生命阶段都提供不同的方法，用于对 Bean 进行控制
- Spring 配置文件可以采用 DTD 和 Schema 两种格式
- 在 Spring 配置文件中完成注入时，简单类型、引用其他 Bean、集合类型的声明方式
- Bean 的作用域包括 singleton、prototype 等五种类型
- Spring 框架还提供了自动装配功能，包括根据属性名和属性类型两种方式，通过在配置文件中声明 autowire 的值为 byName 和 byType 来指定

Q&A

Spring 为企业级开发提供一个轻量级的解决方案，主要包括哪些功能？

回答：Spring 主要包括基于依赖注入(控制反转 IoC)的核心机制、声明式的面向切面编程(AOP)支持、与多种持久层技术的整合、优秀的 Web MVC 框架等功能。

章节练习

习题

1. 下面关于 Spring 优点说法中，错误的是________。
   A. 低侵入式设计，代码无污染
   B. 使用该框架时可以不用其他的 ORM 框架，因为该框架提供了自己的 ORM 框架
   C. 独立于各种应用服务器，真正实现"一次编写、随处运行"的承诺
   D. Spring 的高度开放性，并不强制开发者完全依赖于 Spring，可自由选用 Spring 框架的部分或全部功能
2. 下列描述正确的一项是________。
   A. IoC 容器降低了业务对象替换的复杂性，增强了组件之间的耦合，降低了组件之间的内聚性
   B. ApplicationContext 在初始化应用上下文时，默认会实例化所有的 Singleton Bean(单例 Bean)；因此使用 ApplicationContext 时性能很低，不建议使用
   C. 通过 BeanFactory 启动 IoC 容器时，并不会初始配置文件中的定义的 Bean，初始化

动作发生在第一个调用时，IoC 容器会缓存 Bean 实例

D. Spring 提供了针对 Web 开发的集成特性，而且提供了一个完整的类似于 Struts 的 MVC 框架，并没有提供对其他 MVC 框架的支持

3. 下面选项关于依赖注入方式描述中，错误的一项是________。

A. 设值注入要求 Bean 提供一个默认的无参构造方法，并为需要注入的属性提供对应的 setter 方法

B. 构造注入是通过使用构造器来注入 Bean 的属性或依赖对象。这种方式可以确保一些必要的属性在 Bean 实例化时就得到设置，从而使 Bean 在实例化后就可以使用，因此比设置注入要常用

C. 对于复杂的依赖关系，如果采用构造注入，会导致构造器过于臃肿，难以阅读，这时可以使用设值注入，则能避免这些问题

D. 构造注入可以在构造器中决定依赖关系的注入顺序。优先依赖的优先注入。比如 Web 开发时使用数据库，可以优先注入数据库连接的信息

4. 下面关于 Spring 框架 IoC 功能的说法中，错误的是________。

A. Spring 框架的 IoC 容器负责完成对象的装配工作

B. IoC 是 Spring 框架的基础，AOP、声明式事务等功能都是在此基础上实现的

C. Spring 框架的 IoC 功能主要依赖于两个接口：BeanFactory 和 ApplicationContext

D. Spring 框架要求使用 IoC 功能的类必须提供相应属性的 set 方法

5. 下面关于 Spring 配置文件中 Bean 作用域的说法错误的是________。

A. 默认为 singleton，表示容器始终使用一个实例

B. prototype 表示一个 Bean 定义对应多个对象实例，每次调用 getBean()时，就创建一个新实例

C. request 表示每次 Http 请求生成一个实例，只能用于 Web 项目

D. session 表示每个会话生成一个实例，可用于非 Web 项目

上机

训练目标：Spring 框架使用

培养能力	熟练使用 Spring 框架		
掌握程度	★★★★★	难度	中
代码行数	0	实施方式	编码强化
结束条件	编译运行不出错		

参考训练内容

(1) 编写类 DB，并在 Spring 配置文件中配置为 Bean，使用构造方法注入数据库 URL、驱动类名、用户名、密码四个属性；

(2) 在代码中通过 ApplicationContext 获取 DB 的实例；

(3) 编写类 DBHelper，并在 Spring 配置文件中配置为 Bean，使用设值注入方式注入 DB 类型的属性；

(4) 在代码中通过 ApplicationContext 获取 DBHelper 的实例，并查询当前数据库时间。

第9章 Spring进阶

任务驱动

本章任务是为“GIFT-EMS 礼记”系统添加“支付”功能：

- 【任务 9-1】 完成系统的“支付”功能。

学习路线

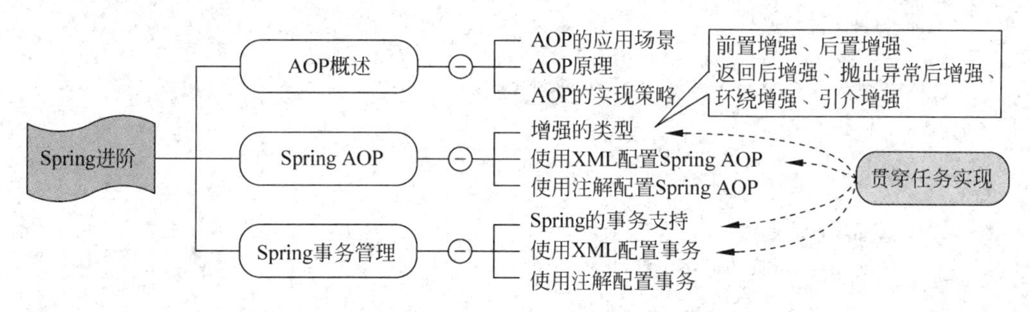

本章目标

知　识　点	Listen（听）	Know（懂）	Do（做）	Revise（复习）	Master（精通）
AOP 原理	★	★			
Spring AOP 配置	★	★	★	★	★
Spring 事务配置	★	★	★	★	★

9.1 AOP 概述

AOP(Aspect Oriented Programming，面向切面编程)是面向对象编程方法的一种有益补充，是 OOP(Object Oriented Programming)的延续。经过几十年的发展，面向对象的程序设计方法已经成为当今的主流，其将程序分解为不同层次的对象，通过封装、继承、多态等特性将对象组织成一个整体来完成功能，但是在一些特定的场合，面向对象的设计方法也暴露出一些问题。例如，在多个流程分支中完成类似的功能会不可避免地造成代码重复，针对这些问题，面向切面的编程方法应运而生。

9.1.1 AOP的应用场景

AOP并非适合于所有的场合，通常，如果在多个业务流程中都需要做相同或类似的业务处理，则特别适合使用AOP解决。例如下列应用场景适合使用AOP解决。

假设有一个购物应用，其中存在购买商品和退货两个业务流程，业务接口代码如下所示。

【代码9-1】 Service.java

```
package com.qst.chapter09.myaop;

/**
 * 业务接口
 */
public interface Service {
    /**
     * 购买商品，并生成订单
     *
     * @param user
     *            购买者
     * @param productName
     *            商品名称
     * @return 订单编号
     */
    int buyGoods(String user, String productName);

    /**
     * 申请退货
     *
     * @param orderNo
     *            要退货的订单编号
     */
    void returnGoods(int orderNo);
}
```

上述业务接口代码中，buyGoods()方法用于购买商品，需传入购买者的姓名和所购商品名称，返回生成的订单编号；returnGoods()方法用于完成退货业务，需传入订单编号。

Service接口的实现类代码如下所示。

【代码9-2】 ServiceImpl.java

```
package com.qst.chapter09.myaop;

/**
 * 业务类
 */
public class ServiceImpl implements Service {

    private static int ORDER_NO = 1000; //用于生成订单编号

    @Override
    public int buyGoods(String user, String productName) {
        ORDER_NO++;
        System.out.println("【数据库插入订单】购买者：" + user + "，商品：" + productName
                + "，订单编号：" + ORDER_NO);
```

```
        return ORDER_NO;
    }

    @Override
    public void returnGoods(int orderNo) {
        System.out.println("【数据库修改订单状态】订单编号: " + orderNo);
    }
}
```

上述代码使用控制台输出模拟了实际的业务处理中需要完成的数据库操作，编写测试类Test1代码如下所示。

【代码9-3】 Test1.java

```
package com.qst.chapter09.myaop;

public class Test1 {
    public static void main(String[] args) {
        Service service = new ServiceImpl();
        service.buyGoods("Tom", "《JavaEE & SSH》");     //购买商品
        service.returnGoods(1100);                      //退货
    }
}
```

运行测试类，控制台输出下列结果，说明业务执行成功。

```
【数据库插入订单】购买者: Tom,商品:《JavaEE & SSH》,订单编号: 1001
【数据库修改订单状态】订单编号: 1100
```

实际上，在正常的业务系统中，有关数据库的业务操作都是需要纳入事务管理的，现在修改上述业务类，将每个业务方法都置入事务之中。首先编写事务管理类TransactionManager，代码如下所示。

【代码9-4】 TransactionManager.java

```
package com.qst.chapter09.myaop;

/**
 * 事务管理器
 */
public class TransactionManager {

    public void beginTransaction() {
        System.out.println("【事务管理器】开始事务");
    }

    public void commit() {
        System.out.println("【事务管理器】提交事务");
    }

    public void rollback() {
        System.out.println("【事务管理器】回滚事务");
    }
}
```

上述代码使用控制台输出模拟了事务操作。

为了使每次业务操作位于一个事务之中，需要在业务类 ServiceImpl 中声明一个 TransactionManager 类的对象，并在每个业务方法中调用事务管理器的相关事务处理方法。修改后的业务类 ServiceImplNoAop 如下所示。

【代码 9-5】 ServiceImplNoAop.java

```
package com.qst.chapter09.myaop;

/**
 * 业务类(未使用 AOP 完成事务功能)
 */
public class ServiceImplNoAop implements Service {

    private static int ORDER_NO = 1000;
    //事务管理器实例
    private TransactionManager transactionManager = new TransactionManager();

    @Override
    public int buyGoods(String user, String productName) {
        transactionManager.beginTransaction();        //开始事务
        try {
            ORDER_NO++;
            System.out.println("【数据库插入订单】购买者:" + user + ",商品:" + productName
                    + ",订单编号:" + ORDER_NO);
            transactionManager.commit();               //提交事务
        } catch (Exception e) {
            e.printStackTrace();
            transactionManager.rollback();             //回滚事务
        }
        return ORDER_NO;
    }

    @Override
    public void returnGoods(int orderNo) {
        transactionManager.beginTransaction();        //开始事务
        try {
            System.out.println("【数据库修改订单状态】订单编号:" + orderNo);
            transactionManager.commit();               //提交事务
        } catch (Exception e) {
            e.printStackTrace();
            transactionManager.rollback();             //回滚事务
        }
    }
}
```

在上述代码中，首先声明了事务管理器属性 transactionManager，然后在每个业务方法中都首先调用事务管理器的 beginTransaction()方法开始事务，然后执行业务操作，最后调用事务管理器的 commit()方法提交事务，业务操作中如果发生了异常，则在捕获异常后调用事务管理器的 rollback()方法回滚了事务。

编写测试类 Test2，使用新的 ServiceImplNoAop 对象完成测试。

【代码 9-6】 Test2.java

```
package com.qst.chapter09.myaop;

public class Test2 {
```

```
    public static void main(String[ ] args) {
        Service service = new ServiceImplNoAop();
        service.buyGoods("Tom", "《JavaEE & SSH》");         //购买商品
        service.returnGoods(1100);                           //退货
    }
}
```

运行后控制台输出下列结果：

```
【事务管理器】开始事务
【数据库插入订单】购买者：Tom,商品：《JavaEE & SSH》,订单编号：1001
【事务管理器】提交事务
【事务管理器】开始事务
【数据库修改订单状态】订单编号：1100
【事务管理器】提交事务
```

从上述运行结果中可以看到，业务操作已纳入事务管理中。

如果在业务操作中出现异常，则会回滚事务，例如，可以在 ServiceImplNoAop 类的 returnGoods()方法中故意制造一个异常，修改 returnGoods()方法代码如下所示。

【代码 9-7】 ServiceImplNoAop.java 中的 returnGoods()方法

```
@Override
public void returnGoods(int orderNo) {
    transactionManager.beginTransaction();                 //开始事务
    try {
        System.out.println("【数据库修改订单状态】订单编号：" + orderNo);
        int willThrowException = 1 / 0;                   //出现异常
        transactionManager.commit();                       //提交事务
    } catch (Exception e) {
        e.printStackTrace();
        transactionManager.rollback();                     //回滚事务
    }
}
```

上述代码通过使被除数为 0 制造了一个异常，再次运行测试类 Test2，结果如下：

```
【事务管理器】开始事务
【数据库插入订单】购买者：Tom,商品：《JavaEE & SSH》,订单编号：1001
【事务管理器】提交事务
【事务管理器】开始事务
【数据库修改订单状态】订单编号：1100
【事务管理器】回滚事务
java.lang.ArithmeticException: / by zero
    at com.qst.chapter09.myaop.ServiceImplNoAop.returnGoods(ServiceImplNoAop
.java:32)
    at com.qst.chapter09.myaop.Test.main(Test.java:8)
```

从运行结果中可以看到输出了异常信息，并且回滚了事务。

上面的示例演示了 AOP 的应用场景：

- 存在多个业务操作(如示例中的购买商品和退货业务)；
- 多个业务操作中都需要完成某个相同的操作(示例中即为事务操作)，并且这些操作和核心业务功能没有直接关系。

注意

> 本节中使用的关于事务的示例只是为了演示 AOP 的使用场景，真实应用中的事务控制是非常复杂的，9.3 节中会介绍使用 Spring 框架的 AOP 功能来管理事务的知识。

9.1.2 AOP 原理

在传统的面向对象设计中，系统是由大量互相关联的对象组成的，这些对象互相协作，共同构成一个完整有机的系统。任何一个稍具规模的系统中总会存在一些通用的服务性质的代码，这些通用性的服务代码会穿插在各个业务类、方法中，随着系统规模的增大，不可避免地造成大量的代码重复，并且这些通用性服务与核心业务逻辑没有太大关系，会影响开发者对核心业务的关注。

系统中的业务可以分为核心关注点和横切关注点。核心关注点是业务处理的主要流程，而横切关注点是与核心业务无关但更为通用的业务，常常发生在核心关注点的周围并且代码类似或相同，如日志、权限等，各个横切关注点离散地穿插于核心业务之中，导致系统中的每一个模块都与这些业务具有很强的依赖性，当需要添加新的横切功能时，需要大幅修改已有代码，这些都严重影响了系统的可维护性和可扩展性。

上述问题使用传统的面向对象方法很难处理，而 AOP 要解决的就是这个问题。使用 AOP 框架后，能够将这些影响多个类的通用性服务抽取出来(即切面)，并通过配置的方式明确在哪些位置插入这些服务；系统运行后，AOP 框架会在指定的时机自动运行这些服务；从而达到将核心业务逻辑和服务性逻辑分离的目的，减少了重复代码，使得开发者将主要精力放在核心业务逻辑的编写上，提高了系统的可维护性和可扩展性。核心业务逻辑和切面的关系如图 9-1 所示。

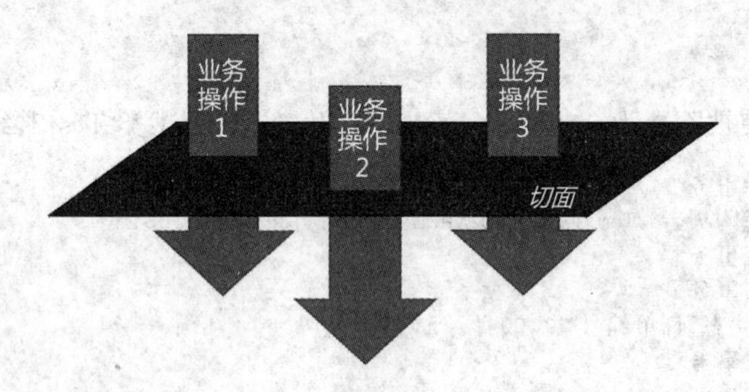

图 9-1 核心业务和切面

实际上，AOP 并不是一个新的概念，在一些语言和框架中，早就出现了类似的机制。Java 平台的 EJB 规范、Servlet 规范以及本书介绍过的 Struts 2 框架中都存在拦截器机制，这实际上与 AOP 要实现的功能是非常相似的。但 AOP 是在这些概念基础上的发展，提供了更通用的解决方案。

AOP 中涉及很多术语，常用的术语简单介绍如下。

- 连接点(Joinpoint)：连接点是指代码中一些具有边界性质的特定位置，AOP 框架可以针对连接点配置切面。连接点的类型有很多，如类初始化前、类初始化后、类的某个方法调用前、调用后、方法异常抛出时等,Spring 框架的 AOP 功能只支持针对方法的连接点。

- 切入点(Pointcut):是指被增强的连接点。当某个连接点满足预先指定的条件时,AOP 框架能够定位到这个连接点,该连接点将被添加增强(Advice),该连接点就变成了一个切入点。
- 增强(Advice):添加特定连接点上的一段程序代码。增强包含了用于添加到目标连接点上的一段执行逻辑,以及用于定位连接点的位置信息。在 Spring AOP 中提供的增强接口都是带方位名的,例如,BeforeAdvice、AfterAdvice 等。
- 目标对象(Target):需要添加增强的目标类。借助于 AOP 框架,业务类可以只实现核心业务,而日志、事务管理等横切关注点则可以通过 AOP 框架添加到特定的连接点上,如果没有 AOP 框架,这些横切关注点只能手工编写代码实现。
- 引入(Introduction):一种特殊的增强,可以为目标类添加一些属性和方法。即使一个业务类原本没有实现某个接口,通过 AOP 框架的引入功能,也可以动态地为该业务类添加接口的实现逻辑,让业务类成为这个接口的实现类。
- 织入(Weaving):将增强添加到目标类具体连接点上的过程。AOP 框架负责将目标类、增强连接在一起。常见的 AOP 框架中存在很多种织入实现方式,可以实现在编译期、类装载期、运行期等各个阶段完成织入过程。
- 代理(Proxy):目标类被 AOP 框架织入增强后会产生一个结果类,其融合了目标类和增强逻辑,即为目标类的代理类。根据织入方式的不同,代理类可能和目标类实现相同的业务接口,也可能直接就是目标类的子类,所以可使用调用目标类的方式来调用该代理类。
- 切面(Aspect):切面由切入点和增强组成,包括增强逻辑的定义和切入点的定义,AOP 框架负责实施切面,将切面所定义的增强逻辑织入到切面所指定的连接点中。

使用 AOP 框架时,开发者需要做的主要工作是定义切入点和增强,通常采用 XML 配置文件或注解的方式,配置好切入点和增强的信息后,AOP 框架会自动生成 AOP 代理。

9.1.3 AOP 的实现策略

针对 Java 语言编写的程序,从源代码到最终运行,会经历编写源代码、编译生成字节码、加载字节码、运行程序几个阶段,在各个阶段都可以以特定的方式织入增强以实现 AOP 功能,主要包括以下几种方式。

- JavaSE 动态代理:Java 1.3 引入的动态代理(dynamic proxies)是实现 AOP 的最简单直接的方式,使用动态代理可以为一个或多个接口在运行期动态生成实现对象,生成的对象中实现接口的方法时可以添加增强代码,从而实现 AOP。使用动态代理的最大优点是:动态代理是 Java 语言的标准特性,除了 AOP 框架外,无须引入任何第三方的类库。但是动态代理只能针对接口进行代理,不能针对类。另外,动态代理是通过反射实现的,在极端情况下,可能需要考虑反射调用的开销。
- 字节码生成:如果需要对类提供代理,则动态代理就无法使用了,可以使用动态字节码生成技术实现。动态字节码生成技术是指在运行时动态生成指定类的一个子类对象,并覆盖其中的特定方法,覆盖方法时可以添加增强代码,从而实现 AOP。动态字节码生成的常用工具是 cglib(code generation library)。

- 定制的类加载器：如果需要对某个类的所有对象都添加增强，即这个类通过 new 操作符构造的所有对象都会添加增强，则前述几个方式都无法实现。动态代理和字节码生成本质上都需要动态构造代理对象，即最终被增强的对象是由 AOP 框架生成的，而不是开发者 new 出来的。解决上述问题的方案是实现自定义的类加载器，在一个类被加载时对其进行增强。一些应用服务器(如 JBoss)采用这种方式实现 AOP 功能。
- 代码生成：利用工具在已有代码基础上直接生成新的代码，新代码是任意生成的，其中可以添加任何横切代码来实现 AOP。
- 语言扩展：如果对 Java 语言进行扩展，提供一个全新的编译器，则可以实现更强大的 AOP 功能，例如对构造方法和属性的赋值操作进行增强等。AspectJ 是采用这种方式实现 AOP 的一个常见的 Java 语言扩展。

Spring 框架的 AOP 功能是通过 JavaSE 动态代理和 cglib 实现的，下面的示例演示在不使用 Spring 框架时通过动态代理和 cglib 实现 AOP 功能，以使读者了解 Spring AOP 框架的实现原理。

1. 动态代理实现 AOP

动态代理 Java 语言本身提供的一种实现代理模式的强大机制，只要一个类实现了某个接口，就可以通过动态代理机制在运行期动态的构造这个接口的实现对象，这为实现 AOP 提供了一种简便的方法。

按照 JavaSE 动态代理的要求，需要完成下列两个步骤：

(1) 首先需要编写一个类实现 java. lang. reflect. InvocationHandler 接口。

实现 java. lang. reflect. InvocationHandler 接口时需要重写 invoke()方法，该方法的语法如下所示。

【语法】

```
Object invoke(Object proxy, Method method, Object[] args)throws Exception;
```

invoke()方法的参数和返回值含义如下：

- 参数 proxy——自动生成的动态代理对象，与目标对象会实现同一接口；
- 参数 method——运行时调用的方法，此方法应为指定接口中定义的方法；
- 参数 args——调用 method 方法时传入的参数；
- 返回值——代理对象的 method 方法被调用时的返回值。

(2) 构造上述实现类的实例，然后调用 java. lang. reflect. Proxy 的 newProxyInstance()方法获取自动生成的代理对象，从而完成业务方法的调用。

java. lang. reflect. Proxy 的 newProxyInstance()方法的语法如下所示。

【语法】

```
public static Object newProxyInstance(
        ClassLoader loader, Class<?>[] interfaces,InvocationHandler handler)
        throws IllegalArgumentException
```

newProxyInstance()方法的参数和返回值的含义如下：

- 参数 loader——代理类的类加载器；
- 参数 interfaces——代理的所有接口，这些接口中的所有方法都会被拦截；

● 参数 handler——动态代理对象；

● 返回值——动态生成的代理对象，此对象会实现 interfaces 参数中包括的所有接口。

下面的示例演示如何使用 JavaSE 动态代理方式实现 AOP，继续 9.1.1 节中的事务管理代码，添加 AOP 动态代理类 AopProxyDynamic.java，代码如下所示。

【代码 9-8】 AopProxyDynamic.java

```
package com.qst.chapter09.myaop;

import java.lang.reflect.InvocationHandler;
import java.lang.reflect.Method;

public class AopProxyDynamic implements InvocationHandler {

    private Object target;                                  //需要被代理的目标对象
    private TransactionManager transactionManager;  //执行增强的事务管理器

    public AopProxyDynamic(Object target,
                                TransactionManager transactionManager) {
        this.target = target;
        this.transactionManager = transactionManager;
    }

    @Override
    public Object invoke(Object proxy, Method method, Object[] args)
            throws Exception {
        transactionManager.beginTransaction();      //开始事务
        try {
            //执行被增强的方法
            Object returnResult = method.invoke(target, args);
            transactionManager.commit();            //提交事务
            return returnResult;                    //返回执行结果
        } catch (Exception e) {
            e.printStackTrace();
            transactionManager.rollback();          //回滚事务
            throw e;
        }
    }
}
```

上述代码中，按照动态代理的要求，完成了下列功能：

● AopProxyDynamic 类实现了 InvocationHandler 接口，并覆盖了 invoke()方法；

● AopProxyDynamic 构造方法中，传入代理的目标对象 target 和事务管理器 transactionManager；

● 在 invoke()方法中首先调用 transactionManager 的 beginTransaction()方法开始事务，然后执行 method 代表的方法得到调用结果，再调用 transactionManager 的 commit()方法提交事务，最后返回调用结果。当出现异常时，则捕获异常并调用 transactionManager 的 rollback()方法回滚事务。

编写测试类 Test3，通过动态代理方式调用业务方法，代码如下所示。

【代码 9-9】 Test3.java

```
package com.qst.chapter09.myaop;

import java.lang.reflect.InvocationHandler;
```

```
import java.lang.reflect.Proxy;

public class Test3 {
    public static void main(String[] args) {
        //被代理目标对象
        Service service = new ServiceImpl();
        //事务管理器
        TransactionManager transactionManager = new TransactionManager();

        //动态代理 InvocationHandler
        InvocationHandler ih = new AopProxyDynamic(service, transactionManager);
        //动态生成的代理对象
        Service dynamicProxy = (Service) Proxy.newProxyInstance(
            service.getClass().getClassLoader(),
            service.getClass().getInterfaces(),
            ih);
        //使用代理对象调用业务方法
        dynamicProxy.buyGoods("Tom", "《JavaEE & SSH》");          //购买商品
        dynamicProxy.returnGoods(1100);                            //退货
    }
}
```

上述代码使用动态代理方式调用了业务方法 buyGoods()和 returnGoods():

- 首先构造了业务类 ServiceImpl 和事务管理器 TransactionManager 的实例;
- 构造 AopProxyDynamic 实例 ih,构造方法需传入业务对象和事务管理器对象;
- 调用 java.lang.reflect.Proxy 类的静态方法 newProxyInstance()创建动态代理对象 dynamicProxy,其中需传入类加载器、业务接口和 AopProxyDynamic 实例 ih;
- 调用代理对象 dynamicProxy 的 buyGoods()和 returnGoods()方法完成操作。

运行上述测试类 Test3,执行结果如下:

```
【事务管理器】开始事务
【数据库插入订单】购买者: Tom,商品:《JavaEE & SSH》,订单编号: 1001
【事务管理器】提交事务
【事务管理器】开始事务
【数据库修改订单状态】订单编号: 1100
【事务管理器】提交事务
```

从运行结果可以看到,事务操作已经成功织入到业务操作中。

在覆盖 InvocationHandler 接口的 invoke()方法时,可以根据其 method 和 args 参数的值添加过滤规则,从而对需要进行增强的方法进行限制,从而为 AOP 功能增加更多灵活性。例如,可以限制只有名称是 buy 开头的方法才需要被增强,则修改动态代理类 AopProxyDynamic 代码如下所示。

【代码 9-10】 AopProxyDynamic.java

```
package com.qst.chapter09.myaop;

import java.lang.reflect.InvocationHandler;
import java.lang.reflect.Method;

/**
 * 动态代理方式实现 AOP,方法调用前后、抛出异常时,调用事务管理器。
```

```
 */
public class AopProxyDynamic implements InvocationHandler {

    private Object target;
    private TransactionManager transactionManager;

    public AopProxyDynamic(Object target,
                            TransactionManager transactionManager) {
        this.target = target;
        this.transactionManager = transactionManager;
    }

    @Override
    public Object invoke(Object proxy, Method method, Object[] args)
            throws Exception {
        //针对方法进行限制,提高 AOP 的灵活性
        //限制只有名称是 buy 开头的方法才会被增强
        if (!method.getName().startsWith("buy"))
            return method.invoke(target, args);

        transactionManager.beginTransaction();          //开始事务
        try {
            //调用目标对象的方法
            Object returnResult = method.invoke(target, args);
            transactionManager.commit();                //提交事务
            return returnResult;                        //返回调用结果
        } catch (Exception e) {
            e.printStackTrace();
            transactionManager.rollback();              //回滚事务
            throw e;
        }
    }
}
```

在上述代码中，在添加增强代码之前，首先判断待增强方法是否名称以 buy 开头，如果不是，则只是直接调用目标方法，否则添加增强。运行测试类 Test3，执行结果如下：

```
【事务管理器】开始事务
【数据库插入订单】购买者：Tom，商品：《JavaEE & SSH》，订单编号：1001
【事务管理器】提交事务
【数据库修改订单状态】订单编号：1100
```

从运行结果可以看到，执行 returnGoods()方法时没有添加增强的事务处理。

纵观测试类 Test3，其中核心代码是对业务方法 buyGoods()和 returnGoods()的调用，其余代码都是起辅助作用的。如果使用 IoC 容器，则可以将被代理业务对象和事务管理器对象在外部构造后再注入到测试类中，同时动态代理对象也可由容器自动生成，这样就可以实现 AOP 框架了。

注意

> 使用 Java SE 动态代理方式实现 AOP 时，代理接口的所有方法都会被增强。

2. cglib 实现 AOP

使用 Java SE 动态代理方式实现 AOP 时，最大限制是被增强对象必须实现接口，并且增强的方法也只能是接口中声明的方法。按照面向接口编程的原则，上述限制条件并不算太大的问题，但在实际的项目中，可能总是存在对不实现业务接口的对象进行增强的需求，这时动态代理将无能为力，可以采用动态生成字节码的方式。cglib 是流行的动态字节码生成工具，下列示例演示通过 cglib 实现 AOP，首先编写未实现任何接口的业务类 ServiceNoInterface，代码如下所示。

【代码 9-11】 ServiceNoInterface.java

```
package com.qst.chapter09.myaop;

/**
 * 业务类
 */
public class ServiceNoInterface {

    private static int ORDER_NO = 1000; //用于生成订单编号

    public int buyGoods(String user, String productName) {
        ORDER_NO++;
        System.out.println("【数据库插入订单】购买者：" + user + ",商品：" + productName
                + ",订单编号：" + ORDER_NO);
        return ORDER_NO;
    }

    public void returnGoods(int orderNo) {
        System.out.println("【数据库修改订单状态】订单编号：" + orderNo);
    }
}
```

然后编写类实现 cglib 提供的 MethodInterceptor 接口，代码如下所示。

【代码 9-12】 AopProxyCglib.java

```
package com.qst.chapter09.myaop;

import java.lang.reflect.Method;

import org.springframework.cglib.proxy.MethodInterceptor;
import org.springframework.cglib.proxy.MethodProxy;

public class AopProxyCglib implements MethodInterceptor {

    private TransactionManager transactionManager;

    public AopProxyCglib(TransactionManager transactionManager) {
        this.transactionManager = transactionManager;
    }

    @Override
    public Object intercept(Object proxy, Method method, Object[] args,
```

```
            MethodProxy methodProxy) throws Throwable {
        //针对方法进行限制,提高 AOP 的灵活性
        //限制只有名称是 buy 开头的方法才会被增强
        if (!method.getName().startsWith("buy"))
            return methodProxy.invokeSuper(proxy, args);

        transactionManager.beginTransaction();      //开始事务
        try {
            //调用目标对象的方法
            Object returnResult = methodProxy.invokeSuper(proxy, args);
            transactionManager.commit();             //提交事务
            return returnResult;                     //返回调用结果
        } catch (Exception e) {
            e.printStackTrace();
            transactionManager.rollback();           //回滚事务
            throw e;
        }
    }
}
```

在上述代码中,AopProxyCglib 类实现了 MethodInterceptor 接口并覆盖了 intercept()方法。在 intercept()方法中,首先判断待增强方法的名称是否以 buy 开头,如果不是,则只是直接调用目标方法,否则添加增强;然后在调用目标方法的之前、之后和出现异常时,分别调用事务管理器的相关方法实现事务控制。其中调用目标方法是通过调用 intercept()方法的 MethodProxy 类型参数的 invokeSuper()方法实现的,invokeSuper()方法是 cglib 提供的用于调用被代理的父类的方法。

编写测试类 Test4,代码如下所示。

【代码 9-13】 Test4.java

```
package com.qst.chapter09.myaop;

import org.springframework.cglib.proxy.Enhancer;
import org.springframework.cglib.proxy.MethodInterceptor;

public class Test4 {
    public static void main(String[] args) {
        //事务管理器
        TransactionManager transactionManager = new TransactionManager();

        //cglib 代理 MethodInterceptor
        MethodInterceptor mi = new AopProxyCglib(transactionManager);
        //动态生成的代理对象
        Enhancer enhancer = new Enhancer();
        enhancer.setSuperclass(ServiceNoInterface.class);
        enhancer.setCallback(mi);
        ServiceNoInterface cglibProxy = (ServiceNoInterface) enhancer.create();

        //使用代理对象调用业务方法
        cglibProxy.buyGoods("Tom", "《JavaEE & SSH》");   //购买商品
        cglibProxy.returnGoods(1100);                     //退货
    }
}
```

上述代码中,使用 cglib 代理方式调用了业务方法 buyGoods()和 returnGoods():

- 首先构造了事务管理器 TransactionManager 的实例;
- 构造 AopProxyCglib 实例 mi,构造方法需传入事务管理器对象;
- 构造 Enhancer 对象 enhancer 并调用其 setSuperclass()和 setCallback()方法分别设置父类类型和 MethodInterceptor 对象,然后调用 enhancer 的 create()方法创建代理对象 dynamicCglib;
- 调用代理对象 dynamicCglib 的 buyGoods()和 returnGoods()方法完成操作。

运行上述测试类 Test4,执行结果如下:

```
【事务管理器】开始事务
【数据库插入订单】购买者: Tom,商品:《JavaEE & SSH》,订单编号: 1001
【事务管理器】提交事务
【数据库修改订单状态】订单编号: 1100
```

从运行结果可以看到,事务操作已经成功织入到业务操作中,并且只增强了符合条件(即名称以 buy 开头)的方法。

9.2 Spring AOP

Spring 框架通过 Java SE 动态代理和 cglib 实现了 AOP 功能:当明确指定目标类实现的业务接口时,Spring 使用动态代理,也可强制使用 cglib;没有指定目标类的接口时,Spring 使用 cglib 进行字节码增强。Spring AOP 框架支持针对方法的多种增强方式,并提供 XML 文件和注解两种配置方式实现声明式的 AOP 功能。

9.2.1 增强的类型

Spring 框架的 AOP 功能只支持方法级增强,针对目标方法执行前、执行后、是否出现异常等情况,Spring AOP 提供多种增强类型:

- 前置增强。前置增强是指在某个连接点方法之前执行的增强。如果这个增强不抛出异常,那么该连接点一定会被执行。
- 后置增强。后置增强是指连接点方法无论在任何情况下退出时所执行的增强,即无论连接点方法是正常退出还是抛出异常都会执行此增强。
- 返回后增强。返回后增强是指连接点方法正常(没有抛出异常)执行后所执行的增强。
- 抛出异常后增强。抛出异常后增强是指在连接点方法抛出异常后执行的增强。
- 环绕增强。环绕增强是指包围连接点方法的增强。环绕增强可以替代前述任何一种增强。
- 引介增强。引介增强是一种特殊的增强,能够使目标类实现某个指定的接口。

Spring 框架早期版本使用多个接口来定义前置、后置、返回后、抛出异常时、环绕增强,从 2.0 版本开始,Spring 支持采用 POJO 定义增强,并提供两种配置方式以支持声明式的 AOP:

- XML 配置文件,使用 Spring 配置文件来定义切入点和增强;
- 注解方式,使用@Aspect、@Pointcut 等注解来定义切入点和增强。

本书主要介绍采用 POJO 定义增强的方式。

9.2.2 使用 XML 配置 Spring AOP

使用 Spring 配置文件配置 AOP 时，需要用到 Spring 框架提供的 XML 命名空间 http://www.springframework.org/schema/aop 下的多个元素。

- <aop:config>：配置 AOP 功能的根元素；
- <aop:pointcut>：配置 AOP 切入点；
- <aop:advisor>：配置 AOP 增强；
- <aop:aspect>：配置 AOP 切面；
- <aop:declare-parents>：配置引入增强；
- <aop:before>：配置前置增强；
- <aop:after>：配置后置增强；
- <aop:after-returning>：配置返回后增强；
- <aop:after-throwing>：配置抛出异常后增强；
- <aop:around>：配置环绕增强。

由于 Spring AOP 提供的配置功能比较复杂，下面首先以 9.1 节中使用的事务控制为例，介绍使用 XML 方式配置 Spring AOP 的简单用法，介绍完基本使用方式后，再结合示例逐步增加功能，以详细说明上述各个元素的用法。

1. AOP 配置示例

(1) 首先编写业务类，业务类 GoodsService 与原来的 ServiceImpl 业务逻辑相同，但是类名改为 GoodsService，并且没有实现任何接口，代码如下所示。

【代码 9-14】 GoodsService.java

```
package com.qst.chapter09.springaop;

public class GoodsService {
    private static int ORDER_NO = 1000;              //用于生成订单编号

    public int buyGoods(String user, String productName) {
        ORDER_NO++;
        System.out.println("【数据库插入订单】购买者：" + user + ",商品：" + productName
                + ",订单编号：" + ORDER_NO);
        return ORDER_NO;
    }

    public void returnGoods(int orderNo) {
        System.out.println("【数据库修改订单状态】订单编号：" + orderNo);
    }
}
```

(2) 编写切面类，事务管理器类 TransactionManager 用于对业务类进行增强，其代码与 9.1 节完全相同。

(3) 在 Spring 配置文件中配置 AOP，代码如下所示。

【代码 9-15】 applicationContext.xml

```
<?xml version = "1.0" encoding = "UTF - 8"?>
<beans xmlns = "http://www.springframework.org/schema/beans"
```

```
    xmlns:xsi = "http://www.w3.org/2001/XMLSchema-instance"
    xmlns:aop = "http://www.springframework.org/schema/aop"
    xmlns:context = "http://www.springframework.org/schema/context"
    xsi:schemaLocation =
        "http://www.springframework.org/schema/beans
        http://www.springframework.org/schema/beans/spring-beans-4.1.xsd
        http://www.springframework.org/schema/aop
        http://www.springframework.org/schema/aop/spring-aop-4.1.xsd
        http://www.springframework.org/schema/context
        http://www.springframework.org/schema/context/spring-context-4.1.xsd">

    <!-- 业务类 -->
    <bean id = "service" class = "com.qst.chapter09.springaop.GoodsService">
    </bean>

    <!-- 切面类 -->
    <bean id = "transactionManager"
          class = "com.qst.chapter09.springaop.TransactionManager">
    </bean>

    <!-- 切入点 -->
    <aop:config>
        <aop:aspect id = "transactionAspect" ref = "transactionManager">
        <aop:before method = "beginTransaction"
        pointcut = "execution( * com.qst.chapter09.springaop. * Service. * (..))" />
        <aop:after-returning method = "commit"
        pointcut = "execution( * com.qst.chapter09.springaop. * Service. * (..))" />
        <aop:after-throwing method = "rollback"
        pointcut = "execution( * com.qst.chapter09.springaop. * Service. * (..))" />
        </aop:aspect>
    </aop:config>
</beans>
```

上述配置文件中，完成了下列操作：

- 引入 XML 命名空间 http://www.springframework.org/schema/aop 并设置前缀为 aop，在 xsi:schemaLocation 属性中添加针对 AOP 的两个 schema：

```
http://www.springframework.org/schema/aop
http://www.springframework.org/schema/aop/spring-aop-4.1.xsd
```

- 配置业务类 GoodsService 的 Bean；
- 配置事务管理器 TransactionManager 的 Bean，此 Bean 作为切面；
- 使用<aop:config>及其子元素配置 AOP，<aop:aspect>元素中引用了 transactionManager 作为切面，同时定义了<aop:before>、<aop:after-returning>、<aop:after-throwing>三个增强，其 method 属性分别为 beginTransaction、commit、rollback，三个增强都使用 AspectJ 切入点表达式定义了 pointcut 属性为：execution(* com.qst.chapter09.springaop. * Service. * (..))，最终结果为 com.qst.chapter09 包下的所有类名以 Service 结尾的类的所有方法都添加了前置、返回后、抛出异常后增强，增强的方法分别为切面 transactionManager 的 beginTransaction()、commit()、rollback()方法。

(4) 编写测试类 Test1,代码如下所示。

【代码 9-16】 Test1.java

```
package com.qst.chapter09.springaop;

import org.springframework.context.ApplicationContext;
import org.springframework.context.support.ClassPathXmlApplicationContext;

public class Test1 {

    public static void main(String[] args) {
        ApplicationContext context = new ClassPathXmlApplicationContext(
              "com/qst/chapter09/springaop/applicationContext.xml");
        GoodsService service = (GoodsService) context.getBean("service");
        service.buyGoods("Tom", "《JavaEE & SSH》");     //购买商品
        service.returnGoods(1100);                    //退货
    }
}
```

在上述代码中,首先通过 ClassPathXmlApplicationContext 构造出 Spring 的上下文,再调用 getBean()方法获取业务 Bean,然后调用 buyGoods()和 returnGoods()业务方法,运行结果如下:

```
【事务管理器】开始事务
【数据库插入订单】购买者: Tom,商品:《JavaEE & SSH》,订单编号: 1001
【事务管理器】提交事务
【事务管理器】开始事务
【数据库修改订单状态】订单编号: 1100
【事务管理器】提交事务
```

从运行结果可以看到,增强已经成功添加。可以修改 GoodsService.java,故意制造一个异常,代码如下所示。

【代码 9-17】 GoodsService.java

```
...其他代码省略
public void returnGoods(int orderNo) {
    System.out.println("【数据库修改订单状态】订单编号: " + orderNo);
    int a = 1 / 0;            //发生异常
}
```

再次运行 Test1,执行结果如下:

```
【事务管理器】开始事务
【数据库插入订单】购买者: Tom,商品:《JavaEE & SSH》,订单编号: 1001
【事务管理器】提交事务
【事务管理器】开始事务
【数据库修改订单状态】订单编号: 1100
【事务管理器】回滚事务
```

从运行结果可以看到,抛出异常后增强也能正常添加。

上述示例演示了 Spring AOP 的一种基本配置方式,下面详细介绍各个配置元素的使用方式。

2. <aop:config>元素

<aop:config>元素是 Spring AOP 配置的根元素，可以包含两个属性和三个子元素。

- 属性 proxy-target-class：如果是 true，则使用 cglib 生成代理对象；如果是 false，则根据目标类是否实现了接口选择使用 Java SE 动态代理或 cglib 生成代理对象，默认为 false；
- 属性 expose-proxy：是否将代理对象置于 ThreadLocal 中，默认 false，如果设为 true，则可以通过 AopContext. currentProxy()静态方法获取当前代理对象；
- 子元素<aop:pointcut>：用于配置切入点；
- 子元素<aop:advisor>：用于配置增强；
- 子元素<aop:aspect>：用于配置切面。

注意

> config 元素可以包含 0～*n* 个 pointcut 子元素、0～*n* 个 advisor 子元素、0～*n* 个 aspect 子元素，这些子元素如果存在，必须按照 pointcut、advisor、aspect 的顺序添加。

本节示例中的业务类 GoodsService 没有实现任何接口，Spring AOP 只能使用 cglib 生成代理对象，可以在测试类中输出业务对象的类名查看代理对象的类型，修改测试类代码如下所示。

【代码 9-18】 Test1. java

```
package com.qst.chapter09.springaop;

import org.springframework.context.ApplicationContext;
import org.springframework.context.support.ClassPathXmlApplicationContext;

public class Test1 {

    public static void main(String[] args) {
        ApplicationContext context = new ClassPathXmlApplicationContext(
                "com/qst/chapter09/springaop/applicationContext.xml");
        GoodsService service = (GoodsService) context.getBean("service");
        System.out.println(service.getClass().getName());
        service.buyGoods("Tom", "《JavaEE & SSH》");      //购买商品
        service.returnGoods(1100);                         //退货
    }
}
```

运行后输出结果如下：

```
com.qst.chapter09.springaop.GoodsService$$EnhancerBySpringCGLIB$$c0591b7e
【事务管理器】开始事务
【数据库插入订单】购买者：Tom,商品：《JavaEE & SSH》,订单编号：1001
【事务管理器】提交事务
【事务管理器】开始事务
【数据库修改订单状态】订单编号：1100
【事务管理器】回滚事务
```

其中 com. qst. chapter09. springaop. GoodsService $$EnhancerBySpringCGLIB$$c0591b7e 即为 cglib 动态生成的代理对象的类名。

如果 GoodsService 实现了某个业务接口，则默认情况下 Spring AOP 会使用动态代理方式生成代理对象，修改 GoodsService 代码，使其实现 Service 接口，代码如下所示。

【代码 9-19】 GoodsService. java

```
package com.qst.chapter09.springaop;
public class GoodsService implements Service {
    ...代码省略
}
```

其中业务接口 Service 代码与 9.1 节中完全相同，还需要修改测试类，代码如下所示。

【代码 9-20】 Test1. java

```
package com.qst.chapter09.springaop;

import org.springframework.context.ApplicationContext;
import org.springframework.context.support.ClassPathXmlApplicationContext;

public class Test1 {

    public static void main(String[] args) {
        ApplicationContext context = new ClassPathXmlApplicationContext(
                "com/qst/chapter09/springaop/applicationContext.xml");
        Service service = (Service) context.getBean("service");
        System.out.println(service.getClass().getName());
        service.buyGoods("Tom", "《JavaEE & SSH》");     //购买商品
        service.returnGoods(1100);                      //退货
    }
}
```

由于使用了接口，所以上述代码中从 Spring 上下文中取出的对象应强制转化为接口类型。再次运行测试类，输出结果如下：

```
com.sun.proxy.$Proxy2
【事务管理器】开始事务
【数据库插入订单】购买者：Tom，商品：《JavaEE & SSH》，订单编号：1001
【事务管理器】提交事务
【事务管理器】开始事务
【数据库修改订单状态】订单编号：1100
【事务管理器】提交事务
```

运行结果中 com. sun. proxy. $Proxy2 为 Java SE 动态代理生成的代理对象类型，可以看到当业务对象实现接口时，如果没有为<aop:config>元素指定 proxy-target-class 属性为 true，则 Spring AOP 使用了 Java SE 动态代理来生成代理对象。

修改 Spring 配置文件，为<aop:config>元素添加 proxy-target-class 属性并设为 true，代码如下所示。

【代码 9-21】 applicationContext. xml

```
...省略其他代码
    <!-- 切入点 -->
```

```
    <aop:config proxy-target-class="true">
        ...省略
    </aop:config>
</beans>
```

再次运行测试类,输出结果如下:

```
com.qst.chapter09.springaop.GoodsService$$EnhancerBySpringCGLIB$$42aac666
【事务管理器】开始事务
【数据库插入订单】购买者: Tom,商品:《JavaEE & SSH》,订单编号: 1001
【事务管理器】提交事务
【事务管理器】开始事务
【数据库修改订单状态】订单编号: 1100
【事务管理器】提交事务
```

可以看到 Spring AOP 改为使用 cglib 来生成代理对象了。

<aop:config>元素的另一个属性 expose-proxy 使用情况较少,当在一个业务方法 A 中调用另一个业务方法 B,并且希望 B 方法也会被增强时,可以考虑使用 expose-proxy 属性。下列示例演示了 expose-proxy 属性的作用,修改 GoodsService 代码如下所示。

【代码 9-22】 GoodsService.java

```
package com.qst.chapter09.springaop;
public class GoodsService implements Service {
    private static int ORDER_NO = 1000;    //用于生成订单编号

    public int buyGoods(String user, String productName) {
        ORDER_NO++;
        System.out.println("【数据库插入订单】购买者: " + user + ",商品: " + productName
              + ",订单编号: " + ORDER_NO);
        return ORDER_NO;
    }

    public void returnGoods(int orderNo) {
        System.out.println("【数据库修改订单状态】订单编号: " + orderNo);
        buyGoods("Mike", "iPhone 6s");    //一个业务方法中调用另一个业务方法
    }
}
```

在上述代码中,在 returnGoods()方法中调用了 buyGoods()方法(只为演示,无实际业务意义)。运行测试类,输出结果如下:

```
【事务管理器】开始事务
【数据库插入订单】购买者: Tom,商品:《JavaEE & SSH》,订单编号: 1001
【事务管理器】提交事务
【事务管理器】开始事务
【数据库修改订单状态】订单编号: 1100
【数据库插入订单】购买者: Mike,商品: iPhone 6s,订单编号: 1002
【事务管理器】提交事务
```

从输出结果可以看到,在 returnGoods()方法中调用的 buyGoods()方法并没有被增强,这是因为 buyGoods()方法是在当前对象上调用的,而不是生成的代理对象,只有获取代理对象后调用 buyGoods()方法才会被增强。为解决此问题,Spring AOP 框架提供了 org.springframework.aop.framework.AopContext 类,通过调用其 currentProxy()静态方法可以获取当前线程上绑定的代理对象,修改 GoodsService 代码如下所示。

【代码 9-23】 GoodsService.java

```
package com.qst.chapter09.springaop;
import org.springframework.aop.framework.AopContext;

public class GoodsService implements Service {
    private static int ORDER_NO = 1000; //用于生成订单编号

    public int buyGoods(String user, String productName) {
        ORDER_NO++;
        System.out.println("【数据库插入订单】购买者:" + user + ",商品:" + productName
                + ",订单编号:" + ORDER_NO);
        return ORDER_NO;
    }

    public void returnGoods(int orderNo) {
        System.out.println("【数据库修改订单状态】订单编号:" + orderNo);
        Service service = (Service) AopContext.currentProxy();
        service.buyGoods("Mike", "iPhone 6s");
    }
}
```

上述代码的returnGoods()方法中，首先通过AopContext.currentProxy()方法获取了当前的代理对象，然后调用其buyGoods()方法。

还需要修改Spring配置文件，为<aop:config>元素添加属性expose-proxy并设为true，代码如下所示。

【代码 9-24】 applicationContext.xml

```
…省略其他代码
    <!-- 切入点 -->
    <aop:config expose-proxy="true">
        …省略
    </aop:config>
</beans>
```

再次执行测试类，输出结果如下：

```
【事务管理器】开始事务
【数据库插入订单】购买者:Tom,商品:《JavaEE & SSH》,订单编号:1001
【事务管理器】提交事务
【事务管理器】开始事务
【数据库修改订单状态】订单编号:1100
【事务管理器】开始事务
【数据库插入订单】购买者:Mike,商品:iPhone 6s,订单编号:1002
【事务管理器】提交事务
【事务管理器】提交事务
```

可以看到，returnGoods()方法中调用的buyGoods()方法已经被增强。

3. <aop:pointcut>元素

<aop:pointcut>元素是<aop:config>元素的子元素，用于配置可重用的切入点。<aop:pointcut>元素没有子元素，其常用的两个属性如下：

- 属性id——用于为切入点指定唯一标识；
- 属性expression——用于配置切入点指示符。

当多个增强使用的切入点相同时，为了避免重复配置切入点，可以使用<aop:pointcut>元素统一定义一个切入点，然后在各个增强引用此切入点。例如前述例子中的配置如下所示。

【代码 9-25】 applicationContext.xml

```
...省略
    <aop:config>
        <aop:aspect id="transactionAspect" ref="transactionManager">
        <aop:before method="beginTransaction"
        pointcut="execution( * com.qst.chapter09.springaop. * Service. * (..))" />
        <aop:after-returning method="commit"
        pointcut="execution( * com.qst.chapter09.springaop. * Service. * (..))" />
        <aop:after-throwing method="rollback"
        pointcut="execution( * com.qst.chapter09.springaop. * Service. * (..))" />
        </aop:aspect>
    </aop:config>
</beans>
```

上述代码中，before、after-returning、after-throwing三个增强使用了完全相同的切入点，可以完全提取到一个<aop:pointcut>元素中，修改配置文件如下所示。

【代码 9-26】 applicationContext.xml

```
...省略
    <aop:config>
        <aop:pointcut id="transactionPointcut"
        expression="execution( * com.qst.chapter09.springaop. * Service. * (..))" />
        <aop:aspect id="transactionAspect" ref="transactionManager">
            <aop:before method="beginTransaction"
                pointcut-ref="transactionPointcut" />
            <aop:after-returning method="commit"
                pointcut-ref="transactionPointcut" />
            <aop:after-throwing method="rollback"
                pointcut-ref="transactionPointcut" />
        </aop:aspect>
    </aop:config>
</beans>
```

在上述代码中，在<aop:config>元素下添加子元素<aop:pointcut>，设定id属性为transactionPointcut，expression属性为execution(* com.qst.chapter09.springaop. * Service. * (..))；在before、after-returning、after-throwing三个增强中，删掉了pointcut属性，改为使用pointcut-ref属性引用已定义好的id为transactionPointcut的切入点。再次运行测试代码，增强被成功添加，运行结果没有变化，此处不再展示。

4. 切入点指示符

为了能够灵活定义切入点位置，Spring AOP提供了多种切入点指示符，如表9-1所示。

表 9-1 Spring AOP 的切入点指示符

名 称	功能描述
execution	用来匹配执行方法的连接点，是Spring AOP中最主要的切入点指示符
within	限定匹配特定类型的连接点，当使用Spring AOP的时候，只能匹配方法执行的连接点
this	用于限定AOP代理必须是指定类型的实例，用于匹配该对象的所有连接点。当使用Spring AOP的时候，只能匹配方法执行的连接点

续表

名　　称	功能描述
target	用于限定目标对象必须是指定类型的实例，用于匹配该对象的所有连接点。当使用Spring AOP的时候，只能匹配方法执行的连接点
args	用于对连接点的参数类型进行限制，要求参数类型是指定类型的实例。当使用Spring AOP的时候，只能匹配方法执行的连接点

下面分别通过具体示例来说明表9-1中的切入点指示符。

(1) execution

execution表达式的语法格式如下：

【语法】

```
execution(modifiers - pattern? return - type - pattern declaring - type - pattern? name - pattern
(param - pattern) throws - pattern?)
```

上面格式中execution是不变的，用于作为execution表达式的开头，整个表达式中各部分的含义如表9-2所示。

表9-2　Spring AOP的切入点指示符

名　　称	功能描述
modifiers-pattern	指定方法的修饰符，支持通配符，可省略
return-type-pattern	指定方法的返回值类型，支持通配符，可使用"*"通配符来匹配所有返回值类型
declaring-type-pattern	指定方法所属的类，支持通配符，可省略
name-pattern	指定匹配的方法名，支持通配符，可以使用"*"通配符来匹配所有方法
param-pattern	指定方法中声明的形参列表，支持两个通配符： ● "*"：代表一个任意类型的参数； ● ".."，代表零个或多个任意类型的参数。 例如，()匹配一个无参方法，而(..)匹配一个可接受任意数量和类型的参数的方法，(*)匹配了一个接受一个任意类型参数的方法，如(*,Integer)匹配了一个接受两个参数的方法，第一个可以是任意类型，第二个必须是Integer类型
throws-pattern	指定方法声明抛出的异常，支持通配符，该部分可以省略

execution切入点指示符的方法示例如表9-3所示。

表9-3　execution切入点指示符的方法示例

分类	示　　例	功能描述
通过方法签名定义切入点	execution(public ** (..))	匹配所有目标类的public方法。其中第一个"*"代表返回类型；第二个"*"代表方法名；".."代表任意类型和个数的参数
	execution(* save*(..))	匹配目标类所有名字以save开头的方法。第一个"*"代表返回类型
	execution(** product(*,String))	匹配目标类所有名字以product结尾的方法，并且要求方法有两个参数，第一个参数可为任意类型，第二个为String类型

续表

分类	示　例	功能描述
通过类定义切入点	execution (* com. chapter09. service. GoodsService. *(..))	匹配 GoodsService 接口及其实现子类中的所有方法，execution (* com. chapter09. service. GoodsService+. *(..))表示匹配 GoodsService 接口中所有的方法，+表示会额外匹配实现类中未在接口中声明的方法
通过包定义切入点	execution(* com. qst. chapter09. *(..))	匹配 com. chapter09 包下所有类的所有方法，不包括子包中类的方法
	execution(* com. qst. chapter09.. *(..))	匹配 com. chapter09 包及其子孙包下所有类的所有方法。当".."出现在类名中时，后面必须跟"*"，表示包、子孙包下的所有类
	execution(* com.. *. *Service. find*(..))	匹配 com 包或其子孙包下所有类名后缀为 Service 的方法，其中，方法名必须以 find 为前缀
	execution(* com.. chapter09.. * Service. find*(..))	匹配 com 包且 com 的子孙包名中有 chapter09 包及其子孙包中类名以 Service 为后缀的类中的所有方法，其中，方法名必须以 find 为前缀
通过方法形参定义切入点	execution(* foo(String,int))	匹配任意包下的 foo()方法，且 foo()方法第一个形参是 String，第二个形参为 int 类型。如果方法中的形参类型是 java. lang 包下的类，可以直接使用类名，否则必须使用全限定类名，如 foo(java. util. List)
	execution(* foo(String,..))	匹配任意包下的 foo()方法，且 foo()方法第一个形参是 String 类型，后面可以有任意个且类型不限的形参

(2) within

通过类匹配模式声明切入点。within 只能通过类型匹配连接点的执行方法，而不能根据方法的特征(如方法签名、访问修饰符或返回类型)来匹配。例如：

```
within(com.chapter09.. *): 表示匹配包 com.chapter09 及其子孙包中任意类的方法。
```

由于 execution 可以匹配包、类、方法，而 within 只能匹配包、类，因此 execution 完全可以代替 within 的功能。

(3) this

用于限定 AOP 代理必须是指定类型的实例，用于匹配该对象的所有连接点，当使用 Spring AOP 的时候，只能匹配方法的连接点。例如：

```
this(com.chapter09.service.GoodsService): 匹配实现了 GoodsService 接口的代理对象的所有连接点。
```

(4) target

target 通过判断目标类的类型决定连接点是否匹配，而 this 则通过判断代理类的类型来决定是否和切入点匹配。两者限定的对象都是指定类型的实例。例如：

```
target(com.chapter09.service.GoodsService)：匹配了实现 GoodsService 接口的目标对象的所有连接点。
```

(5) args

用于对连接点的参数类型进行限制，要求参数类型是指定类型的实例。例如：

```
args(com.chapter09.pojos.Goods)：表示匹配运行时传入的参数类型是 Goods 的方法。
```

上述表达式与 execution(** (com. chapter09. pojos. Goods))的区别在于，后者针对的是方法签名，而前者则针对的是运行时参数的实际传入类型。如 args(com. chapter09. pojos. Goods)既匹配 buyGoods(Goods goods)，也匹配 buyGoods(PcGoods goods)，因为 PcGoods 是 Goods 的子类；而 execution(** (com. chapter09. pojos. Goods))只匹配 buyGoods(Goods goods)方法。

(6) 组合切入点

Spring AOP 支持使用 3 个逻辑运算符来组合切入点表达式，分别为：

- && ——要求连接点同时匹配两个切入点表达式；
- || ——只要求连接点匹配任意一个切入点表达式；
- ! ——要求连接点不匹配指定切入点表达式。

例如：

```
execution( * com.service.. * (..))&&args(com.chapter09.pojos.Goods)
```

上面切入点表达式要求必须同时满足两个条件：

- 是 com. service 包及其子包下的方法；
- 方法只有一个 com. chapter09. pojos. Goods 类型的参数。

5. <aop:advisor>元素

<aop:advisor>元素用于将增强 Bean 和切入点结合在一起，包括 5 个属性，没有子元素。

- 属性 id：唯一标识；
- 属性 advice-ref：引用的增强 Bean 的 id；
- 属性 pointcut：切入点指示符；
- 属性 pointcut-ref：引用已定义的切入点；
- 属性 order：存在多个增强时，本增强的执行顺序(由序号决定)。

使用<aop:advisor>元素时，要求增强必须是 org. aopalliance. aop. Advice 接口的实现类，根据增强的类型，应该是下列 4 个接口的实现类。

- org. springframework. aop. MthodBeforeAdvice：方法前置增强；
- org. springframework. aop. AfterReturningAdvice：方法返回后增强；
- org. springframework. aop. ThrowsAdvice：方法抛出异常后增强；
- org. aopalliance. intercept. MethodInterceptor：方法环绕增强。

下面举例说明<aop:advisor>元素的用法。首先定义增强类 MyBeforeAdvice，代码如下：

【代码 9-27】 MyBeforeAdvice. java

```
package com.qst.chapter09.springaop;

import java.lang.reflect.Method;
```

```
import org.springframework.aop.MethodBeforeAdvice;

public class MyBeforeAdvice implements MethodBeforeAdvice {
    @Override
    public void before(Method method, Object[] args, Object target)
            throws Throwable {
        System.out.println("【MyBeforeAdvice】");
    }
}
```

在上述代码中,MyBeforeAdvice 实现了 MethodBeforeAdvice 接口,并覆盖了 before()方法,是一个前置增强。before()方法中使用控制台输出模拟了增强逻辑。

修改 Spring 配置文件,代码如下:

【代码 9-28】 applicationContext.xml

```
...省略
<bean id="myBeforeAdvice"
        class="com.qst.chapter09.springaop.MyBeforeAdvice"></bean>
<aop:config>
    <aop:pointcut id="transactionPointcut"
        expression="execution( * com.qst.chapter09.springaop.*Service.*(..))" />
    <aop:advisor id="myAdvisor" advice-ref="myBeforeAdvice"
        pointcut-ref="transactionPointcut" />
    <aop:aspect id="transactionAspect" ref="transactionManager">
        <aop:before method="beginTransaction"
            pointcut-ref="transactionPointcut" />
        <aop:after-returning method="commit"
            pointcut-ref="transactionPointcut" />
        <aop:after-throwing method="rollback"
            pointcut-ref="transactionPointcut" />
    </aop:aspect>
</aop:config>
```

上述配置中,首先声明了增强类 MyBeforeAdvice 的 Bean,然后在<aop:config>元素添加了子元素<aop:advisor>,其 advice-ref 属性引用了 MyBeforeAdvice 的 Bean,pointcut-ref 属性引用了已定义好的切入点。

执行测试类,输出结果如下:

```
【MyBeforeAdvice】
【事务管理器】开始事务
【数据库插入订单】购买者:Tom,商品:《JavaEE & SSH》,订单编号:1001
【事务管理器】提交事务
【MyBeforeAdvice】
【事务管理器】开始事务
【数据库修改订单状态】订单编号:1100
【事务管理器】提交事务
```

可以看到,通过<aop:advisor>配置的增强已添加到业务对象中。

类似的,通过上述方式也可配置返回后、抛出异常后、环绕增强。

6. <aop:aspect>元素

<aop:aspect>元素用于配置切面,可以包含 3 个属性和 7 个子元素。

- 属性 id：唯一标识；
- 属性 ref：引用的增强 Bean 的 id；
- 属性 order：切入点指示符；
- 子元素 pointcut：配置切入点；
- 子元素 declare-parents：配置引介增强；
- 子元素 before：配置前置增强；
- 子元素 after：配置后置增强；
- 子元素 after-returning：配置返回后增强；
- 子元素 after-throwing：配置抛出异常后增强；
- 子元素 around：配置环绕增强。

在前面的示例中，已经介绍过 ref 属性和 pointcut、before、after-returning、after-throwing 子元素的用法，after 和 around 元素用法是类似的，不再介绍。

<aop:aspect>元素的子元素<aop:declare-parents>用于配置引介增强，引介增强比较特殊，与其他类型增强不同，引介增强是作用于类上的，而不是方法上。引介增强用于在运行时为目标类添加行为，实际是装饰器模式的使用，下面举例说明其含义。

首先添加新接口 MyInterface，代码如下所示。

【代码 9-29】 MyInterface.java

```
package com.qst.chapter09.springaop;
public interface MyInterface {
    void doSomeProcess();
}
```

上述 MyInterface 接口中只定义了一个方法 doSomeProcess()。

业务类 GoodsService 没有实现 MyInterface 接口，本示例通过 Spring AOP 提供的引介增强方式使 GoodsService 动态实现 MyInterface 接口。

编写 MyInterface 接口的实现类 MyInterfaceImpl，代码如下所示。

【代码 9-30】 MyInterfaceImpl.java

```
package com.qst.chapter09.springaop;

public class MyInterfaceImpl implements MyInterface {
    @Override
    public void doSomeProcess() {
        System.out.println("【MyInterfaceImpl】");
    }
}
```

MyInterfaceImpl 实现了 MyInterface 接口并覆盖了 doSomeProcess()方法。MyInterfaceImpl 类将作为引介增强的实现类，当业务类 GoodsService 被引介增强后，将会拥有 MyInterface 接口的 doSomeProcess()方法的实现，实现方式即为 MyInterfaceImpl 类的 doSomeProcess()方法。

然后，修改 Spring 配置文件，代码如下所示。

【代码 9-31】 applicationContext.xml

```
…省略
<!-- 业务类 -->
<bean id="service"
```

```
        class = "com.qst.chapter09.springaop.GoodsService" />
    <!-- MyInterface 接口实现类 -->
    <bean id = "myInterfaceImpl"
        class = "com.qst.chapter09.springaop.MyInterfaceImpl"/>

    <!-- 切入点 -->
    <aop:config>
        <aop:pointcut id = "transactionPointcut"
            expression = "execution( * com.qst.chapter09.springaop. * Service. * (..))" />
        <aop:aspect id = "transactionAspect" ref = "transactionManager">
            <aop:before method = "beginTransaction"
                pointcut-ref = "transactionPointcut" />
            <aop:after-returning method = "commit"
                pointcut-ref = "transactionPointcut" />
            <aop:after-throwing method = "rollback"
                pointcut-ref = "transactionPointcut" />
            <aop:declare-parents
                types-matching = "com.qst.chapter09.springaop.GoodsService"
                implement-interface = "com.qst.chapter09.springaop.MyInterface"
                delegate-ref = "myInterfaceImpl"/>
        </aop:aspect>
    </aop:config>
```

上述配置文件中，首先声明需引介增强的接口实现类 MyInterfaceImpl 的 bean，然后配置了<aop:aspect>元素的子元素<aop:declare-parents>，其三个属性的含义如下：

- types-matching——被引介增强的目标类名；
- implement-interface——引介增强的接口名；
- delegate-ref——引介增强接口的默认实现类的 bean 的 id。

修改测试类，代码如下所示。

【代码 9-32】 Test1.java

```
package com.qst.chapter09.springaop;

import org.springframework.context.ApplicationContext;
import org.springframework.context.support.ClassPathXmlApplicationContext;

public class Test1 {
    public static void main(String[] args) {
        ApplicationContext context = new ClassPathXmlApplicationContext(
                "com/qst/chapter09/springaop/applicationContext.xml");

        MyInterface myInterface = (MyInterface) context.getBean("service");
        myInterface.doSomeProcess();

        Service service = (Service) myInterface;
        service.buyGoods("Tom", "《JavaEE & SSH》");   //购买商品
        service.returnGoods(1100);                    //退货
    }
}
```

在上述测试代码中，从 Spring 上下文中取出名为 service 的 Bean，实际为被增强的 GoodsService 的实例，并没有实现 MyInterface 接口，但由于配置了引介增强，所以可以强制

转化为 MyInterface 类型。执行结果如下：

```
【MyInterfaceImpl】
【事务管理器】开始事务
【数据库插入订单】购买者: Tom,商品:《JavaEE & SSH》,订单编号: 1001
【事务管理器】提交事务
【事务管理器】开始事务
【数据库修改订单状态】订单编号: 1100
【事务管理器】提交事务
```

可以看到，MyInterfaceImpl 类的 doSomeProcess()方法被调用，说明引介增强已成功添加。另外，原有的事务增强也是正常执行的。

9.2.3 使用注解配置 Spring AOP

Spring 框架提供通过注解方式配置的声明式 AOP 功能，是基于 AspectJ 实现的。AspectJ 是一个功能强大的 AOP 框架，扩展了标准 Java 语言，为 Java 添加了针对 AOP 的很多特殊语法结构，并提供专门的编译器以生成遵守 Java 字节编码规范的 class 文件，所以，AspectJ 已不是纯粹的 Java。

AspectJ 提供了整套 AOP 理论的完整实现，很多其他的 AOP 实现(包括其他语言)都借鉴了 AspectJ 的一些思想，AspectJ 的很多实现方式已成为 AOP 领域的事实标准。即使不使用 Spring 框架，也可以直接使用 AspectJ 进行 AOP 编程。AspectJ 允许使用注解来定义切面、切入点和增强，而 Spring 框架则可以识别并根据这些注解生成 AOP 代理。

下面还是以 9.1 节中使用的事务控制为例，介绍如何使用注解方式配置 Spring AOP。

注意

> Spring 框架只是直接使用了 AspectJ 的注解，但并没有使用 AspectJ 的编译器或织入器，仍然是在运行时动态生成 AOP 代理。

1. 开启 AspectJ 注解

为使用 AspectJ 注解方式配置 Spring AOP，首先需要在 Spring 配置文件中声明<aop:aspectj-autoproxy>元素。同<aop:config>元素类似，<aop:aspectj-autoproxy>元素也具有 proxy-target-class 和 expose-proxy 属性。

- 属性 proxy-target-class：如果是 true，则使用 cglib 生成代理对象；如果是 false，则根据目标类是否实现了接口选择使用 Java SE 动态代理或 cglib 生成代理对象，默认为 false；
- 属性 expose-proxy：是否将代理对象置于 ThreadLocal 中，默认 false，如果设为 true，则可以通过 AopContext. currentProxy()静态方法获取当前代理对象。

配置<aop:aspectj-autoproxy>元素后，Spring 框架会根据 Bean 上的注解判断一个 Bean 是否使用切面，然后自动生成相应的 AOP 代理以拦截其方法调用并添加增强。

修改 Spring 配置文件，添加<aop:aspectj-autoproxy>元素，代码如下所示。

【代码 9-33】 **applicationContext.xml**

```
...省略其他代码
    <aop:aspectj-autoproxy/>
    <bean id="service" class="com.qst.chapter09.springaop.GoodsService" />
    <bean id="transactionManager"
          class="com.qst.chapter09.springaop.TransactionManager">
    </bean>
</beans>
```

注意，为使用注解方式配置 AOP，Spring 配置文件中原来的<aop:config>等元素已删除。

2. 配置切面

实施增强的 TransactionManager 类需要配置为切面，AspectJ 提供了下列注解用于配置切面，这些注解都位于 org.aspectj.lang.annotation 包下。

- @Aspect：配置一个类为切面类；
- @Before：配置一个方法为前置增强；
- @After：配置一个方法为后置增强；
- @AfterReturning：配置一个方法为返回后增强；
- @AfterThrowing：配置一个方法为抛出异常后增强；
- @Around：配置一个方法为环绕增强；
- @DeclareParents：配置一个属性为引介增强。

修改 TransactionManager 类的代码，配置切面和增强，代码如下所示。

【代码 9-34】 **TransactionManager.java**

```
package com.qst.chapter09.springaop;

import org.aspectj.lang.annotation.AfterReturning;
import org.aspectj.lang.annotation.AfterThrowing;
import org.aspectj.lang.annotation.Aspect;
import org.aspectj.lang.annotation.Before;

@Aspect
public class TransactionManager {

    @Before("execution(* com.qst.chapter09.springaop.*Service.*(..))")
    public void beginTransaction() {
        System.out.println("【事务管理器】开始事务");
    }

    @AfterReturning("execution(* com.qst.chapter09.springaop.*Service.*(..))")
    public void commit() {
        System.out.println("【事务管理器】提交事务");
    }

    @AfterThrowing("execution(* com.qst.chapter09.springaop.*Service.*(..))")
    public void rollback() {
        System.out.println("【事务管理器】回滚事务");
    }
}
```

上述代码中，首先为 TransactionManager 类添加了@Aspect 注解，然后在 beginTransaction()、commit()、rollback()方法上分别配置了@Before、@AfterReturning 和 @AfterThrowing 注解，并都指定了切入点为 execution(* com. qst. chapter09. springaop. * Service. * (..))。

运行测试代码，结果如下：

```
【事务管理器】开始事务
【数据库插入订单】购买者：Tom,商品：《JavaEE & SSH》,订单编号：1001
【事务管理器】提交事务
【事务管理器】开始事务
【数据库修改订单状态】订单编号：1100
【事务管理器】提交事务
```

说明增强已经成功添加。

9.3 Spring 事务管理

事务处理是企业级应用的核心需求之一，Spring 框架对事务处理提供了良好的支持，支持编程式和声明式两种事务管理方式。

9.3.1 Spring 事务支持

Java EE 应用的事务策略分为全局事务和局部事务。全局事务(或称为分布式事务)需要使用 JTA(Java Transaction API)，而局部事务只需要 JDBC 事务支持即可(只考虑关系型数据库的事务要求时)。

全局事务通常由 Java EE 应用服务器管理，需要使用 EJB 并得到应用服务器提供的 JTA 支持，JTA 需要通过 JNDI 获取，因此用户的应用无论是跨多个事务性资源(如关系型数据库和消息队列等)的，还是使用单一事务性资源，EJB 都要求使用全局事务加以处理，这样基于 EJB 的应用就无法脱离应用服务器的环境。

局部事务是基于单一事务性资源的，通常和底层的持久化技术有关，例如，当采用 JDBC 时，需要使用 Connection 对象来操作事务，当采用 Hibernate 持久化技术时，需要使用 Session 对象操作事务(本质上也是 JDBC 事务)。

在单一事务性资源的情况下，Spring 直接使用底层的数据源管理事务。在面对多个事务性资源时，Spring 会寻求 Java EE 应用服务器的支持，通过引用应用服务器的 JNDI 资源来完成 JTA 事务。绝大部分应用都是基于单一事务性资源的，只有很少的应用需要使用多事务性资源的 JTA 事务，本书只介绍局部事务。

Spring 框架为局部事务提供了两种管理方式：编程式事务管理和声明式事务管理。针对编程式事务管理，Spring 框架提供了一致的编程模型，在高层次建立了统一的事务模型抽象。无论采用 Spring JDBC、JPA，还是 Hibernate、MyBatis，开发者都可以使用统一的编程模型控制事务。通过 TransactionTemplete 并配合 TransactionCallback 回调接口指定具体的持久化操作即可完成编程式事务管理，开发者无须关心资源的获取、释放、事务同步等细节问题。

大多数应用应该采用声明式事务管理，这也是使用 Spring 框架的优点之一。Spring 框架支持 XML 配置文件和注解两种事务声明方式。开发者只需在 XML 配置文件或注解中指定事务边界和事务属性，Spring 框架会自动在指定边界上应用事务属性。采用声明式事务管理后，业务逻辑中不会出现任何有关事务控制的代码，只需要简单的配置，业务方法就会自动纳入事务管理，这极大地提高了代码的可维护性和可扩展性。

本章前两节介绍了 Spring AOP 的相关内容，并举了一个事务控制的例子，实际上事务管理确实是最适合使用 AOP 的应用场合之一，并且 Spring 框架的声明式事务管理也是通过其 AOP 框架实现的。通过事务的声明性信息，Spring 负责将事务管理增强逻辑动态织入到业务方法相应的连接点上。这些逻辑包括获取线程绑定资源、开始事务、提交/回滚事务、进行异常转换和处理等工作。

Spring 框架提供的事务管理抽象层主要由 org. springframework. transaction 包下的三个接口组成：

- TransactionDefinition 接口；
- TransactionStatus 接口；
- PlatformTransactionManager 接口。

1. TransactionDefinition 接口

TransactionDefinition 接口用于描述事务的隔离级别、传播规则、超时时间、是否为只读事务等属性，可以编程方式设置这些属性，也可以通过 XML 文件或注解配置。

事务隔离级别是指事务之间的隔离程度，TransactionDefinition 接口借用了 ANSI/ISO SQL92 标准中的下列常量表示不同的隔离级别：

- ISOLATION_READ_UNCOMMITED——读未提交，一个事务在执行过程中可以看到其他事务没有提交的新插入记录，而且能看到其他事务没有提交的对已有记录的更新。
- ISOLATION_READ_COMMITED——读已提交，一个事务在执行过程中可以看到其他事务已经提交的新插入记录，而且能够看到其他事务已经提交的对已有记录的更新。
- ISOLATION_REPEATABLE_READ——可重复读，一个事务在执行过程中可以看到其他事务已经提交的新插入记录，但是不能看到其他事务对已有记录的更新。
- ISOLATION_SERIALIZABLE——序列化，一个事务只能操作(select，insert，update 和 delete)在该事务开始之前已经提交的数据，并且可以在该事务中操作这些数据。
- ISOLATION_DEFAULT——使用底层数据库的默认隔离级别。

事务的传播是指参与事务的业务方法发生互相调用时如何控制事务，即在一个业务方法 A 中调用另一个业务方法 B 时，B 方法采用何种事务控制的问题。TransactionDefinition 接口借用了 EJB CMT(容器管理的事务)中的事务传播分类，使用下列常量表示不同的事务传播类型：

- PROPAGATION_REQUIRED——要求在事务环境中执行该方法，如果当前执行线程已处于事务中，则直接调用；如果当前执行线程不处于事务中，则启动新的事务后执行该方法。
- PROPAGATION_SUPPORTS——如果当前执行线程处于事务中，则使用当前事务，否则不使用事务。
- PROPAGATION_MANDATORY——要求调用该方法的线程必须处于事务环境中，

否则抛出异常。

- PROPAGATION_REQUIRES_NEW——该方法要求在新的事务环境中执行，如果当前执行线程已处于事务中，则先暂停当前事务，启动新事务后执行该方法；如果当前调用线程不处于事务中，则启动新的事务后执行该方法。
- PROPAGATION_NOT_SUPPORTED——如果调用该方法的线程处于事务中，则先暂停当前事务，然后执行该方法。
- PROPAGATION_NEVER——不允许调用该方法的线程处于事务环境下，如果调用该方法的线程处于事务环境下，则抛出异常。
- PROPAGATION_NESTED——如果执行该方法的线程已处于事务环境下，依然启动新的事务，方法在嵌套的事务里执行；如果执行该方法的线程并未处于事务中，也启动新的事务，然后执行该方法，此时与 PROPAGATION_REQUIRED 相同。使用嵌套事务要求底层数据源必须基于 JDBC 3.0，并且支持保存点事务机制。

事务的超时时间是指事务的最长持续时间，如果事务一直没有被提交或回滚，那么超出指定的超时时间后，系统将自动回滚事务。通过 TransactionDefinition 接口中的 getTimeout() 方法可以获得事务的超时时间。

只读事务是指无法修改数据的事务。某些数据源对明确标明只读的事务会进行性能优化，在只读事务中修改数据会触发异常。通过 TransactionDefinition 接口中的 isReadOnly() 方法判断一个事务是否为只读事务。

2. TransactionStatus 接口

TransactionStatus 接口用于描述事务的状态，事务管理器通过该接口获取事务的运行期状态信息，也可以通过该接口间接地回滚事务，它相比于在抛出异常时回滚事务的方式更具有可控性。TransactionStatus 接口提供了下列方法：

- Object createSavepoint()——创建保存点对象。
- boolean rollbackToSavepoint(Object savepoint)——事务回滚到特定保存点，这个保存点将被自动释放。
- void releaseSavepoint(Object savepoint)——释放特定保存点。提交事务时，所有保存点都会自动释放。
- boolean hasSavePoint()——当前事务是否在内部创建了一个保存点。
- boolean isNewTransaction()——判断当前的事务是否是一个新的事务。
- boolean isCompleted()——当前的事务是否已经结束，即是否已经回滚或提交。
- void setRollbackOnly()——将当前的事务设置为 rollback-only。通过该标识通知事务管理器只能将事务回滚，事务管理器将通过显示调用回滚命令或抛出异常的方式回滚事务。
- boolean isRollbackOnly()——当前事务是否已经被标识为 rollback-only。

3. PlatformTransactionManager 接口

PlatformTransactionManager 接口代表事务管理器，是 Spring 事务管理的核心接口，其提供了三个控制事务的方法：

- Transaction getTransaction(TransactionDefinition def)——根据事务定义信息

(TransactionDefinition)从事务环境中返回一个已存在的事务,或者创建一个新的事务,并用 TransactionStatus 来描述这个事务的状态。

- void commit(TransactionStatus status)——根据事务的状态提交事务,如果事务状态已经被标识为 rollback-only,该方法将执行一个回滚事务的操作。
- void rollback(TransactionStatus status)——回滚事务。另外,当 commit()方法抛出异常时,rollback()会被自动调用。

针对不同的持久化方式,Spring 提供了 PlatformTransactionManager 接口的不同实现类:

- org. springframework. orm. jpa. JpaTransactionManager——使用 JPA 持久化的事务管理器。
- org. springframework. orm. hibernate3. HibernateTransactionManager——使用 Hibernate3 持久化的事务管理器。
- org. springframework. jdbc. datasource. DataSourceTransactionManager——使用 Spring JDBC、iBatis 等 DataSource 数据源持久化时的事务管理器。
- org. springframework. orm. jdo. JdoTransactionManager——使用 JDO 持久化的事务管理器。
- org. springframework. transaction. jta. JtaTransactionManager——使用全局事务的事务管理器。

下面以 JDBC 数据源为例,介绍 Spring 框架中声明式事务的配置。

9.3.2 使用 XML 配置事务

无论采用 XML 文件还是注解来配置事务,都需要完成下列步骤:

(1) 配置数据源;

(2) 配置事务管理器;

(3) 配置事务增强;

(4) 配置事务增强的切面。

1. 配置数据源

首先需要在 Spring 配置文件中配置数据库的驱动名、连接数据库的 URL、访问数据库的用户名和密码等必要信息,配置代码如下所示。

【代码 9-35】 applicationContext. xml

```
…省略
    <bean id = "dataSource" class = "org.apache.commons.dbcp.BasicDataSource"
        destroy - method = "close">
        <! -- 指定连接数据库的驱动 -->
        <property name = "driverClassName" value = "com.mysql.jdbc.Driver" />
        <! -- 指定连接数据库的 URL -->
        <property name = "url" value = "jdbc:mysql://localhost:3306/test" />
        <! -- 指定连接数据库的用户名 -->
        <property name = "username" value = "root" />
        <! -- 指定连接数据库的密码 -->
```

```
        <property name="password" value="root" />
        <!-- 指定连接数据库的连接池的初始化大小 -->
        <property name="initialSize" value="5" />
        <!-- 指定连接数据库的连接池最大连接数 -->
        <property name="maxActive" value="100" />
        <!-- 指定连接数据库的连接池最大空闲时间 -->
        <property name="maxIdle" value="30" />
        <!-- 指定连接数据库的连接池最大等待时间 -->
        <property name="maxWait" value="1000" />
    </bean>
...省略
```

在上述代码中，配置了一个名为 dataSource 的 DBCP 类型的数据源，该数据源提供了数据库连接池的功能；同时配置了一个名为 txManager 的事务管理器，Spring 负责把 dataSource 数据源装配到 txManager 对象中。所以要实现事务管理，首先要在 Spring 中配置好相应的事务管理器，并为事务管理器指定数据源以及一些其他的事务管理控制属性。

2. 配置事务管理器

针对采用的持久化技术，在 Spring 配置文件中还需要配置事务管理器，本示例使用 JDBC 数据源，因此需要配置 org.springframework.jdbc.datasource.DataSourceTransactionManager 作为事务管理器，代码如下所示。

【代码 9-36】 applicationContext.xml

```
...省略
<bean id="txManager"class="org.springframework.jdbc.datasource.DataSourceTransactionManager">
    <property name="dataSource" ref="dataSource" />
</bean>
...省略
```

3. 配置事务增强

Spring 配置文件中，Spring 针对事务控制提供了 http://www.springframework.org/schema/tx 命名空间下的<tx:advice>元素，可以为一个或一批(通过通配符进行方法名称的匹配)方法配置事务增强。

<tx:advice/>元素有两个属性：

- id——提供唯一的 id 标识；
- transaction-manager——已经配置的事务管理器 bean 的 id。如果事务管理器 bean 的 id 值为 transactionManager，则可以省略此属性。

<tx:advice>元素具有<tx:attributes>子元素，通过<tx:attributes>元素的子元素<tx:method>可以配置需要被事务增强的方法，以及事务的传播、隔离、超时、只读事务、对指定异常回滚和对指定异常不回滚等属性，<tx:method>元素的属性如下：

- name——配置需要被事务增强的方法名，可使用通配符 * 。
- propagation——配置事务传播类型，可选择 REQUIRED、SUPPORTS、MANDATORY、REQUIRES_NEW、NOT_SUPPORTED、NEVER、NESTED 之一，默认为 REQUIRED。
- isolation——配置事务隔离级别，可选择 DEFAULT、READ_UNCOMMITED、READ_

COMMITED、REPEATABLE_READ、SERIALIZABLE 之一，默认为 DEFAULT。

- timeout——配置事务超时时间(以秒为单位)，默认-1，表示事务超时的时间由底层的事务系统决定。
- read-only——配置是否为只读事务，默认 false。
- rollback-for——配置需要自动回滚事务的异常类型，默认所有 RuntimeException 都会回滚。
- no-rollback-for——配置不触发自动回滚事务的异常类型，默认所有 CheckedException 都不会回滚。

下列代码配置事务增强：

【代码 9-37】 applicationContext.xml

```
<?xml version = "1.0" encoding = "UTF - 8"?>
< beans xmlns = "http://www.springframework.org/schema/beans"
    xmlns:xsi = "http://www.w3.org/2001/XMLSchema - instance"
    xmlns:aop = "http://www.springframework.org/schema/aop"
    xmlns:tx = "http://www.springframework.org/schema/tx"
    xmlns:context = "http://www.springframework.org/schema/context"
    xsi:schemaLocation = "
        http://www.springframework.org/schema/beans
        http://www.springframework.org/schema/beans/spring - beans - 4.1.xsd
        http://www.springframework.org/schema/aop
        http://www.springframework.org/schema/aop/spring - aop - 4.1.xsd
        http://www.springframework.org/schema/tx
        http://www.springframework.org/schema/tx/spring - tx - 4.1.xsd
        http://www.springframework.org/schema/context
        http://www.springframework.org/schema/context/spring - context - 4.1.xsd">
...省略
< bean id = "txManager"
    class = "org.springframework.jdbc.datasource.DataSourceTransactionManager">
    < property name = "dataSource" ref = "dataSource" />
</bean >
< tx:advice id = "txAdvice" transaction - manager = "txManager">
        <! -- 事务属性定义 -->
        < tx:attributes >
            < tx:method name = "get * " read - only = "true" />
            < tx:method name = "add * " rollback - for = "Exception" />
            < tx:method name = "update * " />
            < tx:method name = "del * " />
        </tx:attributes >
</tx:advice >
...省略
</beans >
```

上述配置文件中，首先引入 http://www.springframework.org/schema/tx 命名空间，然后使用<tx:advice>元素配置事务增强。

在<tx:advice>元素中，transaction-manager 属性中声明要使用的事务管理器 bean 的 id，即上一步中声明的类型为 org.springframework.jdbc.datasource.DataSourceTransactionManager 的 bean，然后配置<tx:attributes>子元素，其<tx:method>子元素可以配置需要被增强的方法，以及增强时的事务传播属性、事务隔离属性等内容。例如，上述配置中对名称以 get 开头的方法配置了只读型事务。

4. 配置事务增强切面

还需要使用 AOP 的配置方式来配置事务增强的切面，即将事务增强与切入点关联在一起。配置的方法与普通的切面配置相同，配置如下。

【代码 9-38】 applicationContext.xml

```
<aop:config>
    <aop:pointcut expression="execution( * com..*.*Service.*(..))"
        id="allMethods" />
    <aop:advisor advice-ref="txAdvice" pointcut-ref="allMethods" />
</aop:config>
```

上述配置了 id 为 allMethods 的切入点，并指定切入点表达式为 execution(* com..*.*Service.*(..))，即匹配 com 包及其子孙包中所有类名以 Service 结尾的类的所有方法，然后使用一个<aop:advisor>元素把该切入点与事务增强 txAdvice 绑定在一起，表示当 allMethods 执行时，txAdvice 定义的增强将被织入特定的连接点。

9.3.3 使用注解配置事务

使用注解配置声明式的事务管理时，事务属性是直接写在 Java 代码中的，使得事务声明和受其影响的业务方法之间更加紧密，既可以保证开发过程中思维的连贯性，又避免了因事务定义和业务方法相脱离而造成的潜在匹配错误。

1. 启用注解式事务配置

使用注解方式配置 Spring 事务，首先需要在 Spring 配置文件中添加<tx:annotation-driven>元素，此元素有 3 个属性：

- transaction-manager——已配置好的事务管理器 Bean 的 id，如果未指定，则会查找 id 为 transactionManager 的事务管理器 Bean；
- proxy-target-class——是否通过 cglib 创建子类代理对象；
- order——如果业务类除事务切面外，还需要织入其他的切面，通过该属性可以控制事务切面在目标连接点的织入顺序。

修改 Spring 配置文件，代码如下所示。

【代码 9-39】 applicationContext.xml

```
<?xml version="1.0" encoding="UTF-8"?>
<beans xmlns="http://www.springframework.org/schema/beans"
    xmlns:xsi="http://www.w3.org/2001/XMLSchema-instance"
    xmlns:aop="http://www.springframework.org/schema/aop"
    xmlns:tx="http://www.springframework.org/schema/tx"
    xmlns:context="http://www.springframework.org/schema/context"
    xsi:schemaLocation=
        "http://www.springframework.org/schema/beans
        http://www.springframework.org/schema/beans/spring-beans-4.1.xsd
        http://www.springframework.org/schema/aop
        http://www.springframework.org/schema/aop/spring-aop-4.1.xsd
        http://www.springframework.org/schema/tx
```

```
        http://www.springframework.org/schema/tx/spring-tx-4.1.xsd
        http://www.springframework.org/schema/context
        http://www.springframework.org/schema/context/spring-context-4.1.xsd">
...省略
<bean id="txManager"
    class="org.springframework.jdbc.datasource.DataSourceTransactionManager">
    <property name="dataSource" ref="dataSource" />
</bean>
<tx:annotation-driven transaction-manager="txManager"/>
</beans>
```

上述配置中，通过添加<tx:annotation-driven>元素启动 Spring 容器对注解型事务管理功能的支持，并通过其 transaction-manager 属性设定使用 id 为 txManager 的 Bean 为使用管理器。

2. 使用@Transactional 注解

Spring 框架通过@org.springframework.transaction.annotation.Transactional 注解提供了配置事务增强的功能，业务类或业务类的方法如果需要被增强，就需要使用@Transactional 注解进行配置。@Transactional 注解的参数与 XML 配置事务时的<tx:method>非常类似，如下所示。

- propagation：配置事务传播类型。可选择 org.springframework.transaction.annotation.Propagation 枚举的 REQUIRED、SUPPORTS、MANDATORY、REQUIRES_NEW、NOT_SUPPORTED、NEVER、NESTED 之一，默认为 REQUIRED。
- isolation：配置事务隔离级别。可选择 org.springframework.transaction.annotation.Isolation 枚举的 DEFAULT、READ_UNCOMMITED、READ_COMMITED、REPEATABLE_READ、SERIALIZABLE 之一，默认为 DEFAULT。
- timeout：配置事务超时时间(以秒为单位)，默认-1，表示事务超时的时间由底层的事务系统决定。
- readOnly：配置是否为只读事务，默认 false。
- rollbackFor：配置需要自动回滚事务的异常类型，默认为{}。
- rollbackForClassName：配置需要自动回滚事务的异常类名，默认为{}。
- noRollbackFor：配置不触发自动回滚事务的异常类型，默认为{}。
- noRollbackForClassName：配置不触发自动回滚事务的异常类名，默认为{}。

@Transactional 注解可用于接口、接口的方法、类、类的 public 方法上，由于注解的不可继承性，通常建议在类上使用@Transactional 注解。@Transactional 注解的各个参数都设定了最常用的默认值，通常不需要改动，只是简单的为业务类添加@Transactional 注解即可。

下列代码使用@Transactional 注解配置了业务类 GoodsService。

【代码 9-40】 GoodsService.java

```
package com.qst.chapter09.springtransaction;

import java.util.List;
import org.springframework.transaction.annotation.Transactional;

@Transactional
```

```
public class GoodsService {

    public void returnGoods(int orderNo) {
        System.out.println("【数据库修改订单状态】订单编号：" + orderNo);
    }

    @Transactional(readOnly = true)
    public List<String> findGoods() {
        return null;
    }
}
```

上述代码利用@Transactional注解配置了业务类GoodsService事务属性，其中findGoods()方法上也标注了@Transactional注解，并指定readOnly=true，这将覆盖GoodsService类上的@Transactional注解，因此最终的配置结果是业务类GoodsService的所有方法都会被事务增强，并且findGoods()方法使用的是只读事务。

9.4 贯穿任务实现

9.4.1 实现任务9-1

下述内容用于在“GIFT-EMS礼记”系统中实现“支付”功能。

本书以集成支付宝接口为例来实现“支付”功能。如果商户想在自己的网站上集成支付宝的即时到账接口，首先要申请该服务，申请地址为

```
https://b.alipay.com/order/productDetail.htm?productId=2012051600355662
```

其中，“商户系统请求－支付宝响应交互”模式，即支付宝接口集成及使用的工作原理如图9-2所示。

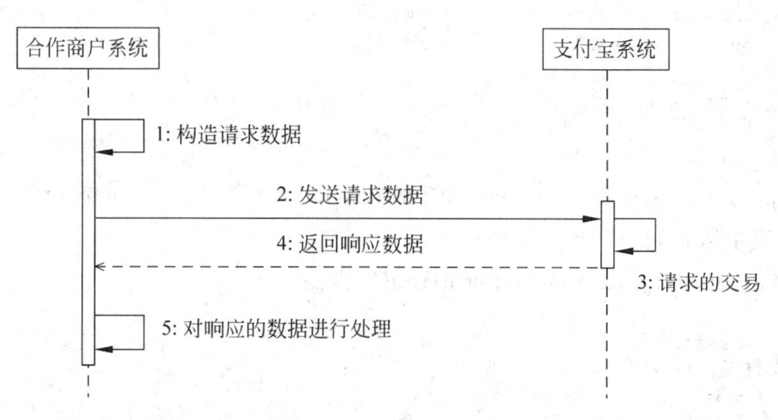

图9-2 请求响应模式

根据这个原理图，可以把集成支付宝接口的步骤划分如下：

(1) 构造请求数据；

(2) 发送请求数据；

(3) 验证签名；

(4) 验证是否是支付宝服务器发来的处理结果；

(5) 判断订单的交易状态及数据处理；

(6) 返回结果给支付宝。

1. 构造请求数据

商户根据支付宝提供的接口规则，通过程序生成得到签名结果及要传输给支付宝的数据集合。

在 com.qst.giftems.order.action 包中创建 PayAction 类，该类提供了 getSendForm()方法，用于动态生成 Form 表单，其中该表单提供了向支付宝请求的数据。

PayAction 中的 getSendForm()方法的代码如下所示。

【任务 9-1】 PayAction.java 中的 getSendForm()方法

```
/**
 * 生成给支付宝发送的 form
 */
@NotNecessaryLogin
public String getSendForm() {
//根据表单数据，获取表单
    Order order = payService.findOrderById(this.orderId);
    if (order == null) {
        throw new NullPointerException();
    }
    String formHtml = "";
    try {
        //根据表单生成 form
        formHtml = payService.getFormHtml(code, order);
        this.putRootJson("formHtml", formHtml);
        this.putRootJson(SUCCESS, true);
    } catch (Exception ex) {
        this.putRootJson(SUCCESS, false);
        String event = ExceptionUtils.formatStackTrace(ex);
        logger.error(event);
    }
    return RESULT_AJAXJSON;
}
```

在 com.qst.giftems.order.service 中创建 PayService 类，该类的 getFormHtml()方法用于生成 Form 表单数据，代码如下所示。

【任务 9-1】 PayService.java 中的 getFormHtml()方法

```
/***
 * 获取支付接口对应的 form
 * @param code
 * @param order
 * @return
 */
public String getFormHtml(Integer code, Order order)throws Exception {
        //获取模板数据
    Template tpl =
    freeMarkerConfigurer.getConfiguration().getTemplate("pay" + code + ".ftl");
```

```
    Map<String, String> map = null;
    switch (code) {
    case 1:
        //支付宝接口
        map = processMapForAlipay(order);
        break;
    case 2:
        //网银在线
        //map = processMapForNet(order);
        break;

    default:
        break;
    }
    String html = FreeMarkerTemplateUtils.processTemplateIntoString(
          tpl, map);
    return html;
}
```

在上述代码中，参数 code 表示采用的支付类型，该参数值是从浏览器端传递的，其中程序中定义 1 表示支付宝、2 表示网银，读者根据具体情况可以指定其他值来表示第三方支付类型。

此外，本系统中采用了 FreeMarker 来实现表单的动态构造，这种方式对生成动态表单而言更加灵活，其中代码：

```
Template tpl =
    freeMarkerConfigurer.getConfiguration().getTemplate("pay" + code + ".ftl");
```

表示 Freemarker 加载对应的 ftl 文件到内存中，其中 pay1. ftl 文件位于 com. qst. giftems. res . pay 包中，代码如下所示。

【任务 9-1】 pay1. ftl

```
<form id='alipaysubmit' name='alipaysubmit'
      action='https://mapi.alipay.com/gateway.do?_input_charset=UTF-8'
method='post'>
    <input type='hidden' name='service' value='${service}'/>
    <input type='hidden' name='payment_type' value='${payment_type}'/>
    <input type='hidden' name='notify_url' value='${notify_url}'/>
    <input type='hidden' name='return_url' value='${return_url}'/>
    <input type='hidden' name='seller_email' value='${seller_email}'/>
    <input type='hidden' name='out_trade_no' value='${out_trade_no}'/>
    <input type='hidden' name='subject' value='${subject}'/>
    <input type='hidden' name='total_fee' value='${total_fee}'/>
    <input type='hidden' name='partner' value='${partner}'/>
    <input type='hidden' name='sign_type' value='${sign_type}'/>
    <input type='hidden' name='sign' value='${sign}'/>
    <!--回传字段-->
    <input type='hidden' name='extra_common_param'
                                value='${extra_common_param}'/>
    <div style='text-align:left'>
        <input type='submit' class='pay_operate' value='立即支付'/>
    </div>
</form>
```

对于上述表单中字段解释如下：

- service 表示服务类型，例如即时到账、双功能、担保交易；
- payment_type 表示支付类型，默认为 1 即商品购买；
- notify_url 表示服务器异步通知页面路径；
- return_rul 表示页面跳转同步通知页面路径；
- seller_email 表示卖家支付宝账户；
- out_trade_no 表示商户订单号；
- subject 表示商品名称；
- total_fee 表示该笔支付的总费用；
- partner 表示合作身份者 ID，以 2088 开头由 16 位纯数字组成的字符串；
- sign_type 表示签名方式例如，MD5 方式；
- sign 表示请求参数的签名；
- extra_common_param 表示可选参数，一般通过该参数的回传来进行业务逻辑的判断。

PayService 的 processMapForAlipay()方法用于构造 FreeMarker 所需的 Map 集合数据，代码如下所示。

【任务 9-1】 PayService.java 中的 processMapForAlipay()方法

```
/**
 * 为支付宝在线处理 Map
 * @param map
 * @param order
 */
private static Map<String,String> processMapForAlipay(Order order) {
    HashMap<String, String> map = new HashMap<String,String>();
    //订单金额
    String total_fee = order.getPrice() + "";
    //构造 map
    map.put("service", AlipayConfig.service);
    map.put("partner", AlipayConfig.partner);
    //也要添加到签名中去
    map.put("_input_charset", AlipayConfig.input_charset);
    map.put("payment_type", AlipayConfig.payment_type);
    /* 服务器异步通知页面路径//需 http://格式的完整路径,不能加?id=123 这类自定义参数 */
    map.put("notify_url", AlipayConfig.notify_url);
    /** 页面跳转同步通知页面路径 **/
    map.put("return_url", AlipayConfig.return_url);
    /* 卖家支付宝账户 */
    map.put("seller_email", AlipayConfig.seller_email);
    /* 商户订单号 */
    map.put("out_trade_no", order.getOrderNo());
    map.put("total_fee", total_fee);
    map.put("subject", order.getOrderNo());
    //用户自定义字段
    map.put("extra_common_param", PAY_TYPE_1);

    String mysign = AlipaySubmit.buildRequestMysign(map);
    //不加入签名之中
    map.put("sign", mysign);
    map.put("sign_type", AlipayConfig.sign_type);
    return map;
}
```

此外，FreeMarker 在 Spring 中的配置如下所示。

【任务 9-1】 applicationContext. xml

```
<bean id = "freeMarkerConfigurer"
    class = "org.springframework.web.servlet.view.freemarker.FreeMarkerConfigurer">
    <property name = "templateLoaderPaths">
        <list>
            <value>classpath:com/qst/giftems/res/pay</value>
        </list>
    </property>
    <property name = "freemarkerSettings">
        <props>
            <prop key = "template_update_delay">36000</prop><!-- 刷新模板的周期,单位为秒 -->
            <prop key = "default_encoding">UTF-8</prop><!-- 模板的编码格式 -->
            <prop key = "locale">zh_CN</prop><!-- 本地化设置 -->
            <prop key = "datetime_format">yyyy-MM-dd HH:mm:ss</prop>
          <prop key = "date_format">yyyy-MM-dd</prop>
          <prop key = "number_format">#.##</prop>
        </props>
    </property>
</bean>
```

除了上述内容，还需要注意其他事项，介绍如下。

● 排序生成待签名字符串。

对参数数组里的每一个值从 a 到 z 的顺序排序，若遇到相同首字母，则看第二个字母，以此类推。排序完成之后，再把所有数组值以“&”字符连接起来，例如：

```
_input_charset = gbk&out_trade_no = 6741334835157966&partner = 2088101568338364
&payment_type = 1&return_url = http://www.test.com/alipay/return_url.asp&sell
er_email = alipay - test01@alipay.com&service = create_direct_pay_by_user&subject =
xx商品&total_fee = 100
```

需要注意的是，在请求参数列表中，除去 sign、sign_type 两个参数外，其他需要使用到的参数都是要签名的参数(个别接口中参数 sign_type 也需要参与签名)。

注意

> 通常使用冒泡排序对参数数组进行排序和用“&”字符连接参数组合成待签名的字符串。可以使用 AlipaySubmit 类中的 buildRequestMysign()方法进行排序后签名。

● 加密生成签名。

有三种签名方式：MD5 签名、DSA 签名和 RSA 签名。MD5 签名：需要把私钥直接拼接到待签名字符串后面，形成新的字符串，利用 MD5 的签名函数对这个新的字符串进行签名运算，从而得到 32 位签名结果字符串。DSA、RSA 签名：把待签名字符串与客户的私钥一同放入 DSA 或 RSA 的签名函数中进行签名运算，从而得到签名结果字符串。

注意

> 本系统中采用的是 MD5 签名算法，MD5 类位于 com.qst.giftems.order.alipay.sign 包中。

2. 发送请求数据

向支付宝发送请求数据有 post 和 get 两种方式，建议使用 post 方式，相对比较安全。本系统中采用使用表单的方式进行发送，采用的是 post 方法。用户成功提交订单后，显示“订单提交成功”界面，然后单击“立即付款”按钮，并选择“支付宝”，这时会弹出“立即支付”按钮，如图 9-3 所示。

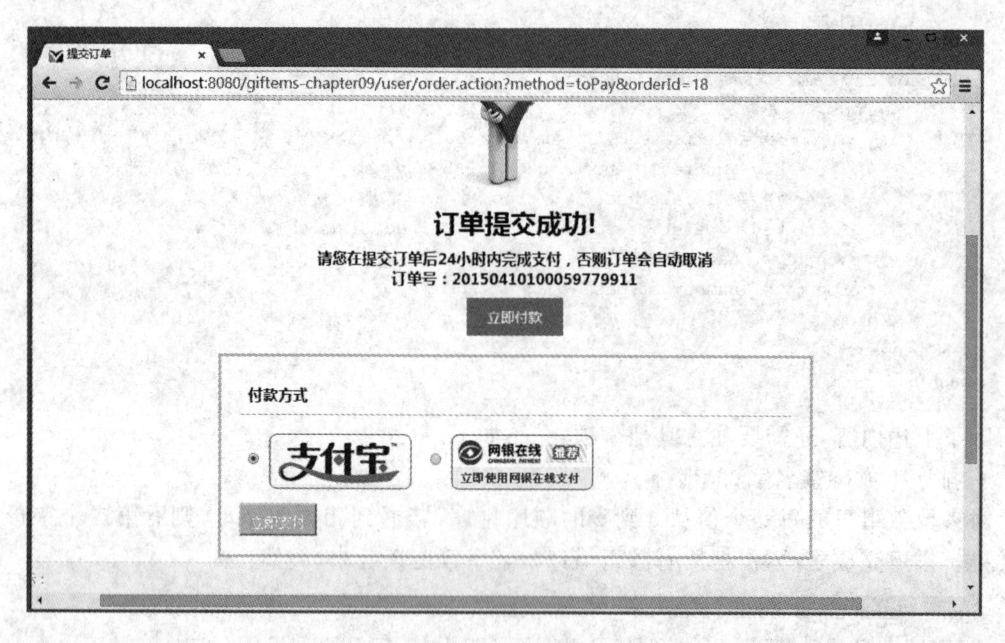

图 9-3　立即支付

当单击“立即支付”按钮后，当前系统会向支付宝发出请求，并进行相关验证，如果验证通过，则系统会跳转到“付款页面”，如图 9-4 所示。

图 9-4　支付宝付款界面

3. 通知

支付宝对商户的请求数据处理完成后，会通过两种方式通知商户处理结果：一种是页面跳转同步通知(return_url)，另一种是服务器异步通知(notify_url)。

服务器异步通知(notify_url)是支付宝服务器主动向商户发送的通知，只有当订单的交易状态改变时才会触发，可以防止因网络等原因引起的丢单问题。对同步通知和异步通知结果的处理步骤大致相同，只是处理完成后的返回值不同。

(1) 验证签名与合法消息

在通知返回参数列表中，除去 sign、sign_type 两个参数外，凡是通知返回的参数皆是要签名的参数，具体的签名步骤与请求时相同。如果新得到的签名与支付宝返回的签名相同，则签名验证成功。

此外，为了防止某些人伪造支付宝发来的处理消息，还要验证消息的合法性。核心代码如下所示。

【任务 9-1】 AlipayNotify.java

```
/**
 * 验证消息是否是支付宝发出的合法消息
 * @param params 通知返回来的参数数组
 * @return 验证结果
 */
public static boolean verify(Map<String, String> params) {
    Map<String, String> tmpMap = new HashMap<String, String>();
    //构造 map
    tmpMap.put("service", AlipayConfig.service);
    tmpMap.put("partner", AlipayConfig.partner);
    //也要添加到签名中去
    tmpMap.put("_input_charset", AlipayConfig.input_charset);
    tmpMap.put("payment_type", AlipayConfig.payment_type);
    /* 服务器异步通知页面路径//需 http://格式的完整路径,不能加?id=123 这类自定义参数 */
    if(AlipayConfig.IS_TEST){
      tmpMap.put("notify_url", AlipayConfig.test_notify_url);
        /** 页面跳转同步通知页面路径 **/
      tmpMap.put("return_url", AlipayConfig.test_return_url);
    }else{
      tmpMap.put("notify_url", AlipayConfig.notify_url);
       /** 页面跳转同步通知页面路径 **/
      tmpMap.put("return_url", AlipayConfig.return_url);
    }
    /* 卖家支付宝帐户 */
    tmpMap.put("seller_email", AlipayConfig.seller_email);
    /* 商户订单号 */
    tmpMap.put("out_trade_no", params.get("out_trade_no"));
    tmpMap.put("total_fee", params.get("total_fee"));
    tmpMap.put("subject", params.get("subject"));
    tmpMap.put("extra_common_param", params.get("extra_common_param"));
logger.error("params xxxxxxxxx:" + params.toString());
    //判断 responsetTxt 是否为 true, isSign 是否为 true
    //responsetTxt 的结果不是 true,与服务器设置问题、合作身份者 ID、notify_id 一分钟失效有关
    //isSign 不是 true,与安全校验码、请求时的参数格式(如: 带自定义参数等)、编码格式有关
String responseTxt = "true";
```

```
        if(params.get("notify_id") != null) {
            String notify_id = params.get("notify_id");
            responseTxt = verifyResponse(notify_id);
        }
        String sign = "";
        if(params.get("sign") != null) {sign = params.get("sign");}
        boolean isSign = getSignVeryfy(tmpMap, sign);
        if (isSign && responseTxt.equals("true")) {
            return true;
        } else {
            return false;
        }
    }
```

上述代码用于进行签名的验证和合法信息的校验，该方法位于 com. yunrui. order. alipay . util 包的 AlipayNotify 中。

(2) 判断订单的交易状态及数据处理

当订单的交易状态为 TRADE_FINISHED 或者 TRADE_SUCCESS，即为交易成功，接下来就可以根据自己网站的实际情况，进行自己的处理了。在处理数据前一定要先判断订单状态，是否已经处理过，防止重复操作。核心代码如下所示。

【任务 9-1】 AlipayNotify. java

```
if (AlipayNotify.verify(params)) {
                if (StringUtils.isNotEmpty(trade_status)
                        && (trade_status.equals("TRADE_FINISHED")
                                        || trade_status
                            .equals("TRADE_SUCCESS"))) {
                    payResult.setAmount(params.get("total_fee"));
                    payResult.setOrderNo(out_trade_no);
                    payResult.setTransNo(trade_no);
                    payResult.setPayType("2");
                    payResult.setResult("支付成功!");
                    payResult.setFlag("1");
                    //判断该笔订单是否在商户网站中已经做过处理
                    //如果没有做过处理,根据订单号(out_trade_no)
                    //在商户网站的订单系统中查到该笔订单的详细,并执行商户的业务程序
                    //如果有做过处理,不执行商户的业务程序
                    Map<String, Object> paramsMap
                            = new HashMap<String, Object>();
                    paramsMap.put("status", Order.PAY_YIZHIFU); //已支付
                    paramsMap.put("orderNo", out_trade_no);
                    paramsMap.put("tradeNo", trade_no);
                    //付款类型
                    paramsMap.put("payType", "2");
                    Order order = payService.doComplete(paramsMap);
                    payResult.setOrderId(order.getId());
                    payResult.setPayName(order.getUserName());
                    payResult.setPayTime(order.getPayTime());
                    //回传,使得支付宝不再发送消息
                    resultMap.put(SUCCESS_FLAG, SUCCESS_VALUE);
                    //短信提醒
                    //只有交易成功后,进行短信提醒
```

```
            sendSms(order);
        } else {
            payResult.setResult("支付失败!");
        }
    }
```

上述代码主要功能是判断交易是否成功或失败,如果交易成功,则构造 PayResult 类型的对象,然后传到界面显示给用户支付成功结果,该段代码位于 PayAction 的 receiveForAlipay()方法中。

(3) 返回数据

同步通知(return_url):对返回值没有要求,可以做任意操作。其中 return_url 的格式如下:

```
http://www.itshixun.com/user/pay.action?method = receive
```

注意

return_url 是网站对外发布后的地址,必须使用域名或公网 IP,在向支付宝发送请求时该参数必须指定。当支付成功后,支付宝端会直接访问 return_url 对应的处理逻辑。

在本系统中,return_url 对应的 receive()方法位于 PayAction 类中,核心代码如下所示。

【任务 9-1】 PayAction.java

```
/***
 * 接受返回
 */
@NotNecessaryLogin
public String receive() {
    //处理其他支付接口
      Map<String, String> resultMap = new HashMap<String,String>();
    String code = ActionContextUtils.getParameter("remark1");
    if (StringUtils.isNotEmpty(code) && NET_RETRUN_VALUE.equals(code)) {
        return receiveForNet(resultMap);
    }
    //处理支付宝
    code = ActionContextUtils.getParameter("extra_common_param");
    if (StringUtils.isNotEmpty(code) && ALIPAY_RETRUN_VALUE.equals(code)) {
        return receiveForAlipay(resultMap);
    }
    return null;
}
```

其中,receive()方法需要添加 NotNecessaryLogin 注解,表示该方法不需要登录后就可以访问;receive()方法仅会被支付宝调用一次,用于支付成功后的逻辑处理,因此也成为“同步”方法。

异步通知(notify_url):程序处理成功后,该页面不能执行页面跳转,且页面上不能有任何字符,要返回"success" 7 个字符。否则,支付宝会重发处理结果的通知。异步通知工作原理如下:

- 发起通知。一旦交易状态发生变更(如,买家已付款、等待卖家发货),支付宝便会根据自动进行数据处理,并主动调用商户在请求时设定好通知的页面路径(参数 notify_url)。

- 对通知数据进行处理。商户网站收到支付宝发送过来的通知数据，把这些数据结合自身网站情况，进行数据处理，如，处理返回页（参数 return_url）漏掉的订单；做订单更新，即补单措施。
- 在页面上输出 success。商户网站处理完成所有的数据处理以后，即程序运行最后，返回"success"这 7 个字符（页面上只允许输出 success），以表示自己已经成功处理完成自己的业务。
- 完成处理该次通知，不再发送通知。支付宝得到商户反馈回来的"success" 7 个字符信息，进行核对与验证，结束此次通知流程。

注意

如果商户反馈给支付宝的字符不是 success 这 7 个字符，支付宝服务器会不断重发通知，直到超过 24 小时 22 分钟。在 25 小时内完成 6～10 次通知（通知频率：5s,2m,10m,15m,1h,2h,6h,15h）。

异步通知的核心代码如下所示。

【任务 9-1】 PayAction.java

```
@NotNecessaryLogin
    public String autoreceive() {
        Map<String, String> resultMap = new HashMap<String,String>();
        //处理支付宝
        String code = ActionContextUtils.getParameter("extra_common_param");
       if (StringUtils.isNotEmpty(code) && ALIPAY_RETRUN_VALUE.equals(code)) {
            receiveForAlipay(resultMap);
            String flag = resultMap.get(SUCCESS_FLAG);
            if(StringUtils.isNotEmpty(flag) && flag.equals("success")){
                //返回数据，告诉支付宝不再发送信息
                this.writeToResponse(flag);
                return RESULT_NULL;
            }

        }
        return RESULT_NULL;
    }
```

其中，autoreceive()方法需要添加 NotNecessaryLogin 注解，表示该方法不需要登录后就可以访问，并且 autoreceive()被调用的 url 格式，即 notify_url 的格式如下所示：

```
http://www.itshixun.com/user/pay.action?method=autoreceive
```

本章总结

小结

- AOP（Aspect Oriented Programming，面向切面编程）是面向对象编程方法的一种有益补充，是 OOP（Object Oriented Programming）的延续

- 如果在多个业务流程中都需要做相同或类似的业务处理，则特别适合使用AOP解决
- 通过Java SE动态代理、字节码生成、自定义类加载器、代码生成、语言扩展可以实现AOP
- Spring AOP支持多种方法级增强：前置增强、后置增强、返回后增强、抛出异常后增强、环绕增强、引介增强

Q&A

问题：AOP是否能够替代OOP？适用于哪些场合？

回答：AOP是面向对象编程方法的一种有益补充，是OOP的补充和延续，但是不能替代OOP。AOP并非适合于所有的场合，通常，如果在多个业务流程中都需要做相同或类似的业务处理，则特别适合使用AOP解决。

章节练习

习题

1. 下面选项对AOP术语描述错误的一项是________。

   A. AOP通过“切入点”定位到特定的连接点，当某个连接点满足指定的条件时，该连接点将被添加增强(Advice)

   B. 织入是将增强添加到目标类具体连接点上的过程，Spring采用编译期织入的方式

   C. 连接点就是程序执行的某个特定位置，Spring AOP仅支持对方法的连接点

   D. 增强时织入到目标类特定连接点上的一段程序代码

2. 无论在何种情况下都要执行的增强是________。

   A. 前置增强　　B. 后置增强　　C. 环绕增强　　D. 返回后增强

3. 下面用于配置前置增强的标签元素是________。

   A. <aop:before…/>　　B. <aop:after…/>

   C. <aop:after-returning…/>　　D. <aop:around…/>

4. 给定切点表达式execution(* com..*.*Service.*(..))，下述选项描述正确的一项是________。

   A. 匹配com中所有以Service结尾的接口中的任意方法

   B. 匹配com(不包括com)的子孙包中，名称以Service结尾的接口中的任意方法

   C. 匹配com包或其子孙包中，名称以Service结尾的接口/类中任意的方法

   D. 上述选项都错误

5. 给定切点表达式execution(* com.qst.chapter09..*(..))，下述选项描述正确的一项是________。

   A. 匹配com中所有类的任意方法

   B. 匹配com.qst.chapter09包、子孙包下所有类的所有方法

   C. 匹配com(不包括com)的子孙包中，所有类的所有方法

   D. 上述选项都错误

6. 关于 AOP 的说法错误的是________。

   A. AOP 是指面向切面编程

   B. AOP 可以替代 OOP

   C. AOP 是为了将分散在各个业务逻辑中的相同代码提取到统一的位置，而这通过 OOP 很难实现

   D. AOP 将系统分为两部分：核心关注点和横切关注点

7. 关于 Spring AOP 功能的说法错误的是________。

   A. Spring 的 AOP 是基于 AspectJ 的

   B. Spring 的 AOP 支持前置、后置、返回后、抛出异常后和环绕五种方式

   C. Spring 的 AOP 只支持到方法级别

   D. Spring 的 AOP 只提供了最常用的功能

上机

训练目标：Spring 框架应用。

培养能力	熟练使用 Spring 框架		
掌握程度	★★★★★	难度	中
代码行数	400	实施方式	编码强化
结束条件	编译运行不出错		

参考训练内容

(1) 编写业务类 UserService，包括 addUser()、deleteUser()、updateUser()、queryUser()四个方法，使用 Spring 配置文件为 UserService 类配置事务管理；

(2) 要求 addUser()、deleteUser()、updateUser()必须具有事务；queryUser()方法可以有事务，也可以没有。

第10章 Spring高级

本章任务是实现“GIFT-EMS 礼记”系统的核心功能“我的订单”和特色功能“送礼”模块：

- 【任务 10-1】 实现“送礼”功能。
- 【任务 10-2】 实现“我的订单”功能。

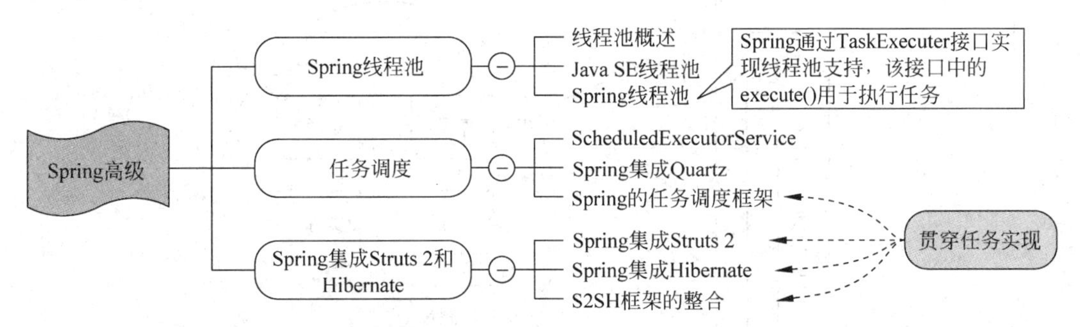

本章目标

知　识　点	Listen(听)	Know(懂)	Do(做)	Revise(复习)	Master(精通)
Java SE 线程池	★	★	★	★	
Spring 线程池	★	★	★	★	
Spring 任务调度	★	★	★	★	
框架集成	★	★	★	★	★

10.1 Spring 线程池

在复杂的软件系统中，特别是一些服务器端程序，经常需要处理远程来源的大量的短小任务，并且处理单个任务的时间都比较短，但是任务的数量却非常巨大。为了不阻塞后续的任务请求，为每个任务都新开一个线程进行处理是一种简单的解决方案，但是不断涌入的请求会启动大量的线程,因此服务器的资源会很快消耗殆尽,此时可以采用线程池的方案来解决这个问题。

10.1.1 线程池概述

在各种编程平台上,"池"都是一个常见和重要的概念,例如数据库连接池就是几乎每个数据库应用程序都在使用的技术,又例如各种 Web 服务器中都会通过线程池处理客户端的请求。如果一种资源的创建需要较大的消耗,并且这个资源需要被频繁使用,则将其"池化"通常是一种行之有效的解决方案。

池化是一种将资源统一管理,为需要资源的任务自动调度分配资源,以提高性能并实现资源重用的技术。这里的资源可能是数据库连接、网络套接字、线程或其他 Java 对象、内存块等,只要这种资源的创建、销毁等过程需要消耗较多的时间或空间,并且这种资源是可以被多个任务所重用的,就可以考虑将其池化。

使用资源池后,当一个任务需要资源时,向资源池请求资源,资源池会根据预设的分配策略返回一个资源供任务使用;任务执行完毕后,其请求的资源也使用完毕,资源池会回收资源,此时资源池并不会销毁资源,以备下次供其他任务重用此资源;根据既定的策略,资源池会根据当前的使用情况,决定是否创建新的空闲资源备用,或者销毁多余的空闲资源以释放空间。资源池的简单原理如图 10-1 所示。

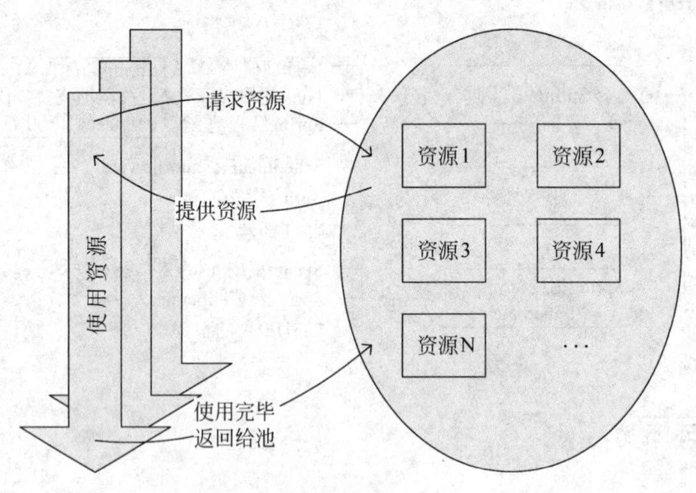

图 10-1 资源池

同数据库连接、TCP 套接字等资源类似,线程也是一种需要较高耗费的资源。创建一个新线程的开销很大,为每个任务在创建和销毁线程上花费的时间和消耗的系统资源实际上要比花在处理任务本身上的时间和资源更多。除了创建和销毁线程的开销之外,活动的线程也消耗包括内存和其他系统资源在内的大量资源,Thread 对象本身需要占用内存,每个线程都需要两个可能很大的执行调用堆栈,JVM 可能会为每个 Java 线程创建一个本机线程,这些本机线程将消耗额外的系统资源,在一个 JVM 里创建太多的线程可能会导致系统由于过度消耗内存而用完内存或频繁的线程切换。另外,JVM 能够提供的最大线程数量也是有限的,受 JVM 堆内存的大小、线程本身占用的栈内存的大小以及操作系统的最大线程数量限制。最后,虽然线程之间切换的调度开销很小,但如果有太多的线程,环境切换也可能严重地影响程序的性能。

在应用程序中,当需要处理多个任务时,如果对任务的执行时间没有过高要求,则可以将多个任务安排在同一个线程中执行；如果每个任务都需要被尽快处理，则可以为每个任务分配一个新线程去执行。当任务的创建非常频繁而任务需要的处理时间很短时，为每个任务都生成一个新线程会带来性能问题，这是因为每个任务在创建和销毁线程上花费的时间和消耗的系统资源实际上要比花在处理任务本身的时间和资源更多。

线程池为线程生命周期开销问题和资源不足问题提供了解决方案。通过对多个任务重用线程，线程创建的开销被分摊到了多个任务上。在请求到达时，线程池中已存在创建完毕的可用线程，这消除了线程创建所带来的延迟，从而可以立即为请求服务，使应用程序响应更快。而且，通过适当地调整线程池中的线程数目，当请求的数目超过某个阈值时，就强制其他任何新到的请求一直等待，直到获得一个线程来处理为止，从而防止资源不足。

注意

> 多线程并发问题是一个非常复杂的课题，对并发的完整讨论超出了本书的范畴，感兴趣的读者可以查阅更具针对性的资料。

10.1.2 Java SE线程池

在Java 5之前，Java SE的基础类库中并没有直接提供线程池，开发人员需要自行实现。Java 5中加入了由Doug Lea实现的新的并发库java.util.concurrent，这个库极大地提高了使用Java语言编写复杂并发程序的能力。下列是新的并发库中与线程池有关的主要的类和接口，都位于java.util.concurrent包下，具体介绍如表10-1所示。

表10-1 线程池的相关类和接口介绍

类和接口	描述
ExecutorService	线程池接口
ThreadPoolExecutor	线程池接口ExecutorService的默认实现
ScheduledExecutorService	可实现任务调度的线程池接口，是ExecutorService的子接口
ScheduledThreadPoolExecutor	可实现任务调度的线程池，实现了ScheduledExecutorService接口
Executors	线程池的静态工厂类

ExecutorService接口代表一个线程池，其主要方法如下：

- Future<?> submit(Runnable task)——提交一个任务到线程池；
- void shutdown()——关闭线程池。

通过直接构造ThreadPoolExecutor的实例可以创建一个线程池，更简单的方式是使用静态工厂类Executors，其提供了构造具有常用特性的线程池的工厂方法，如表10-2所示。

表10-2 通过Executor创建线程池的方法

方法	描述
newSingleThreadExecutor()	创建一个单线程的线程池。该线程池只有一个线程在工作，即单线程串行执行所有任务。如果这个唯一的线程因为异常结束，则会自动创建一个新的线程来接替它。此线程池保证所有任务的执行顺序按照任务的提交顺序执行

续表

方　法	描　述
newFixedThreadPool(int nThreads)	创建nThreads参数所指定大小的线程池。每次提交一个任务就创建一个线程,直到线程达到线程池的最大大小。线程池的大小一旦达到最大值就会保持不变,此时如果有新的任务提交,则排队等待;如果某个线程因为执行异常而结束,那么线程池会补充一个新线程
newCachedThreadPool()	创建一个可缓存的线程池。如果线程池的大小超过了处理任务所需要的线程,那么就会回收部分空闲(超过60秒不执行任务)的线程,当任务数增加时,此线程池又可以智能地添加新线程来处理任务。此线程池不会对线程池大小做限制,其能够创建的最大线程数量取决于当前平台
newSingleThreadScheduledExecutor()	创建一个单线程的线程池,支持任务调度,可以在指定的延时后或周期性执行线程任务
newScheduledThreadPool(int corePoolSize)	创建corePoolSize参数所指定大小的线程池,支持任务调度,可以在指定延时后或周期性执行线程任务,任务执行完毕后即使线程是空闲的也被保存在线程池内

下面举例介绍各类线程池的使用方式,首先编写线程任务类Task.java,代码如下所示。

【代码10-1】　Task.java

```
package com.qst.chapter10.threadpool.javase;

import java.text.SimpleDateFormat;
import java.util.Date;

public class Task implements Runnable {
    //格式化时间用
    static SimpleDateFormat dateFormat = new SimpleDateFormat("HH:mm:ss:SSS");

    @Override
    public void run() {
        try {
            String msg = "任务线程: " + Thread.currentThread().getName()
                    + ",执行时间: " + dateFormat.format(new Date());
            Thread.sleep(500); //模拟耗时操作
            msg += "~" + dateFormat.format(new Date());
            System.out.println(msg);
        } catch (InterruptedException e) {
            e.printStackTrace();
        }
    }
}
```

在上述代码中,Task类实现了Runnable接口,在run()方法中打印输出了当前线程的名称和任务的执行时间段,并且模拟了500毫秒的耗时操作。

编写测试类Test.java,代码如下所示。

【代码10-2】　Test.java

```
package com.qst.chapter10.threadpool.javase;

import java.util.concurrent.ExecutorService;
```

```
import java.util.concurrent.Executors;
import java.util.concurrent.ScheduledExecutorService;

public class Test {
    public static void main(String[] args) {
        //构造线程池
        ExecutorService executor = Executors.newSingleThreadExecutor();
        for (int i = 0; i < 6; i++) {
            executor.submit(new Task());    //执行新任务
        }
        executor.shutdown();               //关闭线程池
    }
}
```

上述代码通过调用 Executors.newSingleThreadExecutor()方法获取了一个单线程的线程池，循环调用线程池的 execute()方法，其参数传入新建的任务对象，最后关闭线程池。执行结果如下：

```
任务线程: pool-1-thread-1,执行时间: 15:54:52:273～15:54:52:773
任务线程: pool-1-thread-1,执行时间: 15:54:52:773～15:54:53:273
任务线程: pool-1-thread-1,执行时间: 15:54:53:273～15:54:53:773
任务线程: pool-1-thread-1,执行时间: 15:54:53:773～15:54:54:273
任务线程: pool-1-thread-1,执行时间: 15:54:54:273～15:54:54:773
任务线程: pool-1-thread-1,执行时间: 15:54:54:773～15:54:55:273
```

从执行结果可以看到，多个任务是在同一个线程上执行的，并且通过执行时间段也可以发现，多个任务依次执行，这是因为 Executors.newSingleThreadExecutor()方法创建的线程池中只会保持一个线程供使用者使用。

修改测试类，改为使用 Executors.newFixedThreadPool(int nThreads)方法创建线程池，代码如下所示。

【代码 10-3】 Test.java

```
package com.qst.chapter10.threadpool.javase;

import java.util.concurrent.ExecutorService;
import java.util.concurrent.Executors;
import java.util.concurrent.ScheduledExecutorService;

public class Test {
    public static void main(String[] args) {
        //构造线程池
        ExecutorService executor = Executors.newFixedThreadPool(3);
        for (int i = 0; i < 6; i++) {
            executor.execute(new Task());   //执行新任务
        }
        executor.shutdown();               //关闭线程池
    }
}
```

上述代码改为通过 Executors.newFixedThreadPool(3)方法创建线程池，创建的线程池中将会保持 3 个线程，执行测试类，结果如下所示。

```
任务线程: pool-1-thread-3,执行时间: 16:02:37:044 ~ 16:02:37:544
任务线程: pool-1-thread-1,执行时间: 16:02:37:044 ~ 16:02:37:544
任务线程: pool-1-thread-2,执行时间: 16:02:37:044 ~ 16:02:37:544
任务线程: pool-1-thread-1,执行时间: 16:02:37:544 ~ 16:02:38:044
任务线程: pool-1-thread-3,执行时间: 16:02:37:544 ~ 16:02:38:044
任务线程: pool-1-thread-2,执行时间: 16:02:37:544 ~ 16:02:38:044
```

从执行结果可以看到,线程池使用了3个线程完成6个任务,并且执行时间段明显地分为两次。再次修改测试类,改为使用 Executors. newCachedThreadPool()方法创建线程池,代码如下所示。

【代码 10-4】 Test. java

```java
package com.qst.chapter10.threadpool.javase;

import java.util.concurrent.ExecutorService;
import java.util.concurrent.Executors;
import java.util.concurrent.ScheduledExecutorService;

public class Test {
    public static void main(String[] args) {
        //构造线程池
        ExecutorService executor = Executors.newCachedThreadPool();
        for (int i = 0; i < 6; i++) {
            executor.execute(new Task());    //执行新任务
        }
        executor.shutdown();                 //关闭线程池
    }
}
```

运行测试类,结果如下所示。

```
任务线程: pool-1-thread-4,执行时间: 16:05:32:583 ~ 16:05:33:083
任务线程: pool-1-thread-2,执行时间: 16:05:32:583 ~ 16:05:33:083
任务线程: pool-1-thread-3,执行时间: 16:05:32:583 ~ 16:05:33:083
任务线程: pool-1-thread-5,执行时间: 16:05:32:583 ~ 16:05:33:083
任务线程: pool-1-thread-6,执行时间: 16:05:32:583 ~ 16:05:33:083
任务线程: pool-1-thread-1,执行时间: 16:05:32:582 ~ 16:05:33:083
```

可以看到,线程池使用6个线程完成了6个任务,执行时间段完全相同,说明是并发执行的。再次修改测试类,改为使用 Executors. newSingleThreadScheduledExecutor()方法创建线程池,代码如下所示。

【代码 10-5】 Test. java

```java
package com.qst.chapter10.threadpool.javase;

import java.util.concurrent.ExecutorService;
import java.util.concurrent.Executors;
import java.util.concurrent.ScheduledExecutorService;
import java.util.concurrent.TimeUnit;

public class Test {
    public static void main(String[] args) {
        //构造线程池
        ScheduledExecutorService executor = Executors
                .newSingleThreadScheduledExecutor();
```

```
        System.out.println("开始时间: " + dateFormat.format(new Date()));
        for (int i = 0; i < 6; i++) {
            executor.schedule(new Task(), 1000, TimeUnit.MILLISECONDS);
        }
        executor.shutdown();        //关闭线程池
    }
}
```

上述代码通过 Executors.newSingleThreadScheduledExecutor()方法创建了线程池,为了使用任务调度的功能,返回结果改为 java.util.concurrent.ScheduledExecutorService 类型以调用其 schedule()方法;在执行之前打印了开始时刻演示延迟执行的效果;调用 schedule()方法时,传入待执行的任务对象、延迟时长、时间单位作为参数。运行测试类,结果如下所示。

```
开始时间: 16:16:08:115
任务线程: pool-1-thread-1,执行时间: 16:16:09:117 ~ 16:16:09:617
任务线程: pool-1-thread-1,执行时间: 16:16:09:617 ~ 16:16:10:117
任务线程: pool-1-thread-1,执行时间: 16:16:10:117 ~ 16:16:10:617
任务线程: pool-1-thread-1,执行时间: 16:16:10:617 ~ 16:16:11:117
任务线程: pool-1-thread-1,执行时间: 16:16:11:117 ~ 16:16:11:617
任务线程: pool-1-thread-1,执行时间: 16:16:11:617 ~ 16:16:12:117
```

可以看到,线程池使用 1 个线程顺序完成了 6 个任务,并且第一个任务在开始时刻 1 秒之后才执行。

继续修改测试类,改为使用 Executors.newScheduledThreadPool()方法创建线程池,代码如下所示。

【代码 10-6】 Test.java

```
package com.qst.chapter10.threadpool.javase;

import java.util.concurrent.ExecutorService;
import java.util.concurrent.Executors;
import java.util.concurrent.ScheduledExecutorService;
import java.util.concurrent.TimeUnit;

public class Test {
    public static void main(String[] args) {
        //构造线程池
        ScheduledExecutorService executor = Executors.newScheduledThreadPool(3);
        System.out.println("开始时间: " + dateFormat.format(new Date()));
        for (int i = 0; i < 6; i++) {
            executor.schedule(new Task(), 1000, TimeUnit.MILLISECONDS);
        }
        executor.shutdown();        //关闭线程池
    }
}
```

上述代码通过调用 Executors.newScheduledThreadPool(3)方法创建了支持 3 个线程的可调度线程池,执行结果如下所示。

```
开始时间: 16:29:16:258
任务线程: pool-1-thread-1,执行时间: 16:29:17:260 ~ 16:29:17:760
任务线程: pool-1-thread-3,执行时间: 16:29:17:260'~ 16:29:17:760
```

```
任务线程：pool-1-thread-2,执行时间：16:29:17:260 ~ 16:29:17:760
任务线程：pool-1-thread-1,执行时间：16:29:17:760 ~ 16:29:18:260
任务线程：pool-1-thread-2,执行时间：16:29:17:760 ~ 16:29:18:260
任务线程：pool-1-thread-3,执行时间：16:29:17:760 ~ 16:29:18:260
```

从执行结果可以看到，线程池使用3个线程完成了6个任务。

注意

java.util.concurrent.ScheduledExecutorService 接口是支持任务调度的线程池类型，在10.2节会详细介绍。

10.1.3 Spring 线程池

Spring 框架提供了类似于 Java SE 并发库的线程池支持，主要通过 TaskExecutor 接口实现，TaskExecutor 接口的定义如下所示。

【示例】 TaskExecutor 接口定义

```
public interface org.springframework.core.task.TaskExecutor
            extends java.util.concurrent.Executor {
   void execute(java.lang.Runnable task);
}
```

实际上，Spring 框架提供的 org.springframework.core.task.TaskExecutor 接口和 java.util.concurrent.Executor 接口是完全相同的，Spring 通过 TaskExecutor 接口将各种线程池的实现都统一到一个接口下，为使用者提供了的一致的客户视图。

TaskExecutor 接口的 execute(Runnable task)用于执行任务，依据 TaskExecutor 接口的不同实现，任务会以异步或同步的方式进行。如果是同步方式，则调用者一直处于阻塞状态，直到任务被执行完成，此时，调用者同目标任务的执行处于同一线程中，因此线程上下文信息能够传播到目标任务的执行过程中。如果是异步，则一旦提交完任务，调用者即可返回，并继续进行自身的其他操作。此时，调用者同目标任务的执行位于不同的线程中，因此线程上下文信息很可能不能够在它们之间共享。

关于 TaskExecutor 接口常用实现类的介绍，如表10-3所示。

表10-3 TaskExecutor 接口的常用类介绍

实现类	描述
com.springframework.core.task.SyncTaskExecutor	用于同步执行任务，每次调用都在发起调用的线程中执行，主要用于不需要多线程的场景
com.springframework.core.task.SimpleAsyncTaskExecutor	不会使用线程池，每次执行任务都会启动一个新线程，但是支持设定并发总数的最大值，当超过线程并发总数限制时会阻塞新的调用，直到有位置被释放
org.springframework.scheduling.concurrent.ThreadPoolTaskExecutor	实际上此类是对 java.util.concurrent.ThreadPoolExecutor 的重新封装，直接通过 ThreadPoolExecutor 类实现了线程池，但是将 ThreadPoolExecutor 类中线程池需要的参数封装为 Bean 属性，以允许使用 Spring 的 IoC 配置方式进行设定
org.springframework.scheduling.quartz.SimpleThreadPoolTaskExecutor	是 Quartz 的 SimpleThreadPool 类的子类，它会监听 Spring 的生命周期回调(10.2节将详细介绍 Quartz)

上述的 ThreadPoolTaskExecutor 类是最常用的，其支持下列配置项：

- corePoolSize——核心线程数，即线程池维护的最少线程数量，即使是空闲的也不会关闭，默认值 1。
- maxPoolSize——最大的线程数量，启动的总的线程数不能大于 maxPoolSize，默认值 Integer. MAX_VALUE。
- queueCapacity——缓冲队列的最大长度，当正在执行的线程数量达到 corePoolSize 时，新任务首先加入缓冲队列，如果队列已满并且线程数量未达到 maxPoolSize，则创建新的线程执行任务。
- keepAliveSeconds——线程保持活动时间（毫秒），超过这个时间后会将大于 corePoolSize 的线程关闭。
- rejectedExecutionHandler——新任务被线程池拒绝后的具体操作。

其中 rejectedExecutionHandler 的操作包括下列 4 个预置的可选类型：

- ThreadPoolExecutor. AbortPolicy——抛出运行时异常，是默认值。
- ThreadPoolExecutor. CallerRunsPolicy——线程调用运行该任务的 execute 本身。此策略提供简单的反馈控制机制，能够减缓新任务的提交速度。
- ThreadPoolExecutor. DiscardPolicy——删除不能执行的任务以释放空间。
- ThreadPoolExecutor. DiscardOldestPolicy——如果执行程序尚未关闭，则位于工作队列头部的任务将被删除，然后重试执行程序（如果再次失败，则重复此过程）。

下列代码演示了 ThreadPoolTaskExecutor 的配置方式。

【代码 10-7】 applicationContext. xml

```
<?xml version = "1.0" encoding = "UTF - 8"?>
<beans xmlns = "http://www.springframework.org/schema/beans"
     xmlns: xsi = " http://www. w3. org/2001/XMLSchema - instance" xmlns: aop = " http://www.
springframework.org/schema/aop"
     xmlns: tx = " http://www. springframework. org/schema/tx" xmlns: context = " http://www.
springframework.org/schema/context"
    xsi:schemaLocation =
        "http://www.springframework.org/schema/beans
        http://www.springframework.org/schema/beans/spring - beans - 4.1.xsd
        http://www.springframework.org/schema/aop
        http://www.springframework.org/schema/aop/spring - aop - 4.1.xsd
        http://www.springframework.org/schema/tx
        http://www.springframework.org/schema/tx/spring - tx - 4.1.xsd
        http://www.springframework.org/schema/context
        http://www.springframework.org/schema/context/spring - context - 4.1.xsd">
    <bean id = "executor"
    class = "org.springframework.scheduling.concurrent.ThreadPoolTaskExecutor">
        <property name = "corePoolSize" value = "10" />
        <property name = "keepAliveSeconds" value = "60000" />
    </bean>
</beans>
```

上述 Spring 配置文件中，声明了类型为 ThreadPoolTaskExecutor 的 bean，并配置了其核心线程数为 10，保持活动时间为 60 秒，其他未配置的参数则保持默认值。下列代码对其进行测试。

【代码 10-8】 Test.java

```
package com.qst.chapter10.threadpool.spring;
import java.text.SimpleDateFormat;
import java.util.Date;
import org.springframework.context.ApplicationContext;
import org.springframework.context.support.ClassPathXmlApplicationContext;
import org.springframework.scheduling.concurrent.ThreadPoolTaskExecutor;
import com.qst.chapter10.threadpool.javase.Task;

public class Test {
    static SimpleDateFormat dateFormat = new SimpleDateFormat("HH:mm:ss:SSS");

    public static void main(String[] args) {
        ApplicationContext context = new ClassPathXmlApplicationContext(
                "com/qst/chapter10/threadpool/spring/applicationContext.xml");

        ThreadPoolTaskExecutor executor
                = (ThreadPoolTaskExecutor) context.getBean("executor");

        System.out.println("开始时间: " + dateFormat.format(new Date()));
        for (int i = 0; i < 6; i++) {
            executor.execute(new Task());    //执行
        }
    }
}
```

上述代码通过 Spring 的上下文获取了已配置的 ThreadPoolTaskExecutor 对象，在循环中调用其 execute()方法执行了 6 次任务，其中的任务类 Task 与 10.1.2 节中完全相同。执行结果如下所示。

```
开始时间: 02:13:38:053
任务线程: executor-5,执行时间: 02:13:38:055 ~ 02:13:38:555
任务线程: executor-1,执行时间: 02:13:38:055 ~ 02:13:38:555
任务线程: executor-2,执行时间: 02:13:38:055 ~ 02:13:38:555
任务线程: executor-3,执行时间: 02:13:38:055 ~ 02:13:38:555
任务线程: executor-6,执行时间: 02:13:38:055 ~ 02:13:38:555
任务线程: executor-4,执行时间: 02:13:38:055 ~ 02:13:38:555
```

从结果可以看到，因为配置的核心线程数为 10，所以 6 个任务是在 6 个线程中执行的。修改配置文件，将核心线程数改为 2，代码如下所示。

【代码 10-9】 applicationContext.xml

```
<bean id = "executor"
class = "org.springframework.scheduling.concurrent.ThreadPoolTaskExecutor">
    <property name = "corePoolSize" value = "2" />
    <property name = "keepAliveSeconds" value = "60000" />
</bean>
```

再次运行测试类，结果如下：

```
开始时间: 02:19:06:065
任务线程: executor-1,执行时间: 02:19:06:067 ~ 02:19:06:567
任务线程: executor-2,执行时间: 02:19:06:067 ~ 02:19:06:567
```

```
任务线程: executor-2,执行时间: 02:19:06:567 ~ 02:19:07:067
任务线程: executor-1,执行时间: 02:19:06:567 ~ 02:19:07:067
任务线程: executor-1,执行时间: 02:19:07:067 ~ 02:19:07:567
任务线程: executor-2,执行时间: 02:19:07:067 ~ 02:19:07:567
```

从线程名称和执行时段可以看到,6 个任务是通过两个线程执行的。

10.2 任务调度

任务调度是指定时执行某个任务的能力,可能是在指定的时刻执行,也可能是周期性地执行。从 Java 1.3 开始就有 java. util. Timer 类提供了基本的任务调度能力,10.1 节介绍的可调度线程池 java. util. concurrent. ScheduledThreadPoolExecutor 也可以实现延时和周期性执行的任务调度功能,实际上 ScheduledThreadPoolExecutor 完全可以代替 Timer,并解决了 Timer 固有的一些缺陷。如果需要更加灵活的调度方式,也可以使用一些专用的任务调度框架,OpenSymphony 组织实现的开源框架 Quartz 是其中最流行的一个。Spring 框架为 Quartz 提供了集成方式,并且自身也实现了一个功能强大的任务调度框架。

10.2.1 ScheduledExecutorService

java. util. Timer 类提供了基本的任务调度功能,但是其调度是基于绝对时间的,系统时间的改变会影响任务调度,另外任务中如果抛出未检查异常,Timer 的行为会不可预期。Java 并发库新提供的 ScheduledExecutorService 接口及其实现类 ScheduledThreadPoolExecutor 则更好地实现了任务调度。ScheduledExecutorService 接口的方法如下:

- ScheduledFuture<?> schedule(Runnable command,long delay, TimeUnit unit)——在延时 delay 后执行 command 任务,unit 为 delay 的时间单位。
- <V> ScheduledFuture<V> schedule(Callable<V> callable, long delay, TimeUnit unit)——在延时 delay 后执行 callable 任务,unit 为 delay 的时间单位。
- ScheduledFuture<?> scheduleAtFixedRate(Runnable command,long initialDelay, long period, TimeUnit unit)——以固定频率执行任务。在延时 initialDelay 后,以 period 为周期重复执行 command 任务,unit 为 initialDelay 和 period 的时间单位。
- ScheduledFuture<?> scheduleWithFixedDelay(Runnable command,long initialDelay, long delay,TimeUnit unit)——以固定延迟执行任务。在延时 initialDelay 后,重复执行 command 任务,每次执行完毕后延迟 delay 再执行下一次,unit 为 initialDelay 和 delay 的时间单位。

下面举例说明上述方法的使用,编写测试类如下所示。

【代码 10-10】 Test. java

```
package com.qst.chapter10.scheduler.javase;
import java.text.SimpleDateFormat;
import java.util.Date;
import java.util.concurrent.Executors;
import java.util.concurrent.ScheduledExecutorService;
import java.util.concurrent.TimeUnit;
```

```
import com.qst.chapter10.threadpool.javase.Task;

public class Test {
    static SimpleDateFormat dateFormat = new SimpleDateFormat("HH:mm:ss:SSS");

    public static void main(String[] args) {
        ScheduledExecutorService executor = Executors.newScheduledThreadPool(3);
        System.out.println("开始时间: " + dateFormat.format(new Date()));
        executor.schedule(new Task(), 2, TimeUnit.SECONDS);
    }
}
```

上述代码通过 Executors.newScheduledThreadPool(3)创建了 ScheduledExecutorService 类型的对象，实际为 ScheduledThreadPoolExecutor 类的实例，是一个核心线程数为 3 的可调度线程池。然后调用其 schedule()方法执行了 Task 任务，指定延迟时间为 2 秒，其中的任务类 Task 与 10.1.2 节中完全相同。执行结果如下所示。

```
开始时间: 14:41:55:241
任务线程: pool-1-thread-1,执行时间: 14:41:57:243 ~ 14:41:57:743
```

可以看到，在开始时间 2 秒后任务开始执行。

修改测试类，改为使用 scheduleAtFixedRate()方法以固定频率执行任务，代码如下所示。

【代码 10-11】 Test.java

```
...
    public static void main(String[] args) {
        ScheduledExecutorService executor = Executors.newScheduledThreadPool(3);

        System.out.println("开始时间: " + dateFormat.format(new Date()));
        executor.scheduleAtFixedRate(new Task(), 1000, 1000,
                TimeUnit.MILLISECONDS);
    }
```

上述代码中，改为调用 executor 的 scheduleAtFixedRate()方法，并指定初始延时 1000 毫秒，且固定延时为 1000 毫秒，执行结果如下所示。

```
开始时间: 15:21:48:655
任务线程: pool-1-thread-1,执行时间: 15:21:49:657 ~ 15:21:50:157
任务线程: pool-1-thread-1,执行时间: 15:21:50:658 ~ 15:21:51:158
任务线程: pool-1-thread-2,执行时间: 15:21:51:657 ~ 15:21:52:157
任务线程: pool-1-thread-2,执行时间: 15:21:52:657 ~ 15:21:53:157
任务线程: pool-1-thread-2,执行时间: 15:21:53:658 ~ 15:21:54:158
...
```

通过上述运行结果可以看到，任务以固定延时 1000 毫秒执行。再次修改测试类，改为使用 scheduleWithFixedDelay()方法以固定延时 1000 毫秒来执行任务，代码如下所示。

【代码 10-12】 Test.java

```
...
    public static void main(String[] args) {
        ScheduledExecutorService executor = Executors.newScheduledThreadPool(3);

        System.out.println("开始时间: " + dateFormat.format(new Date()));
```

```
        executor.scheduleWithFixedDelay(new Task(), 1000, 1000,
                TimeUnit.MILLISECONDS);
    }
```

执行结果如下所示。

```
开始时间：15:22:54:334
任务线程：pool-1-thread-1,执行时间：15:22:55:337 ~ 15:22:55:837
任务线程：pool-1-thread-1,执行时间：15:22:56:838 ~ 15:22:57:338
任务线程：pool-1-thread-2,执行时间：15:22:58:339 ~ 15:22:58:839
任务线程：pool-1-thread-2,执行时间：15:22:59:840 ~ 15:23:00:340
任务线程：pool-1-thread-2,执行时间：15:23:01:341 ~ 15:23:01:841
...
```

可以看到，任务的开始时间间隔变为1500毫秒，这是因为任务自身运行需要500毫秒，再加上固定的延时1000毫秒后变为1500毫秒。

10.2.2 Spring 集成 Quartz

使用ScheduledExecutorService接口可以实现简单的任务调度，但是当调度的需求非常复杂时，使用ScheduledExecutorService接口会十分麻烦，例如要求每个星期三的凌晨2点30分执行任务，这种需求如果用ScheduledExecutorService实现会造成大量模板代码。这时可以使用一些专用的任务调度框架，OpenSymphony组织实现的开源框架Quartz是其中的佼佼者。

Quartz框架使用了一种类UNIX cron表达式的语法来表示任务调度时间，Quartz的cron表达式支持7个域，如表10-4所示。

表10-4 Quartz的cron表达式

名　称	是否必需	允　许　值	特殊字符
秒	是	0～59	, - * /
分	是	0～59	, - * /
时	是	0～23	, - * /
日	是	1～31	, - * ? / L W C
月	是	1～12 或 JAN 至 DEC	, - * /
周	是	1～7 或 SUN 至 SAT	, - * ? / L C #
年	否	1970～2099	, - * /

一个Quartz cron表达式至少由秒分时日月周6个域组成，域之间用空格分开，每个域需要指定一个值。特殊字符的含义如表10-5所示。

表10-5 特殊字符的含义

特殊字符	作　用	特殊字符	作　用
,	用于指定一个值列表	L	只能用于日和周，表示该域上允许的最后一个值
-	用于指定值的范围	W	只能用于日，表示最近的工作日
*	用于指代该域上允许的任何值	#	只能用于周，表示当月的第几个周几
/	用于表示时间的递增	C	指和calendar联系后计算过的值
?	只能用于日和周，表示对值不做任何限制，?只能出现一次，即日和周最多有一个使用?		

如表 10-6 所示，列出了一些 Quartz cron 表达式的例子。

表 10-6　Quartz cron 表达式

表达式	作用	表达式	作用
0 0 12 ** ?	每天中午 12 点触发	0 0-5 14 ** ?	在每天下午 2 点到下午 2:05 期间的每 1 分钟触发
0 15 10 ? **	每天上午 10:15 触发	0 10,44 14 ? 3 WED	每年三月的星期三的下午 2:10 和 2:44 触发
0 15 10 ** ?	每天上午 10:15 触发	0 15 10 ? * MON-FRI	周一至周五的上午 10:15 触发
0 15 10 ** ? *	每天上午 10:15 触发	0 15 10 15 * ?	每月 15 日上午 10:15 触发
0 15 10 ** ? 2005	2005 年的每天上午 10:15 触发	0 15 10 L * ?	每月最后一日的上午 10:15 触发
0 * 14 ** ?	在每天下午 2 点到下午 2:59 期间的每 1 分钟触发	0 15 10 ? * 6L	每月的最后一个星期五上午 10:15 触发
0 0/5 14 ** ?	在每天下午 2 点到下午 2:55 期间的每 5 分钟触发	0 15 10 ? * 6L 2002-2005	2002 年至 2005 年的每月的最后一个星期五上午 10:15 触发
0 0/5 14,18 ** ?	在每天下午 2 点到 2:55 期间和下午 6 点到 6:55 期间的每 5 分钟触发	0 15 10 ? * 6#3	每月的第三个星期五上午 10:15 触发

Spring 框架集成 Quartz 时，只需进行简单的配置，即可完成任务调度。下列示例演示 Spring 与 Quartz 集成的方式。首先需要引入 Quartz 的库，从其网站 www.quartz-scheduler.org 可以下载到最新版本，将最新版的 quartz.jar 及其依赖的 slf4j-api.jar 引入项目，然后编写任务类 Task，代码如下：

【代码 10-13】　Task.java

```java
package com.qst.chapter10.scheduler.quartz;

import java.text.SimpleDateFormat;
import java.util.Date;

public class Task {
    //格式化时间用
    static SimpleDateFormat dateFormat = new SimpleDateFormat("HH:mm:ss:SSS");

    public void doSomeThing() {
        try {
            String msg = "任务线程：" + Thread.currentThread().getName()
                    + "，执行时间：" + dateFormat.format(new Date());
            Thread.sleep(500); //模拟耗时操作
            msg += " ~ " + dateFormat.format(new Date());
            System.out.println(msg);
        } catch (InterruptedException e) {
```

```
            e.printStackTrace();
        }
    }
}
```

上述任务类没有实现任何接口，只是声明了一个任务方法 doSomeThing()。然后编写 Spring 配置文件，代码如下：

【代码 10-14】 applicationContext.xml

```
<?xml version="1.0" encoding="UTF-8"?>
<beans xmlns="http://www.springframework.org/schema/beans"
    xmlns:xsi="http://www.w3.org/2001/XMLSchema-instance"
    xmlns:aop="http://www.springframework.org/schema/aop"
    xmlns:tx="http://www.springframework.org/schema/tx"
    xmlns:context="http://www.springframework.org/schema/context"
    xsi:schemaLocation=
        "http://www.springframework.org/schema/beans
        http://www.springframework.org/schema/beans/spring-beans-4.1.xsd
        http://www.springframework.org/schema/aop
        http://www.springframework.org/schema/aop/spring-aop-4.1.xsd
        http://www.springframework.org/schema/tx
        http://www.springframework.org/schema/tx/spring-tx-4.1.xsd
        http://www.springframework.org/schema/context
        http://www.springframework.org/schema/context/spring-context-4.1.xsd">

    <!-- 任务方法所在的类 -->
    <bean id="task" class="com.qst.chapter10.scheduler.quartz.Task" />

    <!-- 需调度的任务 -->
    <bean id="job"
    class="org.springframework.scheduling.quartz.MethodInvokingJobDetailFactoryBean">
        <property name="targetObject">
            <ref bean="task" />
        </property>
        <property name="targetMethod">
            <value>doSomeThing</value>
        </property>
    </bean>

    <!-- 调度触发器 -->
    <bean id="quartzTrigger"
        class="org.springframework.scheduling.quartz.CronTriggerFactoryBean">
        <property name="jobDetail">
            <ref bean="job" />
        </property>
        <property name="cronExpression">
            <value>0/2 * * * * ?</value>
        </property>
    </bean>

    <!-- 调度工厂 -->
    <bean id="schedulerFactory"
        class="org.springframework.scheduling.quartz.SchedulerFactoryBean">
        <property name="triggers">
```

```
            <list>
                <ref bean="quartzTrigger" />
            </list>
        </property>
    </bean>
</beans>
```

上述配置文件中,声明了下列 Bean。

- com. qst. chapter10. scheduler. quartz. Task——需调度的任务方法所在的类。
- org. springframework. scheduling. quartz. MethodInvokingJobDetailFactoryBean——需调度的任务,其中 targetObject 属性引用需要任务类的 bean 为声明过的 Task 类,targetMethod 属性指明任务类的方法名为 doSomeThing。
- org. springframework. scheduling. quartz. CronTriggerFactoryBean——调度触发器,其中 jobDetail 属性引用任务 bean 为声明过的 MethodInvokingJobDetailFactoryBean 类,cronExpression 属性指明调度的 cron 表达式,设为每间隔 2 秒运行一次。
- org. springframework. scheduling. quartz. SchedulerFactoryBean——调度工厂,其中 triggers 属性中引用调度触发器 Bean。

配置完毕后,编写测试类 Test,代码如下所示。

【代码 10-15】 Test. java

```
package com.qst.chapter10.scheduler.quartz;
import java.text.SimpleDateFormat;
import org.springframework.context.ApplicationContext;
import org.springframework.context.support.ClassPathXmlApplicationContext;

public class Test {
    static SimpleDateFormat dateFormat = new SimpleDateFormat("HH:mm:ss:SSS");

    public static void main(String[] args) {
        ApplicationContext context = new ClassPathXmlApplicationContext(
                "com/qst/chapter10/scheduler/quartz/applicationContext.xml");
    }
}
```

上述测试代码中,只是加载了 Spring 的上下文,没有做其他操作,Spring 上下文加载后,会自动启动调度工厂 org. springframework. scheduling. quartz. SchedulerFactoryBean,从而开始任务调度。运行测试类,结果如下所示。

```
任务线程: schedulerFactory_Worker-1,执行时间: 17:06:58:000 ~ 17:06:58:515
任务线程: schedulerFactory_Worker-2,执行时间: 17:07:00:014 ~ 17:07:00:529
任务线程: schedulerFactory_Worker-3,执行时间: 17:07:02:012 ~ 17:07:02:526
任务线程: schedulerFactory_Worker-4,执行时间: 17:07:04:009 ~ 17:07:04:524
任务线程: schedulerFactory_Worker-5,执行时间: 17:07:06:007 ~ 17:07:06:507
...
```

从结果可以看到,任务操作按照每 2 秒一次的频率执行,Quartz 配置成功。

10.2.3 Spring 的任务调度框架

从 3.0 版本开始,Spring 框架自身实现了一个可用性非常高的任务调度框架,能够替代

Quartz 的大部分功能而无须 Quartz 支持。与 Quartz 类似,Spring 的调度框架也支持使用 cron 表达式设定执行时间,语法与 Quartz 的 cron 表达式相同,但是只允许设定秒分时日月周 6 个域,不支持年。Spring 为其任务调度框架提供了专门的 XML 命名空间和注解,因此配置起来比使用 Quartz 要更为简洁,下述示例介绍配置方式。

【代码 10-16】 applicationContext.xml

```
<?xml version="1.0" encoding="UTF-8"?>
<beans xmlns="http://www.springframework.org/schema/beans"
    xmlns:xsi="http://www.w3.org/2001/XMLSchema-instance"
    xmlns:aop="http://www.springframework.org/schema/aop"
    xmlns:tx="http://www.springframework.org/schema/tx"
    xmlns:context="http://www.springframework.org/schema/context"
    xmlns:task="http://www.springframework.org/schema/task"
    xsi:schemaLocation=
        "http://www.springframework.org/schema/beans
        http://www.springframework.org/schema/beans/spring-beans-4.1.xsd
        http://www.springframework.org/schema/aop
        http://www.springframework.org/schema/aop/spring-aop-4.1.xsd
        http://www.springframework.org/schema/tx
        http://www.springframework.org/schema/tx/spring-tx-4.1.xsd
        http://www.springframework.org/schema/task
        http://www.springframework.org/schema/task/spring-task-4.1.xsd
        http://www.springframework.org/schema/context
        http://www.springframework.org/schema/context/spring-context-4.1.xsd">


    <!-- 任务方法所在的类 -->
    <bean id="task" class="com.qst.chapter10.scheduler.spring.Task" />

    <!-- 调度器 -->
    <task:scheduler id="sch" pool-size="10" />

    <!-- 调度任务 -->
    <task:scheduled-tasks scheduler="sch">
        <task:scheduled ref="task" method="doSomeThing" cron="0/2 * * * * ?" />
    </task:scheduled-tasks>
</beans>
```

上述配置文件中,完成了下列操作:

- 首先引入 http://www.springframework.org/schema/task 命名空间,其中定义了 Spring 任务调度框架需要的配置元素,然后在 xsi:schemaLocation 属性中添加此命名空间的 schema 文档位置。
- 声明 com.qst.chapter10.scheduler.spring.Task 的 bean,其 doSomeThing()方法是待执行的任务方法,Task 类的代码与 10.2.2 节的 Task 类完全相同。
- 使用<task:scheduler>元素声明任务调度器,并通过 pool-size 属性指定线程池大小。
- 使用<task:scheduled-tasks>元素关联任务调度器和任务类,其 scheduler 属性引用已声明的任务调度器 bean;为<task:scheduled-tasks>元素配置<task:scheduled>子元素,其 ref 属性引用已声明的任务 bean,其 method 属性指定任务方法,其 cron 属性指定 cron 表达式。

配置完毕后,编写测试类,代码如下所示。

【代码 10-17】 Test.java

```
package com.qst.chapter10.scheduler.spring;
import java.text.SimpleDateFormat;
import org.springframework.context.ApplicationContext;
import org.springframework.context.support.ClassPathXmlApplicationContext;

public class Test {
    static SimpleDateFormat dateFormat = new SimpleDateFormat("HH:mm:ss:SSS");

    public static void main(String[ ] args) {
        ApplicationContext context = new ClassPathXmlApplicationContext(
                "com/qst/chapter10/scheduler/spring/applicationContext.xml");
    }
}
```

上述测试类只是加载了 Spring 的上下文,执行测试,结果如下:

```
任务线程: sch-1,执行时间: 19:38:48:001 ～ 19:38:48:501
任务线程: sch-1,执行时间: 19:38:50:001 ～ 19:38:50:501
任务线程: sch-2,执行时间: 19:38:52:001 ～ 19:38:52:502
任务线程: sch-1,执行时间: 19:38:54:001 ～ 19:38:54:501
任务线程: sch-3,执行时间: 19:38:56:001 ～ 19:38:56:501
...
```

从结果可以看到,通过 Spring 自身提供的任务调度也成功完成。

10.3 Spring 集成 Struts 2 和 Hibernate

同时使用 Spring、Struts 2 和 Hibernate 框架时,需要将其整合在一起使用。针对一些主流的框架、技术或规范,Spring 框架都做了专门的支持,例如 Struts 2、Hibernate、MyBatis、JPA、RESTful 等,Spring 通过提供支持类、特定接口等方式,支持将这些技术与 Spring 集成在一起。在集成时,Spring 作为 IoC 容器负责装配,其他框架负责各自的专有功能,共同组成一个完整的系统结构。

10.3.1 Spring 集成 Struts 2

使用 Struts 2 框架时,在 Action 中需要使用业务对象完成具体的业务逻辑,而 Action 的实例是由 Struts 2 框架在获得请求时创建的,无法通过 Spring 的 IoC 注入业务对象。因此,Spring 与 Struts 2 集成的关键是如何由 Spring 框架完成创建 Action 实例的工作。

Struts 2 框架提供了一种插件机制,实现其 ObjectFactory 接口后,允许在外部完成 Action 实例的创建,并且 Struts 2 专门为 Spring 提供了一个插件。使用此插件后,改由 Spring 框架创建 Action 实例,从而可以将 Spring 中配置的其他 Bean 注入 Action。当 Struts 2 需要创建一个 Action 实例时,该插件会在 Spring 上下文中查找对应的 Bean,这个 Bean 的 id 为 Struts 2 配置文件中对应 Action 的 class 属性值,如果能找到,则使用 Spring 创建的 Bean 对象,否则由 Struts 2 框架自身创建,然后由 Spring 来装配。通过这个插件将 Struts 2 和 Spring 集成后,处理用户请求的 Action 对象不再由 Struts 2 框架创建,而是由 Spring 插件创建的,在 Struts 2 配置文件中配置 Action 时,指定的 class 属性值不再是类名,而是 Spring 配置文件中 Bean 的 id,Spring 插件根据此 id 从 Spring 容器中获得相应的 Action 实例。

下面使用一个简单的用户登录示例演示如何将 Struts 2 框架集成到 Spring 中。

1. 编写业务类和 Action 等代码

编写业务类 UserService,代码如下所示。

【代码 10-18】 UserService.java

```
package com.qst.chapter10.struts;

public class UserService {
    public boolean login(String name, String password) {
        if ("admin".equals(name) && "1234".equals(password))
            return true;
        return false;
    }
}
```

在上述业务类中,login 方法根据用户名和密码返回是否登录成功,没有查询数据库,只是简单模拟。再编写 LoginAction 类用于处理用户请求,代码如下所示。

【代码 10-19】 LoginAction.java

```
package com.qst.chapter10.struts;

public class LoginAction {
    private String name;
    private String password;
    private String message;
    private UserService userService;

    public String execute() {
        if (userService.login(name, password))
            message = name + ",欢迎登录.";
        else
            message = "您输入的用户名和密码不正确.";
        return "index";
    }

    public String getName() {
        return name;
    }
    public void setName(String name) {
        this.name = name;
    }
    public String getPassword() {
        return password;
    }
    public void setPassword(String password) {
        this.password = password;
    }
    public UserService getUserService() {
        return userService;
    }
```

```
    public void setUserService(UserService userService) {
        this.userService = userService;
    }
    public String getMessage() {
        return message;
    }
    public void setMessage(String message) {
        this.message = message;
    }
}
```

上述 Action 的 execute()方法中,根据用户提交的用户名和密码调用业务类完成逻辑判断,根据是否登录成功返回不同的提示信息。其中用户名和密码的 name、password 属性由 Struts 2 根据客户端提交的数据赋值,userService 属性则需要通过 Spring 的 IoC 注入。

2. 导入 Struts 2 的 Spring 插件包

首先需要将 Struts 2 的 Spring 插件包复制到 Web 项目的 WEB-INF/lib 目录下,本书使用的 Struts 2 2.3.20 版的 Spring 插件为 struts2-spring-plugin-2.3.20.jar。

3. 配置 web.xml

web.xml 中需要配置 Spring 的 ContextLoaderListener 和 Struts 2 的 Servlet 过滤器 StrutsPrepareAndExecuteFilter,代码如下所示。

【代码 10-20】 web.xml

```
<?xml version="1.0" encoding="UTF-8"?>
<web-app xmlns:xsi="http://www.w3.org/2001/XMLSchema-instance"
    xmlns="http://xmlns.jcp.org/xml/ns/javaee"
    xsi:schemaLocation="http://xmlns.jcp.org/xml/ns/javaee
    http://xmlns.jcp.org/xml/ns/javaee/web-app_3_1.xsd"
    id="WebApp_ID" version="3.1">
    <display-name>chapter10</display-name>
    <listener>
        <listener-class>
            org.springframework.web.context.ContextLoaderListener
        </listener-class>
    </listener>
    <filter>
        <filter-name>struts2</filter-name>
        <filter-class>
    org.apache.struts2.dispatcher.ng.filter.StrutsPrepareAndExecuteFilter
        </filter-class>
    </filter>
    <filter-mapping>
        <filter-name>struts2</filter-name>
        <url-pattern>/*</url-pattern>
    </filter-mapping>
    <welcome-file-list>
        <welcome-file>login.jsp</welcome-file>
    </welcome-file-list>
</web-app>
```

上述 web.xml 文件中，配置了 Spring 的上下文加载监听器 ContextLoaderListener 和 Struts 2 的过滤器 StrutsPrepareAndExecuteFilter。Spring 的配置文件是/WEB-INF/applicationContext.xml，Struts 2 的配置文件是 src/struts.xml，都采用了框架的默认路径和文件名称，因此 web.xml 中无须配置两个配置文件的路径。

4. 配置 Spring

Spring 配置文件中，除了原本就需要配置的业务类、Dao 等 Bean 以外，还需要将 Struts 2 的每个 Action 配置为 Bean，并指明 scope 为 prototype，Action bean 中可以注入需要的业务类等其他 Bean。Spring 配置文件代码如下所示。

【代码 10-21】 applicationContext.xml

```
<?xml version="1.0" encoding="UTF-8"?>
<beans xmlns="http://www.springframework.org/schema/beans"
    xmlns:xsi="http://www.w3.org/2001/XMLSchema-instance"
    xsi:schemaLocation=
        "http://www.springframework.org/schema/beans
        http://www.springframework.org/schema/beans/spring-beans-4.1.xsd">

    <bean id="userService" class="com.qst.chapter10.struts.UserService" />

    <bean id="loginAction" scope="prototype"
        class="com.qst.chapter10.struts.LoginAction">
        <property name="userService" ref="userService" />
    </bean>
</beans>
```

上述配置文件配置了业务类 UserService 和 Action 类 LoginAction，在 LoginAction 中注入了 UserService 的 Bean。其中 LoginAction 指明了属性 scope 值为 prototype，以使 Struts 2 从 Spring 上下文中获取 LoginAction 的实例时，每次获得的都是新建的对象。

5. 配置 Struts 2

Struts 2 的配置文件中，需要配置每个 Action，并且其 class 属性值不再是完整的类名，而应该是对应的 Spring 配置文件中的 Bean 的 id，代码如下所示。

【代码 10-22】 struts.xml

```
<?xml version="1.0" encoding="UTF-8" ?>
<!DOCTYPE struts PUBLIC
    "-//Apache Software Foundation//DTD Struts Configuration 2.3//EN"
    "http://struts.apache.org/dtds/struts-2.3.dtd">

<struts>
    <package name="default" namespace="/" extends="struts-default">
        <action name="login" class="loginAction">
            <result name="index">/index.jsp</result>
        </action>
    </package>
</struts>
```

上述配置文件中，配置了一个<action>元素，其 class 属性值为 loginAction，代表 Spring

配置文件中 id 为 loginAction 的 Bean，即 com. qst. chapter10. struts. LoginAction。

6. 编写 JSP 并运行

JSP 页面部分代码非常简单，代码如下所示。

【代码 10-23】 login. jsp

```
<%@ page language = "java" contentType = "text/html; charset = UTF - 8"
    pageEncoding = "UTF - 8" %>
<html>
<body>
    <form action = "login" method = "post">
        <input type = "text" name = "name" /><br />
        <input type = "password" name = "password" /><br />
        <input type = "submit" value = "登录">
    </form>
</body>
</html>
```

【代码 10-24】 index. jsp

```
<%@ page language = "java" contentType = "text/html; charset = UTF - 8"
    pageEncoding = "UTF - 8" %>
<html><body>
${message}
</body></html>
```

部署并运行项目，在首页中输入正确或错误的用户名和密码后单击“登录”按钮，会跳转到 index. jsp 页面，并显示不同的提示信息。

10.3.2 Spring 集成 Hibernate

Spring 框架对主流的 ORM 技术都提供了支持，包括 Hibernate、MyBatis、JDO、JPA 等。使用 Hibernate 框架时，所有数据库操作都是通过其 Session 对象完成的，而 Session 对象需要通过其 SessionFactory 对象创建。将 Hibernate 集成到 Spring 框架后，SessionFactory 对象可以配置成一个 Bean，然后注入各个需要进行数据库操作的 DAO 中。并且 Spring 框架还专门针对 Hibernate 实现了一个事务管理器，通过其 AOP 功能可以对业务类进行事务配置，从而将事务控制代码从业务代码中剥离。

针对 Hibernate 框架，Spring 的支持主要有以下几点：

- 在 Spring 配置文件中直接配置 Hibernate 的 SessionFactory，从而可以将其注入各个需要进行数据库操作的 DAO 中；
- Spring 提供 HibernateTemplate 和 HibernateDaoSupport 类简化 Hibernate 操作；
- Spring 为 Hibernate 实现了一个事务管理器，支持声明式事务管理；
- 针对 Web 应用，Spring 提供了 OpenSessionInViewFilter 过滤器以解决由于 session 关闭导致的延迟加载失败问题。

下面还是使用一个简单的用户登录示例演示如何将 Hibernate 框架集成到 Spring 中。

1. 编写实体类

编写实体类 User. java 及其 Hibernate 映射文件，代码如下所示。

【代码 10-25】 User.java

```
package com.qst.chapter10.hibernate;

public class User {
    private int id;
    private String name;
    private String password;
    ... get/set 方法省略
}
```

【代码 10-26】 User.hbm.xml

```
<?xml version = "1.0"?>
<!DOCTYPE hibernate - mapping PUBLIC
    " - //Hibernate/Hibernate Mapping DTD 3.0//EN"
    "http://hibernate.sourceforge.net/hibernate - mapping - 3.0.dtd">
<hibernate - mapping>
    <class name = "com.qst.chapter10.hibernate.User" table = "t_user">
        <id name = "id" column = "id">
            <generator class = "native" />
        </id>
        <property name = "name" column = "user_name" type = "string" />
        <property name = "password" column = "password" type = "string" />
    </class>
</hibernate - mapping>
```

2. 编写 DAO

Spring 框架提供的 org.springframework.orm.hibernate4.HibernateDaoSupport 和 org.springframework.orm.hibernate4.HibernateTemplate 类为集成 Hibernate 框架提供了很大的便利，继承 HibernateDaoSupport 后，调用 getHibernateTemplate()方法即可获取 HibernateTemplate 对象。

HibernateTemplate 是辅助进行 Hibernate 一个模板类，提供了操作数据库的常用方法，并且使用 HibernateTemplate 对象后，无须关注 Session 对象的获取、事务的启动、提交和回滚等操作，其常用方法如表 10-7 所示。

表 10-7 HibernateTemplate 常用方法

方法	功能描述
load()	根据标识符属性值查询持久化对象，如果未找到记录则抛出异常
find()	根据 HQL 语句获取持久化对象的集合
get()	根据标识符属性值查询持久化对象，如果未找到记录则返回 null
delete()	删除已经存在的持久化对象
save()	保存持久化对象到数据库
saveOrUpdate()	保存或更新持久化对象到数据库
update()	更新持久化对象到数据库
persist()	保存持久化对象到数据库
refresh()	刷新持久化对象

上述方法和 Hibernate 的 Session 中的方法几乎是一致的。

编写 UserDao 代码如下所示。

【代码 10-27】 UserDao. java

```
package com.qst.chapter10.hibernate;

import java.util.List;
import org.springframework.orm.hibernate4.support.HibernateDaoSupport;

public class UserDao extends HibernateDaoSupport {

    public User login(String name, String password) {
        String hql = "from User where name = ? and password = ?";
        List<User> users = (List<User>) getHibernateTemplate()
                                .find(hql, name, password);
        if (users == null || users.isEmpty())
            return null;
        return users.get(0);
    }
}
```

在上述代码中，UserDao 类继承 Spring 提供的 HibernateDaoSupport 类，在其中使用 getHibernateTemplate()方法获得 HibernateTemplate 对象，调用其 find()方法查询 hql 语句获取 User 列表。

如果需要直接使用 Hibernate 的 Session 来进行一些复杂的操作，则可以通过调用 HibernateTemplate 对象的 execute()方法实现。execute()方法接收一个 org. springframework. orm. hibernate4. HibernateCallback 接口类型的参数，通过实现 HibernateCallback 接口的 doInHibernate(Session s)方法可以获取 Session 对象。

下述代码将 UserDao. java 中的 login()方法改为使用 execute()方法实现。

【代码 10-28】 UserDao. java

```
package com.qst.chapter10.hibernate;

import java.util.List;
import org.hibernate.HibernateException;
import org.hibernate.Query;
import org.hibernate.Session;
import org.springframework.orm.hibernate4.HibernateCallback;
import org.springframework.orm.hibernate4.support.HibernateDaoSupport;

public class UserDao extends HibernateDaoSupport {

    public User login(final String name, final String password) {
        final String hql = "from User where name = ? and password = ?";
        List<User> users = getHibernateTemplate().execute(
                new HibernateCallback<List<User>>() {
                    @Override
                    public List<User> doInHibernate(Session session)
                            throws HibernateException {
                        Query query = session.createQuery(hql);
                        query.setParameter(0, name);
                        query.setParameter(1, password);
                        return query.list();
```

```
                }
            });

        if (users == null || users.isEmpty())
            return null;
        return users.get(0);
    }
}
```

上述代码调用 HibernateTemplate 对象的 execute()方法执行了查询，传入新建的 HibernateCallback 对象，在覆盖其 doInHibernate()方法时，直接通过 Hibernate 的 Session 对象完成了数据库操作。

3. 编写业务类

编写业务类 UserService，其中注入 UserDao 对象完成数据库操作，代码如下所示。

【代码 10-29】 UserService.java

```
package com.qst.chapter10.hibernate;
public class UserService {
    private UserDao userDao;

    public User login(String name, String password) {
        return userDao.login(name, password);
    }
    public UserDao getUserDao() {
        return userDao;
    }
    public void setUserDao(UserDao userDao) {
        this.userDao = userDao;
    }
}
```

4. Spring 配置文件中配置数据源和 SessionFactory

Spring 配置文件中需要配置 org.springframework.orm.hibernate4.LocalSessionFactoryBean 类，LocalSessionFactoryBean 负责 Hibernate 的 Session 管理，所有 HibernateDaoSupport 类都需要注入 LocalSessionFactoryBean。配置 LocalSessionFactoryBean 时需要注入一个数据源，以使 Hibernste 能够连接数据库。Spring 配置文件如下所示。

【代码 10-30】 applicationContext.xml

```
<?xml version="1.0" encoding="UTF-8"?>
<beans xmlns="http://www.springframework.org/schema/beans"
    xmlns:xsi="http://www.w3.org/2001/XMLSchema-instance"
    xmlns:aop="http://www.springframework.org/schema/aop"
    xmlns:tx="http://www.springframework.org/schema/tx"
    xmlns:context="http://www.springframework.org/schema/context"
    xmlns:task="http://www.springframework.org/schema/task"
    xsi:schemaLocation=
        "http://www.springframework.org/schema/beans
        http://www.springframework.org/schema/beans/spring-beans-4.1.xsd
        http://www.springframework.org/schema/aop
```

```
        http://www.springframework.org/schema/aop/spring-aop-4.1.xsd
        http://www.springframework.org/schema/tx
        http://www.springframework.org/schema/tx/spring-tx-4.1.xsd
        http://www.springframework.org/schema/task
        http://www.springframework.org/schema/task/spring-task-4.1.xsd
        http://www.springframework.org/schema/context
        http://www.springframework.org/schema/context/spring-context-4.1.xsd">

    <!-- 配置数据源 -->
    <bean id="dataSource" class="org.apache.commons.dbcp2.BasicDataSource"
        destroy-method="close">
        <!-- 指定连接数据库的驱动 -->
        <property name="driverClassName" value="com.mysql.jdbc.Driver" />
        <!-- 指定连接数据库的URL -->
        <property name="url" value="jdbc:mysql://localhost/test" />
        <!-- 指定连接数据库的用户名 -->
        <property name="username" value="test" />
        <!-- 指定连接数据库的密码 -->
        <property name="password" value="123456" />
    </bean>

    <!-- 配置SessionFactory -->
    <bean id="sessionFactory"
        class="org.springframework.orm.hibernate4.LocalSessionFactoryBean">
        <property name="dataSource" ref="dataSource" />
        <property name="hibernateProperties">
            <props>
                <prop key="hibernate.dialect">
                    org.hibernate.dialect.MySQLDialect
                </prop>
                <prop key="hibernate.show_sql">
                    true
                </prop>
            </props>
        </property>
        <property name="mappingResources">
            <list>
                <value>com/qst/chapter10/hibernate/User.hbm.xml</value>
            </list>
        </property>
    </bean>

    <bean id="userDao" class="com.qst.chapter10.hibernate.UserDao">
        <property name="sessionFactory" ref="sessionFactory" />
    </bean>
    <bean id="userService" class="com.qst.chapter10.hibernate.UserService">
        <property name="userDao" ref="userDao" />
    </bean>
</beans>
```

在上述配置文件中，首先配置了数据源，使用了 Apache 的 DBCP2 数据源 org.apache.commons.dbcp2.BasicDataSource，其中需要声明数据库的驱动类名、链接地址、用户名密码等。然后配置了 org.springframework.orm.hibernate4.LocalSessionFactoryBean，其中 dataSource 属性注入了数据源 bean，hibernateProperties 属性中声明了数据库方言和是否显

示 SQL,mappingResources 属性中配置了实体类映射文件的路径。

配置完数据源和 SessionFactory 后,继承 HibernateDaoSupport 的 UserDao 类即可注入 SessionFactory 的 bean,同时业务类 UserService 也注入了 UserDao 的 Bean。

5. 配置声明式事务

针对 Hibernate,Spring 提供了专门的事务管理器类以支持声明式事务管理,在 Spring 配置文件中需要配置,代码如下所示。

【代码 10-31】 applicationContext.xml

```
...省略
<!-- Hibernate 的事务管理器 -->
<bean id = "txManager"
class = "org.springframework.orm.hibernate4.HibernateTransactionManager">
    <property name = "sessionFactory" ref = "sessionFactory" />
</bean>

<!-- 事务增强 -->
<tx:advice id = "txAdvice" transaction-manager = "txManager">
    <tx:attributes>
        <tx:method name = "get*" read-only = "true" />
        <tx:method name = "*" />
    </tx:attributes>
</tx:advice>

<!-- 事务切面 -->
<aop:config>
    <aop:pointcut
          expression = "execution(* com..*.*Service.*(..))" id = "txMethods" />
    <aop:advisor advice-ref = "txAdvice" pointcut-ref = "txMethods" />
</aop:config>
```

在上述配置中,声明了 org.springframework.orm.hibernate4.HibernateTransactionManager 的 Bean,其需要注入 SessionFactory。配置完毕后,按照 Spring 的声明式事务管理方式配置事务增强和切面即可,其中事务增强的<tx:advice>元素的 transaction-manager 属性引用已配置的 Hibernate 事务管理器即可。

6. 运行

Spring 集成 Hibernate 的配置已经完成,编写测试类如下所示。

【代码 10-32】 Test.java

```
package com.qst.chapter10.hibernate;

import org.springframework.context.ApplicationContext;
import org.springframework.context.support.ClassPathXmlApplicationContext;

public class Test {
    public static void main(String[] args) {
        ApplicationContext context = new ClassPathXmlApplicationContext(
                "com/qst/chapter10/hibernate/applicationContext.xml");
        UserService userService = (UserService) context.getBean("userService");
```

```
        User user = userService.login("admin", "1234");
        System.out.println(user.getId());
    }
}
```

运行测试代码,可以执行正确的查询。

注意

Spring 和 Hibernate 框架都不是只支持 Web 项目,本节中的示例并不是一个 Web 项目,但这不影响两个框架的使用和集成。

10.3.3 Spring、Struts 2、Hibernate 整合

同时使用 Spring、Struts 2 和 Hibernate 框架时,按照前述集成方式分别将 Struts 2 和 Hibernate 集成到 Spring 框架即可。

当在 Web 项目中使用 Hibernate 时,其延迟加载特性可能会带来麻烦。在业务类中通过 Hibernate 获取持久化对象,由于延迟加载,持久化对象中的某些属性可能并没有查询出来。业务逻辑层读取完数据后,就会关闭 Hibernate 的 Session 对象,转向表示层输出数据。在表示层不仅要显示持久化对象已经加载的属性,可能还要显示没有加载的属性或关联对象的属性,由于此时 Session 对象已经关闭,就会抛出异常。

要解决由于延迟加载而导致的问题,可以不使用延迟加载特性,或者使用 Open Session In View 模式。因为 Hibernate 的延迟加载可以改善应用程序的性能,所以一般使用 Open Session In View 模式。

Open Session In View 模式是指让 Session 对象在表示层所有数据(包括需要延迟加载的数据)输出结束后才关闭,这样就可以避免在表示层中读取被延迟加载的对象时抛出 org.hibernate.LazyInitializationException 异常。Spring 为此提供了一个 OpenSessionInViewFilter 过滤器,其主要功能是为每个请求线程绑定一个 Hibernate Session,能够自动被 Spring 的事务管理器探测到,当事务完成后并不会关闭 Session,因此可以在 Web 层进行继续查询数据库加载数据。

使用 OpenSessionInViewFilter 时,只需在 web.xml 直接配置即可,需要注意的是,OpenSessionInViewFilter 必须配置在 Struts 2 的 StrutsPrepareAndExecuteFilter 之前,代码如下所示。

【代码 10-33】 web.xml

```
...省略
    <!-- 配置 OpenSessionInViewFilter -->
    <filter>
        <filter-name>OpenSessionInViewFilter</filter-name>
        <filter-class>
         org.springframework.orm.hibernate4.support.OpenSessionInViewFilter
        </filter-class>
    </filter>
    <filter-mapping>
```

```
        <filter-name>OpenSessionInViewFilter</filter-name>
        <url-pattern>*.action</url-pattern>
    </filter-mapping>
...省略
```

配置完成后，所有符合条件的请求都会被 OpenSessionInViewFilter 过滤，从而绑定 Hibernate 的 Session 对象，在请求被返回前，此 Session 都不会关闭，从而解决了 Web 层的延迟加载错误。

10.4 贯穿任务实现

10.4.1 实现任务 10-1

"GIFT-EMS 礼记"系统中，完成"送礼"功能。送礼功能是指在不知道收礼人地址的情况下为其购买礼物，当成功支付后，由系统发送短信通知收礼人。因此需要送礼人填写收礼人的姓名、手机号码，并提供填写留言、落款的功能。实现步骤如下：

(1) 编写实体类 OrderShare 表示送礼信息，编写对应的 Hibernate 映射文件。

(2) 编写 OrderShareDao，实现 OrderShare 实体的数据库操作。

(3) 修改订单业务类 OrderService：注入 OrderShareDao；为 saveOrder()方法添加 OrderShare 参数，当保存送礼订单时同步保存送礼信息。

(4) 修改 OrderAction：添加收礼信息相关属性；修改 checkOrder()方法，根据标志属性返回无地址送礼 result；添加 save1()方法，用于处理不知道地址的订单请求。

(5) 编写 no_address.jsp，用于用户填写收礼人的手机号码、留言等信息。

(6) 在 Spring 配置文件中配置 OrderShareDao、OrderService，在 Struts 2 配置文件中为 OrderAction 添加新的 result 对应于 no_address.jsp。

1. 实体类 OrderShare 及其对应的 Hibernate 映射文件

在 com.qst.giftems.order.pojos 包中创建类 OrderShare，代码如下所示。

【任务 10-1】 OrderShare.java

```
package com.qst.giftems.order.pojos;

public class OrderShare implements java.io.Serializable {
    /** 主键 **/
    private Integer id;
    /** 对应用户 ID **/
    private Integer userId;
    /** 收礼人可见的地址 **/
    private String url;
    /** 对应订单 ID **/
    private Integer orderId;
    /** 留言 **/
    private String words;
    /** 送礼人落款 **/
    private String inscribe;
```

```
    /** 送礼人手机号码 **/
    private String mymobile;
    /** 收礼人手机号码 **/
    private String tomobile;
    /** 是否对收礼人显示商品信息 **/
    private Integer show;
    /** 验证码 **/
    private String serial;
    /** 求礼,送礼标志位送礼订单 3 求礼订单 4 **/
    private Integer flag;

...省略 get、set 方法
}
```

编写 OrderShare 的 Hibernate 映射文件 OrderShare. hbm. xml,代码如下所示。

【任务 10-1】 OrderShare. hbm. xml

```
<?xml version="1.0"?>
<!DOCTYPE hibernate-mapping PUBLIC
    "-//Hibernate/Hibernate Mapping DTD 3.0//EN"
    "http://hibernate.sourceforge.net/hibernate-mapping-3.0.dtd">
<hibernate-mapping>
    <class name="com.qst.giftems.order.pojos.OrderShare" table="t_order_share">
        <id name="id" column="id">
            <generator class="native" />
        </id>
        <property name="userId" column="user_id" type="integer" />
        <property name="url" column="url" type="string" />
        <property name="orderId" column="order_id" type="integer" />
        <property name="words" column="words" type="string" />
        <property name="inscribe" column="inscribe" type="string" />
        <property name="mymobile" column="mymobile" type="string" />
        <property name="tomobile" column="tomobile" type="string" />
        <property name="show" column="_show" type="integer" />
        <property name="serial" column="serial" type="string" />
    </class>
</hibernate-mapping>
```

2. 编写 OrderShareDao 类

针对 OrderShare 实体的数据库操作比较简单,因此只需要创建 OrderShareDao 类并继承 GenericHibernateDao<OrderShare, Integer>即可,无须添加特殊方法,代码如下所示。

【任务 10-1】 OrderShareDao. java

```
package com.qst.giftems.order.daos;

import com.qst.core.dao.GenericHibernateDao;
import com.qst.giftems.order.pojos.OrderShare;

public class OrderShareDao extends GenericHibernateDao<OrderShare, Integer> {
    //无须任何方法
}
```

3. 修改订单业务类 OrderService

订单业务类 OrderService 中,需要添加 OrderShareDao 属性并提供 getter 和 setter 方法,还需要修改 saveOrder()方法,为其添加 OrderShare 参数,并在保存送礼订单时同步保存送礼信息。修改后的 OrderService 代码如下所示。

【任务 10-1】 OrderService. java

```
package com.qst.giftems.order.service;

...省略 import

public class OrderService {

    /** OrderShareDao **/
private OrderShareDao orderShareDao;

...省略 import

    /**
     * 根据用户和礼品款式,生成订单
     *
     * @param user
     * @param gstyles
     * @param userAddress
     * @param orderShare
     * @return Order
     */
    public Order save(User user, List<GiftStyle> gstyles,
            UserAddress userAddress, OrderShare orderShare) {
        if (user == null)
            throw new AppException("订单信息不全!");
        if (gstyles == null || gstyles.isEmpty())
            throw new AppException("订单信息不全!");
        Calendar calendar = Calendar.getInstance();
        Date now = calendar.getTime();
        Order order = new Order();
        order.setUserId(user.getId());
        order.setOrderNo(genOrderNo(now));
        //订单交易号(例如支付宝交易号) 此时,该交易号为空
        //order.setTransNo(transNo);
        order.setUserName(user.getUserName());
        order.setCreateTime(DateUtils.formatDate(Globals.DATE_PATTERN, now));
        //7 天后过期
        calendar.add(Calendar.DAY_OF_YEAR, 7);
        order.setExpiredTime(DateUtils.formatDate(Globals.DATE_PATTERN,
                calendar.getTime()));
        //更新支付状态自己支付为 DwltConst.PAY_DAIZHIFU 找人代付为 DwltConst.PAY_
        //DENGDAIDAIFU
        order.setStatus(Order.PAY_DAIZHIFU);
        //普通订单
        //初始化为订单标志
        if (orderShare != null) {
            order.setShareFlag(orderShare.getFlag());
```

```
        //无地址送礼订单3
        if (orderShare.getFlag() == Order.ORDER_SHARE_NO_ADDR) {
            order.setStatus(Order.PAY_DAIZHIFU);
            order.setOrderInfo("生成无地址送礼待支付订单");
        }
    } else {
        //普通订单
        order.setShareFlag(Order.ORDER_SHARE_NORMAL);
        order.setStatus(Order.PAY_DAIZHIFU);
        order.setOrderInfo("生成待支付订单");
    }
    //添加收礼人地址信息
    if (userAddress != null) {
        order.setReceiverAddress(userAddress.getAddress());
        order.setReceiverName(userAddress.getName());
        order.setReceiverPhone(userAddress.getMobile());
    }
    StringBuffer attachInfo = new StringBuffer("附加信息：");

    List<String> orderTypeList = new ArrayList<String>();
    //订单总价格
    Double totalPrice = 0d;

    Set<OrderItem> items = new HashSet<OrderItem>();
    //添加订单 item
    for (GiftStyle style : gstyles) {
        if (style.getOrderCount() < 1)
            continue;

        OrderItem oi = new OrderItem();
        oi.setOrder(order);
        oi.setGiftId(style.getGiftId());
        oi.setStyleId(style.getId());
        oi.setStyleName(style.getName());
        attachInfo.append(style.getName());
        oi.setGiftName(style.getGift().getName());
        oi.setDiscount(style.getDiscount());
        oi.setStylePrice(style.getPrice());
        oi.setGiftCount(style.getOrderCount());
        //计算总价格
        totalPrice += style.getDiscount() * style.getOrderCount();
        oi.setRemark(style.getOrderRemark());
        items.add(oi);
        //增加购买信息
        attachInfo.append(style.getGift().getName() + " " + style.getName()
                + " * " + style.getOrderCount() + " ");
        //
        orderTypeList.add(style.getGift().getTypeId() + "");
    }

    order.setAttachInfo(attachInfo.toString());
    //
    order.setPrice((order.getPrice() == null ? 0.0f : order.getPrice())
            + totalPrice);
```

```
        //形成 1-N 关联关系
        order.setItems(items);
        //订单保存到数据库
        orderDao.save(order);
        //如果是求礼或者送礼的链接分享
        if (orderShare != null && orderShare.getWords() != null) {
            //生成唯一的链接
            orderShare.setUrl(this.genUrl(order.getId(), orderShare.getFlag()));
            orderShare.setOrderId(order.getId());
            //生成验证码
            orderShare.setSerial(this.genSerial());
            orderShareDao.save(orderShare);
        }
        //保存订单后,清除购物车中的信息
        List<Integer> styleIds = new ArrayList<Integer>();
        for (GiftStyle style : gstyles) {
            styleIds.add(style.getId());
        }
        Map<String, Object> params = new HashMap<String, Object>();
        params.put("userId", user.getId());
        params.put("styleIds", styleIds);
        //删除购物车中的所有货品
        shoppingCartDao.remove(params);
        return order;
    }

    /**
     * 生成 url
     *
     * @param orderId
     * @param flag
     * 送礼订单 3 public static final int ORDER_SHARE_SONGLI = 3; 求礼订单 4
     * public static final int ORDER_SHARE_QIULI = 4;
     * @return
     */
    public String genUrl(Integer orderId, Integer flag) {
        StringBuffer sb = new StringBuffer();

        if (StringUtils.isEmpty(rootPath)) {
            HttpServletRequest request = ActionContextUtils.getRequest();
            ///dwlt
            String path = request.getContextPath();
            //去掉 http://节省字符数,短信平台最多 70 个字符
            sb.append(request.getServerName());
            String port = request.getServerPort() + "";
            if (!"80".equals(port)) {
                sb.append(":" + port);
            }
            sb.append(path);
            rootPath = sb.toString();
        } else {
            sb.append(rootPath);
        }
        if (flag == Order.ORDER_SHARE_NO_ADDR) {
```

```
            sb.append(NOADDR);
        } else if (flag == Order.ORDER_SHARE_QIULI) {
            sb.append(QIULI);
        } else {
            sb.append(OTHER);
        }
        sb.append("/");
        String orderIdStr = String.valueOf(orderId);
        for (int index = 0; index < orderIdStr.length(); index++) {
            char c = orderIdStr.charAt(index);
            c = (char) (c + 17);
            sb.append(c);
        }
        sb.append(HTML);
        return sb.toString();
    }

    /**
     * 生成验证码
     *
     * @return
     */
    public String genSerial() {
        String sRand = "";
        //产生随机的认证码
        Random random = new Random();
        for (int index = 0; index < 5; index++) {
            char t = ValidateCode.charArray[random
                    .nextInt(ValidateCode.charArray.length)];
            sRand += t;
        }
        return sRand;
    }
...省略其他已有方法
}
```

4. 修改 OrderAction

OrderAction 中，需要添加收礼人的姓名、手机号码等属性，并修改 checkOrder()方法，根据标志属性返回无地址送礼 result，还需要添加用于处理无地址送礼请求的 save1()方法，修改后的代码如下所示。

【任务 10-1】 OrderAction.java

```
package com.qst.giftems.order.action;

...省略 import

public class OrderAction extends Action {

...省略其他属性

    /** 无地址送礼的标志位 **/
    private String addr;
```

```
/** 留言 **/
private String words;
/** 落款 **/
private String inscribe;
/** 送礼人手机号 **/
private String mymobile;
/** 收礼人的手机号 **/
private String tomobile;
/** 收礼人的姓名 **/
private String toname;
/** 是否对收礼人显示商品信息 **/
private Integer show;
/** 送礼、求礼标志位 **/
private Integer rqtflag;

/**
 * 结算
 */
public String checkOrder() {
    //如果没有礼品可买,直接返回
    if (giftId == null || giftId.length < 1) {
        putRootJson("msg", "请选择礼品及款式");
        return "noneOrder";
    }

    User user = LoginManager.currentUser();
    List<GiftStyle> list = new ArrayList<GiftStyle>();
    //总价
    Double totalPrice = 0d;
    for (int index = 0; index < giftId.length; index++) {
        int _giftId = NumberUtils.toInt(giftId[index], 0);
        int _styleId = NumberUtils.toInt(styleId[index], 0);
        int _count = NumberUtils.toInt(count[index], 0);

        GiftStyle giftStyle = giftStyleService.findById(_styleId);
        if (giftStyle != null && giftStyle.getGiftId() == _giftId) {
            //设置购买数量
            giftStyle.setOrderCount(_count);
            list.add(giftStyle);
        }
        totalPrice += giftStyle.getDiscount() * _count;
    }
    //礼品列表
    ActionContextUtils.setAtrributeToRequest("list", list);
    ActionContextUtils.setAtrributeToRequest("user", user);
    //订单总金额
    ActionContextUtils.setAtrributeToRequest("totalPrice", totalPrice);

    if (StringUtils.isNotEmpty(addr) && addr.equalsIgnoreCase("na")) {
        return "noAddress";
    }

    //检查当前用户的默认收货地址
    defaultAddress = userAddressService.findDefault(user);
```

```
        provinceList = provinceService.getProvinceList();

        if (defaultAddress != null) {
            userAddressId = defaultAddress.getId();
            provinceId = defaultAddress.getProvinceId();
            cityId = defaultAddress.getCityId();
            areaId = defaultAddress.getAreaId();
            Province p = provinceService.findProvinceById(defaultAddress
                    .getProvinceId());
            City c = provinceService.findCityById(defaultAddress.getCityId());
            cityList = p.getCities();
            areaList = c.getAreas();
        } else {
            //默认地址
            cityList = provinceList.get(0).getCities();
            areaList = cityList.iterator().next().getAreas();
        }
        //加载该用户下所有的收货人
        userAddressList = userAddressService.findByPage(1, Globals.PAGE_SIZE,
                user).getList();
        return "checkOrder";
    }

    /**
     * 无地址购买
     *
     * @return
     */
    public String save1() {
        User user = LoginManager.currentUser();
        //如果没有礼品可买,直接返回
        if (giftId == null || giftId.length < 1) {
            putRootJson("msg", "请选择礼品及款式");
            return "noneOrder";
        }
        Order temp = null;
        if (giftId != null) {
            List<GiftStyle> list = new ArrayList<GiftStyle>();
            for (int index = 0; index < giftId.length; index++) {
                int _giftId = NumberUtils.toInt(giftId[index], 0);
                int _styleId = NumberUtils.toInt(styleId[index], 0);
                int _count = NumberUtils.toInt(count[index], 0);

                GiftStyle giftStyle = giftStyleService.findById(_styleId);
                if (giftStyle != null && giftStyle.getGiftId() == _giftId) {
                    //设置购买数量
                    giftStyle.setOrderCount(_count);
                    list.add(giftStyle);
                }
            }
            OrderShare orderShare = null;
            //整理留言
            if (rqtflag == Order.ORDER_SHARE_NO_ADDR) {
                orderShare = new OrderShare();
```

```
                orderShare.setUserId(user.getId());
                //求礼,送礼标志位
                orderShare.setFlag(rqtflag);
                orderShare.setInscribe(inscribe);
                orderShare.setMymobile(mymobile);
                orderShare.setTomobile(tomobile);
                orderShare.setWords(words);
                //是否显示礼物详细
                orderShare.setShow(show);
            }
            temp = orderService.save(user, list, null, orderShare);
            ActionContextUtils.setAtrributeToRequest("order", temp);
        }
        this.orderId = temp.getId();
        if (rqtflag != null && rqtflag == Order.ORDER_SHARE_QIULI) {
            //求礼的返回页面
            return "success2";
        }
        //支付成功去支付界面
        return "toPay";
    }

...省略其他已有方法

}
```

5. 编写 no_address.jsp

编写 no_address.jsp,用于用户填写收礼人的手机号码、留言等信息,代码较长,此处不再展示。

6. 修改 Spring 和 Struts 2 的配置文件

在 Spring 配置文件中,sessionFactory 中添加 OrderShare 映射文件路径,还需要配置 OrderShareDao、OrderService 的依赖注入;在 Struts 2 配置文件中为 OrderAction 添加新的 result 对应于 no_address.jsp。

Spring 配置文件代码如下:

【任务 10-1】 applicationContext.xml

```
...省略
    <!-- 配置 SessionFactory -->
    <bean id="sessionFactory"
        class="org.springframework.orm.hibernate4.LocalSessionFactoryBean">
        <property name="dataSource" ref="dataSource" />
        <property name="hibernateProperties">
            <props>
                <prop key="hibernate.dialect">
                    org.hibernate.dialect.MySQLDialect
                </prop>
                <prop key="hibernate.show_sql">true</prop>
                <prop key="hibernate.cache.use_second_level_cache">
                    true
```

```
                </prop>
                <prop key = "hibernate.cache.use_query_cache">
                    true
                </prop>
                <prop key = "hibernate.cache.region.factory_class">
                    org.hibernate.cache.ehcache.EhCacheRegionFactory
                </prop>
                <prop key = "hibernate.hbm2ddl.auto"> update </prop>
            </props>
        </property>
        <property name = "mappingResources">
            <list>
                <value> com/qst/giftems/user/pojos/User.hbm.xml </value>
                <value> com/qst/giftems/user/pojos/UserAddress.hbm.xml </value>
                <value> com/qst/giftems/area/pojos/Province.hbm.xml </value>
                <value> com/qst/giftems/user/pojos/ShoppingCart.hbm.xml </value>
                <value> com/qst/giftems/gift/pojos/Gift.hbm.xml </value>
                <value> com/qst/giftems/gift/pojos/GiftType.hbm.xml </value>
                <value> com/qst/giftems/gift/pojos/GiftStyle.hbm.xml </value>
                <value> com/qst/giftems/order/pojos/Order.hbm.xml </value>
                <value> com/qst/giftems/order/pojos/OrderItem.hbm.xml </value>
                <value> com/qst/giftems/order/pojos/OrderShare.hbm.xml </value>
            </list>
        </property>
    </bean>

    <bean id = "orderShareDao" class = "com.qst.giftems.order.daos.OrderShareDao">
        <property name = "sessionFactory" ref = "sessionFactory" />
    </bean>

    <!-- 订单 Service -->
    <bean id = "orderService" class = "com.qst.giftems.order.service.OrderService">
        <property name = "shoppingCartDao" ref = "shoppingCartDao" />
        <property name = "orderDao" ref = "orderDao"/>
        <property name = "orderShareDao" ref = "orderShareDao"/>
    </bean>
...省略
```

Struts 2 配置文件

```
...省略
<!-- 订单 -->
<action name = "order" class = "orderAction">
    <result name = "checkOrder">/jsp/gift/check_order.jsp </result>
    <!-- 没有收货地址 -->
    <result name = "noAddress">/jsp/gift/no_address.jsp </result>
        <!-- 没有礼品,跳回到购物车页面 -->
        <result name = "noneOrder">/user/cart.action?method = list </result>
    <!-- 提交订单 -->
    <result name = "toPay" type = "redirect">
order.action?method = toPay&amp;orderId = ${orderId}
</result>
    <result name = "success1">/jsp/gift/success_order.jsp </result>
</action>
...省略
```

7. 运行

上述步骤完成后，运行系统，进入礼品购买界面，如图 10-2 所示。

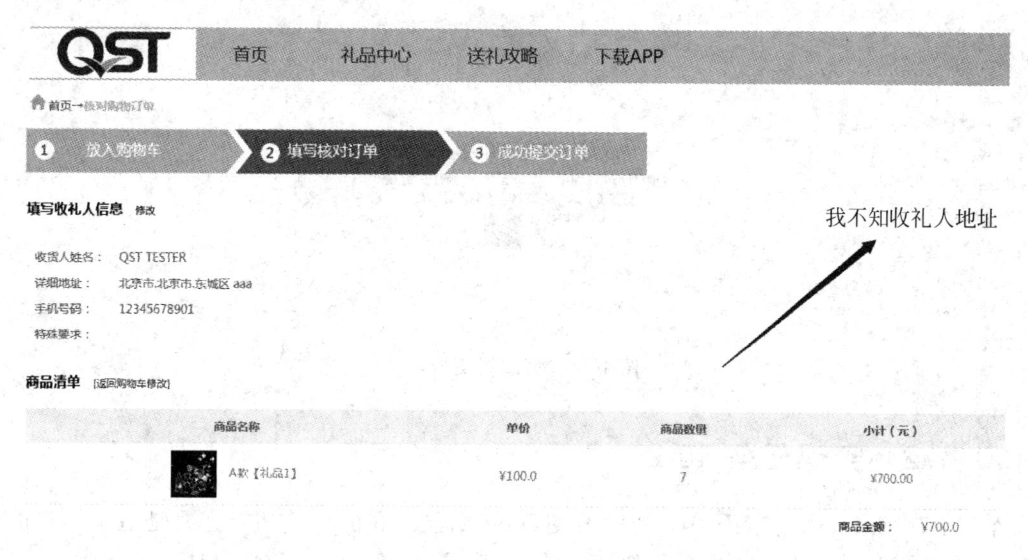

图 10-2　礼品购买界面

单击“我不知道收礼人地址”按钮，进入填写收礼人信息页面，如图 10-3 所示。

图 10-3　填写收礼人信息

填写收礼人信息后，单击“确认赠言”按钮，然后单击“立即提交”按钮，进入如图 10-4 所示页面，说明送礼订单提交成功，用户付款后，系统将会向收礼人发送短信提醒。

图 10-4　订单提交成功

10.4.2　实现任务 10-2

在“GIFT-EMS 礼记”系统中,完成“我的订单”功能。我的订单功能主要是显示用户的所有订单,并根据订单状态的不同允许执行取消、付款、退货等操作。需要完成下列步骤:

(1) 修改 OrderDao 类,添加 findByUser()方法,根据用户查找其订单；添加 updateDelete()方法,修改订单的删除状态;

(2) 修改 OrderService 类,添加根据用户查找订单、收货、退货、取消订单、删除订单、查找各状态订单数量的业务方法;

(3) 修改 OrderAction 类,调用 OrderService 完成根据用户查找订单、收货、退货、取消订单、删除订单等方法;

(4) 编写我的订单页面 normal_list.jsp,以及各种订单状态对应的订单详情页面;

(5) 修改 Struts 2 配置文件,为各个业务操作配置正确的 result。

1. 修改 OrderDao

OrderDao 中需要添加 findByUser()方法,根据用户查找其订单；添加 updateDelete()方法,修改订单的删除状态,代码如下所示。

【任务 10-2】　OrderDao. java

```
package com.qst.giftems.order.daos;
...省略 import

public class OrderDao extends GenericHibernateDao<Order, Integer>{

    /**
     * 根据用户和状态查找订单
     *
     * @param pageNo
     *            页码
     * @param pageSize
     *            每页条数
     * @param user
     *            用户,如果没有用户,返回空的 Pagination 对象
```

```
     * @param state
     *            订单状态
     * @return 订单
     */
    public Pagination<Order> findByUser(int pageNo, int pageSize, User user,
            Integer status, String search) {
        if (user == null)
            return new Pagination<Order>();

        String hql = "from Order where userId = ? and deleted = 0 ";
        ArrayList params = new ArrayList();
        params.add(user.getId());
        if (status != null) {
            hql += " and status = ?";
            params.add(status);
        }

        if (search != null) {
            hql += " and (orderNo like ? or receiverName like ?) ";
            params.add("%" + search + "%");
            params.add("%" + search + "%");
        }
        return findByPage(pageNo, pageSize, hql, params.toArray());
    }

    public List<Order> findByUser(User user, int deleted) {
        return findByHql("from Order where userId = ? and deleted = ?",
                user.getId(), deleted);
    }

    /**
     * 根据OrderNo查询订单
     *
     * @param orderNo
     *            订单编号
     * @return 订单
     */
    public Order findOrderByNo(String orderNo) {
        List<Order> list = findByHql("from Order where orderNo = ?", orderNo);
        if (list != null && !list.isEmpty())
            return list.get(0);
        return null;
    }

    /**
     * 更新删除状态
     *
     * @param id
     *            订单 Id
     * @param deleted
     *            删除标识
     */
    public void updateDelete(Integer id, int deleted) {
        updateByHql("update Order set deleted = ? where id = ?", deleted, id);
    }
}
```

2. 修改 OrderService

在 OrderService 业务类中,需要添加根据用户查找订单、收货、退货、取消订单、删除订单、查找各状态订单数量的业务方法,代码如下所示。

【任务 10-2】 OrderService. java

```
package com.qst.giftems.order.service;

import com.qst.giftems.user.pojos.User;

/**
 * 购买订单
 */
public class OrderService {

    /**
     * 根据 id 查找订单
     *
     * @param user
     *            用户
     * @param orderId
     *            订单 ID
     * @return 订单
     */
    public Order findById(User user, Integer orderId) {
        Order temp = orderDao.findById(orderId);
        if (temp == null)
            throw new AppException("未找到订单!");
        if (temp.getUserId() != null && !user.getId().equals(temp.getUserId()))
            throw new AppException("未找到订单!");
        return temp;
    }

    /**
     * 根据用户和状态查找订单
     *
     * @param pageNo
     *            页码
     * @param pageSize
     *            每页条数
     * @param user
     *            用户,如果没有用户,返回空的 Pagination 对象
     * @param state
     *            状态见{DwltConst}订单常量
     * @return 订单
     */
    public Pagination<Order> findByUser(int pageNo, int pageSize, User user,
            Integer status, String search) {
        return orderDao.findByUser(pageNo, pageSize, user, status, search);
    }

    /**
     * 根据用户和删除状态查找订单
```

```
     *
     * @param user
     *            用户
     * @param deleted
     *            删除状态
     * @return 订单
     */
    public List<Order> findByUser(User user, int deleted) {
        return orderDao.findByUser(user, deleted);
    }

    /**
     * 统计订单各个状态的数量
     *
     * @param user
     *            用户
     * @return OrderStatus
     */
    public OrderStatus findCountByStatus(User user) {
        List<Order> list = orderDao.findByUser(user, 0);
        OrderStatus os = new OrderStatus();
        for (Order order : list) {
            switch (order.getStatus()) {
                case 0:
                    os.setStatus0(os.getStatus0() + 1);
                    break;
                case 1:
                    os.setStatus1(os.getStatus1() + 1);
                    break;
                case 2:
                    os.setStatus2(os.getStatus2() + 1);
                    break;
                case 3:
                    os.setStatus3(os.getStatus3() + 1);
                    break;
                case 4:
                    os.setStatus4(os.getStatus4() + 1);
                    break;
                case 5:
                    os.setStatus5(os.getStatus5() + 1);
                    break;
                case 6:
                    os.setStatus6(os.getStatus6() + 1);
                    break;
                case 7:
                    os.setStatus7(os.getStatus7() + 1);
                    break;
                case 8:
                    os.setStatus8(os.getStatus8() + 1);
                    break;
                case 9:
                    os.setStatus9(os.getStatus9() + 1);
                    break;
            }
```

```
        }

        return os;
    }

    /**
     * 退货
     *
     * @param user
     *            用户
     * @param orderId
     *            订单 ID
     */
    public void doBack(User user, Integer orderId) {
        if (orderId == null)
            throw new AppException("找不到该订单");

        Order order = orderDao.findById(orderId);
        if (order == null)
            throw new AppException("找不到该订单");

        if (!user.getId().equals(order.getUserId())) {
            throw new AppException("不是你的订单,你不可退货");
        }
        order.setStatus(Order.PAY_TUIHUO);
        orderDao.update(order);
    }

    /**
     * 收货
     *
     * @param user
     *            用户
     * @param orderId
     *            订单 ID
     */
    public void doReceive(User user, Integer orderId) {
        if (orderId == null)
            throw new AppException("找不到该订单");

        Order order = orderDao.findById(orderId);
        if (order == null)
            throw new AppException("找不到该订单");

        if (!user.getId().equals(order.getUserId())) {
            throw new AppException("不是你的订单,你不可确认收货");
        }
        order.setStatus(Order.PAY_SUCCESS);
        order.setConfirmTime(DateUtils.formatDate("yyyy-MM-dd HH:mm:ss"));
        orderDao.update(order);
    }

    /**
     * 修改删除状态
```

```
     *
     * @param user
     *            用户
     * @param orderId
     *            订单 ID
     * @param deleted
     *            删除状态
     */
    public void delete(User user, int orderId, int deleted) {
        orderDao.updateDelete(orderId, deleted);
    }

    /**
     * 取消订单
     *
     * @param user
     *            用户
     * @param orderId
     *            订单 ID
     */
    public void doCnl(User user, Integer orderId) {
        if (orderId == null)
            throw new AppException("找不到该订单");

        Order order = orderDao.findById(orderId);
        if (order == null)
            throw new AppException("找不到该订单");

        if (!user.getId().equals(order.getUserId())) {
            throw new AppException("不是你的订单,你不可取消");
        }
        //取消订单(关闭)
        order.setStatus(Order.PAY_CLOSED);
        orderDao.update(order);
    }

    /**
     * 生成订单编号 yyyyMMddhhmmssSSS + 1000 以内的随机数
     *
     * @param date
     *            日期
     * @return 订单编号
     */
    public static String genOrderNo(Date date) {
        if (date == null) {
            date = new Date();
        }
        String temp = DateUtils.formatDate("yyyyMMddhhmmssSSS", date);
        Random random = new Random();
        int r = random.nextInt(1000);
        String rString = String.valueOf(r);
        if (rString.length() == 1) {
            rString = "00" + rString;
        } else if (rString.length() == 2) {
```

```
            rString = "0" + rString;
        }
        return temp + rString;
    }
...省略其他已有代码

}
```

3. OrderAction

修改OrderAction,需要调用OrderService完成根据用户查找订单、收货、退货、取消订单、删除订单等方法,代码如下所示。

【任务10-2】 OrderAction.java

```
package com.qst.giftems.order.action;

...省略

public class OrderAction extends Action {

    /**
     * 我的订单
     */
    public String myOrders() {
        //从请求参数中获取pageNumber
        String[] str = ActionContextUtils.getParameters(Globals.PAGE_NUMBER);
        int pageNo = NumberUtils.toInt(str[0], 1);
        User user = LoginManager.currentUser();
        Pagination<Order> pagination = orderService.findByUser(pageNo,
                Globals.PAGE_SIZE, user, status, search);
        ActionContextUtils.setAtrributeToRequest("pagination", pagination);

        //分类统计订单状态数量
        OrderStatus orderStatus = orderService.findCountByStatus(user);
        ActionContextUtils.setAtrributeToRequest("orderStatus", orderStatus);
        return "my";
    }

    /**
     * 订单详细
     */
    public String info() {
        String result = "pay_success";
        User user = LoginManager.currentUser();
        userOrder = orderService.findById(user, orderId);
        if (userOrder == null) {
            throw new AppException("该订单不存在!");
        }
        if (userOrder.getStatus() == Order.PAY_SUCCESS) {
            //交易成功
            return "pay_success";
        }
        if (userOrder.getStatus() == Order.PAY_CLOSED) {
            //交易关闭
            return "pay_close";
```

```
        }
        if (userOrder.getStatus() == Order.PAY_DAIZHIFU
                || userOrder.getStatus() == Order.PAY_DENGDAIDAIFU) {
            //买家待支付 等待代付
            return "pay_daifu";
        }
        if (userOrder.getStatus() == Order.PAY_DAIFUWANCHENG
                || userOrder.getStatus() == Order.PAY_DAIFAHUO
                || userOrder.getStatus() == Order.PAY_YIZHIFU) {
            //买家已支付 待发货 代付完成
            return "pay_daifahuo";
        }
        if (userOrder.getStatus() == Order.PAY_YIFAHUO) {
            //已发货
            return "pay_yifahuo";
        }
        if (userOrder.getStatus() == Order.PAY_TUIHUO) {
            //已退货
            return "pay_tuihuo";
        }
        return result;
    }

    /**
     * 退货
     */
    public String back() {
        User user = LoginManager.currentUser();
        orderService.doBack(user, orderId);
        this.putRootJson("success", true).putRootJson("msg", "申请退货成功");
        return RESULT_AJAXJSON;
    }

    /**
     * 收货
     */
    public String receive() {
        User user = LoginManager.currentUser();
        orderService.doReceive(user, orderId);
        this.putRootJson("success", true).putRootJson("msg", "确认收货成功!");
        return RESULT_AJAXJSON;
    }

    /**
     * 取消订单
     */
    public String cnl() {
        User user = LoginManager.currentUser();
        orderService.doCnl(user, orderId);
        this.putRootJson("success", true).putRootJson("msg", "取消订单成功");
        return RESULT_AJAXJSON;
    }

    public OrderService getOrderService() {
        return orderService;
    }

    public void setOrderService(OrderService orderService) {
```

```
        this.orderService = orderService;
    }

...省略其他已有方法
}
```

4. 编写 JSP

需要编写我的订单页面 normal_list.jsp,以及各种订单状态对应的订单详情页面,JSP 文件代码较长,此处不再展示。

5. 修改 Struts 2 配置文件

Struts 2 配置文件中需要为各个业务操作配置正确的 result,配置代码如下所示。

【任务 10-2】 struts.xml

```
<!-- 订单 -->
<action name="order" class="orderAction">
    <!-- 我的订单 -->
    <result name="my">/jsp/member/normal_list.jsp</result>
    <!-- 订单信息 -->
    <result name="pay_daifu">/jsp/member/pay_daifu.jsp</result>
    <result name="pay_daifahuo">/jsp/member/pay_daifahuo.jsp</result>
    <result name="pay_yifahuo">/jsp/member/pay_yifahuo.jsp</result>
    <result name="pay_success">/jsp/member/pay_success.jsp</result>
    <result name="pay_close">/jsp/member/pay_close.jsp</result>
    <result name="pay_tuihuo">/jsp/member/pay_tuihuo.jsp</result>
    <!-- 提交订单 -->
    <result name="toPay" type="redirect">
order.action?method=toPay&amp;orderId=${orderId}</result>
    <result name="success1">/jsp/gift/success_order.jsp</result>
    <result name="success2" type="redirect">
os.action?method=rqtinfo&amp;orderId=${orderId}</result>
</action>
```

6. 运行

完成上述配置后,运行项目并登录,购买多个商品后,单击"我的订单",如图 10-5 所示。

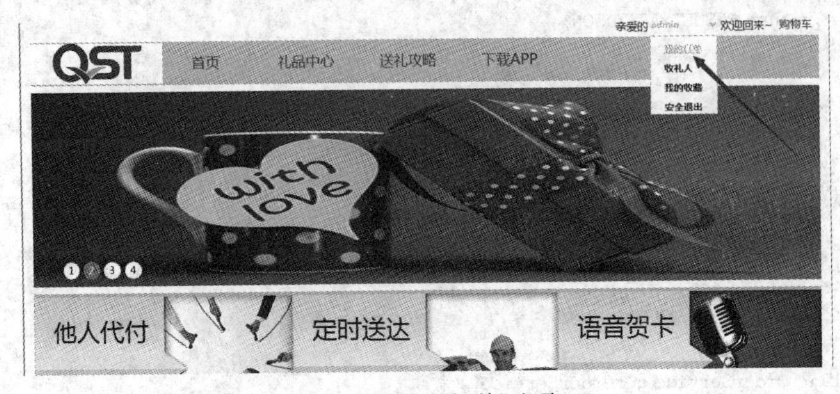

图 10-5 "我的订单"选项

单击"我的订单"后,进入"我的订单"界面,如图 10-6 所示。

在输入查询条件后单击"搜索"按钮以查找订单,如图 10-7 所示。

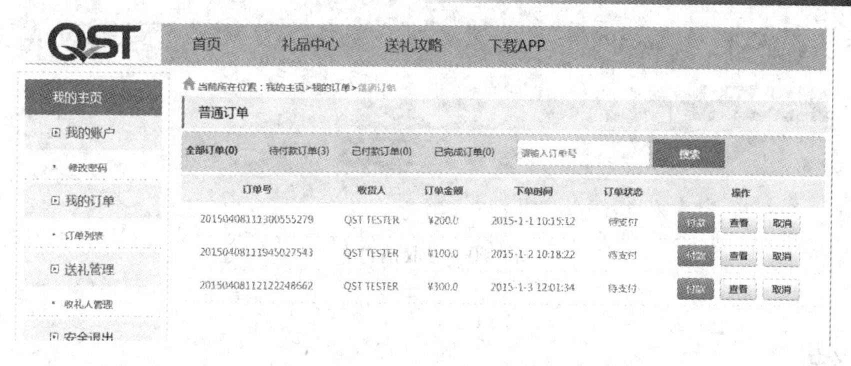

图 10-6 “我的订单”界面

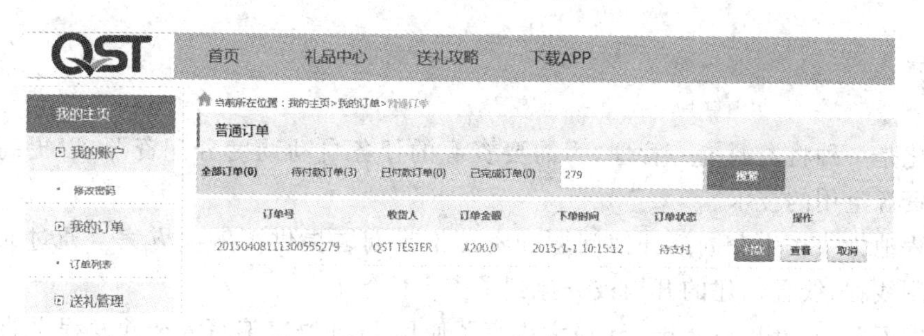

图 10-7 查找订单

单击每笔订单的“查看”按钮，可以进入订单详细信息页面，如图 10-8 所示。

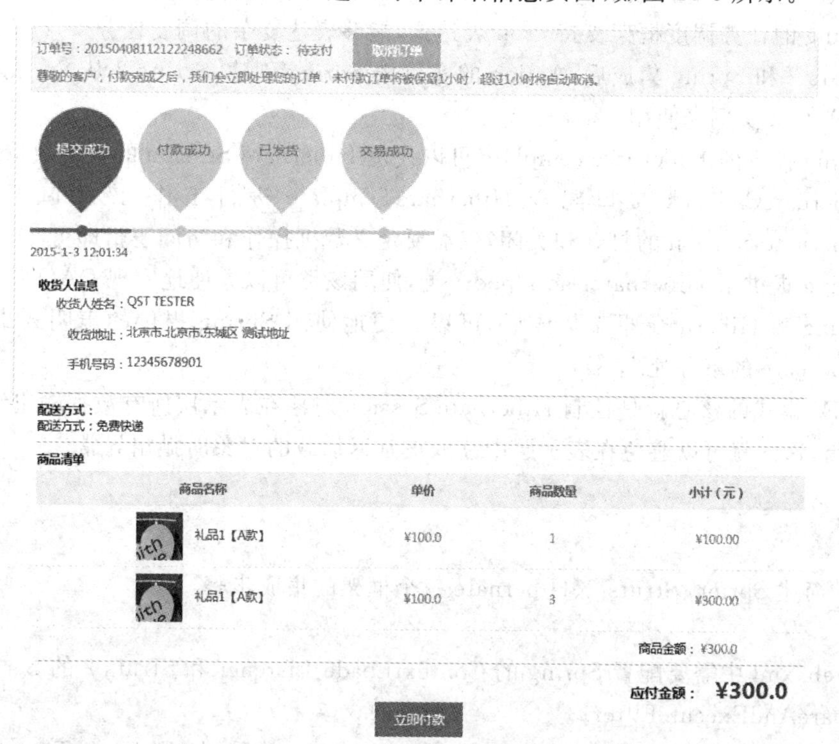

图 10-8 订单详情

单击“取消订单”按钮，可以取消该笔订单，订单取消后，订单的状态变为“已取消”，如图 10-9 所示。

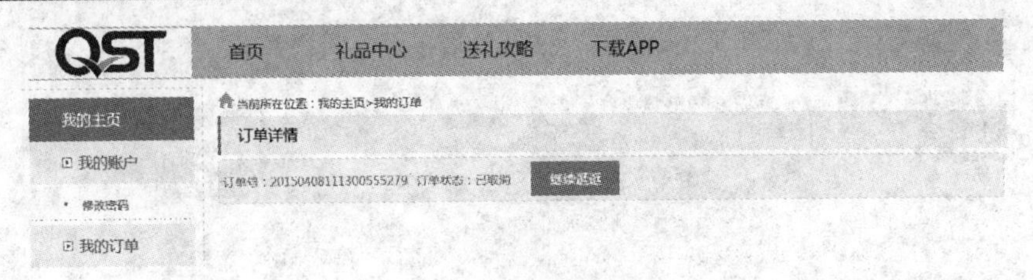

图 10-9　取消订单

本章总结

小结

- 池化是一种将资源统一管理，为需要资源的任务自动调度分配资源，以提高性能并实现资源重用的技术
- 线程池为线程生命周期开销问题和资源不足问题提供了解决方案。通过对多个任务重用线程，线程创建的开销被分摊到了多个任务上
- 并发库 java.util.concurrent 极大提高了使用 Java 语言编写复杂并发程序的能力
- Spring 通过 TaskExecutor 接口将各种线程池的实现都统一到一个接口下，为使用者提供了的一致的客户视图
- Spring 的任务调度框架支持 cron 表达式，能够表达复杂的调度任务
- Struts 2 和 Spring 集成后，Action 的实例由 Spring 创建，Struts 2 从 Spring 容器中查找 Action 实例来使用
- Spring 提供的 HibernateTemplate 可以代理 Hibernate Session 的大多数持久化操作
- HibernateCallback 接口配合 HibernateTemplate 进行工作，该接口不需要关心 Hibernate Session 的打开和关闭，仅需要定义数据操作和访问逻辑即可
- Spring 提供了 HibernateDaoSupport 类，使用该类可以方便地实现 DAO
- Spring 和 Hibernate 框架集成后，可以方便地使用 Spring 提供的声明式事务来管理 Hibernate 的事务处理
- OSIV 模式的核心就是控制 Hibernate Session 对象在表示层所有数据输出结束之后再关闭，这样就可以避免在表示层中读取被延迟加载的对象时抛出异常

Q&A

问题：简述 Spring、Struts 2、Hibernate 三个框架的集成步骤。

回答：

(1) web.xml 中需要配置 Spring 的 ContextLoaderListener 和 Struts 2 的 Servlet 过滤器 StrutsPrepareAndExecuteFilter；

(2) 所有的 DAO 类需要继承 HibernateDaoSupport，并采用 HibernateTemplate 方式操作数据库；

(3) Spring 配置文件中需要配置 LocalSessionFactoryBean 类，LocalSessionFactoryBean 负责 Hibernate 的 Session 管理，所有 HibernateDaoSupport 类都需要注入 LocalSessionFactoryBean；

(4) Spring 配置文件中配置声明式事务;

(5) Spring 配置文件中,除了原本就需要配置的业务类、DAO 等 Bean 以外,还需要将 Struts 2 的每个 Action 配置为 Bean,并指明 scope 为 prototype;

(6) Struts 2 的配置文件中,需要配置每个 Action,并且其 class 属性值不再是完整的类名,而应该是对应的 Spring 配置文件中的 Bean 的 id。

章节练习

习题

1. 下面在编程中不需要"池化"的对象是________。
   A. 数据库连接对象　　B. 线程对象
   C. 网络套接字对象　　D. POJO 对象
2. 下面叙述正确的一项是________。
   A. 池化是一种将资源统一管理,为需要资源的任务自动调度分配资源,以提高性能并实现资源重用的技术
   B. 使用资源池后,当一个任务需要资源时,向资源池请求资源,资源池会根据预设的分配策略返回一个资源供任务使用
   C. 任务执行完毕后,其请求的资源也使用完毕,资源池会释放该资源,此时资源池并不会销毁资源,以备下次供其他任务重用此资源
   D. 根据既定的策略,资源池会根据当前的使用情况,决定是否创建新的空闲资源备用,或者销毁多余的空闲资源以释放空间
3. 下面描述错误的一项是________。
   A. 0 0 12 * * ? 每天中午 12 点触发
   B. 0 15 10 ? * * 每天上午 10:15 触发
   C. 0 15 10 * * ? 每天上午 15:10 触发
   D. 0 15 10 * * ? 2005 2005 年的每天上午 10:15 触发

上机

训练目标:S2SH 框架集成应用。

培养能力	熟练使用 S2SH 框架的集成		
掌握程度	★★★★★	难度	中
代码行数	600	实施方式	编码强化
结束条件	编译运行不出错		

(1) 在第 9 章的基础上进行改造,编写数据库访问类 UserDao,同时编写对应的方法包括 addUser()、deleteUser()、updateUser()、queryUser()四个方法,使用 Spring 配置文件为 UserDao 类配置并注入 SessionFactory 对象,同时把 UserDao 对象注入 UserService 中,以便在 UserService 中调用;
(2) 定义 UserAction 类,实现 add()、delete()、update()、list()方法,实现 CRUD 等业务方法,并编写相应的 add.jsp、list.jsp 界面,用于添加和展示用户对象列表;
(3) 在 Spring 配置文件中配置 UserAction 类,并为其注入 UserService 对象,以便调用。

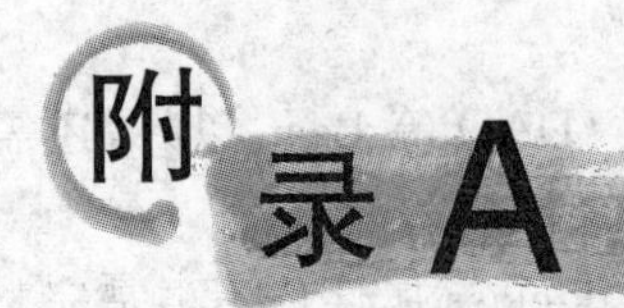

附录A 其他常见Java EE框架

Java EE 企业级解决方案中除了常用的 S2SH 框架(Struts 2、Spring 和 Hibernate)以外，还有很多其他优秀的开源框架，这些框架各具特色共同造就了 Java EE 开发领域“百花齐放、百家争鸣”的氛围。

A.1 Web 框架

Java EE 的 Web MVC 框架中，除了 Struts 2 框架，还有以下几种常见的框架：

- Struts 1：该框架是一款经典的 MVC 开源框架，是 2006 年以前最流行的、应用最广泛的 Web 层框架。随着技术的进步，Struts 1 框架的局限性也越来越多地暴露出来，并制约了 Struts 1 的发展。于是，Struts 1 与 WebWork 在技术基础上进行合并，产生全新的 Struts 2 框架。
- Spring MVC：该框架提供构建 Java Web 应用的全功能 MVC 模块，采用了松散耦合可插拔组件结构，比其他 MVC 框架更具扩展性和灵活性。
- JSF(Java Server Faces)：该框架是一种用于构建 Java Web 应用程序的标准框架，属于 Java EE 标准规范，提供了一种以组件为中心的用户界面(UI)构建方法，从而简化了 Java 服务器端应用程序的开发。
- Tapestry：该框架不是一种单纯的 MVC 框架，是 MVC 框架和模板技术的结合产物，设计先进，实现了视图逻辑和业务逻辑的彻底分离。Tapestry 是完全组件化的框架，采用了组件的概念，程序员可以应用现有的组件或自定义应用程序相关的组件来构建程序。Tapestry 使用组件库替代了标签库，没有标签库概念，从而避免了标签库和组件结合的问题。

A.2 持久化框架

Java EE 的 ORM 持久化框架中，除了 Hibernate 框架，还有以下几种常见的框架：

- TopLink——是位居第一的 Java 对象关系持久化框架(ORM)，原为 WebGain 公司的产品，后被 Oracle 收购，并重新包装为 Oracle AS TopLink。TopLink 框架原来收费，现在已经开源，为开发人员提供灵活的选择和极佳的性能。TopLink 框架可以与任何数据库、任何应用服务器、任何开发工具集和过程以及任何 Java EE 体系结构协同工作。

- JPA(Java Persistence API)——由 EJB 3.0 软件专家组开发，是 Java EE 标准规范的一部分。JPA 的宗旨是为 POJO 提供持久化标准规范，该规范已经被大多数厂商所支持，目前已有 Hibernate、TopLink、OpenJPA 等多个实现。
- iBatis——是一个由 Clinton Begin 在 2002 年发起的开放源代码项目。于 2010 年被 Google 托管，改名为 MyBatis。iBatis 是一个基于 SQL 映射支持 Java 和.NET 的持久层框架，相对 Hibernate"一站式"ORM 解决方案而言，iBatis 是一种"半自动化"的 ORM 实现，需要开发者手工书写 SQL 语句，这带来了更大的灵活性。

A.3 IoC 框架

Java EE 的 IoC 框架中，除了 Spring 框架，还有以下几种常见的框架：

- Guice——是 Google 开发的一个轻量级的依赖注入框架(IoC)。Guice 非常小，使用十分简单，速度很快，无须 XML 配置文件，直接使用 JDK 5.0 的注解描述组件之间的依赖关系。
- PicoContainer——是一个"微核心"的、纯粹的 IoC 容器，不像 Spring 那样提供额外的附加功能。PicoContainer 是极小的容器，只提供了最基本的特性，没有提供许多附加物，但具有完整的依赖注入容器。如果只使用 IoC，可以选择该框架。

A.4 AOP 框架

Java EE 的 AOP 框架中，除了 Spring 框架，还有以下几种常见的框架：

- AspectJ——是一个功能强大的面向切面的框架。AspectJ 扩展了 Java 语言，定义了 AOP 语法，有一个专门的编译器用来生成遵守 Java 字节编码规范的 Class 文件。
- FastAOP——是一个高性能的 AOP 框架。最初开发该框架是为了支持对大型 Java EE 应用程序进行性能剖析和检测。FastAOP 几乎不占用运行时间，已经在 WebSphere 和 Jboss 应用服务器上得到成功测试。

附录B Spring MVC

Spring MVC 为 Web 应用的表示层提供了一个优秀的 MVC 框架。与其他众多 Web 框架一样，Spring MVC 基于 MVC 设计理念，采用了松散耦合、可插拔的组件结构，比其他 MVC 框架更具有可扩展性和灵活性。Spring MVC 不需要实现任何接口，通过一套 MVC 注解让 POJO 成为处理请求的控制器，且在数据绑定、视图解析、本地化处理及静态资源处理上都有许多不俗的表现。Spring MVC 在框架设计、扩展性和灵活性等方面超越了 Struts、WebWork 等 MVC 框架，从原来的追赶者一跃成为 MVC 的领跑者。

B.1 Spring MVC 体系结构

Spring MVC 是基于 Model 2 实现的技术框架，Model 2 是经典的 MVC(Model、View 和 Control)模型，利用处理器分离模型、视图和控制，以便达到不同层之间松散耦合的效果，提高系统的可重用性、维护性和灵活性。

Spring MVC 框架的核心是 DispatcherServlet，相当于 Spring MVC 的总导演和策划，负责截获请求并将其分派给相应的处理器处理。Spring MVC 框架处理用户请求的过程模型如图 B-1 所示。

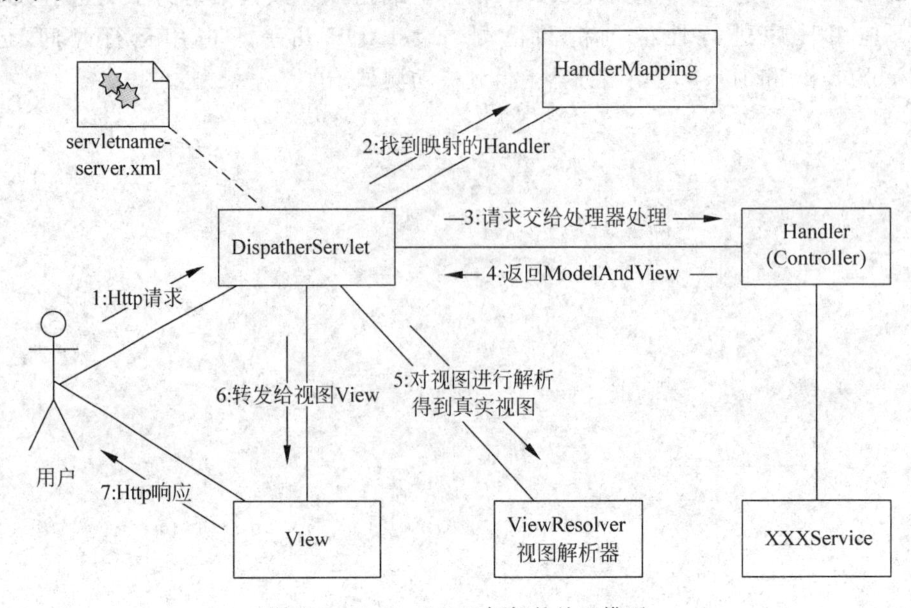

图 B-1　Spring MVC 框架的处理模型

从接受请求到返回响应，Spring MVC 框架的众多组件通力配合、各司其职，有条不紊地完成份内的工作。在整个框架中，DispatcherServlet 处于核心的位置，负责协调和组织不同组件以完成请求处理并返回响应的工作。与大多数 MVC 框架一样，Spring MVC 通过一个前端 Servlet 接收所有的请求，并将具体工作委托给其他组件进行处理，其整个处理用户请求的步骤如下所述。

(1) 用户在客户端发出一个 HTTP 请求，Web 服务器接收该请求，如果在 web. xml 中匹配 DispatcherServlet 的请求映射路径，Web 容器则将该请求转交给 DispatcherServlet 处理。

(2) DispatcherServlet 接收用户请求后，将根据请求的信息及 HandlerMapping 的配置找到处理请求的处理器(Handler)。可将 HandlerMapping 看成路由控制器，将 Handler 看成目标主机。

(3) 当 DispatcherServlet 根据 HandlerMapping 得到对应当前请求的 Handler 后，通过 HandlerAdapter 对 Handler 进行封装，再以统一的适配器接口调用 Handler。HandlerAdapter 是 Spring MVC 的框架级接口(适配器)，使用统一的接口对各种 Handler 方法进行调用。

(4) 处理器完成业务逻辑的处理后将返回一个 ModelAndView 给 DispatcherServlet，ModelAndView 包含视图逻辑名和模型数据信息。

(5) ModelAndView 中包含的是逻辑视图名，而非真正的视图对象，DispatcherServlet 借由 ViewResolver 完成逻辑视图名到真实视图对象的解析工作。

(6) 当得到真实的视图对象 View 后，DispatcherServlet 就使用该 View 对象对 ModelAndView 中的模型数据进行视图渲染。

(7) 最终用户在客户端得到的响应信息，可能是一个普通的 HTML 页面，也可能是一个 XML 或 JSON 串，甚至是一张图片或一个 PDF 文档等不同的媒体形式。

B.2 配置 DispatcherServlet

与任何 Servlet 一样，DispatcherServlet 必须在 web. xml 中配置后才能起作用。在 web . xml 中配置 DispatcherServlet 的代码如下所示。

【示例】 在 web. xml 中配置 DispatcherServlet

```
<!-- 配置 Spring MVC DispatcherServlet -->
<servlet>
    <servlet-name>MVC</servlet-name>
    <servlet-class>
        org.springframework.web.servlet.DispatcherServlet
    </servlet-class>
    <load-on-startup>1</load-on-startup>
</servlet>

<!-- 配置 DispatcherServlet 所需要拦截的 url -->
<servlet-mapping>
    <servlet-name>MVC</servlet-name>
    <url-pattern>*.do</url-pattern>
</servlet-mapping>
```

在上述配置文件中，先配置一个名为 MVC 的 Servlet，并加载 DispatcherServlet 类；然后配置 DispatcherServlet 拦截所有后缀为. do 的 URL，即所有带. do 后缀的 HTTP 请求都会被 DispatcherServlet 截获并处理。

注意

一个 web.xml 中可以配置多个 DispatcherServlet，通过 servlet-mapping 标签的配置，让每个 DispatcherServlet 处理不同的请求。DispatcherServlet 遵循"契约优于配置"的原则，多数情况下无须进行额外的配置，只需按契约行事即可。

在实际开发过程中，经常需要根据项目需要对 DispatcherServlet 的默认规则进行调整，此时可以通过<init-param>标签设定一些配置参数。常用的配置参数如表 B-1 所示。

表 B-1　常用的配置参数

参 数 名	描　述
namespace	DispatcherServlet 对应的命名空间，默认为"名称-servlet"，用以构造 Spring 配置文件的路径。显式指定该属性后，配置文件对应的路径为"WEB-INF/命名空间.xml"，而非"WEB-INF/名称-servlet.xml"。例如，将 namespace 设置为 qst，则对应的 Spring 配置文件为 WEB-INF/qst.xml
contextConfigLocation	DispatcherServlet 上下文配置路径，如果 DispatcherServlet 上下文对应的 Spring 配置文件有多个，则可使用该属性按照 Spring 资源路径的方式指定
publishContext	该属性值是 boolean 类型，DispatcherServlet 根据该属性决定是否将 WebApplicationContext 发布到 ServletContext 的属性列表中，以便调用者可借由 ServletContext 找到 WebApplicationContext 实例，对应的属性名为 DispatcherServlet#getServletContextAttributeName()返回值
publishEvents	该属性值是 boolean 类型，当 DispatcherServlet 处理完一个请求后，是否需要向容器发布一个 ServletRequestHandledEvent 事件，默认为 true。如果容器中没有任何事件监听器，可以将此属性设置为 false，以便提高运行性能

下述代码在配置 DispatcherServlet 时，使用<init-param>标签设置 contextConfigLoction 参数，将指定的 Spring MVC 的 xml 加载到 Spring 上下文容器中，代码如下所示。

【示例】 DispatcherServlet 配置参数

```
<!-- 配置 Spring MVC DispatcherServlet -->
<servlet>
    <servlet-name>MVC</servlet-name>
    <servlet-class>
        org.springframework.web.servlet.DispatcherServlet
    </servlet-class>
    <!-- 初始化参数 -->
    <init-param>
        <!-- 加载 SpringMVC 的 xml 到 spring 的上下文容器中 -->
        <param-name>contextConfigLocation</param-name>
        <param-value>/WEB-INF/classes/mvc*.*</param-value>
    </init-param>
    <load-on-startup>1</load-on-startup>
</servlet>

<!-- 配置 DispatcherServlet 所需要拦截的 url -->
<servlet-mapping>
    <servlet-name>MVC</servlet-name>
    <url-pattern>*.do</url-pattern>
</servlet-mapping>
```

B.3 第一个 Spring MVC 实例

创建 Spring MVC 应用一般包括以下几步：

(1) 创建动态 Web 项目，添加 Spring 及 Spring MVC 所需要的 jar 包；

(2) 在 web. xml 中配置 DispatcherServlet，加载 Spring 配置文件；

(3) 编写处理请求的控制器(Controller)；

(4) 编写视图对象，这里使用 JSP 页面作为视图；

(5) 配置 Spring MVC 的配置文件，使控制器、视图解析器等生效。

下面通过一个简单的实例讲解 Spring MVC 开发的基本过程。

1. 创建 Web 项目

单击 File→New→Dynamic Web Project 菜单项创建动态 Web 项目，如图 B-2 所示。

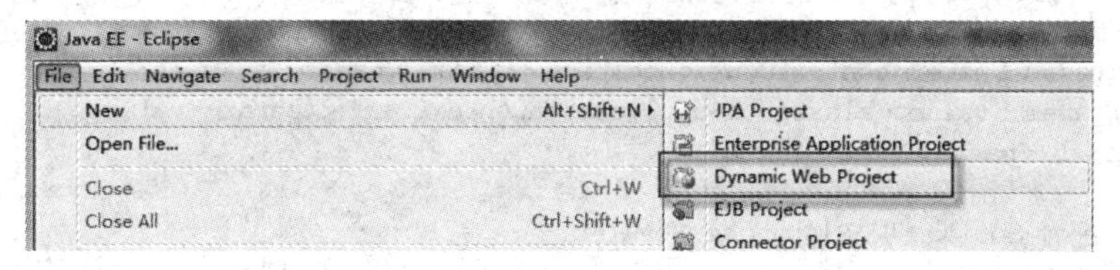

图 B-2　创建动态 Web 项目

在弹出的对话框中输入项目名称 AppendixB，版本选择 3. 0，然后单击 Finish 按钮，如图 B-3 所示。

在 WEB-INF/lib 目录下，添加 Spring 及 Spring MVC 所需要的 jar 包，如图 B-4 所示。

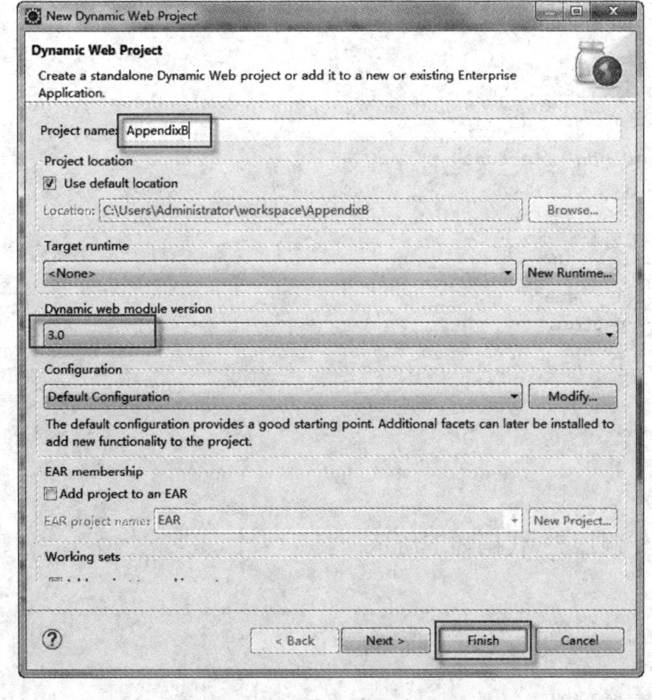

图 B-3　输入项目名称

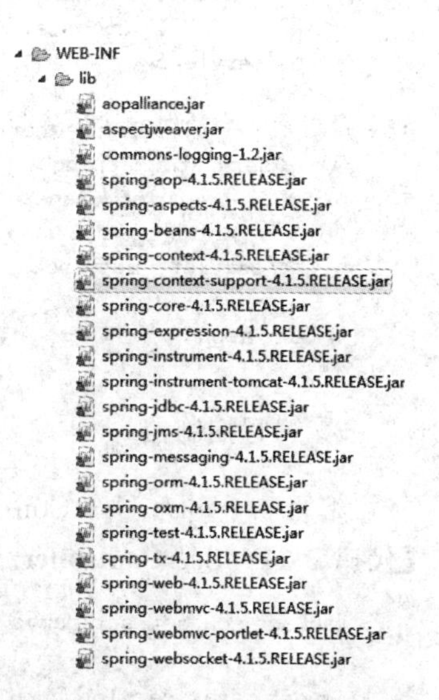

图 B-4　Spring MVC 所需的 jar 包

2. 配置 DispatcherServlet

在 web.xml 中配置 DispatcherServlet,加载 Spring 配置文件,代码如下所示。

【代码 B-1】 web.xml

```
<?xml version="1.0" encoding="UTF-8"?>
<web-app
xmlns:xsi="http://www.w3.org/2001/XMLSchema-instance" xmlns="http://xmlns.jcp.org/xml/ns/javaee" xsi:schemaLocation="http://xmlns.jcp.org/xml/ns/javaee http://xmlns.jcp.org/xml/ns/javaee/web-app_3_1.xsd"
id="WebApp_ID" version="3.1">
    <display-name></display-name>    <!-- 监听 spring 上下文容器 -->
    <listener>
        <listener-class>
            org.springframework.web.context.ContextLoaderListener
        </listener-class>
    </listener>

    <!-- 加载 spring 的 xml 配置文件到 spring 的上下文容器中 -->
    <context-param>
        <param-name>contextConfigLocation</param-name>
        <param-value>classpath:applicationContext.xml</param-value>
    </context-param>

    <!-- 配置 Spring MVC DispatcherServlet -->
    <servlet>
        <servlet-name>MVC</servlet-name>
        <servlet-class>
            org.springframework.web.servlet.DispatcherServlet
        </servlet-class>
        <!-- 初始化参数 -->
        <init-param>
            <!-- 加载 SpringMVC 的 xml 到 spring 的上下文容器中 -->
            <param-name>contextConfigLocation</param-name>
            <param-value>
                /WEB-INF/classes/mvc*.*
            </param-value>
        </init-param>
        <load-on-startup>1</load-on-startup>
    </servlet>

    <!-- 配置 DispatcherServlet 所需要拦截的 url -->
    <servlet-mapping>
        <servlet-name>MVC</servlet-name>
        <url-pattern>*.do</url-pattern>
    </servlet-mapping>

</web-app>
```

3. 编写控制器

编写一个名为 UserController 的控制器类,代码如下所示。

【代码 B-2】 UserController.xml

```
package com.qst.springmvc.controller;

import javax.servlet.http.HttpServletRequest;
```

```
import org.springframework.stereotype.Controller;
import org.springframework.web.bind.annotation.RequestMapping;

@Controller
public class UserController {

    @RequestMapping("/login")
    public String login(String username, String password,HttpServletRequest request) {
        System.out.println(username + ":" + password);
        //将参数返回给页面
        request.setAttribute("username", username);
        request.setAttribute("password", password);
        //指定要返回的页面为 succ.jsp
        return "succ";
    }
}
```

在上述代码中,先使用注解@Controller 将 UserController 类定义为一个控制器,并且在方法中通过@RequestMapping("value")来指定所需要访问的路径或者方法名。SpringMVC 可以通过一个@Controller 注解将一个 POJO 转化为处理请求的控制器,通过@RequestMapping 注解为控制器指定哪些需要的请求。

4. 编写视图

编写 index.jsp 页面,接收用户名和密码,代码如下所示。

【代码 B-3】 index.jsp

```
<%@ page language="java" contentType="text/html; charset=UTF-8"
    pageEncoding="UTF-8"%>
<!DOCTYPE html PUBLIC "-//W3C//DTD HTML 4.01 Transitional//EN"
    "http://www.w3.org/TR/html4/loose.dtd">
<html>
<head>
<meta http-equiv="Content-Type" content="text/html; charset=UTF-8">
<title>Spring MVC</title>
</head>
<body>
    <h2>第一个 Spring MVC 实例</h2>
    <form action="login.do" method="post">
        用户名:<input type="text" name="username" />
        <p>
            密码:<input type="password" name="password" />
        <p>
            <input type="submit" value="提交" />
    </form>
</body>
</html>
```

上述代码中,表单提交给 login.do 进行处理,Spring MVC 框架会将该请求最终提交给 UserController 类的 login()方法进行处理。

编写成功页面 succ.jsp,显示用户名和密码,代码如下所示。

【代码 B-4】 succ.jsp

```
<%@ page language="java" contentType="text/html; charset=UTF-8"
    pageEncoding="UTF-8"%>
```

```
<!DOCTYPE html PUBLIC "-//W3C//DTD HTML 4.01 Transitional//EN"
    "http://www.w3.org/TR/html4/loose.dtd">
<html>
<head>
<meta http-equiv="Content-Type" content="text/html; charset=UTF-8">
<title>成功</title>
</head>
<body>
    <h2>登录</h2>

    用户名:${username}
    <p>
    密码:${password}
</body>
</html>
```

5. 配置 Spring MVC 配置文件

在代码的根目录下创建 Spring 的配置文件 applicationContext.xml,代码如下所示。

【代码 B-5】 applicationContext.xml

```
<?xml version="1.0" encoding="UTF-8"?>
<beans xmlns="http://www.springframework.org/schema/beans"
    xmlns:xsi="http://www.w3.org/2001/XMLSchema-instance"
    xmlns:context="http://www.springframework.org/schema/context"
    xsi:schemaLocation="http://www.springframework.org/schema/beans
    http://www.springframework.org/schema/beans/spring-beans-4.1.xsd
    http://www.springframework.org/schema/context
    http://www.springframework.org/schema/context/spring-context-4.1.xsd
    http://www.springframework.org/schema/tx
    http://www.springframework.org/schema/tx/spring-tx-4.1.xsd">

</beans>
```

在代码的根目录下创建 Spring MVC 的配置文件 mvc-context.xml,代码如下所示。

【代码 B-6】 mvc-context.xml

```
<?xml version="1.0" encoding="UTF-8"?>
<beans:beans xmlns="http://www.springframework.org/schema/mvc"
    xmlns:xsi="http://www.w3.org/2001/XMLSchema-instance"
    xmlns:beans="http://www.springframework.org/schema/beans"
    xmlns:p="http://www.springframework.org/schema/p"
    xmlns:aop="http://www.springframework.org/schema/aop"
    xmlns:context="http://www.springframework.org/schema/context"
    xsi:schemaLocation="http://www.springframework.org/schema/mvc
        http://www.springframework.org/schema/mvc/spring-mvc.xsd
        http://www.springframework.org/schema/aop
        http://www.springframework.org/schema/aop/spring-aop-4.1.xsd
        http://www.springframework.org/schema/beans
        http://www.springframework.org/schema/beans/spring-beans.xsd
        http://www.springframework.org/schema/context
        http://www.springframework.org/schema/context/spring-context.xsd">
    <!-- 加载 Spring 的全局配置文件 -->
```

```
    <beans:import resource="applicationContext.xml" />

    <!-- SpringMVC 配置 -->

    <!-- 通过 component-scan 让 Spring 扫描 org.swinglife.controller 下的所有的类,让 Spring
的代码注解生效 -->
    <context:component-scanbase-package="com.qst.springmvc.controller">
    </context:component-scan>

    <!-- 配置 SpringMVC 的视图渲染器,让其前缀为:/ 后缀为.jsp 将视图渲染到<method 返回值>
.jsp 中 -->
    <beans:bean
    class="org.springframework.web.servlet.view.InternalResourceViewResolver"
        p:prefix="/" p:suffix=".jsp">
    </beans:bean>

</beans:beans>
```

此时,编写及配置工作全部完成,AppendixB 项目中文件目录如图 B-5 所示。

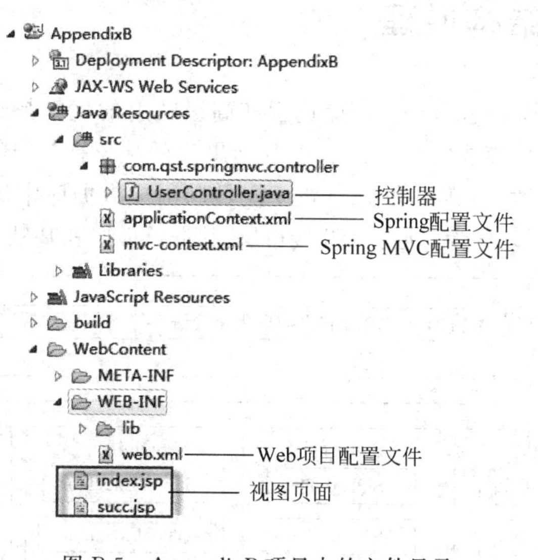

图 B-5 AppendixB 项目中的文件目录

6. 运行结果

启动 Tomcat 服务器,访问 index.jsp 页面,如图 B-6 所示。

单击“提交”按钮,跳转到成功页面,如图 B-7 所示。

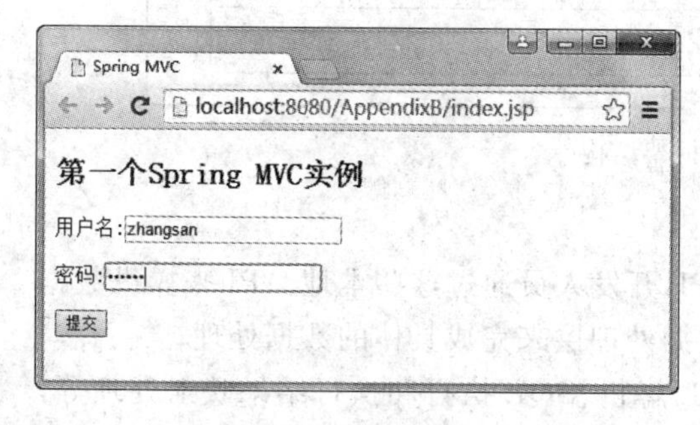

图 B-6 index.jsp

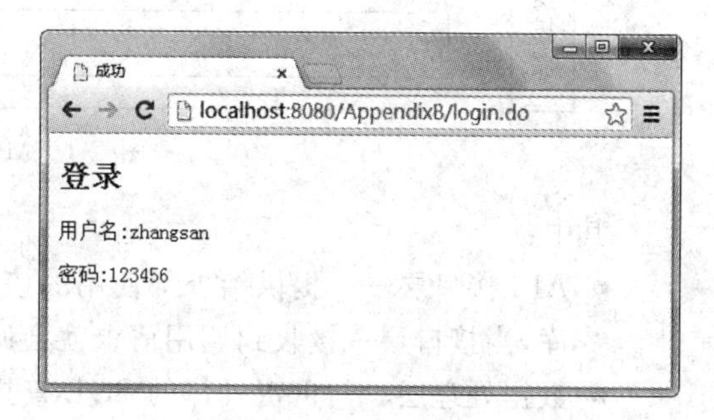

图 B-7 succ.jsp

附录C MyBatis

MyBatis本是Apache的一个开源项目iBatis，于2010年被Google托管，并且改名为MyBatis，2013年11月迁移到Github。iBATIS一词来源于internet和abates的组合，是一个基于Java的持久层框架。

C.1 MyBatis结构原理

MyBatis是支持普通SQL查询、存储过程和高级映射的优秀持久层框架。MyBatis消除几乎所有的JDBC代码和参数的手工设置以及结果集的检索。MyBatis使用简单的XML或注解用于配置和原始映射，将接口和Java的POJO映射成数据库中的记录。

MyBatis框架结构可以分为三层：API接口层、数据处理层和基础支撑层，如图C-1所示。

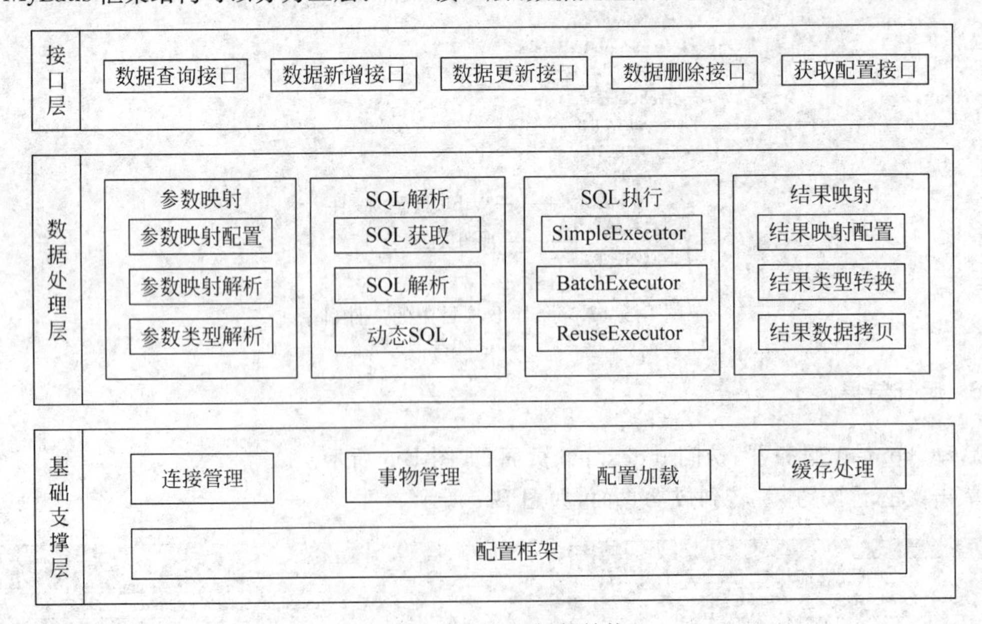

图C-1 MyBatis框架结构

其中：

- API接口层——提供给外部使用的接口API，开发人员通过这些本地API来操纵数据库，当接口层一接收到调用请求就会调用数据处理层来完成具体的数据处理；
- 数据处理层——负责具体的SQL查找、SQL解析、SQL执行和执行结果映射处理等，其主要的目的是根据调用的请求完成一次数据库操作；

- 基础支撑层——负责最基础的功能支撑，包括连接管理、事务管理、配置加载和缓存处理等；这些功能都可以共用，抽取这些功能作为最基础的组件，为上层的数据处理层提供最基础的支撑。

C.2 MyBatis 工作原理

MyBatis 工作原理经过加载配置、SQL 解析、SQL 执行和结果映射四个步骤，其具体介绍如下。

(1) 加载配置——配置来源于两个地方：一处是映射配置文件(SqlMapConfig.xml)，一处是 Java 代码的注解(Mapper Annotation)，将 SQL 的配置信息加载成为一个个 MappedStatement 对象(包括了传入参数映射配置、执行的 SQL 语句、结果映射配置)，存储在内存中。

(2) SQL 解析——当 API 接口层接收到调用请求时，会接收到传入 SQL 的 ID 和传入对象(可以是 HashMap、JavaBean 或者基本数据类型)，MyBatis 会根据 SQL 的 ID 找到对应的 MappedStatement，然后根据传入参数对象对 MappedStatement 进行解析，解析后可以得到最终要执行的 SQL 语句和参数。

(3) SQL 执行——将最终得到的 SQL 和参数拿到数据库进行执行，得到操作数据库的结果。

(4) 结果映射——将操作数据库的结果按照映射的配置进行转换，可以转换成 HashMap、JavaBean 或者基本数据类型，并将最终结果返回。

MyBatis 的工作原理如图 C-2 所示。

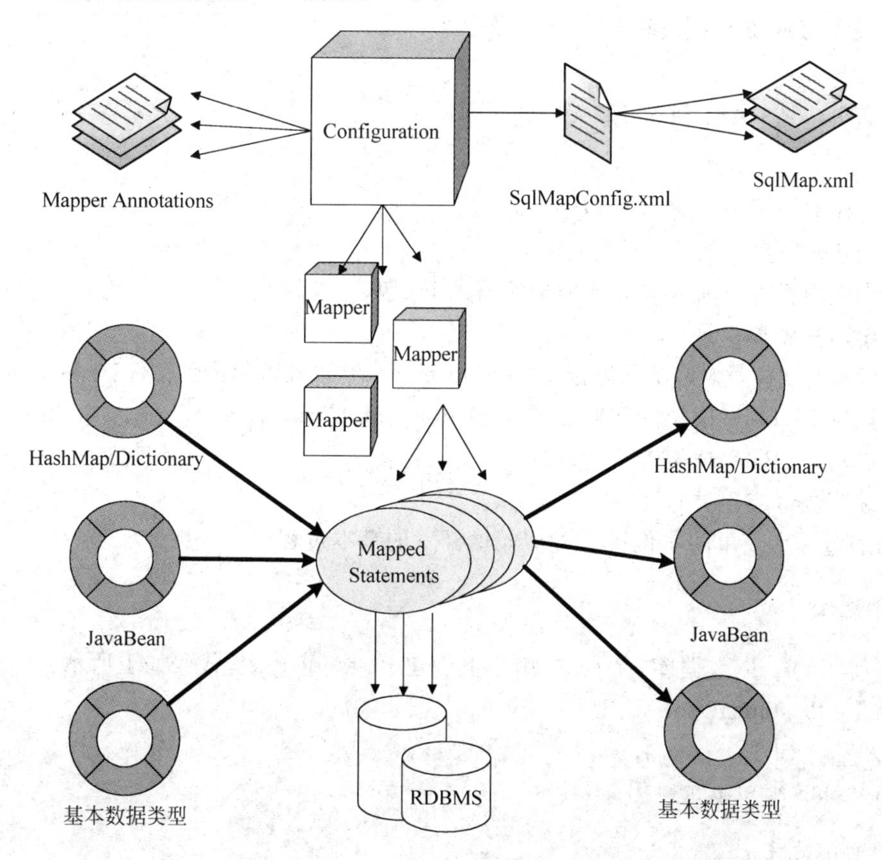

图 C-2 MyBatis 工作原理图

C.3 MyBatis 的优缺点

MyBatis 具有以下几个方面的优点：

- 简单实用，易于学习和使用。通过 MyBatis 帮助文档和源代码，可以比较完全的掌握其设计思路以及实现过程。MyBatis 提供了数据映射功能，封装了对底层数据访问，使程序员更容易开发和配置。
- 功能完整——MyBatis 提供了连接、缓存、线程以及分布式事务管理等技术支持，封装了 ADO.NET，NHibernate 和 DataMapper，提供了数据访问层的 ORM 相关解决方案。
- 灵活。MyBatis 是基于 SQL 映射的持久层框架，相对 Hibernate“一站式”ORM 解决方案而言，MyBatis 是一种“半自动化”的 ORM 实现，程序员可以手工书写 SQL 语句，这使得应用更具灵活性。
- 便于维护——SQL 和代码的分离，提高了可维护性。

MyBatis 具有以下几个方面的缺点：

- 工作量大，编写 SQL、对象组装等工作量很大，尤其是字段多、关联表多时，更是如此；
- 编写动态 SQL 时仍然受限，且可读性低，不方便调试，尤其逻辑复杂时；
- 移植性差，SQL 依赖于数据库，导致数据库移植性差；
- 不支持级联更新和级联删除。

C.4 第一个 MyBatis 实例

创建 MyBatis 应用一般包括以下几步：

(1) 创建数据库中的表；

(2) 创建项目并添加 MyBatis 框架所需的 jar 包；

(3) 编写实体类；

(4) 编写与实体类对应的映射接口(*Mapper.java)，以及映射配置文件(*Mapper.xml)；

(5) 配置 MyBatis 框架的配置文件(mybatis-config.xml)；

(6) 编写 MyBatis 框架工具类；

(7) 编写测试应用类并运行。

下面通过一个简单的实例讲解 MyBatis 开发的基本过程。

1. 创建表

本书使用 Oracle 数据库，在 scott 用户下创建 tb_student 表，代码如下所示。

【代码 C-1】 tb_student.sql

```
-- Create table
create table TB_STUDENT
(
  id NUMBER not null,
  name NVARCHAR2(50) not null,
```

```
  score NUMBER
)
tablespace USERS
  pctfree 10
  initrans 1
  maxtrans 255;
-- Create/Recreate primary, unique and foreign key constraints
alter table TB_STUDENT
  add constraint PK_ID primary key (ID)
  using index
  tablespace USERS
  pctfree 10
  initrans 2
  maxtrans 255;
```

上述代码中,tb_student 表有 3 列:id(学号)、name(姓名)和 score(成绩),其中 id 为表的主键。

2. 创建项目

创建一个名为 AppendixC 的 Web 项目,并将 MyBatis 框架所需的 jar 包添加到 WEB-INF/lib 目录下,使得项目能够支持 MyBatis 框架,如图 C-3 所示。

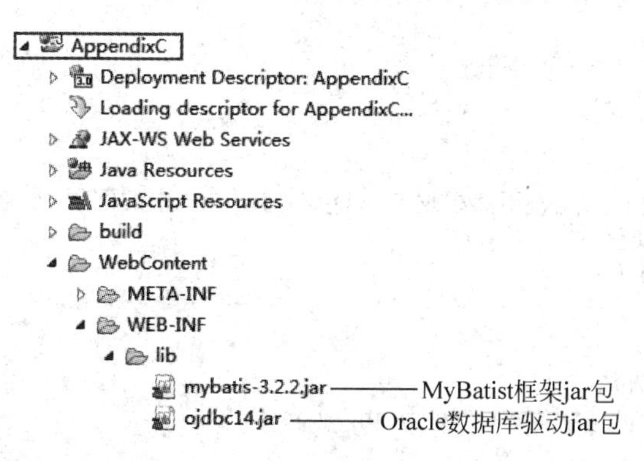

图 C-3 MyBatis 框架所需的 jar 包

注意

本书所采用的 MyBatis 框架的版本为 3.2.2 版,在 WEB-INF/lib 目录下添加 mybatis-3.2.2.jar 文件即可。

3. 编写实体类

编写与 tb_student 表对应的实体类 Student,代码如下所示。

【代码 C-2】 Student.java

```
package com.qst.mybatis.pojos;

public class Student {
```

```
    private int id;                     //学号
    private String name;                //姓名
    private int score;                  //成绩

    public int getId() {
        return id;
    }

    public void setId(int id) {
        this.id = id;
    }

    public String getName() {
        return name;
    }

    public void setName(String name) {
        this.name = name;
    }

    public int getScore() {
        return score;
    }

    public void setScore(int score) {
        this.score = score;
    }

    //必须要有无参构造方法,不然根据 StudentMapper.xml 中的配置,在查询数据库时,将不能反射构
    //造出 Student 实例
    public Student() {
    }

    //带参数的构造方法
    public Student(int id, String name, int score) {
        this.id = id;
        this.name = name;
        this.score = score;
    }

    @Override
    public String toString() {
        return "学号: " + id + "\n 姓名: " + name + "\n 成绩: " + score;
    }

}
```

上述代码定义一个名为 Student 的实体类,该类有三个属性: id(学号)、name(姓名)和 score(成绩),这三个属性分别与 tb_student 表中的三列相对应。

4. 关联映射

编写与 Student 实体类所对应的映射接口 StudentMapper,该接口是用于数据访问操作的接口,代码如下所示。

【代码 C-3】 StudentMapper.java

```
package com.qst.mybatis.mapper;

import com.qst.mybatis.pojos.Student;

public interface StudentMapper {
    public void insertStudent(Student student);

    public Student getStudent(String name);
}
```

上述代码定义一个 StudentMapper 接口，该接口中声明两个方法，分别用于添加和查找一个学生对象。

注意

MyBatis 框架中的接映射口类似于 Hibernate 中的 Dao 层接口，唯一不同的是，MyBatis 中只需声明该接口即可，不需要去实现。

编写对应的映射配置文件 StudentMapper.xml，代码如下所示。

【代码 C-4】 StudentMapper.xml

```
<?xml version="1.0" encoding="UTF-8" ?>
<!DOCTYPE mapper
    PUBLIC "-//mybatis.org//DTD Mapper 3.0//EN"
    "http://mybatis.org/dtd/mybatis-3-mapper.dtd">
<!-- 此处 namespace 必须是 StudentMapper 接口的路径，不然要运行的时候要报错 "is not known to
the MapperRegistry" -->
<mapper namespace="com.qst.mybatis.mapper.StudentMapper">

    <insert id="insertStudent" parameterType="Student">
        insert into tb_student(id,name,score) values(#{id},#{name},#{score})
        <!-- 注意 sql 结尾不能加分号，否则报"ORA-00911"的错误 -->
    </insert>

    <!-- 这里的 id 必须和 StudentMapper 接口中的接口方法名相同，不然运行的时候也要报错 -->
    <select id="getStudent" resultType="Student"
            parameterType="java.lang.String">
        select * from tb_student where name=#{name}
    </select>
</mapper>
```

在上述映射配置文件中，根元素是 mapper 元素，该元素的 namespace 属性用于指定命名空间，其值为对应的映射接口，例如：

```
<mapper namespace="com.qst.mybatis.mapper.StudentMapper">
```

命名空间 namespace 在之前版本的 MyBatis 中是可选项，非常混乱也没有帮助。现在，命名空间是必需的，而且使用更长的完全限定名进行命名解析。

insert 子元素用于定义一个插入操作的 SQL 语句，该元素的 id 属性必须与映射接口中声明的接口方法名相同，parameterType 属性用于指定参数类型，例如：

```
<insert id="insertStudent" parameterType="Student">
    insert into tb_student(id,name,score) values(#{id},#{name},#{score})
    <!-- 注意 sql 结尾不能加分号,否则报"ORA-00911"的错误 -->
</insert>
```

与 insert 子元素类似,<select>子元素用于定义一个查询操作的 SQL 语句。

注意

在映射配置文件中 SQL 结尾不能加分号,否则报 ORA-00911 的错误。

对于 StudentMapper.java 和 StudentMapper.xml 这样的映射接口和映射文件来说,还有一个简化的做法,不编写 StudentMapper.xml 映射文件,在 XML 文件中编写的 SQL 语句可以直接在映射接口中使用 Java 注解来替换。例如,修改上面的 StudentMapper.java 映射接口,代码如下所示。

【代码 C-5】 StudentMapper.java

```
package com.qst.mybatis.mapper;

import org.apache.ibatis.annotations.Insert;
import org.apache.ibatis.annotations.Select;

import com.qst.mybatis.pojos.Student;

//映射接口
public interface StudentMapper {
    @Insert("insert into tb_student(id,name,score)
                    values(#{id},#{name},#{score})")
    public void insertStudent(Student student);

    @Select("select * from tb_student where name = #{name}")
    public Student getStudent(String name);
}
```

上述代码中,在方法前使用注解编写 SQL 语句,如此可以省略 StudentMapper.xml 映射文件的编写工作。

注意

在 MyBatis 中,对于简单语句来说,使用注解代码会更加清晰,然而 Java 注解对于复杂语句来说就会混乱,应该限制使用。因此,如果不得不做复杂的事情,那么最好使用 XML 映射语句。当然根据实际情况,不要将自己局限在一种方式中。可以轻松地将注解换成 XML 映射语句,反之亦然。

5. 配置 mybatis-config.xml

配置 Mybatis 框架的配置文件 mybatis-config.xml 文件,代码如下所示。

【代码 C-6】 **mybatis-config.xml**

```
<?xml version="1.0" encoding="UTF-8"?>
<!DOCTYPE configuration
    PUBLIC "-//mybatis.org//DTD Config 3.2//EN"
    "http://mybatis.org/dtd/mybatis-3-config.dtd">

<configuration>
    <settings>
        <!-- changes from the defaults for testing -->
        <setting name="cacheEnabled" value="false" />
        <setting name="useGeneratedKeys" value="true" />
        <setting name="defaultExecutorType" value="REUSE" />
    </settings>
    <typeAliases>
        <typeAlias alias="Student" type="com.qst.mybatis.pojos.Student" />
    </typeAliases>
    <environments default="development">
        <environment id="development">
            <transactionManager type="jdbc" />
            <dataSource type="POOLED">
                <property name="driver"
                    value="oracle.jdbc.driver.OracleDriver" />
                <property name="url"
                    value="jdbc:oracle:thin:@localhost:1521:orcl" />
                <property name="username" value="scott" />
                <property name="password" value="scott123" />
            </dataSource>
        </environment>
    </environments>
    <mappers>
        <mapper resource="com/qst/mybatis/mapper/StudentMapper.xml" />
    </mappers>
</configuration>
```

mybatis-config.xml 配置文件包含对 MyBatis 系统的核心设置，包含获取数据库连接实例的数据源和决定事务范围和控制的事务管理器。

mybatis-config.xml 配置文件的根元素是 configuration，其常用的属性如下：

- properties 属性，设置外部化的、可替代的属性，这些属性也可以配置在典型的 Java 属性配置文件中，或者通过 properties 元素的子元素来传递。
- settings 设置，该属性是极其重要的设置调整信息，会修改 MyBatis 在运行时的行为方式。
- typeAliases 类型命名，该属性用于为 Java 类型命名一个短的名字，只和 XML 配置有关，只用来减少类完全限定名的多余部分。
- typeHandlers 类型处理器，无论是 MyBatis 在预处理语句中设置一个参数，还是从结果集中取出一个值时，类型处理器被用来将获取的值以合适的方式转换成 Java 类型。
- objectFactory 对象工厂，MyBatis 每次创建结果对象新的实例时，会使用一个 ObjectFactory 实例来完成，如果参数映射存在，则默认的 ObjectFactory 不比使用默认构造方法或带参数的构造方法实例化目标类所做的工作多。

- plugins 插件，MyBatis 允许在某一点拦截已映射语句执行的调用。默认情况下，MyBatis 允许使用插件来拦截方法调用。
- environments 环境，MyBatis 可以配置多种环境，将 SQL 映射应用于多种数据库之中，以便可能有多种生产级数据库却共享相同的模式，所以会对不同数据库使用相同的 SQL 映射。environment 子元素定义了如何配置环境，可以有多个 environment 子元素。
- transactionManager 事务管理器，设置种事务管理器类型。
- dataSource 数据源，使用基本的 JDBC 数据源接口来配置 JDBC 连接对象的资源。
- mappers 映射器，该属性用于设置映射配置文件，告诉 MyBatis 框架到哪里去加载映射配置文件。每一个 mapper 子元素设置一个映射配置文件，可以有多个 mapper 子元素。

常用的 settings 设置参数如表 C-1 所示。

表 C-1　settings 设置参数

设置参数名	描　述	有效值	默认值
cacheEnabled	这个配置使全局的映射器启用或禁用缓存	true | false	true
lazyLoadingEnabled	全局启用或禁用延迟加载。当禁用时，所有关联对象都会即时加载	true | false	true
aggressiveLazyLoading	当启用时，有延迟加载属性的对象在被调用时将会完全加载任意属性。否则，每种属性都将会按需要加载	true | false	true
multipleResultSetsEnabled	允许或不允许多种结果集从一个单独的语句中返回(需要适合的驱动)	true | false	true
useColumnLabel	使用列标签代替列名。不同的驱动在这方面表现不同。参考驱动文档或充分测试两种方法来决定所使用的驱动	true | false	true
useGeneratedKeys	允许 JDBC 支持生成的键。需要适合的驱动。如果设置为 true 则这个设置强制生成的键被使用，尽管一些驱动拒绝兼容但仍然有效(比如 Derby)	true | false	false
autoMappingBehavior	指定 MyBatis 如何自动映射列到字段/属性。PARTIAL 只会自动映射简单，没有嵌套的结果。FULL 会自动映射任意复杂的结果(嵌套的或其他情况)	NONE，PARTIAL，FULL	PARTIAL
defaultExecutorType	配置默认的执行器。SIMPLE 执行器没有什么特别之处。REUSE 执行器重用预处理语句。BATCH 执行器重用语句和批量更新	SIMPLE，REUSE，BATCH	SIMPLE
defaultStatementTimeout	设置超时时间，决定驱动等待一个数据库响应的时间	Any positive integer	Not Set (null)

在 typeAliases 类型命名时，对于普通的 Java 类型，有许多内建的类型别名。这些内建的类型别名都是不区分大小写的，由于重载的名字，要注意原生类型的特殊处理，如表 C-2 所示。

表 C-2 Java 内建类型别名

别　　名	映射的类型	别　　名	映射的类型
_byte	byte	long	Long
_long	long	short	Short
_short	short	int	Integer
_int	int	integer	Integer
_integer	int	double	Double
_double	double	float	Float
_float	float	boolean	Boolean
_boolean	boolean	date	Date
string	String	decimal	BigDecimal
byte	Byte		

6. 编写 MyBatisUtil 工具类

编写 MyBatisUtil 工具类,用于获取 SqlSessionFactory 对象,代码如下所示。

【代码 C-7】 MyBatisUtil.java

```
package com.qst.mybatis.util;

import java.io.IOException;
import java.io.Reader;

import org.apache.ibatis.io.Resources;
import org.apache.ibatis.session.SqlSessionFactory;
import org.apache.ibatis.session.SqlSessionFactoryBuilder;

public class MyBatisUtil {
    private final static SqlSessionFactory sqlSessionFactory;
    static {
        String resource = "mybatis-config.xml";
        Reader reader = null;
        try {
            //加载"mybatis-config.xml"
            reader = Resources.getResourceAsReader(resource);
        } catch (IOException e) {
            System.out.println(e.getMessage());

        }
        sqlSessionFactory = new SqlSessionFactoryBuilder().build(reader);
    }

    public static SqlSessionFactory getSqlSessionFactory() {
        return sqlSessionFactory;
    }

}
```

每一个 MyBatis 的应用程序都以一个 SqlSessionFactory 对象的实例为核心。SqlSessionFactory 对象的实例可以通过 SqlSessionFactoryBuilder 对象来获得。SqlSessionFactoryBuilder 对象可以从 XML 配置文件,或从 Configuration 类的实例中构建 SqlSessionFactory 对象。

从 XML 文件中构建 SqlSessionFactory 的实例非常简单。这里建议使用类路径下的资源文件来配置,但是也可以使用任意的 Reader 实例,该实例包括由文字形式的文件路径或 URL 形式的文件路径"file://"进行创建。MyBatis 框架中包含了一些工具类,称作为资源 Resources,这些工具类包含一些方法,这些方法使得从类路径或其他位置加载资源文件更加简单。例如:

```
String resource = "org/mybatis/Configuration.xml";
Reader reader = Resources.getResourceAsReader(resource);
sqlMapper = new SqlSessionFactoryBuilder().build(reader);
```

SqlSessionFactory 对象包含创建 SqlSession 实例的所有方法。而 SqlSessionFactory 本身是由 SqlSessionFactoryBuilder 创建的。SqlSessionFactoryBuilder 有五个 build()方法(第一个方法最常用),每一种都允许从不同的资源中创建一个 SqlSession 实例:

- SqlSessionFactory build(Reader reader)
- SqlSessionFactory build(Reader reader, String environment)
- SqlSessionFactory build(Reader reader, Properties properties)
- SqlSessionFactory build(Reader reader, String env, Properties props)
- SqlSessionFactory build(Configuration config)

在代码中使用了 Resources 工具类,该类在 org.mybatis.io 包中。Resources 类正如其名,会从类路径下、文件系统或一个 Web URL 加载资源文件。Resource 工具类中提供了一些静态方法,其中常用的静态方法如下所示:

- URL getResourceURL(String resource)
- URL getResourceURL(ClassLoader loader, String resource)
- InputStream getResourceAsStream(String resource)
- InputStream getResourceAsStream(ClassLoader loader, String resource)
- Properties getResourceAsProperties(String resource)
- Properties getResourceAsProperties(ClassLoader loader, String resource)
- Reader getResourceAsReader(String resource)
- Reader getResourceAsReader(ClassLoader loader, String resource)
- File getResourceAsFile(String resource)
- File getResourceAsFile(ClassLoader loader, String resource)
- InputStream getUrlAsStream(String urlString)
- Reader getUrlAsReader(String urlString)
- Properties getUrlAsProperties(String urlString)
- Class classForName(String className)

7. 编写测试应用类

编写测试应用类 MyBatisDemo,代码如下所示。

【代码 C-8】 **MyBatisDemo.java**

```
package com.qst.mybatis;

import java.io.IOException;
import java.sql.SQLException;

import org.apache.ibatis.session.SqlSession;
import org.apache.ibatis.session.SqlSessionFactory;

import com.qst.mybatis.mapper.StudentMapper;
import com.qst.mybatis.pojos.Student;
import com.qst.mybatis.util.MyBatisUtil;

public class MyBatisDemo {

    static SqlSessionFactory sqlSessionFactory = MyBatisUtil
            .getSqlSessionFactory();

    public static void main(String[] args) throws SQLException, IOException {
        //添加 4 个学生对象
        addStudent(new Student(1, "张三", 98));
        addStudent(new Student(2, "李四", 85));
        addStudent(new Student(3, "王五", 56));
        addStudent(new Student(4, "马六", 73));
        //根据姓名查找学生信息
        Student stu = getStudent("张三");
        //显示学生信息
        System.out.println(stu);
    }

    //添加学生信息
    public static void addStudent(Student student) {
        //打开 SqlSession
        SqlSession sqlSession = sqlSessionFactory.openSession();
        try {
            //获取 Mapper 对象
            StudentMapper studentMapper = sqlSession
                    .getMapper(StudentMapper.class);
            //插入操作
            studentMapper.insertStudent(student);
            //提交 SqlSession,一定要提交,否则数据不能保存到数据库中
            sqlSession.commit();
            System.out.println("添加成功");
        } finally {
            //关闭 SqlSession
            sqlSession.close();
        }
    }

    //根据姓名查找学生信息
    public static Student getStudent(String name) {
        Student stu = null;
        //打开 SqlSession
```

```
        SqlSession sqlSession = sqlSessionFactory.openSession();

        try {
            //获取 Mapper 对象
            StudentMapper studentMapper = sqlSession
                    .getMapper(StudentMapper.class);
            //访问操作
            stu = studentMapper.getStudent("张三");
        } finally {
            //关闭 SqlSession
            sqlSession.close();
        }
        return stu;
    }
}
```

上述代码中先使用 MyBatisUtil.getSqlSessionFactory()获取一个 SqlSessionFactory 实例。使用 SqlSessionFactory 实例进行数据操作时，通常经过以下 4 步：

(1) 使用 SqlSessionFactory 实例的 openSession()方法打开一个 SqlSession；

(2) 通过 SqlSession 获取 Mapperd 实例；

(3) 调用 Mapperd 实例中的相关方法进行操作；

(4) 关闭 SqlSession。

在 MyBatisDemo 类中定义了两个方法：addStudent()和 getStudent()，一个用于添加学生信息，另一个用于查询学生信息。

此时，关于第一个 MyBatis 框架应用项目的所有编写、配置任务已经完成。整个 AppendixC 项目中的文件目录如图 C-4 所示。

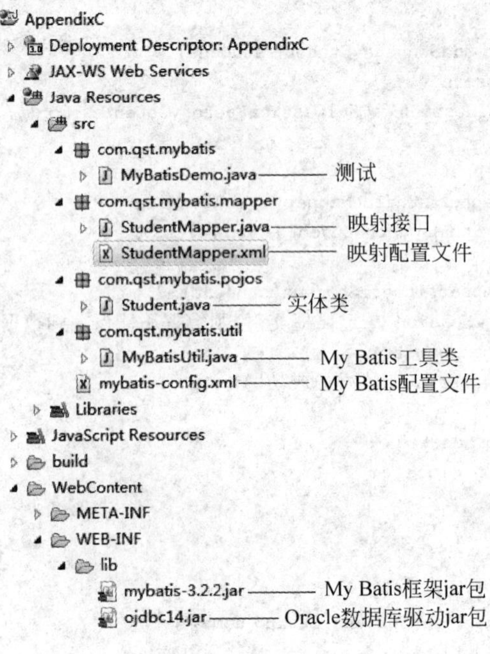

图 C-4 AppendixC 项目中的文件目录

8. 运行结果

运行 MyBatisDemo.java 程序，则控制台输出结果如下所示。

```
添加成功
添加成功
添加成功
添加成功
学号: 1
姓名: 张三
成绩: 98
```

查询 Oracle 数据库中的 tb_student 表，则发现该表中插入了 4 条记录，如图 C-5 所示。

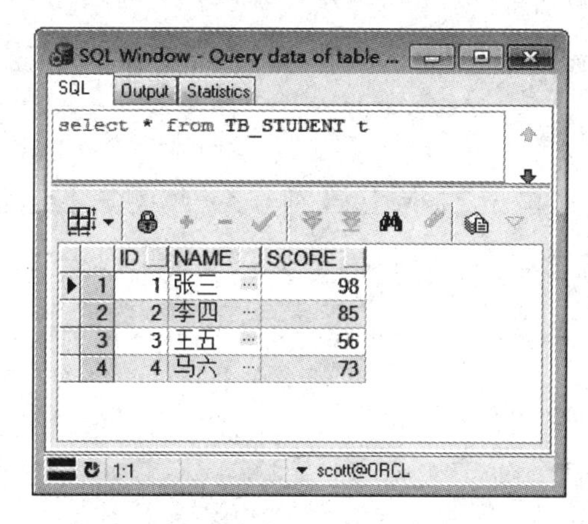

图 C-5 tb_student 表中插入的记录

注意

> 由于篇幅限制，关于 MyBatis 框架的高级应用在本书中不再赘述，读者可以参考相关的 API 文档进行学习。

教学资源支持

敬爱的教师：

感谢您一直以来对清华版计算机教材的支持和爱护。为了配合本课程的教学需要，本教材配有配套的电子教案（素材），有需求的教师请到清华大学出版社主页（http://www.tup.com.cn）上查询和下载，也可以拨打电话或发送电子邮件咨询。

如果您在使用本教材的过程中遇到了什么问题，或者有相关教材出版计划，也请您发邮件告诉我们，以便我们更好地为您服务。

我们的联系方式：

地　　址：北京海淀区双清路学研大厦A座707

邮　　编：100084

电　　话：010－62770175－4604

课件下载：http://www.tup.com.cn

电子邮件：weijj@tup.tsinghua.edu.cn

教师交流QQ群：136490705

教师服务微信：itbook8

教师服务QQ：883604

（申请加入时，请写明您的学校名称和姓名）

用微信扫一扫右边的二维码，即可关注计算机教材公众号。

扫一扫

课件下载、样书申请

教材推荐、技术交流